江苏省“道德发展智库”成果
江苏省“公民道德与社会风尚协同创新中心”成果

国家社科基金重大招标项目
“现代伦理学诸理论形态研究”（10&ZD072) 成果

2018年国家社会科学基金重大项目
“改革开放40年中国伦理道德数据库建设研究”
（18ZDA022）成果

中国伦理道德发展数据库

第三卷（上）

樊 浩 王 珏 等著

中国社会科学出版社

图书在版编目(CIP)数据

中国伦理道德发展数据库：全七卷／樊浩等著．—北京：中国社会科学出版社，2018.12

ISBN 978-7-5203-3603-1

Ⅰ.①中… Ⅱ.①樊… Ⅲ.①社会公德—调查研究—中国
Ⅳ.①B822

中国版本图书馆 CIP 数据核字（2018）第 260004 号

出 版 人　赵剑英
责任编辑　高　歌
责任校对　石春梅
责任印制　戴　宽

出　　版　中国社会科学出版社
社　　址　北京鼓楼西大街甲 158 号
邮　　编　100720
网　　址　http://www.csspw.cn
发 行 部　010-84083685
门 市 部　010-84029450
经　　销　新华书店及其他书店

印刷装订　北京君升印刷有限公司
版　　次　2018 年 12 月第 1 版
印　　次　2018 年 12 月第 1 次印刷

开　　本　787×1092　1/16
印　　张　482.5
字　　数　8918 千字
定　　价　2788.00 元（全七卷）

中国伦理道德发展数据库
建设委员会

中国伦理道德发展数据库
编辑委员会

总　序

东南大学的伦理学科起步于20世纪80年代前期，由著名哲学家、伦理学家萧焜焘教授、王育殊教授创立，90年代初开始组建一支由青年博士构成的年轻的学科梯队，至90年代中期，这个团队基本实现了博士化。在学界前辈和各界朋友的关爱与支持下，东南大学的伦理学科得到了较大的发展。自20世纪末以来，我本人和我们团队的同仁一直在思考和探索一个问题：我们这个团队应当和可能为中国伦理学事业的发展做出怎样的贡献？换言之，东南大学的伦理学科应当形成和建立什么样的特色？我们很明白，没有特色的学术，其贡献总是有限的。2005年，我们的伦理学科被批准为"985工程"国家哲学社会科学创新基地，这个历史性的跃进推动了我们对这个问题的思考。经过认真讨论并向学界前辈和同仁求教，我们将自己的学科特色和学术贡献点定位于三个方面：道德哲学；科技伦理；重大应用。

以道德哲学为第一建设方向的定位基于这样的认识：伦理学在一级学科上属于哲学，其研究及其成果必须具有充分的哲学基础和足够的哲学含量；当今中国伦理学和道德哲学的诸多理论和现实课题必须在道德哲学的层面探讨和解决。道德哲学研究立志并致力于道德哲学的一些重大乃至尖端性的理论课题的探讨。在这个被称为"后哲学"的时代，伦理学研究中这种对哲学的执着、眷念和回归，着实是一种"明知不可为而为之"之举，但我们坚信，它是我们这个时代稀缺的学术资源和学术努力。科技伦理的定位是依据我们这个团队的历史传统、东南大学的学科生态以及对伦理道德发展的新前沿而做出的判断和谋划。东南大学最早的研究生培养方向就是"科学伦理学"，当年我本人就在这个方向下学习和研究，而东南大学以科学技术为主体、文管艺医综合发展的学科生态，也使我们这些90年代初成长起来的"新生代"再次认识到，选择科技伦理为学科生长点是明智之举。如果说道德哲学与科技伦理的定位与我们的学科传统有关，那么，重大应用的定位就是基于对伦理学的现实本性以及为中国伦理道德建设做贡献的愿望和抱负的选择。定位"重大应用"而不是一般的"应用伦理学"，昭明我们在这方面有所为也有所不为，只是试图在伦理学应用的某些重大方面和重大领域凝聚我们的努力。

基于以上定位，在“985 工程”建设中，我们决定进行系列研究并在长期积累的基础上严肃而审慎地推出以“东大伦理”为标识的学术成果。“东大伦理”取名于两种考虑：这些系列成果的作者主要是东南大学伦理学团队的成员，有的系列也包括东南大学培养的伦理学博士生的优秀博士论文；更深刻的原因是，我们希望并努力使这些成果具有某种特色，以为中国伦理学事业的发展做出自己的贡献。“东大伦理”由六个系列构成：道德哲学研究系列；科技伦理研究系列；重大应用研究系列；与以上三个结构相关的译著系列；以丛刊形式出现并在 20 世纪 90 年代已经创刊的《伦理研究》专辑系列，该丛刊同样围绕三大定位组稿和出版；还有优秀博士论文系列。

“道德哲学系列”的基本结构是“两史一论”，即道德哲学基本理论；中国道德哲学；外国道德哲学。道德哲学理论的研究基础，不仅在概念上将“伦理”与“道德”相区分，而且在一定意义将伦理学、道德哲学、道德形而上学相区分。这些区分某种意义上回归到德国古典哲学的传统，但它更深刻地与中国道德哲学传统相契合。在这个被宣布“哲学终结”的时代，深入而细致、精致而宏大的哲学研究反倒是必需而稀缺的，虽然那个“致广大、尽精微、综罗百代”的“朱熹气象”在中国几乎已经一去不返，但这并不代表我们今天的学术已经不再需要深刻、精致和宏大气魄。中国道德哲学史、西方道德哲学史研究的理念基础，是将道德哲学史当作“哲学的历史”，而不只是道德哲学“原始的历史”和“反省的历史”，它致力探索和发现中西方道德哲学传统中那些具有“永远的现实性”的精神内涵，并在哲学层面进行中西方道德传统的对话与互释。专门史与通史，将是道德哲学史研究的两个基本维度，马克思主义的历史辩证法是其灵魂与方法。

“科技伦理系列”的学术风格与“道德哲学系列”相接并一致，它同样包括两个研究结构。第一个研究结构是科技道德哲学研究，它不是一般的科技伦理学，而是从哲学的层面、用哲学的方法进行科技伦理的理论建构和学术研究，故名之“科技道德哲学”而不是“科技伦理学”；第二个研究结构是当代科技前沿的伦理问题研究，如基因伦理研究、网络伦理研究、生命伦理研究等。第一个结构的学术任务是理论建构，第二个结构的学术任务是问题探讨，由此形成理论研究与现实研究之间的互补与互动。

“重大应用系列”以目前我作为首席专家的国家哲学社会科学重大招标课题和江苏省哲学社会科学重大委托课题为起步，以调查研究和对策研究为重点。目前我们正组织四个方面的大调查，即当今中国社会的伦理关系大调查；道德生活大调查；伦理—道德素质大调查；伦理—道德发展的经验教训及其影响因子的大调查。我们的目标和任务，是努力了解和把握当今中国伦理道德的真实状况，在此基础上进行理论推进和理论创新，为中国伦理道德建设提出具有战略意义和创新意义的对策思路。这就是我们对“重大应用”的诠释和理解，今后我们将沿着这个方向走下去，并贡献出团队和个人的研究成果。

“译著系列”、《伦理研究》丛刊，将围绕以上三个结构展开。我们试图进行的努力是：这两个系列将以学术交流，包括团队成员对国外著名大学、著名学术机构、著名学者的访问，以及高层次的国际国内学术会议为基础，以“我们正在做的事情”为主题和主线，由此凝聚自己的资源和努力。“优秀博士论文系列”将审慎地推出一些东南大学伦理学科的优秀博士论文，以检阅我们的文脉传承。

马克思曾经说过，历史只能提出自己能够完成的任务，因为任务的提出已经表明完成任务的条件已经具备或正在具备。也许，我们提出的是一个自己难以完成或不能完成的任务，因为我们完成任务的条件尤其是我本人和我们这支团队的学术资质方面的条件还远没有具备。我们期待通过漫漫兮求索乃至几代人的努力，建立起以道德哲学、科技伦理、重大应用为三原色的“东大伦理”的学术标识。这个计划所展示的，与其说是某些学术成果，不如说是我们这个团队的成员为中国伦理学事业贡献自己努力的抱负和愿望。我们无法预测结果，因为哲人罗素早就告诫，没有发生的事情是无法预料的，我们甚至没有足够的信心展望未来，我们唯一可以昭告和承诺的是：

我们正在努力！

我们将永远努力！

樊　浩

谨识于东南大学“舌在谷”

2007 年 2 月 11 日

前 言
国家需求—学术成长—学科发展的协奏

东南大学伦理学团队是中国第三个伦理学博士点，在学科建设的初期就将道德哲学、科技伦理、重大应用定位于“东大伦理”的三原色，但重大应用的“重大”如何确认？重大应用研究如何与道德哲学研究良性互动？这个学术研究和学科发展的战略问题一开始并不是很清晰，只是有一点很明确：之所以瞄准“重大”，就是要有所为有所不为，着力于理论创新和文化传承。在中国学术界，应用研究的缺陷很明显，很多是理论研究的功力不够而转向“应用”，就像高考，不少人是因为理科成绩不理想而选考文科，于是对文科学习的激情和好奇心不够，直接影响了人文社会科学教学与研究的质量。还有一个问题是，我们发现不少学者长期从事应用研究，理论研究的高度和深度明显下滑，学界所谓“上行”与“下行”之说便由此而来。在国家“985”创新基地建设的初期，在我们的学术与学科发展理念中只是知道必须“重大”，但到底何谓“重大”、如何“重大”却并不聚焦。

这一问题的自觉始于2007年。那一年，全国哲学社会科学规划办第一次启动全国范围的重大招标项目，东南大学以樊和平教授为首席专家申报的“构建社会主义和谐社会进程中的思想道德与和谐伦理的理论与实践研究”在激烈竞争中获得成功。一段时间后，江苏省哲学社会科学规划办公室委托樊和平教授作为首席专家之一，承担重大委托项目“当前我国思想道德文化多元、多样、多变的特点和规律研究”。当时，整个团队都很兴奋，同时压力也很大，更重要的是，面对这两个以前从未邂逅的“重大”项目，不知从何处下手。樊和平教授做了多种方案，一年中团队多次研讨，但总觉得难以聚焦，也难以找到突破口，最后樊和平教授决定两个课题都从国情省情的调查研究突破。然而，到底如何调查，这支从未受过调查研究系统训练的团队只是凭着青春期的那股朝气和勇气前行。樊和平教授制定了一个“‘四大结构’—‘六大群体’—‘两类地区’”的逻辑框架。“四大结构”即“四大调查”：伦理关系大调查、道德生活大调查、伦理道德素质大调查、伦理道德的影响因子大调查；“六大群体”即政府公务员群体、企业家与企业员工群体、青少年群体、青年知识分子群体、新兴群体、弱势群体；“两类地区”即在全国和江苏都分别从发达地区和发展中地区采样，在全国以江苏、广东（广东以专题调查和补充调查为主）和广西、新疆，在江苏以苏州和盐城分别代表发达地区和发展中地区。两大课题分别设总课题调查组和六大群体的子课题调查组，投放问卷一万多份，故称“万人大调查”。子课题组根据六大群体的不同情况分别设计问卷，分别召开座谈会，总课题组设计综合问卷不分群体进行综合调查和座谈。无疑，问卷设计是基础也是第一道难关，因为它不仅考验和锻炼学者将学术问题转化为现实问题的那种“入化”的学术能力和学术境界，而且必须在这个过程中打造和建立团队。据此，问题设计的基本方法是：樊和平教授设计总体框架和学术内容，然后由各子课题负责人设计四大调查和六大群体的相关内容，在此基础上集体研讨，最后由樊和平教授逐一修改定稿，最后形成了由五十多个问题构成的两大问卷，并开始了在全国和江苏的浩浩荡荡的调查研究。国家课题组分别在江苏、广西、新疆三地，以多阶层抽样的方式共投放问卷 1200 份，获得有效样本 984 份，有效回收率为 82%，其中江苏地区 417 份，新疆、广西两地区共 567 份。江苏委托项目的总课题组的调查在三地同样投放 1200 份问卷，获得有效样本 971 份，有效回收率为 81%，其中江苏 427 份，广西、新疆 544 份。六大群体中的每个课题组都投放了相当数量的调查问卷。当时，不少学者包括规划办的领导都提醒我们可能将课题展开得太大了，但团队处于高昂的热情之中，深夜从数百里之外的盐城回来，还从车厢里飘出一路歌声。调查研究最终形成了 200 多万字的研究报告和数据库《中国伦理道德报告》《中国大众意识形态报告》（中国社会科学出版社，2010 年 12 月版），首发式和成果发布会后，包括《人民日报》和《光明日报》在内的各主流媒体都以不同方式对成果做了报道和介绍，受到时任中共中央政治局常委李长春同志的关注，并作了重要批示。

首轮道德国情调查焕发了东大伦理学团队的激情，它不仅主要是由东南大学伦理学团队组织和完成，而且主要是用伦理学的方法进行调查研究。首轮道德国情调查的重要尝试和进展是在问卷设计上做出了原创性的理论探索，但是在此过程中也暴露了这支团队在学术体制和能力结构上社会学素养方面的短板。为此，我们一方面进行知识学习，请社会调查的著名社会学家做学术辅导；另一方面着手组建一支新型的国际化的社会学团队。于是，在道德国情调查研究的过程中，一支来自世界各社会学重镇的知识结构和学术视野全新的优秀青年社会学团队暨东南大学社会学系诞生了，它从一开始便与伦理学团队交会，这一交会赋予两个团队、两个学科以特殊的活力与魅力。伦理学团队找到“道德哲学”与“重大应用”的结合点，形成了“道德国情与道德哲学前沿”江苏省创新团队，这个团队的目标和气派是“顶天立地”，方法和境界是在道德国情的调查研究中发现道德哲学前沿，而不再是从理论到理论，从热点到热点，更不是跟风西方学术，而是摆脱西方学术的路径信赖，将“前沿”与“热点”相区分，将“重大应用”聚力于道德国情的调查研究，在调查研究的基础上发现前沿，进行尖端性的道德哲学理论创新。

2013 年，“东大伦理”团队依托“公民道德与社会风尚”协同创新研究中心“2011 项目”和江苏省决策咨询基地“道德国情调查研究中心”，开展了第二轮江苏道德省情和中国道德国情调查。江苏调查由社会学系第一任系主任李林艳博士领衔，在 2007 年调查问卷的基础上补充一些新内容，并将整个问卷“社会学化”，使之更专业。江苏省省委常委、宣传部部长王燕文决定，全国调查搭载中国人民大学中国调查与数据中心的 CGSS 项目进行，CGSS（China General Social Survey）是中国人民大学社会学系和香港科技大学社会科学部发起的一项全国范围的大型抽样调查项目。2013 年为中国综合社会调查（CGSS）第二期（2010—2019）的第 4 次年度调查，也是 CGSS 自 2003 年开始以来的第 10 年。本次调查在全国一共抽取了 100 个县（区），加上北京、上海、天津、广州和深圳 5 个大城市，作为初级抽样单元。其中在每个抽中的县（区），随机抽取 4 个居委会或村委会；在每个居委会或村委会又计划调查 25 个家庭；在每个抽取的家庭，随机抽取一人进行访问。而在北京、上海、天津、广州和深圳这 5 个大城市，一共抽取 80 个居委会；在每个居委会计划调查 25 个家庭；在每个抽取的家庭，随机抽取一人进行访问。这样，在全国一共调查 480 个村/居委会，每个村/居委会调查 25 个家庭，每个家庭随机调查 1 人，最终完成有效调查样本 5666 个。江苏省道德省情调查项目由东南大学道德国情调查中心和社会学系具体实施，调查采用多阶段抽样方法，按照经济发展水平和地理位置进行分类。先把所有地级市分为三类，南京单独成一类，把其他地级市按照人均 GDP 高低分成两类，即人均 GDP 较高和较低两类。然后用概率比例规模抽样（PPS）在经济发展水平较高和较低这两大类中分别抽取了无锡市和连云港市，由此产生了南京、无锡和连云港三个地级市抽样样本。在每个地级市中，把城乡分开、按照 PPS 方法抽取两个区县，在每个区县中采用 PPS 方法抽取两个街道/乡镇，最后在每个街道/乡镇中采用 PPS 方法抽取两个社区（居委会/村委会）。随后利用社区常住人口名单进行系统抽样，每个社区抽取 50—60 户进行调查。因此，最终抽中了 3 个地级市中的 6 个区县、12 个街道/乡镇、24 个社区。入户问卷调查于 2013 年 9 月 5—15 日、11

月 9 日进行，访谈员主要是东南大学人文学院社会学系师生。入户之后，调查员利用 KISH 表抽取户内 18—69 岁的 1 名被访者进行面访。最终完成 1281 份调查问卷，其中南京完成问卷 446 份，无锡完成 443 份，连云港完成 392 份。第二次道德国情与道德省情调查，借助专业的社会学调查机构和调查团队进行，为中国道德国情与江苏道德省情调查提供更为专业的调研平台。但是在此过程中也经历了十分艰难的磨合，在与中国人民大学合作意向确定之后，樊和平教授就问卷中每个问题的主题及试图获得的相关信息，逐一与南京大学社会学家吴愈晓教授进行研讨，从而共同讨论出双方可以接受的问卷方式。在此过程中，伦理学与社会学两个学科的专家有学术交锋，乃至有不见面的学术争吵，社会学似乎认为伦理学主观并难以操作，而伦理学认为这是以社会学的偶然性代替伦理学的主观性，深度不够。然而，正是经过磨合甚至争吵，我们的国情调查才真正既有伦理学的主题和立场，又有社会学的味道。

2015 年 10 月，东南大学伦理学团队成为江苏省首批重点高端智库“道德发展智库”，它以“道德发展研究院”为依托，以东南大学伦理学科为牵头单位，与“公民道德与社会风尚协同创新中心”合而为一，与江苏省委宣传部、北京大学世界伦理中心、吉林大学马克思主义基本理论教育部重点研究基地、华东师范大学中国传统思想文化研究所教育部重点研究基地、中山大学马克思主义与中国现代化教育部重点研究基地、中国人民大学伦理学与道德建设教育部重点研究基地合作，进行协同创新。道德发展智库成立后，江苏省委宣传部、江苏省文明办与东南大学伦理学团队在全国首创《江苏省道德发展测评体系》，该测评体系由李林艳博士为课题负责人，先后经过十一轮的艰难探索和修改。测评体系主要包括“主流价值引领”“崇德向善风尚”“人文精神培育”“道德突出问题治理”和“政策法规保障”5 大类 23 项测评内容。2016 年 8 月，以江苏省道德发展测评体系为指南，道德发展智库与江苏省委宣传部、江苏省文明办协同，组织 320 多位师生，由人文学院院长王珏教授为行政总负责，社会学系龙书芹博士在一线指挥，对江苏全省 13 个设区市、41 个县（市），共抽中了 70 个区县、139 个街道、248 个社区，进行覆盖全省万户家庭的首轮江苏道德发展测评与第三轮道德省情大调查。第三次江苏道德省情调查总样本量 7000 份，其中有效样本量为 6355 份（成人问卷），同时完成青少年问卷 704 份。2017 年 9 月 19 日，在第 15 个公民道德宣传日来临之际，江苏省文明办和东南大学道德发展智库联合发布 2016 年江苏省道德发展状况测评指数报告。此次调查主要由东南大学伦理学团队与社会学团队合作完成，同时也是学术研究与社会服务相结合的智库合作尝试。

2017年，江苏省委宣传部、江苏省文明办与道德发展智库深入合作，开展“2017年全国和江苏省道德发展状况调查”。调查以“道德发展”理念为核心，先由樊和平教授进行理念和理论研究，形成并发表《伦理道德，如何才是发展?》的长篇学术论文，论证“以发展看待道德”的理念，提出“七力”的调查研究的理论体系和问卷框架，即：公民道德的自主力、家庭伦理的承载力、集团伦理的建构力、社会伦理的凝聚力、政府伦理的公信力、生态伦理的亲和力、世界伦理的兼容力。由此，测评当代中国伦理道德发展的“七大指数”，即公民的道德自觉自持指数、家庭的伦理承载力指数、集团的伦理可靠性指数、社会的伦理凝聚力指数、政府的伦理公信力指数、生态的伦理亲和力指数、文化的伦理魅力指数。在“伦理道德，如何才是发展”的理论框架的基础上，伦理学与社会学团队相整合，分部分进行问卷设计，以此推进团队建设和个体学术发展，锻炼和提升学者和团队“顶天立地”的学术能力，最后由樊和平教授逐一修改，定稿问卷。虽然过程漫长并十分艰苦，足够让那些耐心和耐力不够的学者望而却步，但在此过程中大家明显感到，学者和团队又一次进步了。江苏省省委常委、宣传部部长王燕文再次决定，此次调查过程由北京大学政府管理学院中国国情研究中心通过招标完成，东南大学伦理团队进行全程合作和全程监督。为解决流动人口的覆盖偏差问题，调查采用“GPS/GIS辅助的地址抽样”（GPS Assistant Area Sampling）方法，以单元格内人口数为规模度量（Measure of Size），按照分层、多阶段的概率与规模成比例的方法（Probabilities Proportional to Size，PPS）进行选取。调查团队于2017年8—11月在全国29个省（自治区、直辖市）、89个市、143个县（市）进行抽样调查，派出督导员30人，访员185人。中国道德国情调查实际共抽取了13358个符合调查资格的住宅单位，完成了8755个有效样本，有效回答率为65.5%；江苏道德省情调查实际共抽取了6523个符合调查资格的住宅单位，完成了4362个有效样本，有效回答率为66.9%，同时完成青少年样本576个。调查由人文学院院长王珏为行政总负责，道德发展研究院庞俊来副院长负责执行。第三次道德国情与第四次道德省情调查进一步完善了道德国情与道德省情调查的问卷体系，积极探索了适合当代中国的道德发展状况的伦理道德调查理论与社会调查实践方法。

目前，东南大学伦理学团队已经完成三轮中国道德国情调查（2007年、2013年、2017年），四轮江苏道德省情调查（2007年、2013年、2016年、2017年）。东南大学道德发展研究院对所有调查数据全部进行复核，并以大众可以接受的方式呈现，以直接服务于政府决策、大众需求和理论研究。2018年，为纪念改革开放40周年，东南大学道德发展智库决定出版“中国伦理道德国情数据库”系列，记录这个伟大时代、伟大民族的道德发展历程。数据库的建设由庞俊来、龙书芹、李林艳具体负责，樊和平、王珏总负责。我们的目标和抱负是：将中国伦理道德国情数据库做成服务政府决策和学术研究的最全面、最专业、最权威的数据库。显然，我们和最终目标的实现还有相当距离，但我们的承诺一如既往——

我们正在努力！

我们将永远努力！

樊　浩

2018年9月10日

总 目 录

中国伦理道德发展数据库·第一卷
伦理道德国情调查的问卷设计与初始数据库（2007年）

本卷编著责任专家：徐　嘉

上篇　伦理道德国情调查问卷设计与行动方案

下篇　伦理道德发展初始数据库（2007 年·中国与江苏）

中国伦理道德发展数据库·第二卷
伦理道德发展的大众共识与群体差异数据库（2013 年）

本卷编著责任专家：李林艳

上篇　2013 年中国伦理道德发展数据库

下篇　2013 年江苏省伦理道德发展数据库

中国伦理道德发展数据库·第三卷
伦理道德发展的大众共识与群体差异数据库（中国·2017年）

本卷编著责任专家：庞俊来

中国伦理道德发展数据库·第四卷
伦理道德发展的大众共识与群体差异数据库（江苏省·2016年）

本卷编著责任专家：龙书芹

中国伦理道德发展数据库·第五卷
伦理道德发展的大众共识与群体差异数据库（江苏省·2017年）

本卷编著责任专家：蒋艳艳

中国伦理道德发展数据库·第六卷
中国伦理道德发展的时序差异比较数据库（2007—2017）

本卷编著责任专家：许　敏

中国伦理道德发展数据库·第七卷
伦理道德发展的大众共识与地域差异比较数据库

本卷编著责任专家：洪岩壁

第三卷目录

（上）

（中）

（下）

第一章　2017 年中国伦理道德发展状况频数分析表

A. 个人基本信息

gender 受访对象的性别

		频数	百分比	有效百分比	累计百分比
有效	女性	4660	53. 2%	53. 2%	53. 2%
	男性	4095	46. 8%	46. 8%	100. 0%
	总计	8755	100. 0%	100. 0%	

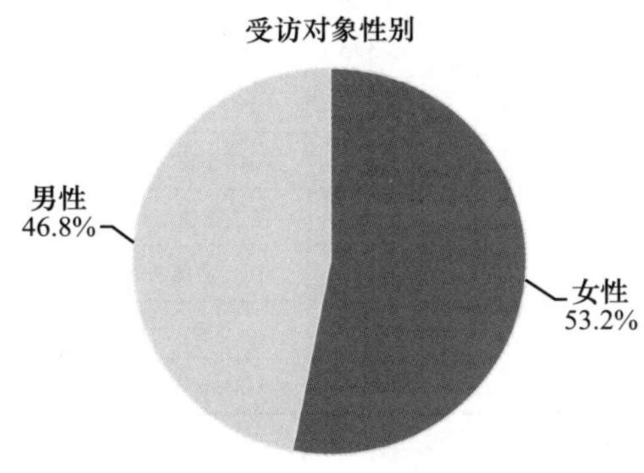

A1 年龄

		频数	百分比	有效百分比	累计百分比
有效	18 岁以下	167	1. 9%	1. 9%	1. 9%
	18—25 岁	942	10. 8%	10. 8%	12. 7%
	26—35 岁	1755	20. 0%	20. 0%	32. 7%
	36—50 岁	2762	31. 5%	31. 5%	64. 3%
	51 岁以上	3129	35. 7%	35. 7%	100. 0%
	总计	8755	100. 0%	100. 0%	

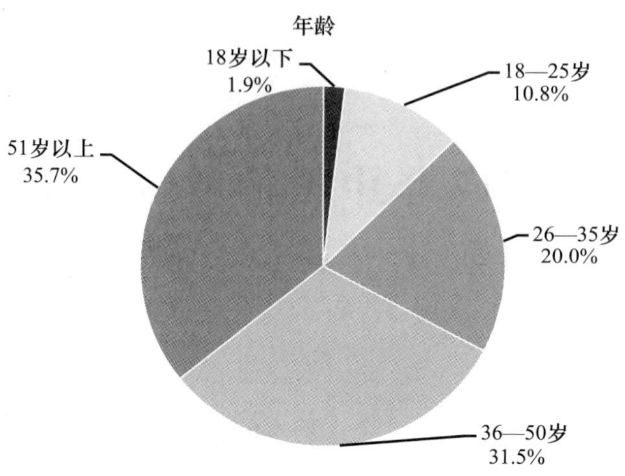

A2a 您在本市生活了多少年?

您在本市生活了多少年					
		频数	百分比	有效百分比	累计百分比
有效	10 年及以下	840	9.6%	9.6%	9.6%
	11—20 年	638	7.3%	7.3%	16.9%
	21—30 年	1339	15.3%	15.3%	32.2%
	31—40 年	1383	15.8%	15.8%	48.0%
	41—50 年	1694	19.3%	19.4%	67.3%
	51—60 年	1761	20.1%	20.1%	87.5%
	61 年以上	1097	12.5%	12.5%	100.0%
	Total	8752	100.0%	100.0%	
缺失	System	3	.0%		
总计		8755	100.0%		

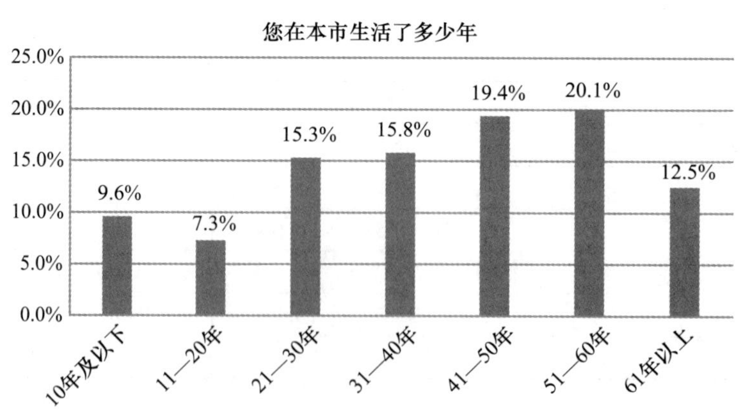

A2b 您在现在这个住址住了多长时间？

您在现在这个住址住了多长时间					
		频数	百分比	有效百分比	累计百分比
有效	10 年及以下	2589	29.6%	29.6%	29.6%
	11—20 年	1020	11.7%	11.7%	41.2%
	21—30 年	1119	12.8%	12.8%	54.0%
	31—40 年	894	10.2%	10.2%	64.2%
	41—50 年	1084	12.4%	12.4%	76.6%
	51—60 年	1226	14.0%	14.0%	90.6%
	61 年以上	823	9.4%	9.4%	100.0%
总计		8755	100.0%	100.0%	

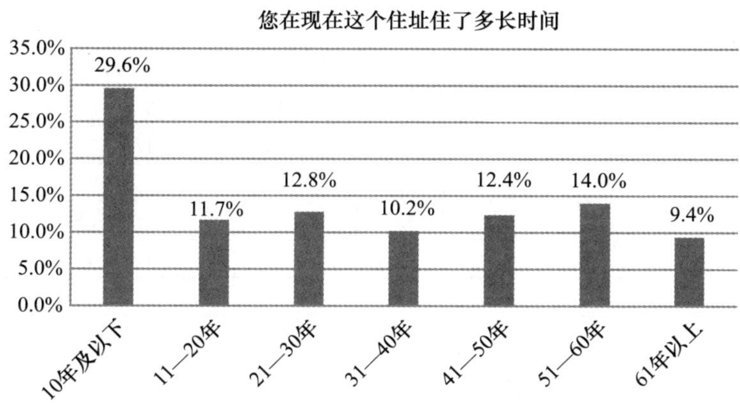

A3 您是在农村、小城镇，还是城市长大的

		频数	百分比	有效百分比	累计百分比
有效	农村	6194	70.7%	72.0%	72.0%
	小城镇	1039	11.9%	12.1%	84.1%
	城市	1369	15.6%	15.9%	100.0%
	总计	8602	98.3%	100.0%	
缺失	不知道	12	0.1%		
	拒绝回答	141	1.6%		
	总计	153	1.7%		
总计		8755	100.0%		

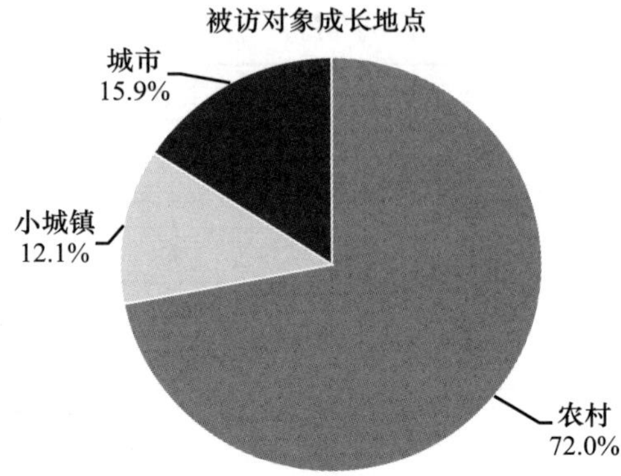

A4a 您上过多少年学

		频数	百分比	有效百分比	累计百分比
有效	0	307	3.5%	3.6%	3.6%
	1	47	0.5%	0.5%	4.1%
	2	160	1.8%	1.9%	6.0%
	3	196	2.2%	2.3%	8.3%
	4	164	1.9%	1.9%	10.2%
	5	641	7.3%	7.5%	17.7%
	6	924	10.6%	10.8%	28.5%
	7	111	1.3%	1.3%	29.8%
	8	549	6.3%	6.4%	36.2%
	9	1999	22.8%	23.4%	59.6%
	10	166	1.9%	1.9%	61.6%
	11	230	2.6%	2.7%	64.2%
	12	1597	18.2%	18.7%	82.9%
	13	128	1.5%	1.5%	84.4%
	14	185	2.1%	2.2%	86.6%
	15	501	5.7%	5.9%	92.4%
	16	456	5.2%	5.3%	97.8%
	17	64	0.7%	0.7%	98.5%
	18	59	0.7%	0.7%	99.2%
	19	34	0.4%	0.4%	99.6%
	20	13	0.1%	0.2%	99.8%
	21	6	0.1%	0.1%	99.8%
	22	8	0.1%	0.1%	99.9%
	23	5	0.1%	0.1%	100.0%
	24	2			100.0%
	总计	8552	97.7%	100.0%	

续表

		频数	百分比	有效百分比	累计百分比
缺失	拒绝回答	203	2.3%		
总计		8755	100.0%		

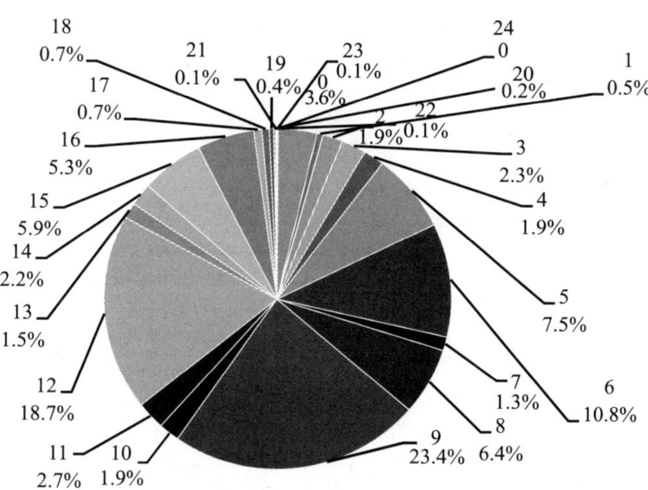

A4b 您的最高学历是什么

		频数	百分比	有效百分比	累计百分比
有效	小学以下	749	8.6%	8.6%	8.6%
	小学	1759	20.1%	20.2%	28.7%
	初中	2724	31.1%	31.2%	60.0%
	高中	1702	19.4%	19.5%	79.5%
	职高/中专	410	4.7%	4.7%	84.2%
	大专	614	7.0%	7.0%	91.2%
	大学	661	7.5%	7.6%	98.8%
	硕士	72	0.8%	0.8%	99.6%
	博士	33	0.4%	0.4%	100.0%
	总计	8724	99.6%	100.0%	
缺失	拒绝回答	31	0.4%		
总计		8755	100.0%		

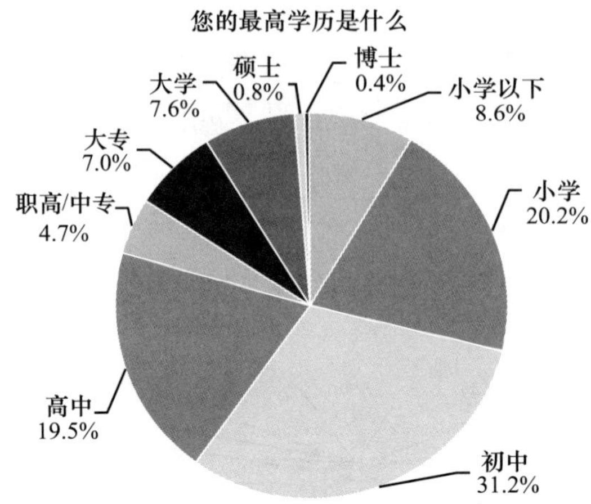

A5 您现在的户口属于下列哪一种

		频数	百分比	有效百分比	累计百分比
有效	本市农业户口	5218	59.6%	59.9%	59.9%
	本市非农户口	2763	31.6%	31.7%	91.6%
	外地农业户口	553	6.3%	6.3%	98.0%
	外地非农户口	176	2.0%	2.0%	100.0%
	总计	8710	99.5%	100.0%	
缺失	拒绝回答	45	0.5%		
总计		8755	100.0%		

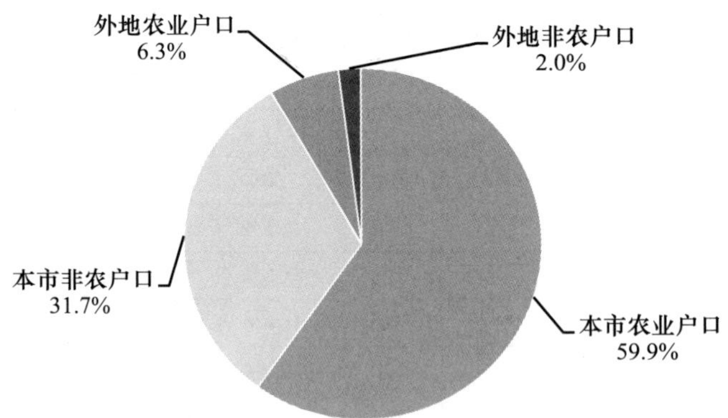

A6 您的户口本上是现在住的地址吗

		频数	百分比	有效百分比	累计百分比
有效	是	6646	75.9%	85.2%	85.2%
	否	1158	13.2%	14.8%	100.0%
	总计	7804	89.1%	100.0%	
缺失	不适用	729	8.3%		
	拒绝回答	222	2.5%		
	总计	951	10.9%		
总计		8755	100.0%		

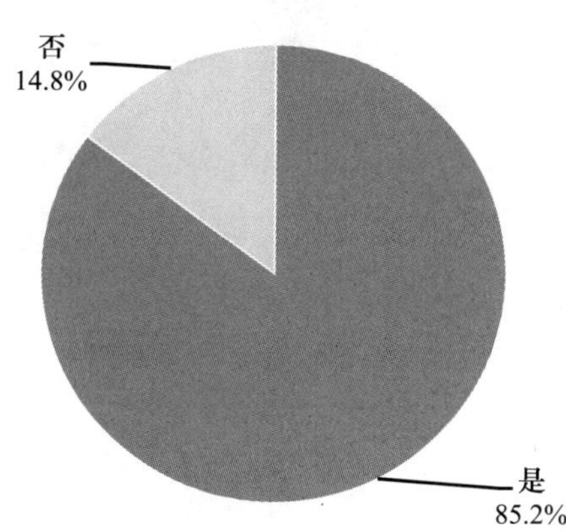

A7 您的户口所在地和现在的住址相比较，符合下列哪一种情况

		频数	百分比	有效百分比	累计百分比
有效	与现住址不同省/自治区/直辖市	488	5.6%	25.0%	25.0%
	与现住址同省/自治区/直辖市，不同地级市	267	3.0%	13.7%	38.6%
	与现住址同省/自治区/直辖市，同地级市，不同市辖区/县	323	3.7%	16.5%	55.2%
	与现住址同省/自治区/直辖市，同地级市，同市辖区/县，不同乡镇/街道	736	8.4%	37.7%	92.8%
	与现住址同街道/乡镇	140	1.6%	7.2%	100.0%
	总计	1954	22.3%	100.0%	

续表

		频数	百分比	有效百分比	累计百分比
缺失	不适用	6646	75.9%		
	不知道	6	0.1%		
	拒绝回答	149	1.7%		
	总计	6801	77.7%		
总计		8755	100.0%		

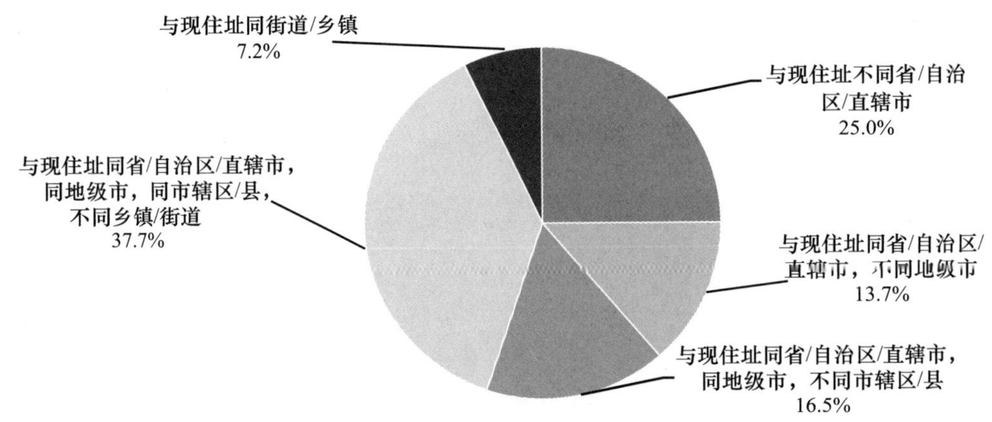

A8 您的民族是

		频数	百分比	有效百分比	累计百分比
有效	汉族	8131	92.9%	93.1%	93.1%
	蒙古族	74	0.8%	0.8%	93.9%
	满族	38	0.4%	0.4%	94.4%
	回族	158	1.8%	1.8%	96.2%
	藏族	26	0.3%	0.3%	96.5%
	壮族	85	1.0%	1.0%	97.5%
	彝族	31	0.4%	0.4%	97.8%
	侗族	111	1.3%	1.3%	99.1%
	布依族	65	0.7%	0.7%	99.8%
	其他	15	0.2%	0.2%	100.0%
	总计	8734	99.8%	100.0%	
缺失	拒绝回答	21	0.2%		
总计		8755	100.0%		

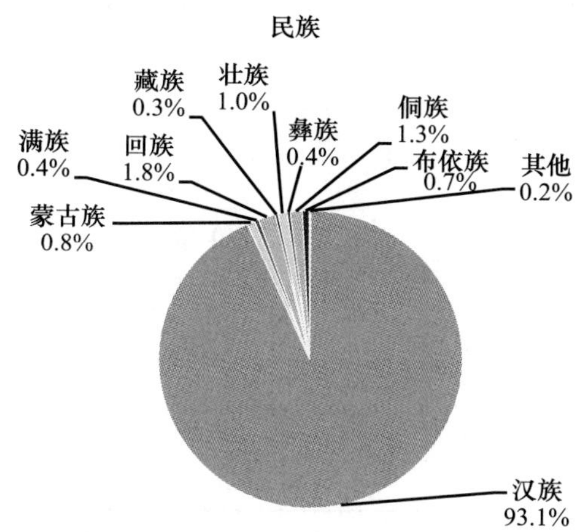

A9a 您有宗教信仰吗

		频数	百分比	有效百分比	累计百分比
有效	有	740	8. 5%	8. 5%	8. 5%
	没有	7936	90. 6%	91. 5%	100. 0%
	总计	8676	99. 1%	100. 0%	
缺失	拒绝回答	79	0. 9%		
总计		8755	100. 0%		

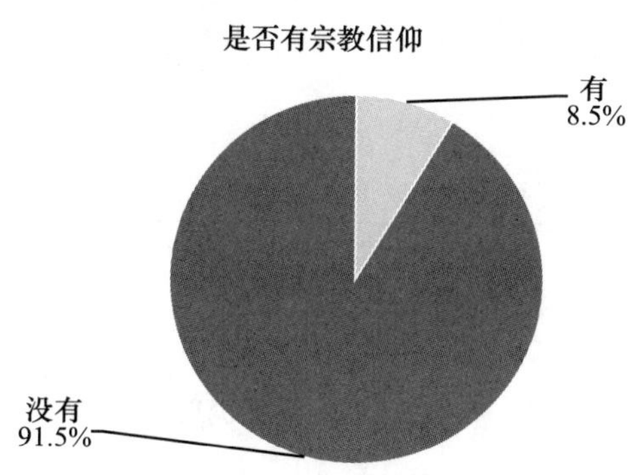

A9b 您信仰什么宗教

		频数	百分比	有效百分比	累计百分比
有效	佛教	347	4. 0%	47. 7%	47. 7%
	道教	30	0. 3%	4. 1%	51. 9%
	伊斯兰教/回教	137	1. 6%	18. 8%	70. 7%

续表

		频数	百分比	有效百分比	累计百分比
有效	民间信仰	29	0.3%	4.0%	74.7%
	天主教	65	0.7%	8.9%	83.6%
	基督教	110	1.3%	15.1%	98.8%
	其他（请说明）	9	0.1%	1.2%	100.0%
	总计	727	8.3%	100.0%	
缺失	不适用	7936	90.6%		
	拒绝回答	92	1.1%		
	总计	8028	91.7%		
总计		8755	100.0%		

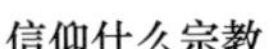

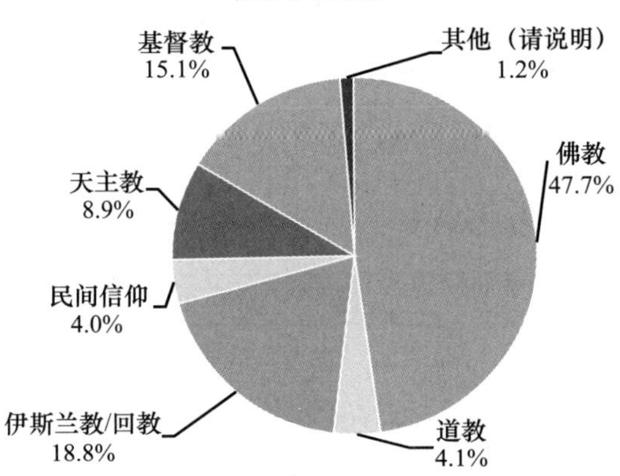

A10 您目前的具体职业是

		频数	百分比	有效百分比	累计百分比
有效	办事人员（如办公室普通职员、业务人员）	728	8.3%	8.4%	8.4%
	服务人员（如营业员、保安、收银员等）	783	8.9%	9.0%	17.4%
	做小生意（如卖菜、开小餐馆等）	972	11.1%	11.2%	28.6%
	流动小贩	100	1.1%	1.2%	29.7%
	体力工人（勤杂工、搬运工等）	623	7.1%	7.2%	36.9%
	技术工人/维修人员/手工艺人	938	10.7%	10.8%	47.7%
	企业领导/公司老板	34	0.4%	0.4%	48.1%
	企业中层管理人员	123	1.4%	1.4%	49.5%

续表

		频数	百分比	有效百分比	累计百分比
有效	教师、医生、科研/技术/工程人员	387	4.4%	4.5%	53.9%
	事业单位领导	42	0.5%	0.5%	54.4%
	文化、艺术、体育从业人员	46	0.5%	0.5%	54.9%
	普通公务员	88	1.0%	1.0%	56.0%
	机关干部（科级及以上）	22	0.3%	0.3%	56.2%
	军人/警察	15	0.2%	0.2%	56.4%
	农民/牧民	2466	28.2%	28.4%	84.7%
	无业/失业/下岗	817	9.3%	9.4%	94.1%
	从未工作过	509	5.8%	5.9%	100.0%
	总计	8693	99.3%	100.0%	
缺失	拒绝回答	62	0.7%		
总计		8755	100.0%		

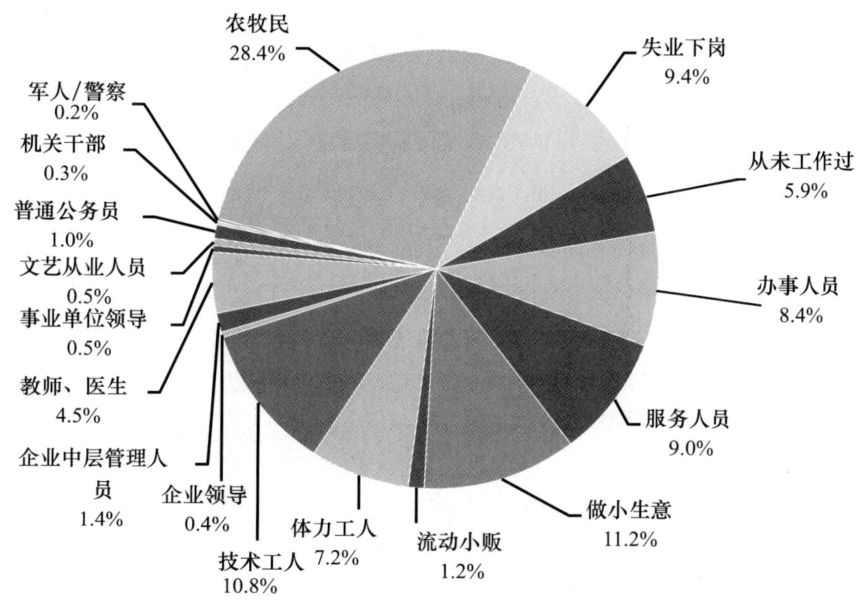

B. 总体认知与判断

B1 过去一年，您对以下媒体的使用情况是

	从不	很少	有时	经常	非常频繁	平均数
纸质报纸	5749	1912	735	240	38	1.49
纸质杂志	6045	1716	690	188	20	1.43
广播	5465	1818	963	344	45	1.57
电视	230	1029	2208	3602	1598	3.61
政府网站	5948	1416	720	367	85	1.50
社交媒体（微博、微信、博客、播客等）	2654	709	1277	2571	1410	2.93
新媒体（如数字报纸、移动电视等）	4752	1484	1050	823	402	1.90

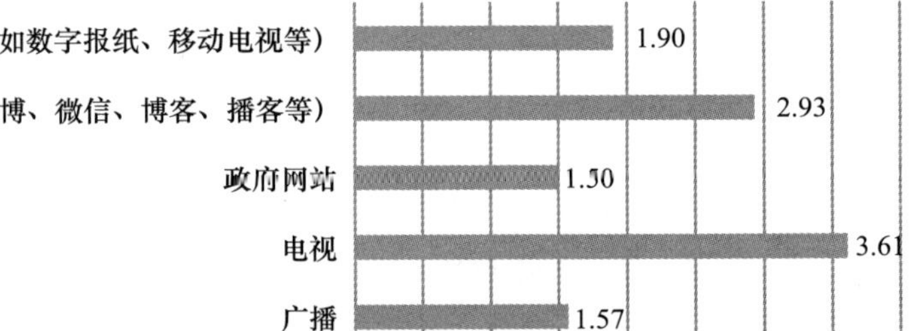

B1a 过去一年，您对纸质报纸的使用情况是

		频数	百分比	有效百分比	累计百分比
有效	从不	5749	65.7%	66.3%	66.3%
	很少	1912	21.8%	22.0%	88.3%
	有时	735	8.4%	8.5%	96.8%
	经常	240	2.7%	2.8%	99.6%
	非常频繁	38	0.4%	0.4%	100.0%
	总计	8674	99.1%	100.0%	
缺失	不知道	20	0.2%		
	拒绝回答	61	0.7%		
	总计	81	0.9%		
总计		8755	100.0%		

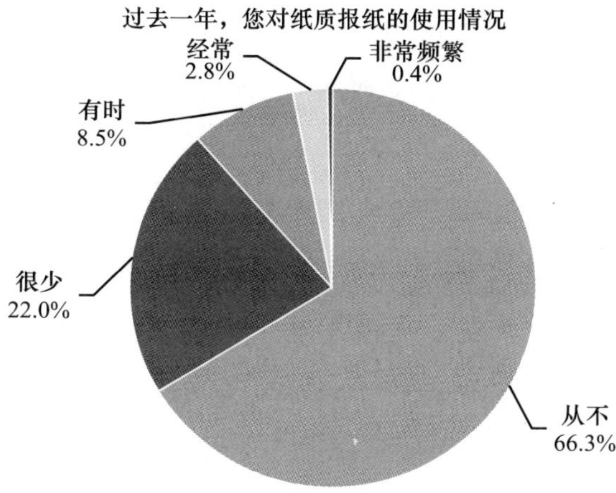

B1b 过去一年，您对纸质杂志的使用情况是

		频数	百分比	有效百分比	累计百分比
有效	从不	6045	69.0%	69.8%	69.8%
	很少	1716	19.6%	19.8%	89.6%
	有时	690	7.9%	8.0%	97.6%
	经常	188	2.1%	2.2%	99.8%
	非常频繁	20	0.2%	0.2%	100.0%
	总计	8659	98.9%	100.0%	
缺失	不知道	21	0.2%		
	拒绝回答	75	0.9%		
	总计	96	1.1%		
总计		8755	100.0%		

过去一年，您对纸质杂志的使用情况

经常
2.2%
非常频繁
0.2%
有时
8.0%
很少
19.8%
从不
69.8%

B1c 过去一年，您对广播的使用情况是

		频数	百分比	有效百分比	累计百分比
有效	从不	5465	62.4%	63.3%	63.3%
	很少	1818	20.8%	21.1%	84.3%
	有时	963	11.0%	11.2%	95.5%
	经常	344	3.9%	4.0%	99.5%
	非常频繁	45	0.5%	0.5%	100.0%
	总计	8635	98.6%	100.0%	
缺失	不知道	19	0.2%		
	拒绝回答	101	1.2%		
	总计	120	1.4%		
总计		8755	100.0%		

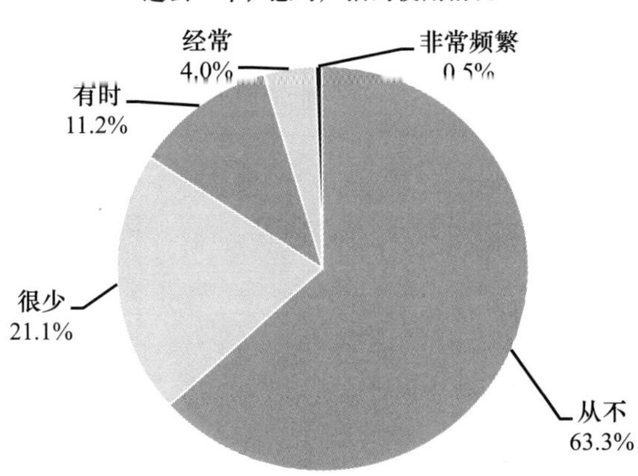

B1d 过去一年，您对电视的使用情况是

		频数	百分比	有效百分比	累计百分比
有效	从不	230	2.6%	2.7%	2.7%
	很少	1029	11.8%	11.9%	14.5%
	有时	2208	25.2%	25.5%	40.0%
	经常	3602	41.1%	41.6%	81.6%
	非常频繁	1598	18.3%	18.4%	100.0%
	总计	8667	99.0%	100.0%	

续表

		频数	百分比	有效百分比	累计百分比
缺失	不知道	11	0.1%		
	拒绝回答	77	0.9%		
	总计	88	1.0%		
总计		8755	100.0%		

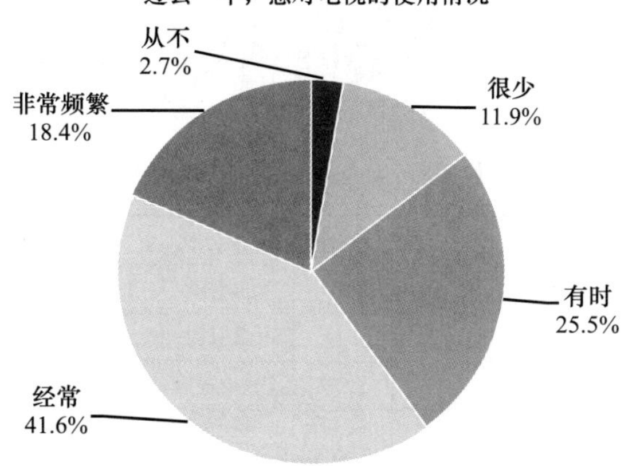

B1e 过去一年，您对各种政府网站的使用情况是

		频数	百分比	有效百分比	累计百分比
有效	从不	5948	67.9%	69.7%	69.7%
	很少	1416	16.2%	16.6%	86.3%
	有时	720	8.2%	8.4%	94.7%
	经常	367	4.2%	4.3%	99.0%
	非常频繁	85	1.0%	1.0%	100.0%
	总计	8536	97.5%	100.0%	
缺失	不知道	62	0.7%		
	拒绝回答	157	1.8%		
	总计	219	2.5%		
总计		8755	100.0%		

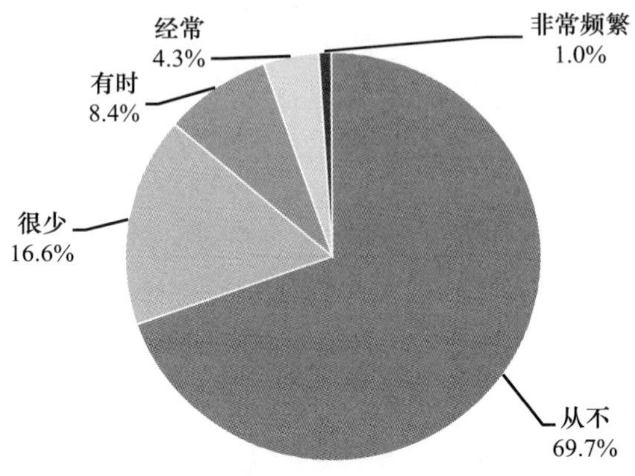

B1f 过去一年，您对社交媒体（微博、微信、博客、播客等）的使用情况是

		频数	百分比	有效百分比	累计百分比
有效	从不	2654	30.3%	30.8%	30.8%
	很少	709	8.1%	8.2%	39.0%
	有时	1277	14.6%	14.8%	53.8%
	经常	2571	29.4%	29.8%	83.6%
	非常频繁	1410	16.1%	16.4%	100.0%
	总计	8621	98.5%	100.0%	
缺失	不知道	56	0.6%		
	拒绝回答	78	0.9%		
	总计	134	1.5%		
总计		8755	100.0%		

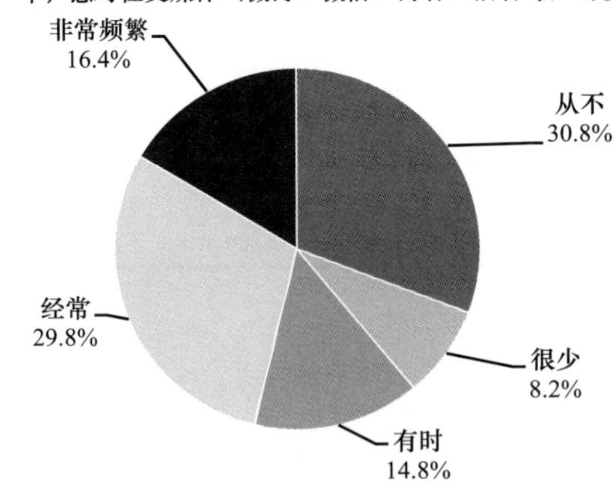

B1g 过去一年，您对新媒体（如数字报纸、移动电视等）的使用情况是

		频数	百分比	有效百分比	累计百分比
有效	从不	4752	54.3%	55.8%	55.8%
	很少	1484	17.0%	17.4%	73.3%
	有时	1050	12.0%	12.3%	85.6%
	经常	823	9.4%	9.7%	95.3%
	非常频繁	402	4.6%	4.7%	100.0%
	总计	8511	97.2%	100.0%	
缺失	不理解题意	2			
	不知道	151	1.7%		
	拒绝回答	91	1.0%		
	总计	244	2.8%		
总计		8755	100.0%		

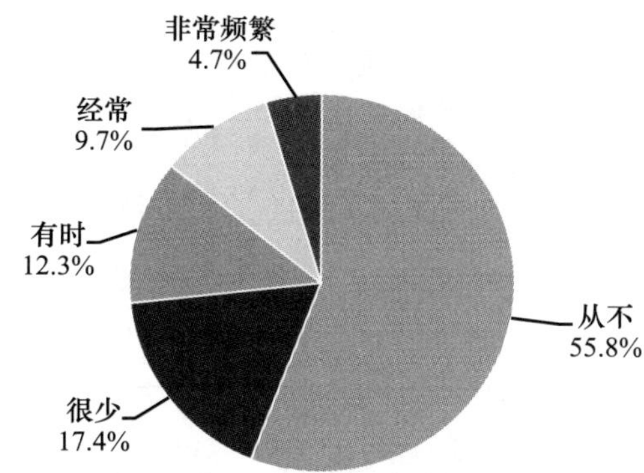

B2 跟五年前相比，您觉得自己的社会经济地位有什么变化

		频数	百分比	有效百分比	累计百分比
有效	上升了	4025	46.0%	48.9%	48.9%
	差不多	3649	41.7%	44.3%	93.2%
	下降了	559	6.4%	6.8%	100.0%
	总计	8233	94.0%	100.0%	
缺失	不知道	493	5.6%		
	拒绝回答	29	0.3%		
	总计	522	6.0%		
总计		8755	100.0%		

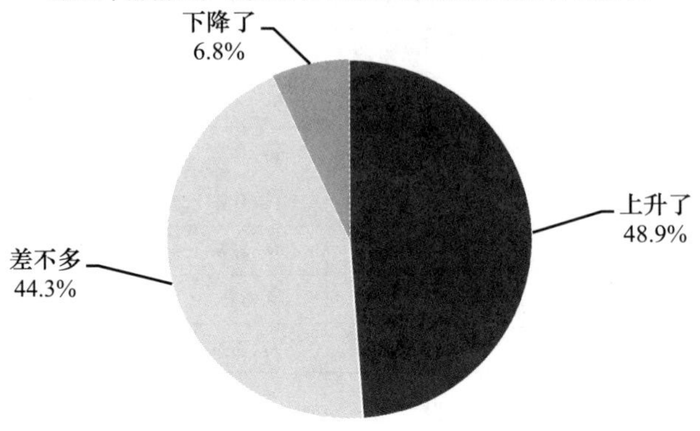

B3 您感觉在未来的五年中，您的生活水平将会有什么变化

		频数	百分比	有效百分比	累计百分比
有效	上升很多	1400	16.0%	18.4%	18.4%
	略有上升	4881	55.8%	64.1%	82.5%
	没有变化	1089	12.4%	14.3%	96.8%
	略有下降	186	2.1%	2.4%	99.2%
	下降很多	60	0.7%	0.8%	100.0%
	总计	7616	87.0%	100.0%	
缺失	不知道	1090	12.5%		
	拒绝回答	49	0.6%		
	总计	1139	13.0%		
总计		8755	100.0%		

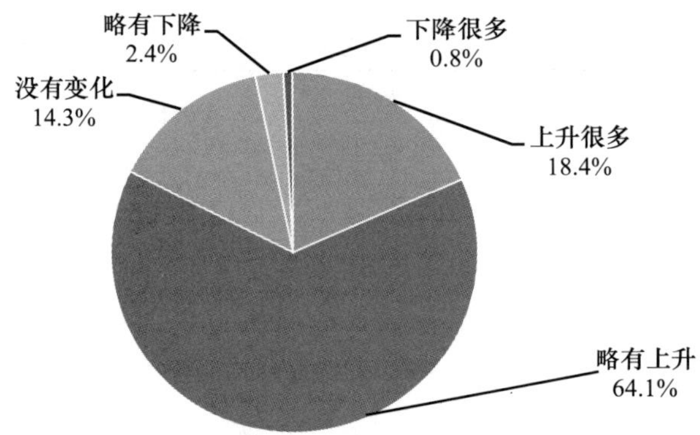

B4 总的来说，您觉得目前的生活幸福吗

		频数	百分比	有效百分比	累计百分比
有效	非常不幸福	116	1.3%	1.3%	1.3%
	不太幸福	431	4.9%	4.9%	6.3%
	谈不上幸福不幸福	1768	20.2%	20.3%	26.5%
	比较幸福	5338	61.0%	61.2%	87.7%
	非常幸福	1069	12.2%	12.3%	100.0%
	总计	8722	99.6%	100.0%	
缺失	拒绝回答	33	0.4%		
总计		8755	100.0%		

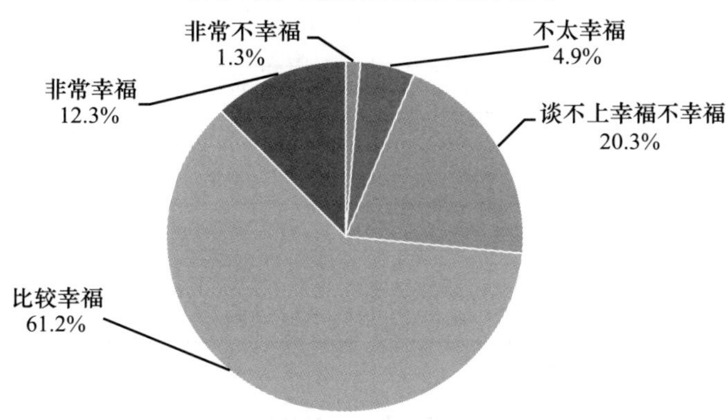

B5 您对自己目前的生活状态满意吗

		频数	百分比	有效百分比	累计百分比
有效	非常满意	1073	12.3%	12.5%	12.5%
	比较满意	6241	71.3%	72.7%	85.2%
	不太满意	1192	13.6%	13.9%	99.1%
	非常不满意	76	0.9%	0.9%	100.0%
	总计	8582	98.0%	100.0%	
缺失	不知道	141	1.6%		
	拒绝回答	32	0.4%		
	总计	173	2.0%		
总计		8755	100.0%		

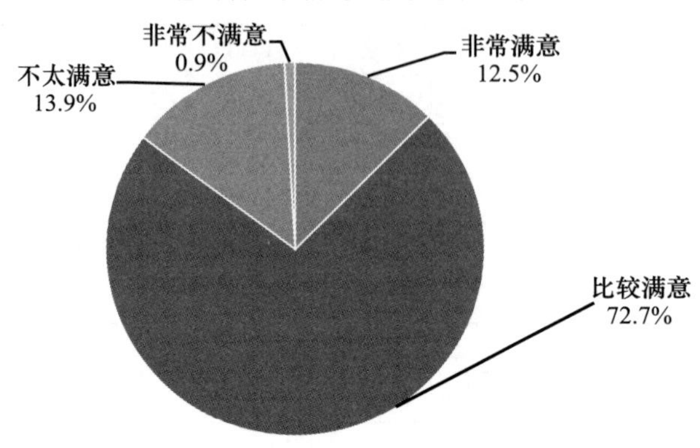

B6 社会上发生的一些事情，您一般是从什么渠道最先知道的

	频数	百分比
电视	5611	64. 6%
报纸	281	3. 2%
电台广播	181	2. 1%
微博、微信等网络社交媒介	3239	37. 3%
网络	2374	27. 3%
和朋友、亲友、同事交谈	2251	25. 9%
单位传达	81	0. 9%

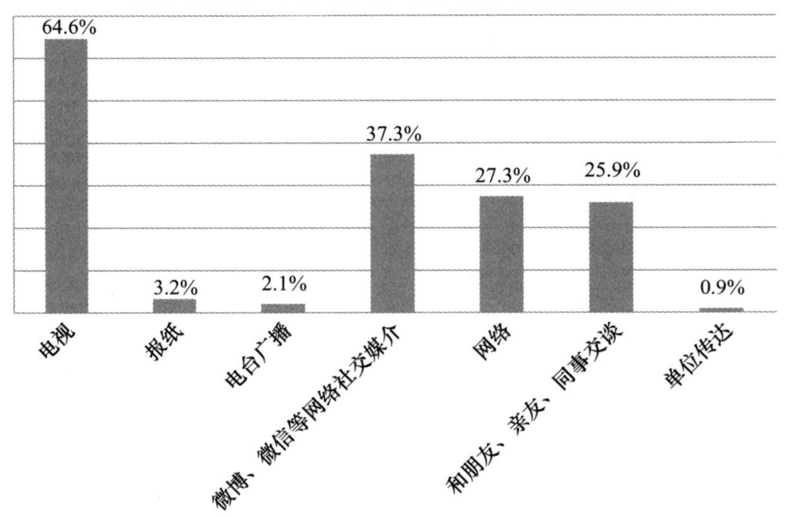

B7 从网络中获得的信息对您的思想行为有多大程度的影响

		频数	百分比	有效百分比	累计百分比
有效	影响很大	1428	16.3%	22.2%	22.2%
	有一些影响	3452	39.4%	53.6%	75.8%
	影响很小	1218	13.9%	18.9%	94.7%
	完全没有影响	342	3.9%	5.3%	100.0%
	总计	6440	73.6%	100.0%	
缺失	不适用，因为不上网	1989	22.7%		
	不知道	299	3.4%		
	拒绝回答	27	0.3%		
	总计	2315	26.4%		
总计		8755	100.0%		

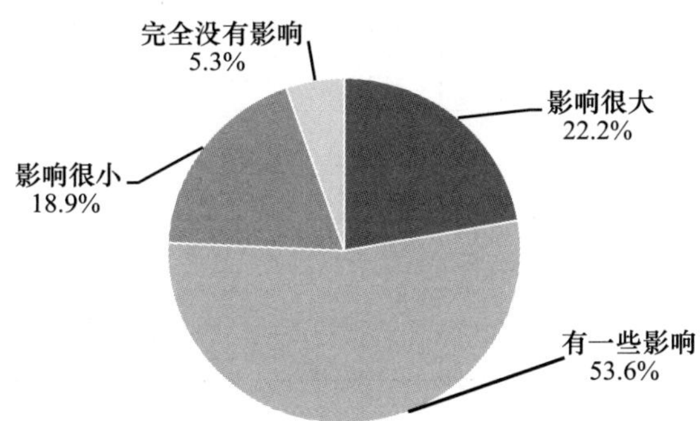

B8 您认为中国梦和您个人、家庭追求美好生活有多大程度的关系

		频数	百分比	有效百分比	累计百分比
有效	关系很大	3095	35.4%	35.5%	35.5%
	关系不大	3223	36.8%	36.9%	72.4%
	根本没有关系	798	9.1%	9.1%	81.6%
	不清楚什么是中国梦	1608	18.4%	18.4%	100.0%
	总计	8724	99.6%	100.0%	
缺失	不理解题意	7	0.1%		
	不知道	1			
	拒绝回答	23	0.3%		
	总计	31	0.4%		
总计		8755	100.0%		

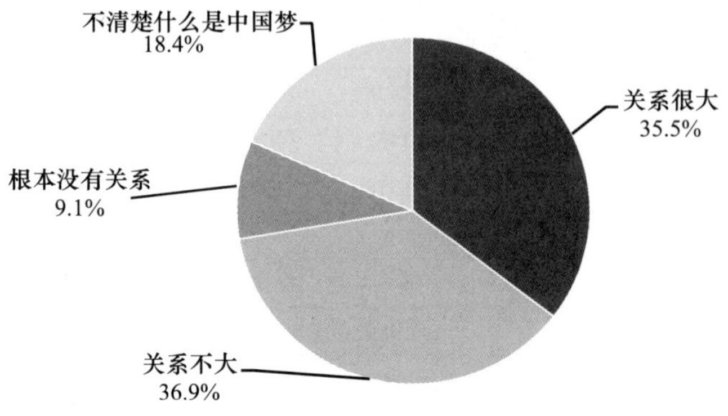

B9 您对当前我国社会道德状况的总体满意度是

		频数	百分比	有效百分比	累计百分比
有效	非常满意	576	6.6%	6.9%	6.9%
	比较满意	5538	63.3%	66.7%	73.7%
	不太满意	1970	22.5%	23.7%	97.4%
	非常不满意	217	2.5%	2.6%	100.0%
	总计	8301	94.8%	100.0%	
缺失	不知道	438	5.0%		
	拒绝回答	16	0.2%		
	总计	454	5.2%		
总计		8755	100.0%		

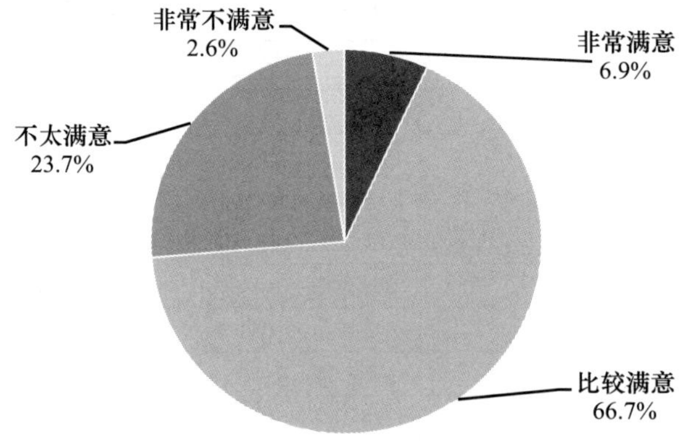

B10 您对当前我国社会人与人之间的关系的总体满意度是

		频数	百分比	有效百分比	累计百分比
有效	非常满意	502	5.7%	6.0%	6.0%
	比较满意	5666	64.7%	67.8%	73.9%
	不太满意	2033	23.2%	24.3%	98.2%
	非常不满意	150	1.7%	1.8%	100.0%
	总计	8351	95.4%	100.0%	
缺失	不知道	383	4.4%		
	拒绝回答	21	0.2%		
	总计	404	4.6%		
总计		8755	100.0%		

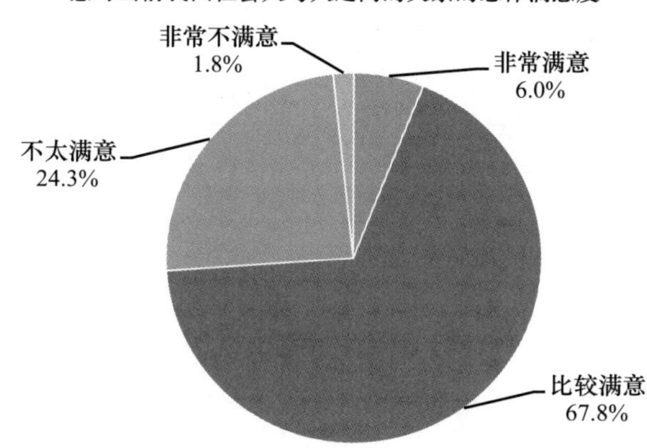

B11 您对自己的道德状况的满意度是

		频数	百分比	有效百分比	累计百分比
有效	非常满意	1284	14.7%	15.3%	15.3%
	比较满意	6512	74.4%	77.6%	92.9%
	不太满意	545	6.2%	6.5%	99.4%
	非常不满意	48	0.5%	0.6%	100.0%
	总计	8389	95.8%	100.0%	
缺失	不知道	355	4.1%		
	拒绝回答	11	0.1%		
	总计	366	4.2%		
总计		8755	100.0%		

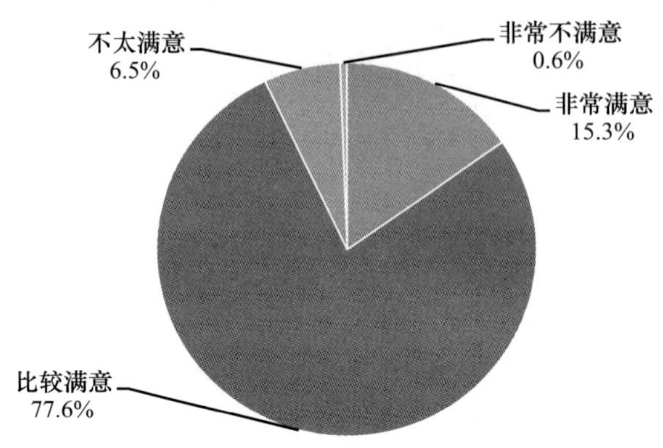

B12 您觉得今后中国社会的道德状况会变成什么样

		频数	百分比	有效百分比	累计百分比
有效	越来越差	491	5. 6%	5. 6%	5. 6%
	不变	940	10. 7%	10. 8%	16. 4%
	越来越好	6236	71. 2%	71. 4%	87. 8%
	不知道	1063	12. 1%	12. 2%	100. 0%
	总计	8730	99. 7%	100. 0%	
缺失	拒绝回答	25	0. 3%		
总计		8755	100. 0%		

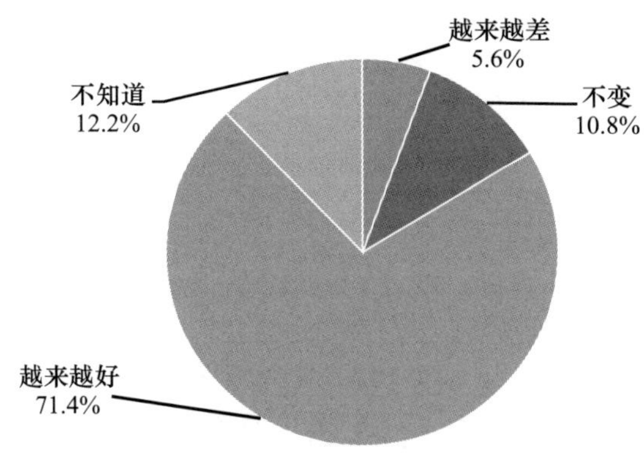

B13 您认为我国目前人与人之间的关系受什么影响

	频数	百分比
利益	5294	64. 3%

续表

	频数	百分比
情感	3907	47.5%
国家倡导的主流价值观	1798	21.8%
中国传统价值观	2131	25.9%
西方价值观	287	3.5%

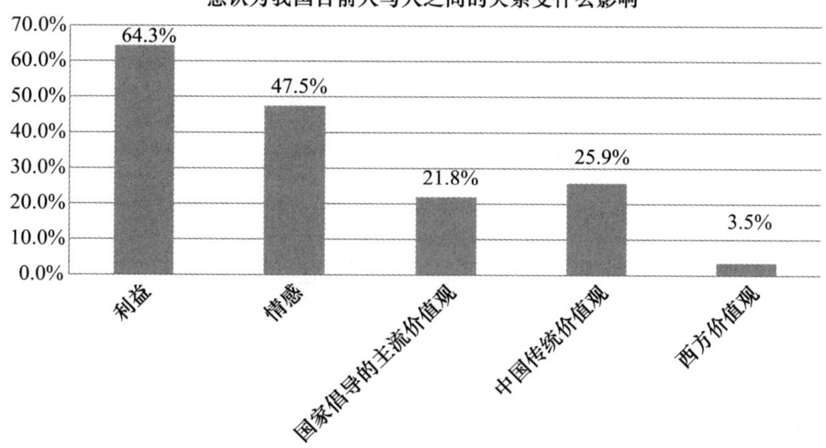

B14 对中国社会，您最担忧的问题是

	频数	百分比
腐败不能根治	3358	39.5%
生态环境恶化	3278	38.6%
分配不公，两极分化	1557	18.3%
老无所养，对未来没有把握	2314	27.2%
生活水平下降	1900	22.4%
道德滑坡，社会风气恶化	1343	15.8%
人际关系紧张	1209	14.2%

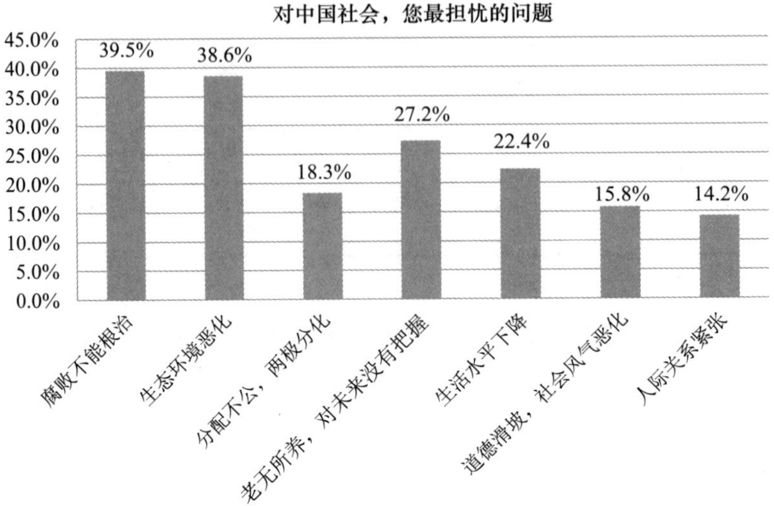

B15 对伦理关系和道德生活，您最向往的是

		频数	百分比	有效百分比	累计百分比
有效	传统社会的伦理和道德（如仁、义、礼、智、信）	5084	58.1%	60.1%	60.1%
	战争年代为理想而献身的革命精神（如革命烈士的无私献身精神）	1312	15.0%	15.5%	75.6%
	中华人民共和国成立后到“文化大革命”前的大公无私的集体主义精神	826	9.4%	9.8%	85.3%
	追求个人利益的市场经济下的道德	846	9.7%	10.0%	95.3%
	西方道德（如个人主义、实用主义、功利主义）	216	2.5%	2.6%	97.9%
	其他	180	2.1%	2.1%	100.0%
	总计	8464	96.7%	100.0%	
缺失	不知道	94	1.1%		
	不理解题意	184	2.1%		
	拒绝回答	13	0.1%		
	总计	291	3.3%		
总计		8755	100.0%		

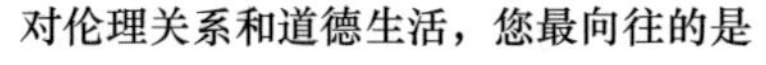

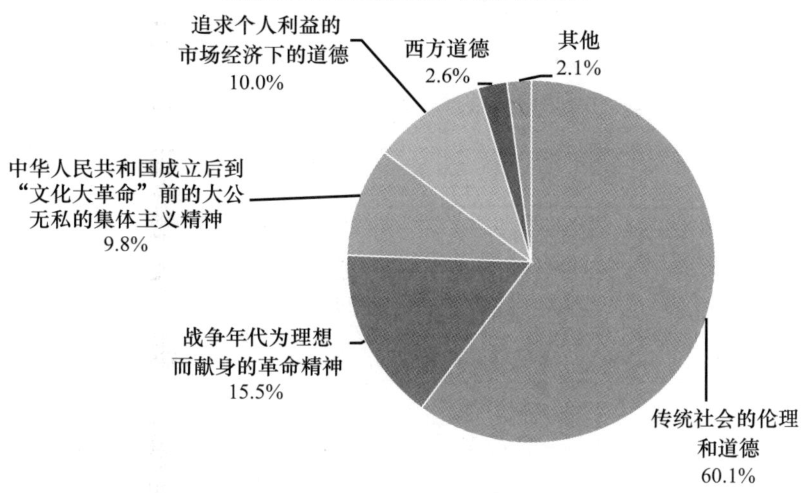

B16 您认为当前我国社会道德生活中最重要的内容是什么

	第一重要		第二重要		第三重要		总分
	频数	加权频数	频数	加权频数	频数	加权频数	
意识形态中所提倡的社会主义道德	1978	5934	3290	6580	2140	2140	14654
中国传统道德	4212	12636	2352	4704	1204	1204	18544
受西方文化影响而形成的道德	690	2070	712	1424	1137	1137	4631
市场经济中形成的道德	1465	4395	1630	3260	3303	3303	10958
其他	8	24	6	12	2	2	38

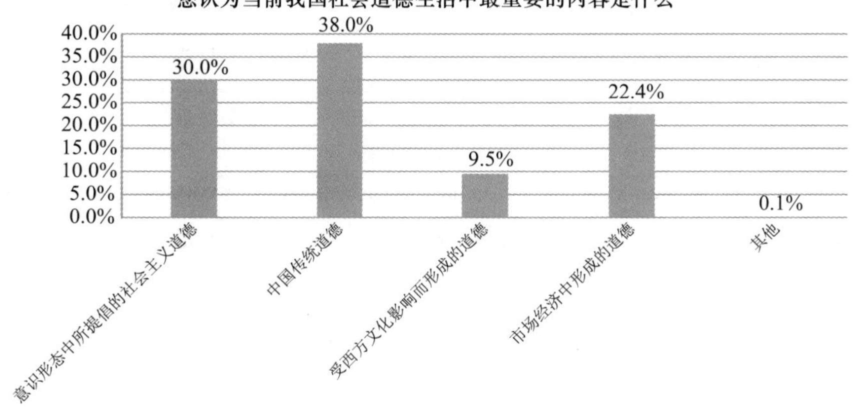

B17 您认为目前我国社会中伦理道德对人际关系的调节能力如何

		频数	百分比	有效百分比	累计百分比
有效	良好	1407	16.1%	18.2%	18.2%
	一般	4525	51.7%	58.4%	76.6%
	很差	838	9.6%	10.8%	87.4%
	几乎没有，一切都听从利益支配	975	11.1%	12.6%	100.0%
	总计	7745	88.5%	100.0%	
缺失	不理解题意	13	0.1%		
	不知道	976	11.1%		
	拒绝回答	21	0.2%		
	总计	1010	11.5%		
总计		8755	100.0%		

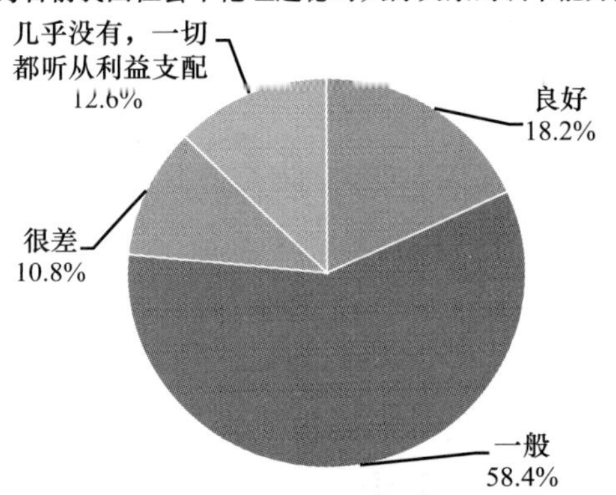

B18 您认为目前我国社会中伦理道德对个人行为的约束能力如何

		频数	百分比	有效百分比	累计百分比
有效	良好	1315	15.0%	17.0%	17.0%
	一般	4498	51.4%	58.0%	75.0%
	很差	1023	11.7%	13.2%	88.2%
	几乎没有，一切都听从利益支配	918	10.5%	11.8%	100.0%
	总计	7754	88.6%	100.0%	
缺失	不理解题意	11	0.1%		
	不知道	940	10.7%		
	拒绝回答	50	0.6%		
	总计	1001	11.4%		

续表

	频数	百分比	有效百分比	累计百分比
总计	8755	100.0%		

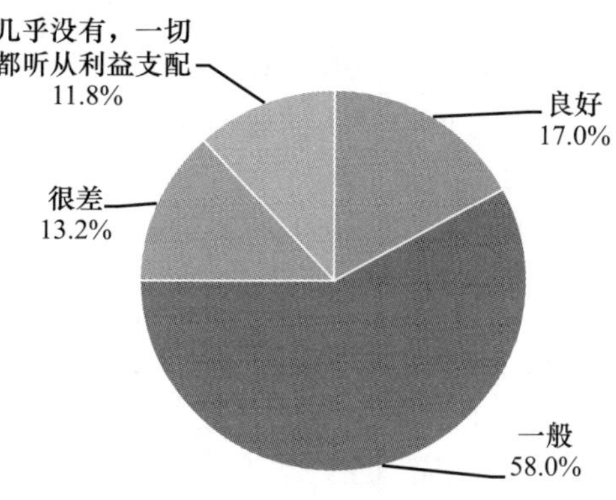

B19 您认为当今中国社会最基本的伦理冲突是

	频数	百分比
人与自然的冲突	1890	22.4%
人与自身的冲突	2628	31.2%
人与人之间的冲突	3904	46.3%
个人与社会的冲突	2601	30.9%
个人与政府的冲突	630	7.5%

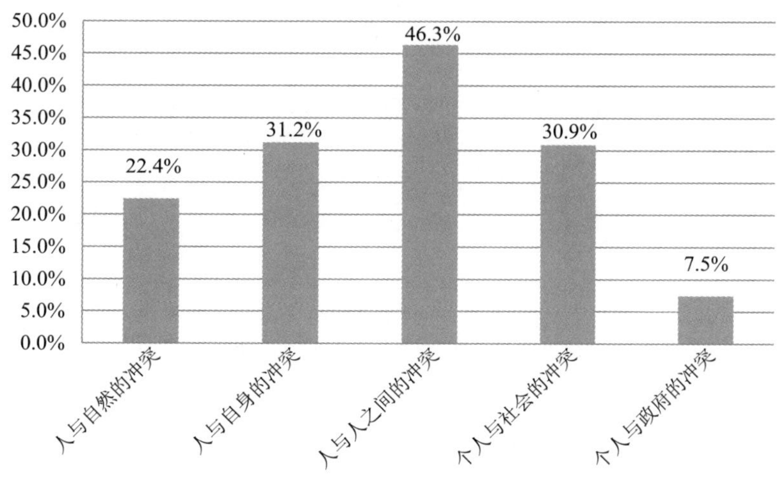

B20 在下列关系中，您认为哪些关系对您来说最重要

	第一重要		第二重要		第三重要		第四重要		第五重要		总分
	频数	加权频数	频数	加权频数	频数	加权频数	频数	加权频数	频数	加权频数	
父母与子女	5903	29515	2060	8240	286	858	114	228	57	57	38898
夫妇	1849	9245	4435	17740	742	2226	332	664	139	139	30014
兄弟姐妹	117	585	1031	4124	4642	13926	478	956	269	269	19860
同事或同学	200	1000	361	1444	713	2139	1595	3190	976	976	8749
朋友	37	185	99	396	378	1134	1984	3968	1850	1850	7533
个人与社会	85	425	109	436	388	1164	985	1970	1226	1226	5221
个人与国家	163	815	104	416	305	915	496	992	918	918	4056
个人与工作单位	96	480	115	460	191	573	736	1472	772	772	3757
与自然的关系	87	435	141	564	301	903	625	1250	453	453	3605
上级或下级	88	440	112	448	347	1041	458	916	513	513	3358
师生	13	65	72	288	215	645	435	870	551	551	2419
个人与自身的关系（身心和谐）	101	505	44	176	134	402	247	494	470	470	2047
通过网络建立的各种“群”的关系	6	30	8	32	25	75	68	136	229	229	502
其他	3	15	4	16	2	6	3	6	14	14	57

（加权规则：第一重要的频数 ×5，第二重要的频数 ×4，第三重要的频数 ×3，第四重要的频数 ×2，第五重要的频数 ×1）

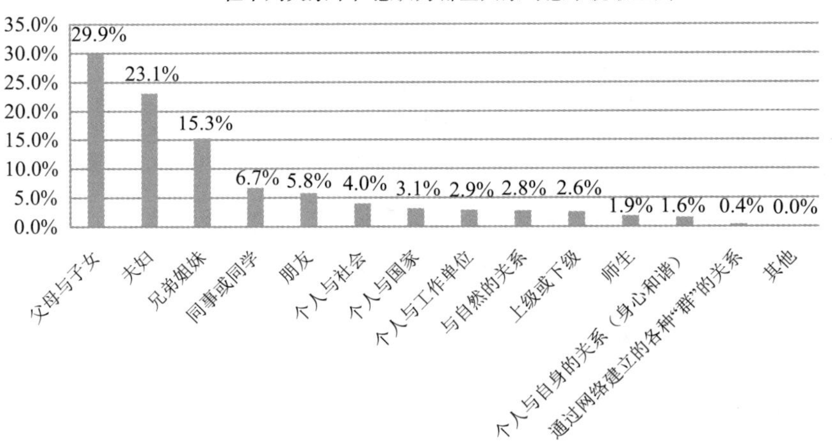

B20a 在下列关系中，您认为哪种关系对您来说最重要

		频数	百分比	有效百分比	累计百分比
有效	父母与子女	5903	67.4%	67.5%	67.5%
	夫妇	1849	21.1%	21.1%	88.6%
	兄弟姐妹	117	1.3%	1.3%	90.0%
	同事或同学	200	2.3%	2.3%	92.2%
	上级或下级	88	1.0%	1.0%	93.2%
	师生	13	0.1%	0.1%	93.4%
	与自然的关系	87	1.0%	1.0%	94.4%
	个人与社会	85	1.0%	1.0%	95.4%
	个人与国家	163	1.9%	1.9%	97.2%
	个人与工作单位	96	1.1%	1.1%	98.3%
	通过网络建立的各种“群”的关系	6	0.1%	0.1%	98.4%
	朋友	37	0.4%	0.4%	98.8%
	个人与自身的关系（身心和谐）	101	1.2%	1.2%	100.0%
	其他	3			100.0%
	总计	8748	99.9%	100.0%	
缺失	不知道	5	0.1%		
	拒绝回答	2			
	总计	7	0.1%		
总计		8755	100.0%		

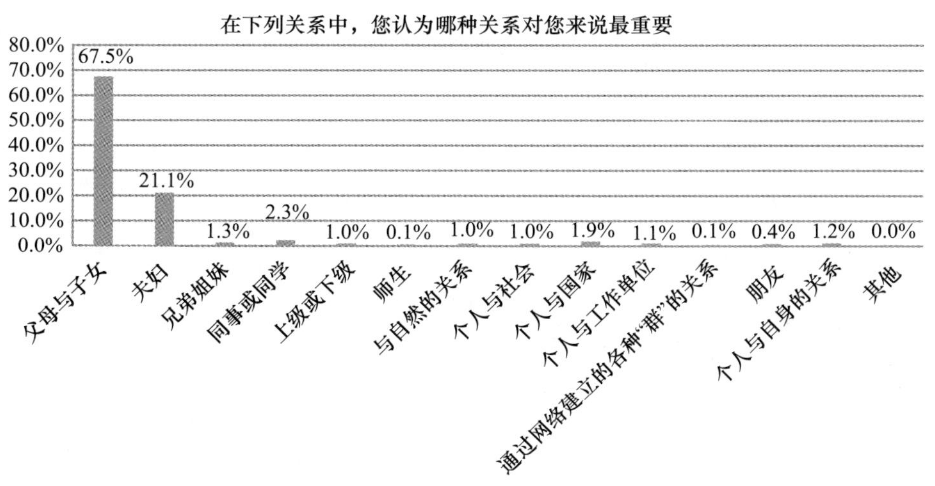

B20b 在下列关系中，您认为哪种关系对您来说第二重要

		频数	百分比	有效百分比	累计百分比
有效	父母与子女	2060	23.5%	23.7%	23.7%
	夫妇	4435	50.7%	51.0%	74.7%
	兄弟姐妹	1031	11.8%	11.9%	86.6%
	同事或同学	361	4.1%	4.2%	90.7%
	上级或下级	112	1.3%	1.3%	92.0%
	师生	72	0.8%	0.8%	92.8%
	与自然的关系	141	1.6%	1.6%	94.4%
	个人与社会	109	1.2%	1.3%	95.7%
	个人与国家	104	1.2%	1.2%	96.9%
	个人与工作单位	115	1.3%	1.3%	98.2%
	通过网络建立的各种“群”的关系	8	0.1%	0.1%	98.3%
	朋友	99	1.1%	1.1%	99.4%
	个人与自身的关系（身心和谐）	44	0.5%	0.5%	100.0%
	其他	4			100.0%
	总计	8695	99.3%	100.0%	
缺失	没有进一步答案	52	0.6%		
	不知道	6	0.1%		
	拒绝回答	2			
	总计	60	0.7%		
总计		8755	100.0%		

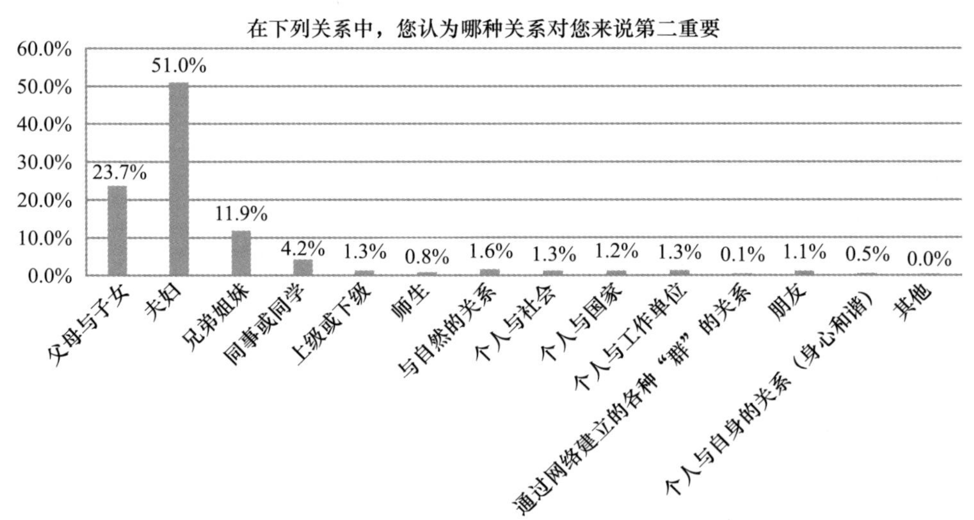

B20c 在下列关系中，您认为哪种关系对您来说第三重要

		频数	百分比	有效百分比	累计百分比
有效	父母与子女	286	3.3%	3.3%	3.3%
	夫妇	742	8.5%	8.6%	11.9%
	兄弟姐妹	4642	53.0%	53.5%	65.4%
	同事或同学	713	8.1%	8.2%	73.6%
	上级或下级	347	4.0%	4.0%	77.6%
	师生	215	2.5%	2.5%	80.1%
	与自然的关系	301	3.4%	3.5%	83.6%
	个人与社会	388	4.4%	4.5%	88.1%
	个人与国家	305	3.5%	3.5%	91.6%
	个人与工作单位	191	2.2%	2.2%	93.8%
	通过网络建立的各种“群”的关系	25	0.3%	0.3%	94.1%
	朋友	378	4.3%	4.4%	98.4%
	个人与自身的关系（身心和谐）	134	1.5%	1.5%	100.0%
	其他	2			100.0%
	总计	8669	99.0%	100.0%	
缺失	没有进一步答案	69	0.8%		
	不知道	15	0.2%		
	拒绝回答	2			
	总计	86	1.0%		
总计		8755	100.0%		

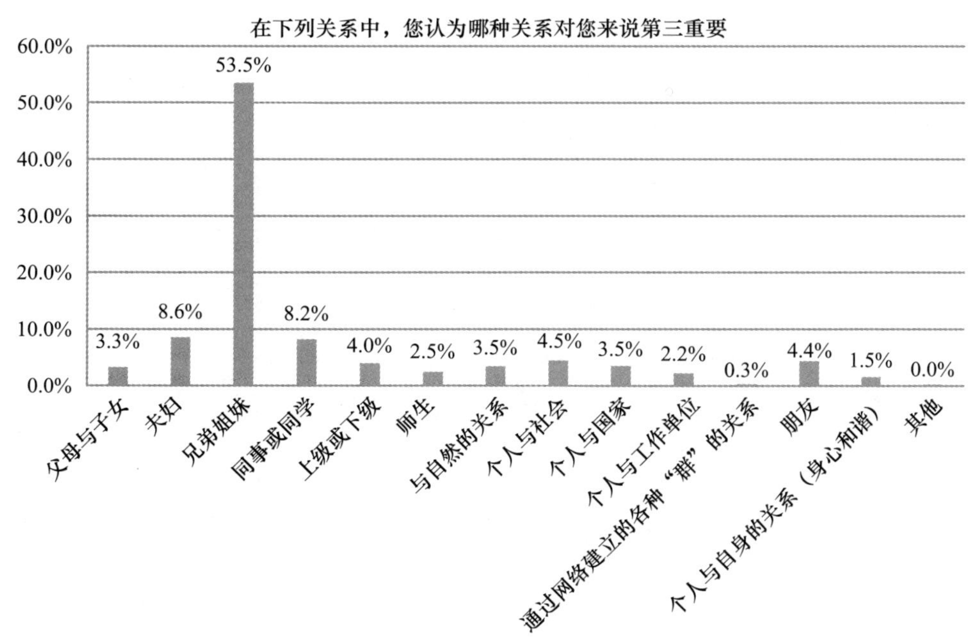

B20d 在下列关系中，您认为哪种关系对您来说第四重要

		频数	百分比	有效百分比	累计百分比
有效	父母与子女	114	1.3%	1.3%	1.3%
	夫妇	332	3.8%	3.9%	5.2%
	兄弟姐妹	478	5.5%	5.6%	10.8%
	同事或同学	1595	18.2%	18.6%	29.4%
	上级或下级	458	5.2%	5.4%	34.8%
	师生	435	5.0%	5.1%	39.9%
	与自然的关系	625	7.1%	7.3%	47.2%
	个人与社会	985	11.3%	11.5%	58.7%
	个人与国家	496	5.7%	5.8%	64.5%
	个人与工作单位	736	8.4%	8.6%	73.1%
	通过网络建立的各种“群”的关系	68	0.8%	0.8%	73.9%
	朋友	1984	22.7%	23.2%	97.1%
	个人与自身的关系（身心和谐）	247	2.8%	2.9%	100.0%
	其他	3			100.0%
	总计	8556	97.7%	100.0%	
缺失	没有进一步答案	122	1.4%		
	不知道	75	0.9%		
	拒绝回答	2			
	总计	199	2.3%		
总计		8755	100.0%		

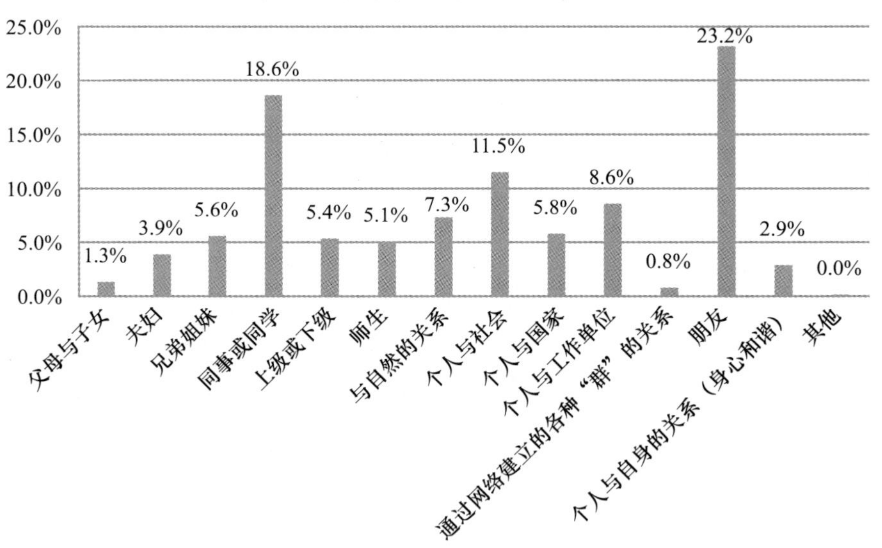

B20e 在下列关系中，您认为哪种关系对您来说第五重要

		频数	百分比	有效百分比	累计百分比
有效	父母与子女	57	0.7%	0.7%	0.7%
	夫妇	139	1.6%	1.6%	2.3%
	兄弟姐妹	269	3.1%	3.2%	5.5%
	同事或同学	976	11.1%	11.6%	17.1%
	上级或下级	513	5.9%	6.1%	23.2%
	师生	551	6.3%	6.5%	29.7%
	与自然的关系	453	5.2%	5.4%	35.1%
	个人与社会	1226	14.0%	14.5%	49.6%
	个人与国家	918	10.5%	10.9%	60.5%
	个人与工作单位	772	8.8%	9.2%	69.6%
	通过网络建立的各种“群”的关系	229	2.6%	2.7%	72.3%
	朋友	1850	21.1%	21.9%	94.3%
	个人与自身的关系（身心和谐）	470	5.4%	5.6%	99.8%
	其他	14	0.2%	0.2%	100.0%
	总计	8437	96.4%	100.0%	
缺失	没有进一步答案	226	2.6%		
	不知道	90	1.0%		
	拒绝回答	2			
	总计	318	3.6%		
总计		8755	100.0%		

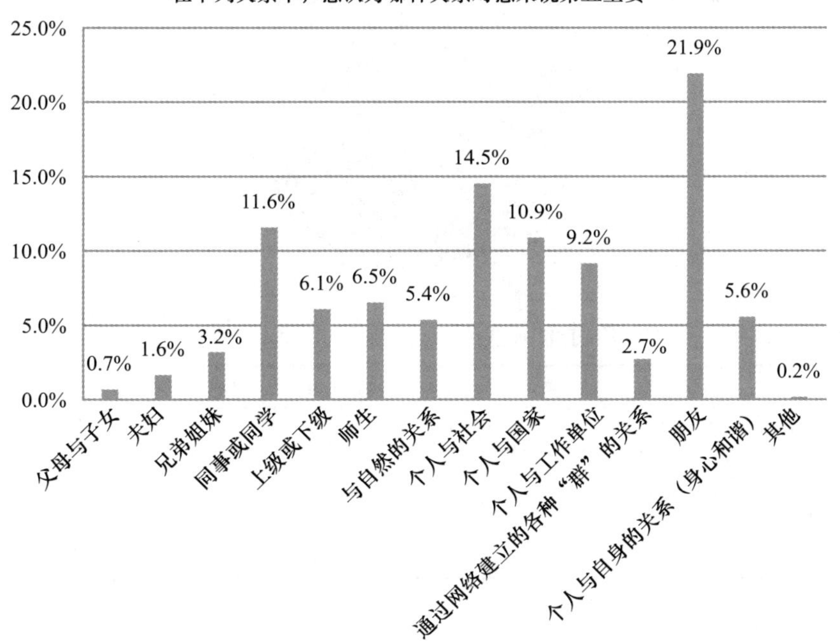

B21 您认为哪一种关系对社会秩序最具根本性意义

		频数	百分比	有效百分比	累计百分比
有效	家庭关系或血缘关系	2827	32.3%	32.6%	32.6%
	个人与社会的关系	4057	46.3%	46.7%	79.3%
	职业关系	395	4.5%	4.6%	83.9%
	个人与国家民族的关系	906	10.3%	10.4%	94.3%
	人与自然的关系	177	2.0%	2.0%	96.3%
	个人与自身的关系	318	3.6%	3.7%	100.0%
	总计	8680	99.1%	100.0%	
缺失	不知道	14	0.2%		
	不理解题意	33	0.4%		
	拒绝回答	28	0.3%		
	总计	75	0.9%		
总计		8755	100.0%		

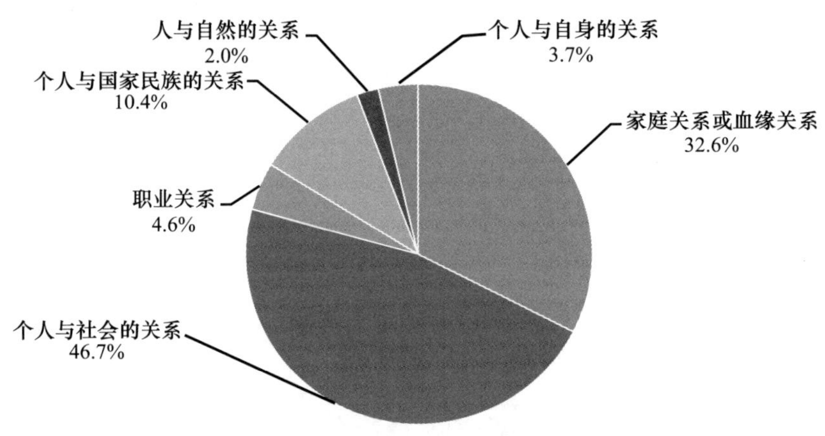

B22 您认为哪一种关系对个人生活最具根本性意义

		频数	百分比	有效百分比	累计百分比
有效	家庭关系或血缘关系	4715	53.9%	54.3%	54.3%
	个人与社会的关系	1725	19.7%	19.8%	74.1%
	职业关系	1095	12.5%	12.6%	86.7%
	个人与国家民族的关系	427	4.9%	4.9%	91.6%

续表

		频数	百分比	有效百分比	累计百分比
有效	人与自然的关系	165	1.9%	1.9%	93.5%
	个人与自身的关系	564	6.4%	6.5%	100.0%
	总计	8691	99.3%	100.0%	
缺失	不知道	8	0.1%		
	不理解题意	10	0.1%		
	拒绝回答	46	0.5%		
	总计	64	0.7%		
总计		8755	100.0%		

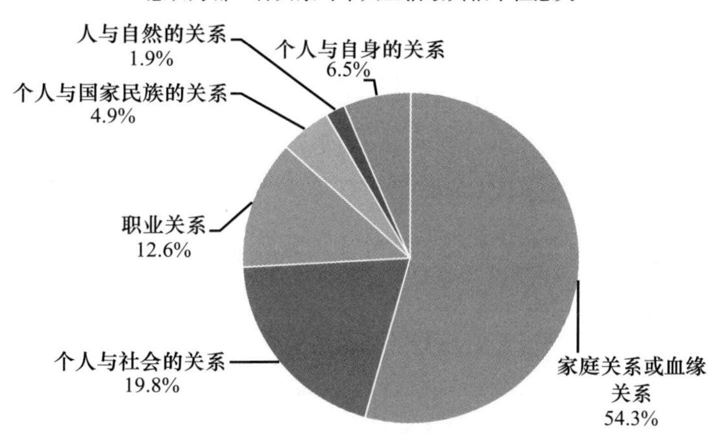

B23 对于个人而言，您认为国家、社会和家庭三者的重要性程度如何

	第一位		第二位		总分
	频数	加权得分	频数	加权得分	
国家	4002	8004	2926	2926	10930
社会	506	1012	2174	2174	3186
家庭	4213	8426	3602	3602	12028

对于个人而言，您认为国家、社会和家庭三者的重要性程度如何

50.0%
40.0%
30.0%
20.0%
10.0%
0.0%
41.8%
12.2%
46.0%
1国家
2社会
3家庭

B24 请根据您的理解选择对下列陈述的评价

	消极影响	没有影响	积极影响	平均值
信息技术、网络技术的发展对伦理道德的影响	906	1707	3172	2. 39
市场经济对我国伦理道德的影响	865	1453	3391	2. 44
西方文化对我国伦理道德的影响	1162	1780	2372	2. 23

请根据您的理解选择对下列陈述的评价

西方文化对我国伦理道德的影响 2.23
市场经济对我国伦理道德的影响 2.44
信息技术、网络技术的发展对伦理道德的影响 2.39
2.1 2.15 2.2 2.25 2.3 2.35 2.4 2.45 2.5

B24a 信息技术、网络技术的发展对伦理道德的影响

		频数	百分比	有效百分比	累计百分比
有效	消极影响	906	10. 3%	15. 7%	15. 7%
	没有影响	1707	19. 5%	29. 5%	45. 2%
	积极影响	3172	36. 2%	54. 8%	100. 0%
	总计	5785	66. 1%	100. 0%	
缺失	不理解题意	134	1. 5%		
	说不清	2755	31. 5%		
	拒绝回答	81	0. 9%		
	总计	2970	33. 9%		
总计		8755	100. 0%		

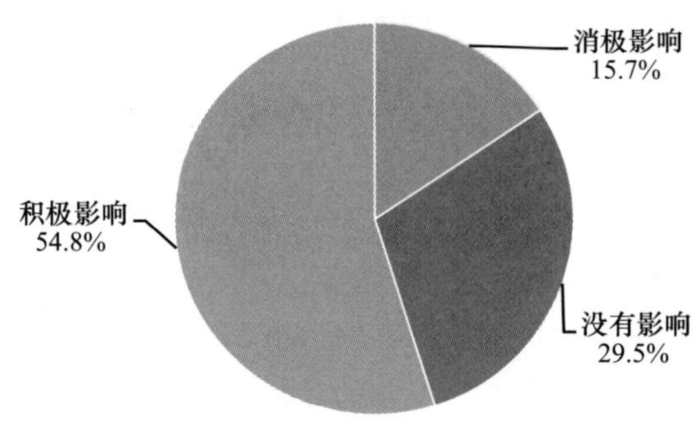

B24b 市场经济对我国伦理道德的影响

		频数	百分比	有效百分比	累计百分比
有效	消极影响	865	9.9%	15.2%	15.2%
	没有影响	1453	16.6%	25.5%	40.6%
	积极影响	3391	38.7%	59.4%	100.0%
	总计	5709	65.2%	100.0%	
缺失	不理解题意	148	1.7%		
	说不清	2815	32.2%		
	拒绝回答	83	0.9%		
	总计	3046	34.8%		
总计		8755	100.0%		

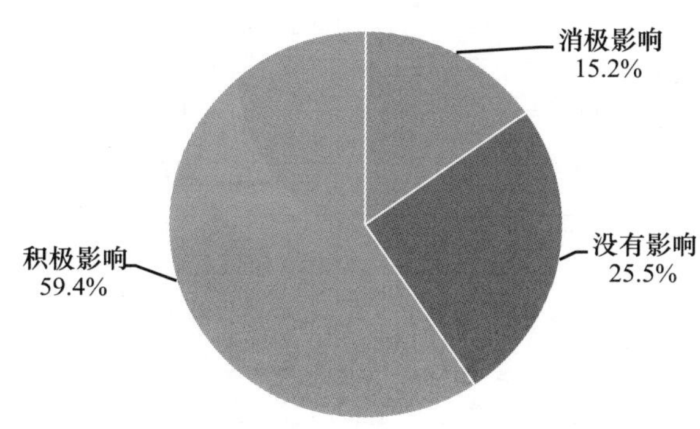

B24c 西方文化对我国伦理道德的影响

		频数	百分比	有效百分比	累计百分比
有效	消极影响	1162	13.3%	21.9%	21.9%
	没有影响	1780	20.3%	33.5%	55.4%
	积极影响	2372	27.1%	44.6%	100.0%
	总计	5314	60.7%	100.0%	
缺失	不理解题意	146	1.7%		
	说不清	3206	36.6%		
	拒绝回答	89	1.0%		
	总计	3441	39.3%		
总计		8755	100.0%		

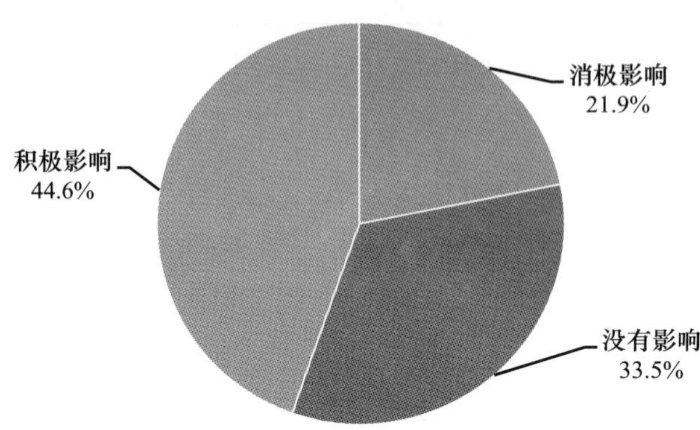

B25 如果国外报道与国家主流媒体的宣传内容不一致，您倾向于相信

		频数	百分比	有效百分比	累计百分比
有效	主流媒体	5471	62.5%	68.5%	68.5%
	国外报道	331	3.8%	4.1%	72.7%
	谁都不相信，自己判断	2180	24.9%	27.3%	100.0%
	总计	7982	91.2%	100.0%	
缺失	不理解题意	8	0.1%		
	说不清	753	8.6%		
	拒绝回答	12	0.1%		
	总计	773	8.8%		
总计		8755	100.0%		

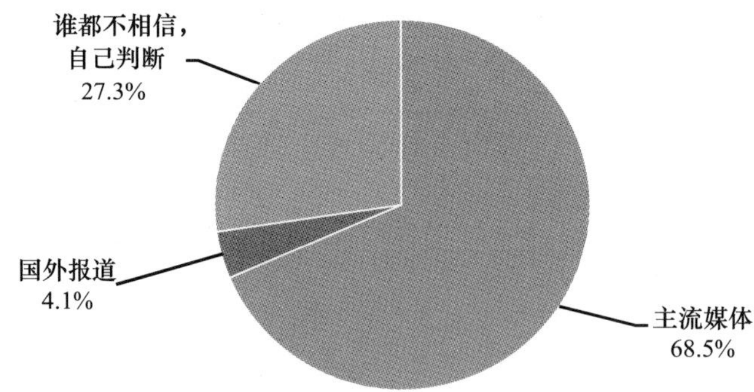

B26 如果朋友圈的消息与国家主流媒体的报道不一致，您倾向于相信

		频数	百分比	有效百分比	累计百分比
有效	主流媒体	5133	58.6%	59.6%	59.6%
	朋友圈/亲朋圈子	789	9.0%	9.2%	68.7%
	都不相信，自己判断	2620	29.9%	30.4%	99.2%
	其他	72	0.8%	0.8%	100.0%
	总计	8614	98.4%	100.0%	
缺失	不知道	86	1.0%		
	不理解题意	35	0.4%		
	拒绝回答	20	0.2%		
	总计	141	1.6%		
总计		8755	100.0%		

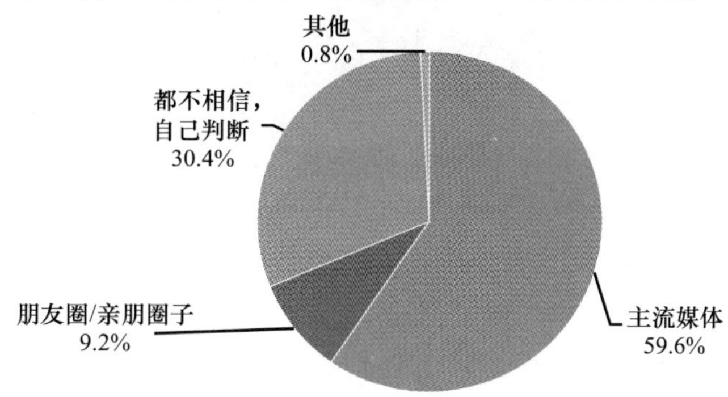

C. 个体道德

C1 您认为当前中国社会个人道德素质的主要问题是

		频数	百分比	有效百分比	累计百分比
有效	道德上无知	1129	12.9%	13.2%	13.2%
	有道德知识，但不见诸行动	5939	67.8%	69.4%	82.5%
	道德上既无知，也不见道德行动	1428	16.3%	16.7%	99.2%
	其他	67	0.8%	0.8%	100.0%
	总计	8563	97.8%	100.0%	

续表

		频数	百分比	有效百分比	累计百分比
缺失	不知道	89	1.0%		
	不理解题意	79	0.9%		
	拒绝回答	24	0.3%		
	总计	192	2.2%		
总计		8755	100.0%		

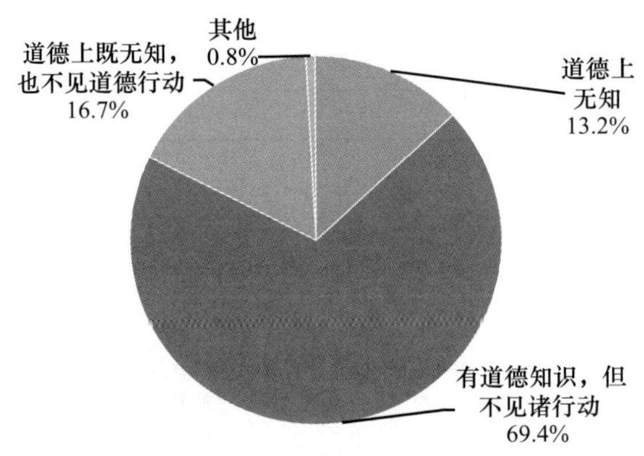

C2 您根据什么来判断某种行为是否符合伦理或道德

	频数	百分比
传统道德观念	4406	51.3%
风俗习惯	4113	47.9%
大多数人认同的道德规范	3042	35.4%
当事人的共同利益和意志	1574	18.3%
自己的良心	4905	57.1%
意识形态的要求	731	8.5%

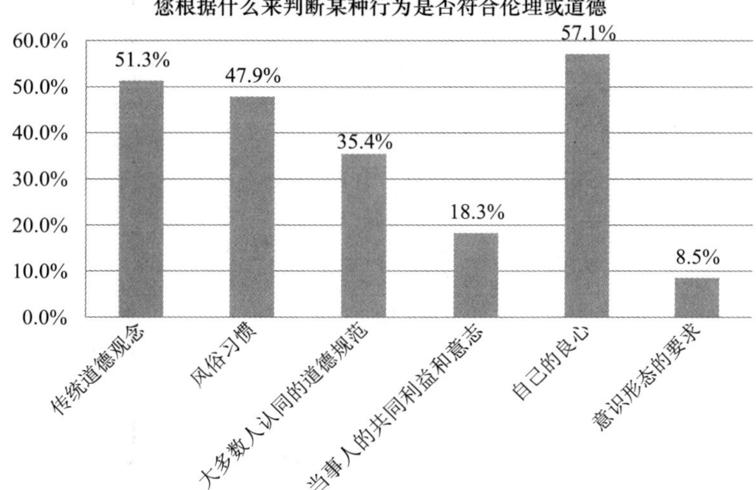

C3 请结合自己情况选择

	完全不符合	有点符合	一般	比较符合	完全符合	平均数
我会经常关心比我不幸的人	257	2647	2877	2473	408	3.01
我时常会同情他人的难处	176	2502	2970	2324	682	3.10
在做决定前，我会试着从每个人的立场去考虑问题	256	2141	3328	2326	593	3.10
当我看到有人被利用时，时常想要保护他们	444	2184	3288	2155	542	3.02
我有时会试图站在他人的角度，以更好地理解我的朋友	303	2057	3021	2578	642	3.14
他人的不幸通常不会给我带来很大的不安	1201	2370	2900	1705	386	2.73
在观看电视剧或电影之后，我会感觉到自己仿佛成了其中的一个角色	1322	1989	2882	1787	381	2.75
当我对某人很不耐烦的时候，我通常会暂时站在他/她的位置上考虑问题	898	2421	2879	1758	467	2.82
读故事时，我会想象如果这些事情发生在自己身上，我会是怎样的感受	1065	2047	2786	1876	505	2.84
在批评他人之前，我会尝试想象一下，如果我处于那个位置会是什么感受	641	2283	2874	2054	546	2.95

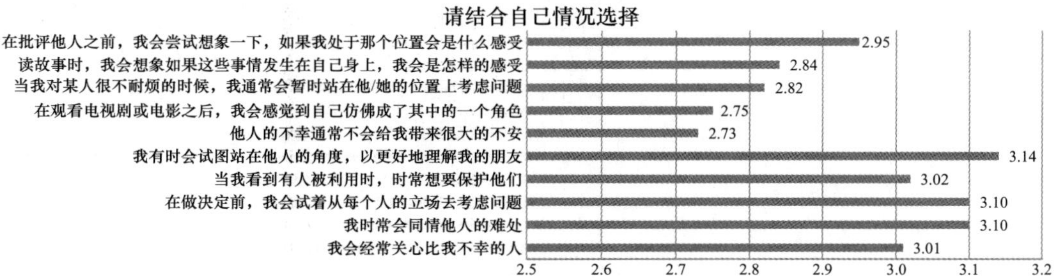

C3a 我会经常关心比我不幸的人

		频数	百分比	有效百分比	累计百分比
有效	完全不符合	257	2.9%	3.0%	3.0%
	有点符合	2647	30.2%	30.6%	33.5%
	一般	2877	32.9%	33.2%	66.7%
	比较符合	2473	28.2%	28.5%	95.3%
	完全符合	408	4.7%	4.7%	100.0%
	总计	8662	98.9%	100.0%	
缺失	不理解题意	3			
	不知道	79	0.9%		
	拒绝回答	11	0.1%		
	总计	93	1.1%		
总计		8755	100.0%		

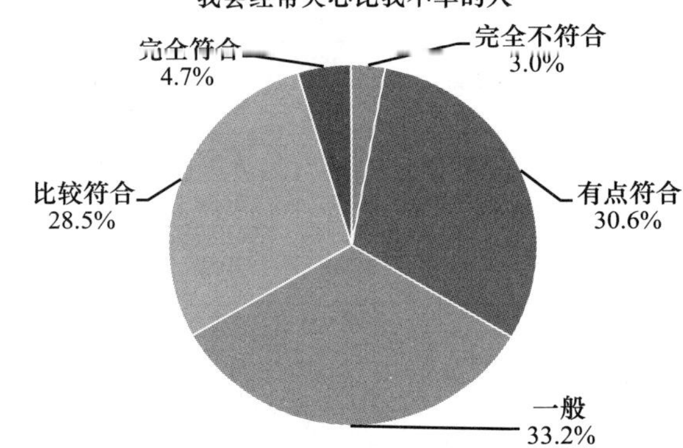

C3b 我时常会同情他人的难处

		频数	百分比	有效百分比	累计百分比
有效	完全不符合	176	2.0%	2.0%	2.0%
	有点符合	2502	28.6%	28.9%	30.9%
	一般	2970	33.9%	34.3%	65.3%
	比较符合	2324	26.5%	26.9%	92.1%
	完全符合	682	7.8%	7.9%	100.0%
	总计	8654	98.8%	100.0%	

续表

		频数	百分比	有效百分比	累计百分比
缺失	不理解题意	3			
	不知道	60	0.7%		
	拒绝回答	38	0.4%		
	总计	101	1.2%		
总计		8755	100.0%		

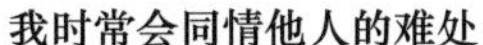

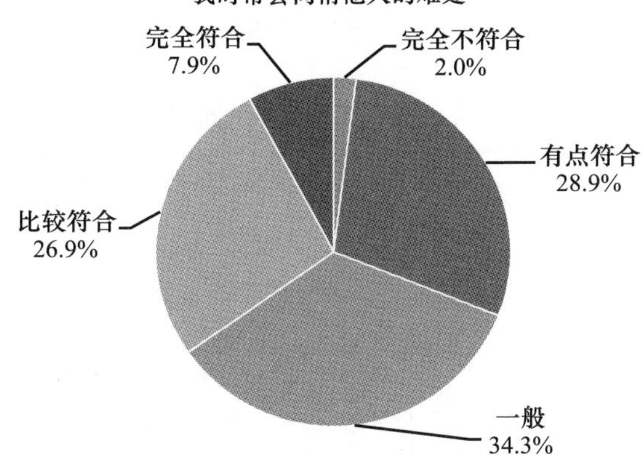

C3c 在做决定前，我会试着从每个人的立场去考虑问题

		频数	百分比	有效百分比	累计百分比
有效	完全不符合	256	2.9%	3.0%	3.0%
	有点符合	2141	24.5%	24.8%	27.7%
	一般	3328	38.0%	38.5%	66.2%
	比较符合	2326	26.6%	26.9%	93.1%
	完全符合	593	6.8%	6.9%	100.0%
	总计	8644	98.7%	100.0%	
缺失	不理解题意	1			
	不知道	87	1.0%		
	拒绝回答	23	0.3%		
	总计	111	1.3%		
总计		8755	100.0%		

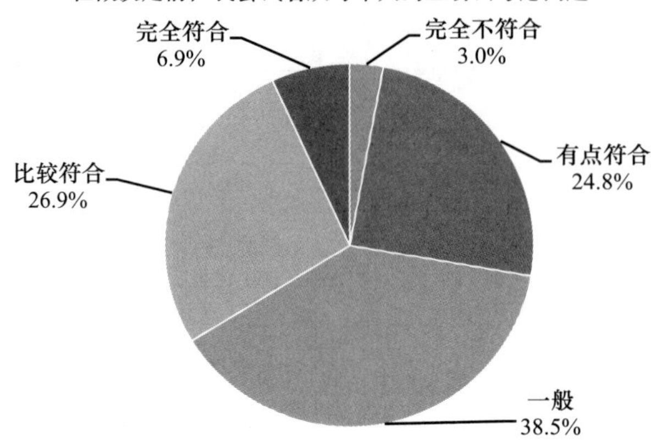

C3d 当我看到有人被利用时，时常想要保护他们

		频数	百分比	有效百分比	累计百分比
有效	完全不符合	444	5.1%	5.2%	5.2%
	有点符合	2184	24.9%	25.4%	30.5%
	一般	3288	37.6%	38.2%	68.7%
	比较符合	2155	24.6%	25.0%	93.7%
	完全符合	542	6.2%	6.3%	100.0%
	总计	8613	98.4%	100.0%	
缺失	不理解题意	3			
	不知道	126	1.4%		
	拒绝回答	13	0.1%		
	总计	142	1.6%		
总计		8755	100.0%		

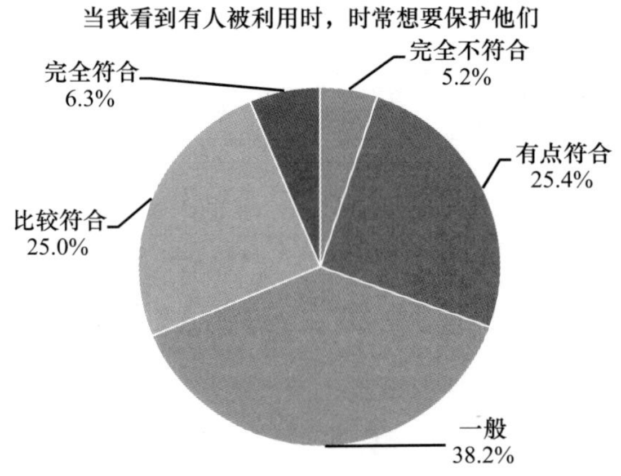

C3e 我有时会试图站在他人的角度，以更好地理解我的朋友

		频数	百分比	有效百分比	累计百分比
有效	完全不符合	303	3.5%	3.5%	3.5%
	有点符合	2057	23.5%	23.9%	27.4%
	一般	3021	34.5%	35.1%	62.6%
	比较符合	2578	29.4%	30.0%	92.5%
	完全符合	642	7.3%	7.5%	100.0%
	总计	8601	98.2%	100.0%	
缺失	不理解题意	5	0.1%		
	不知道	133	1.5%		
	拒绝回答	16	0.2%		
	总计	154	1.8%		
总计		8755	100.0%		

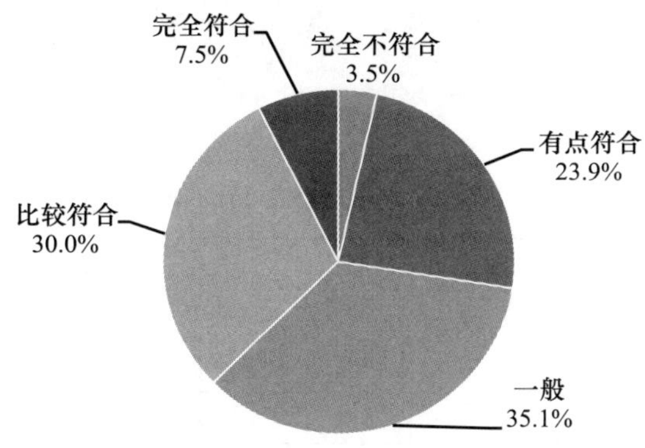

C3f 他人的不幸通常不会给我带来很大的不安

		频数	百分比	有效百分比	累计百分比
有效	完全不符合	1201	13.7%	14.0%	14.0%
	有点符合	2370	27.1%	27.7%	41.7%
	一般	2900	33.1%	33.9%	75.6%
	比较符合	1705	19.5%	19.9%	95.5%
	完全符合	386	4.4%	4.5%	100.0%
	总计	8562	97.8%	100.0%	

续表

		频数	百分比	有效百分比	累计百分比
缺失	不理解题意	3			
	不知道	169	1.9%		
	拒绝回答	21	0.2%		
	总计	193	2.2%		
总计		8755	100.0%		

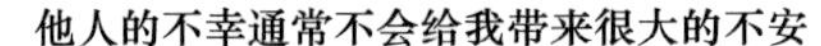

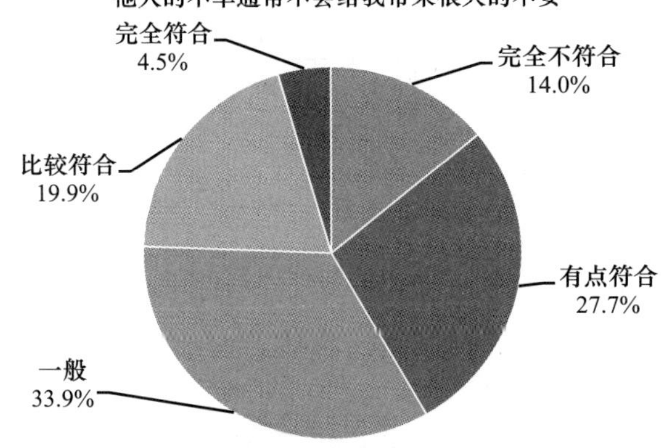

C3g 在观看电视剧或电影之后，我会感觉自己仿佛成了其中的一个角色

		频数	百分比	有效百分比	累计百分比
有效	完全不符合	1322	15.1%	15.8%	15.8%
	有点符合	1989	22.7%	23.8%	39.6%
	一般	2882	32.9%	34.5%	74.1%
	比较符合	1787	20.4%	21.4%	95.4%
	完全符合	381	4.4%	4.6%	100.0%
	总计	8361	95.5%	100.0%	
缺失	不理解题意	24	0.3%		
	不知道	350	4.0%		
	拒绝回答	20	0.2%		
	总计	394	4.5%		
总计		8755	100.0%		

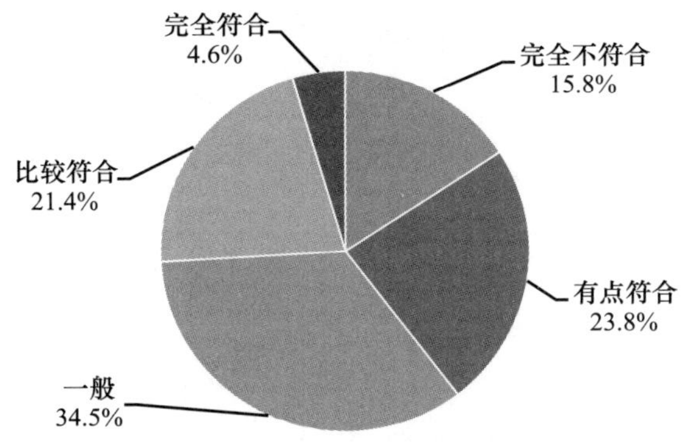

C3h 当我对某人很不耐烦的时候，我通常会暂时站在他/她的位置上考虑问题

		频数	百分比	有效百分比	累计百分比
有效	完全不符合	898	10.3%	10.7%	10.7%
	有点符合	2421	27.7%	28.7%	39.4%
	一般	2879	32.9%	34.2%	73.6%
	比较符合	1758	20.1%	20.9%	94.5%
	完全符合	467	5.3%	5.5%	100.0%
	总计	8423	96.2%	100.0%	
缺失	不理解题意	23	0.3%		
	不知道	291	3.3%		
	拒绝回答	18	0.2%		
	总计	332	3.8%		
总计		8755	100.0%		

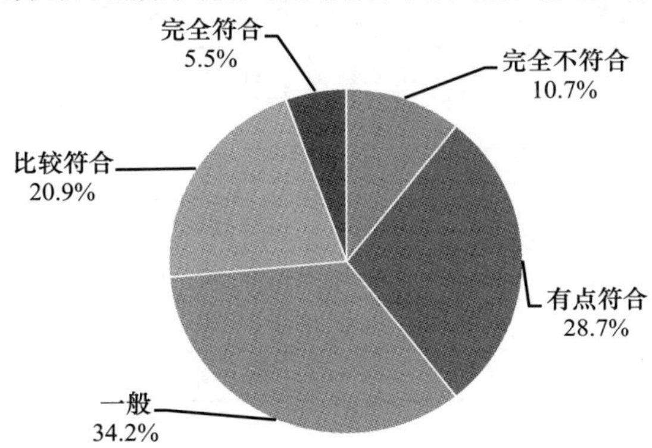

C3i 当我在读一个有趣的故事或者观看一部电影的时候，我会想象如果这些事情发生在自己身上，我会是怎样的感受

		频数	百分比	有效百分比	累计百分比
有效	完全不符合	1065	12.2%	12.9%	12.9%
	有点符合	2047	23.4%	24.7%	37.6%
	一般	2786	31.8%	33.7%	71.2%
	比较符合	1876	21.4%	22.7%	93.9%
	完全符合	505	5.8%	6.1%	100.0%
	总计	8279	94.6%	100.0%	
缺失	不理解题意	26	0.3%		
	不知道	438	5.0%		
	拒绝回答	12	0.1%		
	总计	476	5.4%		
总计		8755	100.0%		

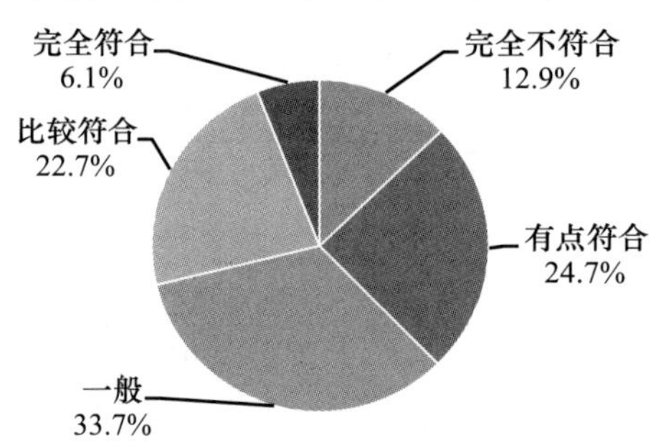

C3j 在批评他人之前，我会尝试想象一下，如果我处于那个位置会是什么感受

		频数	百分比	有效百分比	累计百分比
有效	完全不符合	641	7.3%	7.6%	7.6%
	有点符合	2283	26.1%	27.2%	34.8%
	一般	2874	32.8%	34.2%	69.0%
	比较符合	2054	23.5%	24.5%	93.5%
	完全符合	546	6.2%	6.5%	100.0%
	总计	8398	95.9%	100.0%	

续表

		频数	百分比	有效百分比	累计百分比
缺失	不理解题意	23	0.3%		
	不知道	322	3.7%		
	拒绝回答	12	0.1%		
	总计	357	4.1%		
总计		8755	100.0%		

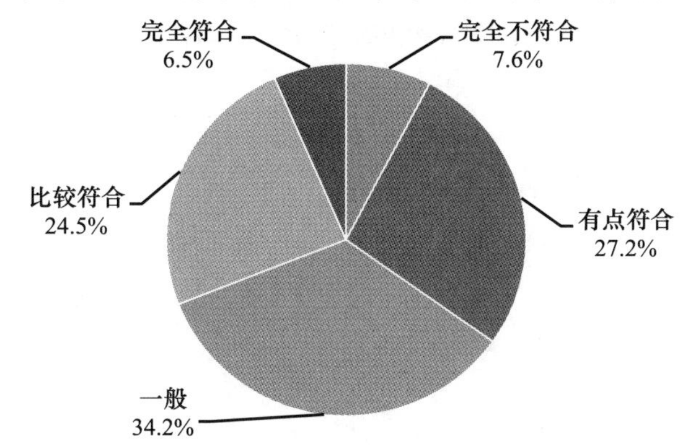

C4 您认为当今中国社会最重要和最需要的德性是

	第一重要		第二重要		第三重要		第四重要		第五重要		总分
	频数	加权频数	频数	加权频数	频数	加权频数	频数	加权频数	频数	加权频数	
爱（仁爱、博爱、友爱）	2515	12575	945	3780	527	1581	415	830	427	427	19193
诚信	943	4715	1378	5512	1200	3600	1033	2066	944	944	16837
责任	765	3825	975	3900	1363	4089	1262	2524	668	668	15006
公正	1098	5490	1038	4152	780	2340	901	1802	694	694	14478
孝敬	1407	7035	723	2892	540	1620	764	1528	1173	1173	14248
宽容	378	1890	814	3256	1393	4179	671	1342	446	446	11113
善良	500	2500	559	2236	498	1494	962	1924	856	856	9010
义（道义、义务）	342	1710	1008	4032	405	1215	362	724	386	386	8067
忠恕（将心比心）	173	865	348	1392	448	1344	302	604	383	383	4588
谦让	198	990	196	784	297	891	461	922	556	556	4143
正直	104	520	196	784	408	1224	453	906	677	677	4111
节制	142	710	202	808	204	612	326	652	287	287	3069
理智	60	300	102	408	330	990	338	676	389	389	2763
勇敢	55	275	115	460	162	486	249	498	297	297	2016

续表

	第一重要		第二重要		第三重要		第四重要		第五重要		总分
	频数	加权频数	频数	加权频数	频数	加权频数	频数	加权频数	频数	加权频数	
敬业	33	165	102	408	129	387	160	320	436	436	1716
其他	10		1		0		0	0	0	0	0

（加权规则：第一重要的频数×5，第二重要的频数×4，第三重要的频数×3，第四重要的频数×2，第五重要的频数×1）

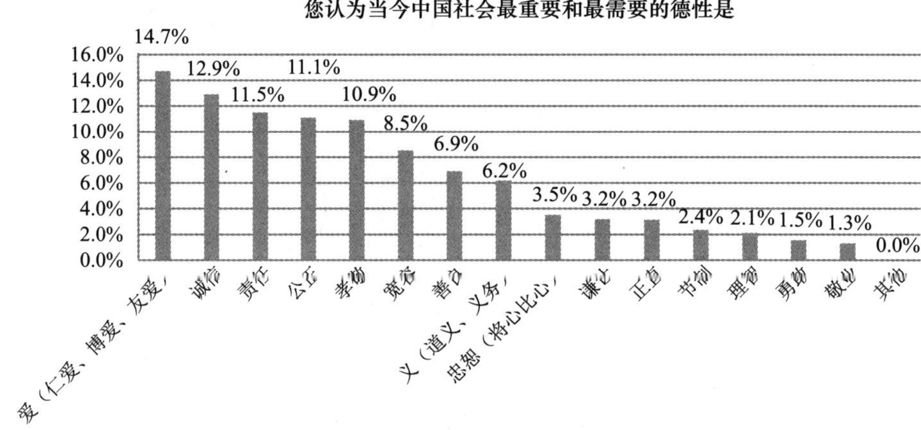

C5 一个制药厂做药品销售时，出资 50 万元请您向公众介绍自己服药后的良好效果，您过去服用这药时并没有效果，但也没有发现有很大的副作用，您将如何决定

		频数	百分比	有效百分比	累计百分比
有效	接受邀请，心安理得	981	11.2%	11.3%	11.3%
	接受邀请，心里不安，但这笔巨款很有吸引力	1690	19.3%	19.5%	30.9%
	拒绝，这是虚假广告，欺骗大众	5952	68.0%	68.8%	99.6%
	其他	32	0.4%	0.4%	100.0%
	总计	8655	98.9%	100.0%	
缺失	不知道	52	0.6%		
	不理解题意	35	0.4%		
	拒绝回答	13	0.1%		
	总计	100	1.1%		
总计		8755	100.0%		

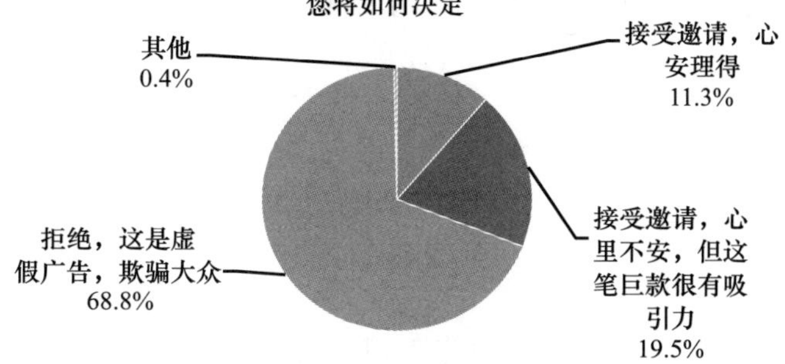

C6 您正在申请一个重要的职位，如果具有两次以上在敬老院做义工的经历（不需要出具证据），将可能优先获得这个职位，您将如何决定

		频数	百分比	有效百分比	累计百分比
有效	如实填报，没做过义工，今后多参加这类活动	6268	71.6%	73.2%	73.2%
	填报参加过两次义工，这机会太重要了，反正不需要出具证据	1281	14.6%	15.0%	88.1%
	先填报，交表之后去做两次义工	984	11.2%	11.5%	99.6%
	其他	33	0.4%	0.4%	100.0%
	总计	8566	97.8%	100.0%	
缺失	不知道	74	0.8%		
	不理解题意	93	1.1%		
	拒绝回答	22	0.3%		
	总计	189	2.2%		
总计		8755	100.0%		

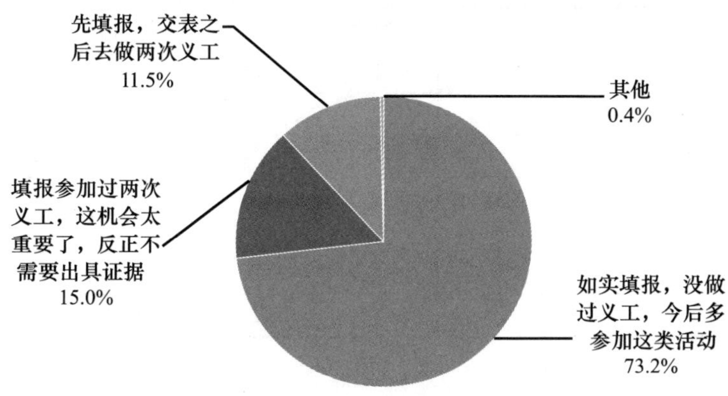

C7 如果您全权代表本单位与另一单位进行项目谈判，对方要求您给予一千万元的优惠，事成之后将您正在寻找工作的女儿安排到这一单位并且获得较好职位，您将如何决定

		频数	百分比	有效百分比	累计百分比
有效	拒绝，不能以公谋私	6665	76.1%	77.9%	77.9%
	接受，女儿前途重要，并且我有权决定	1809	20.7%	21.1%	99.0%
	其他	87	1.0%	1.0%	100.0%
	总计	8561	97.8%	100.0%	
缺失	不知道	94	1.1%		
	不理解题意	86	1.0%		
	拒绝回答	14	0.2%		
	总计	194	2.2%		
总计		8755	100.0%		

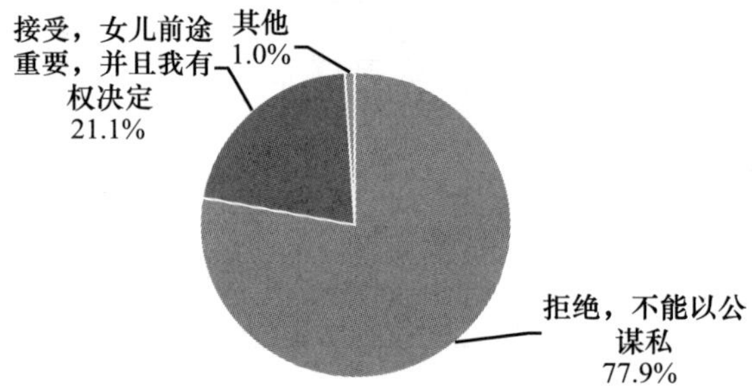

C8 现在社会上有些人不守道德反而占了便宜，您会不会为了得到好处而效仿

		频数	百分比	有效百分比	累计百分比
有效	从来不这么做	4484	51.2%	51.7%	51.7%
	通常不这么做，关键时刻会这么做	2159	24.7%	24.9%	76.6%
	经常这么做	84	1.0%	1.0%	77.5%
	相信善有善报，恶有恶报，终将会善恶报应	1932	22.1%	22.3%	99.8%
	其他	18	0.2%	0.2%	100.0%
	总计	8677	99.1%	100.0%	

续表

		频数	百分比	有效百分比	累计百分比
缺失	不知道	19	0.2%		
	不理解题意	27	0.3%		
	拒绝回答	32	0.4%		
	总计	78	0.9%		
总计		8755	100.0%		

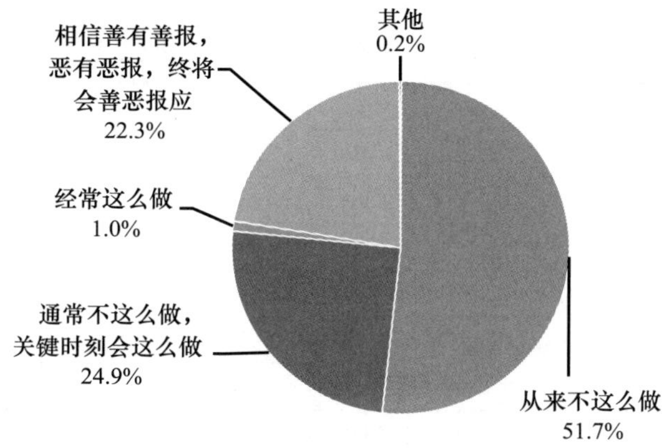

C9 下列说法您是否认同

	完全不同意	不太同意	比较同意	完全同意	平均数
目前大多数人将职业当作谋生的手段，缺乏责任感和奉献精神	408	2289	4540	938	2.73
企业老板剥削员工，利益关系不公正	491	2710	3956	725	2.62
老板和员工、上级和下级相互勾结，共同对社会不负责任	758	3375	2982	622	2.45
是否离婚主要考虑自己的感受和利益	1717	3658	2245	556	2.20
是否离婚应该从家庭整体（包括子女）考虑	153	1064	4505	2553	3.14
婚姻是社会的事，应当兼顾社会评价和社会后果	439	2156	4143	1211	2.77
婚姻应当是自由的，如果有更满意或更合适的人就与现在的配偶离婚	3075	3486	1613	242	1.88
婚姻意味着责任，要考虑给对方造成什么后果，不能轻率地选择离婚	121	888	4503	2954	3.22
遇到困难的时候，兄弟姐妹通常都会给予力所能及的帮助	94	751	4211	3484	3.30
无论父母对自己如何，都应当尽赡养义务	103	579	3213	4670	3.45
为了家庭利益可以一定程度上牺牲国家利益	1532	4024	1832	435	2.15
为了国家利益可以一定程度上牺牲家庭利益	765	2312	3394	1231	2.66

C9a 目前大多数人将职业当作谋生的手段，缺乏责任感和奉献精神

		频数	百分比	有效百分比	累计百分比
有效	完全不同意	408	4.7%	5.0%	5.0%
	不太同意	2289	26.1%	28.0%	33.0%
	比较同意	4540	51.9%	55.5%	88.5%
	完全同意	938	10.7%	11.5%	100.0%
	总计	8175	93.4%	100.0%	
缺失	不理解题意	18	0.2%		
	不知道	546	6.2%		
	拒绝回答	16	0.2%		
	总计	580	6.6%		
总计		8755	100.0%		

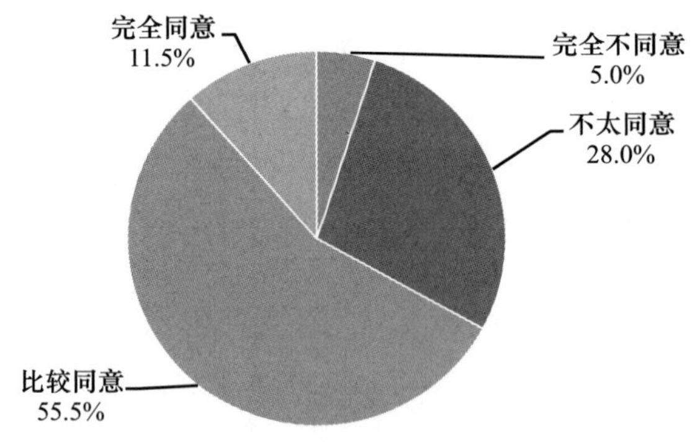

C9b 企业老板剥削员工，利益关系不公正

		频数	百分比	有效百分比	累计百分比
有效	完全不同意	491	5.6%	6.2%	6.2%
	不太同意	2710	31.0%	34.4%	40.6%
	比较同意	3956	45.2%	50.2%	90.8%
	完全同意	725	8.3%	9.2%	100.0%
	总计	7882	90.0%	100.0%	
缺失	不理解题意	22	0.3%		
	不知道	824	9.4%		
	拒绝回答	27	0.3%		
	总计	873	10.0%		
总计		8755	100.0%		

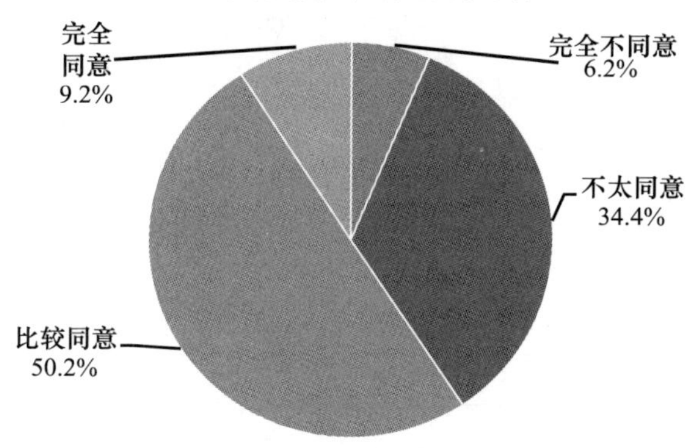

C9c 老板和员工、上级和下级相互勾结，共同对社会不负责任

		频数	百分比	有效百分比	累计百分比
有效	完全不同意	758	8.7%	9.8%	9.8%
	不太同意	3375	38.5%	43.6%	53.4%
	比较同意	2982	34.1%	38.5%	92.0%
	完全同意	622	7.1%	8.0%	100.0%
	总计	7737	88.4%	100.0%	
缺失	不理解题意	22	0.3%		
	不知道	938	10.7%		
	拒绝回答	58	0.7%		
	总计	1018	11.6%		
总计		8755	100.0%		

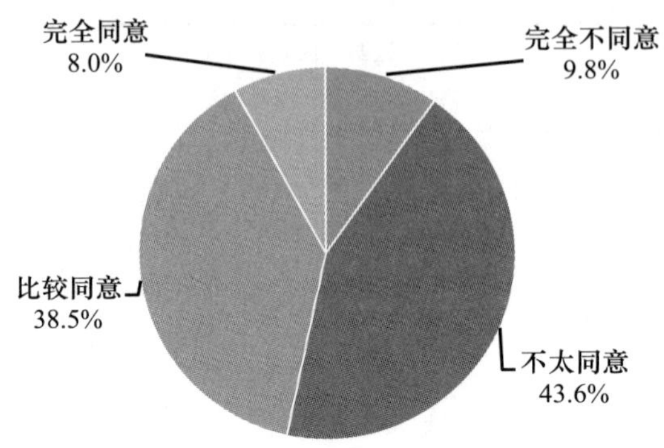

C9d 是否离婚应该主要考虑自己的感受和利益

		频数	百分比	有效百分比	累计百分比
有效	完全不同意	1717	19.6%	21.0%	21.0%
	不太同意	3658	41.8%	44.7%	65.7%
	比较同意	2245	25.6%	27.5%	93.2%
	完全同意	556	6.4%	6.8%	100.0%
	总计	8176	93.4%	100.0%	
缺失	不理解题意	35	0.4%		
	不知道	516	5.9%		
	拒绝回答	28	0.3%		
	总计	579	6.6%		
总计		8755	100.0%		

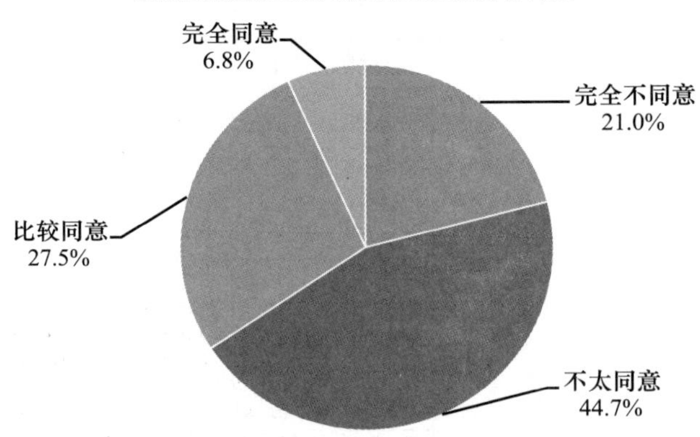

C9e 是否离婚应该从家庭整体（包括子女）考虑

		频数	百分比	有效百分比	累计百分比
有效	完全不同意	153	1.7%	1.8%	1.8%
	不太同意	1064	12.2%	12.9%	14.7%
	比较同意	4505	51.5%	54.4%	69.1%
	完全同意	2553	29.2%	30.9%	100.0%
	总计	8275	94.5%	100.0%	
缺失	不理解题意	33	0.4%		
	不知道	407	4.6%		
	拒绝回答	40	0.5%		
	总计	480	5.5%		
总计		8755	100.0%		

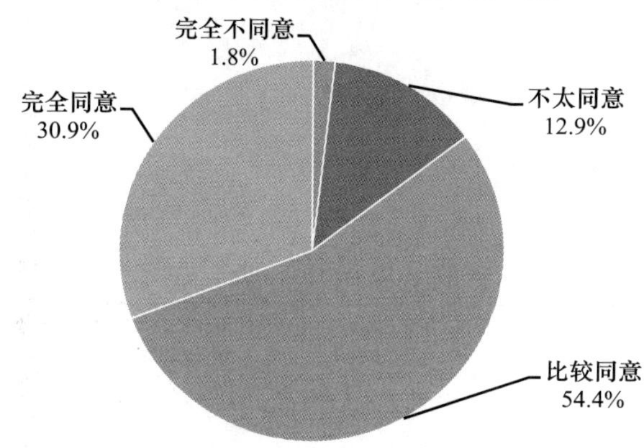

C9f 婚姻是社会的事，应当兼顾社会评价和社会后果

		频数	百分比	有效百分比	累计百分比
有效	完全不同意	439	5.0%	5.5%	5.5%
	不太同意	2156	24.6%	27.1%	32.6%
	比较同意	4143	47.3%	52.1%	84.8%
	完全同意	1211	13.8%	15.2%	100.0%
	总计	7949	90.8%	100.0%	

续表

		频数	百分比	有效百分比	累计百分比
缺失	不理解题意	30	0.3%		
	不知道	756	8.6%		
	拒绝回答	20	0.2%		
	总计	806	9.2%		
总计		8755	100.0%		

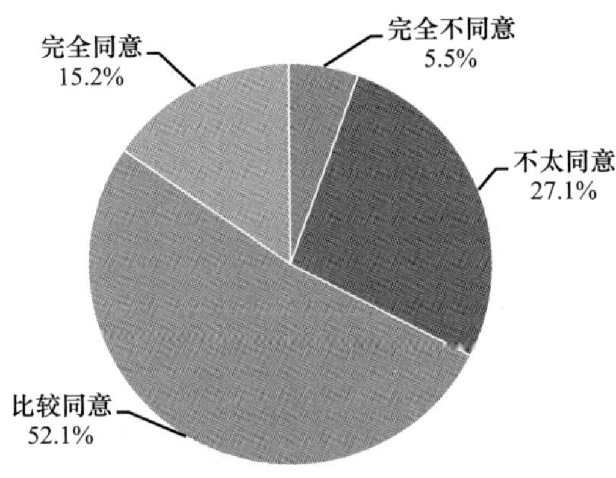

C9g 婚姻应当是自由的，如果有更满意或更合适的人就与现在的配偶离婚

		频数	百分比	有效百分比	累计百分比
有效	完全不同意	3075	35.1%	36.5%	36.5%
	不太同意	3486	39.8%	41.4%	78.0%
	比较同意	1613	18.4%	19.2%	97.1%
	完全同意	242	2.8%	2.9%	100.0%
	总计	8416	96.1%	100.0%	
缺失	不理解题意	36	0.4%		
	不知道	285	3.3%		
	拒绝回答	18	0.2%		
	总计	339	3.9%		
总计		8755	100.0%		

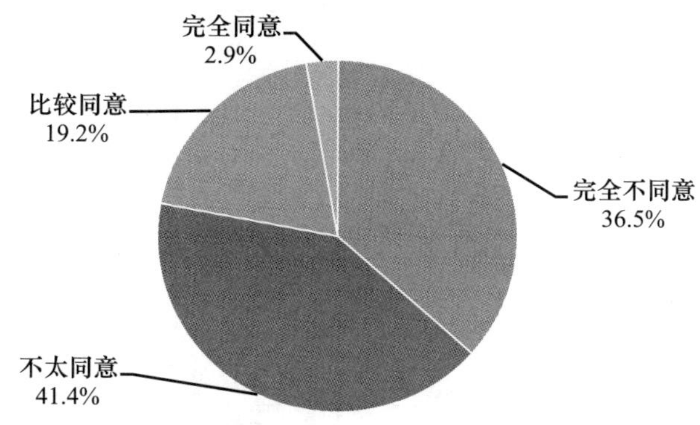

C9h 婚姻意味着责任，要考虑给对方造成什么后果，不能轻率地选择离婚

		频数	百分比	有效百分比	累计百分比
有效	完全不同意	121	1.4%	1.4%	1.4%
	不太同意	888	10.1%	10.5%	11.9%
	比较同意	4503	51.4%	53.2%	65.1%
	完全同意	2954	33.7%	34.9%	100.0%
	总计	8466	96.7%	100.0%	
缺失	不理解题意	21	0.2%		
	不知道	238	2.7%		
	拒绝回答	30	0.3%		
	总计	289	3.3%		
总计		8755	100.0%		

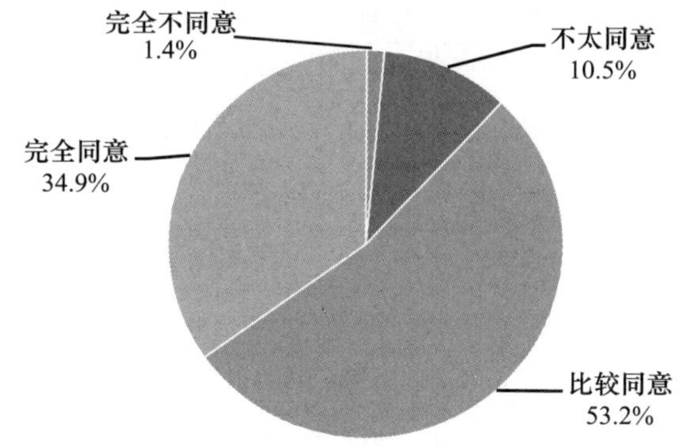

c9i 遇到困难的时候，兄弟姐妹通常都会给予其力所能及的帮助

		频数	百分比	有效百分比	累计百分比
有效	完全不同意	94	1.1%	1.1%	1.1%
	不太同意	751	8.6%	8.8%	9.9%
	比较同意	4211	48.1%	49.3%	59.2%
	完全同意	3484	39.8%	40.8%	100.0%
	总计	8540	97.5%	100.0%	
缺失	不理解题意	16	0.2%		
	不知道	157	1.8%		
	拒绝回答	42	0.5%		
	总计	215	2.5%		
总计		8755	100.0%		

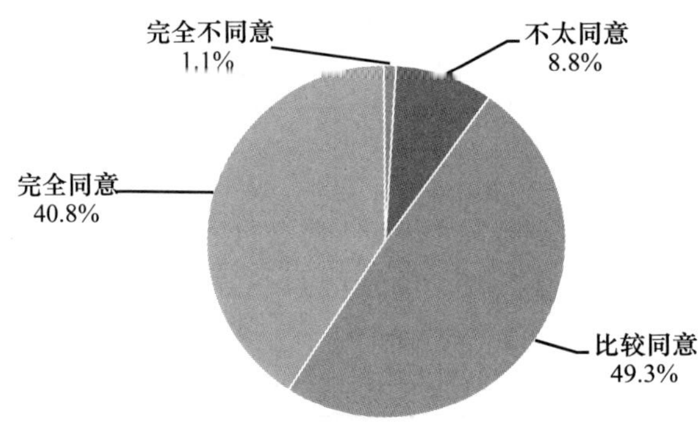

C9j 无论父母对自己如何，都应当尽赡养义务

		频数	百分比	有效百分比	累计百分比
有效	完全不同意	103	1.2%	1.2%	1.2%
	不太同意	579	6.6%	6.8%	8.0%
	比较同意	3213	36.7%	37.5%	45.5%
	完全同意	4670	53.3%	54.5%	100.0%
	总计	8565	97.8%	100.0%	
缺失	不理解题意	13	0.1%		
	不知道	132	1.5%		
	拒绝回答	45	0.5%		
	总计	190	2.2%		
总计		8755	100.0%		

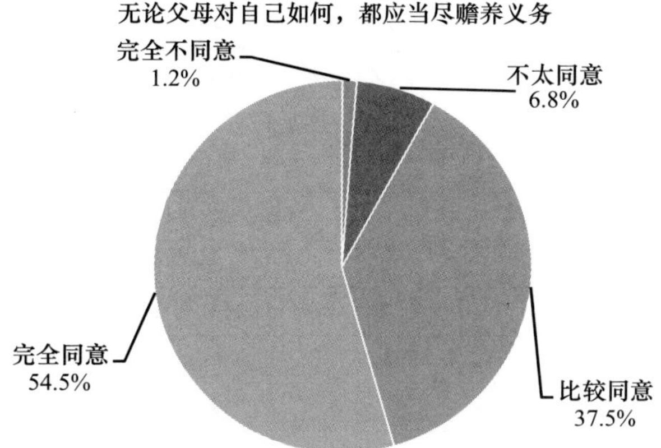

C9k 为了家庭利益可以在一定程度上牺牲国家利益

		频数	百分比	有效百分比	累计百分比
有效	完全不同意	1532	17.5%	19.6%	19.6%
	不太同意	4024	46.0%	51.4%	71.0%
	比较同意	1832	20.9%	23.4%	94.4%
	完全同意	435	5.0%	5.6%	100.0%
	总计	7823	89.4%	100.0%	
缺失	不理解题意	24	0.3%		
	不知道	866	9.9%		
	拒绝回答	42	0.5%		
	总计	932	10.6%		
总计		8755	100.0%		

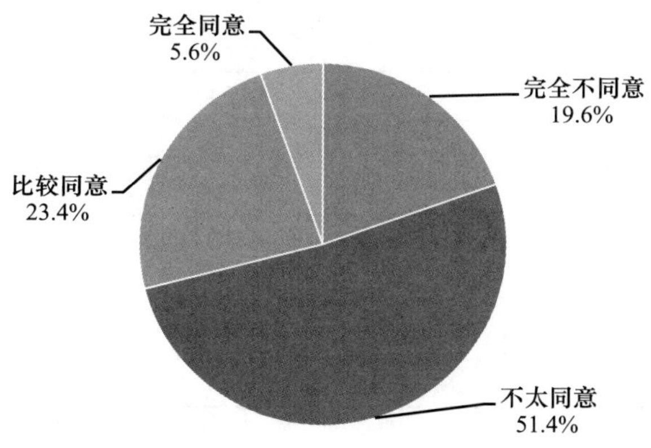

C91 为了国家利益可以在一定程度上牺牲家庭利益

		频数	百分比	有效百分比	累计百分比
有效	完全不同意	765	8.7%	9.9%	9.9%
	不太同意	2312	26.4%	30.0%	40.0%
	比较同意	3394	38.8%	44.1%	84.0%
	完全同意	1231	14.1%	16.0%	100.0%
	总计	7702	88.0%	100.0%	
缺失	不理解题意	25	0.3%		
	不知道	985	11.3%		
	拒绝回答	43	0.5%		
	总计	1053	12.0%		
总计		8755	100.0%		

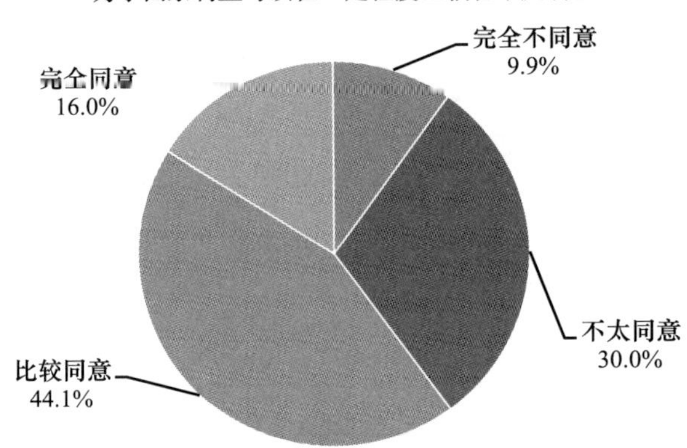

C10 假设您的上司或老板是外国人，他侮辱了中国，但抗争会产生不利于自己的后果，您会选择

		频数	百分比	有效百分比	累计百分比
有效	当面抗议	5463	62.4%	62.9%	62.9%
	保持沉默	1728	19.7%	19.9%	82.8%
	暗地里报复	204	2.3%	2.3%	85.1%
	以屈求伸，背后骂几句就行了	817	9.3%	9.4%	94.5%
	无所谓	478	5.5%	5.5%	100.0%
	总计	8690	99.3%	100.0%	

续表

		频数	百分比	有效百分比	累计百分比
缺失	不理解题意	24	0.3%		
	不知道	18	0.2%		
	拒绝回答	23	0.3%		
	总计	65	0.7%		
总计		8755	100.0%		

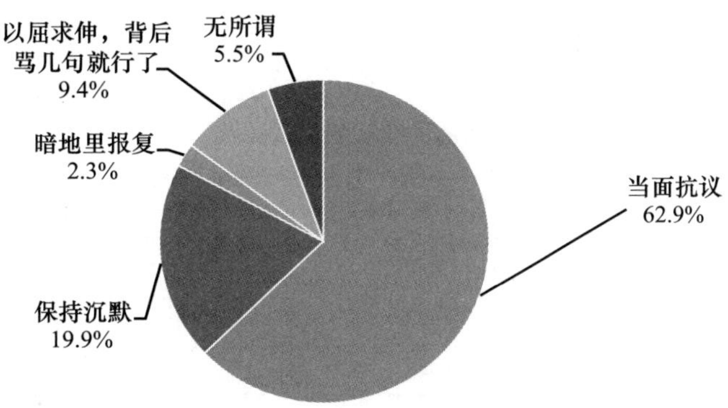

C11 如果条件允许的话，您希望您的孩子生活在国内，还是到国外定居

		频数	百分比	有效百分比	累计百分比
有效	还是在国内生活好	4110	46.9%	47.5%	47.5%
	到国外定居	1068	12.2%	12.3%	59.8%
	走一步，看一步	1219	13.9%	14.1%	73.9%
	没考虑过	2262	25.8%	26.1%	100.0%
	总计	8659	98.9%	100.0%	
缺失	不理解题意	6	0.1%		
	拒绝回答	90	1.0%		
	总计	96	1.1%		
总计		8755	100.0%		

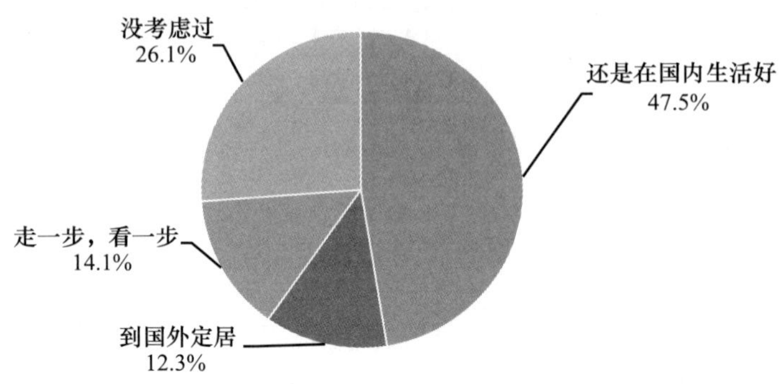

C12 您常常体验到自己身上有一种“伦理感”的存在吗？如把家庭、单位、国家当作归宿，经常与别人将心比心、为家庭和爱人无条件奉献、把自己的命运与所在单位和地区的命运紧紧联系在一起等

	没有，只感受到自己实实在在的生活	偶尔有，但主要是因为那种情况下我的利益与它高度一致	偶尔有，是在受某种作品或生活情境的影响之后	时常有，它是一种内在的信念	平均数
人与人之间	2026	2927	1841	1725	2. 38
家庭	1614	1945	1854	3101	2. 76
单位	2203	2838	2277	1045	2. 26
社区、城市	2693	2463	2084	1252	2. 22

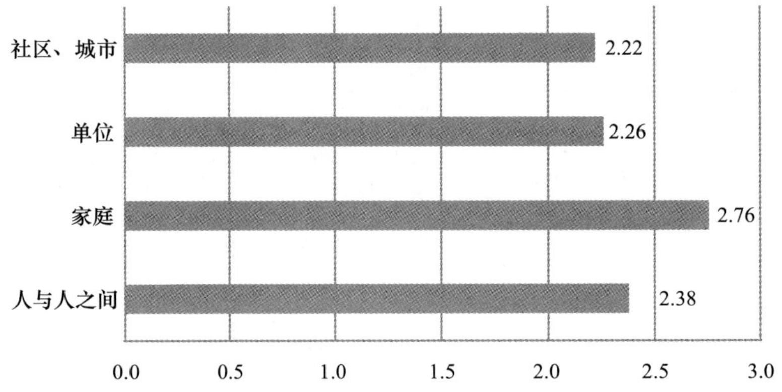

C12a 您常常体验到自己身上有一种“伦理感”的存在吗？人与人之间

		频数	百分比	有效百分比	累计百分比
有效	没有，只感受到自己实实在在的生活	2026	23.1%	23.8%	23.8%
	偶尔有，但主要是因为那种情况下我的利益与它高度一致	2927	33.4%	34.4%	58.1%
	偶尔有，是在受某种作品或生活情境的影响之后	1841	21.0%	21.6%	79.8%
	时常有，它是一种内在的信念	1725	19.7%	20.2%	100.0%
	总计	8519	97.3%	100.0%	
缺失	不理解题意	204	2.3%		
	不知道	12	0.1%		
	拒绝回答	20	0.2%		
	总计	236	2.7%		
总计		8755	100.0%		

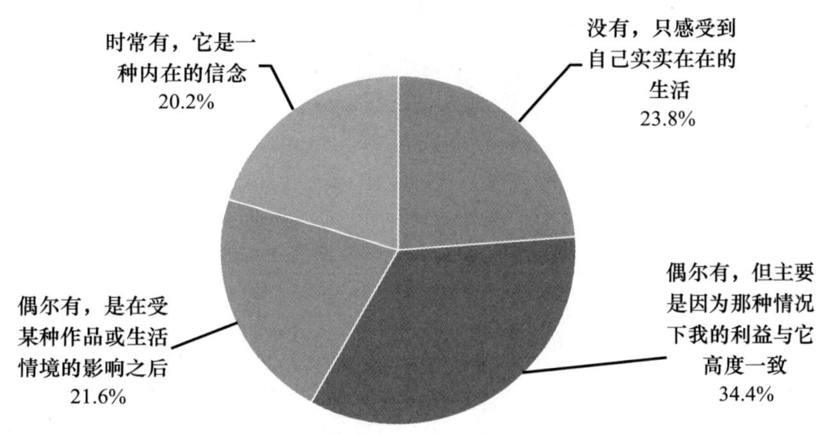

C12b 您常常体验到自己身上有一种“伦理感”的存在吗？家庭

		频数	百分比	有效百分比	累计百分比
有效	没有，只感受到自己实实在在的生活	1614	18.4%	19.0%	19.0%
	偶尔有，但主要是因为那种情况下我的利益与它高度一致	1945	22.2%	22.8%	41.8%
	偶尔有，是在受某种作品或生活情境的影响之后	1854	21.2%	21.8%	63.6%

续表

		频数	百分比	有效百分比	累计百分比
有效	时常有，它是一种内在的信念	3101	35.4%	36.4%	100.0%
	总计	8514	97.2%	100.0%	
缺失	不理解题意	203	2.3%		
	不知道	11	0.1%		
	拒绝回答	27	0.3%		
	总计	241	2.8%		
总计		8755	100.0%		

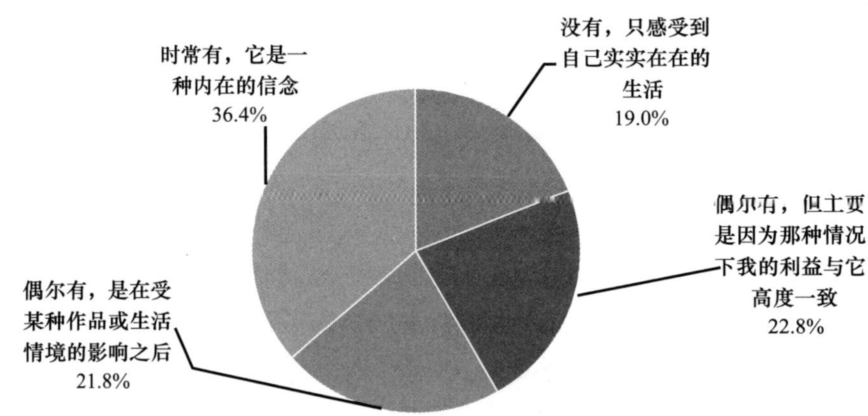

C12c 您常常体验到自己身上有一种“伦理感”的存在吗？单位

		频数	百分比	有效百分比	累计百分比
有效	没有，只感受到自己实实在在的生活	2203	25.2%	26.3%	26.3%
	偶尔有，但主要是因为那种情况下我的利益与它高度一致	2838	32.4%	33.9%	60.3%
	偶尔有，是在受某种作品或生活情境的影响之后	2277	26.0%	27.2%	87.5%
	时常有，它是一种内在的信念	1045	11.9%	12.5%	100.0%
	总计	8363	95.5%	100.0%	
缺失	不理解题意	337	3.8%		
	不知道	17	0.2%		
	拒绝回答	38	0.4%		
	总计	392	4.5%		

续表

	频数	百分比	有效百分比	累计百分比
总计	8755	100.0%		

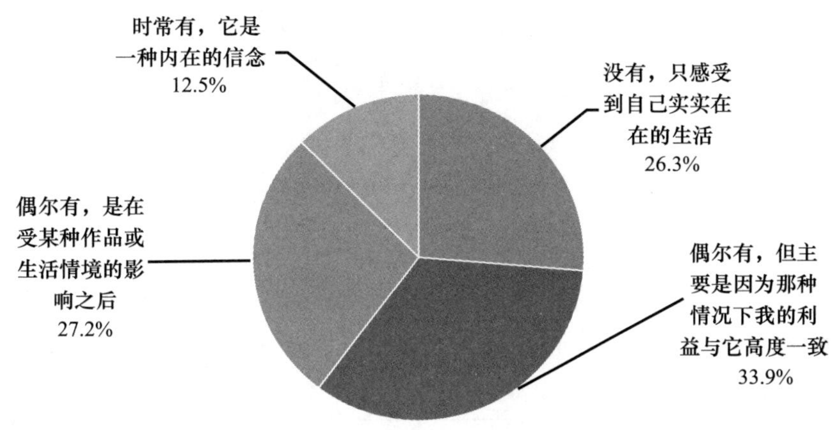

C12d 您常常体验到自己身上有一种“伦理感”的存在吗？社区、城市

		频数	百分比	有效百分比	累计百分比
有效	没有，只感受到自己实实在在的生活	2693	30.8%	31.7%	31.7%
	偶尔有，但主要是因为那种情况下我的利益与它高度一致	2463	28.1%	29.0%	60.7%
	偶尔有，是在受某种作品或生活情境的影响之后	2084	23.8%	24.5%	85.3%
	时常有，它是一种内在的信念	1252	14.3%	14.7%	100.0%
	总计	8492	97.0%	100.0%	
缺失	不理解题意	224	2.6%		
	不知道	14	0.2%		
	拒绝回答	25	0.3%		
	总计	263	3.0%		
总计		8755	100.0%		

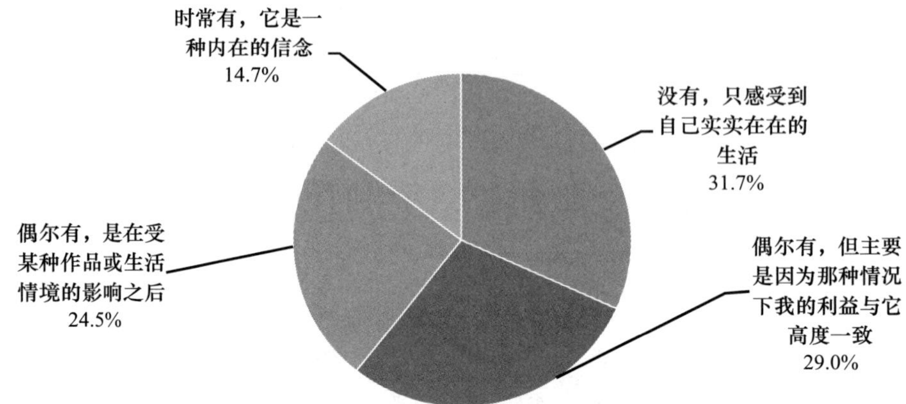

C13 您常常体验到自己身上有一种“道德感”的存在和满足吗？如与人相处或追求重大利益时总要首先考虑是否“应该”，做了不好的事时常受到良心谴责，在帮助和成全别人时，虽然自己利益受损，但仍常有一种快感或心安

		频数	百分比	有效百分比	累计百分比
有效	没有，只是凭自己的感觉和利益办事	2339	26.7%	27.0%	27.0%
	在有监督的环境中或有别人在场时有，其他环境中没有	1205	13.8%	13.9%	41.0%
	经常有，问心无愧、不做亏心事最重要	2922	33.4%	33.8%	74.8%
	没有特别的感觉，但从来不做不道德的事	2155	24.6%	24.9%	99.7%
	其他	26	0.3%	0.3%	100.0%
	总计	8647	98.8%	100.0%	
缺失	不知道	8	0.1%		
	不理解题意	82	0.9%		
	拒绝回答	18	0.2%		
	总计	108	1.2%		
总计		8755	100.0%		

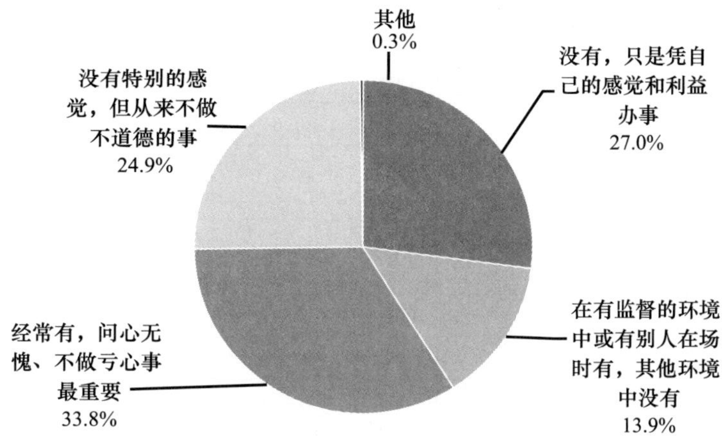

C14 您认为国家对于个人存在的意义是

		频数	百分比	有效百分比	累计百分比
有效	国家离我们很遥远，个人最重要	2085	23.8%	24.0%	24.0%
	国家最重要，是我们的安身之地，国家富强个人才能过得好	6585	75.2%	75.7%	99.7%
	其他	24	0.3%	0.3%	100.0%
	总计	8694	99.3%	100.0%	
缺失	不知道	15	0.2%		
	不理解题意	27	0.3%		
	拒绝回答	19	0.2%		
	总计	61	0.7%		
总计		8755	100.0%		

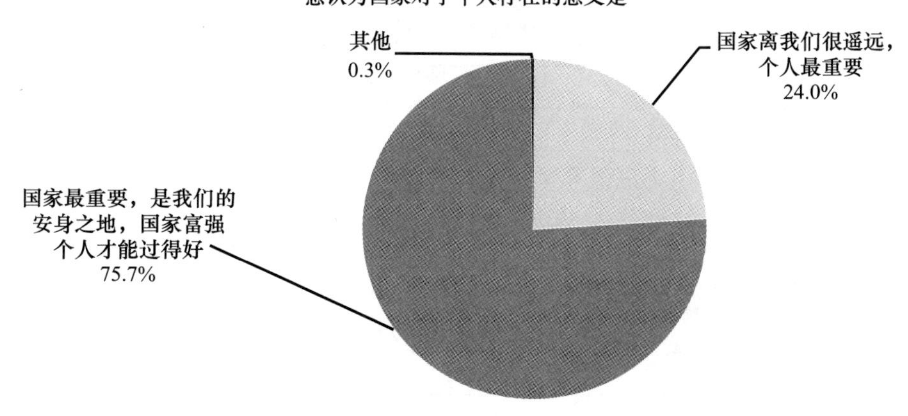

C15 您认为对社会生活而言，个体德性和社会公正哪个更重要

		频数	百分比	有效百分比	累计百分比
有效	个体德性最重要	1549	17.7%	18.0%	18.0%
	社会公正最重要	2675	30.6%	31.0%	49.0%
	二者应当统一，但二者矛盾时应先追求个体德性	2421	27.7%	28.1%	77.0%
	二者应当统一，但二者矛盾时应先追求社会公正	1983	22.6%	23.0%	100.0%
	总计	8628	98.5%	100.0%	
缺失	不理解题意	99	1.1%		
	不知道	15	0.2%		
	拒绝回答	13	0.1%		
	总计	127	1.5%		
总计		8755	100.0%		

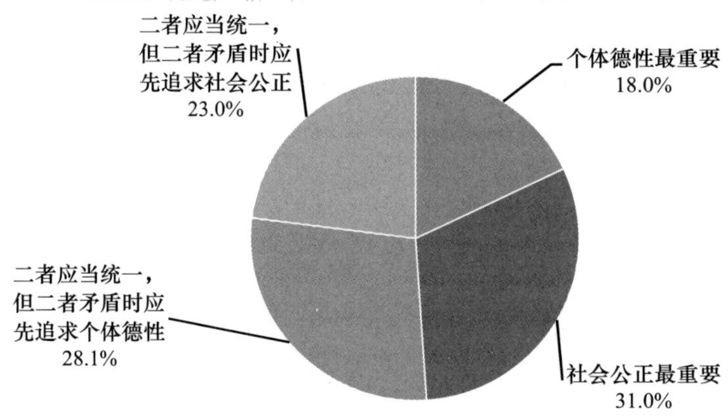

C16 在公共生活中，个人之所以要遵守道德，是因为

		频数	百分比	有效百分比	累计百分比
有效	遵守道德有利于自身利益的实现	1960	22.4%	22.6%	22.6%
	个人是社会的一分子，应当遵守道德	3596	41.1%	41.4%	64.0%
	遵守道德社会才能有序和美好	2358	26.9%	27.2%	91.2%
	不遵守道德会被别人议论或谴责	748	8.5%	8.6%	99.8%
	其他	20	0.2%	0.2%	100.0%
	总计	8682	99.2%	100.0%	

续表

		频数	百分比	有效百分比	累计百分比
缺失	不知道	8	0.1%		
	不理解题意	13	0.1%		
	拒绝回答	52	0.6%		
	总计	73	0.8%		
总计		8755	100.0%		

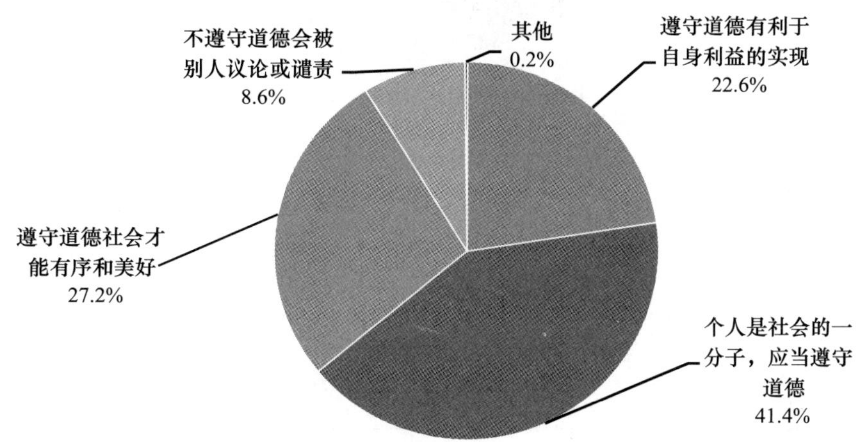

C17 关于职业劳动的说法，您最认同的是

		频数	百分比	有效百分比	累计百分比
有效	职业劳动是个人和家庭谋生的手段	4772	54.5%	55.0%	55.0%
	职业劳动是为社会创造财富	2193	25.0%	25.3%	80.2%
	职业劳动是个人兴趣和价值实现的方式	1686	19.3%	19.4%	99.7%
	其他	30	0.3%	0.3%	100.0%
	总计	8681	99.2%	100.0%	
缺失	不知道	16	0.2%		
	不理解题意	15	0.2%		
	拒绝回答	43	0.5%		
	总计	74	0.8%		
总计		8755	100.0%		

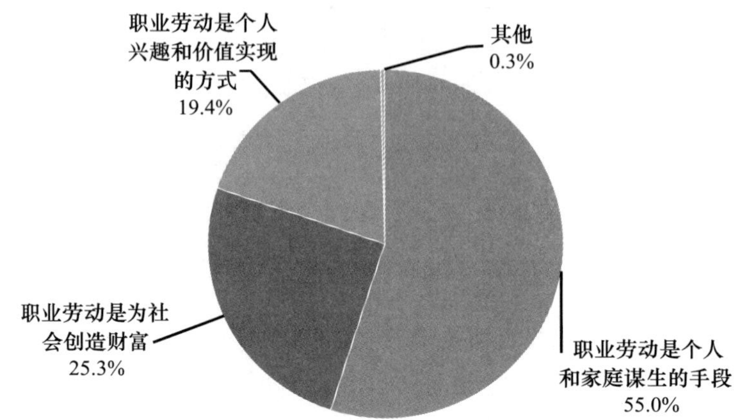

C18 当前有些人常有忧郁、自杀等状况，您认为造成这种情况的主要原因是

	频数	有效百分比
欲望过多过大，不能知足常乐	2822	34.1%
对自己和未来没有把握	2462	29.7%
竞争激烈，工作压力过大，身心疲惫	3669	44.3%
人与人之间缺乏信任感，人际关系紧张	2787	33.7%
有烦恼很难找到人倾诉和排解	2325	28.1%
缺乏自我理解和自我调节能力	2041	24.7%
现代人缺乏安顿自己、化解内心矛盾的能力	1998	24.1%
缺乏道德公正，没有道德的人总是占便宜	1147	13.9%
缺乏理想和信念支持，精神没有寄托和归宿	1523	18.4%
生活压力大	3248	39.2%
其他	31	0.4%

当前有些人常有忧郁、自杀等状况，您认为造成这种情况的主要原因是

50.0% 45.0% 40.0% 35.0% 30.0% 25.0% 20.0% 15.0% 10.0% 5.0% 0.0%

34.1% 29.7% 44.3% 33.7% 28.1% 24.7% 24.1% 13.9% 18.4% 39.2% 0.4%

欲望过多过大，不能知足常乐
对自己和未来没有把握
竞争激烈，工作压力过大，身心疲惫
人与人之间缺乏信任感，人际关系紧张
有烦恼很难找到人倾诉和排解
缺乏自我理解和自我调节能力
现代人缺乏安顿自己、化解内心矛盾的能力
缺乏道德公正，没有道德的人总是占便宜
缺乏理想和信念支持，精神没有寄托和归宿
生活压力大
其他

C19 如果您与下列人员发生重大利益冲突，您会首先选择通过哪种途径解决

	诉诸法律，打官司	直接找对方沟通但得理让人，适可而止	通过第三方（如社会机构、朋友等）从中调解，尽量不伤和气	能忍则忍	平均数
家庭成员	98	4336	1156	2792	2. 79
朋友	161	4133	2476	1746	2. 68
同事	257	3250	2946	1024	2. 30
商业伙伴	2037	1793	2074	663	2. 21

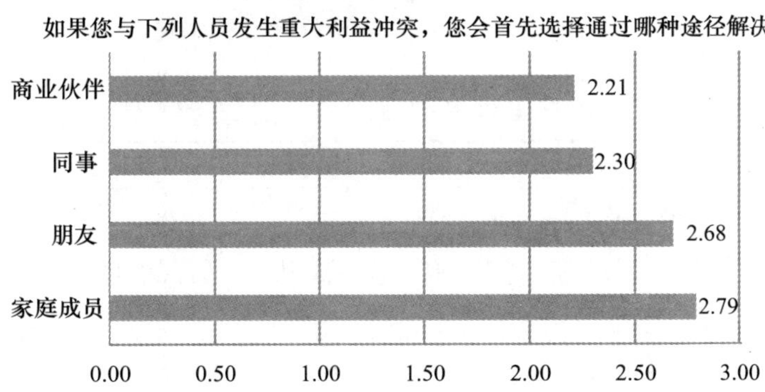

C19a 如果您与家庭成员之间发生重大利益冲突，您会怎样做

		频数	百分比	有效百分比	累计百分比
有效	诉诸法律，打官司	98	1.1%	1.2%	1.2%
	直接找对方沟通，但得理让人，适可而止	4336	49.5%	51.7%	52.9%
	通过第三方（如社会机构、朋友等）从中调解，尽量不伤和气	1156	13.2%	13.8%	66.7%
	能忍则忍	2792	31.9%	33.3%	100.0%
	总计	8382	95.7%	100.0%	
缺失	不适用	358	4.1%		
	不知道	1			
	拒绝回答	14	0.2%		
	总计	373	4.3%		
总计		8755	100.0%		

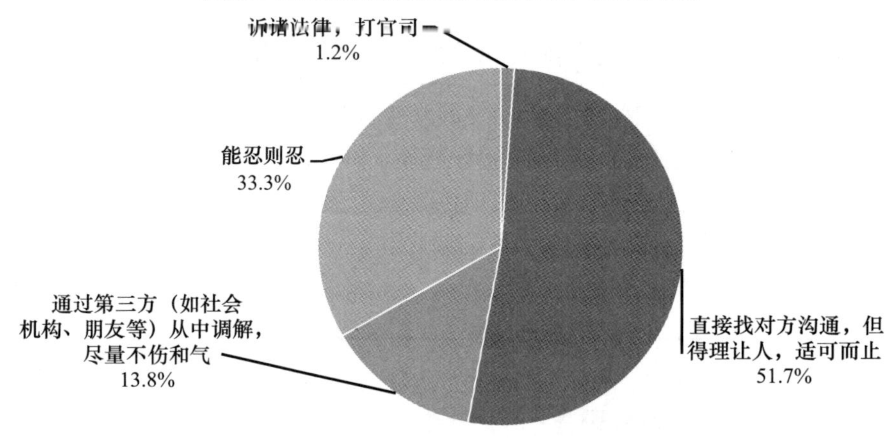

C19b 如果您与朋友之间发生重大利益冲突，您会怎样做

		频数	百分比	有效百分比	累计百分比
有效	诉诸法律，打官司	161	1.8%	1.9%	1.9%
	直接找对方沟通，但得理让人，适可而止	4133	47.2%	48.5%	50.4%
	通过第三方（如社会机构、朋友等）从中调解，尽量不伤和气	2476	28.3%	29.1%	79.5%
	能忍则忍	1746	19.9%	20.5%	100.0%
	总计	8516	97.3%	100.0%	

续表

		频数	百分比	有效百分比	累计百分比
缺失	不适用	220	2.5%		
	不知道	1			
	拒绝回答	18	0.2%		
	总计	239	2.7%		
总计		8755	100.0%		

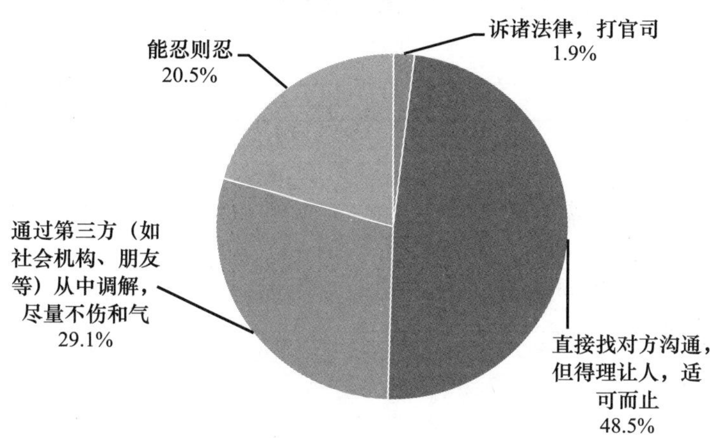

C19c 如果您与同事之间发生重大利益冲突，您会怎样做

		频数	百分比	有效百分比	累计百分比
有效	诉诸法律，打官司	257	2.9%	3.4%	3.4%
	直接找对方沟通，但得理让人，适可而止	3250	37.1%	43.5%	46.9%
	通过第三方（如社会机构、朋友等）从中调解，尽量不伤和气	2946	33.6%	39.4%	86.3%
	能忍则忍	1024	11.7%	13.7%	100.0%
	总计	7477	85.4%	100.0%	
缺失	不适用	1238	14.1%		
	不知道	9	0.1%		
	拒绝回答	31	0.4%		
	总计	1278	14.6%		
总计		8755	100.0%		

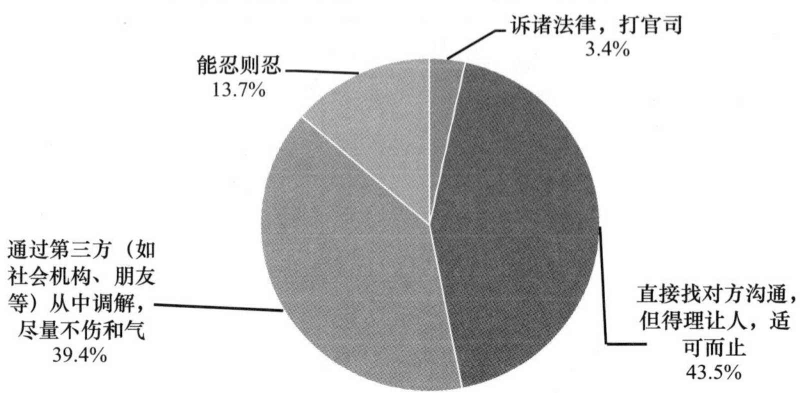

C19d 如果您与商业伙伴之间发生重大利益冲突，您会怎样做

		频数	百分比	有效百分比	累计百分比
有效	诉诸法律，打官司	2037	23.3%	31.0%	31.0%
	直接找对方沟通，但得理让人，适可而止	1793	20.5%	27.3%	58.3%
	通过第三方（如社会机构、朋友等）从中调解，尽量不伤和气	2074	23.7%	31.6%	89.9%
	能忍则忍	663	7.6%	10.1%	100.0%
	总计	6567	75.0%	100.0%	
缺失	不适用	2152	24.6%		
	不知道	18	0.2%		
	拒绝回答	18	0.2%		
	总计	2188	25.0%		
总计		8755	100.0%		

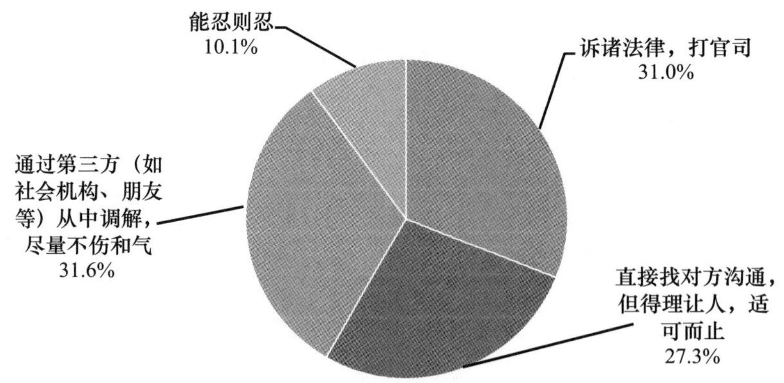

C20 您认为在自己的成长中得到道德训练的最重要场所或机构是

		频数	百分比	有效百分比	累计百分比
有效	家庭	2947	33.7%	33.8%	33.8%
	学校	2291	26.2%	26.2%	60.0%
	社会（如工作单位、社区等）	2903	33.2%	33.3%	93.3%
	国家或政府	279	3.2%	3.2%	96.5%
	媒体	97	1.1%	1.1%	97.6%
	其他	211	2.4%	2.4%	100.0%
	总计	8728	99.7%	100.0%	
缺失	不知道	9	0.1%		
	不理解题意	4			
	拒绝回答	14	0.2%		
	总计	27	0.3%		
总计		8755	100.0%		

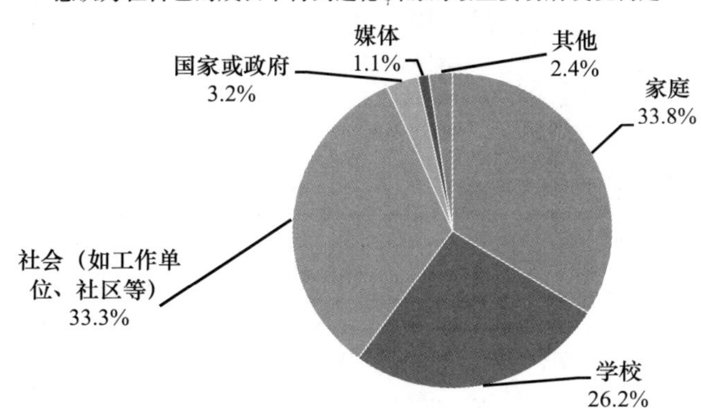

C21 您的思想行为受什么人影响最大

	频数	百分比
政府官员	1725	20.7%
企业家	1382	16.6%
演艺明星	301	3.6%
教师	3811	45.7%
知识精英	999	12.0%
公众人物	1228	14.7%

续表

	频数	百分比
农民	884	10.6%
工人	219	2.6%
先哲先贤	1295	15.5%
父母	6114	73.3%
网络大V	261	3.1%
宗教人士	126	1.5%

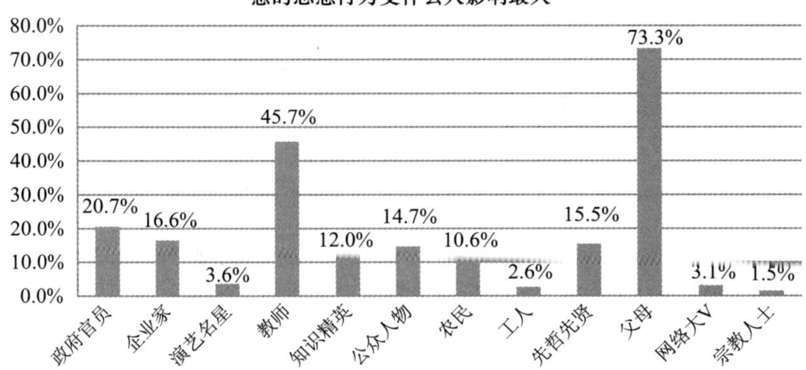

C22 影响您道德判断和道德选择的最主要的因素是

	频数	百分比
自己的良心	5821	68.7%
大多数人持有的观点	3137	37.0%
公众人士和权威人物的观点	674	8.0%
国外媒体的观点	342	4.0%
自己的利益	1273	15.0%
他人的评价	630	7.4%
社会后果	1318	15.6%
大多数人认可的道德规范	1299	15.3%
先贤教导	399	4.7%
“朋友圈”的观点	66	0.8%

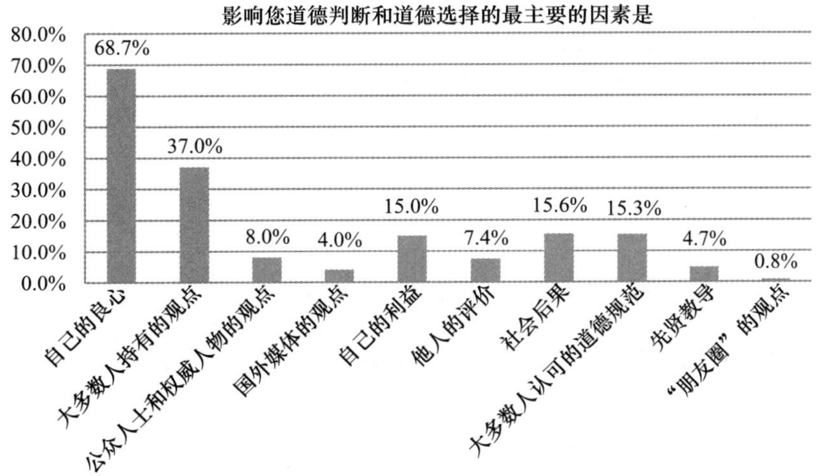

C23 现在经常有一些网民在网络上曝光别人的隐私，您怎么看待这种行为

		频数	百分比	有效百分比	累计百分比
有效	这是违法行为，应该制止	2959	33.8%	36.4%	36.4%
	这是不道德的行为，应该进行谴责	3601	41.1%	44.3%	80.8%
	这是社会监督的重要途径，不必完全禁止，但需要进行规范和引导	1390	15.9%	17.1%	97.9%
	这是网民的自由，别人不应该干涉	172	2.0%	2.1%	100.0%
	总计	8122	92.8%	100.0%	
缺失	不理解题意	22	0.3%		
	说不清	571	6.5%		
	拒绝回答	40	0.5%		
	总计	633	7.2%		
总计		8755	100.0%		

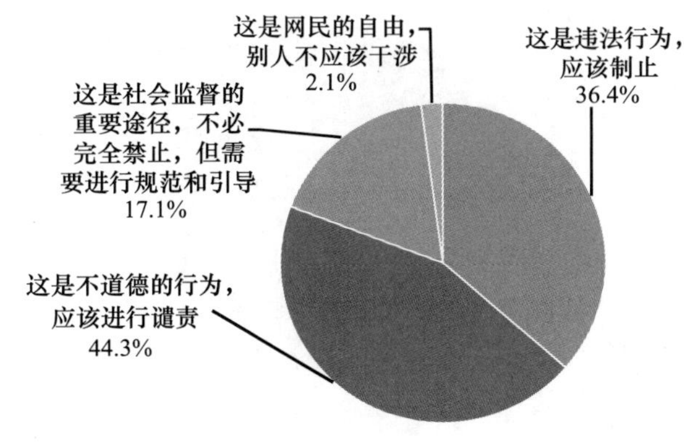

C24 您最近两年是否参加过以下活动

	从来没有	参加过一两次	偶尔参加一次	经常参加	平均数
志愿者活动	7347	681	526	156	1.25
无偿献血	7493	657	489	77	1.21
捐款捐物	5678	1269	1344	425	1.60

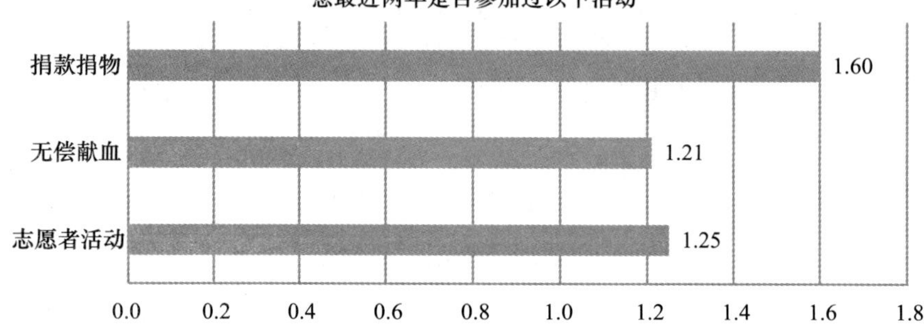

C24a 您最近两年是否参加过以下活动？志愿者活动

		频数	百分比	有效百分比	累计百分比
有效	是	1363	15.6%	15.6%	15.6%
	否	7347	83.9%	84.4%	100.0%
	总计	8710	99.5%	100.0%	
缺失	不知道	11	0.1%		
	拒绝回答	34	0.4%		
	总计	45	0.5%		
总计		8755	100.0%		

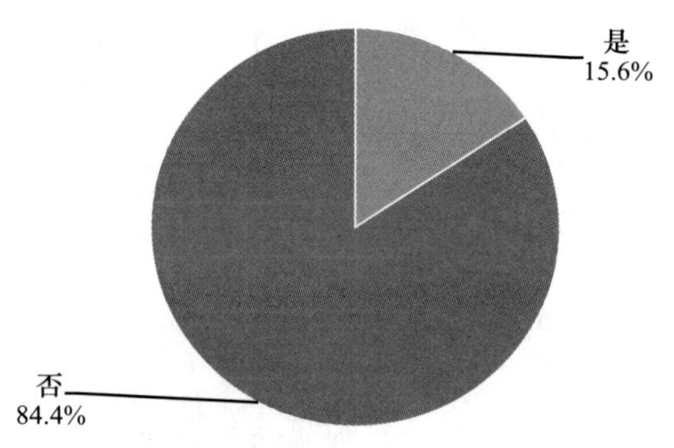

C24b 您参加志愿者活动的频率

		频数	百分比	有效百分比	累计百分比
有效	从来没有	7347	83.9%	84.4%	84.4%
	参加过一两次	681	7.8%	7.8%	92.2%
	偶尔参加一次	526	6.0%	6.0%	98.2%
	经常参加	156	1.8%	1.8%	100.0%
	总计	8710	99.5%	100.0%	
缺失	说不清	10	0.1%		
	拒绝回答	35	0.4%		
	总计	45	0.5%		
总计		8755	100.0%		

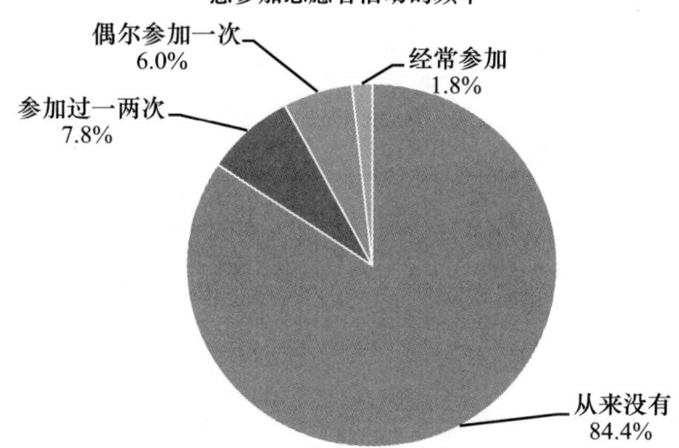

C24c 您最近两年是否参加过以下活动？无偿献血

		频数	百分比	有效百分比	累计百分比
有效	是	1223	14.0%	14.0%	14.0%
	否	7493	85.6%	86.0%	100.0%
	总计	8716	99.6%	100.0%	
缺失	不知道	10	0.1%		
	拒绝回答	29	0.3%		
	总计	39	0.4%		
总计		8755	100.0%		

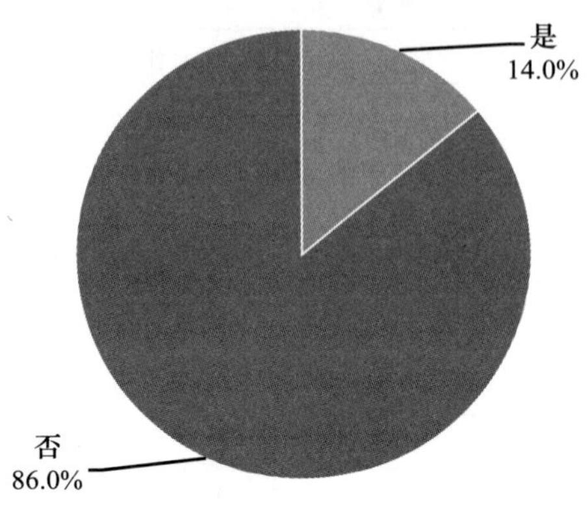

C24d 您参加无偿献血的频率

		频数	百分比	有效百分比	累计百分比
有效	从来没有	7493	85.6%	86.0%	86.0%
	参加过一两次	657	7.5%	7.5%	93.5%
	偶尔参加一次	489	5.6%	5.6%	99.1%
	经常参加	77	0.9%	0.9%	100.0%
	总计	8716	99.6%	100.0%	
缺失	说不清	10	0.1%		
	拒绝回答	29	0.3%		
	总计	39	0.4%		
总计		8755	100.0%		

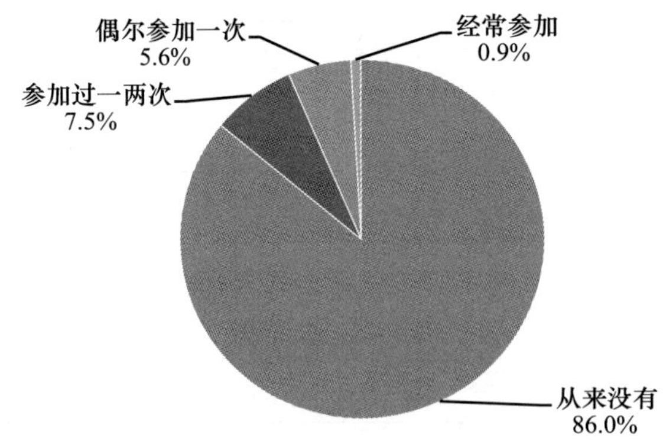

C24e 您最近两年是否参加过以下活动？捐款、捐物

		频数	百分比	有效百分比	累计百分比
有效	是	3038	34.7%	34.9%	34.9%
	否	5678	64.9%	65.1%	100.0%
	总计	8716	99.6%	100.0%	
缺失	不知道	10	0.1%		
	拒绝回答	29	0.3%		
	总计	39	0.4%		
总计		8755	100.0%		

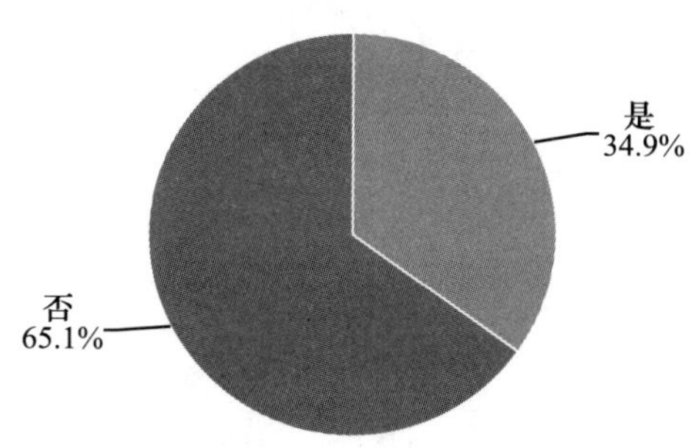

C24f 您参加捐款、捐物的频率

		频数	百分比	有效百分比	累计百分比
有效	从来没有	5678	64.9%	65.1%	65.1%
	参加过一两次	1269	14.5%	14.6%	79.7%
	偶尔参加一次	1344	15.4%	15.4%	95.1%
	经常参加	425	4.9%	4.9%	100.0%
	总计	8716	99.6%	100.0%	
缺失	说不清	10	0.1%		
	拒绝回答	29	0.3%		
	总计	39	0.4%		
总计		8755	100.0%		

您参加捐款、捐物的频率

经常参加 4.9%
偶尔参加一次 15.4%
从来没有 65.1%
参加过一两次 14.6%

C25 目前中国社会的两性关系日益开放，它对社会风尚的影响是

		频数	百分比	有效百分比	累计百分比
有效	是社会进步的表现	1190	13.6%	13.9%	13.9%
	两性关系混乱必然导致道德沦丧、污染社会风气	4345	49.6%	50.9%	64.9%
	个人选择，无所谓好坏	2970	33.9%	34.8%	99.6%
	其他	30	0.3%	0.4%	100.0%
	总计	8535	97.5%	100.0%	
缺失	不知道	128	1.5%		
	不理解题意	73	0.8%		
	拒绝回答	19	0.2%		
	总计	220	2.5%		
总计		8755	100.0%		

目前中国社会的两性关系日益开放，它对社会风尚的影响是

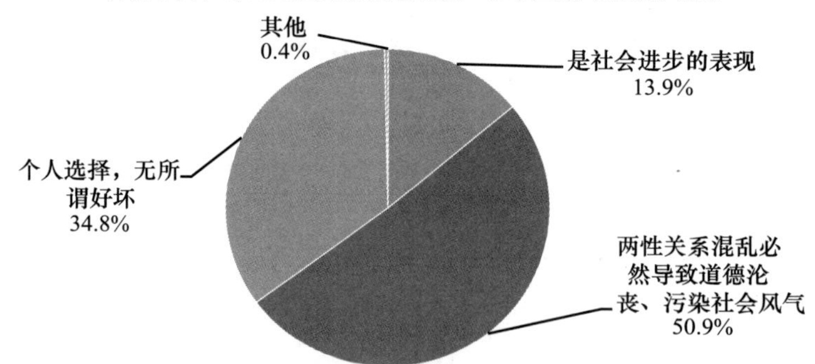

C26 您对一些重要事情所持的观点和看法与其他人一致的情况多吗

		频数	百分比	有效百分比	累计百分比
有效	非常少	414	4.7%	5.1%	5.1%
	比较少	1100	12.6%	13.6%	18.8%
	一般	3408	38.9%	42.3%	61.1%
	比较多	2703	30.9%	33.5%	94.6%
	非常多	434	5.0%	5.4%	100.0%
	总计	8059	92.1%	100.0%	
缺失	不理解题意	5	0.1%		
	不知道	664	7.6%		
	拒绝回答	27	0.3%		
	总计	696	7.9%		
总计		8755	100.0%		

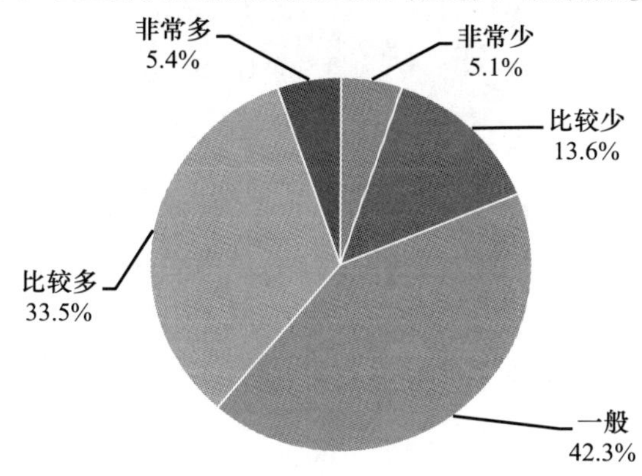

C27 您对待目前社会上一部分人奢侈的消费行为的态度是

		频数	百分比	有效百分比	累计百分比
有效	钞票是他们自己的，他们愿意怎么花就怎么花	3498	40.0%	40.2%	40.2%
	他们应该遵守勤俭的传统美德，适度消费	3822	43.7%	43.9%	84.1%
	过度消费的行为只要对别人无害，就不应干涉	1375	15.7%	15.8%	99.9%
	其他	12	0.1%	0.1%	100.0%
	总计	8707	99.5%	100.0%	

续表

		频数	百分比	有效百分比	累计百分比
缺失	不知道	19	0.2%		
	不理解题意	19	0.2%		
	拒绝回答	10	0.1%		
	总计	48	0.5%		
总计		8755	100.0%		

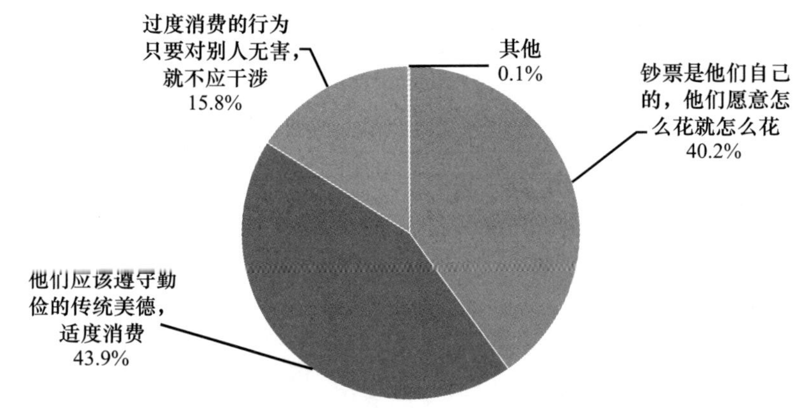

C28 您认为现在还需要孝敬、礼让、仁爱、节俭等优良传统吗

		频数	百分比	有效百分比	累计百分比
有效	这些好传统什么时候都不能丢	6810	77.8%	78.0%	78.0%
	可有可无	786	9.0%	9.0%	87.0%
	已经过时了，没必要讲这些	475	5.4%	5.4%	92.4%
	有些要，有些不要	664	7.6%	7.6%	100.0%
	总计	8735	99.8%	100.0%	
缺失	不理解题意	4			
	拒绝回答	16	0.2%		
	总计	20	0.2%		
总计		8755	100.0%		

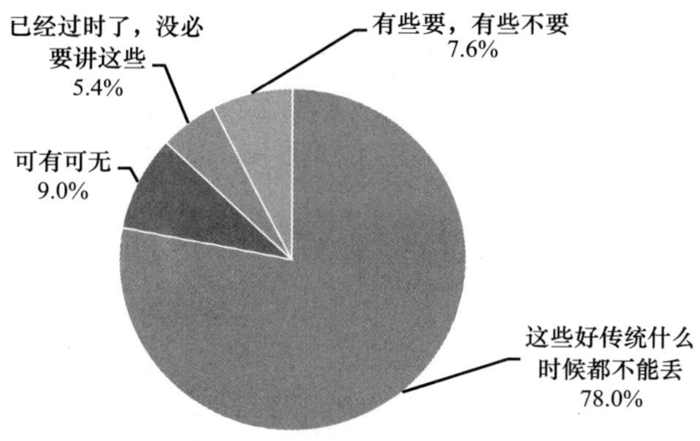

C29 民族英雄和新时期的先进人物的精神还值得在全社会大力倡导吗

		频数	百分比	有效百分比	累计百分比
有效	我很佩服他们，现在社会就缺这种精神，要加大宣传力度	5198	59.4%	59.6%	59.6%
	以前知道一些，现在不太关注了	2191	25.0%	25.1%	84.7%
	时过境迁，这些典型人物的影响力越来越小了，没太多人关心了	999	11.4%	11.5%	96.2%
	不知道，也不关心	332	3.8%	3.8%	100.0%
	总计	8720	99.6%	100.0%	
缺失	不理解题意	4			
	拒绝回答	31	0.4%		
	总计	35	0.4%		
总计		8755	100.0%		

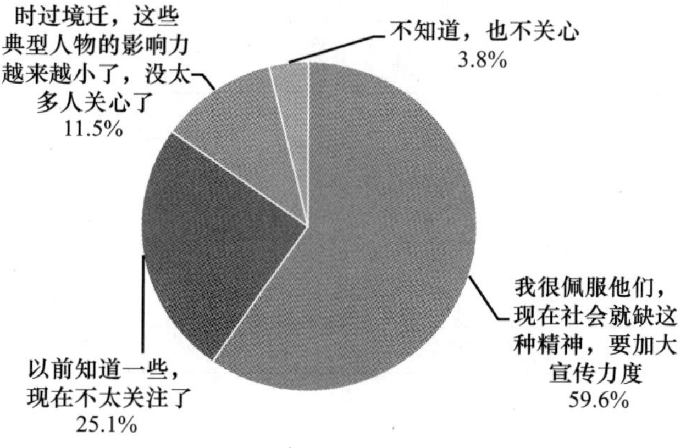

C30 当在公交车上遇到小偷正在偷乘客钱包时，您会选择以下哪种做法

		频数	百分比	有效百分比	累计百分比
有效	马上冲上去制止	1695	19.4%	19.5%	19.5%
	出于害怕，装作什么都没有看到	1051	12.0%	12.1%	31.5%
	不敢直接与小偷对抗，但会以适当方式悄悄提醒当事人或报警	5297	60.5%	60.9%	92.4%
	只要偷的不是我，不用多管闲事，免得惹麻烦	598	6.8%	6.9%	99.3%
	其他	63	0.7%	0.7%	100.0%
	总计	8704	99.4%	100.0%	
缺失	不知道	24	0.3%		
	拒绝回答	27	0.3%		
	总计	51	0.6%		
总计		8755	100.0%		

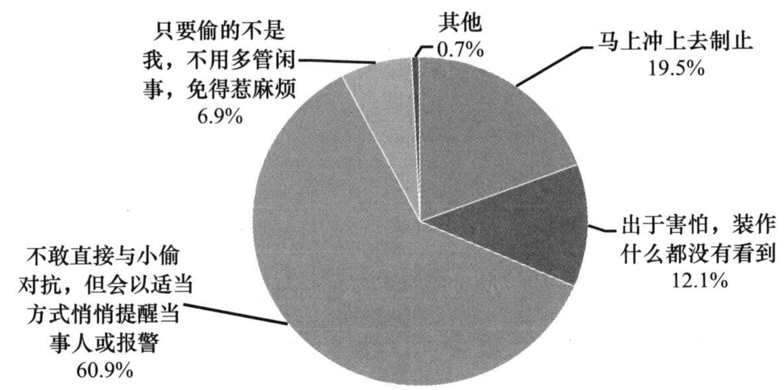

C31 小王知道做某件事是道德的，但没去行动，哪种因素是他采取行动的最大障碍

		频数	百分比	有效百分比	累计百分比
有效	采取行动会损害自己的利益	1391	15.9%	16.2%	16.2%
	采取行动也难以取得预期效果	2073	23.7%	24.1%	40.3%
	大家都不做，我何必多管闲事	1480	16.9%	17.2%	57.5%
	自身能力有限，心有余而力不足	2582	29.5%	30.0%	87.6%
	即使我不做，相信还会有别人去做	666	7.6%	7.8%	95.3%

续表

		频数	百分比	有效百分比	累计百分比
有效	明白就行，让别人去做吧	350	4.0%	4.1%	99.4%
	其他	51	0.6%	0.6%	100.0%
	总计	8593	98.1%	100.0%	
缺失	不知道	68	0.8%		
	不理解题意	44	0.5%		
	拒绝回答	50	0.6%		
	总计	162	1.9%		
总计		8755	100.0%		

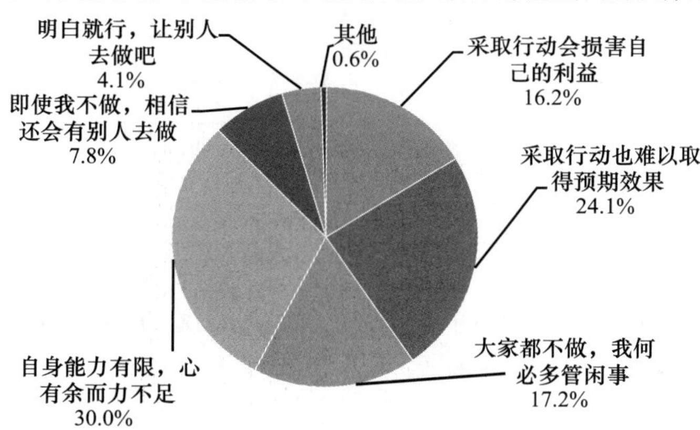

C32 当与他人发生分歧时，能否体谅、宽容他人

		频数	百分比	有效百分比	累计百分比
有效	不宽容，必须弄清是非曲直	915	10.5%	10.6%	10.6%
	偶尔	2959	33.8%	34.2%	44.7%
	有时	3401	38.8%	39.3%	84.0%
	经常	1389	15.9%	16.0%	100.0%
	总计	8664	99.0%	100.0%	
缺失	不理解题意	4			
	拒绝回答	87	1.0%		
	总计	91	1.0%		
总计		8755	100.0%		

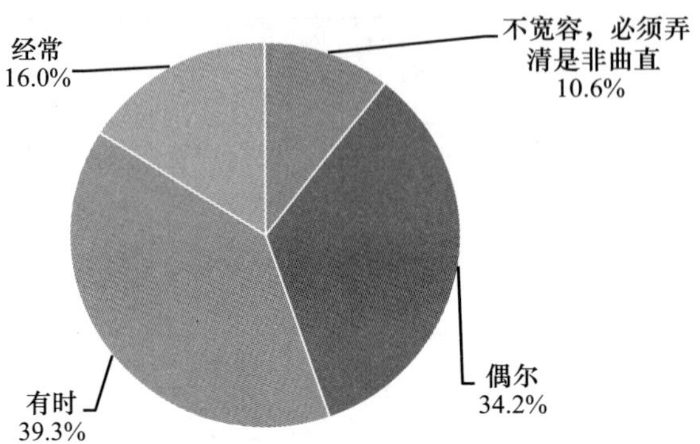

C33 您认为解决当前我国的公民道德和社会风尚问题，最关键的途径是

	频数	百分比
加强法制建设	2943	34.0%
弘扬优秀传统道德	4308	49.8%
建设伦理道德的核心价值	1508	17.4%
惩治官员腐败	2009	23.2%
解决分配不公问题	1121	13.0%
提高个人道德素质	2618	30.3%

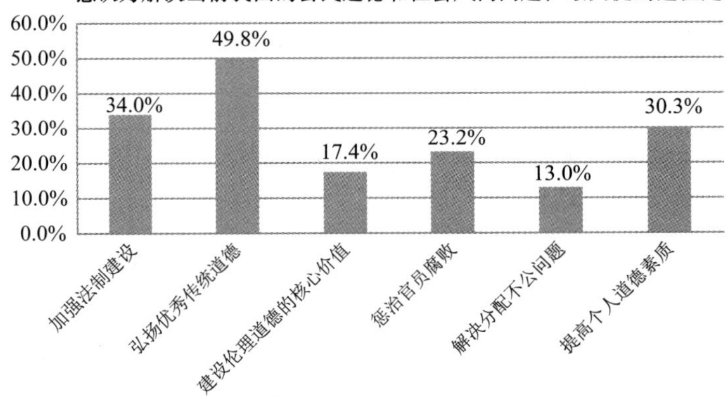

C34 您知道社会主义核心价值观吗？请您把它们选出来

	频数	百分比
文明	6127	72.8%
诚信	7038	83.7%
勇敢	2945	35.0%
爱国	6379	75.8%

续表

	频数	百分比
创新	2724	32.4%
友善	4353	51.7%
勤劳	2080	24.7%

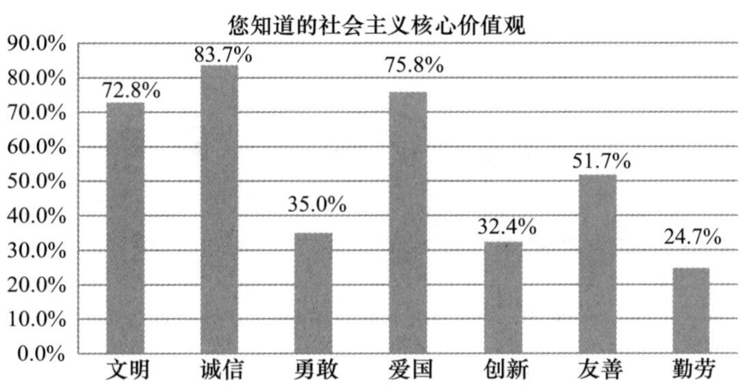

C35 您认为社会主义核心价值观与您的工作、生活有关系吗

		频数	百分比	有效百分比	累计百分比
有效	对改变社会风气有好处，每个人都应该这样做人做事	6251	71.4%	85.0%	85.0%
	与个人工作、生活没关系	1106	12.6%	15.0%	100.0%
	总计	7357	84.0%	100.0%	
缺失	不理解题意	84	1.0%		
	说不清楚	1282	14.6%		
	拒绝回答	32	0.4%		
	总计	1398	16.0%		
总计		8755	100.0%		

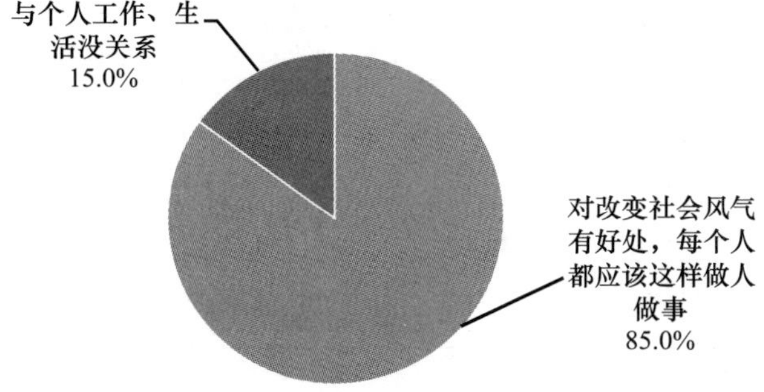

C36 在全社会，特别是青少年中开展革命传统教育，您认为有没有这个必要

		频数	百分比	有效百分比	累计百分比
有效	很有必要，什么时候都不能忘本	7314	83.5%	83.8%	83.8%
	可有可无	851	9.7%	9.7%	93.5%
	没有必要，已经过时了	566	6.5%	6.5%	100.0%
	总计	8731	99.7%	100.0%	
缺失	不理解题意	7	0.1%		
	不知道	1			
	拒绝回答	16	0.2%		
	总计	24	0.3%		
总计		8755	100.0%		

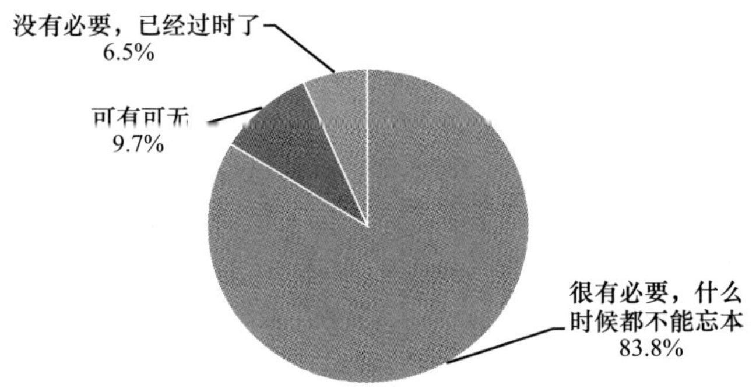

C37 当您途经一场所，正巧遇到升国旗的仪式，看到国旗在国歌声中升起的时候，您会怎么做

		频数	百分比	有效百分比	累计百分比
有效	原地站立，面向国旗行注目礼	2905	33.2%	33.3%	33.3%
	停下来看一看	4775	54.5%	54.8%	88.1%
	只当没看见，该干吗干吗	1037	11.8%	11.9%	100.0%
	总计	8717	99.6%	100.0%	
缺失	不理解题意	4			
	不知道	10	0.1%		
	拒绝回答	24	0.3%		
	总计	38	0.4%		
总计		8755	100.0%		

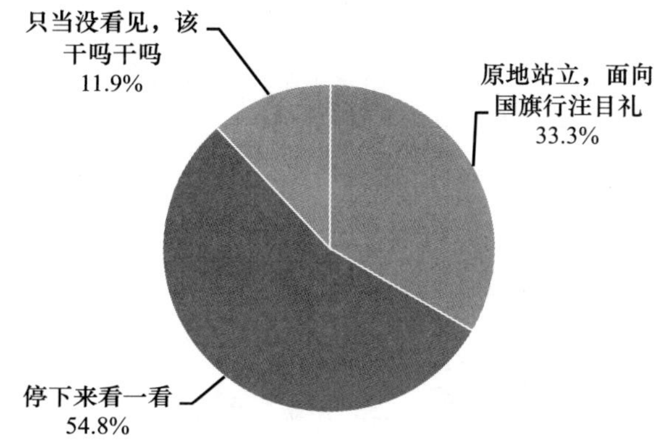

C38 今年您参加过纪念中国共产党成立96周年等主题教育活动吗？您觉得这些活动效果如何

		频数	百分比	有效百分比	累计百分比
有效	参加过，很受教育	1291	14.7%	14.8%	14.8%
	听说过，但是没有参加过	4979	56.9%	57.2%	72.0%
	这种活动基本都是形式大于内容	828	9.5%	9.5%	81.5%
	不关心这些	1611	18.4%	18.5%	100.0%
	总计	8709	99.5%	100.0%	
缺失	不理解题意	8	0.1%		
	不知道	2			
	拒绝回答	36	0.4%		
	总计	46	0.5%		
总计		8755	100.0%		

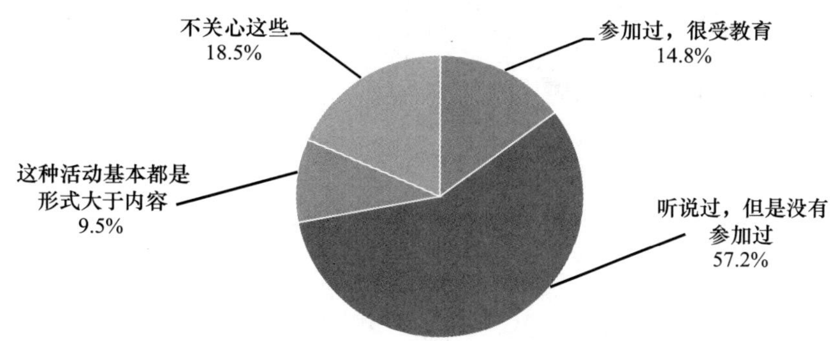

D. 家庭伦理

D1 您认为现代家庭关系中最令人担忧的问题是

	频数	百分比
只有一个孩子，对家庭的未来没把握	1855	22.1%
独生子女难以承担养老责任，老无所养	2419	28.8%
年轻人不愿结婚，或不愿生孩子，家族传承危机	1308	15.6%
婚姻不稳定，年轻人缺乏守护婚姻的意识和能力	2047	24.3%
子女尤其是独生子女缺乏责任感，孝道意识薄弱	1558	18.5%
代沟严重，父母与子女之间难以沟通	2364	28.1%
婆媳关系紧张	818	9.7%
父母不民主，不能容忍差异	877	10.4%
"啃老"现象严重	543	6.5%
父母只培养孩子的知识和技能，忽视良好品德的养成	1098	13.1%
两性关系过度开放	242	2.9%

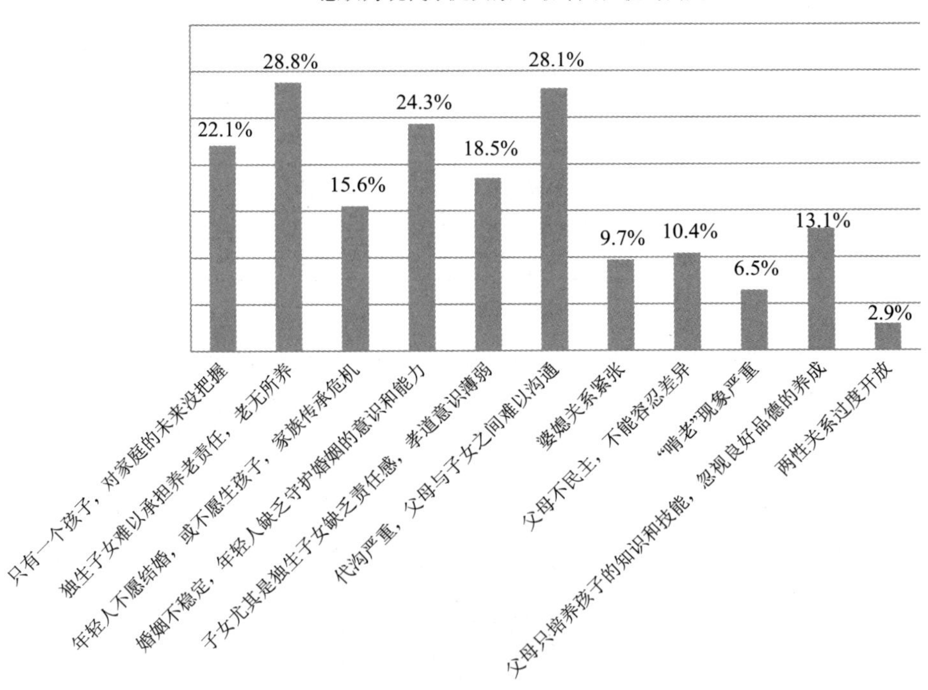

D2 您对家庭的感觉是

		频数	百分比	有效百分比	累计百分比
有效	温馨幸福	1709	19.5%	19.9%	19.9%
	比较幸福	5887	67.2%	68.4%	88.3%
	不太幸福	413	4.7%	4.8%	93.1%
	一般，没感觉	536	6.1%	6.2%	99.3%
	很不幸福，希望逃离	37	0.4%	0.4%	99.7%
	其他	22	0.3%	0.3%	100.0%
	总计	8604	98.3%	100.0%	
缺失	不知道	1			
	拒绝回答	150	1.7%		
	总计	151	1.7%		
总计		8755	100.0%		

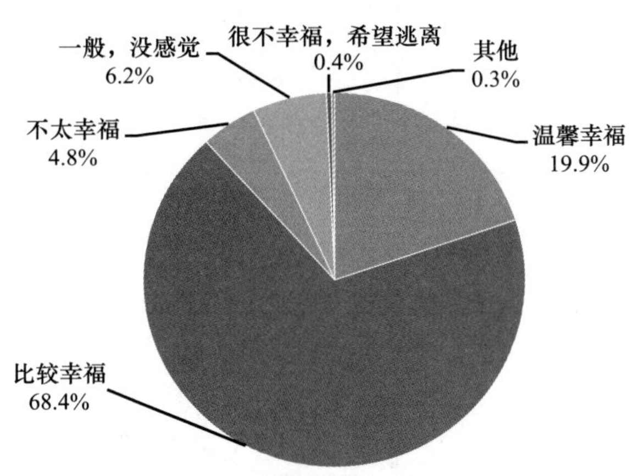

D3 您对以下现象的态度是

	完全赞同	比较赞同	中立	比较反对	强烈反对	平均值
不婚	75	541	3343	2893	1696	3.65
试婚	54	722	3141	2737	1770	3.65
同居	71	774	3557	2475	1633	3.57
同性恋	37	136	1396	2765	3942	4.26
婚外恋	16	62	802	2522	5036	4.48
丁克家庭	34	140	2048	2384	2990	4.07
代孕	20	111	1528	2499	3568	4.23

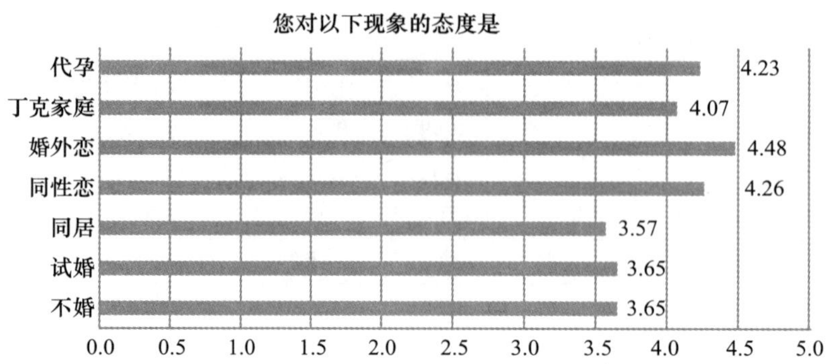

D3a 您对以下现象的态度是？不婚

		频数	百分比	有效百分比	累计百分比
有效	完全赞同	75	0.9%	0.9%	0.9%
	比较赞同	541	6.2%	6.3%	7.2%
	中立	3343	38.2%	39.1%	46.3%
	比较反对	2893	33.0%	33.8%	80.2%
	强烈反对	1696	19.4%	19.8%	100.0%
	总计	8548	97.6%	100.0%	
缺失	不理解题意	1			
	不知道	198	2.3%		
	拒绝回答	8	0.1%		
	总计	207	2.4%		
总计		8755	100.0%		

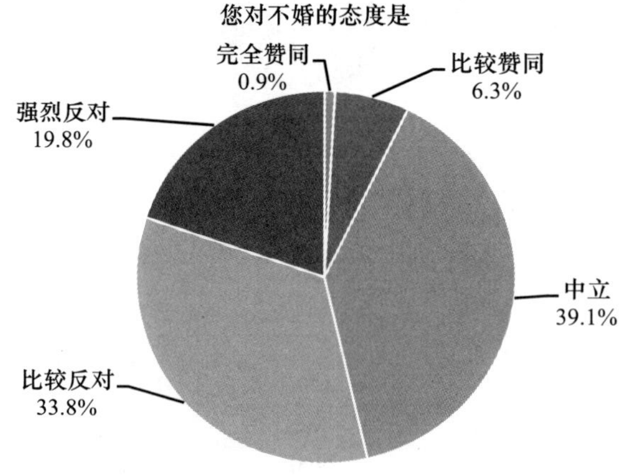

D3b 您对以下现象的态度是？试婚

		频数	百分比	有效百分比	累计百分比
有效	完全赞同	54	0.6%	0.6%	0.6%
	比较赞同	722	8.2%	8.6%	9.2%
	中立	3141	35.9%	37.3%	46.5%
	比较反对	2737	31.3%	32.5%	79.0%
	强烈反对	1770	20.2%	21.0%	100.0%
	总计	8424	96.2%	100.0%	
缺失	不理解题意	5	0.1%		
	不知道	306	3.5%		
	拒绝回答	20	0.2%		
	总计	331	3.8%		
总计		8755	100.0%		

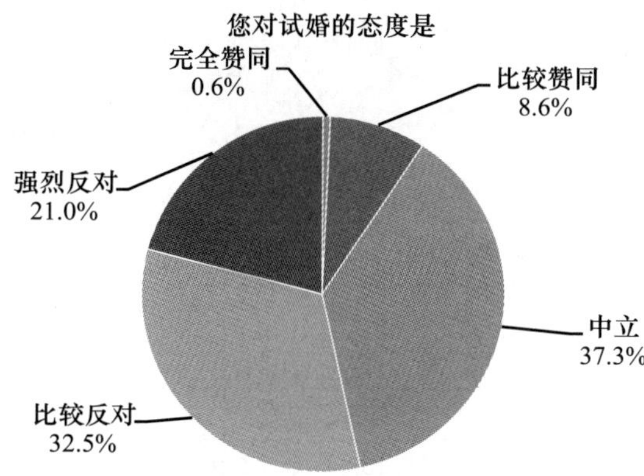

D3c 您对以下现象的态度是？同居

		频数	百分比	有效百分比	累计百分比
有效	完全赞同	71	0.8%	0.8%	0.8%
	比较赞同	774	8.8%	9.1%	9.9%
	中立	3557	40.6%	41.8%	51.7%
	比较反对	2475	28.3%	29.1%	80.8%
	强烈反对	1633	18.7%	19.2%	100.0%
	总计	8510	97.2%	100.0%	

续表

		频数	百分比	有效百分比	累计百分比
缺失	不理解题意	4			
	不知道	226	2.6%		
	拒绝回答	15	0.2%		
	总计	245	2.8%		
总计		8755	100.0%		

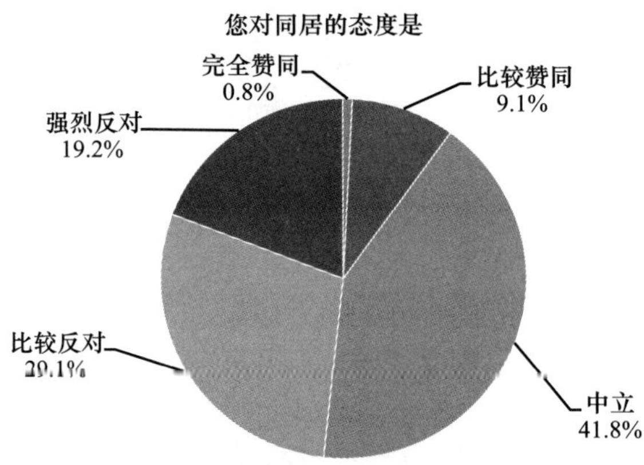

D3d 您对以下现象的态度是？同性恋

		频数	百分比	有效百分比	累计百分比
有效	完全赞同	37	0.4%	0.4%	0.4%
	比较赞同	136	1.6%	1.6%	2.1%
	中立	1396	15.9%	16.9%	19.0%
	比较反对	2765	31.6%	33.4%	52.4%
	强烈反对	3942	45.0%	47.6%	100.0%
	总计	8276	94.5%	100.0%	
缺失	不理解题意	11	0.1%		
	不知道	449	5.1%		
	拒绝回答	19	0.2%		
	总计	479	5.5%		
总计		8755	100.0%		

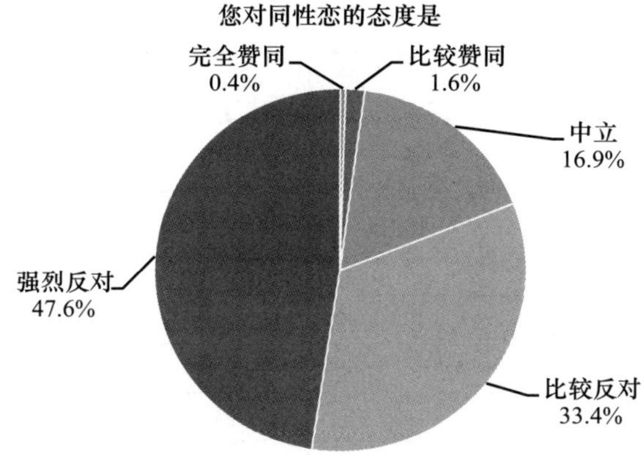

D3e 您对以下现象的态度是？婚外恋

		频数	百分比	有效百分比	累计百分比
有效	完全赞同	16	0.2%	0.2%	0.2%
	比较赞同	62	0.7%	0.7%	0.9%
	中立	802	9.2%	9.5%	10.4%
	比较反对	2522	28.8%	29.9%	40.3%
	强烈反对	5036	57.5%	59.7%	100.0%
	总计	8438	96.4%	100.0%	
缺失	不理解题意	12	0.1%		
	不知道	289	3.3%		
	拒绝回答	16	0.2%		
	总计	317	3.6%		
总计		8755	100.0%		

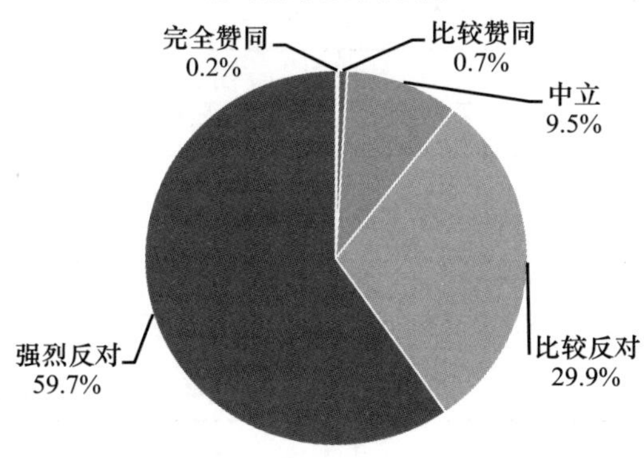

D3f 您对以下现象的态度是？丁克家庭

		频数	百分比	有效百分比	累计百分比
有效	完全赞同	34	0.4%	0.4%	0.4%
	比较赞同	140	1.6%	1.8%	2.3%
	中立	2048	23.4%	27.0%	29.3%
	比较反对	2384	27.2%	31.4%	60.6%
	强烈反对	2990	34.2%	39.4%	100.0%
	总计	7596	86.8%	100.0%	
缺失	不理解题意	14	0.2%		
	不知道	1125	12.8%		
	拒绝回答	20	0.2%		
	总计	1159	13.2%		
总计		8755	100.0%		

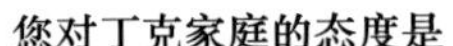

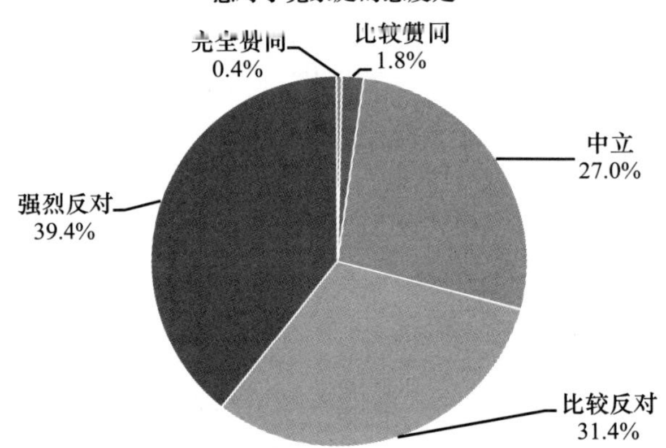

D3g 您对以下现象的态度是？代孕

		频数	百分比	有效百分比	累计百分比
有效	完全赞同	20	0.2%	0.3%	0.3%
	比较赞同	111	1.3%	1.4%	1.7%
	中立	1528	17.5%	19.8%	21.5%
	比较反对	2499	28.5%	32.3%	53.8%
	强烈反对	3568	40.8%	46.2%	100.0%
	总计	7726	88.2%	100.0%	

续表

		频数	百分比	有效百分比	累计百分比
缺失	不理解题意	13	0.1%		
	不知道	1006	11.5%		
	拒绝回答	10	0.1%		
	总计	1029	11.8%		
总计		8755	100.0%		

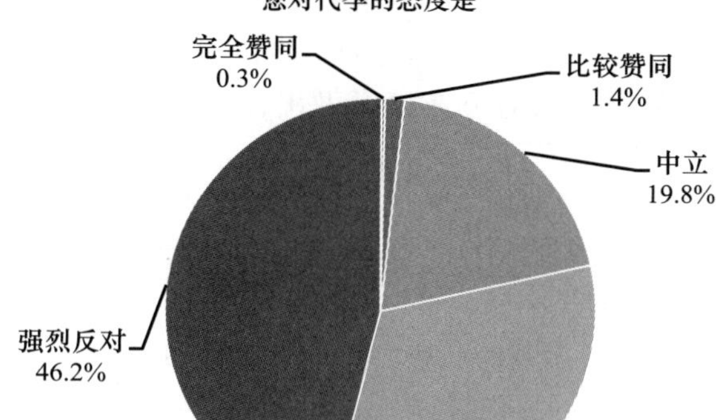

D4 您如何看待为了应对拆迁、征地、买房等而出现的“假离婚”现象

		频数	百分比	有效百分比	累计百分比
有效	完全赞同	174	2.0%	2.2%	2.2%
	比较赞同	1182	13.5%	14.7%	16.8%
	不太赞同	3116	35.6%	38.6%	55.5%
	坚决反对	3592	41.0%	44.5%	100.0%
	总计	8064	92.1%	100.0%	
缺失	不理解题意	2			
	不知道	676	7.7%		
	拒绝回答	13	0.1%		
	总计	691	7.9%		
总计		8755	100.0%		

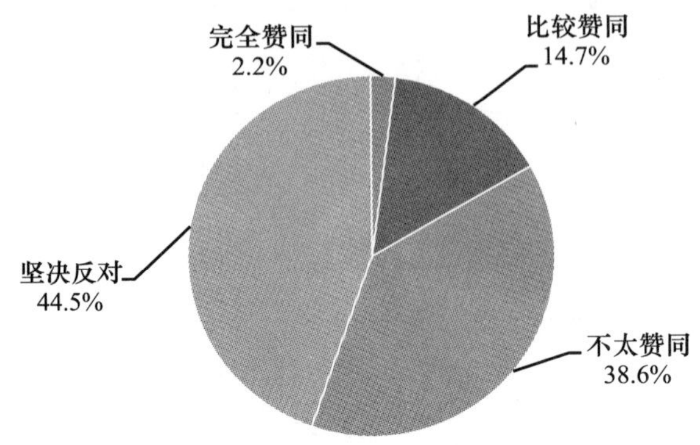

D5 如果夫妻中需要一方为对方或家庭做出牺牲，您的态度是：

		频数	百分比	有效百分比	累计百分比
有效	非常不愿意	242	2.8%	3.0%	3.0%
	不太愿意	1666	19.0%	20.4%	23.4%
	比较愿意	4304	49.2%	52.7%	76.1%
	愿意，时常这么做	1952	22.3%	23.9%	100.0%
	总计	8164	93.2%	100.0%	
缺失	不理解题意	17	0.2%		
	不知道	554	6.3%		
	拒绝回答	20	0.2%		
	总计	591	6.8%		
总计		8755	100.0%		

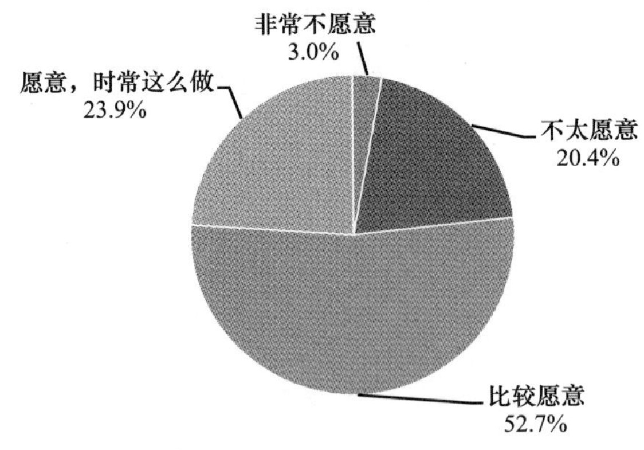

D6 在恋爱或婚姻中，您有为对方而改变自己的意识吗

		频数	百分比	有效百分比	累计百分比
有效	有，经常这样做	2931	33.5%	33.9%	33.9%
	有，但做起来有些困难	3166	36.2%	36.6%	70.5%
	没想过这个问题	2066	23.6%	23.9%	94.4%
	无须改变，只有找到愿为我改变的人才是真爱	464	5.3%	5.4%	99.7%
	其他	23	0.3%	0.3%	100.0%
	总计	8650	98.8%	100.0%	
缺失	不知道	22	0.3%		
	不理解题意	26	0.3%		
	拒绝回答	57	0.7%		
	总计	105	1.2%		
总计		8755	100.0%		

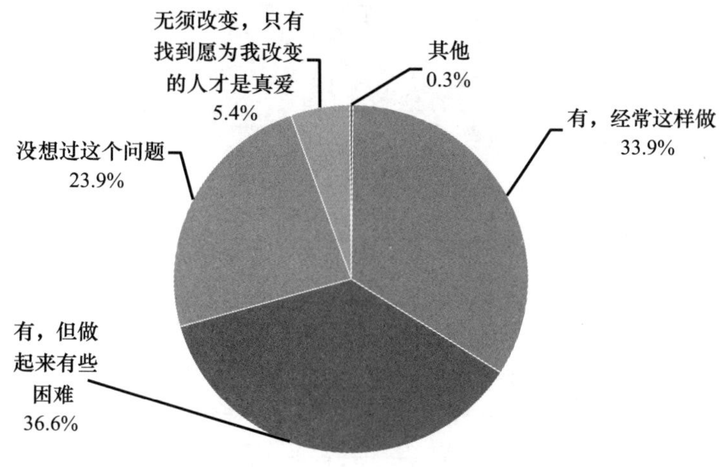

D7 在恋爱或婚姻中，您与对方相处的原则是：

		频数	百分比	有效百分比	累计百分比
有效	我首先对他/她好，然后希望他/她对我好	5048	57.7%	58.4%	58.4%
	他/她对我好，我才对他/她好	1702	19.4%	19.7%	78.1%
	他/她对我好就行了	1316	15.0%	15.2%	93.4%

续表

		频数	百分比	有效百分比	累计百分比
有效	总是我对他/她好，他/她对我不那么好	250	2.9%	2.9%	96.3%
	他/她对我不好，我没必要对他/她好	140	1.6%	1.6%	97.9%
	其他	184	2.1%	2.1%	100.0%
	总计	8640	98.7%	100.0%	
缺失	不知道	38	0.4%		
	不理解题意	27	0.3%		
	拒绝回答	50	0.6%		
	总计	115	1.3%		
总计		8755	100.0%		

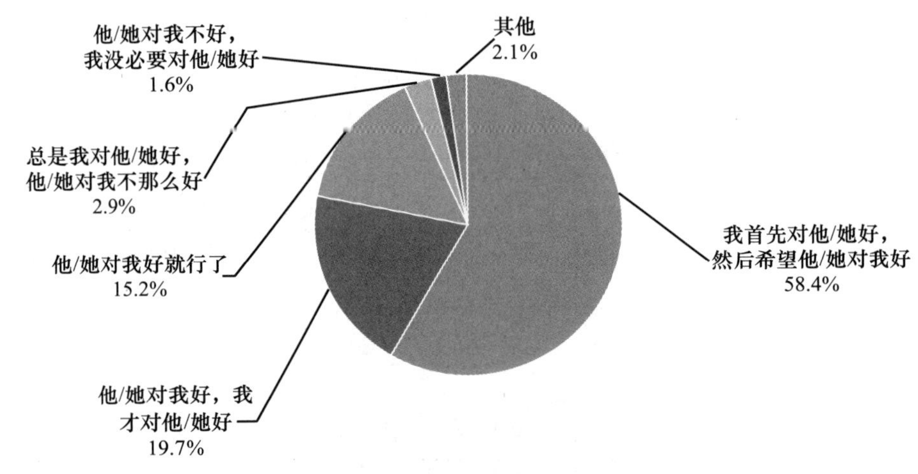

D8 您认为生育孩子是否是一种人生义务

		频数	百分比	有效百分比	累计百分比
有效	是，如果大家都不生育，人种会灭绝	2168	24.8%	25.0%	25.0%
	是，不生孩子家族延续会中断	3489	39.9%	40.2%	65.2%
	不是，但没有孩子将老无所养也过于孤独	2430	27.8%	28.0%	93.2%
	不是，自己觉得快乐就行，有孩子负担过重	509	5.8%	5.9%	99.0%
	其他	83	0.9%	1.0%	100.0%
	总计	8679	99.1%	100.0%	

续表

		频数	百分比	有效百分比	累计百分比
缺失	不知道	21	0.2%		
	不理解题意	11	0.1%		
	拒绝回答	44	0.5%		
	总计	76	0.9%		
总计		8755	100.0%		

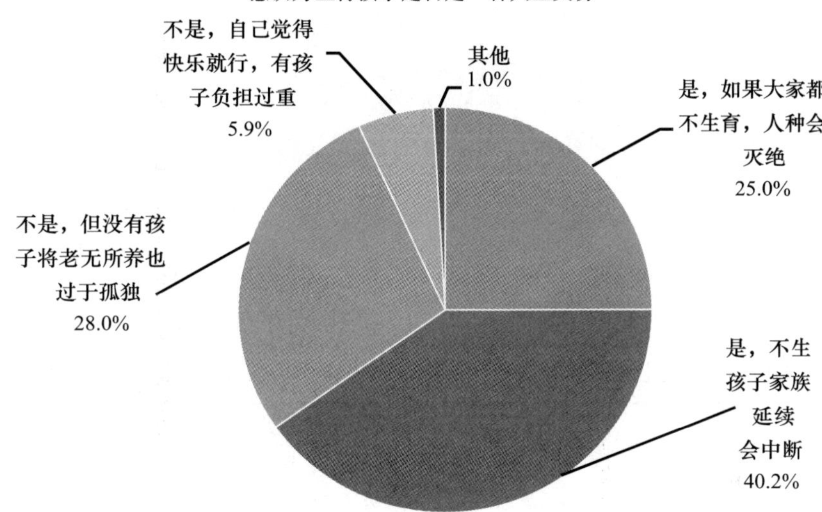

D9 孩子面临重大问题（婚姻、升学、就业等）时，您的态度是

		频数	百分比	有效百分比	累计百分比
有效	全部包办，替他们做决定或搞定	502	5.7%	5.8%	5.8%
	积极建议，努力说服他们采纳	2138	24.4%	24.5%	30.3%
	只提建议，让他们自己选择	3508	40.1%	40.2%	70.5%
	不表态，免得子女将来埋怨	630	7.2%	7.2%	77.7%
	经常提出建议，但大多不起作用	371	4.2%	4.3%	82.0%
	没孩子/孩子太小	1541	17.6%	17.7%	99.6%
	其他	33	0.4%	0.4%	100.0%
	总计	8723	99.6%	100.0%	
缺失	不知道	14	0.2%		
	拒绝回答	18	0.2%		
	总计	32	0.4%		

续表

	频数	百分比	有效百分比	累计百分比
总计	8755	100.0%		

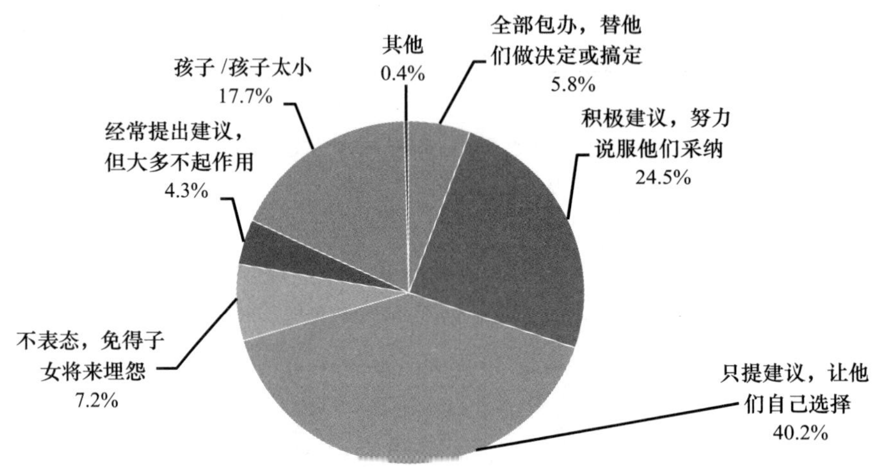

D10 您对子女所提出的有关人生发展方面的建议，是否经常被采纳

		频数	百分比	有效百分比	累计百分比
有效	经常被采纳	1258	14.4%	19.8%	19.8%
	较多被采纳	3920	44.8%	61.6%	81.4%
	基本不采纳	1070	12.2%	16.8%	98.3%
	从不被采纳并遭到嘲讽	111	1.3%	1.7%	100.0%
	总计	6359	72.6%	100.0%	
缺失	不理解题意	22	0.3%		
	不知道	2338	26.7%		
	拒绝回答	36	0.4%		
	总计	2396	27.4%		
总计		8755	100.0%		

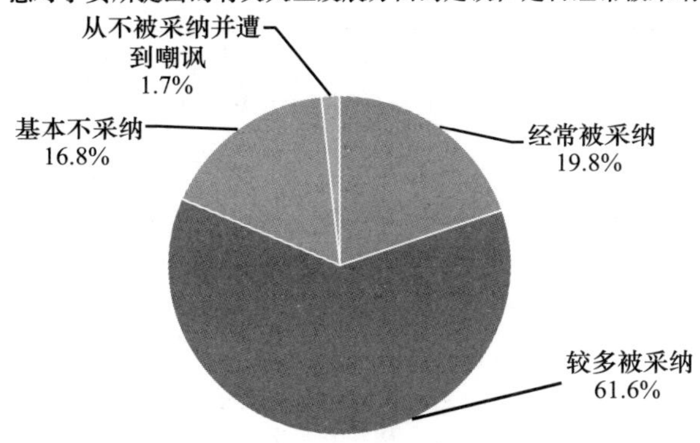

D11 您认为现在孩子价值观的形成受何种因素影响最大

	频数	百分比
父母	4941	59.5%
老师	5014	60.4%
同伴	2254	27.1%
网络，朋友圈	1532	18.4%
明星	142	1.7%
道德模范	449	5.4%
伟大人物	208	2.5%

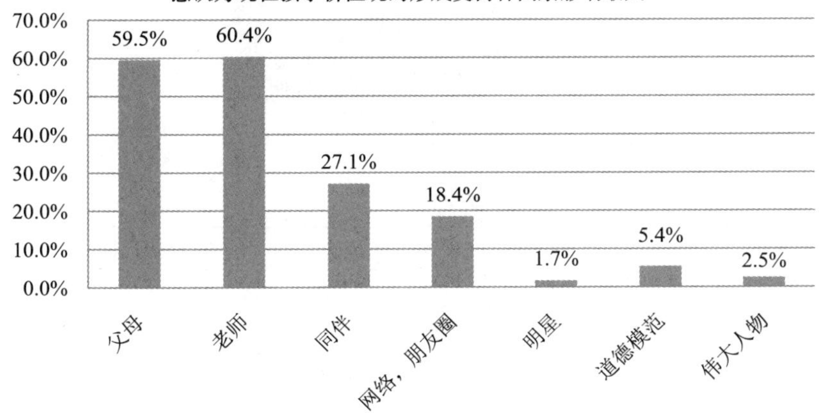

D12 您认为老人是否有义务帮子女带孩子

		频数	百分比	有效百分比	累计百分比
有效	有，天经地义的	1861	21.3%	21.3%	21.3%
	没有，老人帮助带孙辈，子女应感恩	3593	41.0%	41.1%	62.5%
	没有义务，不过带孙辈也是天伦之乐，应该帮助带	2900	33.1%	33.2%	95.7%
	没想过	379	4.3%	4.3%	100.0%
	总计	8733	99.7%	100.0%	
缺失	不理解题意	9	0.1%		
	拒绝回答	13	0.1%		
	总计	22	0.3%		
总计		8755	100.0%		

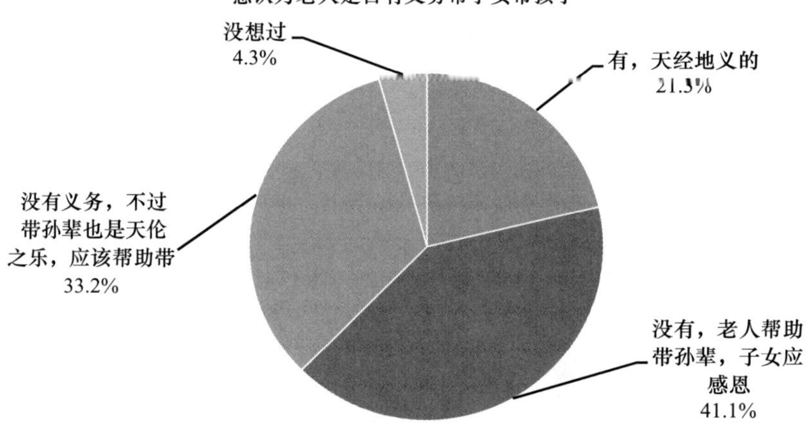

D13 您认为最理想的养老方式是哪种

		频数	百分比	有效百分比	累计百分比
有效	敬老院、护理院等专业养老机构	1168	13.3%	13.4%	13.4%
	与子女同住	4647	53.1%	53.3%	66.7%
	自己单住，生活难以自理时找护工	1243	14.2%	14.3%	81.0%
	与兄弟姐妹抱团养老	461	5.3%	5.3%	86.2%
	与志趣相投的人一起养老	1090	12.5%	12.5%	98.7%
	其他	109	1.2%	1.3%	100.0%
	总计	8718	99.6%	100.0%	

续表

		频数	百分比	有效百分比	累计百分比
缺失	不知道	7	0.1%		
	不理解题意	14	0.2%		
	拒绝回答	16	0.2%		
	总计	37	0.4%		
总计		8755	100.0%		

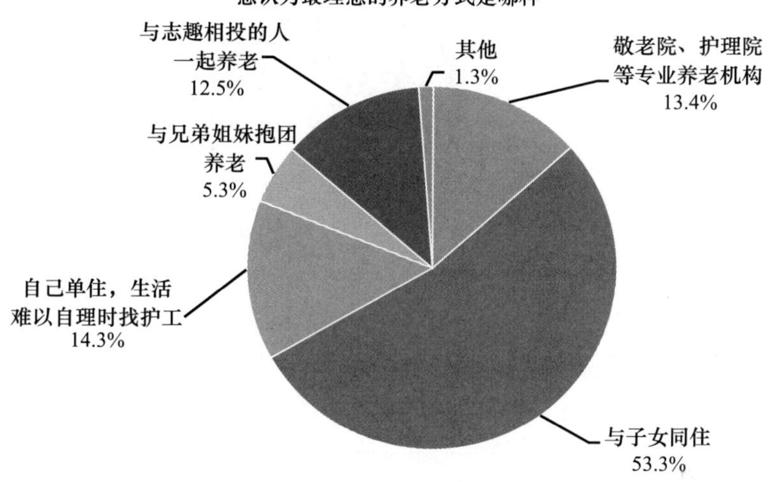

D14 当父母一方长期生活不能自理时，主要承担照顾工作的人应该是

		频数	百分比	有效百分比	累计百分比
有效	子女照顾	4107	46.9%	47.2%	47.2%
	父母中还有能力的另一方（老伴儿）	3064	35.0%	35.2%	82.4%
	雇保姆，老伴儿协助	519	5.9%	6.0%	88.3%
	雇保姆，子女协助	692	7.9%	7.9%	96.3%
	送护理机构，家人经常探望	269	3.1%	3.1%	99.4%
	其他	56	0.6%	0.6%	100.0%
	总计	8707	99.5%	100.0%	
缺失	不知道	8	0.1%		
	不理解题意	4			
	拒绝回答	36	0.4%		
	总计	48	0.5%		

续表

	频数	百分比	有效百分比	累计百分比
总计	8755	100.0%		

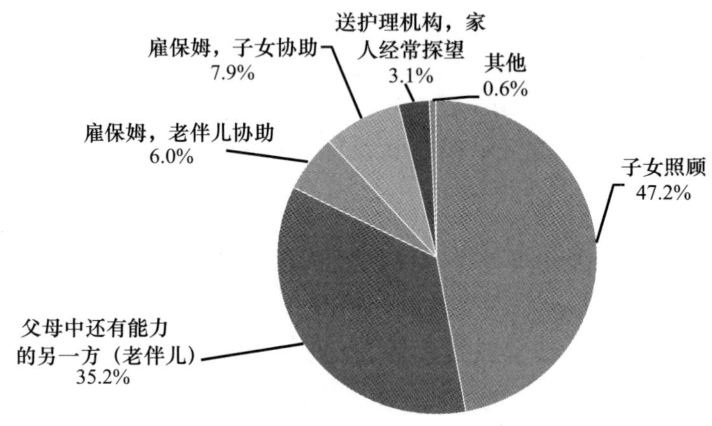

D15 在过去的十天里，您为父母做过以下哪些事情

	频数	百分比
看望	1839	21.1%
打电话	3099	35.5%
买东西	2082	23.9%
陪看病	378	4.3%
生活照料	1985	22.8%
做家务	2228	25.6%
谈心聊天	1881	21.6%
给钱	804	9.2%
外出游玩	212	2.4%
无	763	8.8%
父母已去世	1629	18.7%

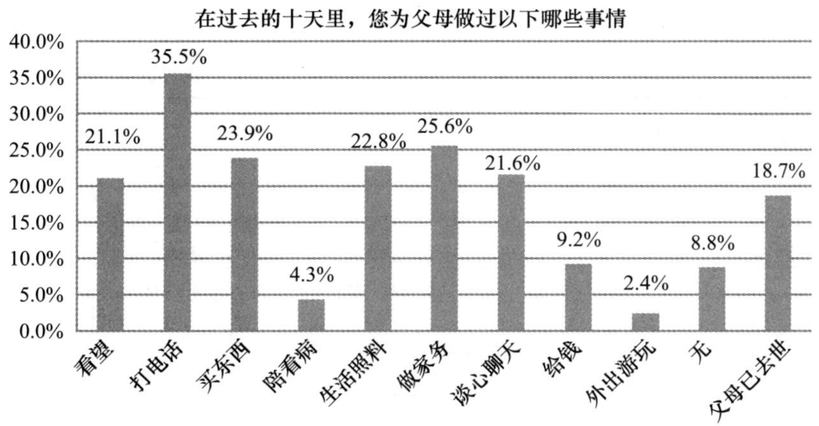

D16 您是否觉得孤独

		频数	百分比	有效百分比	累计百分比
有效	经常	441	5.0%	5.1%	5.1%
	有时	2089	23.9%	24.0%	29.0%
	不太觉得	2917	33.3%	33.5%	62.5%
	不觉得	3264	37.3%	37.5%	100.0%
	总计	8711	99.5%	100.0%	
缺失	拒绝回答	44	0.5%		
总计		8755	100.0%		

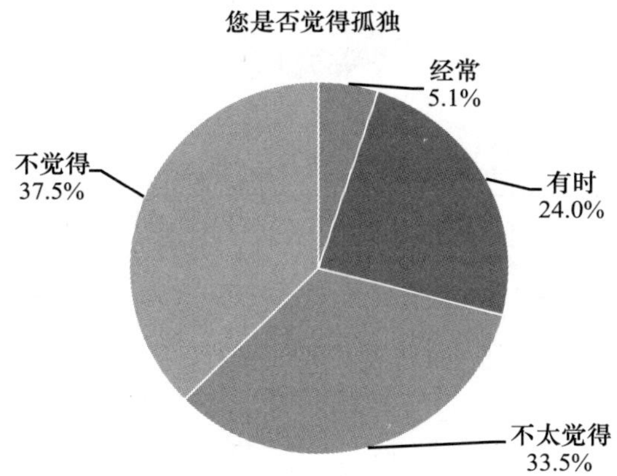

D17 有人说，一条好家规、一个好家风可以影响三代人。现在开展的弘扬好家风、好家训活动，您认为有意义吗？

		频数	百分比	有效百分比	累计百分比
有效	很有意义	5832	66.6%	71.1%	71.1%
	可有可无	1370	15.6%	16.7%	87.8%
	没有必要	1001	11.4%	12.2%	100.0%
	总计	8203	93.7%	100.0%	
缺失	不理解题意	3			
	不知道	533	6.1%		
	拒绝回答	16	0.2%		
	总计	552	6.3%		
总计		8755	100.0%		

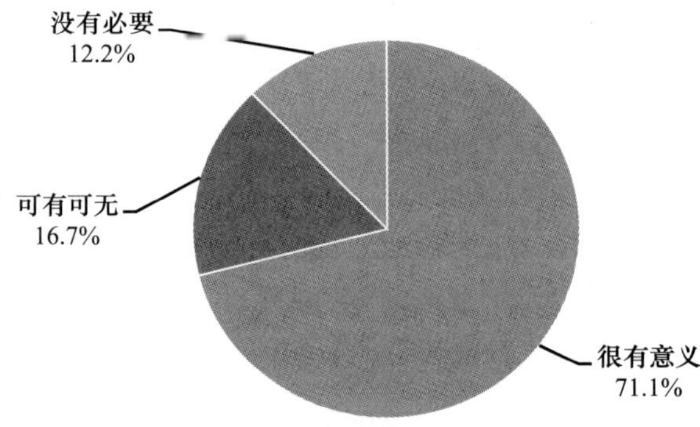

D18 您所在的地方发生过虐待儿童的事件吗

		频数	百分比	有效百分比	累计百分比
有效	经常会发生	361	4.1%	4.2%	4.2%
	偶尔发生	1473	16.8%	16.9%	21.1%
	没听说过	6862	78.4%	78.9%	100.0%
	总计	8696	99.3%	100.0%	
缺失	不理解题意	2			
	拒绝回答	57	0.7%		
	总计	59	0.7%		
总计		8755	100.0%		

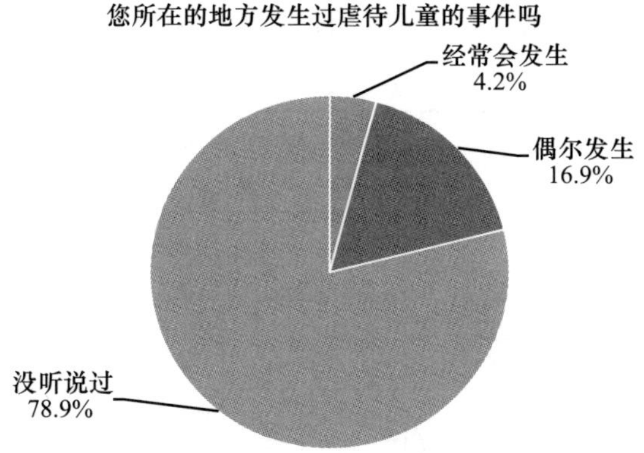

D19 在大街或社区里，看到行走或生活困难的老人，您经常的反应是

		频数	百分比	有效百分比	累计百分比
有效	想到自己的（祖）父母或自己的未来，情不自禁地想帮助他	3811	43.5%	43.7%	43.7%
	出于义务责任感，想帮助他	2290	26.2%	26.3%	70.0%
	有同情感，但没有想帮助的冲动	2198	25.1%	25.2%	95.2%
	没有感觉，习以为常	402	4.6%	4.6%	99.8%
	其他	17	0.2%	0.2%	100.0%
	总计	8718	99.6%	100.0%	
缺失	不知道	7	0.1%		
	不理解题意	10	0.1%		
	拒绝回答	20	0.2%		
	总计	37	0.4%		
总计		8755	100.0%		

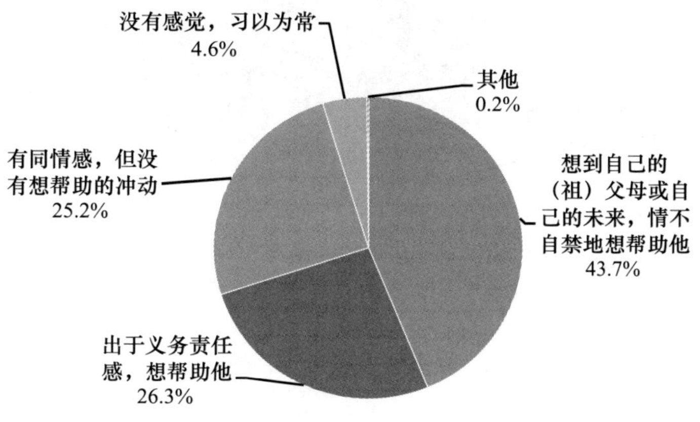

D20 如果您的父母或兄妹偷了别人的东西，警察正在查找，您的行为反应可能是

		频数	百分比	有效百分比	累计百分比
有效	批评他，但不会告发	2294	26.2%	26.4%	26.4%
	批评他，陪他将东西送回原处或去承认错误	4689	53.6%	54.0%	80.4%
	默认，因为他得到的东西正是家庭所急需的	557	6.4%	6.4%	86.9%
	告发，因为出于正义感	436	5.0%	5.0%	91.9%
	告发，因为可能会连累自己	172	2.0%	2.0%	93.9%
	不管不问，由他自己决定	501	5.7%	5.8%	99.6%
	其他	31	0.4%	0.4%	100.0%
	总计	8680	99.1%	100.0%	
缺失	不知道	32	0.4%		
	不理解题意	23	0.3%		
	拒绝回答	20	0.2%		
	总计	75	0.9%		
总计		8755	100.0%		

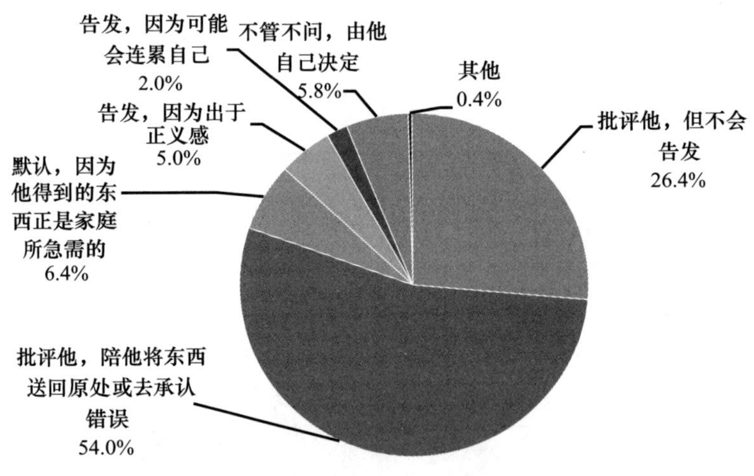

D21 当独生子女单独组成家庭后，父母和子女哪一种居住方式更好

		频数	百分比	有效百分比	累计百分比
有效	单独居住	2566	29.3%	29.4%	29.4%
	和父母同住	2866	32.7%	32.8%	62.3%
	和父母及祖辈共同居住	763	8.7%	8.7%	71.0%
	和父母靠近居住	2473	28.2%	28.3%	99.3%
	其他	57	0.7%	0.7%	100.0%
	总计	8725	99.7%	100.0%	
缺失	不知道	10	0.1%		
	不理解题意	5	0.1%		
	拒绝回答	15	0.2%		
	总计	30	0.3%		
总计		8755	100.0%		

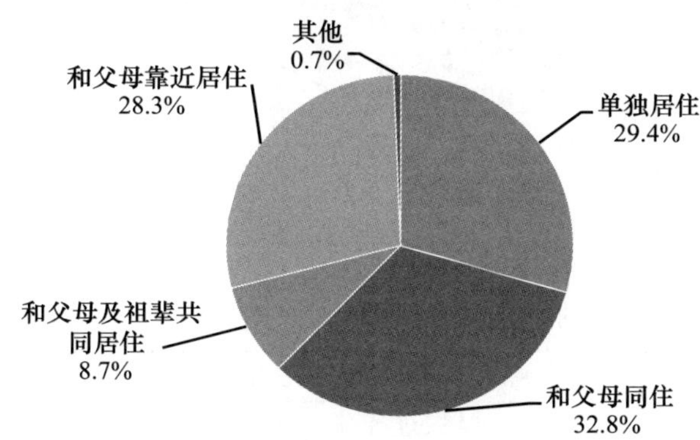

D22 您是否认为把老人送到养老院是不孝的行为

		频数	百分比	有效百分比	累计百分比
有效	是	1663	19.0%	19.1%	19.1%
	相对而言，部分是	4496	51.4%	51.6%	70.7%
	不是	2520	28.8%	28.9%	99.7%
	其他	28	0.3%	0.3%	100.0%
	总计	8707	99.5%	100.0%	

续表

		频数	百分比	有效百分比	累计百分比
缺失	不知道	6	0.1%		
	不理解题意	6	0.1%		
	拒绝回答	36	0.4%		
	总计	48	0.5%		
总计		8755	100.0%		

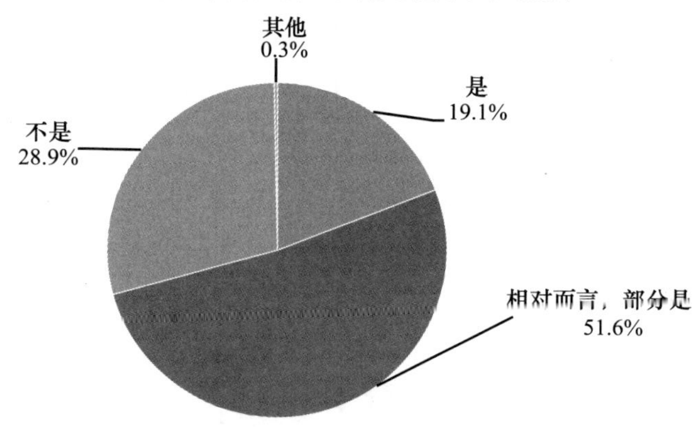

E. 集团伦理

E1 您认为企业最重要的社会责任是什么

		频数	百分比	有效百分比	累计百分比
有效	为企业和企业股东自身赚钱	1135	13.0%	14.2%	14.2%
	通过依法纳税为国家积累财富	1798	20.5%	22.5%	36.7%
	通过诚信经营提供质量可靠的产品，满足社会大众生活需求	4531	51.8%	56.6%	93.3%
	为员工谋福利	514	5.9%	6.4%	99.7%
	其他	23	0.3%	0.3%	100.0%
	总计	8001	91.4%	100.0%	
缺失	不知道	614	7.0%		
	不理解题意	20	0.2%		
	拒绝回答	120	1.4%		
	总计	754	8.6%		
总计		8755	100.0%		

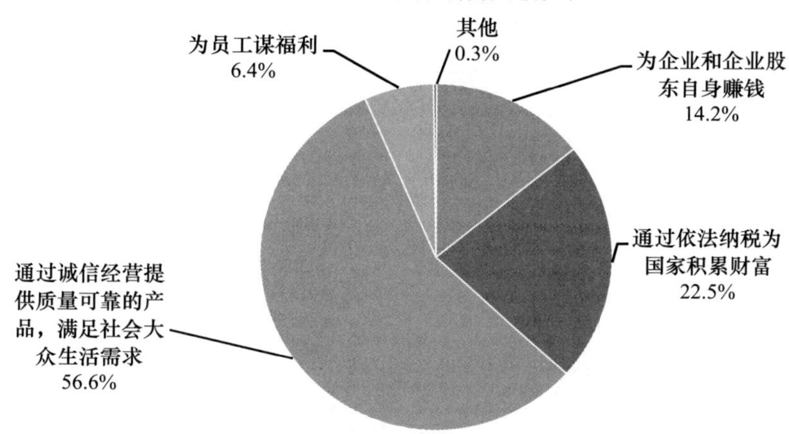

E2a 下列关于企业的说法，您的同意程度是？只要能为员工谋福利就是一个好单位

		频数	百分比	有效百分比	累计百分比
有效	完全同意	1217	13.9%	14.9%	14.9%
	比较同意	4442	50.7%	54.3%	69.2%
	不太同意	2268	25.9%	27.7%	96.9%
	完全不同意	254	2.9%	3.1%	100.0%
	总计	8181	93.4%	100.0%	
缺失	不理解题意	69	0.8%		
	不知道	490	5.6%		
	拒绝回答	15	0.2%		
	总计	574	6.6%		
总计		8755	100.0%		

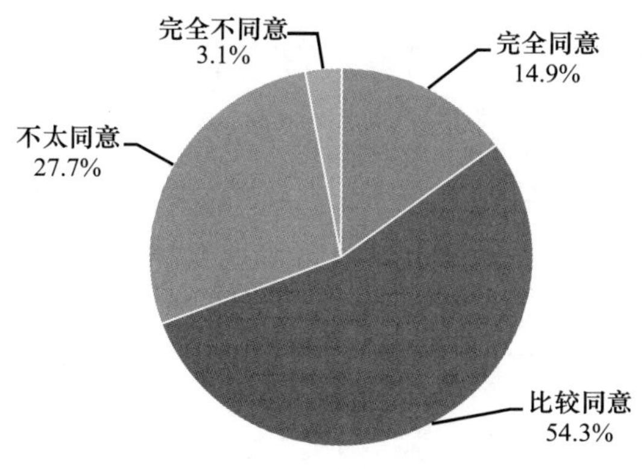

E2b 下列关于企业的说法，您的同意程度是？经济效益好坏是衡量企业成败的唯一标准

		频数	百分比	有效百分比	累计百分比
有效	完全同意	808	9.2%	10.0%	10.0%
	比较同意	3409	38.9%	42.4%	52.4%
	不太同意	3345	38.2%	41.6%	94.0%
	完全不同意	484	5.5%	6.0%	100.0%
	总计	8046	91.9%	100.0%	
缺失	不理解题意	77	0.9%		
	不知道	590	6.7%		
	拒绝回答	42	0.5%		
	总计	709	8.1%		
总计		8755	100.0%		

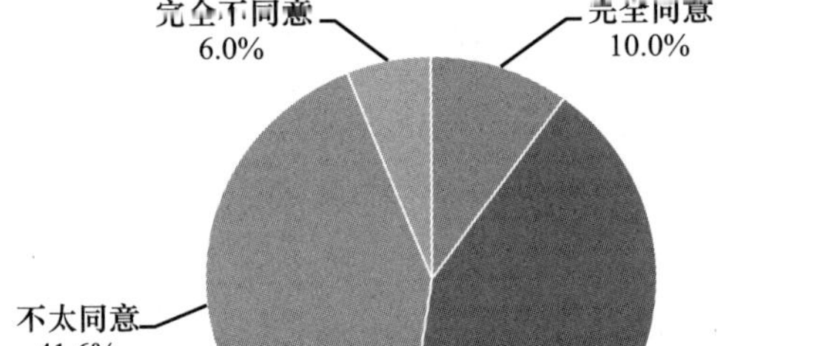

E2c 下列关于企业的说法，您的同意程度是？企业做慈善都是做做样子，其实还是为自己做广告

		频数	百分比	有效百分比	累计百分比
有效	完全同意	477	5.4%	6.0%	6.0%
	比较同意	3267	37.3%	41.1%	47.0%
	不太同意	3727	42.6%	46.8%	93.9%
	完全不同意	487	5.6%	6.1%	100.0%
	总计	7958	90.9%	100.0%	

续表

		频数	百分比	有效百分比	累计百分比
缺失	不理解题意	75	0.9%		
	不知道	668	7.6%		
	拒绝回答	54	0.6%		
	总计	797	9.1%		
总计		8755	100.0%		

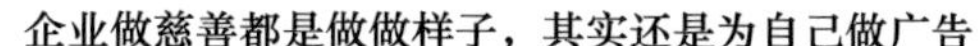

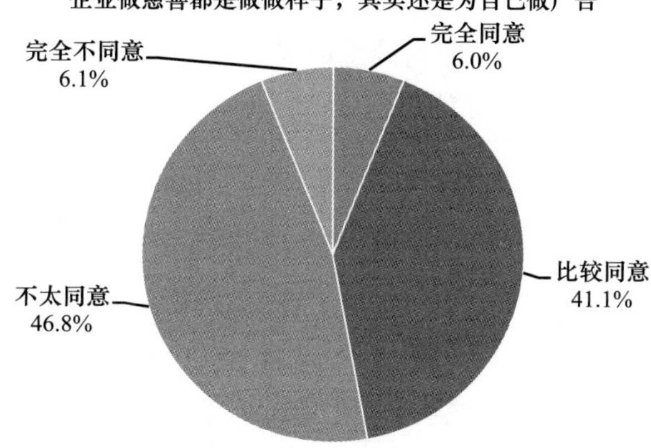

E2d 下列关于企业的说法，您的同意程度是？企业和员工之间只是合同关系，效益好就好好干，效益不好就跳槽

		频数	百分比	有效百分比	累计百分比
有效	完全同意	480	5.5%	5.9%	5.9%
	比较同意	2480	28.3%	30.6%	36.5%
	不太同意	4172	47.7%	51.4%	87.9%
	完全不同意	982	11.2%	12.1%	100.0%
	总计	8114	92.7%	100.0%	
缺失	不理解题意	77	0.9%		
	不知道	551	6.3%		
	拒绝回答	13	0.1%		
	总计	641	7.3%		
总计		8755	100.0%		

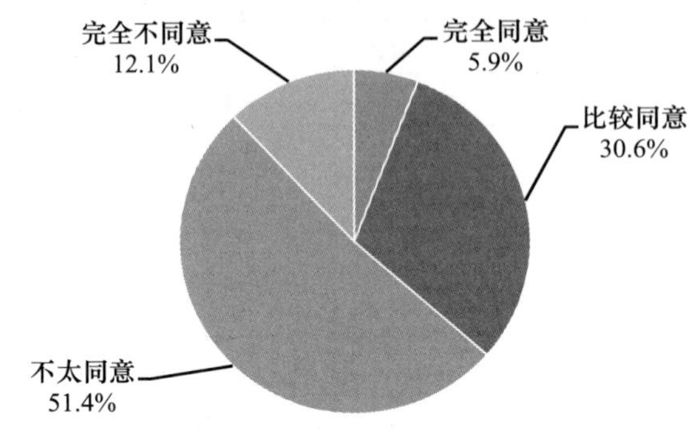

E2e 下列关于企业的说法，您的同意程度是？企业不需要对员工讲什么伦理关怀，员工表现好就发奖金，不好就辞退

		频数	百分比	有效百分比	累计百分比
有效	完全同意	362	4.1%	4.5%	4.5%
	比较同意	1931	22.1%	23.8%	28.2%
	不太同意	4520	51.6%	55.7%	83.9%
	完全不同意	1305	14.9%	16.1%	100.0%
	总计	8118	92.7%	100.0%	
缺失	不理解题意	77	0.9%		
	不知道	528	6.0%		
	拒绝回答	32	0.4%		
	总计	637	7.3%		
总计		8755	100.0%		

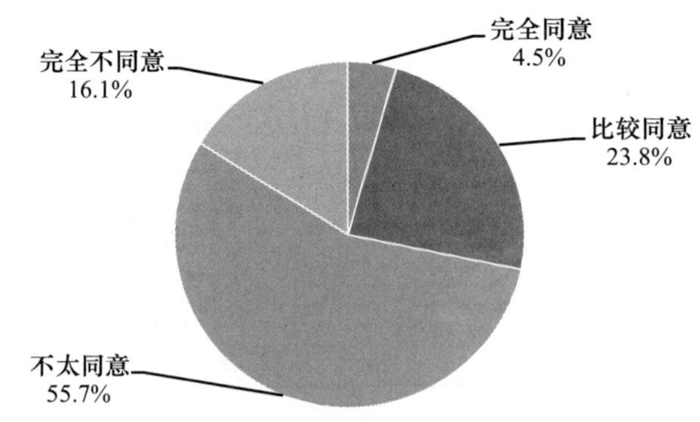

E2f 下列关于企业的说法，您的同意程度是？企业为了履行社会责任，应当放弃一些自身利益

		频数	百分比	有效百分比	累计百分比
有效	完全同意	1754	20.0%	21.6%	21.6%
	比较同意	4125	47.1%	50.9%	72.5%
	不太同意	1896	21.7%	23.4%	95.9%
	完全不同意	334	3.8%	4.1%	100.0%
	总计	8109	92.6%	100.0%	
缺失	不理解题意	83	0.9%		
	不知道	546	6.2%		
	拒绝回答	17	0.2%		
	总计	646	7.4%		
总计		8755	100.0%		

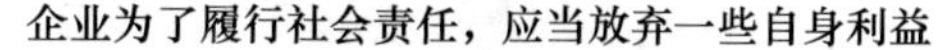

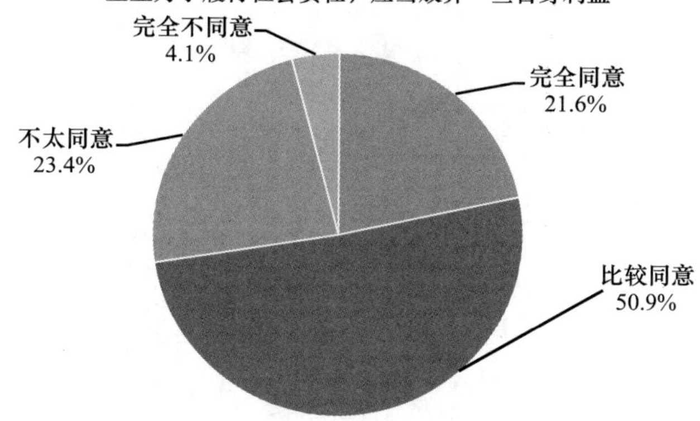

E2g 下列关于企业的说法，您的同意程度是？讲信用、遵循道德规范的企业能够获得更好的利益

		频数	百分比	有效百分比	累计百分比
有效	完全同意	2082	23.8%	25.6%	25.6%
	比较同意	4343	49.6%	53.3%	78.9%
	不太同意	1463	16.7%	18.0%	96.8%
	完全不同意	258	2.9%	3.2%	100.0%
	总计	8146	93.0%	100.0%	

续表

		频数	百分比	有效百分比	累计百分比
缺失	不理解题意	81	0.9%		
	不知道	511	5.8%		
	拒绝回答	17	0.2%		
	总计	609	7.0%		
总计		8755	100.0%		

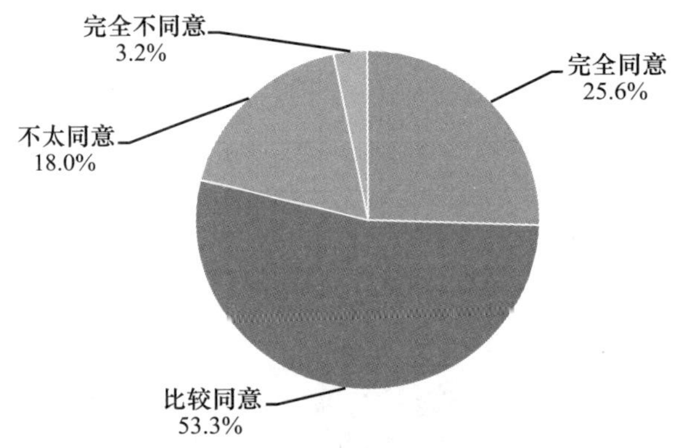

E2h 下列关于企业的说法，您的同意程度是？企业只是一台赚钱的机器，能赚钱就行，无所谓社会责任，声誉也不重要

		频数	百分比	有效百分比	累计百分比
有效	完全同意	202	2.3%	2.5%	2.5%
	比较同意	1344	15.4%	16.7%	19.2%
	不太同意	4351	49.7%	54.2%	73.4%
	完全不同意	2138	24.4%	26.6%	100.0%
	总计	8035	91.8%	100.0%	
缺失	不理解题意	86	1.0%		
	不知道	611	7.0%		
	拒绝回答	23	0.3%		
	总计	720	8.2%		
总计		8755	100.0%		

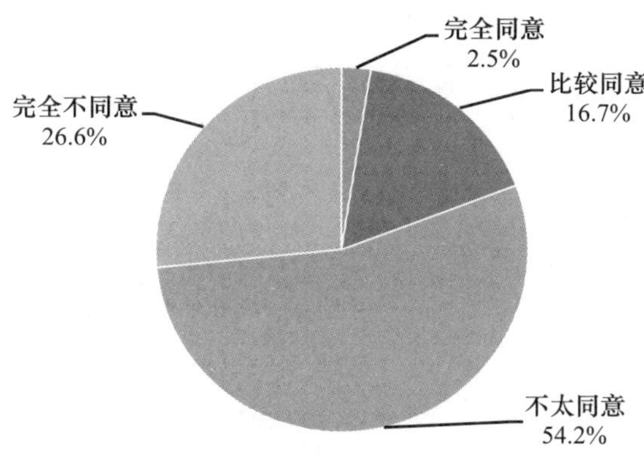

E2i 下列关于企业的说法，您的同意程度是？同样的产品，国企生产的比私企的更有保障

		频数	百分比	有效百分比	累计百分比
有效	完全同意	592	6.8%	7.8%	7.8%
	比较同意	3252	37.1%	42.8%	50.6%
	不太同意	3052	34.9%	40.2%	90.8%
	完全不同意	695	7.9%	9.2%	100.0%
	总计	7591	86.7%	100.0%	
缺失	不理解题意	86	1.0%		
	不知道	1054	12.0%		
	拒绝回答	24	0.3%		
	总计	1164	13.3%		
总计		8755	100.0%		

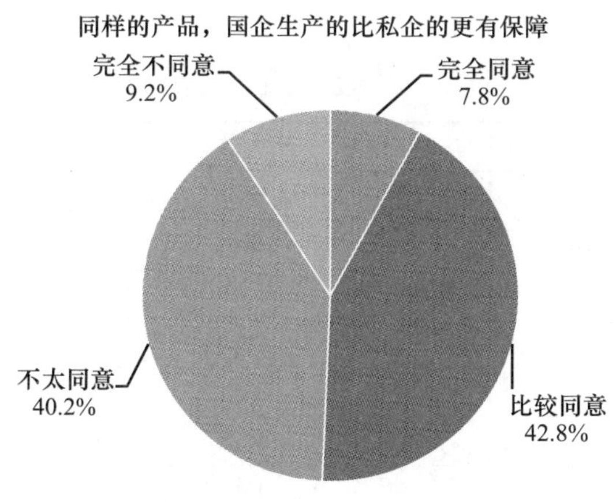

E3 下面哪种说法更符合或接近您的个人想法

		频数	百分比	有效百分比	累计百分比
有效	个人和工作单位之间是聘用或雇用关系，通过工资和付出劳动满足彼此需求	3974	45.4%	46.8%	46.8%
	不只是利益关系，应当还有很多情感的联系，应当共命运	3012	34.4%	35.4%	82.2%
	个人是单位的一分子，单位如同个人的另一个家	1488	17.0%	17.5%	99.7%
	其他	23	0.3%	0.3%	100.0%
	总计	8497	97.1%	100.0%	
缺失	不知道	78	0.9%		
	不理解题意	147	1.7%		
	拒绝回答	33	0.4%		
	总计	258	2.9%		
总计		8755	100.0%		

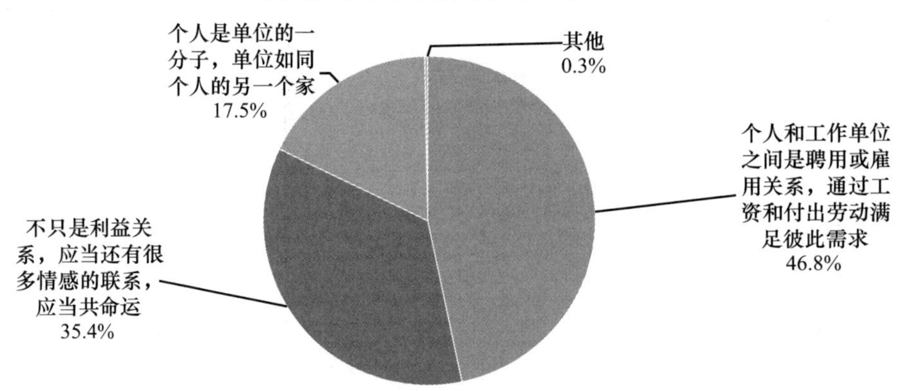

E4 您对自己所在企业履行下列责任的满意情况如何

	非常不满意	不太满意	比较满意	非常满意	平均数
劳动安全保障	214	1422	4534	419	2.78
员工薪酬合理	168	1667	4183	603	2.79
关心员工生活	186	1653	4026	661	2.79
诚实守法经营	116	1074	4996	638	2.90
产品质量可靠	82	962	5014	802	2.95
环境保护措施	256	1571	3893	784	2.80
慈善公益事业	187	1309	3381	604	2.80

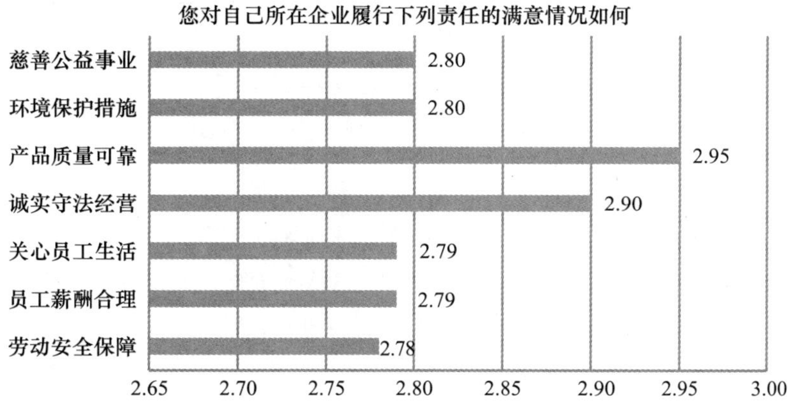

E4a 您对自己所在企业履行下列责任的满意情况如何？劳动安全保障

		频数	百分比	有效百分比	累计百分比
有效	非常不满意	214	2.4%	3.2%	3.2%
	不太满意	1422	16.2%	21.6%	24.8%
	比较满意	4534	51.8%	68.8%	93.6%
	非常满意	419	4.8%	6.4%	100.0%
	总计	6589	75.3%	100.0%	
缺失	不理解题意	110	1.3%		
	不知道	2045	23.4%		
	拒绝回答	11	0.1%		
	总计	2166	24.7%		
总计		8755	100.0%		

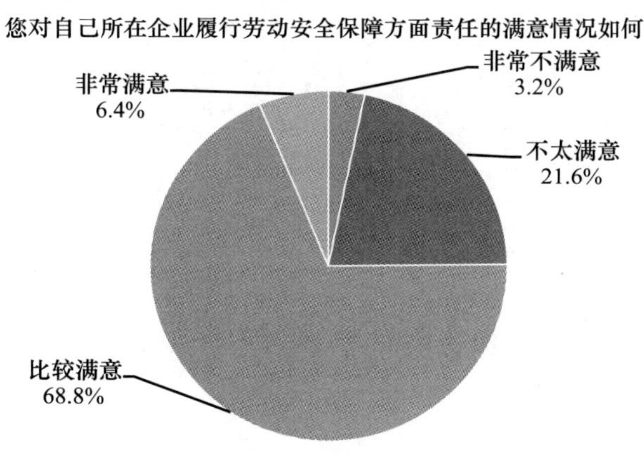

E4b 您对自己所在企业履行下列责任的满意情况如何？员工薪酬合理

		频数	百分比	有效百分比	累计百分比
有效	非常不满意	168	1.9%	2.5%	2.5%
	不太满意	1667	19.0%	25.2%	27.7%
	比较满意	4183	47.8%	63.2%	90.9%
	非常满意	603	6.9%	9.1%	100.0%
	总计	6621	75.6%	100.0%	
缺失	不理解题意	107	1.2%		
	不知道	2013	23.0%		
	拒绝回答	14	0.2%		
	总计	2134	24.4%		
总计		8755	100.0%		

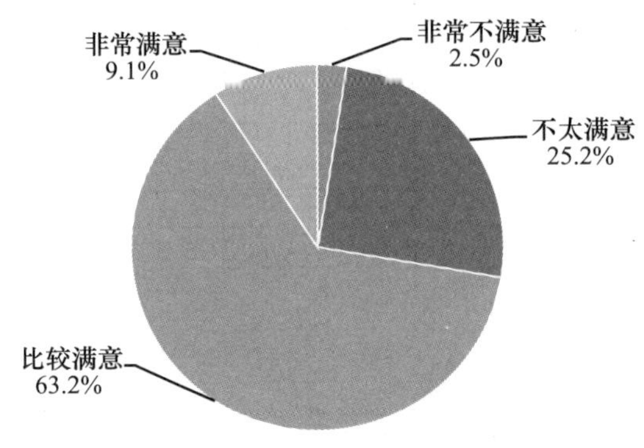

E4c 您对自己所在企业履行下列责任的满意情况如何？关心员工生活

		频数	百分比	有效百分比	累计百分比
有效	非常不满意	186	2.1%	2.9%	2.9%
	不太满意	1653	18.9%	25.3%	28.2%
	比较满意	4026	46.0%	61.7%	89.9%
	非常满意	661	7.5%	10.1%	100.0%
	总计	6526	74.5%	100.0%	
缺失	不理解题意	112	1.3%		
	不知道	2103	24.0%		
	拒绝回答	14	0.2%		
	总计	2229	25.5%		
总计		8755	100.0%		

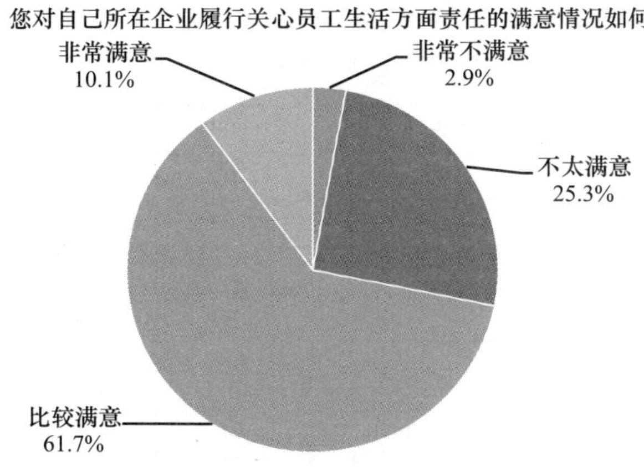

E4d 您对自己所在企业履行下列责任的满意情况如何？诚实守法经营

		频数	百分比	有效百分比	累计百分比
有效	非常不满意	116	1.3%	1.7%	1.7%
	不太满意	1074	12.3%	15.7%	17.4%
	比较满意	4996	57.1%	73.2%	90.7%
	非常满意	638	7.3%	9.3%	100.0%
	总计	6824	77.9%	100.0%	
缺失	不理解题意	110	1.3%		
	不知道	1804	20.6%		
	拒绝回答	17	0.2%		
	总计	1931	22.1%		
总计		8755	100.0%		

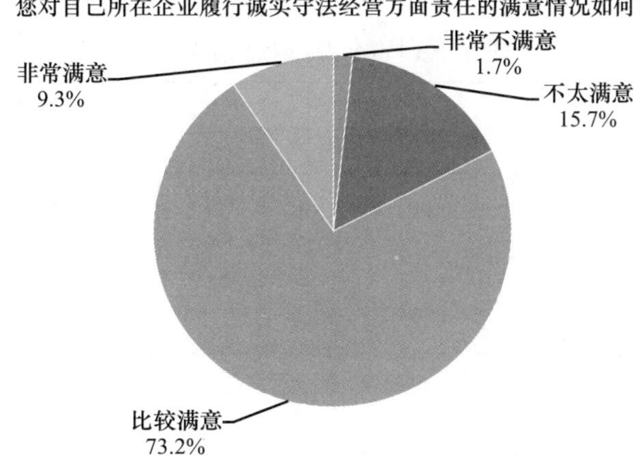

E4e 您对自己所在企业履行下列责任的满意情况如何？产品质量可靠

		频数	百分比	有效百分比	累计百分比
有效	非常不满意	82	0.9%	1.2%	1.2%
	不太满意	962	11.0%	14.0%	15.2%
	比较满意	5014	57.3%	73.1%	88.3%
	非常满意	802	9.2%	11.7%	100.0%
	总计	6860	78.4%	100.0%	
缺失	不理解题意	110	1.3%		
	不知道	1761	20.1%		
	拒绝回答	24	0.3%		
	总计	1895	21.6%		
总计		8755	100.0%		

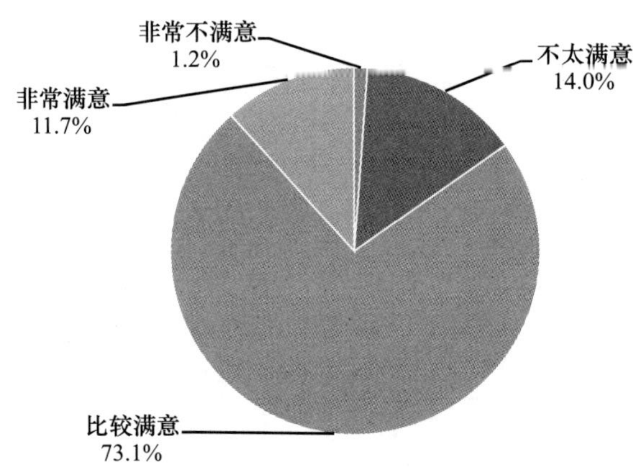

E4f 您对自己所在企业履行下列责任的满意情况如何？环境保护措施

		频数	百分比	有效百分比	累计百分比
有效	非常不满意	256	2.9%	3.9%	3.9%
	不太满意	1571	17.9%	24.2%	28.1%
	比较满意	3893	44.5%	59.9%	87.9%
	非常满意	784	9.0%	12.1%	100.0%
	总计	6504	74.3%	100.0%	

续表

		频数	百分比	有效百分比	累计百分比
缺失	不理解题意	114	1.3%		
	不知道	2118	24.2%		
	拒绝回答	19	0.2%		
	总计	2251	25.7%		
总计		8755	100.0%		

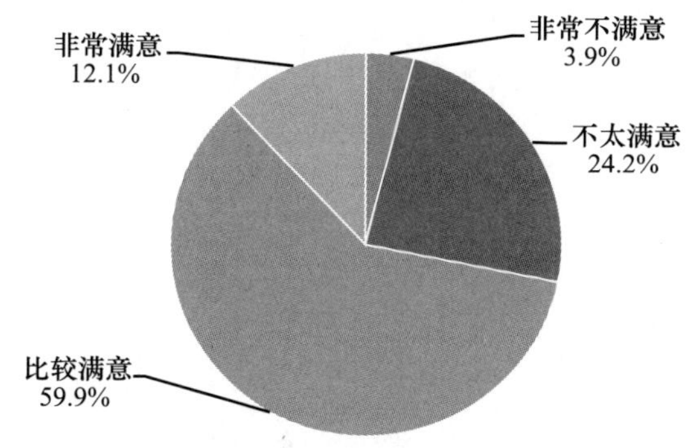

E4g 您对自己所在企业履行下列责任的满意情况如何？慈善公益事业

		频数	百分比	有效百分比	累计百分比
有效	非常不满意	187	2.1%	3.4%	3.4%
	不太满意	1309	15.0%	23.9%	27.3%
	比较满意	3381	38.6%	61.7%	89.0%
	非常满意	604	6.9%	11.0%	100.0%
	总计	5481	62.6%	100.0%	
缺失	不理解题意	115	1.3%		
	不知道	3136	35.8%		
	拒绝回答	23	0.3%		
	总计	3274	37.4%		
总计		8755	100.0%		

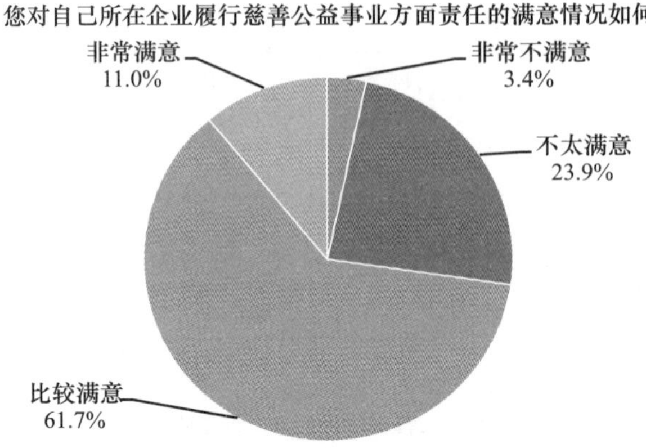

E5 您对本地的或自己熟悉的企业家的道德状况怎么评价

		频数	百分比	有效百分比	累计百分比
有效	总体还不错	2973	34.0%	43.4%	43.4%
	普遍比较差	1353	15.5%	19.8%	63.2%
	和普通群众没有太大差别	2519	28.8%	36.8%	100.0%
	总计	6845	78.2%	100.0%	
缺失	不理解题意	3			
	不知道	1563	17.9%		
	拒绝回答	344	3.9%		
	总计	1910	21.8%		
总计		8755	100.0%		

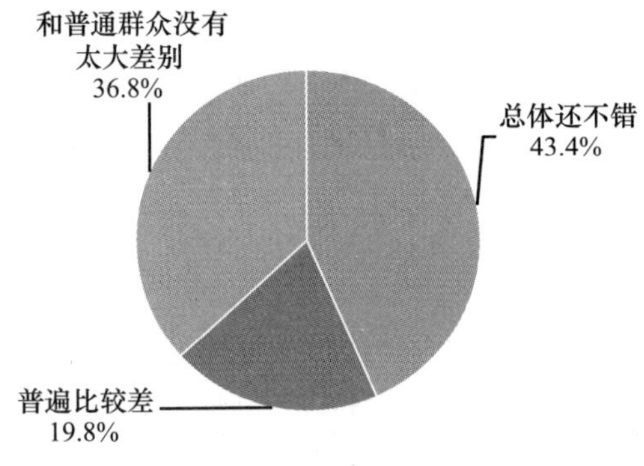

E6 您对自己所生活的地方下列群体的职业道德状况总体评价如何

	非常满意	比较满意	不太满意	非常不满意	平均数
公务员	348	5126	1964	230	2.27

续表

	非常满意	比较满意	不太满意	非常不满意	平均数
医生	523	5194	2227	304	2. 28
教师	799	5421	1747	305	2. 19
个体工商户	398	5068	2359	322	2. 32

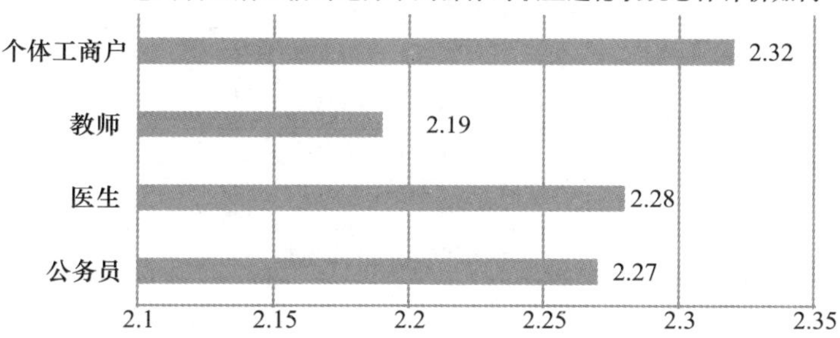

E6a 对公务员道德状况的满意度

		频数	百分比	有效百分比	累计百分比
有效	非常满意	348	4. 0%	4. 5%	4. 5%
	比较满意	5126	58. 5%	66. 8%	71. 4%
	不太满意	1964	22. 4%	25. 6%	97. 0%
	非常不满意	230	2. 6%	3. 0%	100. 0%
	总计	7668	87. 6%	100. 0%	
缺失	不理解题意	7	0. 1%		
	不知道	1068	12. 2%		
	拒绝回答	12	0. 1%		
	总计	1087	12. 4%		
总计		8755	100. 0%		

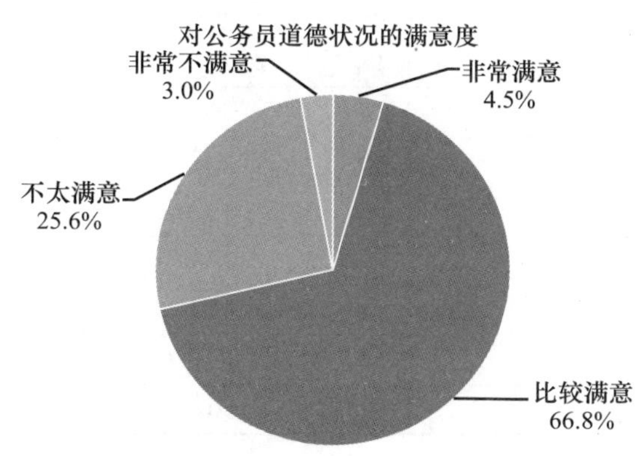

E6b 对医生道德状况的满意度

		频数	百分比	有效百分比	累计百分比
有效	非常满意	523	6.0%	6.3%	6.3%
	比较满意	5194	59.3%	63.0%	69.3%
	不太满意	2227	25.4%	27.0%	96.3%
	非常不满意	304	3.5%	3.7%	100.0%
	总计	8248	94.2%	100.0%	
缺失	不理解题意	7	0.1%		
	不知道	484	5.5%		
	拒绝回答	16	0.2%		
	总计	507	5.8%		
总计		8755	100.0%		

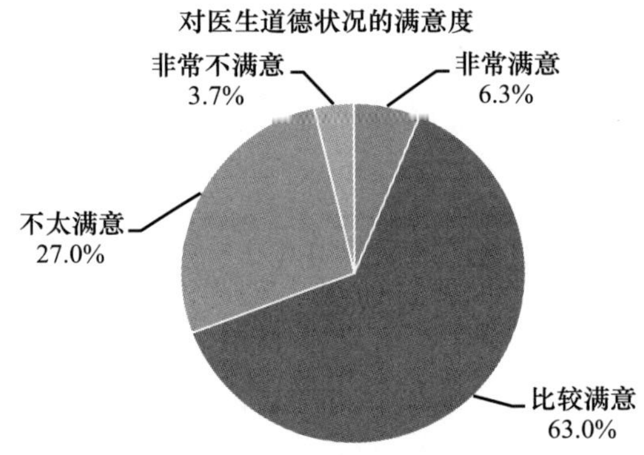

E6c 对教师道德状况的满意度

		频数	百分比	有效百分比	累计百分比
有效	非常满意	799	9.1%	9.7%	9.7%
	比较满意	5421	61.9%	65.5%	75.2%
	不太满意	1747	20.0%	21.1%	96.3%
	非常不满意	305	3.5%	3.7%	100.0%
	总计	8272	94.5%	100.0%	
缺失	不理解题意	7	0.1%		
	不知道	460	5.3%		
	拒绝回答	16	0.2%		
	总计	483	5.5%		
总计		8755	100.0%		

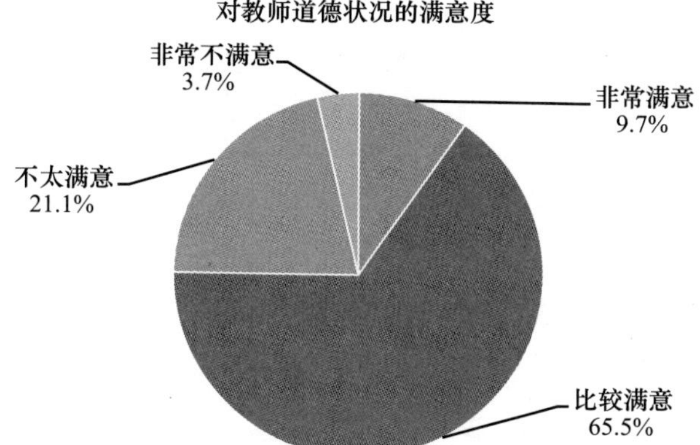

E6d 对个体工商户道德状况的满意度

		频数	百分比	有效百分比	累计百分比
有效	非常满意	398	4.5%	4.9%	4.9%
	比较满意	5068	57.9%	62.2%	67.1%
	不太满意	2359	26.9%	29.0%	96.0%
	非常不满意	322	3.7%	4.0%	100.0%
	总计	8147	93.1%	100.0%	
缺失	不理解题意	11	0.1%		
	不知道	576	6.6%		
	拒绝回答	21	0.2%		
	总计	608	6.9%		
总计		8755	100.0%		

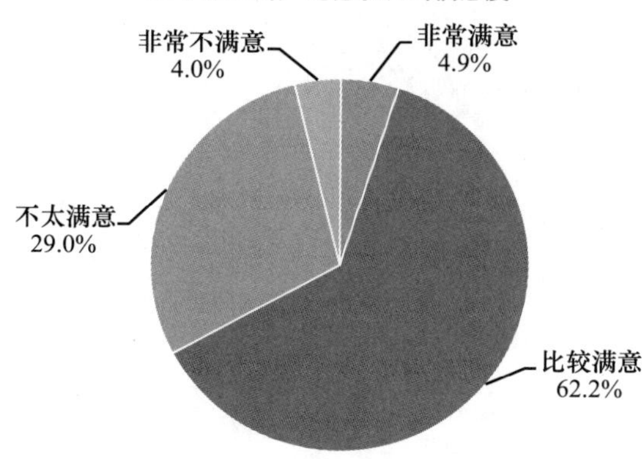

E7 怎么称呼周围那些经营企业或做生意发了财的人

	频数	有效百分比
企业家	835	9.6%
老板	7152	81.8%
商人	1761	20.1%
生意人	2016	23.1%
土豪	591	6.8%
暴发户	536	6.1%
其他	70	0.8%

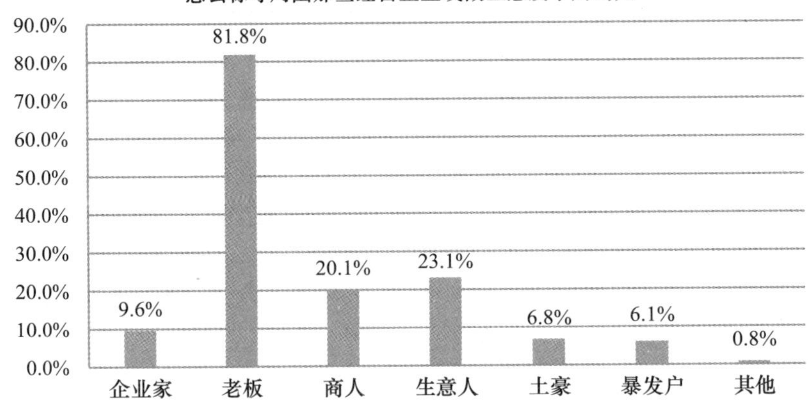

E8 如果您有一个不错的家庭企业，但儿子或女儿缺乏经营能力或经营兴趣，难以交班，您可能选择：

		频数	百分比	有效百分比	累计百分比
有效	培养儿媳或女婿，交给她/他经营	2722	31.1%	32.4%	32.4%
	交给儿媳和女婿有风险，离婚了怎么办，还是自己撑到有第三代接管	1491	17.0%	17.8%	50.2%
	找一个懂经营的职业经理人，我们家庭成员做董事长	2894	33.1%	34.5%	84.7%
	做一天是一天，最后将钞票留给子孙，但外人不可靠，不能交给外人	1121	12.8%	13.4%	98.1%
	其他	163	1.9%	1.9%	100.0%
	总计	8391	95.8%	100.0%	

续表

		频数	百分比	有效百分比	累计百分比
缺失	不知道	160	1.8%		
	不理解题意	177	2.0%		
	拒绝回答	27	0.3%		
	总计	364	4.2%		
总计		8755	100.0%		

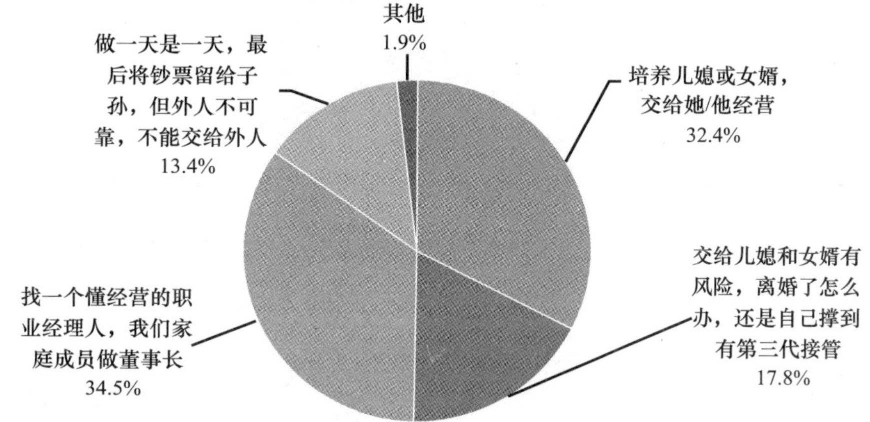

E9 在市场上购买食品、衣物、家用电器等商品时，您觉得有安全感吗

		频数	百分比	有效百分比	累计百分比
有效	有安全感，相信产品质量	2177	24.9%	25.0%	25.0%
	没安全感，不相信他们的标签，常担心质量问题影响自己的健康	1978	22.6%	22.7%	47.6%
	没安全感，担心在价格上被欺骗，要货比三家	1869	21.3%	21.4%	69.1%
	一般还可以，相信大商店的产品，不相信小商店和地摊货	2677	30.6%	30.7%	99.7%
	其他	22	0.3%	0.3%	100.0%
	总计	8723	99.6%	100.0%	
缺失	不知道	13	0.1%		
	不理解题意	6	0.1%		
	拒绝回答	13	0.1%		
	总计	32	0.4%		

续表

	频数	百分比	有效百分比	累计百分比
总计	8755	100.0%		

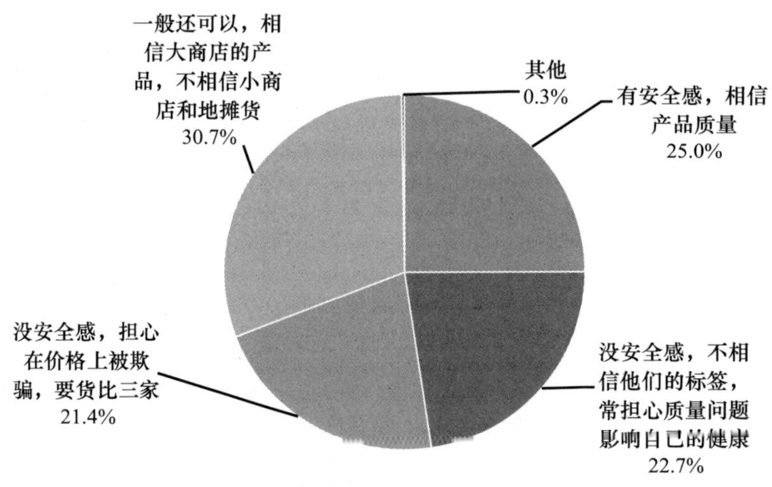

E10 您怎么看待电视、报纸和其他主流媒体上的广告

		频数	百分比	有效百分比	累计百分比
有效	相信，因为是明星们推荐的	1301	14.9%	15.0%	15.0%
	将信将疑，眼见为真	4088	46.7%	47.2%	62.2%
	不相信，是企业和那些明星联合起来忽悠大众的	2317	26.5%	26.7%	88.9%
	讨厌，既欺骗大众，又占用公共媒体资源	901	10.3%	10.4%	99.3%
	其他	60	0.7%	0.7%	100.0%
	总计	8667	99.0%	100.0%	
缺失	不知道	16	0.2%		
	不理解题意	47	0.5%		
	拒绝回答	25	0.3%		
	总计	88	1.0%		
总计		8755	100.0%		

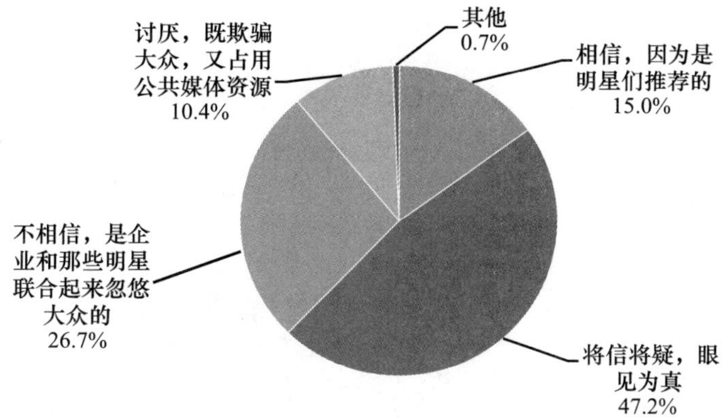

E11 您怎么看待现在一些企业做公益和慈善

		频数	百分比	有效百分比	累计百分比
有效	是做善事，把赚的公众的钱还给社会	2276	26.0%	26.5%	26.5%
	是在作秀，为自己树牌坊	1526	17.4%	17.8%	44.3%
	是做广告，把弱势群体当作宣传自己的工具	2069	23.6%	24.1%	68.4%
	做总比不做好，随他去吧	2668	30.5%	31.1%	99.4%
	其他	50	0.6%	0.6%	100.0%
	总计	8589	98.1%	100.0%	
缺失	不知道	74	0.8%		
	不理解题意	53	0.6%		
	拒绝回答	39	0.4%		
	总计	166	1.9%		
总计		8755	100.0%		

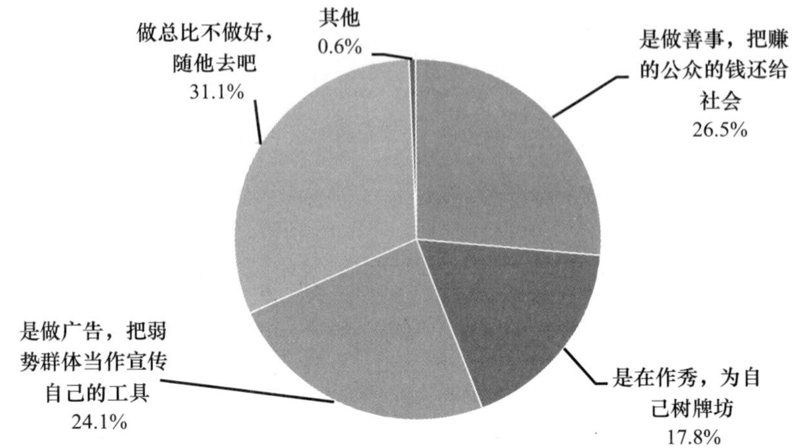

E12 一些政府机关、企事业单位和大中小学，利用权力为本单位的职工子女在入学、招工中提供特殊政策，您认为这种行为道德吗

		频数	百分比	有效百分比	累计百分比
有效	为本单位人员谋福利，符合道德	1436	16.4%	16.5%	16.5%
	以权谋私，不道德	3070	35.1%	35.3%	51.8%
	是对社会公众的不公平，严重不道德	2683	30.6%	30.9%	82.7%
	符合本单位员工利益，但严重侵蚀社会道德	933	10.7%	10.7%	93.4%
	无所谓道德不道德	570	6.5%	6.6%	100.0%
	总计	8692	99.3%	100.0%	
缺失	不理解题意	20	0.2%		
	不知道	4			
	拒绝回答	39	0.4%		
	总计	63	0.7%		
总计		8755	100.0%		

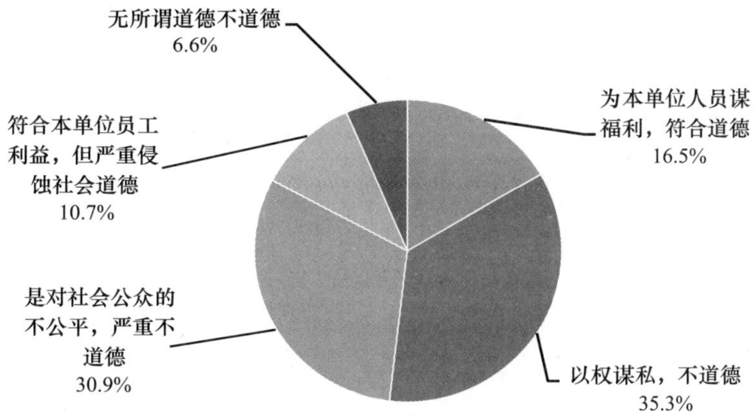

E13 如果您所在的单位有一项举措可以提高集体福利并使您个人得到利益，但会造成环境污染或社会公害，您会举报吗

		频数	百分比	有效百分比	累计百分比
有效	会	5656	64.6%	65.4%	65.4%
	不会	2994	34.2%	34.6%	100.0%
	总计	8650	98.8%	100.0%	
缺失	不理解题意	34	0.4%		
	不知道	40	0.5%		
	拒绝回答	31	0.4%		
	总计	105	1.2%		
总计		8755	100.0%		

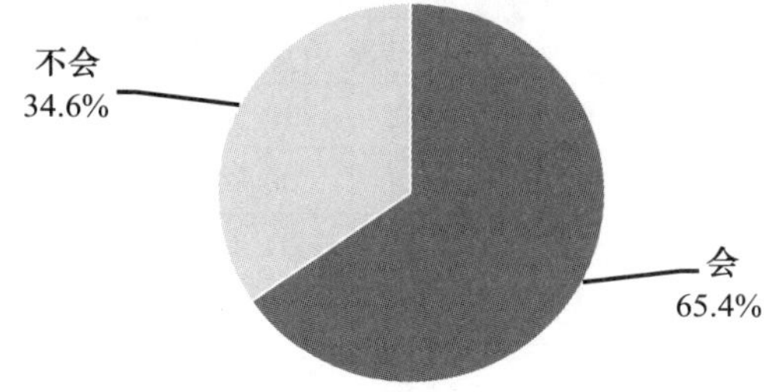

E14 您认为您所工作的单位同事之间是何种关系

		频数	百分比	有效百分比	累计百分比
有效	平等合作关系	4949	56.5%	58.2%	58.2%
	利益竞争关系	2147	24.5%	25.2%	83.4%
	彼此没有关系	1198	13.7%	14.1%	97.5%
	其他	216	2.5%	2.5%	100.0%
	总计	8510	97.2%	100.0%	
缺失	不知道	59	0.7%		
	不理解题意	148	1.7%		
	拒绝回答	38	0.4%		
	总计	245	2.8%		
总计		8755	100.0%		

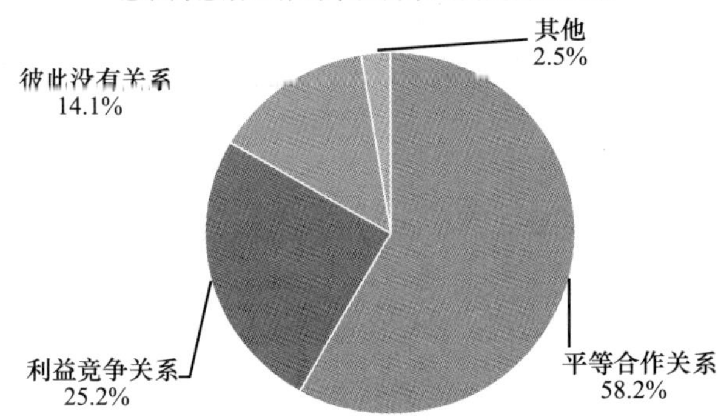

E15 为了单位组织的利益，您的单位是否会默认员工做违背道德的事情

		频数	百分比	有效百分比	累计百分比
有效	常常	377	4.3%	5.5%	5.5%
	较多	1012	11.6%	14.8%	20.3%
	一般	1682	19.2%	24.5%	44.8%
	较少	1824	20.8%	26.6%	71.4%
	从来没有	1963	22.4%	28.6%	100.0%
	总计	6858	78.3%	100.0%	
缺失	不理解题意	23	0.3%		
	不知道	1830	20.9%		
	拒绝回答	44	0.5%		
	总计	1897	21.7%		

续表

	频数	百分比	有效百分比	累计百分比
总计	8755	100.0%		

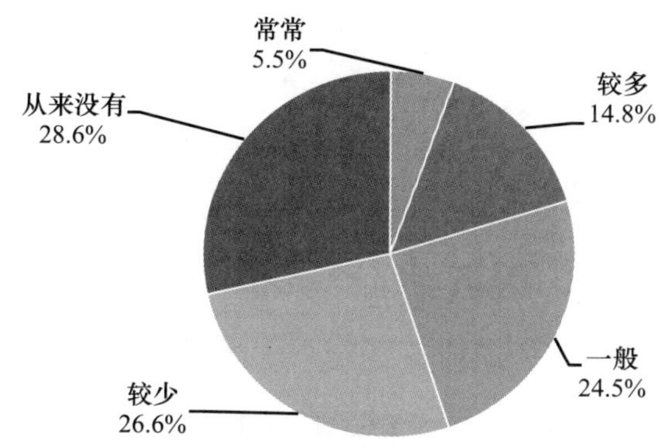

E16 您所工作的单位是否存在以下现象

	频数	有效百分比
给领导干部送礼讨好	2622	30.8%
背后互相告恶状	1905	22.4%
拉帮结派	1575	18.5%
为谋私利找关系走后门	2361	27.7%
奖惩制度不公平	1603	18.8%
领导干部滥用职权	1768	20.8%
都不存在	2866	33.7%

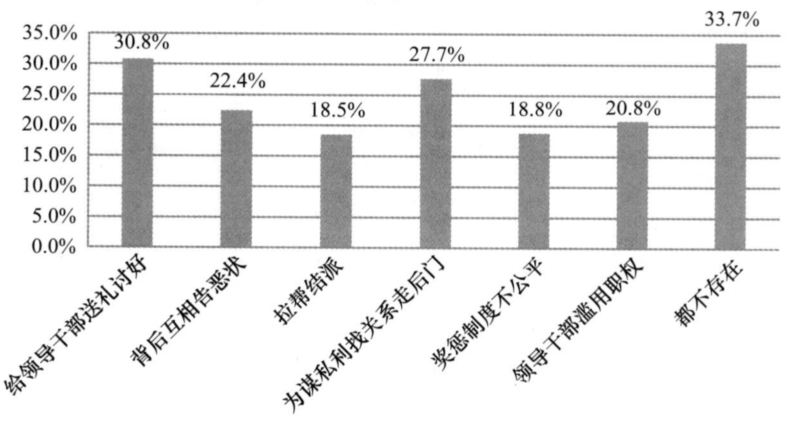

E17 下列关于企业履行社会责任（如捐款捐物、做公益慈善）的说法，您的同意程度是

	完全同意	比较同意	不太同意	完全不同意	平均数
只有国企才应该履行社会责任	258	2386	4117	1147	2.78
只有大企业才应该履行社会责任	248	2271	4005	1397	2.83
只有盈利多的企业才需要履行社会责任	320	2172	4115	1290	2.81
污染类企业要履行更多的社会责任	2124	3323	1875	698	2.14
小企业只要管好自己就行了，不要履行社会责任	212	1521	4385	1773	2.98

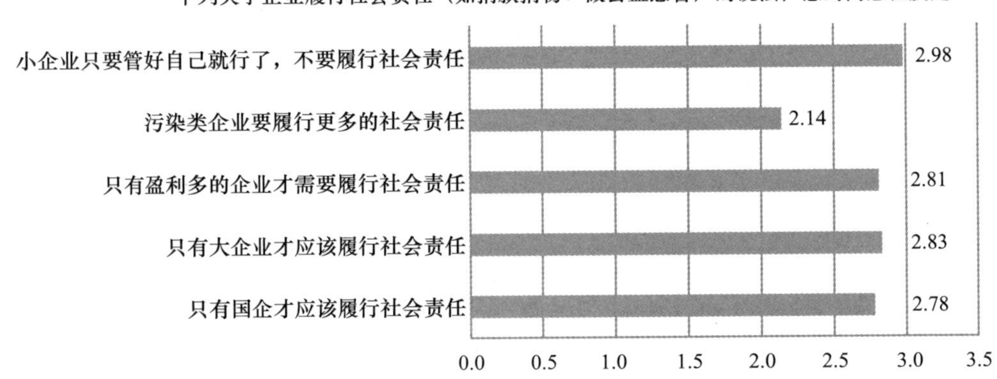

E17a 下列关于企业履行社会责任的说法，您的同意程度是？只有国企才应该履行社会责任

		频数	百分比	有效百分比	累计百分比
有效	完全同意	258	2.9%	3.3%	3.3%
	比较同意	2386	27.3%	30.2%	33.4%
	不太同意	4117	47.0%	52.1%	85.5%
	完全不同意	1147	13.1%	14.5%	100.0%
	总计	7908	90.3%	100.0%	
缺失	不理解题意	70	0.8%		
	不知道	746	8.5%		
	拒绝回答	31	0.4%		
	总计	847	9.7%		
总计		8755	100.0%		

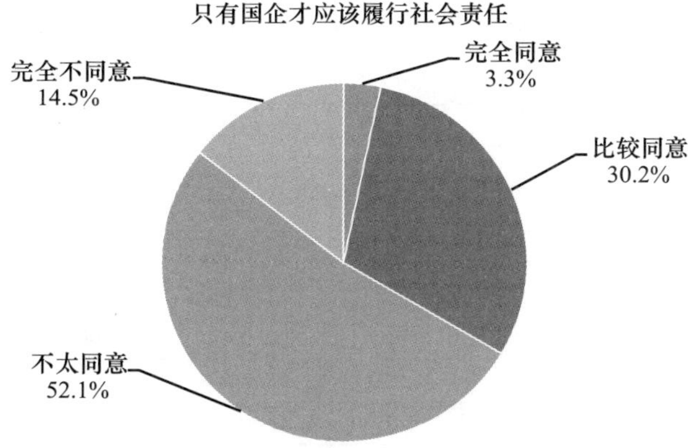

E17b 下列关于企业履行社会责任的说法，您的同意程度是？只有大企业才应该履行社会责任

		频数	百分比	有效百分比	累计百分比
有效	完全同意	248	2. 8%	3. 1%	3. 1%
	比较同意	2271	25. 9%	28. 7%	31. 8%
	不太同意	4005	45. 7%	50. 6%	82. 4%
	完全不同意	1397	16. 0%	17. 6%	100. 0%
	总计	7921	90. 5%	100. 0%	
缺失	不理解题意	71	0. 8%		
	不知道	730	8. 3%		
	拒绝回答	33	0. 4%		
	总计	834	9. 5%		
总计		8755	100. 0%		

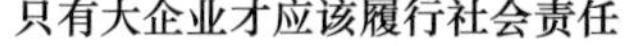

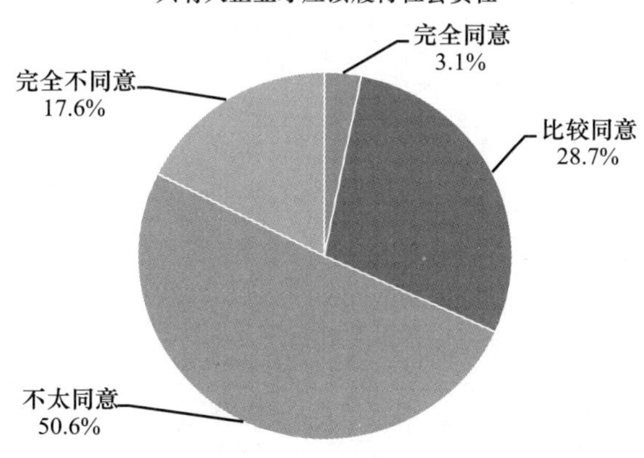

E17c 下列关于企业履行社会责任的说法，您的同意程度是？只有盈利多的企业才需要履行社会责任

		频数	百分比	有效百分比	累计百分比
有效	完全同意	320	3.7%	4.1%	4.1%
	比较同意	2172	24.8%	27.5%	31.6%
	不太同意	4115	47.0%	52.1%	83.7%
	完全不同意	1290	14.7%	16.3%	100.0%
	总计	7897	90.2%	100.0%	
缺失	不理解题意	70	0.8%		
	不知道	738	8.4%		
	拒绝回答	50	0.6%		
	总计	858	9.8%		
总计		8755	100.0%		

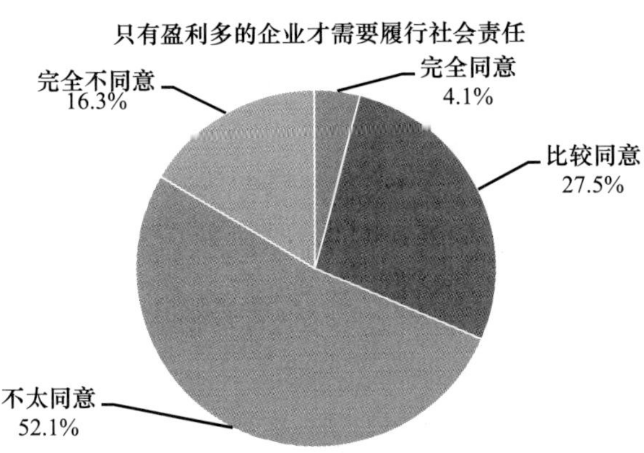

E17d 下列关于企业履行社会责任的说法，您的同意程度是？污染类企业要履行更多的社会责任

		频数	百分比	有效百分比	累计百分比
有效	完全同意	2124	24.3%	26.5%	26.5%
	比较同意	3323	38.0%	41.4%	67.9%
	不太同意	1875	21.4%	23.4%	91.3%
	完全不同意	698	8.0%	8.7%	100.0%
	总计	8020	91.6%	100.0%	
缺失	不理解题意	73	0.8%		
	不知道	629	7.2%		
	拒绝回答	33	0.4%		
	总计	735	8.4%		
总计		8755	100.0%		

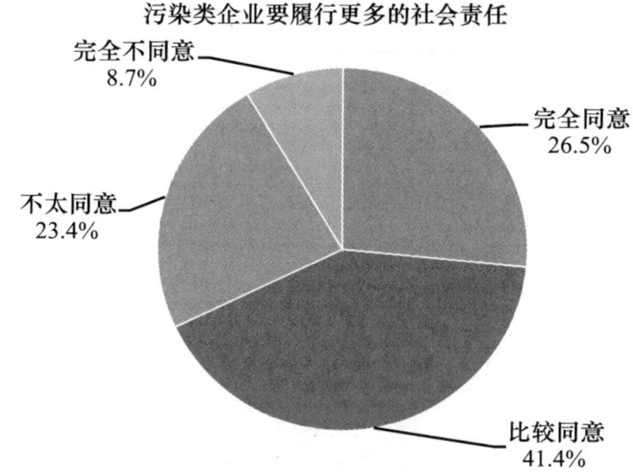

E17e 下列关于企业履行社会责任的说法，您的同意程度是？小企业只要管好自己就行了，不要履行社会责任

		频数	百分比	有效百分比	累计百分比
有效	完全同意	212	2.4%	2.7%	2.7%
	比较同意	1521	17.4%	19.3%	22.0%
	不太同意	4385	50.1%	55.6%	77.5%
	完全不同意	1773	20.3%	22.5%	100.0%
	总计	7891	90.1%	100.0%	
缺失	不理解题意	78	0.9%		
	不知道	753	8.6%		
	拒绝回答	33	0.4%		
	总计	864	9.9%		
总计		8755	100.0%		

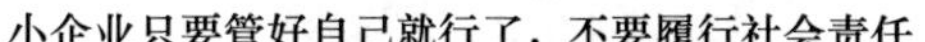

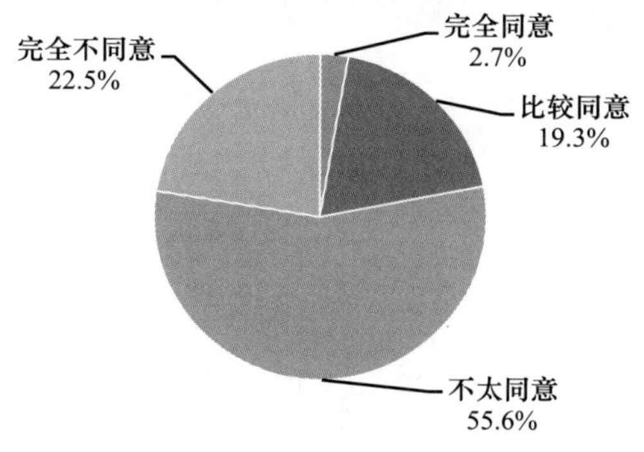

E18a 您觉得下列哪类单位最讲道德

		频数	百分比	有效百分比	累计百分比
有效	国有（控股）企业	1144	13.1%	18.4%	18.4%
	民营企业	300	3.4%	4.8%	23.2%
	私营企业	155	1.8%	2.5%	25.7%
	外资企业	397	4.5%	6.4%	32.1%
	学校	2727	31.1%	43.8%	75.9%
	医院	305	3.5%	4.9%	80.8%
	政府机关	895	10.2%	14.4%	95.1%
	民间组织	302	3.4%	4.9%	100.0%
	总计	6225	71.1%	100.0%	
缺失	不知道	2365	27.0%		
	拒绝回答	165	1.9%		
	总计	2530	28.9%		
总计		8755	100.0%		

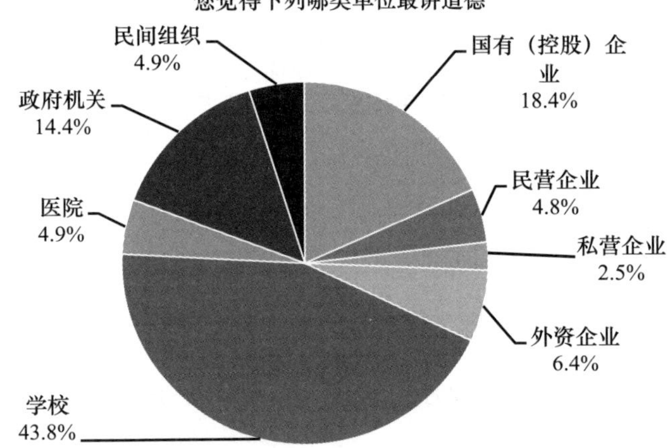

E18b 您觉得下列哪类单位道德水平最差

		频数	百分比	有效百分比	累计百分比
有效	国有（控股）企业	304	3.5%	5.5%	5.5%
	民营企业	644	7.4%	11.6%	17.1%
	私营企业	1666	19.0%	30.0%	47.0%
	外资企业	211	2.4%	3.8%	50.8%
	学校	188	2.1%	3.4%	54.2%

续表

		频数	百分比	有效百分比	累计百分比
有效	医院	1016	11.6%	18.3%	72.5%
	政府机关	848	9.7%	15.3%	87.7%
	民间组织	683	7.8%	12.3%	100.0%
	总计	5560	63.5%	100.0%	
缺失	不知道	3011	34.4%		
	拒绝回答	184	2.1%		
	总计	3195	36.5%		
总计		8755	100.0%		

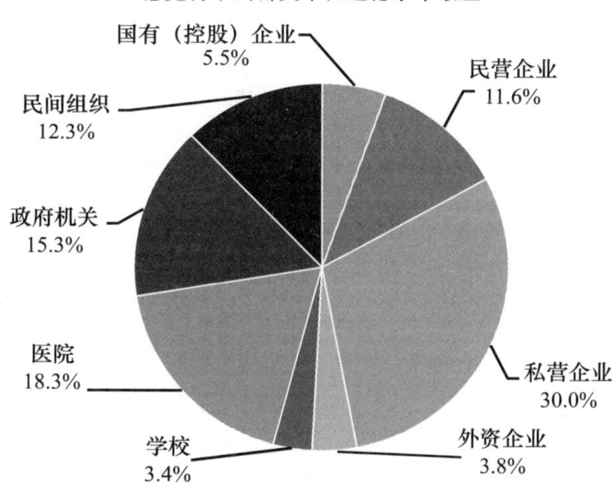

E19 以下关于学校的说法，您的同意程度是

	完全同意	比较同意	不太同意	完全不同意	平均数
学校越来越以营利为目的	583	3440	3337	749	2.52
学校主要传授知识和技能，培养道德不重要	103	1058	4898	2256	3.12
学校升学率高比素质教育更重要	184	1070	4805	2189	3.09
青少年儿童行为不端，主要是学校没教好	138	1191	4881	2044	3.07
要想孩子培养得好，就要多给老师送礼	164	1020	3882	3121	3.22

以下关于学校的说法，您的同意程度是

要想孩子培养得好，就要多给老师送礼 3.22
青少年儿童行为不端，主要是学校没教好 3.07
学校升学率高比素质教育更重要 3.09
学校主要传授知识和技能，培养道德不重要 3.12
学校越来越以营利为目的 2.52

0.0 0.5 1.0 1.5 2.0 2.5 3.0 3.5

E19a 学校越来越以营利为目的

		频数	百分比	有效百分比	累计百分比
有效	完全同意	583	6.7%	7.2%	7.2%
	比较同意	3440	39.3%	42.4%	49.6%
	不太同意	3337	38.1%	41.2%	90.8%
	完全不同意	749	8.6%	9.2%	100.0%
	总计	8109	92.6%	100.0%	
缺失	不理解题意	12	0.1%		
	不知道	584	6.7%		
	拒绝回答	50	0.6%		
	总计	646	7.4%		
总计		8755	100.0%		

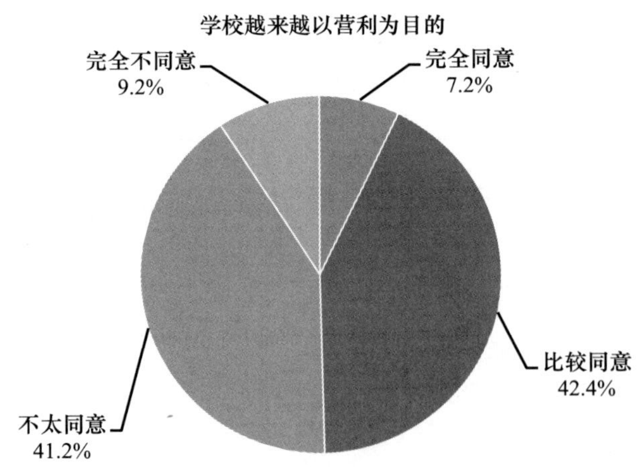

E19b 学校主要传授知识和技能，培养道德不重要

		频数	百分比	有效百分比	累计百分比
有效	完全同意	103	1.2%	1.2%	1.2%
	比较同意	1058	12.1%	12.7%	14.0%
	不太同意	4898	55.9%	58.9%	72.9%
	完全不同意	2256	25.8%	27.1%	100.0%
	总计	8315	95.0%	100.0%	
缺失	不理解题意	13	0.1%		
	不知道	368	4.2%		
	拒绝回答	59	0.7%		
	总计	440	5.0%		
总计		8755	100.0%		

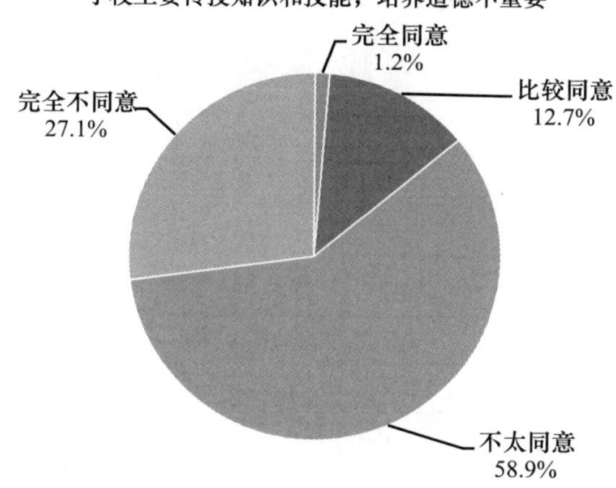

E19c 学校升学率高比素质教育更重要

		频数	百分比	有效百分比	累计百分比
有效	完全同意	184	2.1%	2.2%	2.2%
	比较同意	1070	12.2%	13.0%	15.2%
	不太同意	4805	54.9%	58.3%	73.5%
	完全不同意	2189	25.0%	26.5%	100.0%
	总计	8248	94.2%	100.0%	

续表

		频数	百分比	有效百分比	累计百分比
缺失	不理解题意	14	0.2%		
	不知道	423	4.8%		
	拒绝回答	70	0.8%		
	总计	507	5.8%		
总计		8755	100.0%		

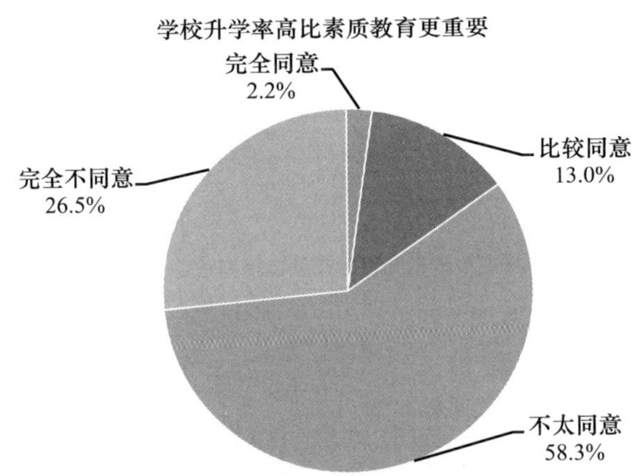

E19d 青少年儿童行为不端，主要是学校没教好

		频数	百分比	有效百分比	累计百分比
有效	完全同意	138	1.6%	1.7%	1.7%
	比较同意	1191	13.6%	14.4%	16.1%
	不太同意	4881	55.8%	59.1%	75.2%
	完全不同意	2044	23.3%	24.8%	100.0%
	总计	8254	94.3%	100.0%	
缺失	不理解题意	13	0.1%		
	不知道	408	4.7%		
	拒绝回答	80	0.9%		
	总计	501	5.7%		
总计		8755	100.0%		

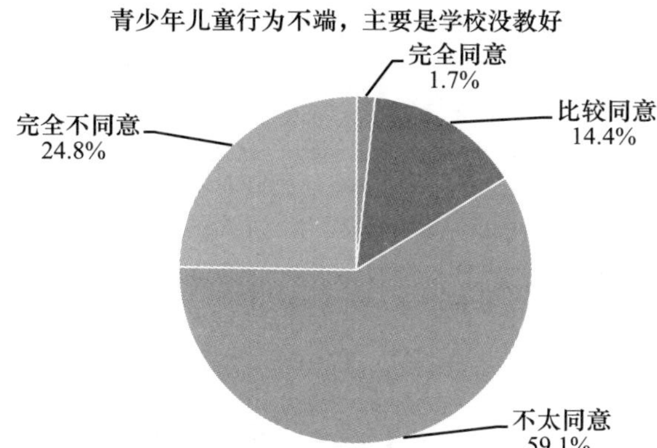

E19e 要想孩子培养得好，就要多给老师送礼

		频数	百分比	有效百分比	累计百分比
有效	完全同意	164	1.9%	2.0%	2.0%
	比较同意	1020	11.7%	12.5%	14.5%
	不太同意	3882	44.3%	47.4%	61.9%
	完全不同意	3121	35.6%	38.1%	100.0%
	总计	8187	93.5%	100.0%	
缺失	不理解题意	18	0.2%		
	不知道	490	5.6%		
	拒绝回答	60	0.7%		
	总计	568	6.5%		
总计		8755	100.0%		

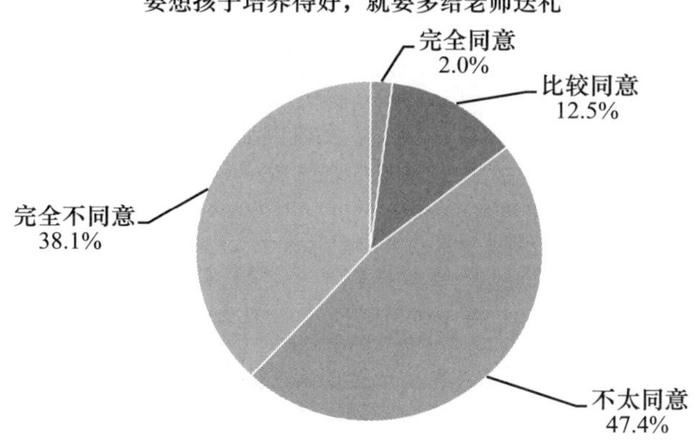

E20 当员工或村民受到不应该的对待时，员工或村民有没有申诉的机会

		频数	百分比	有效百分比	累计百分比
有效	有	3260	37.2%	64.7%	64.7%
	没有	1778	20.3%	35.3%	100.0%
	总计	5038	57.5%	100.0%	
缺失	不知道	3701	42.3%		
	不理解题意	4			
	拒绝回答	12	0.1%		
	总计	3717	42.5%		
总计		8755	100.0%		

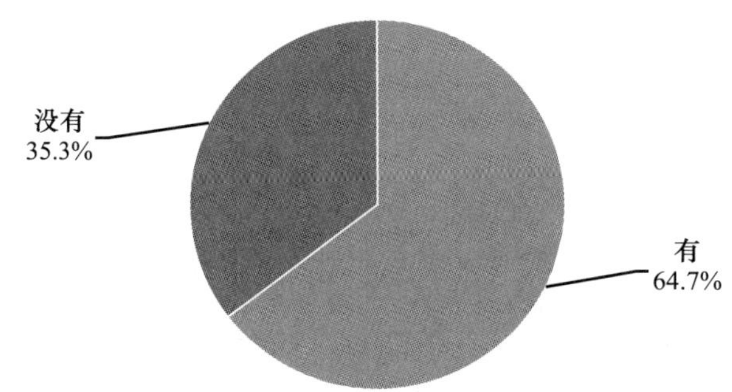

E21 当员工或村民受到不应该的对待时，员工或村民有没有申诉的地方或渠道

		频数	百分比	有效百分比	累计百分比
有效	有	3336	38.1%	67.0%	67.0%
	没有	1640	18.7%	33.0%	100.0%
	总计	4976	56.8%	100.0%	
缺失	不知道	3766	43.0%		
	不理解题意	5	0.1%		
	拒绝回答	8	0.1%		
	总计	3779	43.2%		
总计		8755	100.0%		

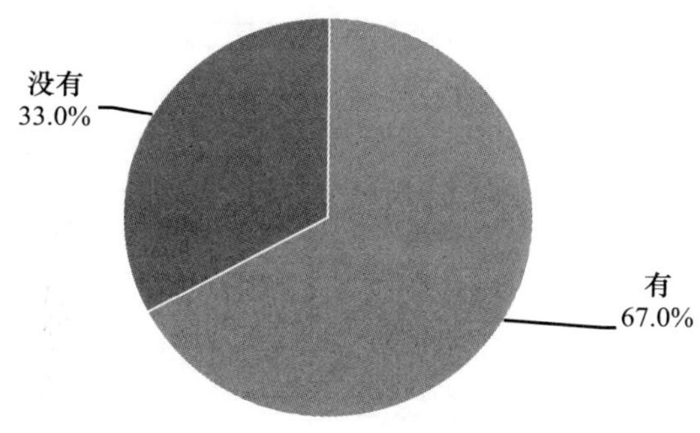

E22 当员工或村民受到不应该的对待时，有没有人进行过申诉

		频数	百分比	有效百分比	累计百分比
有效	全部会申诉	196	2.2%	4.1%	4.1%
	大部分会申诉	972	11.1%	20.1%	24.2%
	小部分会申诉	2674	30.5%	55.4%	79.5%
	无人申诉	989	11.3%	20.5%	100.0%
	总计	4831	55.2%	100.0%	
缺失	不理解题意	8	0.1%		
	不知道	3902	44.6%		
	拒绝回答	14	0.2%		
	总计	3924	44.8%		
总计		8755	100.0%		

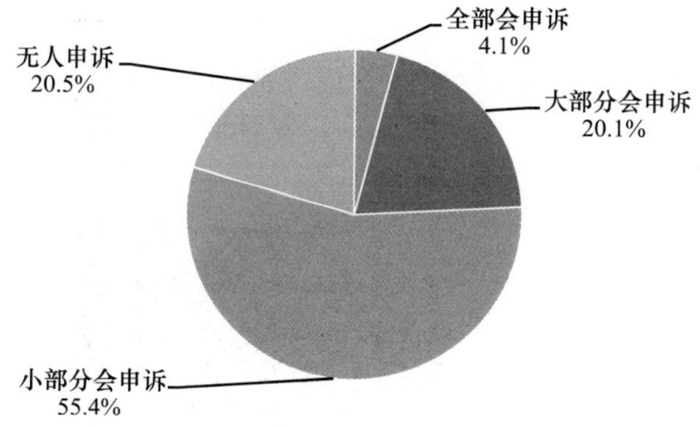

E23 您所在的单位是否认真对待员工或村民的申诉

		频数	百分比	有效百分比	累计百分比
有效	完全不认真	453	5. 2%	10. 5%	10. 5%
	不太认真	935	10. 7%	21. 7%	32. 2%
	一般	1464	16. 7%	34. 0%	66. 2%
	比较认真	1270	14. 5%	29. 5%	95. 7%
	非常认真	187	2. 1%	4. 3%	100. 0%
	总计	4309	49. 2%	100. 0%	
缺失	不理解题意	10	0. 1%		
	不知道	4413	50. 4%		
	拒绝回答	23	0. 3%		
	总计	4446	50. 8%		
总计		8755	100. 0%		

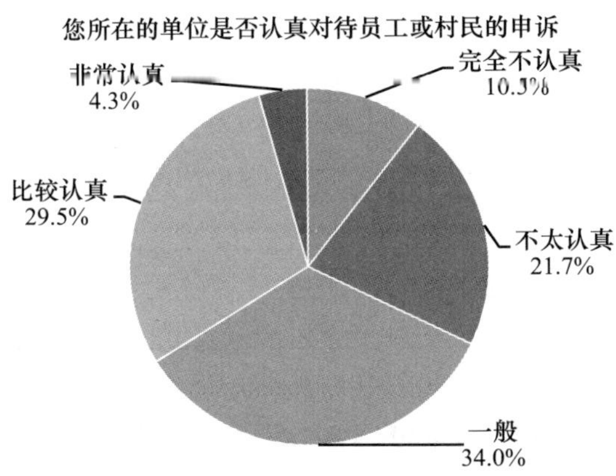

E24 您所在的单位是否组织过道德方面的教育或活动

		频数	百分比	有效百分比	累计百分比
有效	有	341	3. 9%	4. 1%	4. 1%
	没有	3532	40. 3%	42. 0%	46. 1%
	不知道	4535	51. 8%	53. 9%	100. 0%
	总计	8408	96. 0%	100. 0%	
缺失	不理解题意	3			
	拒绝回答	344	3. 9%		
	总计	347	4. 0%		
总计		8755	100. 0%		

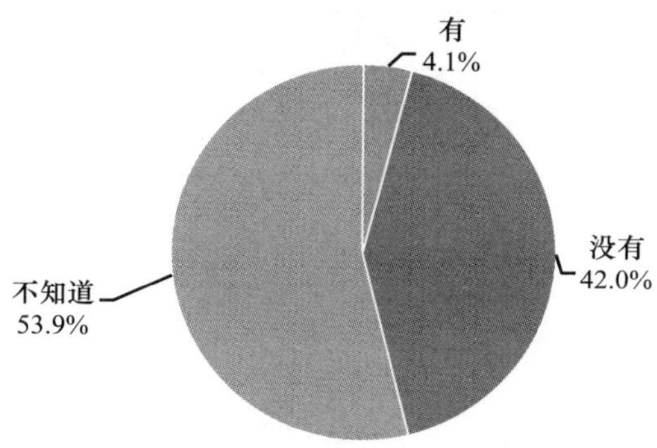

E25 您对下列组织的道德状况满意度如何

	非常不满意	不太满意	比较满意	非常满意	平均数
当地企业道德状况	158	1604	5277	167	2.76
当地医院道德状况	270	2040	5237	449	2.73
当地政府道德状况	281	1879	4968	549	2.75
当地学校道德状况	112	1273	5589	847	2.92
当地 NGO 组织（如红十字会等）道德状况	99	761	3034	559	2.91

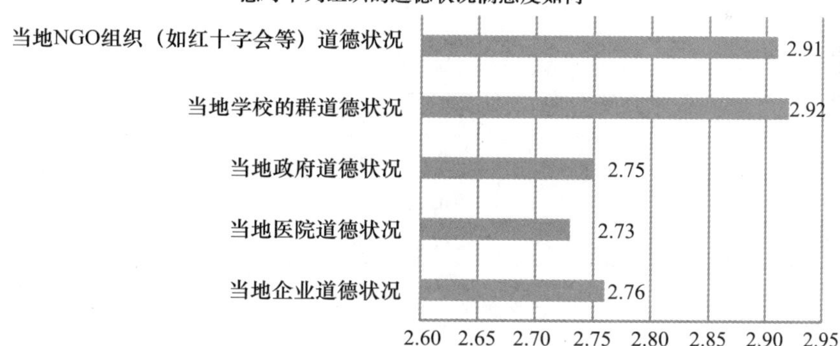

E25a 您对当地企业道德状况的满意度是

		频数	百分比	有效百分比	累计百分比
有效	非常不满意	158	1.8%	2.2%	2.2%
	不太满意	1604	18.3%	22.3%	24.5%
	比较满意	5277	60.3%	73.2%	97.7%

续表

		频数	百分比	有效百分比	累计百分比
有效	非常满意	167	1.9%	2.3%	100.0%
	总计	7206	82.3%	100.0%	
缺失	不理解题意	21	0.2%		
	不知道	1502	17.2%		
	拒绝回答	26	0.3%		
	总计	1549	17.7%		
总计		8755	100.0%		

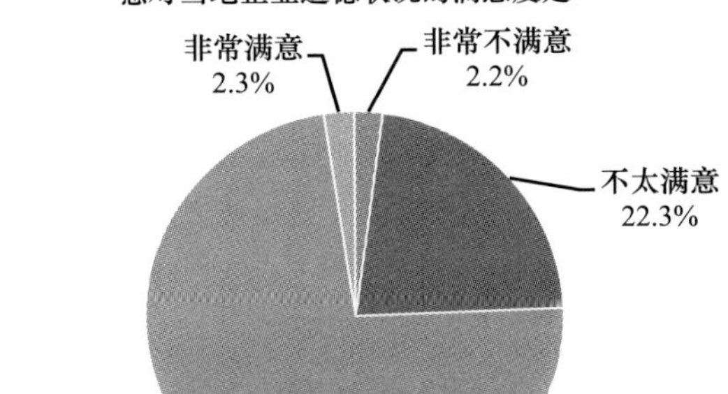

E25b 您对当地医院道德状况的满意度是

		频数	百分比	有效百分比	累计百分比
有效	非常不满意	270	3.1%	3.4%	3.4%
	不太满意	2040	23.3%	25.5%	28.9%
	比较满意	5237	59.8%	65.5%	94.4%
	非常满意	449	5.1%	5.6%	100.0%
	总计	7996	91.3%	100.0%	
缺失	不理解题意	17	0.2%		
	不知道	717	8.2%		
	拒绝回答	25	0.3%		
	总计	759	8.7%		
总计		8755	100.0%		

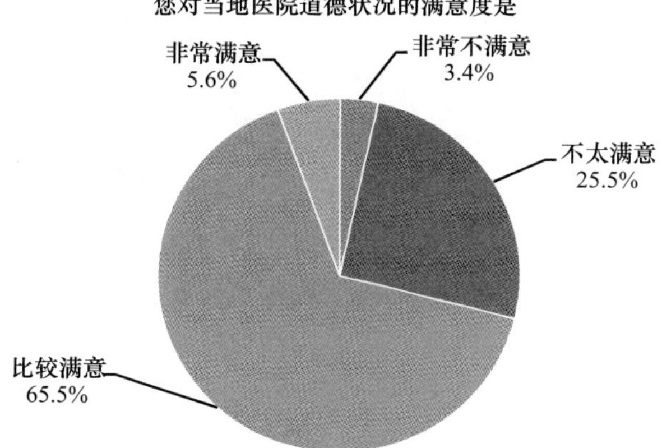

E25c 您对当地政府道德状况的满意度是

		频数	百分比	有效百分比	累计百分比
有效	非常不满意	281	3.2%	3.7%	3.7%
	不太满意	1879	21.5%	24.5%	28.1%
	比较满意	4968	56.7%	64.7%	92.8%
	非常满意	549	6.3%	7.2%	100.0%
	总计	7677	87.7%	100.0%	
缺失	不理解题意	18	0.2%		
	不知道	1027	11.7%		
	拒绝回答	33	0.4%		
	总计	1078	12.3%		
总计		8755	100.0%		

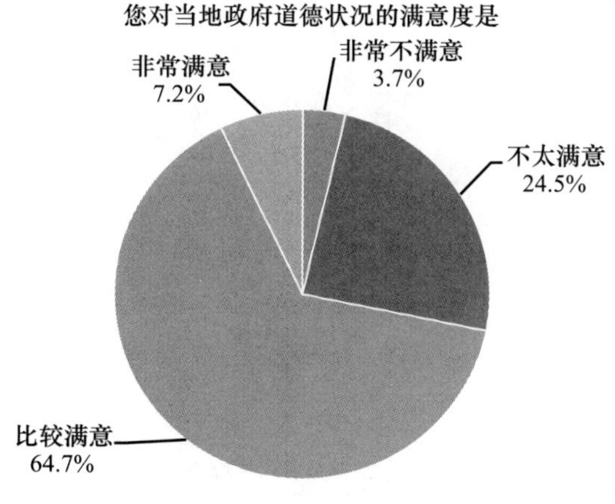

E25d 您对当地学校道德状况的满意度是

		频数	百分比	有效百分比	累计百分比
有效	非常不满意	112	1.3%	1.4%	1.4%
	不太满意	1273	14.5%	16.3%	17.7%
	比较满意	5589	63.8%	71.5%	89.2%
	非常满意	847	9.7%	10.8%	100.0%
	总计	7821	89.3%	100.0%	
缺失	不理解题意	20	0.2%		
	不知道	880	10.1%		
	拒绝回答	34	0.4%		
	总计	934	10.7%		
总计		8755	100.0%		

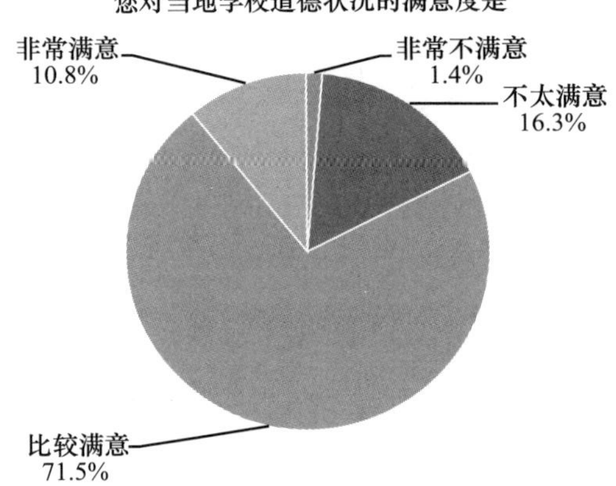

E25e 您对当地 NGO 组织（如红十字会等）道德状况的满意度是

		频数	百分比	有效百分比	累计百分比
有效	非常不满意	99	1.1%	2.2%	2.2%
	不太满意	761	8.7%	17.1%	19.3%
	比较满意	3034	34.7%	68.1%	87.4%
	非常满意	559	6.4%	12.6%	100.0%
	总计	4453	50.9%	100.0%	
缺失	不理解题意	44	0.5%		
	不知道	4225	48.3%		
	拒绝回答	33	0.4%		
	总计	4302	49.1%		
总计		8755	100.0%		

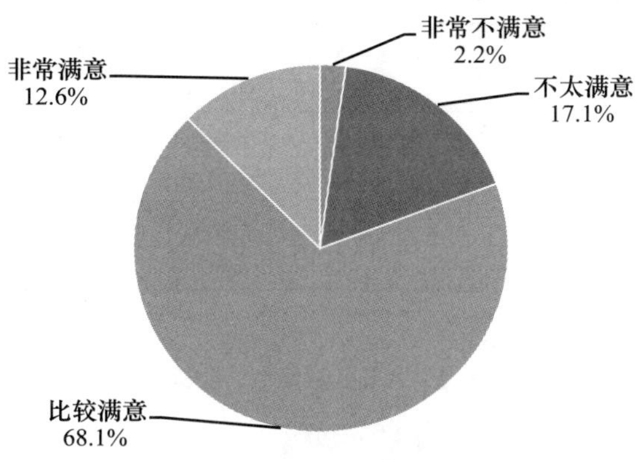

F. 社会伦理

F1a 您认为以下行为是否关乎道德？随地吐痰

		频数	百分比	有效百分比	累计百分比
有效	有关	7960	90.9%	91.2%	91.2%
	无关	769	8.8%	8.8%	100.0%
	总计	8729	99.7%	100.0%	
缺失	不知道	1			
	拒绝回答	25	0.3%		
	总计	26	0.3%		
总计		8755	100.0%		

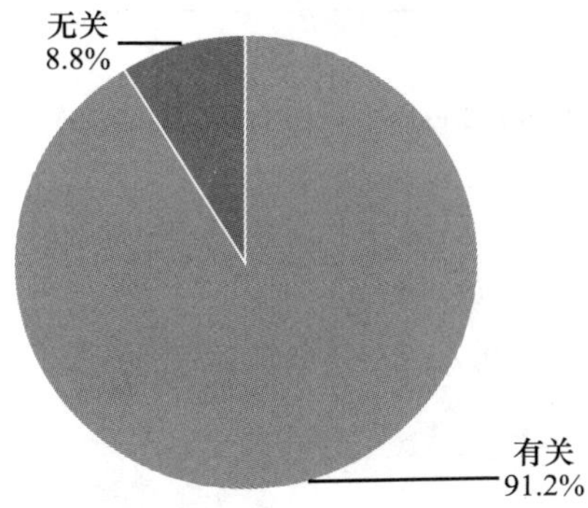

F1b 您认为以下行为是否关乎道德？插队

		频数	百分比	有效百分比	累计百分比
有效	有关	7935	90.6%	91.1%	91.1%
	无关	779	8.9%	8.9%	100.0%
	总计	8714	99.5%	100.0%	
缺失	拒绝回答	41	0.5%		
总计		8755	100.0%		

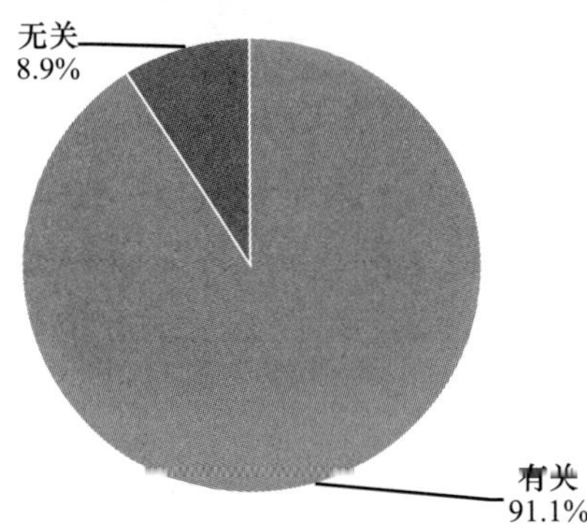

F1c 您认为以下行为是否关乎道德？公交或地铁上大声打电话

		频数	百分比	有效百分比	累计百分比
有效	有关	7598	86.8%	87.2%	87.2%
	无关	1118	12.8%	12.8%	100.0%
	总计	8716	99.6%	100.0%	
缺失	拒绝回答	39	0.4%		
总计		8755	100.0%		

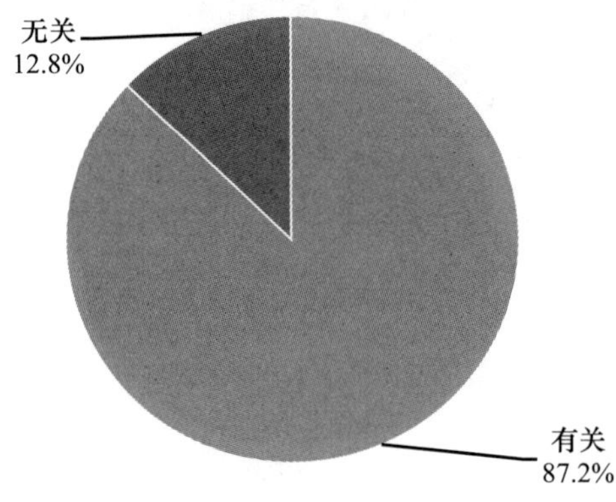

F1d 您认为以下行为是否关乎道德？餐馆里说话声音很大

		频数	百分比	有效百分比	累计百分比
有效	有关	7468	85.3%	85.8%	85.8%
	无关	1235	14.1%	14.2%	100.0%
	总计	8703	99.4%	100.0%	
缺失	拒绝回答	52	0.6%		
总计		8755	100.0%		

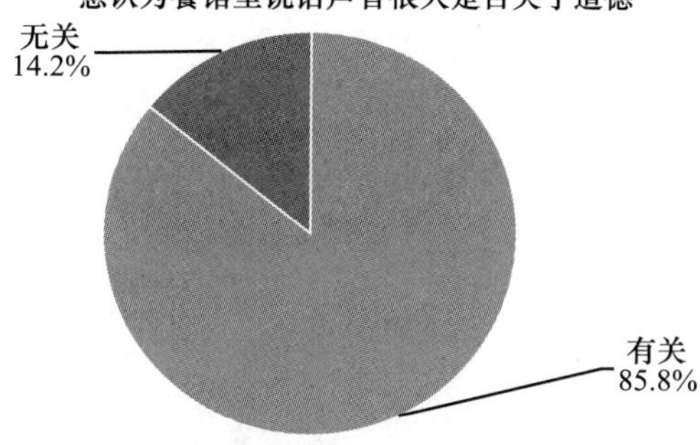

F1e 您认为以下行为是否关乎道德？在公共场所的椅子或沙发上躺着睡觉

		频数	百分比	有效百分比	累计百分比
有效	有关	7673	87.6%	88.1%	88.1%
	无关	1036	11.8%	11.9%	100.0%
	总计	8709	99.5%	100.0%	
缺失	拒绝回答	46	0.5%		
总计		8755	100.0%		

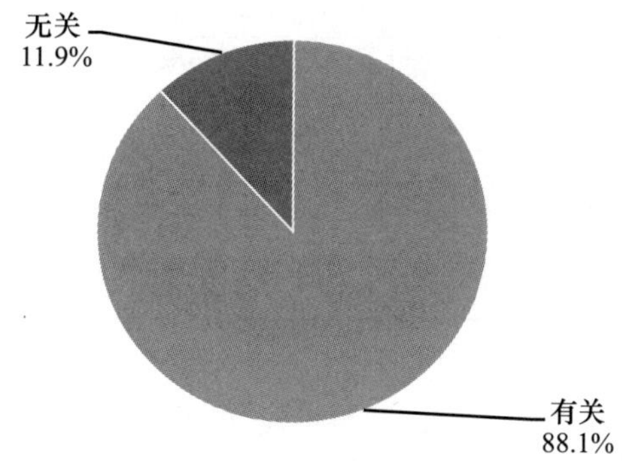

F1f 您本人是否做出过这些行为？随地吐痰

		频数	百分比	有效百分比	累计百分比
有效	经常做	238	2.7%	2.8%	2.8%
	偶尔做	3139	35.9%	37.3%	40.1%
	从来不做	5045	57.6%	59.9%	100.0%
	总计	8422	96.2%	100.0%	
缺失	不理解题意	1			
	不知道	1			
	拒绝回答	331	3.8%		
	总计	333	3.8%		
总计		8755	100.0%		

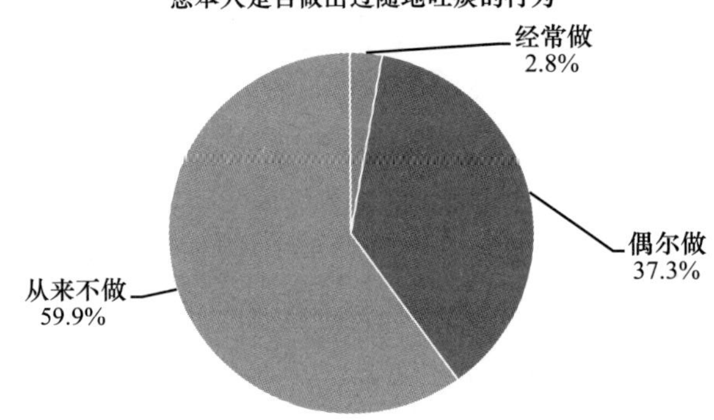

F1g 您本人是否做出过这些行为？插队

		频数	百分比	有效百分比	累计百分比
有效	经常做	189	2.2%	2.2%	2.2%
	偶尔做	2390	27.3%	28.4%	30.6%
	从来不做	5841	66.7%	69.4%	100.0%
	总计	8420	96.2%	100.0%	
缺失	不理解题意	1			
	拒绝回答	334	3.8%		
	总计	335	3.8%		
总计		8755	100.0%		

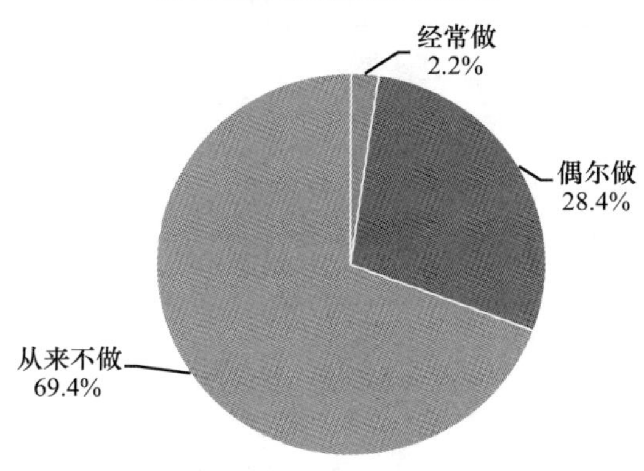

F1h 您本人是否做出过这些行为？公交或地铁上大声打电话

		频数	百分比	有效百分比	累计百分比
有效	经常做	233	2.7%	2.8%	2.8%
	偶尔做	2322	26.5%	27.8%	30.5%
	从来不做	5810	66.4%	69.5%	100.0%
	总计	8365	95.5%	100.0%	
缺失	不理解题意	2			
	拒绝回答	388	4.4%		
	总计	390	4.5%		
总计		8755	100.0%		

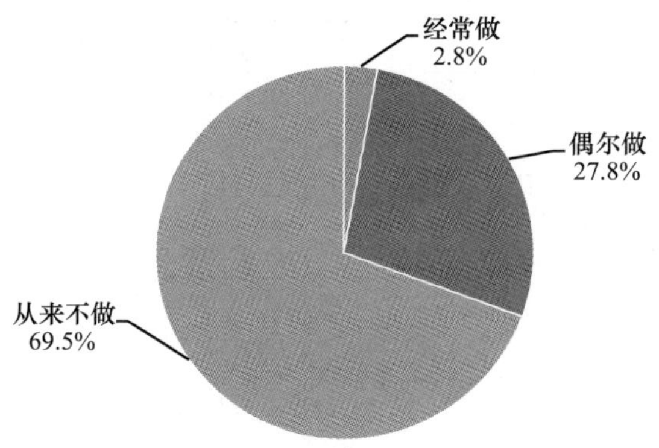

F1i 您本人是否做出过这些行为？餐馆里说话声音很大

		频数	百分比	有效百分比	累计百分比
有效	经常做	242	2.8%	2.9%	2.9%
	偶尔做	2183	24.9%	26.1%	29.0%
	从来不做	5944	67.9%	71.0%	100.0%
	总计	8369	95.6%	100.0%	
缺失	不理解题意	1			
	拒绝回答	385	4.4%		
	总计	386	4.4%		
总计		8755	100.0%		

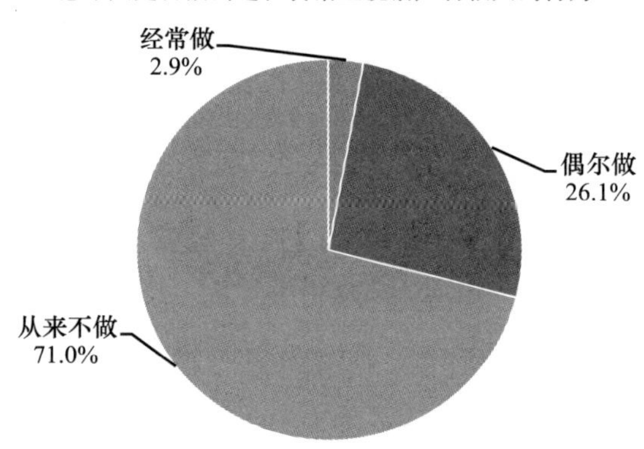

F1j 您本人是否做出过这些行为？在公共场所的椅子或沙发上躺着睡觉

		频数	百分比	有效百分比	累计百分比
有效	经常做	222	2.5%	2.6%	2.6%
	偶尔做	1118	12.8%	13.3%	16.0%
	从来不做	7058	80.6%	84.0%	100.0%
	总计	8398	95.9%	100.0%	
缺失	不理解题意	1			
	拒绝回答	356	4.1%		
	总计	357	4.1%		
总计		8755	100.0%		

您本人是否做出过在公共场所的椅子或沙发上躺着睡觉的行为

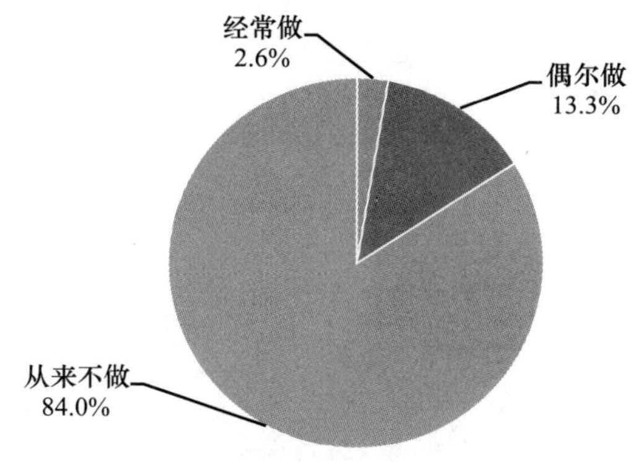

F2 入夜后，很多中老年朋友在广场上伴着录音机的音乐跳舞，产生噪声，有人向政府或物管投诉，要求阻止。对这件事您怎么看

		频数	百分比	有效百分比	累计百分比
有效	在广场上跳舞是居民的自由，不应干预	1944	22.2%	22.5%	22.5%
	跳舞如果破坏了别人的清静，就应该停止	1928	22.0%	22.3%	44.8%
	中老年人没地方活动，即便跳舞造成干扰，也应尽量容忍和理解	1857	21.2%	21.5%	66.2%
	请跳舞者降低音量，大家相互妥协	2801	32.0%	32.4%	98.6%
	其他（请说明）	122	1.4%	1.4%	100.0%
	总计	8652	98.8%	100.0%	
缺失	不理解题意	29	0.3%		
	不知道	35	0.4%		
	拒绝回答	39	0.4%		
	总计	103	1.2%		
总计		8755	100.0%		

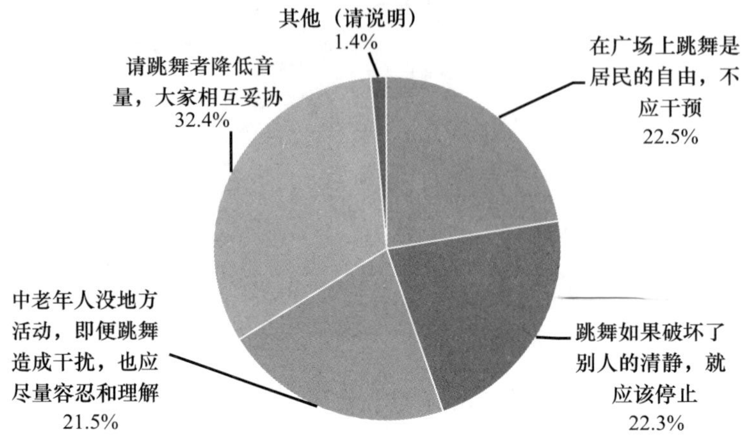

F3 社会上经常发生一些因个人认为自身受到不公正待遇而导致的向社会泄愤事件，您对下列说法同意程度如何

	完全同意	比较同意	不太同意	完全不同意	平均数
这是暴徒行为，无论何种情况下，都不应该采取暴力手段	3325	4157	636	123	1.70
其他社会成员在需要的时候没有及时给予帮助，因此我们每个人都有责任	1270	4054	2459	443	2.25
应该去报复那些给予他们不公待遇的人，而不是伤及无辜	978	2795	2964	1500	2.61
受到不公平待遇，应该充分相信政府，积极寻求相关部门的帮助	2073	4535	1311	300	1.98

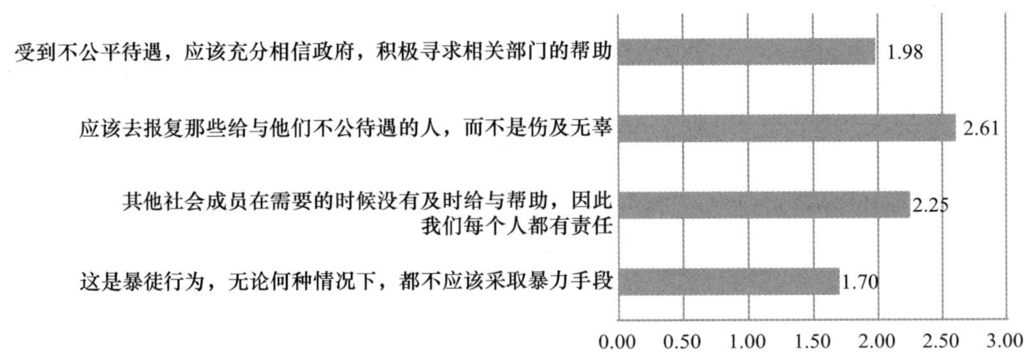

F3a 这是暴徒行为，无论何种情况下，都不应该采取暴力手段

		频数	百分比	有效百分比	累计百分比
有效	完全同意	3325	38. 0%	40. 3%	40. 3%
	比较同意	4157	47. 5%	50. 4%	90. 8%
	不太同意	636	7. 3%	7. 7%	98. 5%
	完全不同意	123	1. 4%	1. 5%	100. 0%
	总计	8241	94. 1%	100. 0%	
缺失	不理解题意	18	0. 2%		
	不知道	481	5. 5%		
	拒绝回答	15	0. 2%		
	总计	514	5. 9%		
总计		8755	100. 0%		

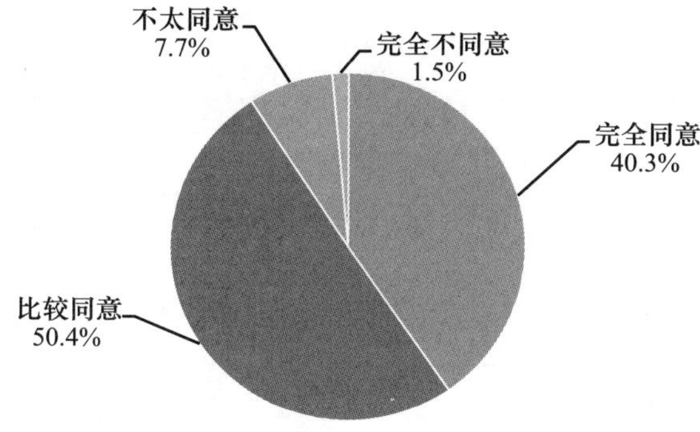

F3b 其他社会成员在需要的时候没有及时给予帮助，因此我们每个人都有责任

		频数	百分比	有效百分比	累计百分比
有效	完全同意	1270	14. 5%	15. 4%	15. 4%
	比较同意	4054	46. 3%	49. 3%	64. 7%
	不太同意	2459	28. 1%	29. 9%	94. 6%
	完全不同意	443	5. 1%	5. 4%	100. 0%
	总计	8226	94. 0%	100. 0%	
缺失	不理解题意	22	0. 3%		
	不知道	488	5. 6%		
	拒绝回答	19	0. 2%		
	总计	529	6. 0%		
总计		8755	100. 0%		

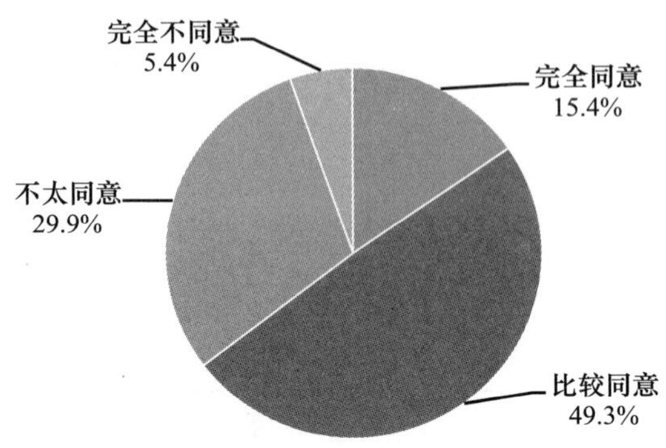

F3c 他们的遭遇值得同情，但应该去报复那些给予他们不公正待遇的人，而不是伤及无辜

		频数	百分比	有效百分比	累计百分比
有效	完全同意	978	11.2%	11.9%	11.9%
	比较同意	2795	31.9%	33.9%	45.8%
	不太同意	2964	33.9%	36.0%	81.8%
	完全不同意	1500	17.1%	18.2%	100.0%
	总计	8237	94.1%	100.0%	
缺失	不理解题意	21	0.2%		
	不知道	475	5.4%		
	拒绝回答	22	0.3%		
	总计	518	5.9%		
总计		8755	100.0%		

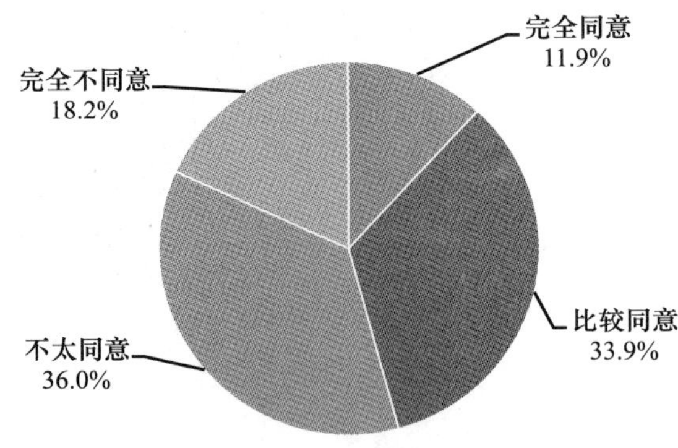

F3d 受到不公平待遇，应该充分相信政府，积极寻求相关部门的帮助

		频数	百分比	有效百分比	累计百分比
有效	完全同意	2073	23.7%	25.2%	25.2%
	比较同意	4535	51.8%	55.2%	80.4%
	不太同意	1311	15.0%	16.0%	96.3%
	完全不同意	300	3.4%	3.7%	100.0%
	总计	8219	93.9%	100.0%	
缺失	不理解题意	25	0.3%		
	不知道	488	5.6%		
	拒绝回答	23	0.3%		
	总计	536	6.1%		
总计		8755	100.0%		

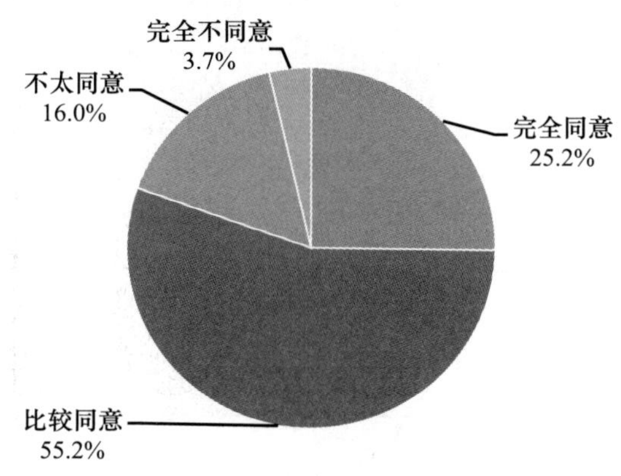

F4 总的来说，您认为当今的社会公不公平

		频数	百分比	有效百分比	累计百分比
有效	完全不公平	485	5.5%	5.9%	5.9%
	比较不公平	2411	27.5%	29.3%	35.2%
	说不上公平但也不能说不公平	3128	35.7%	38.0%	73.2%
	比较公平	2030	23.2%	24.7%	97.9%
	非常公平	171	2.0%	2.1%	100.0%
	总计	8225	93.9%	100.0%	

续表

		频数	百分比	有效百分比	累计百分比
缺失	不理解题意	3			
	不知道	515	5.9%		
	拒绝回答	12	0.1%		
	总计	530	6.1%		
总计		8755	100.0%		

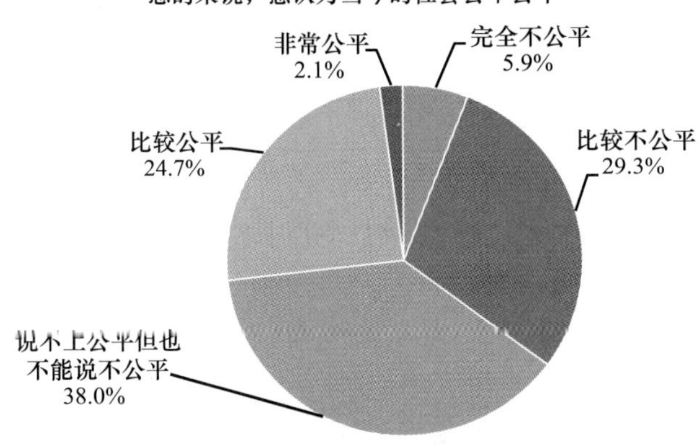

F5 和前几年相比，您认为目前我国社会的分配不公、两极分化现象如何

		频数	百分比	有效百分比	累计百分比
有效	有较大改善	2568	29.3%	33.5%	33.5%
	没什么变化	4057	46.3%	53.0%	86.5%
	更加恶化	1036	11.8%	13.5%	100.0%
	总计	7661	87.5%	100.0%	
缺失	不理解题意	2			
	不知道	1075	12.3%		
	拒绝回答	17	0.2%		
	总计	1094	12.5%		
总计		8755	100.0%		

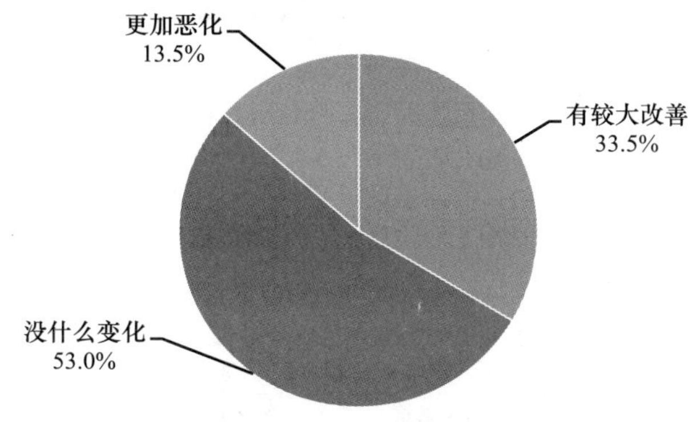

F6 您认为目前我国社会成员之间的收入差距如何

		频数	百分比	有效百分比	累计百分比
有效	合理，可以接受	1305	14.9%	17.3%	17.3%
	不合理，但可以接受	4541	51.9%	60.3%	77.7%
	不合理，不能接受	1681	19.2%	22.3%	100.0%
	总计	7527	86.0%	100.0%	
缺失	不理解题意	10	0.1%		
	不知道	1206	13.8%		
	拒绝回答	12	0.1%		
	总计	1228	14.0%		
总计		8755	100.0%		

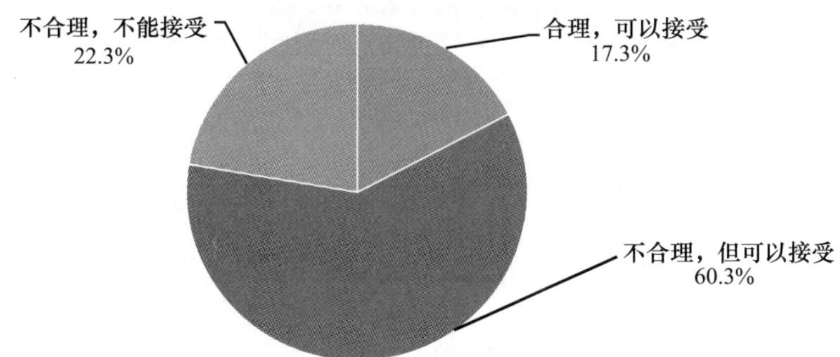

F7 请问您是否同意以下说法

	完全同意	比较同意	不太同意	完全不同意	平均数
当前的社会是人人为自己	962	4964	2506	136	2.21
现在社会的大多数人是见利忘义的	660	4298	3273	315	2.38
现在社会是一个物欲横流的社会	617	3902	3252	446	2.43
当前大多数人都是以集体利益为重	480	3107	4290	446	2.56
当前大多数人都是家庭利益至上	1459	4690	2048	274	2.13
当前的社会是个金钱至上的社会	1200	4201	2645	380	2.26
现在社会守道德的人大都吃亏，不守道德的人占便宜	690	3517	3684	445	2.47
现在社会中好人有好报，恶人终归会受到惩罚	1276	4256	2556	303	2.22
人们的生活水平越高，就越幸福	1470	3768	2862	339	2.25
我们的社会中道德能够很好地约束人们的行为	530	3968	3242	398	2.43
现有的规范和习俗能够很好地调节人与人的关系	500	4123	3022	415	2.42
现在社会大多数人都有荣辱感	650	4383	2642	403	2.35

F7a 请问您是否同意当前的社会是人人为自己

		频数	百分比	有效百分比	累计百分比
有效	完全同意	962	11.0%	11.2%	11.2%
	比较同意	4964	56.7%	57.9%	69.2%
	不太同意	2506	28.6%	29.2%	98.4%
	完全不同意	136	1.6%	1.6%	100.0%
	总计	8568	97.9%	100.0%	

续表

		频数	百分比	有效百分比	累计百分比
缺失	不理解题意	7	0.1%		
	不知道	172	2.0%		
	拒绝回答	8	0.1%		
	总计	187	2.1%		
总计		8755	100.0%		

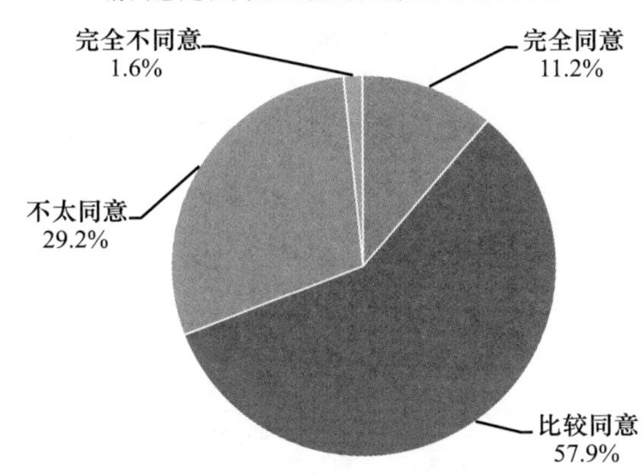

F7b 请问您是否同意现在社会的大多数人是见利忘义的

		频数	百分比	有效百分比	累计百分比
有效	完全同意	660	7.5%	7.7%	7.7%
	比较同意	4298	49.1%	50.3%	58.0%
	不太同意	3273	37.4%	38.3%	96.3%
	完全不同意	315	3.6%	3.7%	100.0%
	总计	8546	97.6%	100.0%	
缺失	不理解题意	7	0.1%		
	不知道	185	2.1%		
	拒绝回答	17	0.2%		
	总计	209	2.4%		
总计		8755	100.0%		

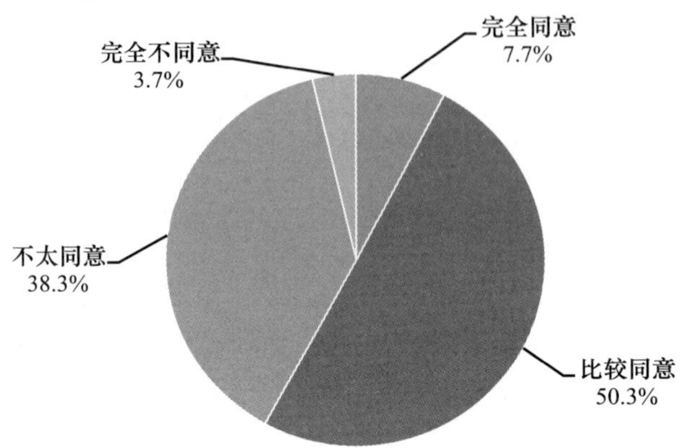

F7c 请问您是否同意现在社会是一个物欲横流的社会

		频数	百分比	有效百分比	累计百分比
有效	完全同意	617	7.0%	7.5%	7.5%
	比较同意	3902	44.6%	47.5%	55.0%
	不太同意	3252	37.1%	39.6%	94.6%
	完全不同意	446	5.1%	5.4%	100.0%
	总计	8217	93.9%	100.0%	
缺失	不理解题意	12	0.1%		
	不知道	500	5.7%		
	拒绝回答	26	0.3%		
	总计	538	6.1%		
总计		8755	100.0%		

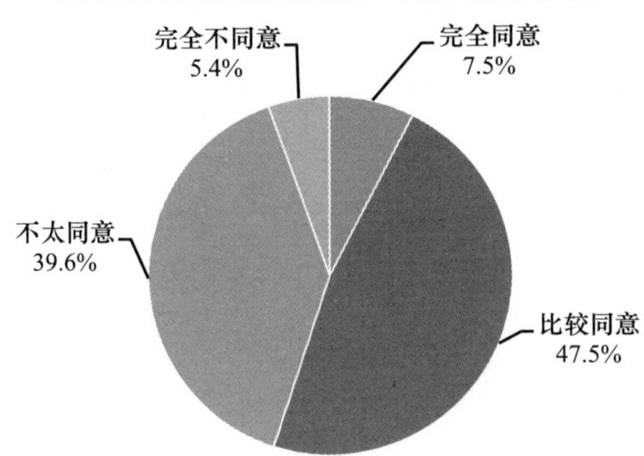

F7d 请问您是否同意当前大多数人都是以集体利益为重

		频数	百分比	有效百分比	累计百分比
有效	完全同意	480	5.5%	5.8%	5.8%
	比较同意	3107	35.5%	37.3%	43.1%
	不太同意	4290	49.0%	51.5%	94.6%
	完全不同意	446	5.1%	5.4%	100.0%
	总计	8323	95.1%	100.0%	
缺失	不理解题意	8	0.1%		
	不知道	399	4.6%		
	拒绝回答	25	0.3%		
	总计	432	4.9%		
总计		8755	100.0%		

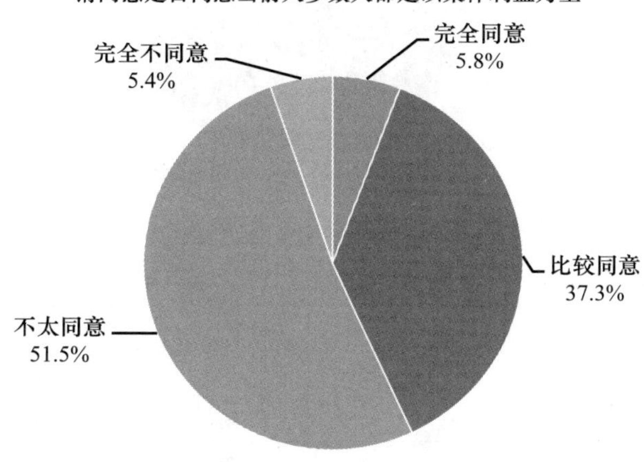

F7e 请问您是否同意当前大多数人都是家庭利益至上

		频数	百分比	有效百分比	累计百分比
有效	完全同意	1459	16.7%	17.2%	17.2%
	比较同意	4690	53.6%	55.4%	72.6%
	不太同意	2048	23.4%	24.2%	96.8%
	完全不同意	274	3.1%	3.2%	100.0%
	总计	8471	96.8%	100.0%	

续表

		频数	百分比	有效百分比	累计百分比
缺失	不理解题意	7	0.1%		
	不知道	252	2.9%		
	拒绝回答	25	0.3%		
	总计	284	3.2%		
总计		8755	100.0%		

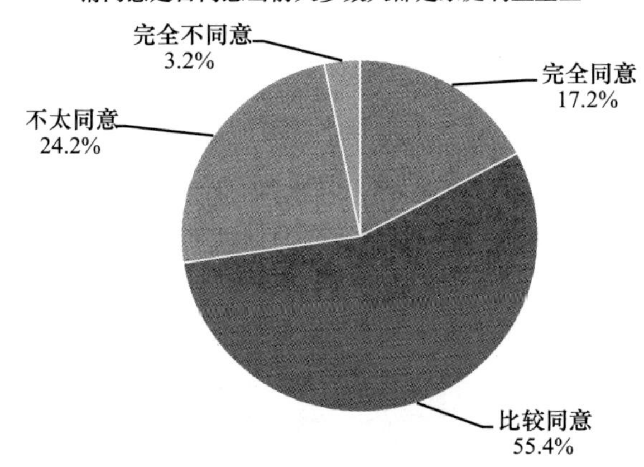

F7f 请问您是否同意当前的社会是一个金钱至上的社会

		频数	百分比	有效百分比	累计百分比
有效	完全同意	1200	13.7%	14.2%	14.2%
	比较同意	4201	48.0%	49.9%	64.1%
	不太同意	2645	30.2%	31.4%	95.5%
	完全不同意	380	4.3%	4.5%	100.0%
	总计	8426	96.2%	100.0%	
缺失	不理解题意	9	0.1%		
	不知道	267	3.0%		
	拒绝回答	53	0.6%		
	总计	329	3.8%		
总计		8755	100.0%		

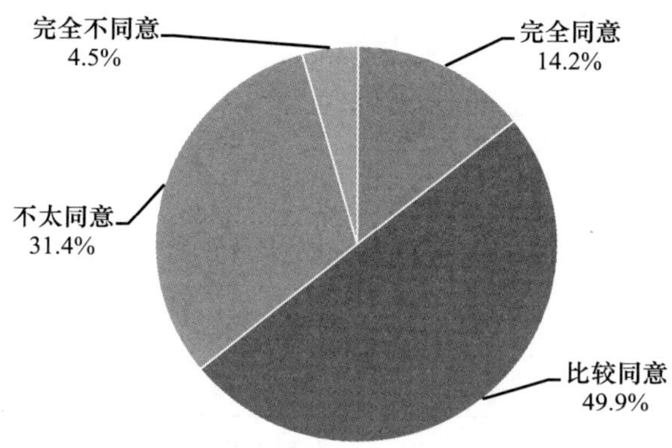

F7g 请问您是否同意现在社会守道德的人大多吃亏，不守道德的人反而能占便宜

		频数	百分比	有效百分比	累计百分比
有效	完全同意	690	7.9%	8.3%	8.3%
	比较同意	3517	40.2%	42.2%	50.5%
	不太同意	3684	42.1%	44.2%	94.7%
	完全不同意	445	5.1%	5.3%	100.0%
	总计	8336	95.2%	100.0%	
缺失	不理解题意	15	0.2%		
	不知道	359	4.1%		
	拒绝回答	45	0.5%		
	总计	419	4.8%		
总计		8755	100.0%		

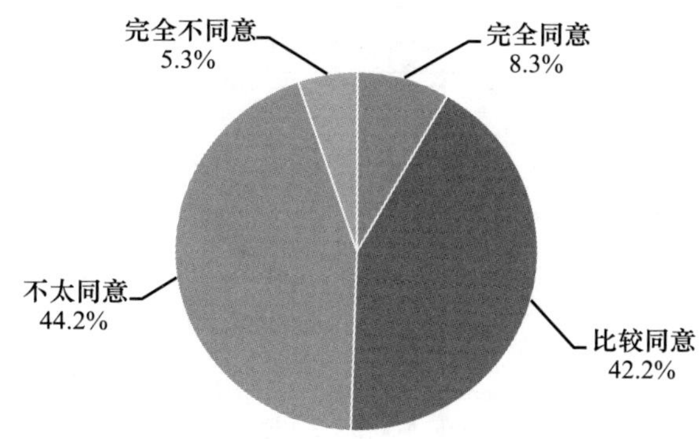

F7h 请问您是否同意现在社会中好人有好报，恶人终归会受到惩罚

		频数	百分比	有效百分比	累计百分比
有效	完全同意	1276	14.6%	15.2%	15.2%
	比较同意	4256	48.6%	50.7%	65.9%
	不太同意	2556	29.2%	30.5%	96.4%
	完全不同意	303	3.5%	3.6%	100.0%
	总计	8391	95.8%	100.0%	
缺失	不理解题意	16	0.2%		
	不知道	312	3.6%		
	拒绝回答	36	0.4%		
	总计	364	4.2%		
总计		8755	100.0%		

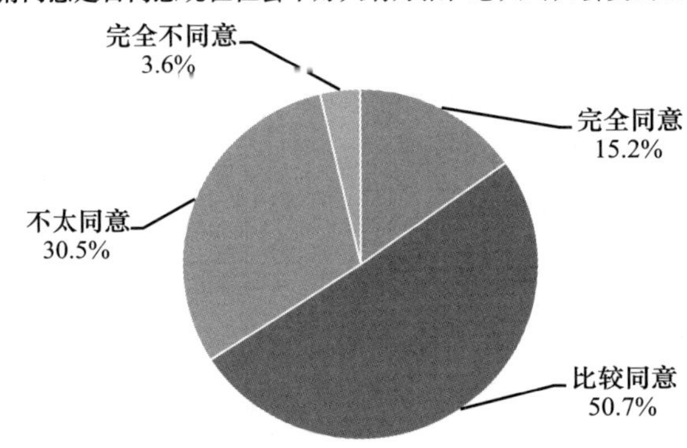

F7i 请问您是否同意人们的生活水平越高，就越幸福

		频数	百分比	有效百分比	累计百分比
有效	完全同意	1470	16.8%	17.4%	17.4%
	比较同意	3768	43.0%	44.6%	62.1%
	不太同意	2862	32.7%	33.9%	96.0%
	完全不同意	339	3.9%	4.0%	100.0%
	总计	8439	96.4%	100.0%	
缺失	不理解题意	14	0.2%		
	不知道	270	3.1%		
	拒绝回答	32	0.4%		
	总计	316	3.6%		
总计		8755	100.0%		

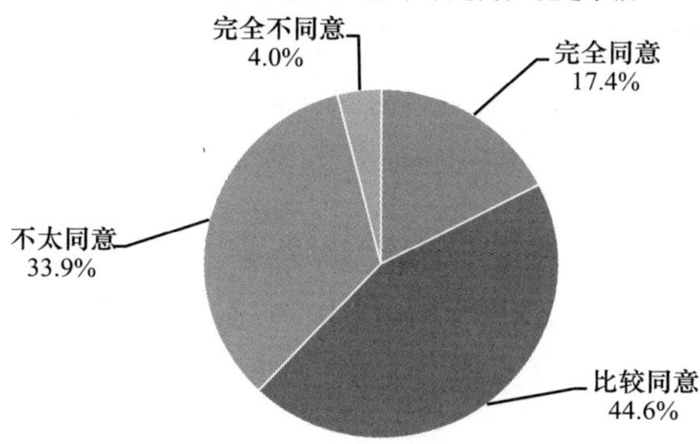

F7j 请问您是否同意我们的社会中道德能够很好地约束人们的行为

		频数	百分比	有效百分比	累计百分比
有效	完全同意	530	6.1%	6.5%	6.5%
	比较同意	3968	45.3%	48.8%	55.3%
	不太同意	3242	37.0%	39.8%	95.1%
	完全不同意	398	4.5%	4.9%	100.0%
	总计	8138	93.0%	100.0%	
缺失	不理解题意	17	0.2%		
	不知道	573	6.5%		
	拒绝回答	27	0.3%		
	总计	617	7.0%		
总计		8755	100.0%		

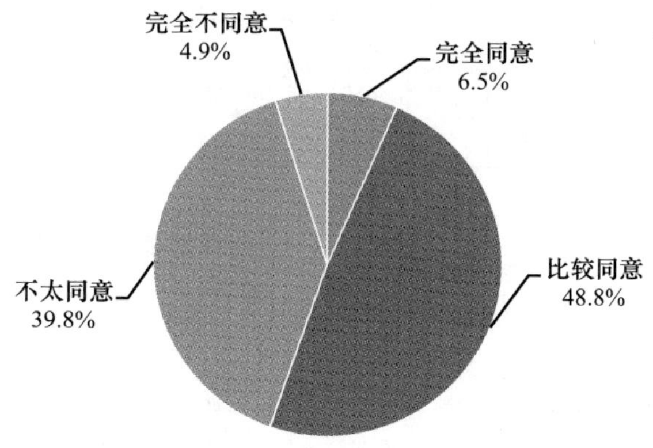

F7k 请问您是否同意现有的规范和习俗能够很好地调节人与人之间的关系

		频数	百分比	有效百分比	累计百分比
有效	完全同意	500	5.7%	6.2%	6.2%
	比较同意	4123	47.1%	51.2%	57.4%
	不太同意	3022	34.5%	37.5%	94.9%
	完全不同意	415	4.7%	5.1%	100.0%
	总计	8060	92.1%	100.0%	
缺失	不理解题意	21	0.2%		
	不知道	647	7.4%		
	拒绝回答	27	0.3%		
	总计	695	7.9%		
总计		8755	100.0%		

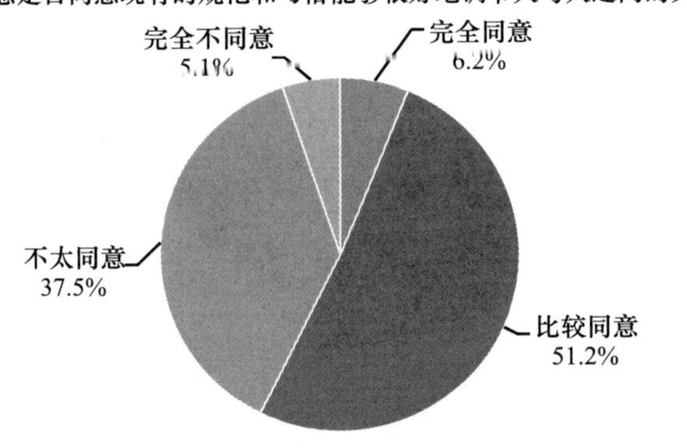

F7l 请问您是否同意现在社会大多数人都有荣辱感

		频数	百分比	有效百分比	累计百分比
有效	完全同意	650	7.4%	8.0%	8.0%
	比较同意	4383	50.1%	54.3%	62.3%
	不太同意	2642	30.2%	32.7%	95.0%
	完全不同意	403	4.6%	5.0%	100.0%
	总计	8078	92.3%	100.0%	
缺失	不理解题意	20	0.2%		
	不知道	635	7.3%		
	拒绝回答	22	0.3%		
	总计	677	7.7%		
总计		8755	100.0%		

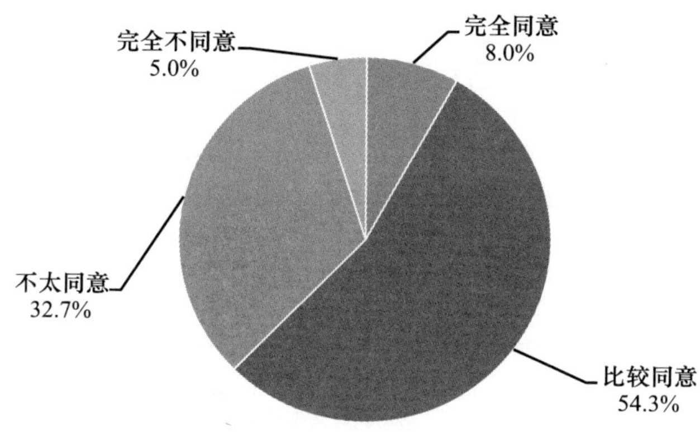

F8 您听说过或参加过道德讲堂吗

		频数	百分比	有效百分比	累计百分比
有效	参加过	847	9.7%	9.7%	9.7%
	听说过，但没参加过	3055	34.9%	34.9%	44.6%
	没听说过	4840	55.3%	55.4%	100.0%
	总计	8742	99.9%	100.0%	
缺失	不知道	1			
	拒绝回答	12	0.1%		
	总计	13	0.1%		
总计		8755	100.0%		

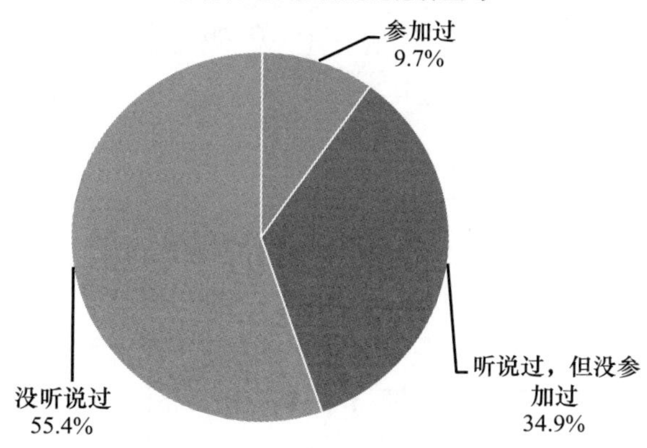

F9 如果您参加过道德讲堂，您觉得开展这样的活动有意义吗

		频数	百分比	有效百分比	累计百分比
有效	很有意义	637	7.3%	77.6%	77.6%
	可有可无	140	1.6%	17.1%	94.6%
	没有必要	44	0.5%	5.4%	100.0%
	总计	821	9.4%	100.0%	
缺失	不适用	7895	90.2%		
	不知道	13	0.1%		
	拒绝回答	26	0.3%		
	总计	7934	90.6%		
总计		8755	100.0%		

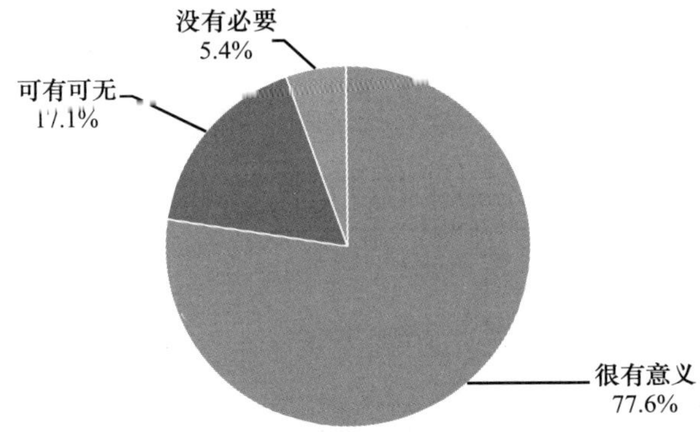

F10 您对您生活的地方（您所在的社区）社会公德状况满意吗

		频数	百分比	有效百分比	累计百分比
有效	非常满意	398	4.5%	4.9%	4.9%
	比较满意	5093	58.2%	63.2%	68.2%
	不太满意	2194	25.1%	27.2%	95.4%
	非常不满意	369	4.2%	4.6%	100.0%
	总计	8054	92.0%	100.0%	
缺失	不知道	677	7.7%		
	拒绝回答	24	0.3%		
	总计	701	8.0%		
总计		8755	100.0%		

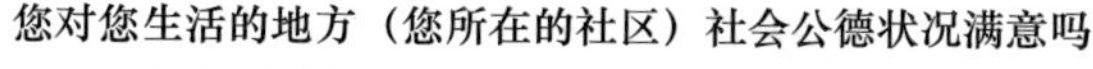

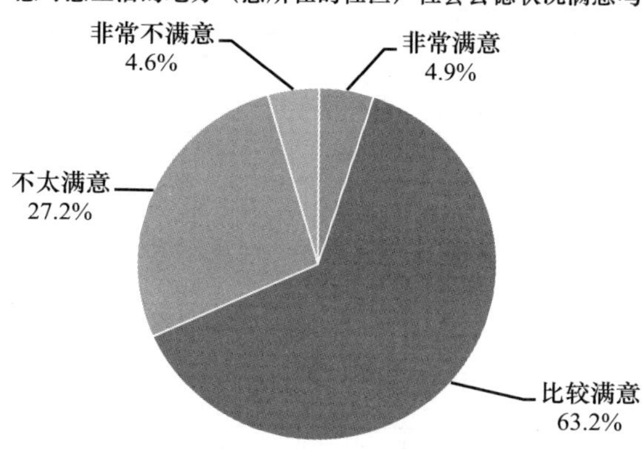

F11 您认为当前社会下列状况的严重程度如何

	非常不严重	比较不严重	比较严重	非常严重	平均数
坑蒙拐骗	661	3733	3408	659	2.48
人际关系冷漠，见危不救	788	3750	3478	474	2.43
诚信缺乏，不讲信用	785	3595	3552	585	2.46
缺乏信任，社会安全度低	706	3255	3781	742	2.54
缺乏公德，如公共场所大声喧哗、随地吐痰等	866	3739	3119	760	2.44
自私自利，损人利己	829	3473	3586	544	2.46
缺乏公正心和正义感	820	3601	3417	518	2.43
私欲膨胀，物欲横流	764	3440	3254	572	2.45
缺乏羞耻感	916	4008	2718	508	2.35
贪污受贿，以权谋利	605	2849	2978	1390	2.66
生活奢侈，铺张浪费	594	3103	3231	1169	2.61
干部不作为，扯皮推诿	527	2725	3004	1421	2.69

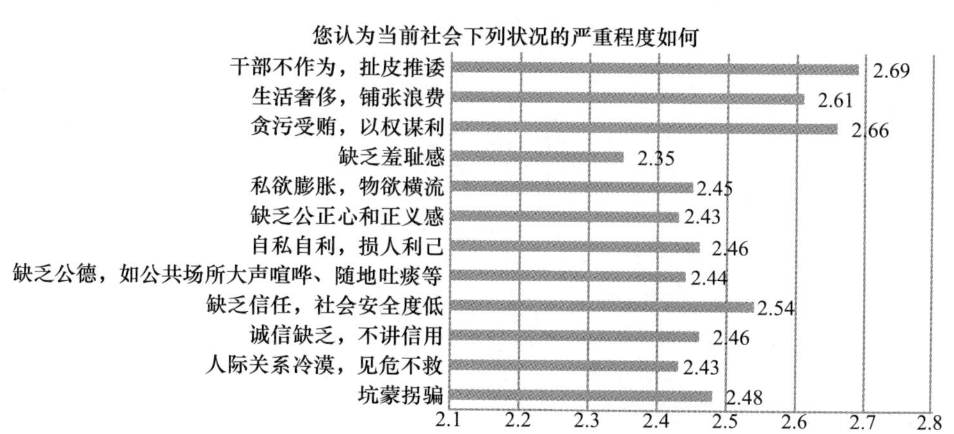

F11a 当前社会坑蒙拐骗现象的严重程度如何

		频数	百分比	有效百分比	累计百分比
有效	非常不严重	661	7.5%	7.8%	7.8%
	比较不严重	3733	42.6%	44.1%	51.9%
	比较严重	3408	38.9%	40.3%	92.2%
	非常严重	659	7.5%	7.8%	100.0%
	总计	8461	96.6%	100.0%	
缺失	不理解题意	9	0.1%		
	不知道	268	3.1%		
	拒绝回答	17	0.2%		
	总计	294	3.4%		
总计		8755	100.0%		

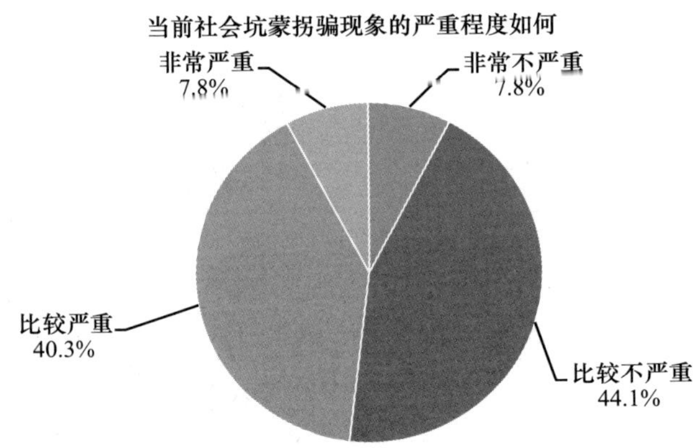

F11b 当前社会人际关系冷漠，见危不救的严重程度如何

		频数	百分比	有效百分比	累计百分比
有效	非常不严重	788	9.0%	9.3%	9.3%
	比较不严重	3750	42.8%	44.2%	53.5%
	比较严重	3478	39.7%	41.0%	94.4%
	非常严重	474	5.4%	5.6%	100.0%
	总计	8490	97.0%	100.0%	
缺失	不理解题意	8	0.1%		
	不知道	234	2.7%		
	拒绝回答	23	0.3%		
	总计	265	3.0%		

续表

		频数	百分比	有效百分比	累计百分比
总计		8755	100.0%		

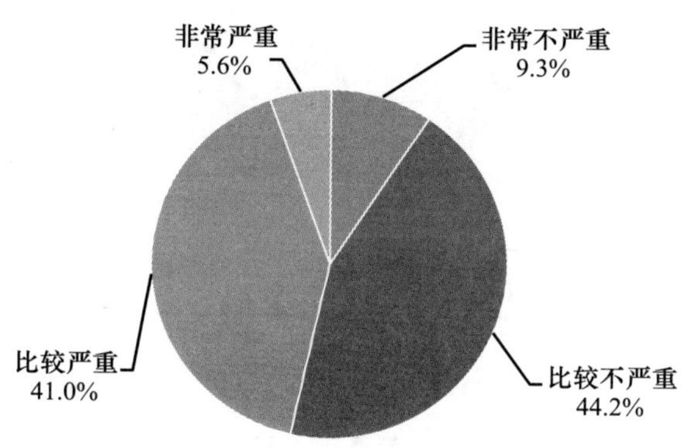

F11c 当前社会诚信缺乏，不讲信用的严重程度如何

		频数	百分比	有效百分比	累计百分比
有效	非常不严重	785	9.0%	9.2%	9.2%
	比较不严重	3595	41.1%	42.2%	51.4%
	比较严重	3552	40.6%	41.7%	93.1%
	非常严重	585	6.7%	6.9%	100.0%
	总计	8517	97.3%	100.0%	
缺失	不理解题意	7	0.1%		
	不知道	199	2.3%		
	拒绝回答	32	0.4%		
	总计	238	2.7%		
总计		8755	100.0%		

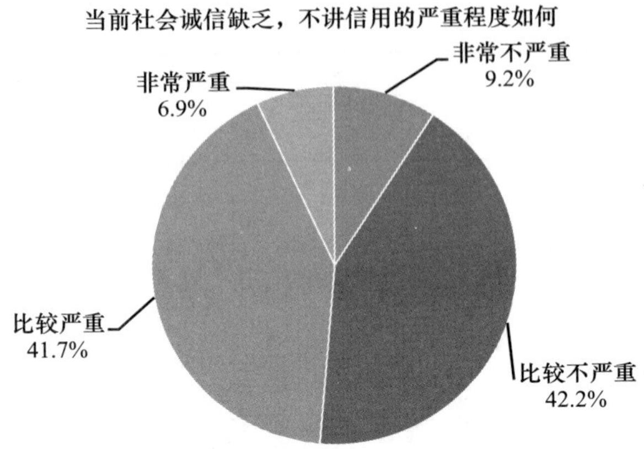

F11d 当前社会人与人之间缺乏信任，社会安全度低的严重程度如何

		频数	百分比	有效百分比	累计百分比
有效	非常不严重	706	8.1%	8.3%	8.3%
	比较不严重	3255	37.2%	38.4%	46.7%
	比较严重	3781	43.2%	44.6%	91.3%
	非常严重	742	8.5%	8.7%	100.0%
	总计	8484	96.9%	100.0%	
缺失	不理解题意	7	0.1%		
	不知道	232	2.6%		
	拒绝回答	32	0.4%		
	总计	271	3.1%		
总计		8755	100.0%		

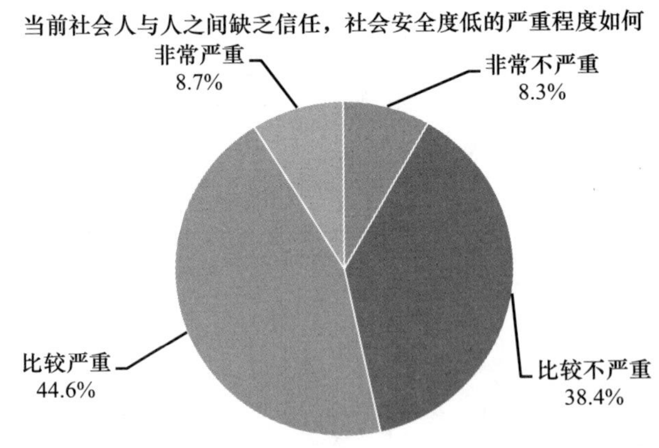

F11e 当前社会缺乏公德，如公共场所大声喧哗、随地吐痰等的严重程度如何

		频数	百分比	有效百分比	累计百分比
有效	非常不严重	866	9.9%	10.2%	10.2%
	比较不严重	3739	42.7%	44.1%	54.3%
	比较严重	3119	35.6%	36.8%	91.0%
	非常严重	760	8.7%	9.0%	100.0%
	总计	8484	96.9%	100.0%	
缺失	不理解题意	9	0.1%		
	不知道	224	2.6%		
	拒绝回答	38	0.4%		
	总计	271	3.1%		
总计		8755	100.0%		

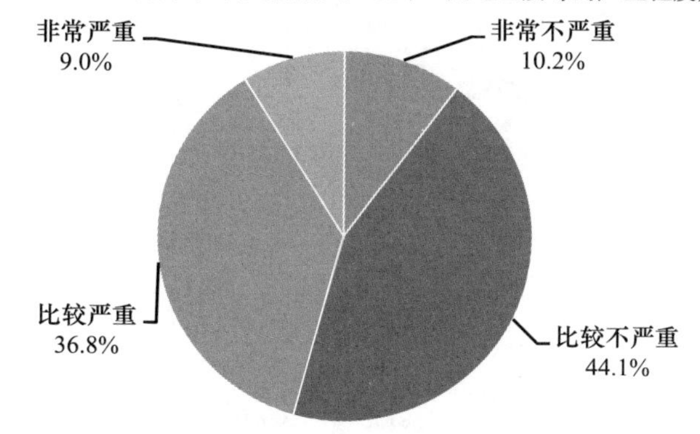

F11f 当前社会自私自利，损人利己的严重程度如何

		频数	百分比	有效百分比	累计百分比
有效	非常不严重	829	9.5%	9.8%	9.8%
	比较不严重	3473	39.7%	41.2%	51.0%
	比较严重	3586	41.0%	42.5%	93.5%
	非常严重	544	6.2%	6.5%	100.0%
	总计	8432	96.3%	100.0%	
缺失	不理解题意	9	0.1%		
	不知道	289	3.3%		
	拒绝回答	25	0.3%		
	总计	323	3.7%		
总计		8755	100.0%		

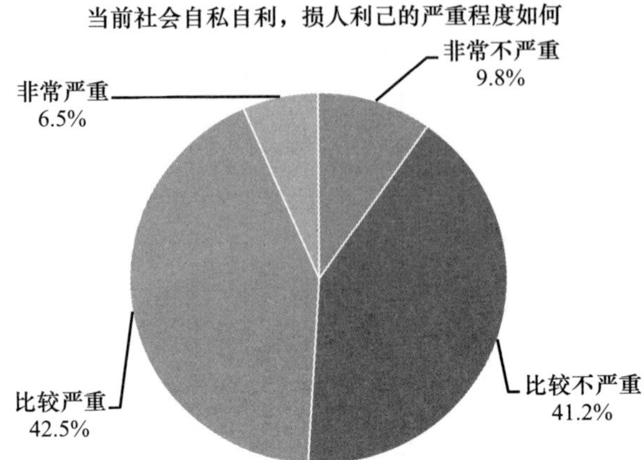

F11g 当前社会缺乏公正心和正义感的严重程度如何

		频数	百分比	有效百分比	累计百分比
有效	非常不严重	820	9.4%	9.8%	9.8%
	比较不严重	3601	41.1%	43.1%	52.9%
	比较严重	3417	39.0%	40.9%	93.8%
	非常严重	518	5.9%	6.2%	100.0%
	总计	8356	95.4%	100.0%	
缺失	不理解题意	10	0.1%		
	不知道	366	4.2%		
	拒绝回答	23	0.3%		
	总计	399	4.6%		
总计		8755	100.0%		

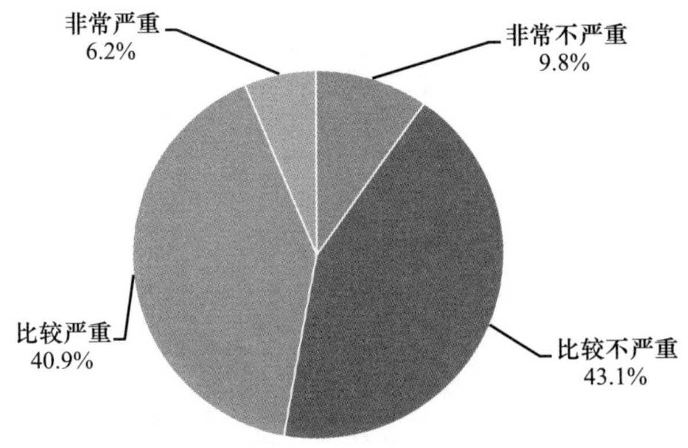

F11h 当前社会私欲膨胀，物欲横流的严重程度如何

		频数	百分比	有效百分比	累计百分比
有效	非常不严重	764	8.7%	9.5%	9.5%
	比较不严重	3440	39.3%	42.8%	52.4%
	比较严重	3254	37.2%	40.5%	92.9%
	非常严重	572	6.5%	7.1%	100.0%
	总计	8030	91.7%	100.0%	
缺失	不理解题意	13	0.1%		
	不知道	678	7.7%		
	拒绝回答	34	0.4%		
	总计	725	8.3%		
总计		8755	100.0%		

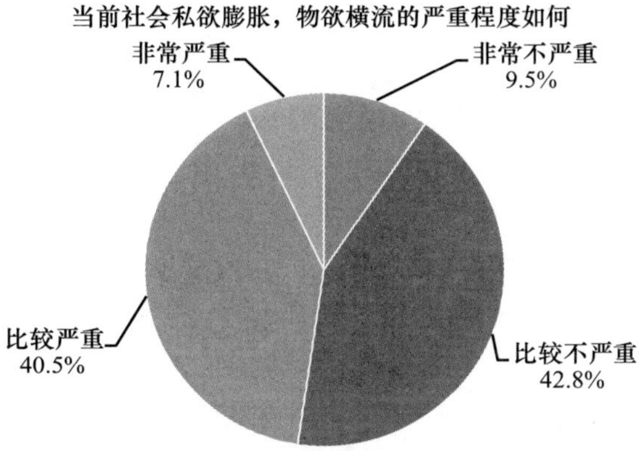

F11i 当前社会缺乏羞耻感的严重程度如何

		频数	百分比	有效百分比	累计百分比
有效	非常不严重	916	10.5%	11.2%	11.2%
	比较不严重	4008	45.8%	49.2%	60.4%
	比较严重	2718	31.0%	33.3%	93.8%
	非常严重	508	5.8%	6.2%	100.0%
	总计	8150	93.1%	100.0%	
缺失	不理解题意	11	0.1%		
	不知道	553	6.3%		
	拒绝回答	41	0.5%		
	总计	605	6.9%		
总计		8755	100.0%		

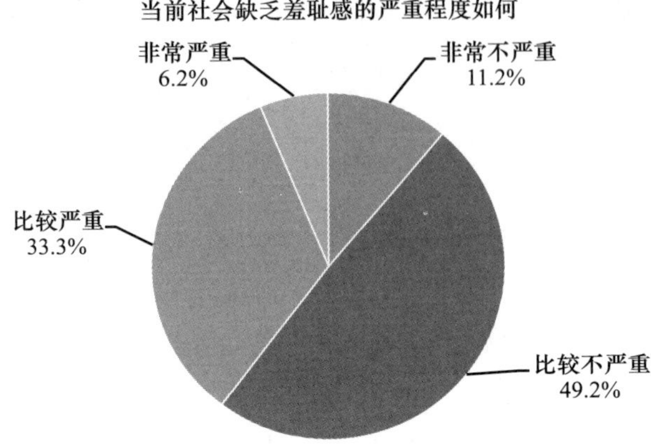

F11j 当前社会干部贪污受贿，以权谋利的严重程度如何

		频数	百分比	有效百分比	累计百分比
有效	非常不严重	605	6.9%	7.7%	7.7%
	比较不严重	2849	32.5%	36.4%	44.2%
	比较严重	2978	34.0%	38.1%	82.2%
	非常严重	1390	15.9%	17.8%	100.0%
	总计	7822	89.3%	100.0%	
缺失	不理解题意	12	0.1%		
	不知道	894	10.2%		
	拒绝回答	27	0.3%		
	总计	933	10.7%		
总计		8755	100.0%		

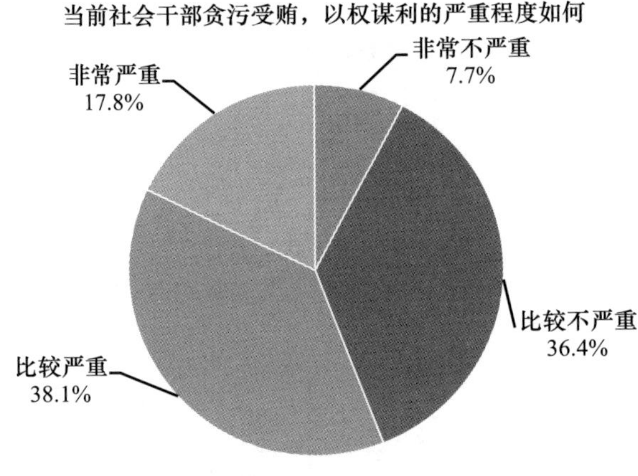

F11k 当前社会生活奢侈，铺张浪费的严重程度如何

		频数	百分比	有效百分比	累计百分比
有效	非常不严重	594	6.8%	7.3%	7.3%
	比较不严重	3103	35.4%	38.3%	45.7%
	比较严重	3231	36.9%	39.9%	85.6%
	非常严重	1169	13.4%	14.4%	100.0%
	总计	8097	92.5%	100.0%	
缺失	不理解题意	10	0.1%		
	不知道	619	7.1%		
	拒绝回答	29	0.3%		
	总计	658	7.5%		
总计		8755	100.0%		

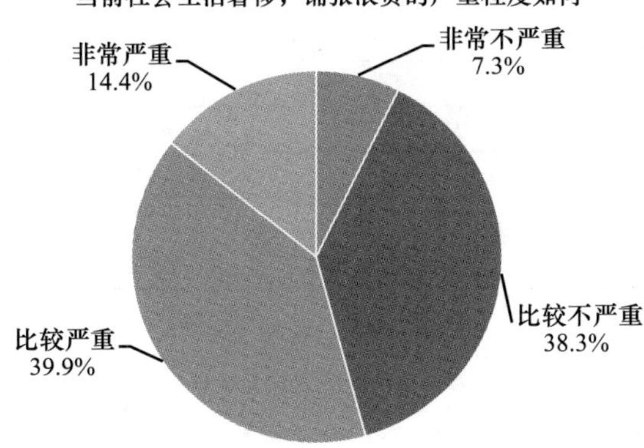

F11l 当前社会干部不作为，扯皮推诿的严重程度如何

		频数	百分比	有效百分比	累计百分比
有效	非常不严重	527	6.0%	6.9%	6.9%
	比较不严重	2725	31.1%	35.5%	42.4%
	比较严重	3004	34.3%	39.1%	81.5%
	非常严重	1421	16.2%	18.5%	100.0%
	总计	7677	87.7%	100.0%	
缺失	不理解题意	13	0.1%		
	不知道	1052	12.0%		
	拒绝回答	13	0.1%		
	总计	1078	12.3%		

当前社会干部不作为，扯皮推诿的严重程度如何

非常不严重 6.9%

比较不严重 35.5%

比较严重 39.1%

非常严重 18.5%

F12 您怎么看待做生意发了财的人

	频数	有效百分比
他们自己有本事，应该发财	4993	57.7%
尊重他们，他们为社会做了贡献	3869	44.7%
没什么了不起，他们常用不正当手段发财	1096	12.7%
他们是土豪，没文化，没教养	669	7.7%
是他们运气好	1493	17.3%
有钱没钱，这都是命	1417	16.4%
天道不公，希望他们明天就破产	87	1.0%
其他	43	0.5%

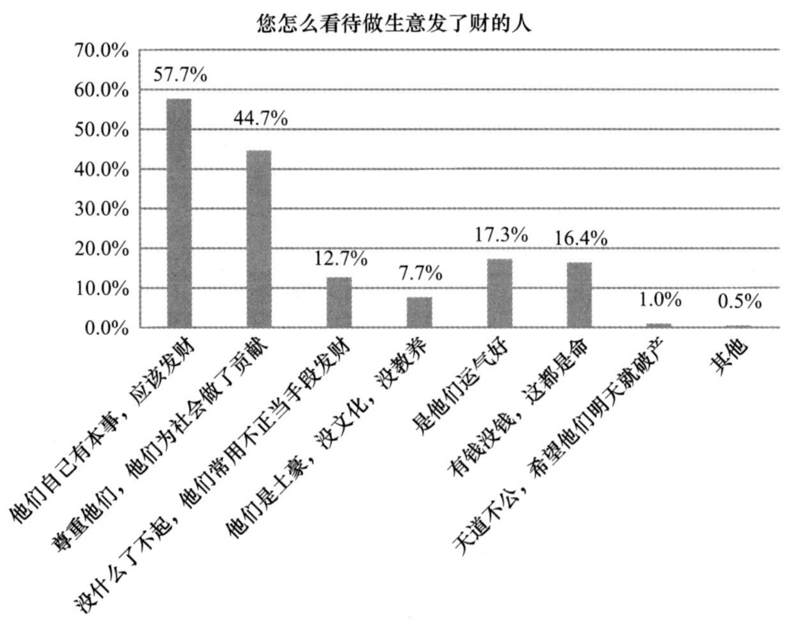

F13 您认为当前社会下列状况的严重程度如何

	非常不严重	比较不严重	比较严重	非常严重	平均数
企业损害社会利益，如污染环境、以虚假广告误导公众等	356	2936	3628	713	2. 62
娱乐界以丑闻、绯闻炒作，污染社会风气	409	1963	3762	960	2. 74
媒体缺乏社会责任，炒作新闻	470	2207	3574	878	2. 68
社会财富分配不公，贫富悬殊过大	473	2130	3888	1526	2. 81
教师不尽职	1261	4664	1984	334	2. 17
医生不守职业道德	1138	4253	2445	418	2. 26
公众人物用知名度攫取财富	588	2384	3063	804	2. 60
两性关系过度开放导致婚姻不稳定	642	3299	2827	803	2. 50
年轻人缺乏责任感，不孝敬父母	1059	4315	2266	441	2. 26

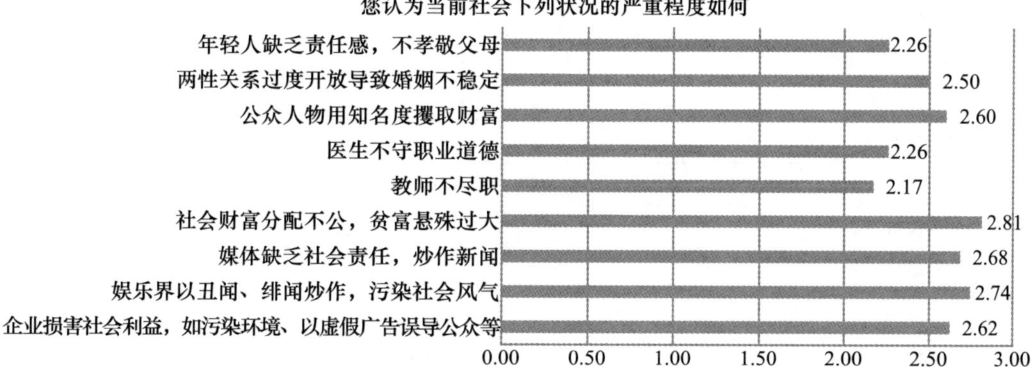

F13a 企业损害社会利益，如污染环境、以虚假广告误导公众等严重程度如何

		频数	百分比	有效百分比	累计百分比
有效	非常不严重	356	4. 1%	4. 7%	4. 7%
	比较不严重	2936	33. 5%	38. 5%	43. 1%
	比较严重	3628	41. 4%	47. 5%	90. 7%
	非常严重	713	8. 1%	9. 3%	100. 0%
	总计	7633	87. 2%	100. 0%	
缺失	不理解题意	38	0. 4%		
	不知道	985	11. 3%		
	拒绝回答	99	1. 1%		
	总计	1122	12. 8%		
总计		8755	100. 0%		

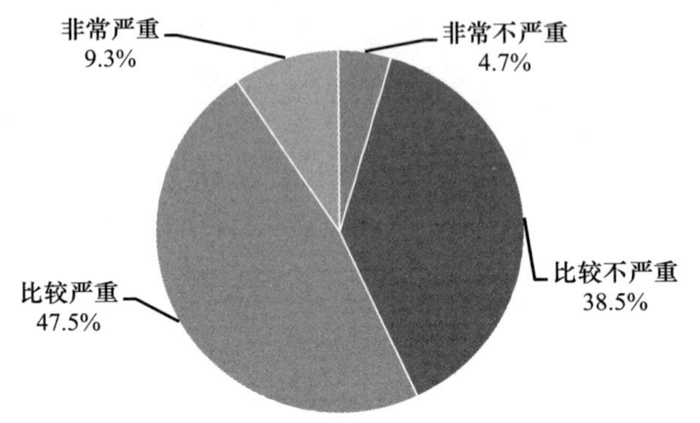

F13b 娱乐界以丑闻、绯闻炒作，污染社会风气严重程度如何

		频数	百分比	有效百分比	累计百分比
有效	非常不严重	409	4.7%	5.8%	5.8%
	比较不严重	1963	22.4%	27.7%	33.4%
	比较严重	3762	43.0%	53.0%	86.5%
	非常严重	960	11.0%	13.5%	100.0%
	总计	7094	81.0%	100.0%	
缺失	不理解题意	52	0.6%		
	不知道	1575	18.0%		
	拒绝回答	34	0.4%		
	总计	1661	19.0%		
总计		8755	100.0%		

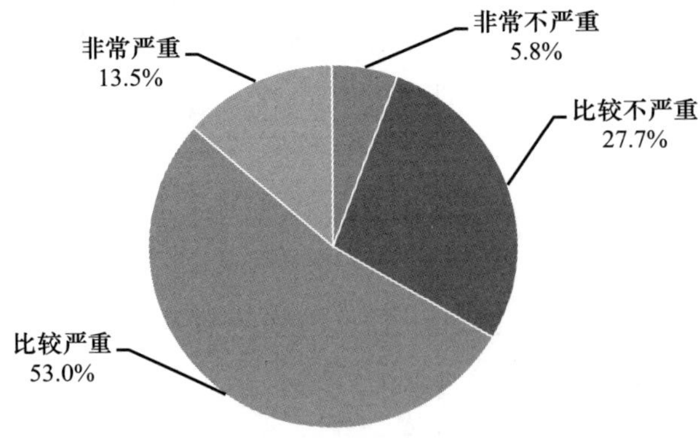

F13c 媒体缺乏社会责任，炒作新闻严重程度如何

		频数	百分比	有效百分比	累计百分比
有效	非常不严重	470	5.4%	6.6%	6.6%
	比较不严重	2207	25.2%	31.0%	37.6%
	比较严重	3574	40.8%	50.1%	87.7%
	非常严重	878	10.0%	12.3%	100.0%
	总计	7129	81.4%	100.0%	
缺失	不理解题意	51	0.6%		
	不知道	1531	17.5%		
	拒绝回答	44	0.5%		
	总计	1626	18.6%		
总计		8755	100.0%		

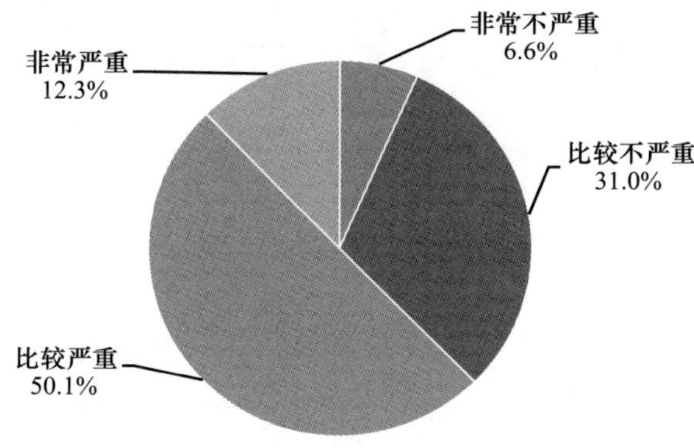

F13d 社会财富分配不公，贫富悬殊过大严重程度如何

		频数	百分比	有效百分比	累计百分比
有效	非常不严重	473	5.4%	5.9%	5.9%
	比较不严重	2130	24.3%	26.6%	32.5%
	比较严重	3888	44.4%	48.5%	81.0%
	非常严重	1526	17.4%	19.0%	100.0%
	总计	8017	91.6%	100.0%	
缺失	不理解题意	41	0.5%		
	不知道	649	7.4%		
	拒绝回答	48	0.5%		
	总计	738	8.4%		
总计		8755	100.0%		

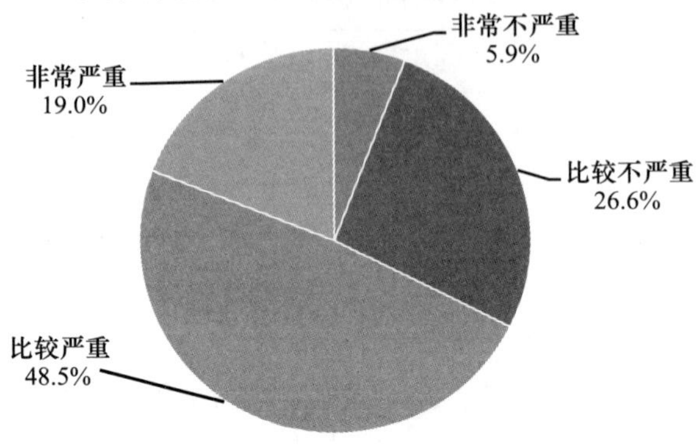

F13e 教师不尽职严重程度如何

		频数	百分比	有效百分比	累计百分比
有效	非常不严重	1261	14.4%	15.3%	15.3%
	比较不严重	4664	53.3%	56.6%	71.9%
	比较严重	1984	22.7%	24.1%	95.9%
	非常严重	334	3.8%	4.1%	100.0%
	总计	8243	94.2%	100.0%	
缺失	不理解题意	35	0.4%		
	不知道	442	5.0%		
	拒绝回答	35	0.4%		
	总计	512	5.8%		
总计		8755	100.0%		

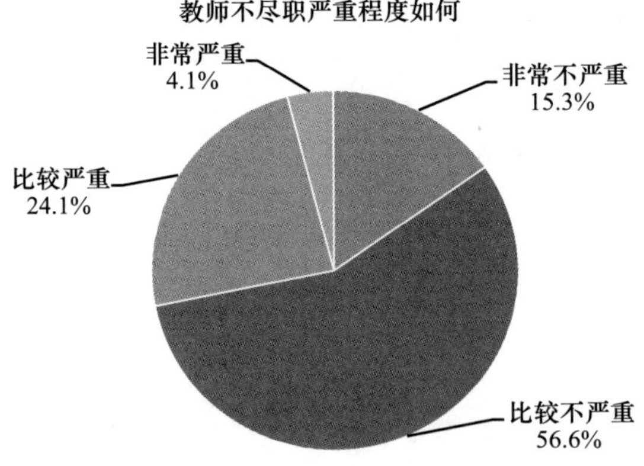

F13f 医生不守职业道德严重程度如何

		频数	百分比	有效百分比	累计百分比
有效	非常不严重	1138	13.0%	13.8%	13.8%
	比较不严重	4253	48.6%	51.5%	65.3%
	比较严重	2445	27.9%	29.6%	94.9%
	非常严重	418	4.8%	5.1%	100.0%
	总计	8254	94.3%	100.0%	
缺失	不理解题意	36	0.4%		
	不知道	427	4.9%		
	拒绝回答	38	0.4%		
	总计	501	5.7%		
总计		8755	100.0%		

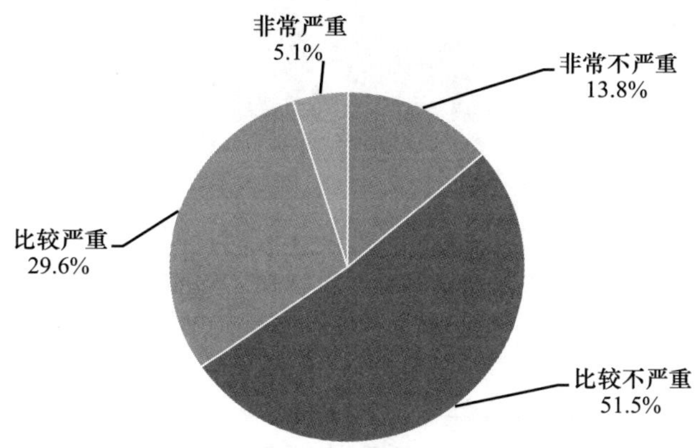

F13g 公众人物用知名度攫取财富严重程度如何

		频数	百分比	有效百分比	累计百分比
有效	非常不严重	588	6.7%	8.6%	8.6%
	比较不严重	2384	27.2%	34.9%	43.5%
	比较严重	3063	35.0%	44.8%	88.2%
	非常严重	804	9.2%	11.8%	100.0%
	总计	6839	78.1%	100.0%	

续表

		频数	百分比	有效百分比	累计百分比
缺失	不理解题意	48	0.5%		
	不知道	1813	20.7%		
	拒绝回答	55	0.6%		
	总计	1916	21.9%		
总计		8755	100.0%		

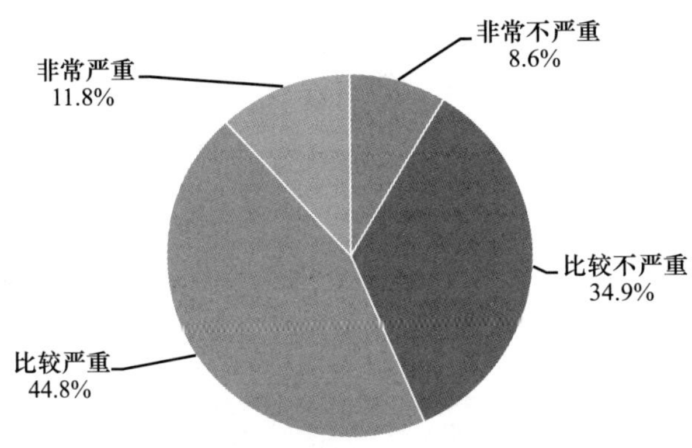

F13h 两性关系过度开放导致婚姻不稳定严重程度如何

		频数	百分比	有效百分比	累计百分比
有效	非常不严重	642	7.3%	8.5%	8.5%
	比较不严重	3299	37.7%	43.6%	52.1%
	比较严重	2827	32.3%	37.3%	89.4%
	非常严重	803	9.2%	10.6%	100.0%
	总计	7571	86.5%	100.0%	
缺失	不理解题意	49	0.6%		
	不知道	1096	12.5%		
	拒绝回答	39	0.4%		
	总计	1184	13.5%		
总计		8755	100.0%		

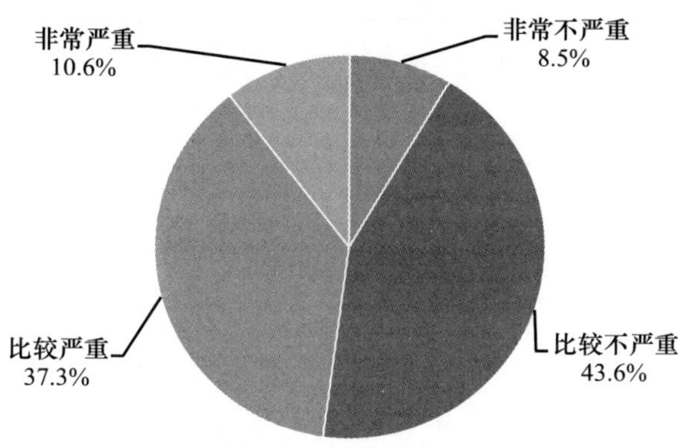

F13i 年轻人缺乏责任感，不孝敬父母严重程度如何

		频数	百分比	有效百分比	累计百分比
有效	非常不严重	1059	12. 1%	13. 1%	13. 1%
	比较不严重	4315	49. 3%	53. 4%	66. 5%
	比较严重	2266	25. 9%	28. 0%	94. 5%
	非常严重	441	5. 0%	5. 5%	100. 0%
	总计	8081	92. 3%	100. 0%	
缺失	不理解题意	41	0. 5%		
	不知道	605	6. 9%		
	拒绝回答	28	0. 3%		
	总计	674	7. 7%		
总计		8755	100. 0%		

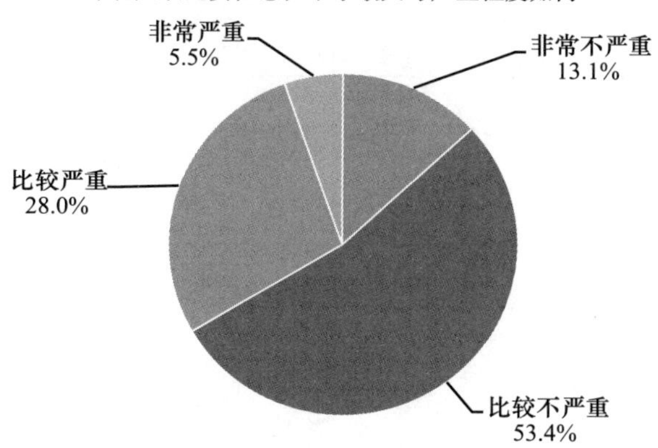

F14 您是否知道您生活的社区（村）是否有社区公约、村规民约

		频数	百分比	有效百分比	累计百分比
有效	知道有	3138	35.8%	36.9%	36.9%
	知道没有	1418	16.2%	16.7%	53.5%
	不知道有没有	3957	45.2%	46.5%	100.0%
	总计	8513	97.2%	100.0%	
缺失	不理解题意	3			
	拒绝回答	239	2.7%		
	总计	242	2.8%		
总计		8755	100.0%		

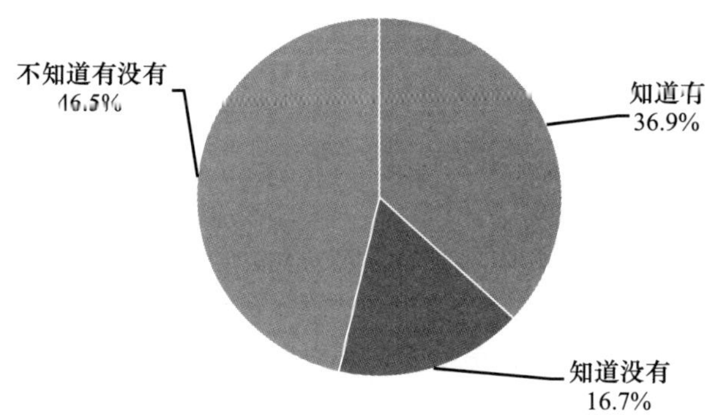

F15 您觉得您周围的人在日常生活中遵守下列规则吗

	不遵守	基本遵守	自觉遵守	平均数
步行、骑车时不闯红灯	666	5903	2171	2.17
乘车、购物时自觉排队	430	5995	2313	2.22
文明游览	565	5852	2290	2.20
社区公约、村规民约	449	5583	2195	2.21

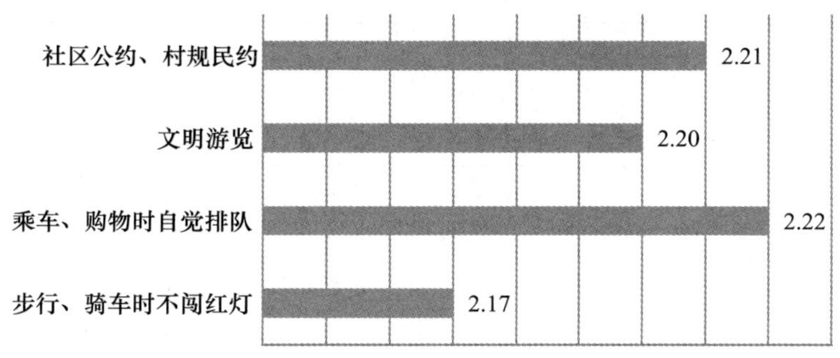

F15a 您周围的人在日常生活中遵守步行、骑车时不闯红灯的规则吗

		频数	百分比	有效百分比	累计百分比
有效	不遵守	666	7.6%	7.6%	7.6%
	基本遵守	5903	67.4%	67.5%	75.2%
	自觉遵守	2171	24.8%	24.8%	100.0%
	总计	8740	99.8%	100.0%	
缺失	不理解题意	2			
	不知道	4			
	拒绝回答	9	0.1%		
	总计	15	0.2%		
总计		8755	100.0%		

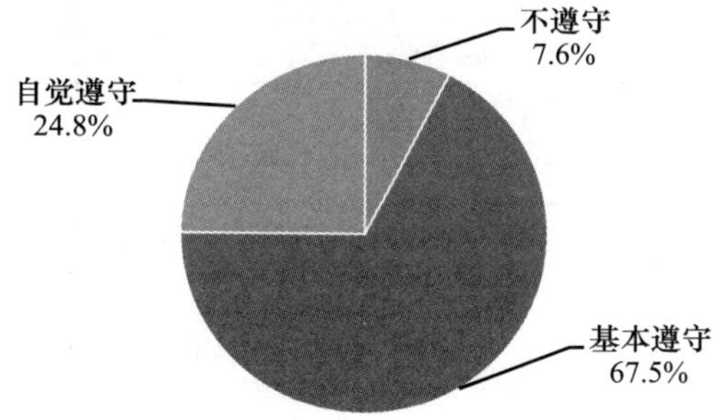

F15b 您周围的人在日常生活中遵守乘车、购物时自觉排队的规则吗

		频数	百分比	有效百分比	累计百分比
有效	不遵守	430	4.9%	4.9%	4.9%
	基本遵守	5995	68.5%	68.6%	73.5%
	自觉遵守	2313	26.4%	26.5%	100.0%
	总计	8738	99.8%	100.0%	
缺失	不理解题意	1			
	不知道	4			
	拒绝回答	12	0.1%		
	总计	17	0.2%		
总计		8755	100.0%		

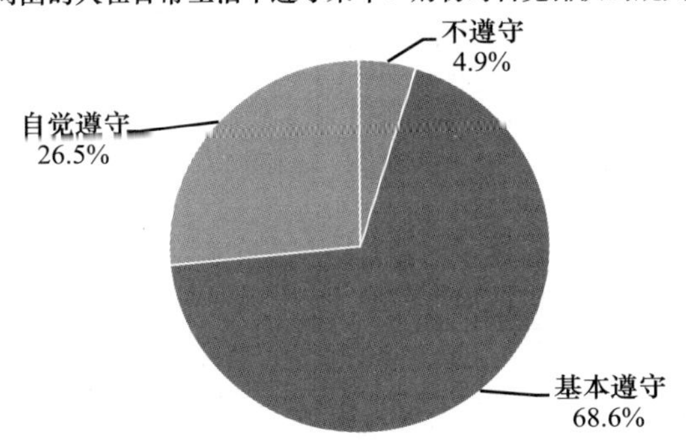

F15c 您周围的人在日常生活中遵守文明游览的规则吗

		频数	百分比	有效百分比	累计百分比
有效	不遵守	565	6.5%	6.5%	6.5%
	基本遵守	5852	66.8%	67.2%	73.7%
	自觉遵守	2290	26.2%	26.3%	100.0%
	总计	8707	99.5%	100.0%	
缺失	不理解题意	23	0.3%		
	不知道	11	0.1%		
	拒绝回答	14	0.2%		
	总计	48	0.5%		
总计		8755	100.0%		

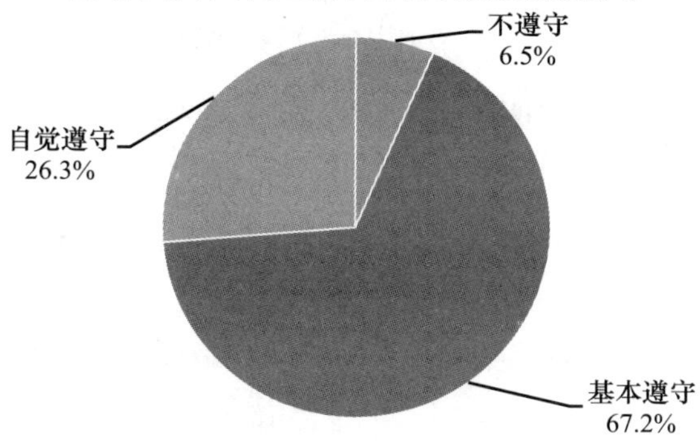

F15d 您周围的人在日常生活中遵守社区公约、村规民约吗

		频数	百分比	有效百分比	累计百分比
有效	不遵守	449	5.1%	5.5%	5.5%
	基本遵守	5583	63.8%	67.9%	73.3%
	自觉遵守	2195	25.1%	26.7%	100.0%
	总计	8227	94.0%	100.0%	
缺失	不理解题意	223	2.5%		
	不知道	272	3.1%		
	拒绝回答	33	0.4%		
	总计	528	6.0%		
总计		8755	100.0%		

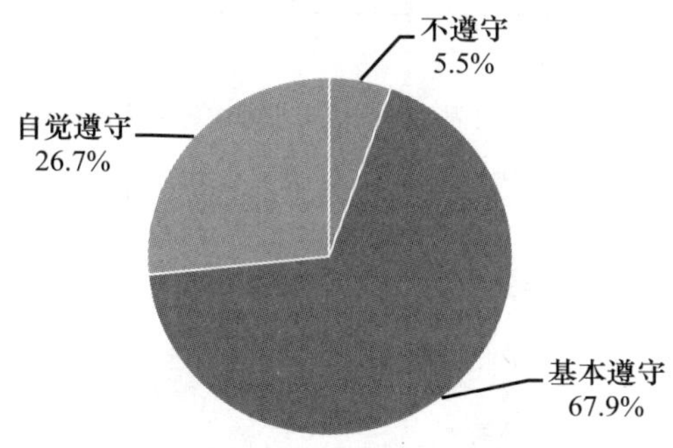

F16 您对下列关于网络的说法是否赞同

	非常不赞同	不太赞同	比较赞同	非常赞同	平均数
网络是个虚拟空间，不受现实生活中的道德规范约束	2300	3973	1439	358	1.98
人肉搜索侵犯个人隐私，应该杜绝	295	1907	4193	1680	2.90
明知是网络谣言仍然转发的，应该受到惩罚	333	1409	4048	2319	3.03

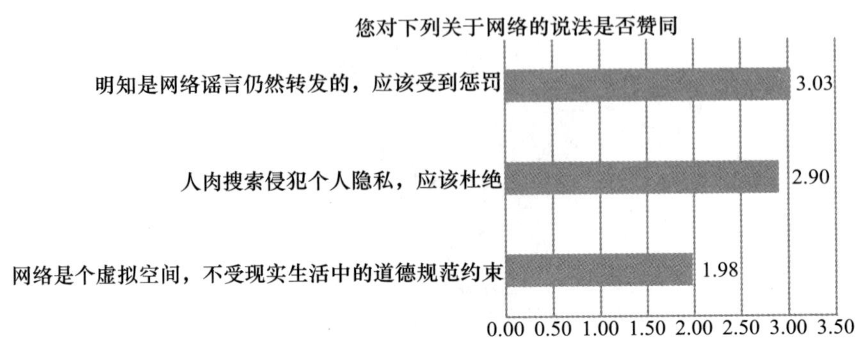

F16a 网络是个虚拟空间，不受现实生活中的道德规范约束

		频数	百分比	有效百分比	累计百分比
有效	非常不赞同	2300	26.3%	28.5%	28.5%
	不太赞同	3973	45.4%	49.2%	77.7%
	比较赞同	1439	16.4%	17.8%	95.6%
	非常赞同	358	4.1%	4.4%	100.0%
	总计	8070	92.2%	100.0%	
缺失	不理解题意	333	3.8%		
	不知道	332	3.8%		
	拒绝回答	20	0.2%		
	总计	685	7.8%		
总计		8755	100.0%		

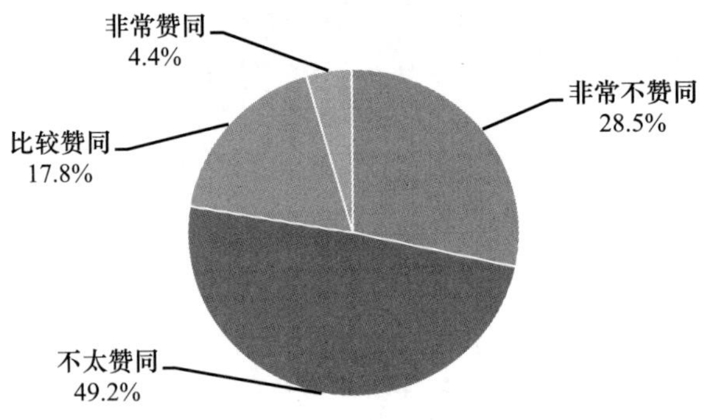

F16b 人肉搜索侵犯个人隐私，应该杜绝

		频数	百分比	有效百分比	累计百分比
有效	非常不赞同	295	3.4%	3.7%	3.7%
	不太赞同	1907	21.8%	23.6%	27.3%
	比较赞同	4193	47.9%	51.9%	79.2%
	非常赞同	1680	19.2%	20.8%	100.0%
	总计	8075	92.2%	100.0%	
缺失	不理解题意	348	4.0%		
	不知道	309	3.5%		
	拒绝回答	23	0.3%		
	总计	680	7.8%		
总计		8755	100.0%		

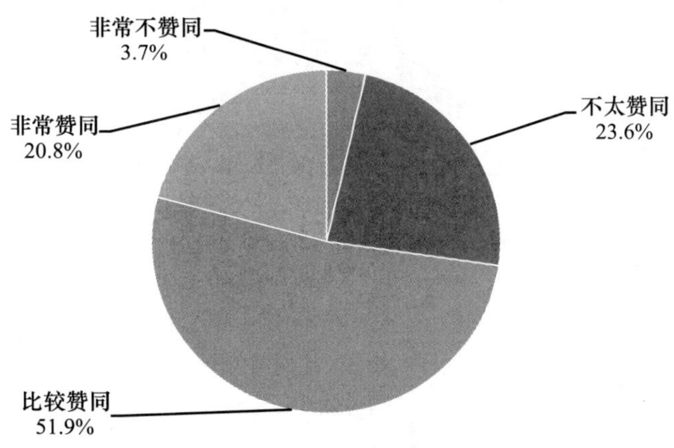

F16c 明知是网络谣言仍然转发的，应该受到惩罚

		频数	百分比	有效百分比	累计百分比
有效	非常不赞同	333	3.8%	4.1%	4.1%
	不太赞同	1409	16.1%	17.4%	21.5%
	比较赞同	4048	46.2%	49.9%	71.4%
	非常赞同	2319	26.5%	28.6%	100.0%
	总计	8109	92.6%	100.0%	

续表

		频数	百分比	有效百分比	累计百分比
缺失	不理解题意	321	3.7%		
	不知道	306	3.5%		
	拒绝回答	19	0.2%		
	总计	646	7.4%		
总计		8755	100.0%		

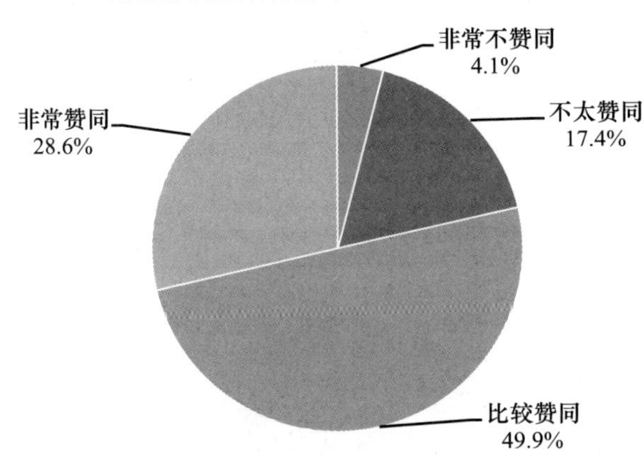

F17 当您被陌生人不小心踩到并发出“哎哟”一声后，您认为对方会做何种反应

		频数	百分比	有效百分比	累计百分比
有效	用言语或手势表达歉意	6317	72.2%	75.9%	75.9%
	不会有任何表示	1554	17.7%	18.7%	94.6%
	反而说您大惊小怪	447	5.1%	5.4%	100.0%
	总计	8318	95.0%	100.0%	
缺失	不理解题意	1			
	不知道	394	4.5%		
	拒绝回答	42	0.5%		
	总计	437	5.0%		
总计		8755	100.0%		

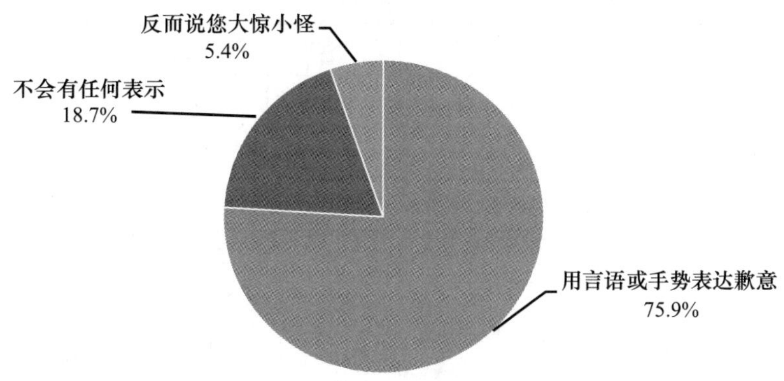

F18 您觉得您周围大多数人工作生活的精神状态怎么样

		频数	百分比	有效百分比	累计百分比
有效	精神饱满、积极向上	3627	41.4%	42.0%	42.0%
	安于现状、按部就班	4695	53.6%	54.4%	96.5%
	精神萎靡、无所事事	304	3.5%	3.5%	100.0%
	总计	8626	98.5%	100.0%	
缺失	不理解题意	26	0.3%		
	不知道	6	0.1%		
	拒绝回答	97	1.1%		
	总计	129	1.5%		
总计		8755	100.0%		

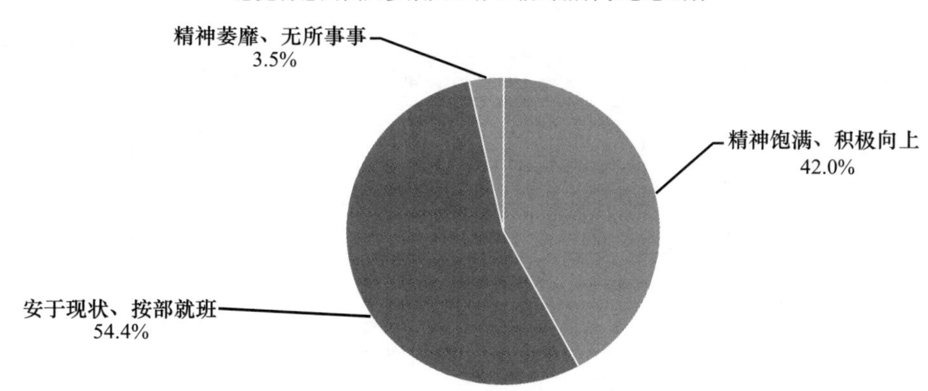

F19 您觉得下面的这些现象在您身边常见吗

	经常见到	偶尔见到	没见到	平均数
占卜算命	1020	4299	3422	2.27
操办喜事比富斗阔	895	3815	4020	2.36
在父母生前不尽孝，却对父母的丧事大操大办	751	3548	4434	2.42
赌博或变相赌博	1115	3800	3815	2.31
封建迷信活动	444	2454	5829	2.62
非法宗教活动	184	1246	7289	2.81

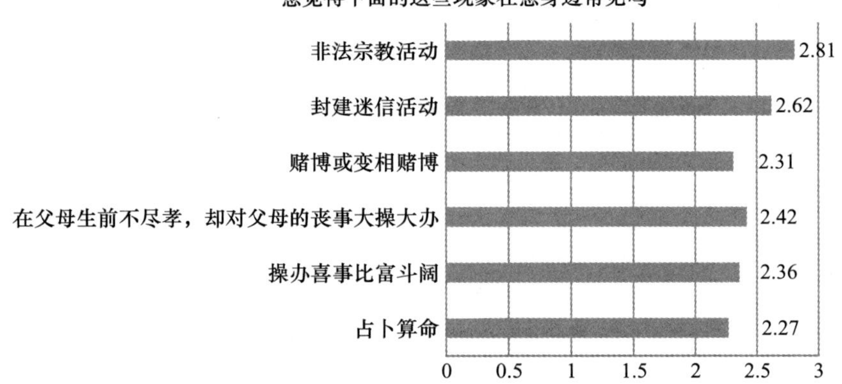

F19a 这些现象在您身边常见吗？占卜算命

		频数	百分比	有效百分比	累计百分比
有效	经常见到	1020	11.7%	11.7%	11.7%
	偶尔见到	4299	49.1%	49.2%	60.9%
	没见到	3422	39.1%	39.1%	100.0%
	总计	8741	99.8%	100.0%	
缺失	不知道	1			
	拒绝回答	13	0.1%		
	总计	14	0.2%		
总计		8755	100.0%		

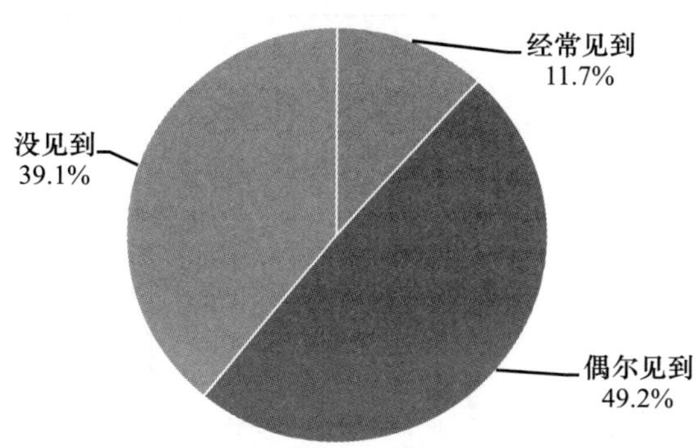

F19b 这些现象在您身边常见吗？操办喜事比富斗阔

		频数	百分比	有效百分比	累计百分比
有效	经常见到	895	10.2%	10.3%	10.3%
	偶尔见到	3815	43.6%	43.7%	54.0%
	没见到	4020	45.9%	46.0%	100.0%
	总计	8730	99.7%	100.0%	
缺失	不知道	1			
	拒绝回答	24	0.3%		
	总计	25	0.3%		
总计		8755	100.0%		

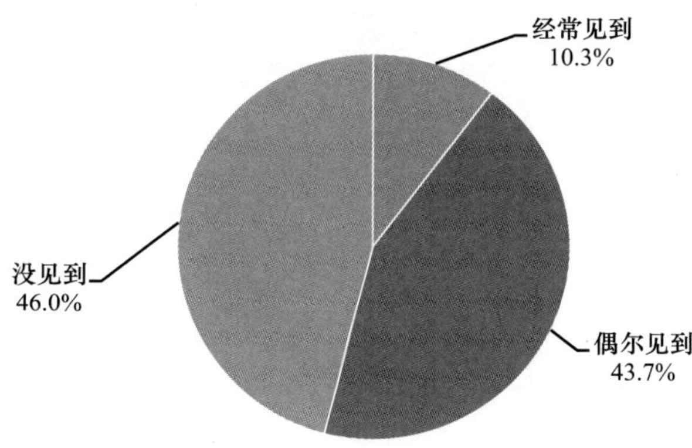

F19c 这些现象在您身边常见吗？在父母生前不尽孝却对父母的丧事大操大办

		频数	百分比	有效百分比	累计百分比
有效	经常见到	751	8.6%	8.6%	8.6%
	偶尔见到	3548	40.5%	40.6%	49.2%
	没见到	4434	50.6%	50.8%	100.0%
	总计	8733	99.7%	100.0%	
缺失	不知道	1			
	拒绝回答	21	0.2%		
	总计	22	0.3%		
总计		8755	100.0%		

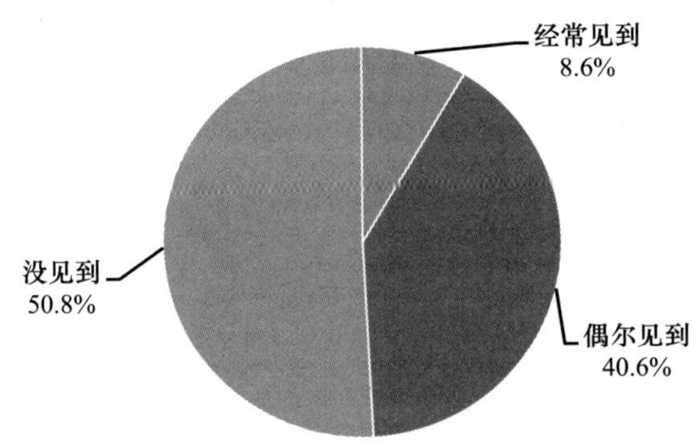

F19d 这些现象在您身边常见吗？赌博或变相赌博

		频数	百分比	有效百分比	累计百分比
有效	经常见到	1115	12.7%	12.8%	12.8%
	偶尔见到	3800	43.4%	43.5%	56.3%
	没见到	3815	43.6%	43.7%	100.0%
	总计	8730	99.7%	100.0%	
缺失	不知道	1			
	拒绝回答	24	0.3%		
	总计	25	0.3%		
总计		8755	100.0%		

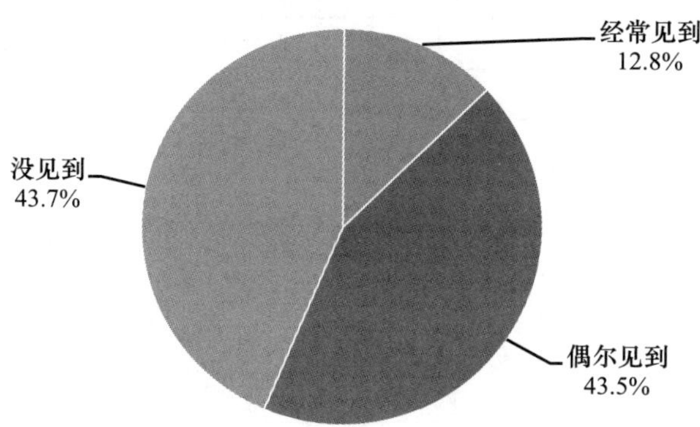

F19e 这些现象在您身边常见吗？封建迷信活动

		频数	百分比	有效百分比	累计百分比
有效	经常见到	444	5.1%	5.1%	5.1%
	偶尔见到	2454	28.0%	28.1%	33.2%
	没见到	5829	66.6%	66.8%	100.0%
	总计	8727	99.7%	100.0%	
缺失	不理解题意	1			
	不知道	2			
	拒绝回答	25	0.3%		
	总计	28	0.3%		
总计		8755	100.0%		

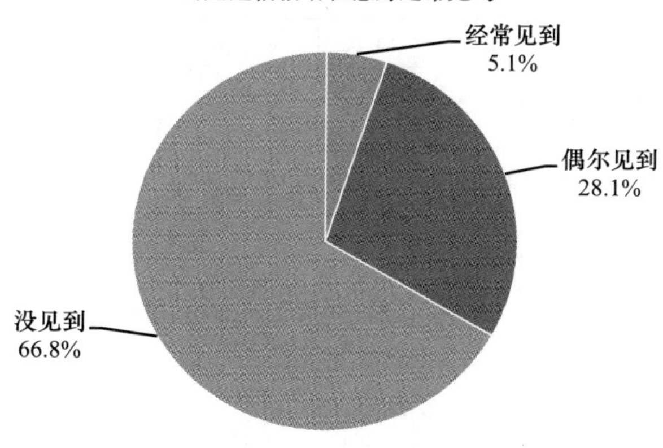

F19f 这些现象在您身边常见吗？非法宗教活动

		频数	百分比	有效百分比	累计百分比
有效	经常见到	184	2.1%	2.1%	2.1%
	偶尔见到	1246	14.2%	14.3%	16.4%
	没见到	7289	83.3%	83.6%	100.0%
	总计	8719	99.6%	100.0%	
缺失	不理解题意	4			
	不知道	4			
	拒绝回答	28	0.3%		
	总计	36	0.4%		
总计		8755	100.0%		

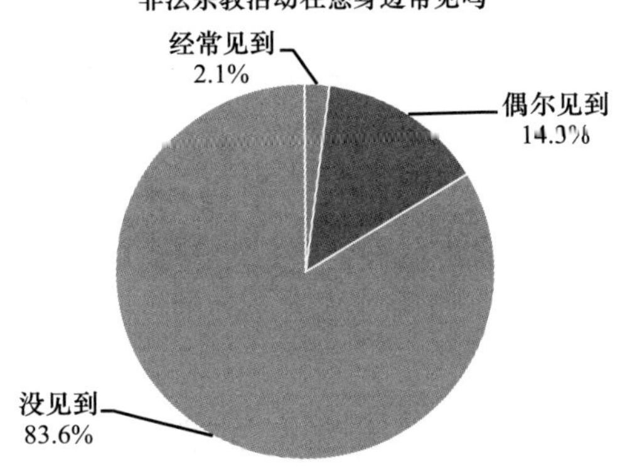

F20 您认为目前我国社会中道德和幸福的现实关系是

		频数	百分比	有效百分比	累计百分比
有效	总体上道德和幸福能够一致，能惩恶扬善	4874	55.7%	67.9%	67.9%
	有道德讲伦理的人大都吃亏，不守道德的人更能占便宜	1710	19.5%	23.8%	91.7%
	道德与幸福没有关系，能挣钱有发展无论怎样行动都行	595	6.8%	8.3%	100.0%
	总计	7179	82.0%	100.0%	
缺失	不理解题意	8	0.1%		
	不知道	1284	14.7%		
	拒绝回答	284	3.2%		
	总计	1576	18.0%		

续表

	频数	百分比	有效百分比	累计百分比
总计	8755	100.0%		

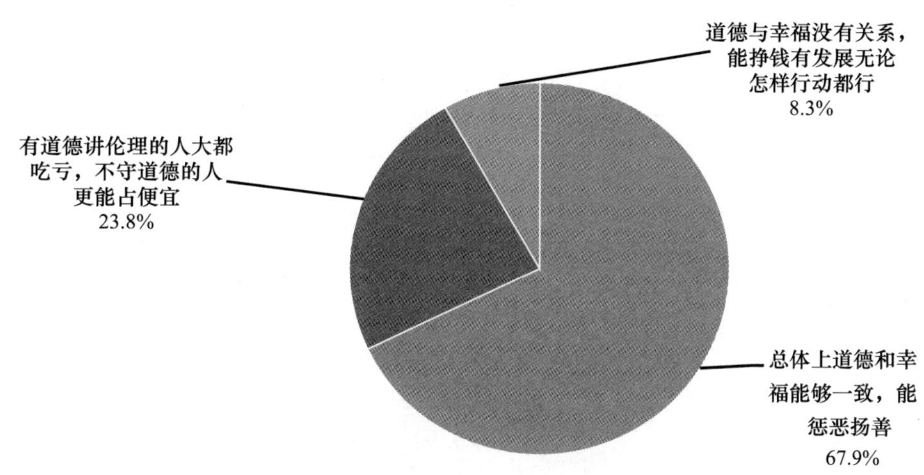

F21 您在工作或生活的地方，有没有一种亲切而踏实的感觉

	有	还可以	没有	平均数
所在单位	1631	5696	1052	1.93
所在社区/村	2219	5940	510	1.80
所在城市	2258	5616	771	1.83

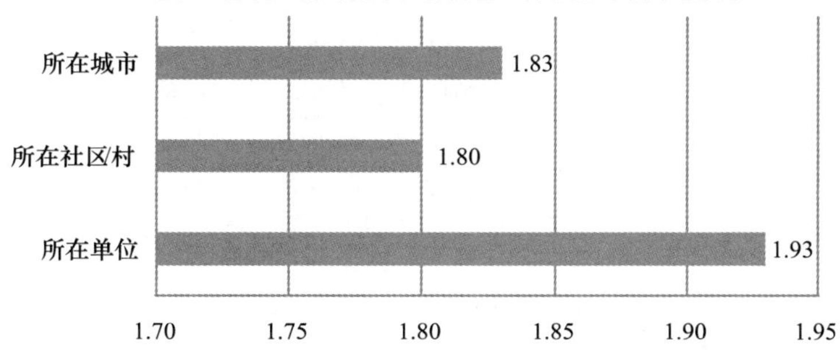

F21a 您在所在单位，有没有一种亲切和踏实的感觉

		频数	百分比	有效百分比	累计百分比
有效	有	1631	18.6%	19.5%	19.5%
	还可以	5696	65.1%	68.0%	87.4%
	没有	1052	12.0%	12.6%	100.0%
	总计	8379	95.7%	100.0%	
缺失	不理解题意	211	2.4%		
	不知道	18	0.2%		
	拒绝回答	147	1.7%		
	总计	376	4.3%		
总计		8755	100.0%		

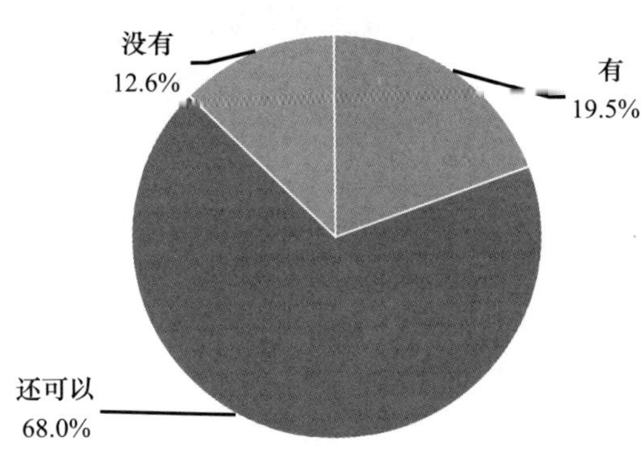

F21b 您在所在社区/村，有没有一种亲切和踏实的感觉

		频数	百分比	有效百分比	累计百分比
有效	有	2219	25.3%	25.6%	25.6%
	还可以	5940	67.8%	68.5%	94.1%
	没有	510	5.8%	5.9%	100.0%
	总计	8669	99.0%	100.0%	
缺失	不理解题意	6	0.1%		
	不知道	1			
	拒绝回答	79	0.9%		
	总计	86	1.0%		
总计		8755	100.0%		

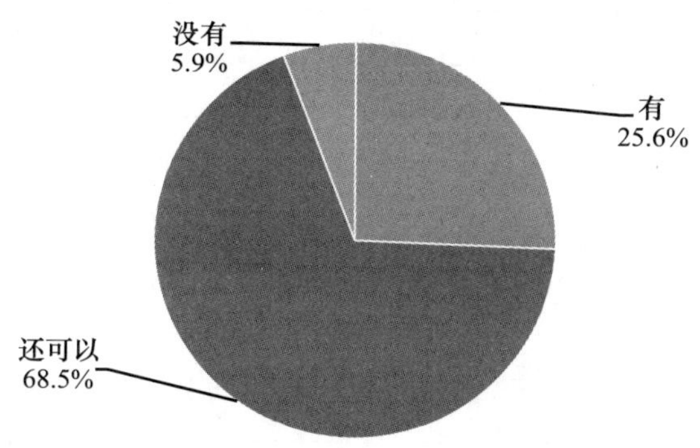

F21c 您在所在城市，有没有一种亲切和踏实的感觉

		频数	百分比	有效百分比	累计百分比
有效	有	2258	25.8%	26.1%	26.1%
	还可以	5616	64.1%	65.0%	91.1%
	没有	771	8.8%	8.9%	100.0%
	总计	8645	98.7%	100.0%	
缺失	不理解题意	14	0.2%		
	不知道	3			
	拒绝回答	93	1.1%		
	总计	110	1.3%		
总计		8755	100.0%		

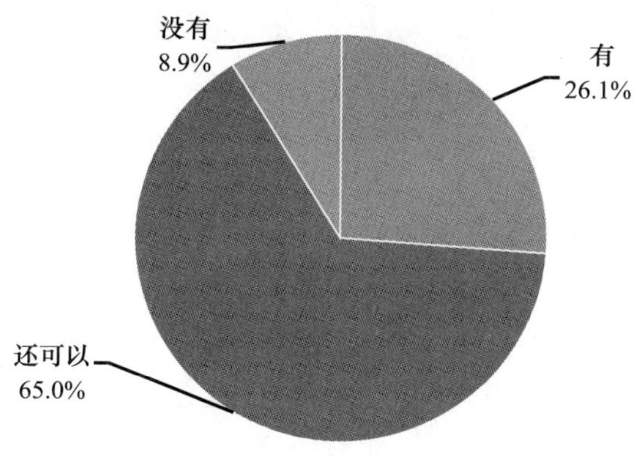

F22 您认为您目前的状况是

		频数	百分比	有效百分比	累计百分比
有效	生活富裕，但不感到幸福和快乐	621	7.1%	7.1%	7.1%
	生活富裕，幸福且快乐	956	10.9%	11.0%	18.1%
	生活小康，幸福且快乐	4098	46.8%	47.0%	65.2%
	生活小康，但不感到幸福和快乐	503	5.7%	5.8%	70.9%
	生活清贫，幸福且快乐	2081	23.8%	23.9%	94.8%
	生活贫困，既不幸福也不快乐	451	5.2%	5.2%	100.0%
	总计	8710	99.5%	100.0%	
缺失	不理解题意	2			
	不知道	10	0.1%		
	拒绝回答	33	0.4%		
	总计	45	0.5%		
总计		8755	100.0%		

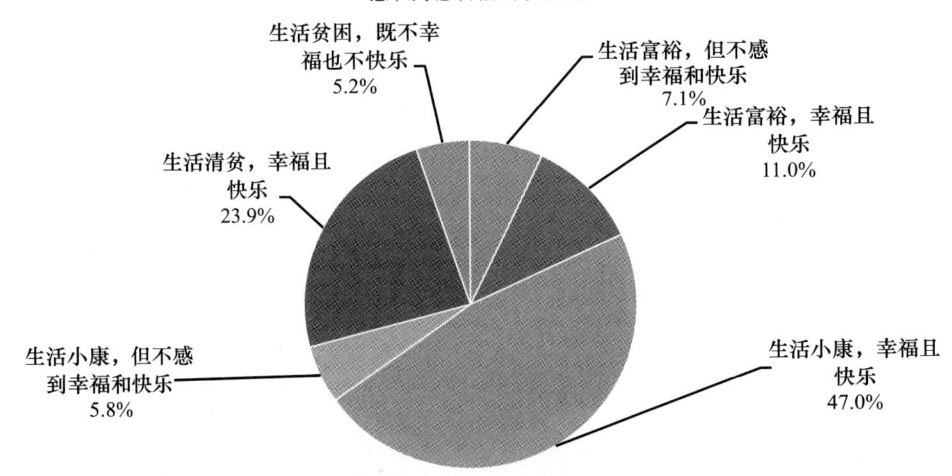

F23 最近这些年，您的生活水平对幸福感的影响是怎样的

		频数	百分比	有效百分比	累计百分比
有效	生活水平提高了，但幸福感和快乐感降低了	1017	11.6%	11.6%	11.6%
	生活水平提高了，幸福感和快乐感也提高了	4429	50.6%	50.7%	62.4%

续表

		频数	百分比	有效百分比	累计百分比
有效	生活水平没变，幸福感和快乐感提高了	2418	27.6%	27.7%	90.1%
	生活水平没变，幸福感和快乐感降低了	504	5.8%	5.8%	95.8%
	生活水平下降，但幸福感和快乐感提高了	170	1.9%	1.9%	97.8%
	生活水平下降，幸福感和快乐感也降低了	193	2.2%	2.2%	100.0%
	总计	8731	99.7%	100.0%	
缺失	不理解题意	2			
	不知道	6	0.1%		
	拒绝回答	16	0.2%		
	总计	24	0.3%		
总计		8755	100.0%		

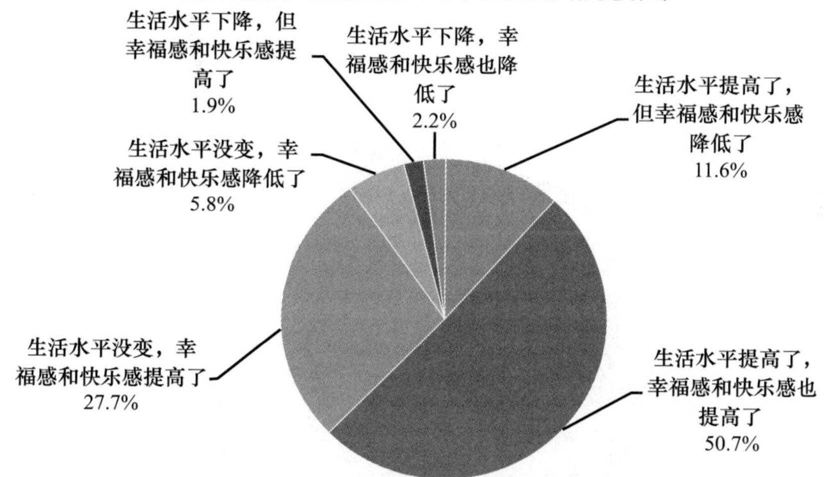

F24a 近十年以来，您认为下列哪一类人获得的利益最多

		频数	百分比	有效百分比	累计百分比
有效	工人	94	1.1%	1.2%	1.2%
	农民	215	2.5%	2.8%	4.1%
	公务员	767	8.8%	10.1%	14.1%

续表

		频数	百分比	有效百分比	累计百分比
有效	国有企业的经营管理者	741	8.5%	9.7%	23.9%
	集体企业的经营管理者	299	3.4%	3.9%	27.8%
	私营企业家	820	9.4%	10.8%	38.6%
	外商、境外来大陆的投资者	734	8.4%	9.7%	48.3%
	个体户	400	4.6%	5.3%	53.5%
	私营、外资企业中的管理人员	792	9.0%	10.4%	63.9%
	专家学者、专业技术人员	355	4.1%	4.7%	68.6%
	政府官员	2360	27.0%	31.0%	99.6%
	其他	28	0.3%	0.4%	100.0%
	总计	7605	86.9%	100.0%	
缺失	不理解题意	12	0.1%		
	不知道	1115	12.7%		
	拒绝回答	23	0.3%		
	总计	1150	13.1%		
总计		8755	100.0%		

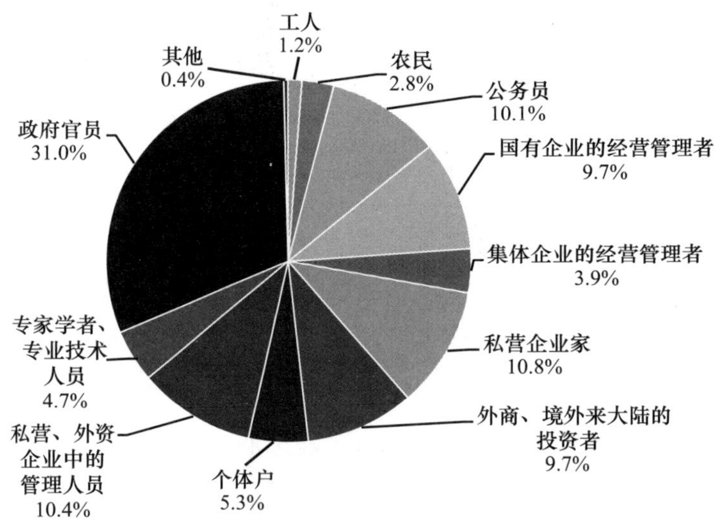

F24b 近十年以来，您认为下列哪一类人获得的利益最少

		频数	百分比	有效百分比	累计百分比
有效	工人	1676	19.1%	21.1%	21.1%
	农民	5504	62.9%	69.3%	90.5%
	公务员	105	1.2%	1.3%	91.8%
	国有企业的经营管理者	50	0.6%	0.6%	92.4%
	集体企业的经营管理者	53	0.6%	0.7%	93.1%
	私营企业家	66	0.8%	0.8%	93.9%
	外商、境外来大陆的投资者	31	0.4%	0.4%	94.3%
	个体户	237	2.7%	3.0%	97.3%
	私营、外资企业中的管理人员	62	0.7%	0.8%	98.1%
	专家学者、专业技术人员	68	0.8%	0.9%	98.9%
	政府官员	44	0.5%	0.6%	99.5%
	其他	41	0.5%	0.5%	100.0%
	总计	7937	90.7%	100.0%	
缺失	不知道	783	8.9%		
	不理解题意	8	0.1%		
	拒绝回答	27	0.3%		
	总计	818	9.3%		
总计		8755	100.0%		

近十年以来，您认为下列哪一类人获得的利益最少

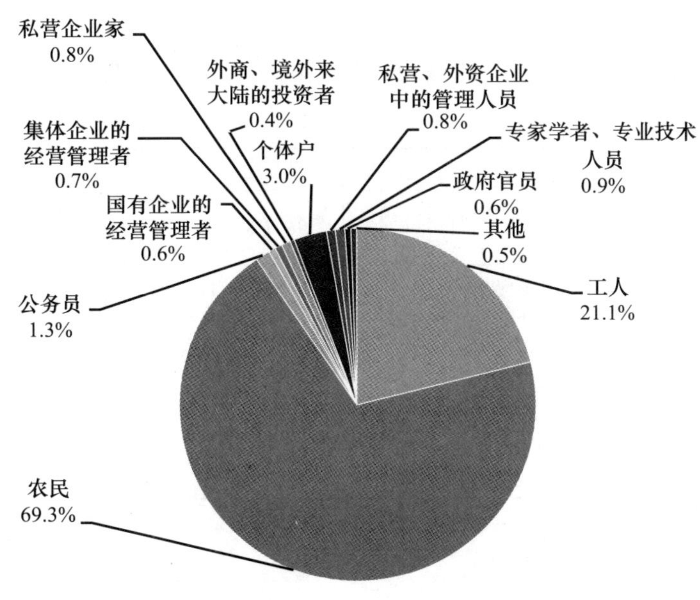

F25 您认为弱势群体产生的最主要原因是

	频数	百分比
制度不合理，社会关怀不够	3473	41. 6%
收入分配不公	3408	40. 9%
机会不平等	2886	34. 6%
弱势群体自己不努力	1609	19. 3%
缺乏生存技能	2251	27. 0%

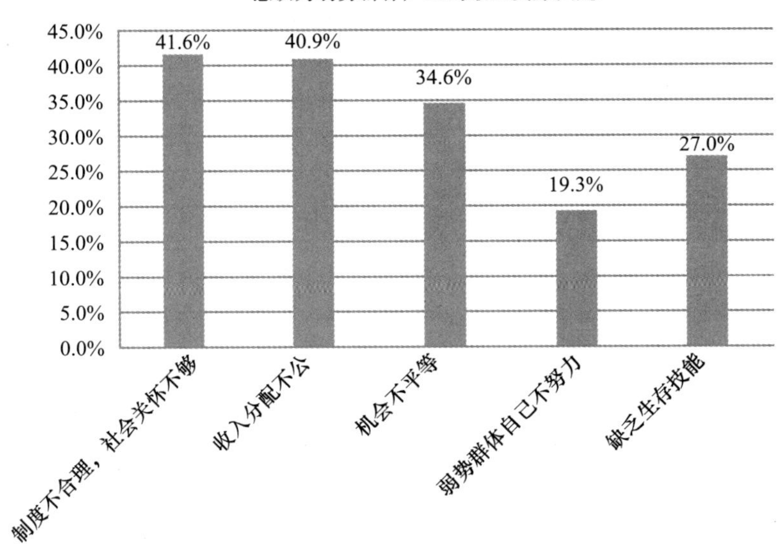

F26 您认为我们是否应该改造城市的垃圾筒，以为一些老人或流浪者在垃圾筒中找东西时提供方便

		频数	百分比	有效百分比	累计百分比
有效	应该，社会有义务为他们提供一种有尊严的生活	6717	76. 7%	77. 6%	77. 6%
	不应该，这些人本来就与城市不和谐	1458	16. 7%	16. 8%	94. 4%
	做这样的事不值得，应该将钱花到更重要的地方	459	5. 2%	5. 3%	99. 7%
	其他	27	0. 3%	0. 3%	100. 0%
	总计	8661	98. 9%	100. 0%	

续表

		频数	百分比	有效百分比	累计百分比
缺失	不理解题意	21	0.2%		
	不知道	41	0.5%		
	拒绝回答	32	0.4%		
	总计	94	1.1%		
总计		8755	100.0%		

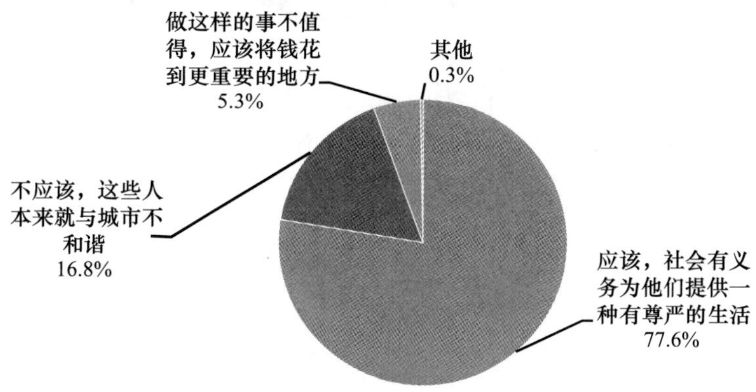

F27 对当今中国社会，您更担忧哪种问题

		频数	百分比	有效百分比	累计百分比
有效	坑蒙拐骗，不守信用	2356	26.9%	27.1%	27.1%
	人与人之间互不信任，相互提防，没有安全感	4124	47.1%	47.5%	74.6%
	可信任的人很少，遇到问题难以找到人倾诉和帮助	2116	24.2%	24.3%	98.9%
	其他	94	1.1%	1.1%	100.0%
	总计	8690	99.3%	100.0%	
缺失	不理解题意	12	0.1%		
	不知道	14	0.2%		
	拒绝回答	39	0.4%		
	总计	65	0.7%		
总计		8755	100.0%		

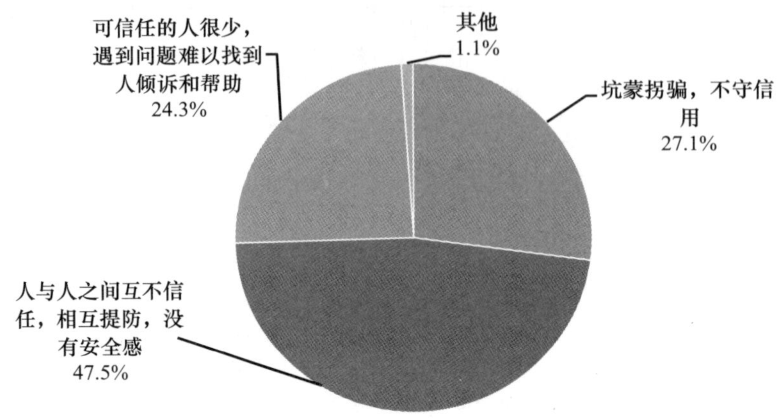

F28 您觉得大多数人都是可以相信的吗？如果 1 分代表“大多数人都可以相信”，5 分代表“对其他人都应该小心防备”，您会选几分

		频数	百分比	有效百分比	累计百分比
有效	大多数人都可以相信	763	8.7%	8.8%	8.8%
	2	3237	37.0%	37.2%	46.0%
	3	3773	43.1%	43.4%	89.4%
	4	746	8.5%	8.6%	98.0%
	对其他人都应小心防备	177	2.0%	2.0%	100.0%
	总计	8696	99.3%	100.0%	
缺失	不理解题意	4			
	拒绝回答	55	0.6%		
	总计	59	0.7%		
总计		8755	100.0%		

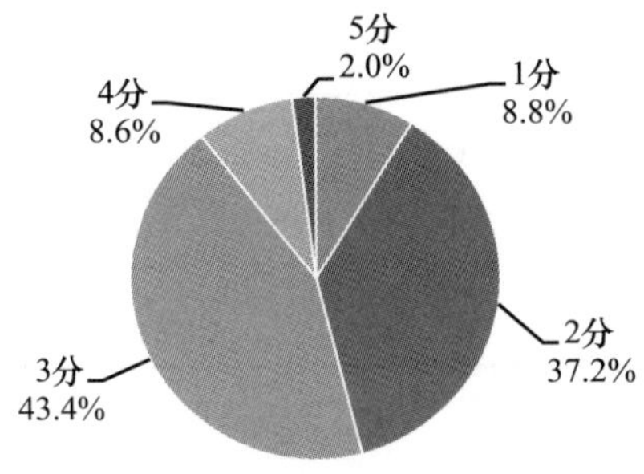

F29 您对下面这些人的信任程度如何

	根本不信任	不太信任	比较信任	完全信任	平均数
您的家人	15	118	1330	7233	3.81
您的邻居	60	775	5681	2096	3.13
外地人	1189	4548	2422	248	2.21
陌生人	2147	4504	1601	103	1.96
外国人	2101	4124	1195	106	1.91
同事或同学	169	1296	6085	608	2.87
您的上司或领导	265	1927	4956	455	2.74
您的朋友	100	560	6510	1400	3.07

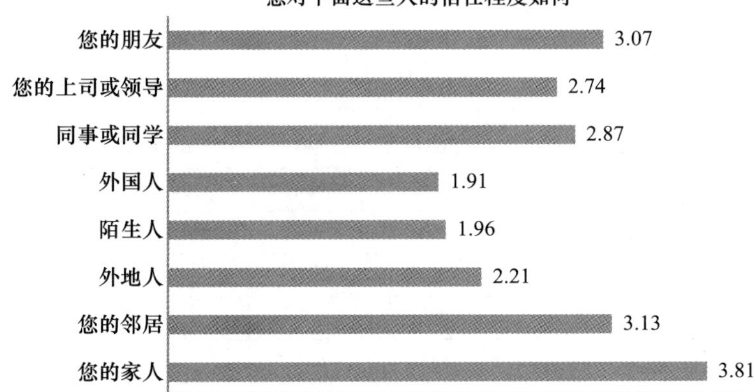

F29a 您对您的家人的信任程度如何

		频数	百分比	有效百分比	累计百分比
有效	根本不信任	15	0.2%	0.2%	0.2%
	不太信任	118	1.3%	1.4%	1.6%
	比较信任	1330	15.2%	15.3%	16.9%
	完全信任	7233	82.6%	83.2%	100.0%
	总计	8696	99.3%	100.0%	
缺失	不知道	45	0.5%		
	拒绝回答	14	0.2%		
	总计	59	0.7%		
总计		8755	100.0%		

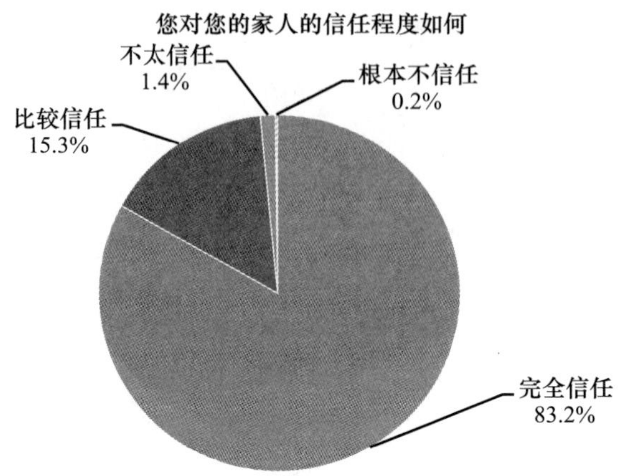

F29b 您对您的邻居的信任程度如何

		频数	百分比	有效百分比	累计百分比
有效	根本不信任	60	0. 7%	0. 7%	0. 7%
	不太信任	775	8. 9%	9. 0%	9. 7%
	比较信任	5681	64. 9%	66. 0%	75. 7%
	完全信任	2096	23. 9%	24. 3%	100. 0%
	总计	8612	98. 4%	100. 0%	
缺失	不知道	123	1. 4%		
	拒绝回答	20	0. 2%		
	总计	143	1. 6%		
总计		8755	100. 0%		

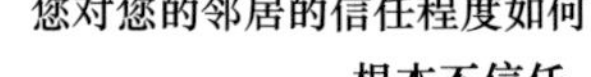

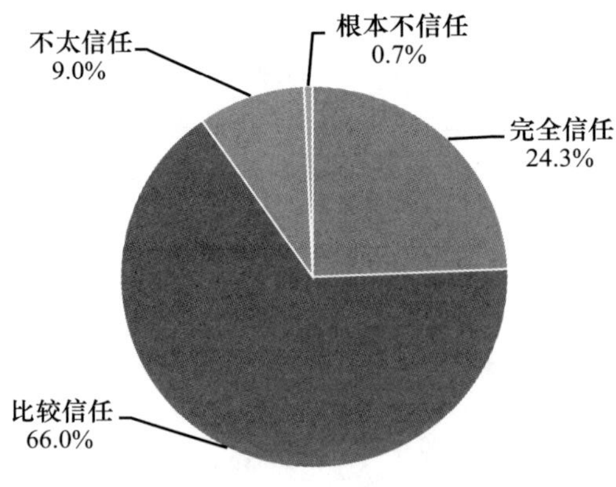

F29c 您对外地人的信任程度如何

		频数	百分比	有效百分比	累计百分比
有效	根本不信任	1189	13.6%	14.1%	14.1%
	不太信任	4548	51.9%	54.1%	68.2%
	比较信任	2422	27.7%	28.8%	97.0%
	完全信任	248	2.8%	2.9%	100.0%
	总计	8407	96.0%	100.0%	
缺失	不知道	314	3.6%		
	拒绝回答	34	0.4%		
	总计	348	4.0%		
总计		8755	100.0%		

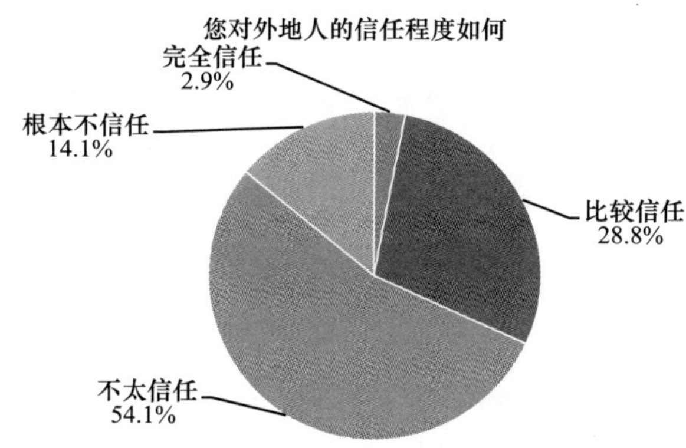

F29d 您对陌生人的信任程度如何

		频数	百分比	有效百分比	累计百分比
有效	根本不信任	2147	24.5%	25.7%	25.7%
	不太信任	4504	51.4%	53.9%	79.6%
	比较信任	1601	18.3%	19.2%	98.8%
	完全信任	103	1.2%	1.2%	100.0%
	总计	8355	95.4%	100.0%	
缺失	不理解题意	1			
	不知道	376	4.3%		
	拒绝回答	23	0.3%		
	总计	400	4.6%		
总计		8755	100.0%		

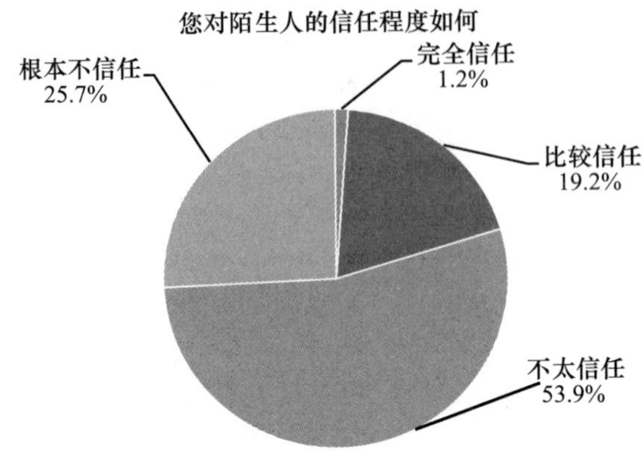

F29e 您对外国人的信任程度如何

		频数	百分比	有效百分比	累计百分比
有效	根本不信任	2101	24.0%	27.9%	27.9%
	不太信任	4124	47.1%	54.8%	82.7%
	比较信任	1195	13.6%	15.9%	98.6%
	完全信任	106	1.2%	1.4%	100.0%
	总计	7526	86.0%	100.0%	
缺失	不理解题意	3			
	不知道	1188	13.6%		
	拒绝回答	38	0.4%		
	总计	1229	14.0%		
总计		8755	100.0%		

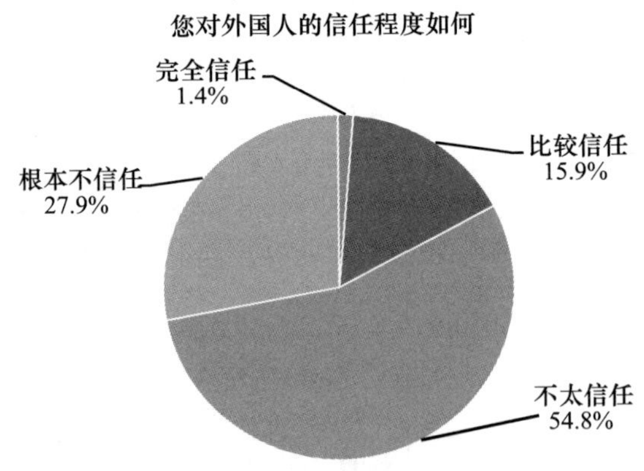

F29f 您对同事或同学的信任程度如何

		频数	百分比	有效百分比	累计百分比
有效	根本不信任	169	1.9%	2.1%	2.1%
	不太信任	1296	14.8%	15.9%	18.0%
	比较信任	6085	69.5%	74.6%	92.6%
	完全信任	608	6.9%	7.5%	100.0%
	总计	8158	93.2%	100.0%	
缺失	不理解题意	12	0.1%		
	不知道	544	6.2%		
	拒绝回答	41	0.5%		
	总计	597	6.8%		
总计		8755	100.0%		

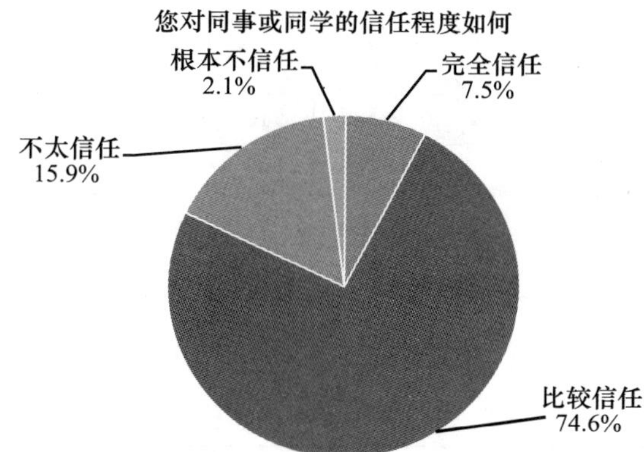

F29g 您对您的上司或领导的信任程度如何

		频数	百分比	有效百分比	累计百分比
有效	根本不信任	265	3.0%	3.5%	3.5%
	不太信任	1927	22.0%	25.3%	28.8%
	比较信任	4956	56.6%	65.2%	94.0%
	完全信任	455	5.2%	6.0%	100.0%
	总计	7603	86.8%	100.0%	
缺失	不理解题意	45	0.5%		
	不知道	1062	12.1%		
	拒绝回答	45	0.5%		
	总计	1152	13.2%		
总计		8755	100.0%		

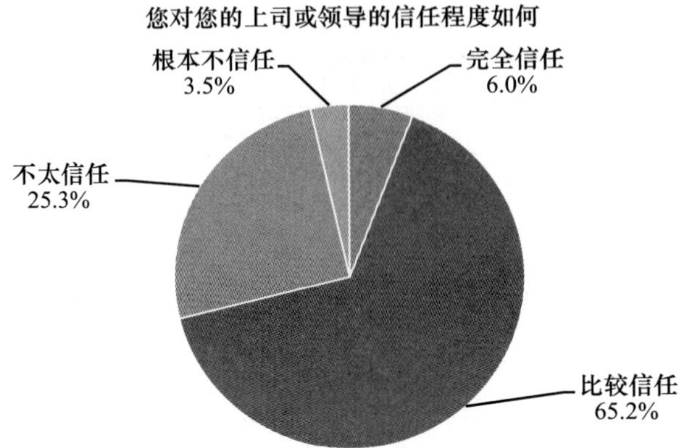

F29h 您对您的朋友的信任程度如何

		频数	百分比	有效百分比	累计百分比
有效	根本不信任	100	1.1%	1.2%	1.2%
	不太信任	560	6.4%	6.5%	7.7%
	比较信任	6510	74.4%	76.0%	83.7%
	完全信任	1400	16.0%	16.3%	100.0%
	总计	8570	97.9%	100.0%	
缺失	不理解题意	3			
	不知道	156	1.8%		
	拒绝回答	26	0.3%		
	总计	185	2.1%		
总计		8755	100.0%		

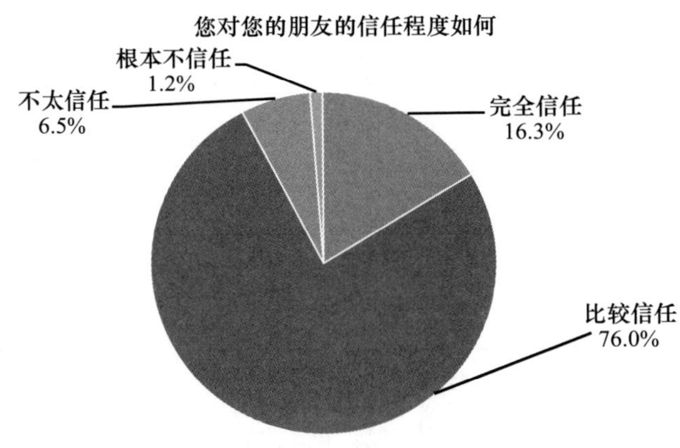

F30 您是否同意以下说法："在这个社会上，您一不小心，别人就会想办法占您的便宜"

		频数	百分比	有效百分比	累计百分比
有效	非常不同意	502	5.7%	6.1%	6.1%
	比较不同意	2847	32.5%	34.4%	40.4%
	说不上同意不同意	2659	30.4%	32.1%	72.5%
	比较同意	1984	22.7%	23.9%	96.4%
	非常同意	295	3.4%	3.6%	100.0%
	总计	8287	94.7%	100.0%	
缺失	不理解题意	2			
	不知道	449	5.1%		
	拒绝回答	17	0.2%		
	总计	468	5.3%		
总计		8755	100.0%		

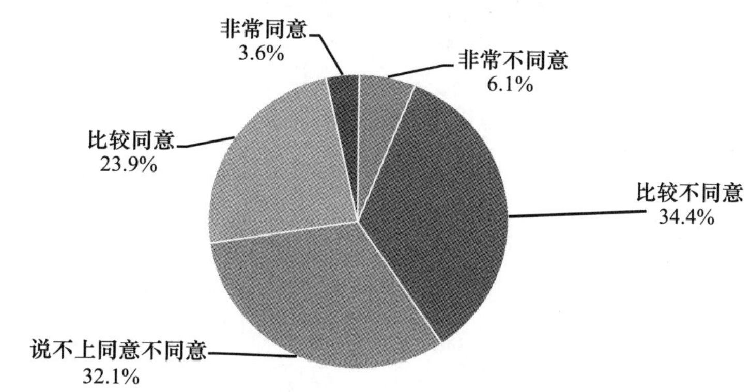

F31 您对所生活的地方道德建设满意吗

		频数	百分比	有效百分比	累计百分比
有效	满意	942	10.8%	11.9%	11.9%
	基本满意	5955	68.0%	74.9%	86.8%
	不满意	1049	12.0%	13.2%	100.0%
	总计	7946	90.8%	100.0%	

续表

		频数	百分比	有效百分比	累计百分比
缺失	不理解题意	1			
	不知道/说不清楚	792	9.0%		
	拒绝回答	16	0.2%		
	总计	809	9.2%		
总计		8755	100.0%		

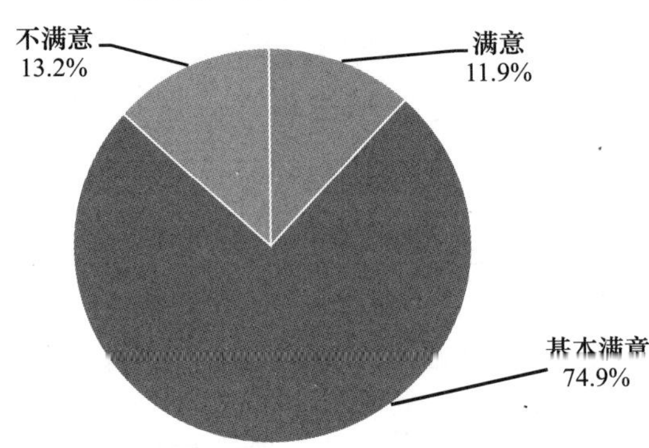

F32 您对下面这些职业群体的信任程度如何

	根本不信任	不太信任	比较信任	完全信任	平均数
商人	289	3227	4379	294	2.57
单位领导/社区（村）干部	499	2623	4749	421	2.61
公务员	229	2137	5095	549	2.74
教师	146	1189	5940	1245	2.97
警察	159	1228	5602	1445	2.99
医生	222	1742	5406	1134	2.88
法官	180	1223	4911	1202	2.95
工人	108	962	6357	1050	2.98
农民	134	1086	6306	829	2.94
专家学者	415	1710	4348	831	2.77
演艺娱乐圈	1209	3007	2071	234	2.43
公众人物	898	2497	2854	303	2.39

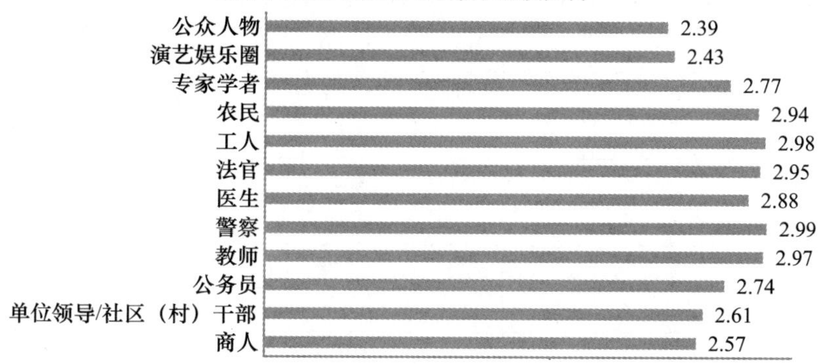

F32a 您对商人的信任程度如何

		频数	百分比	有效百分比	累计百分比
有效	根本不信任	289	3.3%	3.5%	3.5%
	不太信任	3227	36.9%	39.4%	42.9%
	比较信任	4379	50.0%	53.5%	96.4%
	完全信任	294	3.4%	3.6%	100.0%
	总计	8189	93.5%	100.0%	
缺失	不理解题意	11	0.1%		
	不知道	542	6.2%		
	拒绝回答	13	0.1%		
	总计	566	6.5%		
总计		8755	100.0%		

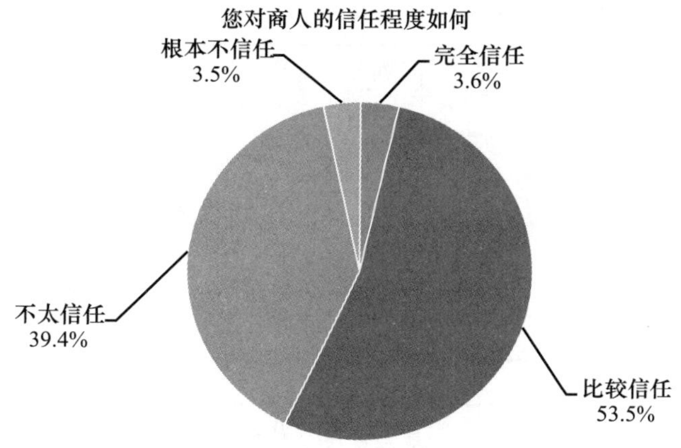

F32b 您对单位领导/社区（村）干部的信任程度如何

		频数	百分比	有效百分比	累计百分比
有效	根本不信任	499	5.7%	6.0%	6.0%
	不太信任	2623	30.0%	31.6%	37.6%
	比较信任	4749	54.2%	57.3%	94.9%
	完全信任	421	4.8%	5.1%	100.0%
	总计	8292	94.7%	100.0%	
缺失	不理解题意	12	0.1%		
	不知道	433	4.9%		
	拒绝回答	18	0.2%		
	总计	463	5.3%		
总计		8755	100.0%		

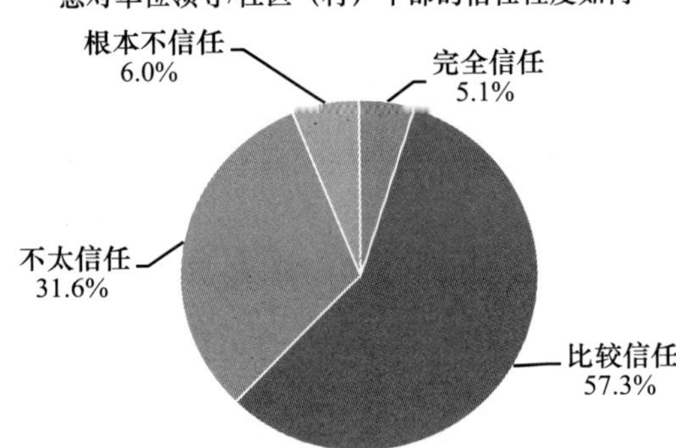

F32c 您对公务员的信任程度如何

		频数	百分比	有效百分比	累计百分比
有效	根本不信任	229	2.6%	2.9%	2.9%
	不太信任	2137	24.4%	26.7%	29.6%
	比较信任	5095	58.2%	63.6%	93.1%
	完全信任	549	6.3%	6.9%	100.0%
	总计	8010	91.5%	100.0%	
缺失	不理解题意	12	0.1%		
	不知道	707	8.1%		
	拒绝回答	26	0.3%		
	总计	745	8.5%		
总计		8755	100.0%		

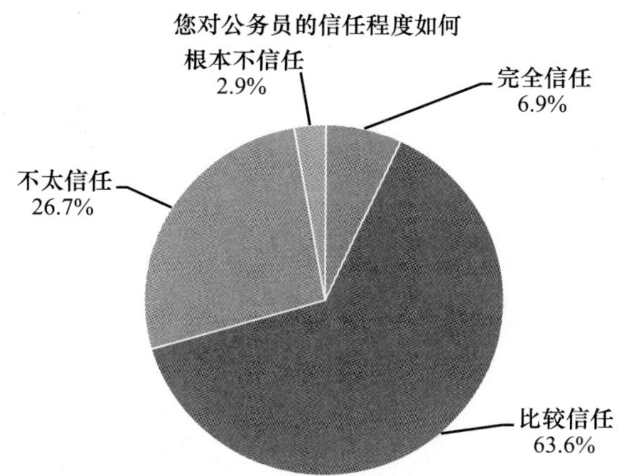

F32d 您对教师的信任程度如何

		频数	百分比	有效百分比	累计百分比
有效	根本不信任	146	1.7%	1.7%	1.7%
	不太信任	1189	13.6%	14.0%	15.7%
	比较信任	5940	67.8%	69.7%	86.4%
	完全信任	1245	14.2%	14.6%	100.0%
	总计	8520	97.3%	100.0%	
缺失	不理解题意	11	0.1%		
	不知道	207	2.4%		
	拒绝回答	17	0.2%		
	总计	235	2.7%		
总计		8755	100.0%		

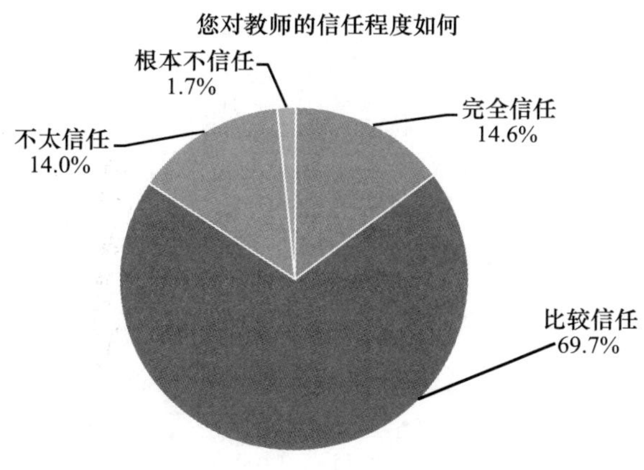

F32e 您对警察的信任程度如何

		频数	百分比	有效百分比	累计百分比
有效	根本不信任	159	1.8%	1.9%	1.9%
	不太信任	1228	14.0%	14.6%	16.5%
	比较信任	5602	64.0%	66.4%	83.6%
	完全信任	1445	16.5%	17.1%	100.0%
	总计	8434	96.3%	100.0%	
缺失	不理解题意	12	0.1%		
	不知道	286	3.3%		
	拒绝回答	23	0.3%		
	总计	321	3.7%		
总计		8755	100.0%		

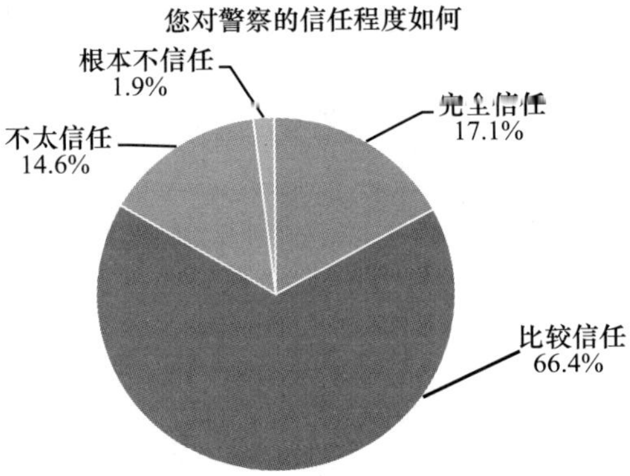

F32f 您对医生的信任程度如何

		频数	百分比	有效百分比	累计百分比
有效	根本不信任	222	2.5%	2.6%	2.6%
	不太信任	1742	19.9%	20.5%	23.1%
	比较信任	5406	61.7%	63.6%	86.7%
	完全信任	1134	13.0%	13.3%	100.0%
	总计	8504	97.1%	100.0%	
缺失	不理解题意	11	0.1%		
	不知道	228	2.6%		
	拒绝回答	12	0.1%		
	总计	251	2.9%		
总计		8755	100.0%		

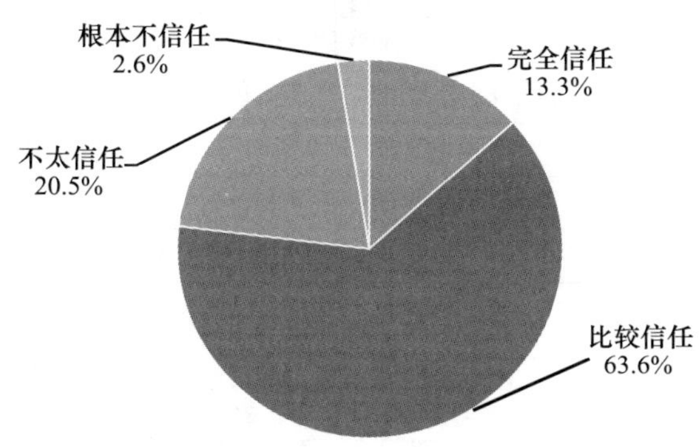

F32g 您对法官的信任程度如何

		频数	百分比	有效百分比	累计百分比
有效	根本不信任	180	2.1%	2.4%	2.4%
	不太信任	1223	14.0%	16.3%	18.7%
	比较信任	4911	56.1%	65.3%	84.0%
	完全信任	1202	13.7%	16.0%	100.0%
	总计	7516	85.8%	100.0%	
缺失	不理解题意	14	0.2%		
	不知道	1195	13.6%		
	拒绝回答	30	0.3%		
	总计	1239	14.2%		
总计		8755	100.0%		

您对法官的信任程度如何

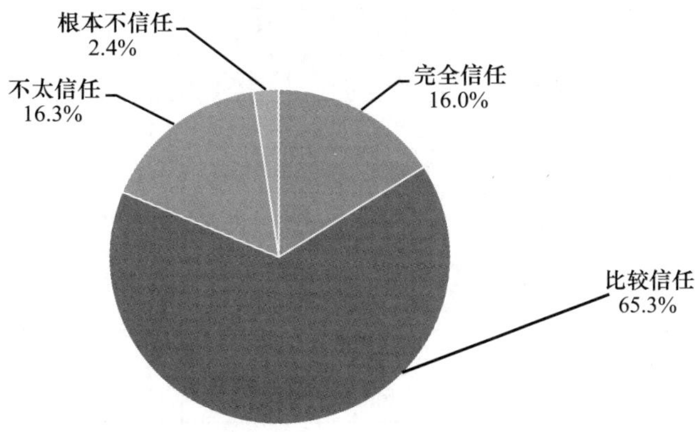

F32h 您对农民的信任程度如何

		频数	百分比	有效百分比	累计百分比
有效	根本不信任	108	1.2%	1.3%	1.3%
	不太信任	962	11.0%	11.3%	12.6%
	比较信任	6357	72.6%	75.0%	87.6%
	完全信任	1050	12.0%	12.4%	100.0%
	总计	8477	96.8%	100.0%	
缺失	不理解题意	11	0.1%		
	不知道	252	2.9%		
	拒绝回答	15	0.2%		
	总计	278	3.2%		
总计		8755	100.0%		

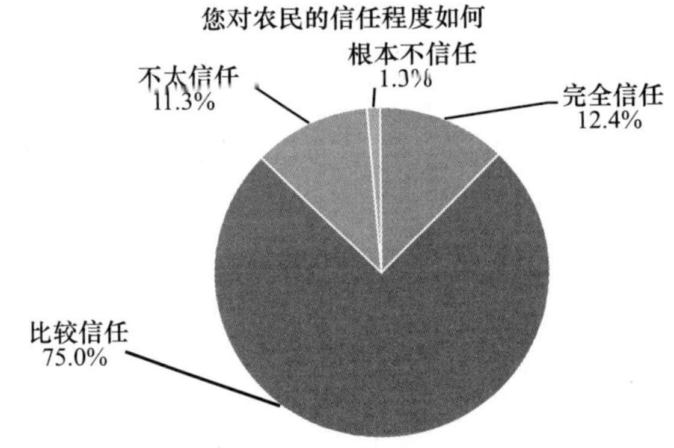

F32i 您对工人的信任程度如何

		频数	百分比	有效百分比	累计百分比
有效	根本不信任	134	1.5%	1.6%	1.6%
	不太信任	1086	12.4%	13.0%	14.6%
	比较信任	6306	72.0%	75.5%	90.1%
	完全信任	829	9.5%	9.9%	100.0%
	总计	8355	95.4%	100.0%	
缺失	不理解题意	11	0.1%		
	不知道	363	4.1%		
	拒绝回答	26	0.3%		
	总计	400	4.6%		
总计		8755	100.0%		

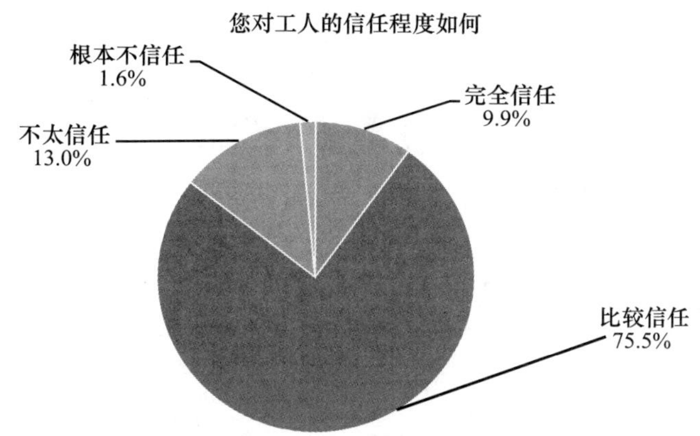

F32j 您对专家学者的信任程度如何

		频数	百分比	有效百分比	累计百分比
	根本不信任	415	4.7%	5.7%	5.7%
	不太信任	1710	19.5%	23.4%	29.1%
	比较信任	4348	49.7%	59.5%	89.6%
	完全信任	831	9.5%	11.4%	100.0%
	总计	7304	83.4%	100.0%	
缺失	不理解题意	21	0.2%		
	不知道	1412	16.1%		
	拒绝回答	18	0.2%		
	总计	1451	16.6%		
总计		8755	100.0%		

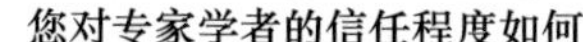

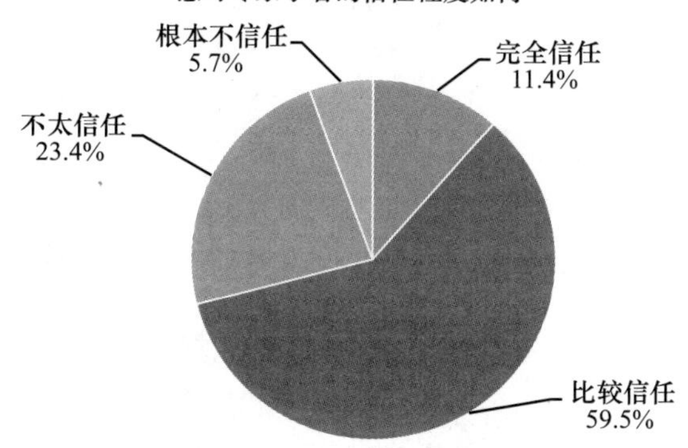

F32k 您对演艺娱乐圈的信任程度如何

		频数	百分比	有效百分比	累计百分比
	根本不信任	1209	13.8%	18.5%	18.5%
	不太信任	3007	34.3%	46.1%	64.6%
	比较信任	2071	23.7%	31.8%	96.4%
	完全信任	234	2.7%	3.6%	100.0%
	总计	6521	74.5%	100.0%	
缺失	不理解题意	28	0.3%		
	不知道	2187	25.0%		
	拒绝回答	19	0.2%		
	总计	2234	25.5%		
总计		8755	100.0%		

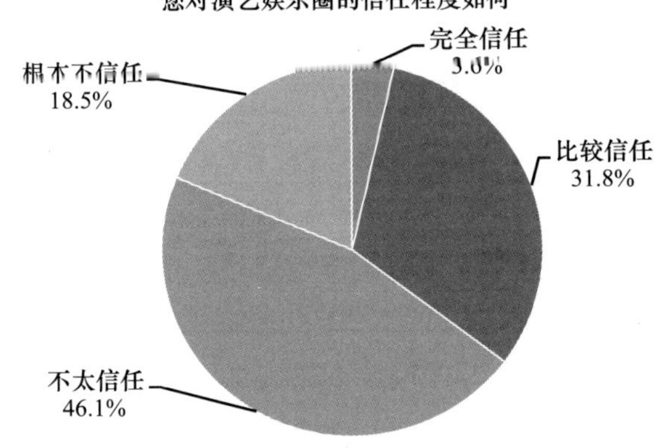

F32l 您对公众人物的信任程度如何

		频数	百分比	有效百分比	累计百分比
有效	根本不信任	898	10.3%	13.7%	13.7%
	不太信任	2497	28.5%	38.1%	51.8%
	比较信任	2854	32.6%	43.6%	95.4%
	完全信任	303	3.5%	4.6%	100.0%
	总计	6552	74.8%	100.0%	
缺失	不理解题意	29	0.3%		
	不知道	2158	24.6%		
	拒绝回答	16	0.2%		
	总计	2203	25.2%		

续表

	频数	百分比	有效百分比	累计百分比
总计	8755	100.0%		

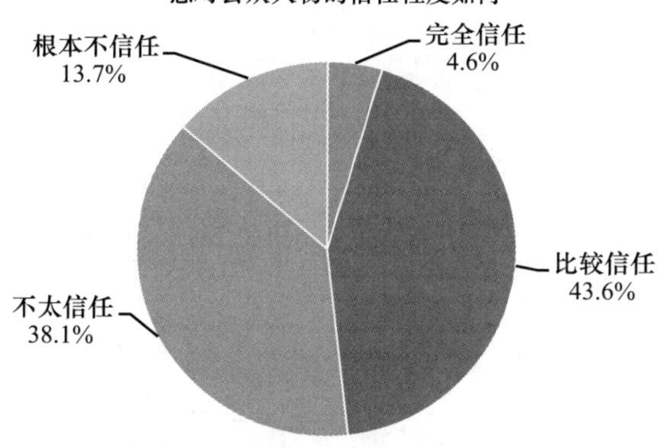

F33 您在生活中经常买到假冒伪劣商品吗

		频数	百分比	有效百分比	累计百分比
有效	经常	537	6.1%	7.3%	7.3%
	偶尔	4764	54.4%	64.8%	72.1%
	没有	2047	23.4%	27.9%	100.0%
	总计	7348	83.9%	100.0%	
缺失	不知道/不清楚	1396	15.9%		
	拒绝回答	11	0.1%		
	总计	1407	16.1%		
总计		8755	100.0%		

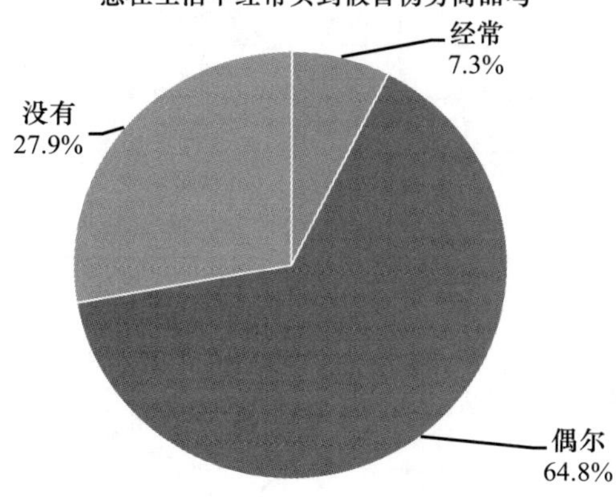

F34 您在购物、就医、理财等方面经常遇到虚假广告吗

		频数	百分比	有效百分比	累计百分比
有效	经常	790	9.0%	11.0%	11.0%
	偶尔	3974	45.4%	55.4%	66.5%
	没有	2405	27.5%	33.5%	100.0%
	总计	7169	81.9%	100.0%	
缺失	不知道/不清楚	1552	17.7%		
	拒绝回答	34	0.4%		
	总计	1586	18.1%		
总计		8755	100.0%		

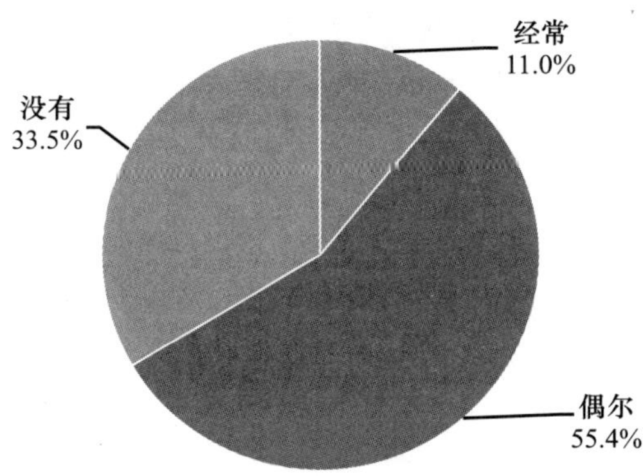

F35 如果在路边看到一个老人摔倒，您的反应是

		频数	百分比	有效百分比	累计百分比
有效	立即扶起	3824	43.7%	44.0%	44.0%
	等有证人时再扶	2324	26.5%	26.7%	70.7%
	先拍照，再扶起	628	7.2%	7.2%	78.0%
	不扶，避免惹是生非	862	9.8%	9.9%	87.9%
	报警	968	11.1%	11.1%	99.0%
	其他	86	1.0%	1.0%	100.0%
	总计	8692	99.3%	100.0%	

续表

		频数	百分比	有效百分比	累计百分比
缺失	不理解题意	13	0.1%		
	不知道	15	0.2%		
	拒绝回答	35	0.4%		
	总计	63	0.7%		
总计		8755	100.0%		

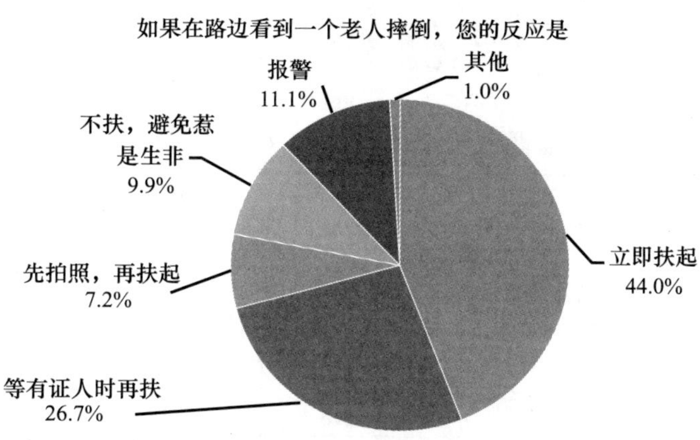

F36 我们都听说过或见证过好心人救助老人却反被诬陷的事情。假如您是这位好心人，您会怎样做

		频数	百分比	有效百分比	累计百分比
有效	我是多管闲事，下次再也不会帮助别人了	2047	23.4%	23.6%	23.6%
	我正直、善良、真心待人，对得起良知和良心	3381	38.6%	39.0%	62.6%
	下次还是会伸出援手，但是会提高警惕，注意保护自己	3197	36.5%	36.9%	99.5%
	其他	44	0.5%	0.5%	100.0%
	总计	8669	99.0%	100.0%	
缺失	不理解题意	37	0.4%		
	不知道	15	0.2%		
	拒绝回答	34	0.4%		
	总计	86	1.0%		
总计		8755	100.0%		

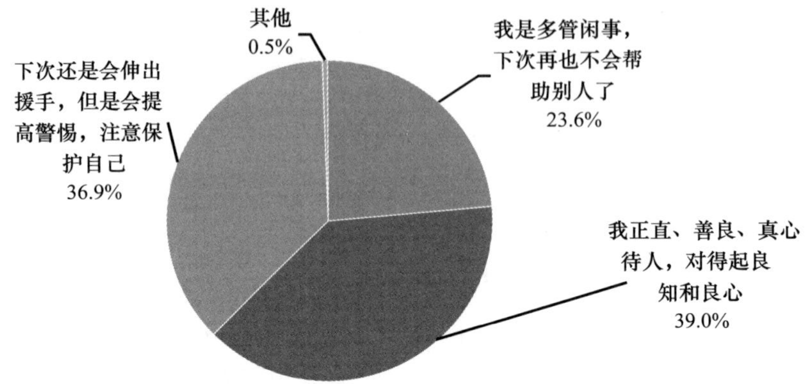

F37 您对下列群体的伦理道德整体状况的满意度

	非常不满意	比较不满意	比较满意	非常满意	平均数
政府官员	484	2411	4701	153	2.58
一般公务员	180	2041	5199	342	2.73
企业家	114	1732	4981	438	2.79
演艺娱乐界	497	2832	2744	393	2.47
教师	137	1237	5759	1148	2.96
青少年	89	1385	5767	978	2.93
弱势群体	156	1953	5310	183	2.73
自由职业者	98	1574	5500	407	2.82
农民	72	1179	6247	845	2.94
商人	190	2320	5038	562	2.74
工人	48	1226	6238	704	2.92
专家学者	117	1386	5117	809	2.89
医生	237	1786	5423	775	2.82

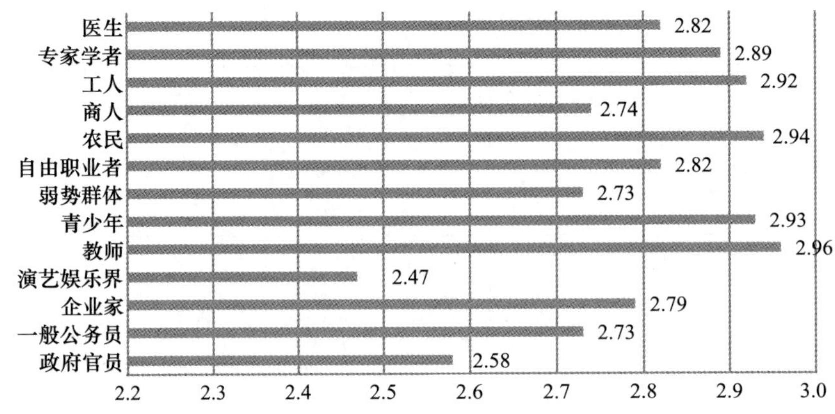

F37a 您对政府官员的伦理道德整体状况的满意度

		频数	百分比	有效百分比	累计百分比
有效	非常不满意	484	5.5%	6.2%	6.2%
	比较不满意	2411	27.5%	31.1%	37.4%
	比较满意	4701	53.7%	60.7%	98.0%
	非常满意	153	1.7%	2.0%	100.0%
	总计	7749	88.5%	100.0%	
缺失	不理解题意	10	0.1%		
	不知道	989	11.3%		
	拒绝回答	7	0.1%		
	总计	1006	11.5%		
总计		8755	100.0%		

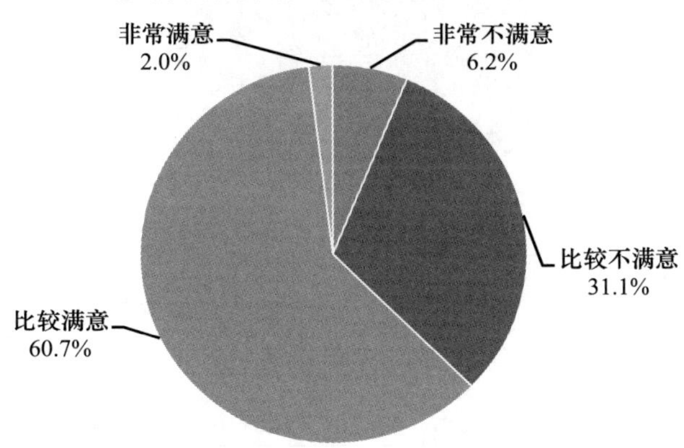

F37b 您对一般公务员的伦理道德整体状况的满意度

		频数	百分比	有效百分比	累计百分比
有效	非常不满意	180	2.1%	2.3%	2.3%
	比较不满意	2041	23.3%	26.3%	28.6%
	比较满意	5199	59.4%	67.0%	95.6%
	非常满意	342	3.9%	4.4%	100.0%
	总计	7762	88.7%	100.0%	

续表

		频数	百分比	有效百分比	累计百分比
缺失	不理解题意	12	0.1%		
	不知道	974	11.1%		
	拒绝回答	7	0.1%		
	总计	993	11.3%		
总计		8755	100.0%		

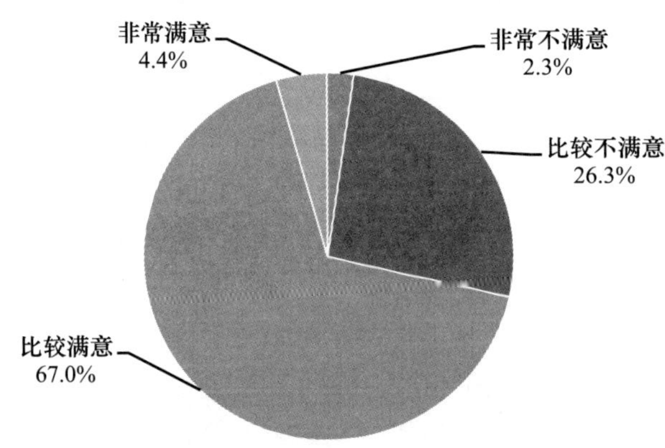

F37c 您对企业家的伦理道德整体状况的满意度

		频数	百分比	有效百分比	累计百分比
有效	非常不满意	114	1.3%	1.6%	1.6%
	比较不满意	1732	19.8%	23.8%	25.4%
	比较满意	4984	56.9%	68.6%	94.0%
	非常满意	438	5.0%	6.0%	100.0%
	总计	7268	83.0%	100.0%	
缺失	不理解题意	17	0.2%		
	不知道	1452	16.6%		
	拒绝回答	18	0.2%		
	总计	1487	17.0%		
总计		8755	100.0%		

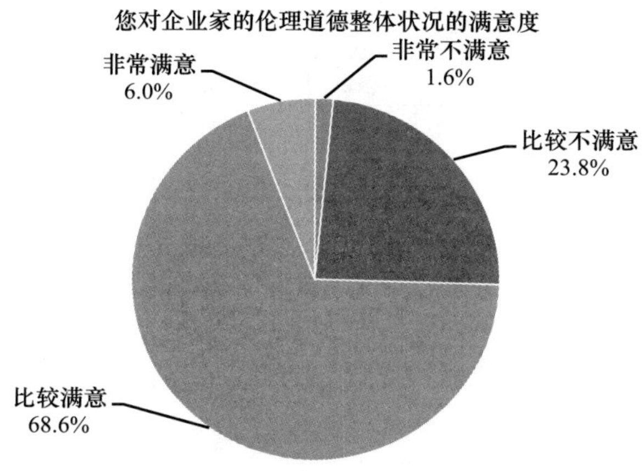

F37d 您对演艺娱乐界的伦理道德整体状况的满意度

		频数	百分比	有效百分比	累计百分比
有效	非常不满意	497	5.7%	7.7%	7.7%
	比较不满意	2832	32.3%	43.8%	51.5%
	比较满意	2744	31.3%	42.4%	93.9%
	非常满意	393	4.5%	6.1%	100.0%
	总计	6466	73.9%	100.0%	
缺失	不理解题意	20	0.2%		
	不知道	2247	25.7%		
	拒绝回答	22	0.3%		
	总计	2289	26.1%		
总计		8755	100.0%		

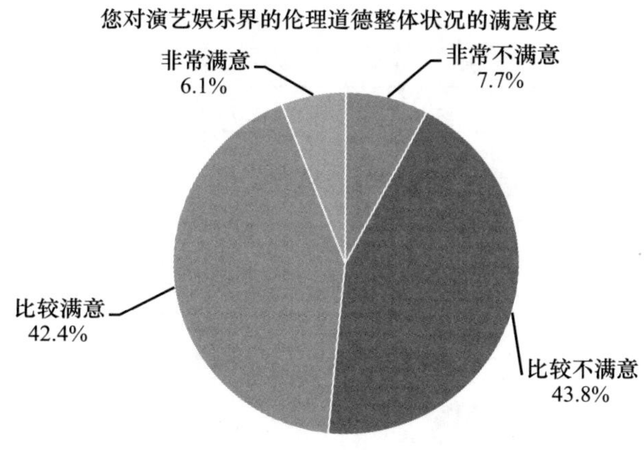

F37e 您对教师的伦理道德整体状况的满意度

		频数	百分比	有效百分比	累计百分比
有效	非常不满意	137	1.6%	1.7%	1.7%
	比较不满意	1237	14.1%	14.9%	16.6%
	比较满意	5759	65.8%	69.5%	86.1%
	非常满意	1148	13.1%	13.9%	100.0%
	总计	8281	94.6%	100.0%	
缺失	不理解题意	12	0.1%		
	不知道	446	5.1%		
	拒绝回答	16	0.2%		
	总计	474	5.4%		
总计		8755	100.0%		

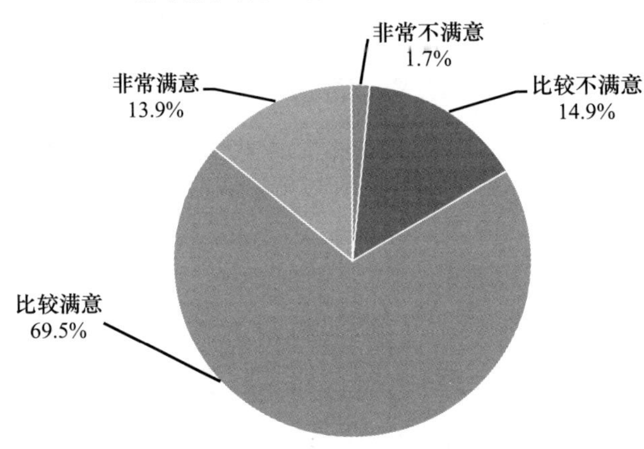

F37f 您对青少年的伦理道德整体状况的满意度

		频数	百分比	有效百分比	累计百分比
有效	非常不满意	89	1.0%	1.1%	1.1%
	比较不满意	1385	15.8%	16.9%	17.9%
	比较满意	5767	65.9%	70.2%	88.1%
	非常满意	978	11.2%	11.9%	100.0%
	总计	8219	93.9%	100.0%	

续表

		频数	百分比	有效百分比	累计百分比
缺失	不理解题意	16	0.2%		
	不知道	512	5.8%		
	拒绝回答	8	0.1%		
	总计	536	6.1%		
总计		8755	100.0%		

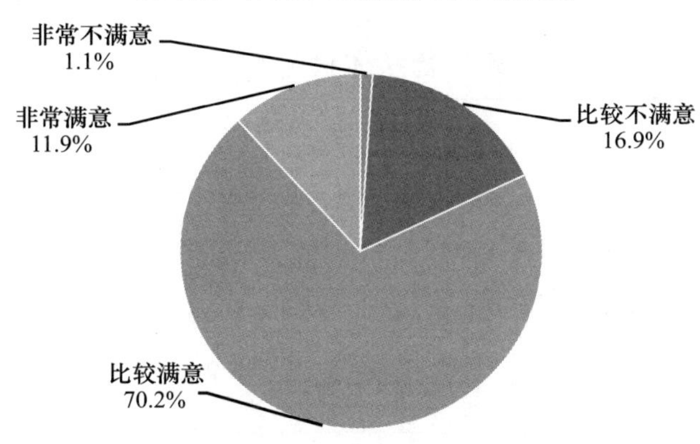

F37g 您对弱势群体的伦理道德整体状况的满意度

		频数	百分比	有效百分比	累计百分比
有效	非常不满意	156	1.8%	2.1%	2.1%
	比较不满意	1953	22.3%	25.7%	27.7%
	比较满意	5310	60.7%	69.9%	97.6%
	非常满意	183	2.1%	2.4%	100.0%
	总计	7602	86.8%	100.0%	
缺失	不理解题意	19	0.2%		
	不知道	1119	12.8%		
	拒绝回答	15	0.2%		
	总计	1153	13.2%		
总计		8755	100.0%		

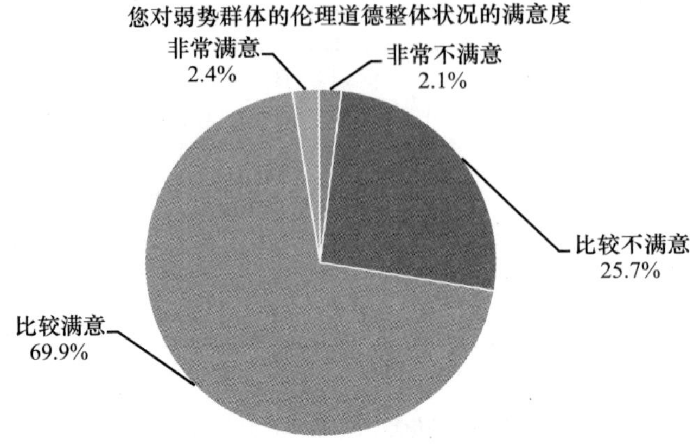

F37h 您对自由职业者的伦理道德整体状况的满意度

		频数	百分比	有效百分比	累计百分比
有效	非常不满意	98	1. 1%	1. 3%	1. 3%
	比较不满意	1574	18. 0%	20. 8%	22. 1%
	比较满意	5500	62. 8%	72. 6%	94. 6%
	非常满意	407	4. 6%	5. 4%	100. 0%
	总计	7579	86. 6%	100. 0%	
缺失	不理解题意	20	0. 2%		
	不知道	1137	13. 0%		
	拒绝回答	19	0. 2%		
	总计	1176	13. 4%		
总计		8755	100. 0%		

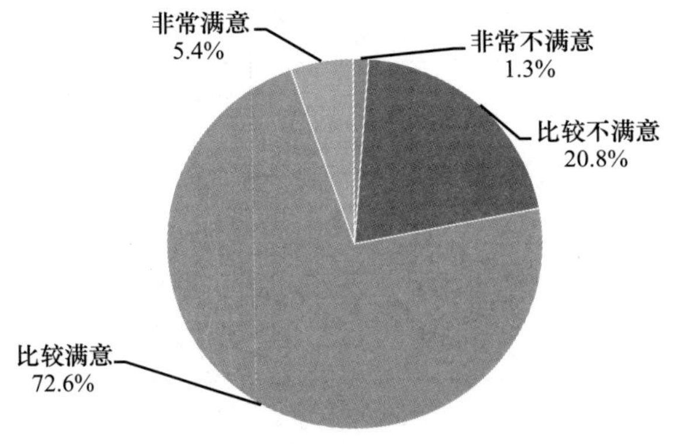

F37i 您对农民的伦理道德整体状况的满意度

		频数	百分比	有效百分比	累计百分比
有效	非常不满意	72	0.8%	0.9%	0.9%
	比较不满意	1179	13.5%	14.1%	15.0%
	比较满意	6247	71.4%	74.9%	89.9%
	非常满意	845	9.7%	10.1%	100.0%
	总计	8343	95.3%	100.0%	
缺失	不理解题意	18	0.2%		
	不知道	376	4.3%		
	拒绝回答	18	0.2%		
	总计	412	4.7%		
总计		8755	100.0%		

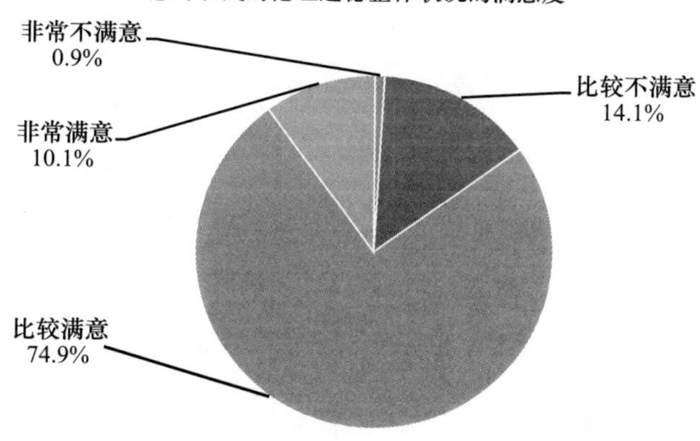

F37j 您对商人的伦理道德整体状况的满意度

		频数	百分比	有效百分比	累计百分比
有效	非常不满意	190	2.2%	2.3%	2.3%
	比较不满意	2320	26.5%	28.6%	30.9%
	比较满意	5038	57.5%	62.1%	93.1%
	非常满意	562	6.4%	6.9%	100.0%
	总计	8110	92.6%	100.0%	
缺失	不理解题意	18	0.2%		
	不知道	607	6.9%		
	拒绝回答	20	0.2%		
	总计	645	7.4%		
总计		8755	100.0%		

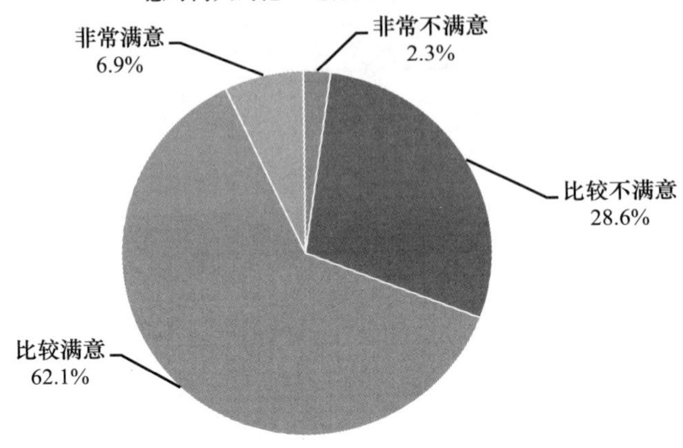

F37k 您对工人的伦理道德整体状况的满意度

		频数	百分比	有效百分比	累计百分比
有效	非常不满意	48	0.5%	0.6%	0.6%
	比较不满意	1226	14.0%	14.9%	15.5%
	比较满意	6238	71.3%	75.9%	91.4%
	非常满意	704	8.0%	8.6%	100.0%
	总计	8216	93.8%	100.0%	
缺失	不理解题意	18	0.2%		
	不知道	494	5.6%		
	拒绝回答	27	0.3%		
	总计	539	6.2%		
总计		8755	100.0%		

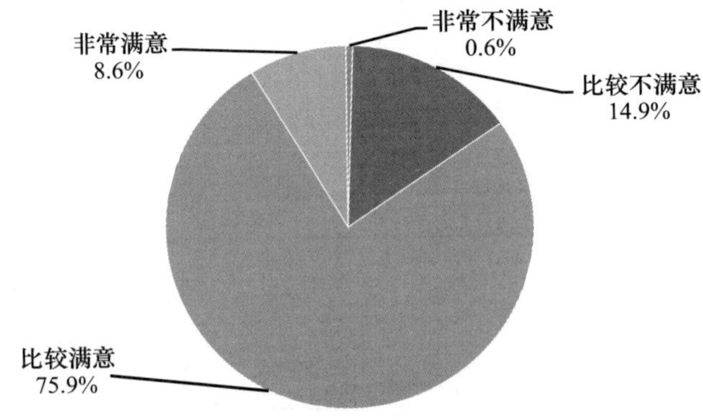

F37l 您对专家学者的伦理道德整体状况的满意度

		频数	百分比	有效百分比	累计百分比
有效	非常不满意	117	1.3%	1.6%	1.6%
	比较不满意	1386	15.8%	18.7%	20.2%
	比较满意	5117	58.4%	68.9%	89.1%
	非常满意	809	9.2%	10.9%	100.0%
	总计	7429	84.9%	100.0%	
缺失	不理解题意	19	0.2%		
	不知道	1278	14.6%		
	拒绝回答	29	0.3%		
	总计	1326	15.1%		
总计		8755	100.0%		

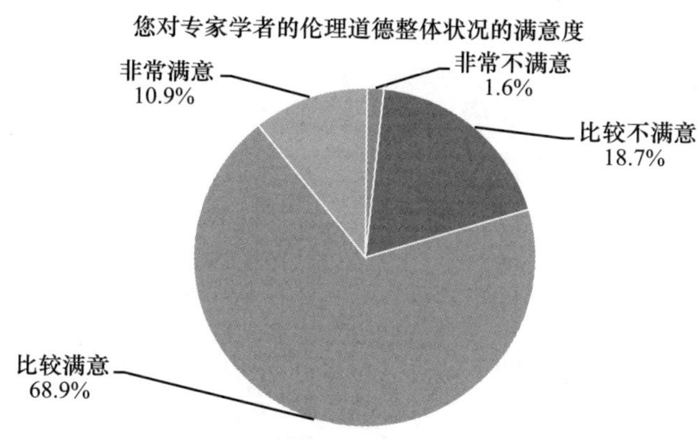

F37m 您对医生的伦理道德整体状况的满意度

		频数	百分比	有效百分比	累计百分比
有效	非常不满意	237	2.7%	2.9%	2.9%
	比较不满意	1786	20.4%	21.7%	24.6%
	比较满意	5423	61.9%	66.0%	90.6%
	非常满意	775	8.9%	9.4%	100.0%
	总计	8221	93.9%	100.0%	
缺失	不理解题意	17	0.2%		
	不知道	494	5.6%		
	拒绝回答	23	0.3%		
	总计	534	6.1%		
总计		8755	100.0%		

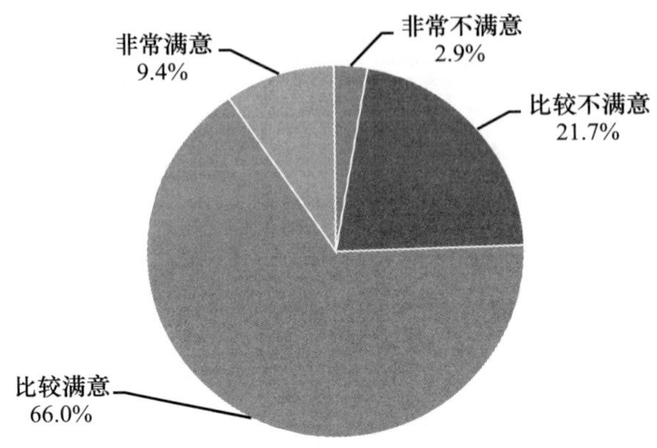

F38 下列哪些因素可能影响人际关系紧张

	频数	百分比
社会资源缺乏，引发恶性竞争	2481	29.6%
过度宣扬竞争意识	2110	25.2%
社会财富分配不公，贫富差距过大	2769	33.0%
个人主义盛行	1560	18.6%
缺乏爱心	1866	22.3%
缺乏相互理解和沟通的意识和能力	1557	18.6%
制度安排不公正，机会不平等	1937	23.1%
以权谋私，官员腐败	1778	21.2%
缺乏道德信用	1571	18.7%
人与人、人与社会之间缺乏信任	2378	28.4%
传统伦理瓦解，社会缺乏统一的价值观	760	9.1%
一切诉诸利益或法律，人际关系缺乏伦理调节的机制和能力	357	4.3%

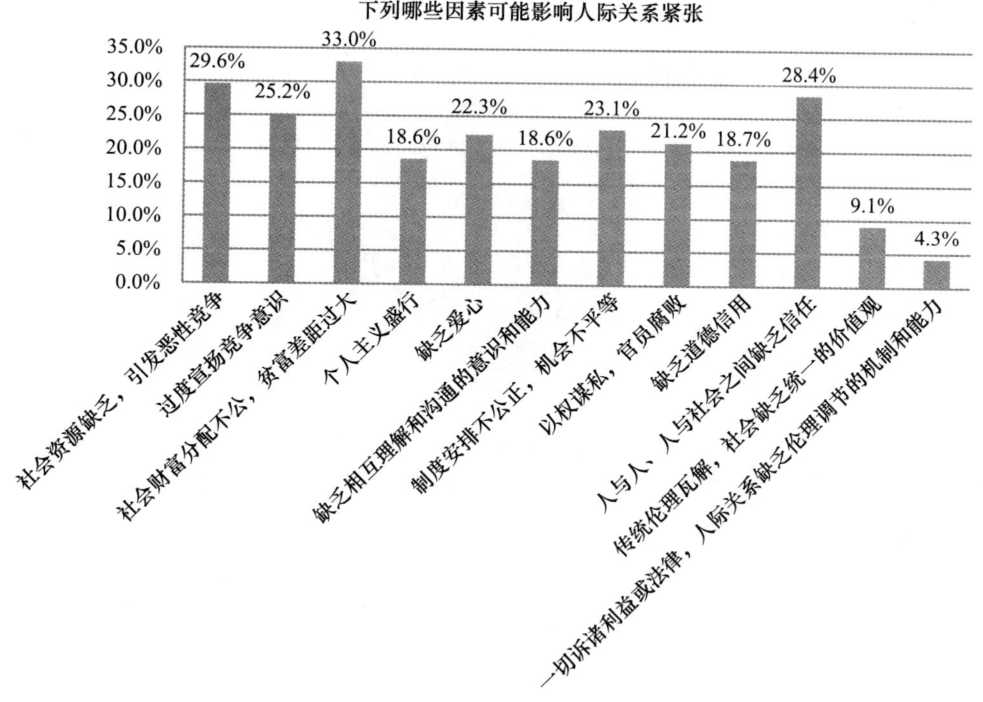

F39 您认为在现代中国社会实际奉行的道德价值是

		频数	百分比	有效百分比	累计百分比
有效	义利合一，用符合道德的方式谋利	3992	45.6%	51.6%	51.6%
	见利忘义，唯利是图	2872	32.8%	37.1%	88.7%
	不计较利害得失，道德至上	855	9.8%	11.0%	99.8%
	其他	19	0.2%	0.2%	100.0%
	总计	7738	88.4%	100.0%	
缺失	不理解题意	17	0.2%		
	不知道	943	10.8%		
	拒绝回答	57	0.7%		
	总计	1017	11.6%		
总计		8755	100.0%		

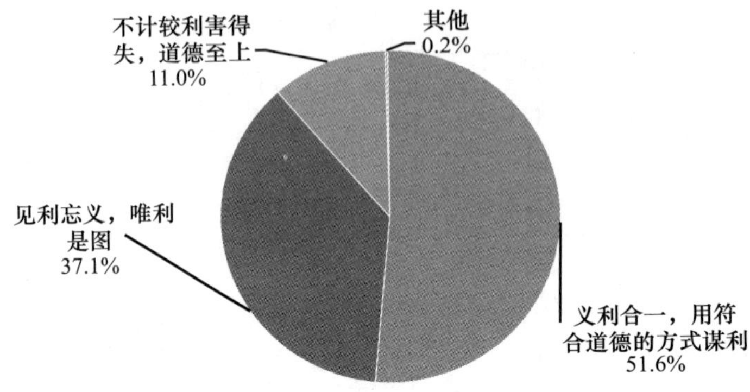

F40 对形成我国当前各种新型伦理关系和道德观念，哪些因素影响最大

	频数	百分比
网络和媒体	3634	47.2%
政府	4568	59.4%
大学及其文化	1744	22.7%
市场	2511	32.6%
企业	1613	21.0%
社会团体	1369	17.8%
知识精英	870	11.3%
国外的思潮与生活方式	964	12.5%

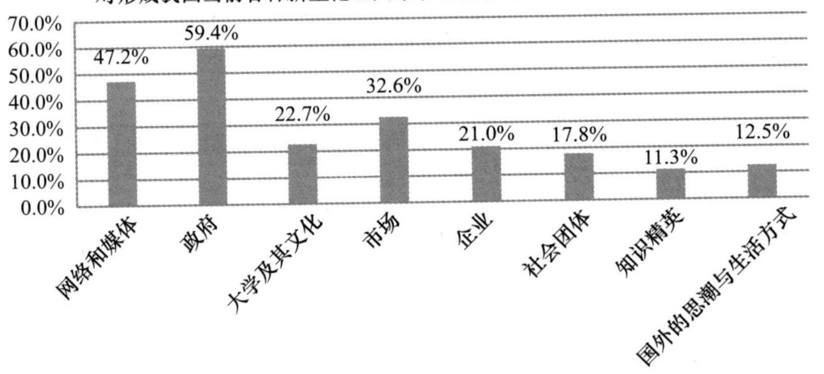

F41 对当前我国伦理关系和道德风尚造成最大负面影响的因素是

	频数	百分比
传统文化的崩坏	3198	41.2%
外来文化的冲击	2926	37.7%
市场经济导致的个人主义	2034	26.2%
网络技术的发展	1682	21.7%
分配不公，两极分化	2011	25.9%
以权谋私，官员腐败	1841	23.7%

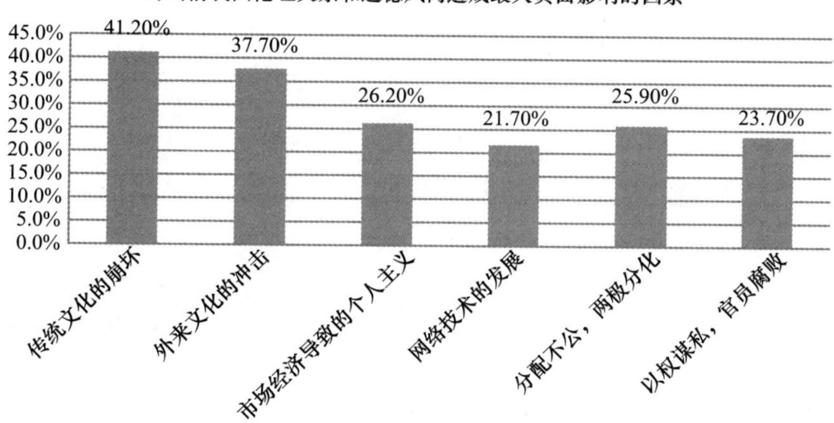

F42 造成当今不良道德风尚的最主要原因是

	频数	百分比
以权谋私，官员腐败	4437	55.3%
企业不讲诚信和损害社会利益	3298	41.1%
学校道德教育功能弱化	1959	24.4%
家庭伦理功能弱化	1325	16.5%
个人缺乏道德自觉	3212	40.0%
分配不公，两极分化	2027	25.3%
社会的不良影响	2869	35.8%

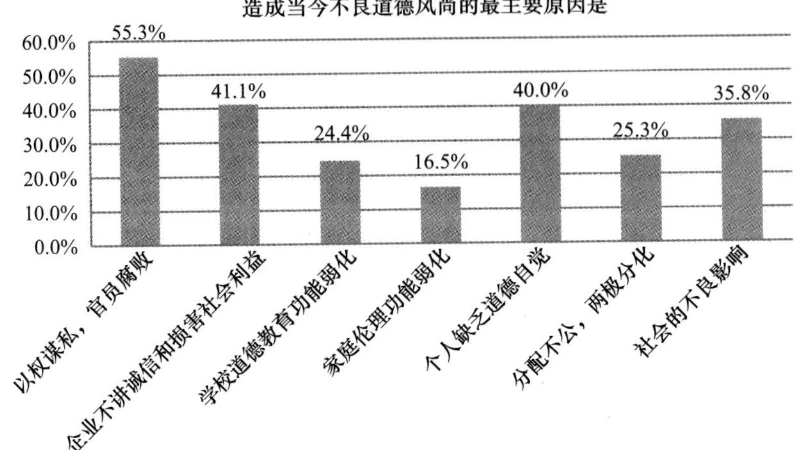

F43 导致当前医患关系紧张的原因是

	频数	加权得分	频数	加权得分	总分
医生缺乏职业道德，对病人不负责任	2604	5208	2651	2651	7859
医疗制度不合理，看病难看病贵	3488	6976	2333	2333	9309
医生腐败，不送红包不认真看病	991	1982	1342	1342	3324
“医闹”，病人蓄意闹事	597	1194	1047	1047	2241
其他	25	50	16	16	66

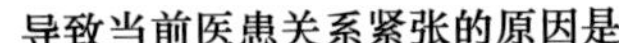

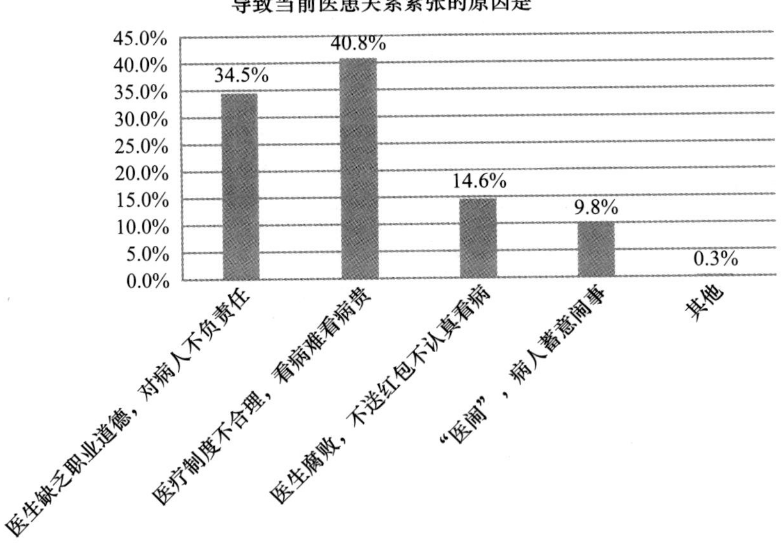

F44 您是否曾经与医生（医院）发生过矛盾或纠纷

		频数	百分比	有效百分比	累计百分比
有效	是	390	4.5%	4.5%	4.5%
	否	8290	94.7%	95.5%	100.0%
	总计	8680	99.1%	100.0%	
缺失	拒绝回答	75	0.9%		
总计		8755	100.0%		

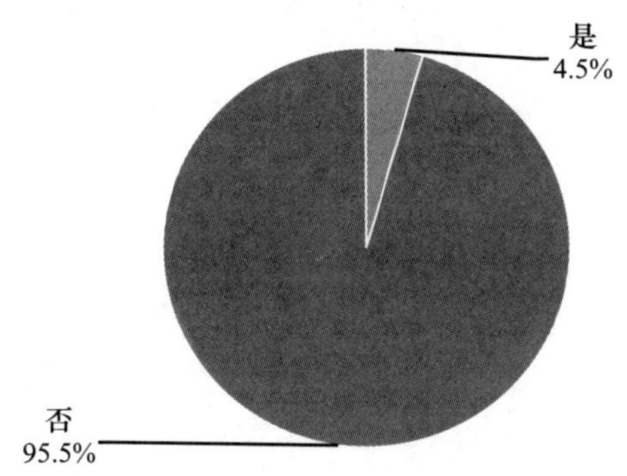

F45 您采取了哪些方式来解决医患纠纷

	频数	有效百分比
与医院协商	177	44.1%
寻求卫生局的调解或介入	94	23.4%
医学鉴定	50	12.5%
司法诉讼	73	18.2%
寻求媒体曝光	40	10.0%
信访	19	4.7%
寻求第三方医疗纠纷调解委员会调解	53	13.2%
直接找医生或医院算账	77	19.2%

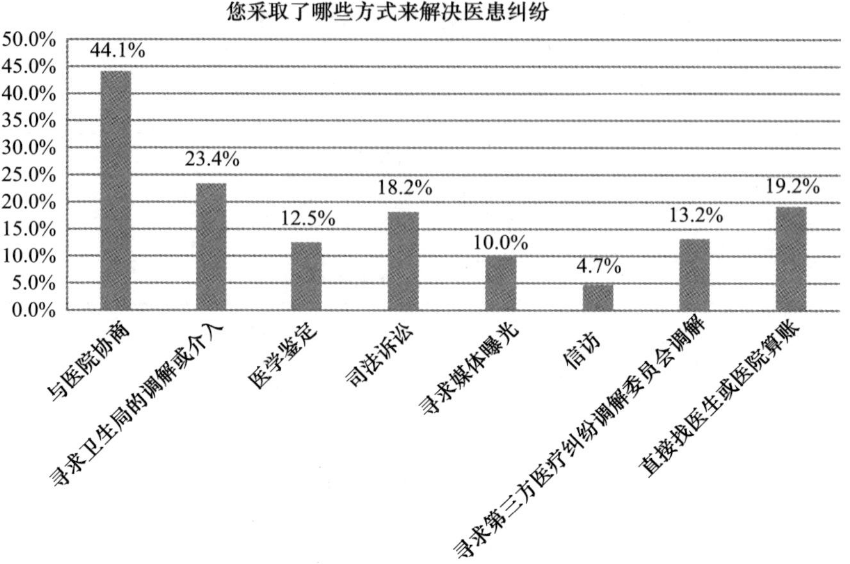

F46 某些患者会在手术前给医生送红包，您认为送红包的主要理由是

		频数	百分比	有效百分比	累计百分比
有效	不相信医生能平等地对待每个病人，送红包能提高关注度，必须送	1646	18.8%	24.3%	24.3%
	医生很辛苦，送红包是表示尊敬和感谢	930	10.6%	13.7%	38.0%
	大家都送，我不送会吃亏，不送心里不踏实	1186	13.5%	17.5%	55.5%
	送红包能让医生对我更用心，但我不会这么做	1219	13.9%	18.0%	73.4%
	大家都送红包，事实上无助于提高治疗效果，我不会这么做	1244	14.2%	18.3%	91.8%
	想送，但我没有能力送	558	6.4%	8.2%	100.0%
	总计	6783	77.5%	100.0%	
缺失	不理解题意	1943	22.2%		
	不知道/说不清楚	2			
	拒绝回答	27	0.3%		
	总计	1972	22.5%		
总计		8755	100.0%		

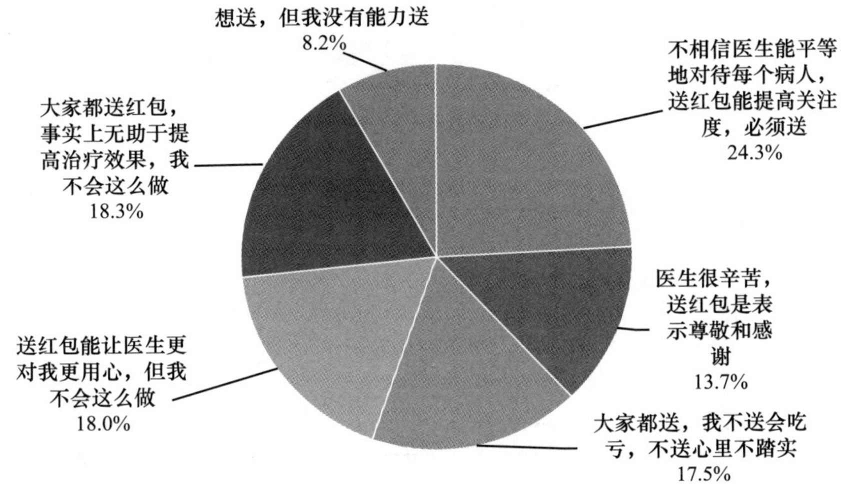

G. 政府伦理

G1 和前几年相比，您认为目前我国官员腐败现象有什么变化

		频数	百分比	有效百分比	累计百分比
有效	有很大改善	1031	11.8%	12.8%	12.8%
	有较大改善	5229	59.7%	65.1%	77.9%
	没什么变化	1567	17.9%	19.5%	97.4%
	更加恶化	182	2.1%	2.3%	99.7%
	其他	28	0.3%	0.3%	100.0%
	总计	8037	91.8%	100.0%	
缺失	不理解题意	5	0.1%		
	不知道	685	7.8%		
	拒绝回答	28	0.3%		
	总计	718	8.2%		
总计		8755	100.0%		

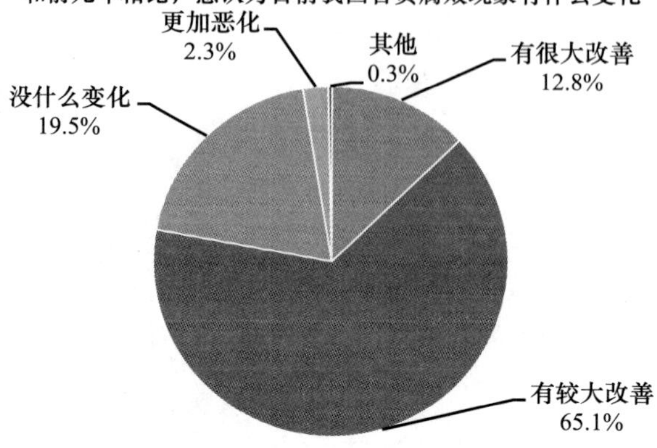

G2 您认为干部当官的目的是

	频数	有效百分比
为国家与社会做贡献	2187	27.0%
为人民服务，为百姓做好事做实事	3674	45.4%
为家庭增光，光宗耀祖	2068	25.6%
为自己升官发财	2776	34.3%
没特殊目的，一个稳定而待遇高的职业而已	1708	21.1%
其他	15	0.2%

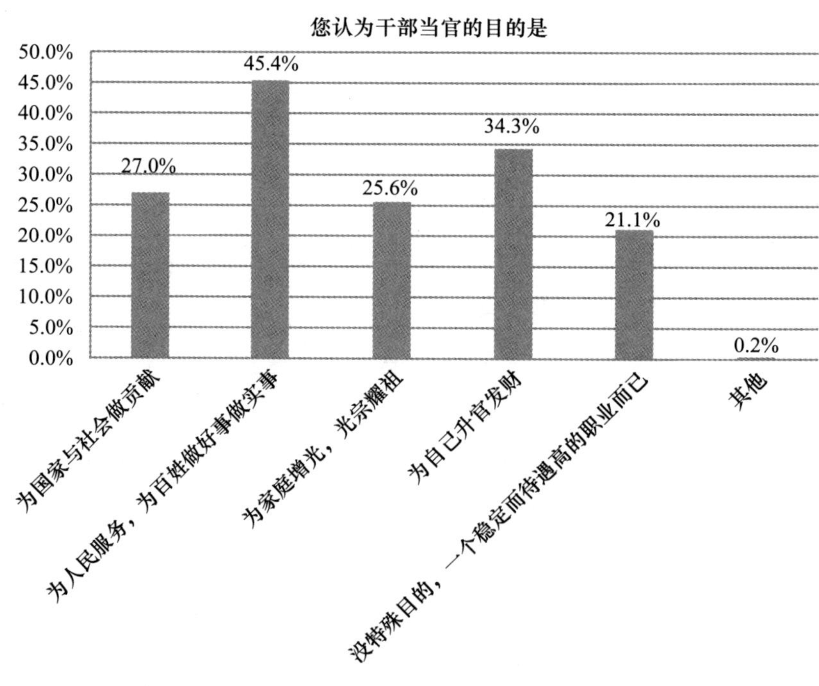

G3 与前几年相比，您对政府官员的信任度有什么变化

		频数	百分比	有效百分比	累计百分比
有效	信任度提高了	3346	38.2%	38.8%	38.8%
	更加不信任	1174	13.4%	13.6%	52.4%
	没什么变化	4090	46.7%	47.4%	99.8%
	其他	20	0.2%	0.2%	100.0%
	总计	8630	98.6%	100.0%	
缺失	不理解题意	8	0.1%		
	不知道	33	0.4%		
	拒绝回答	84	1.0%		
	总计	125	1.4%		
总计		8755	100.0%		

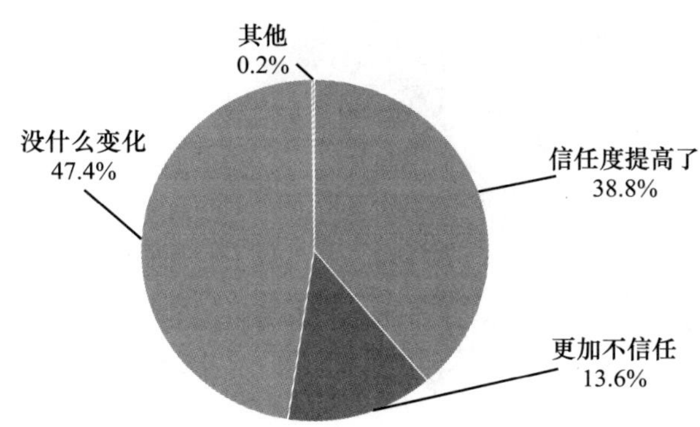

G4 在生活中或媒体上看到政府官员时，您首先想到的是

		频数	百分比	有效百分比	累计百分比
有效	公仆，为老百姓谋福利	1667	19.0%	19.3%	19.3%
	官僚，根本不了解我们的情况	1922	22.0%	22.2%	41.5%
	有权有势的人	1738	19.9%	20.1%	61.6%
	有本事的人	1232	14.1%	14.3%	75.9%
	领导，决定我们命运的人	817	9.3%	9.5%	85.4%
	贪官	494	5.6%	5.7%	91.1%
	惹不起但躲得起的人	265	3.0%	3.1%	94.1%
	遇到大事可以信任的人	248	2.8%	2.9%	97.0%

续表

		频数	百分比	有效百分比	累计百分比
有效	其他	259	3.0%	3.0%	100.0%
	总计	8642	98.7%	100.0%	
缺失	不知道	76	0.9%		
	不理解题意	12	0.1%		
	拒绝回答	25	0.3%		
	总计	113	1.3%		
总计		8755	100.0%		

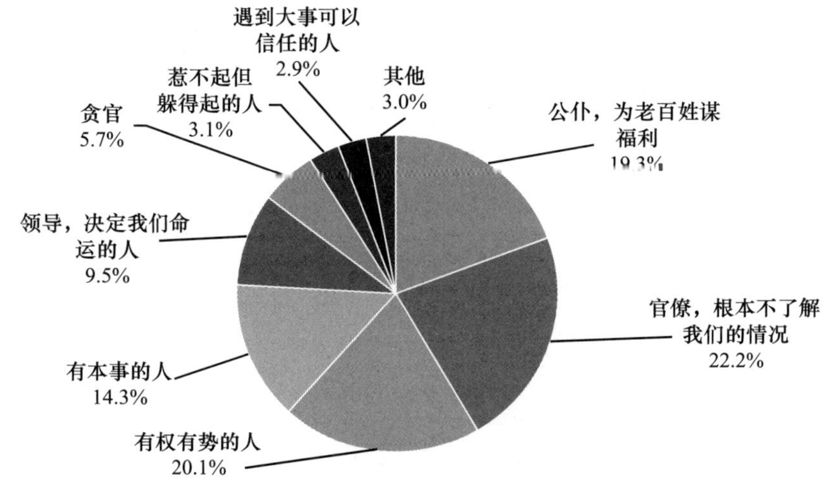

G5 您觉得当前我国政府官员道德问题最严重的是

	频数	百分比
贪污受贿	3776	49.5%
以权谋私	4272	56.0%
生活作风腐败	2408	31.6%
官僚主义	1150	15.1%
平庸，不作为，只保护自己，不解决实际问题	2729	35.8%
乱作为，搞政绩工程，折腾百姓	1695	22.2%
铺张浪费	982	12.9%
拉帮结派	1016	13.3%
骄横跋扈，欺压百姓	545	7.2%

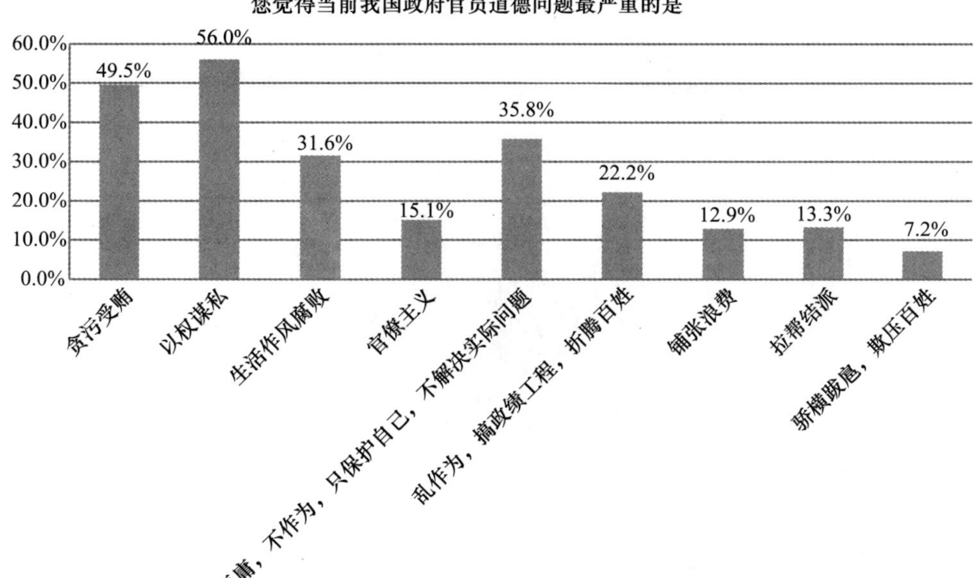

G6 政府在制定政策和决策时充分考虑到伦理道德方面的要求了吗

		频数	百分比	有效百分比	累计百分比
有效	有考虑，能够从日常生活中感受到	3141	35.9%	37.1%	37.1%
	有考虑，能够从政策文件中体会到	2005	22.9%	23.7%	60.7%
	只是口头上说说，没有实质性行动	2384	27.2%	28.1%	88.9%
	没有考虑，政策制度都是从自己的政绩和富人的利益着想	885	10.1%	10.4%	99.3%
	其他	56	0.6%	0.7%	100.0%
	总计	8471	96.8%	100.0%	
缺失	不理解题意	103	1.2%		
	不知道	148	1.7%		
	拒绝回答	33	0.4%		
	总计	284	3.2%		
总计		8755	100.0%		

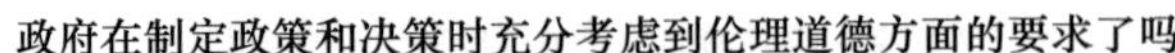

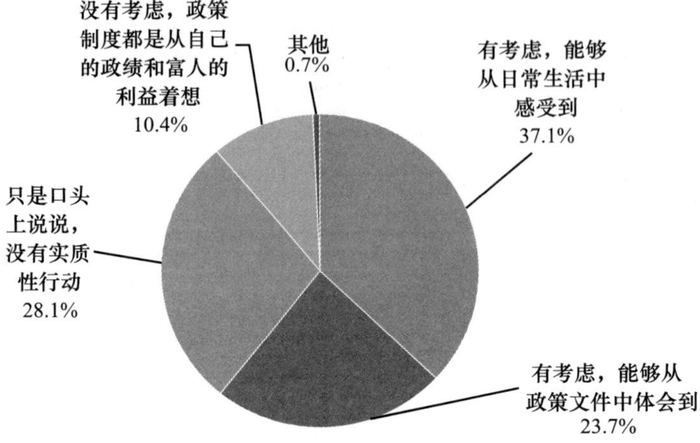

G7 残疾人、留守儿童、孤寡老人等弱势群体需要来自全社会的关爱与帮助，您认为本地区做得怎么样

	很好	比较好	不太好	很差	平均数
社区提供的服务	590	4854	1644	142	2.19
周围人的尊重和关爱	756	5413	1526	107	2.13
社会服务机构提供专业化服务	690	3732	2205	211	2.28
政府实施的社会援助	729	3597	2170	319	2.31
公益与慈善事业	540	3109	1948	371	2.36
志愿者帮助	577	3283	1743	334	2.31

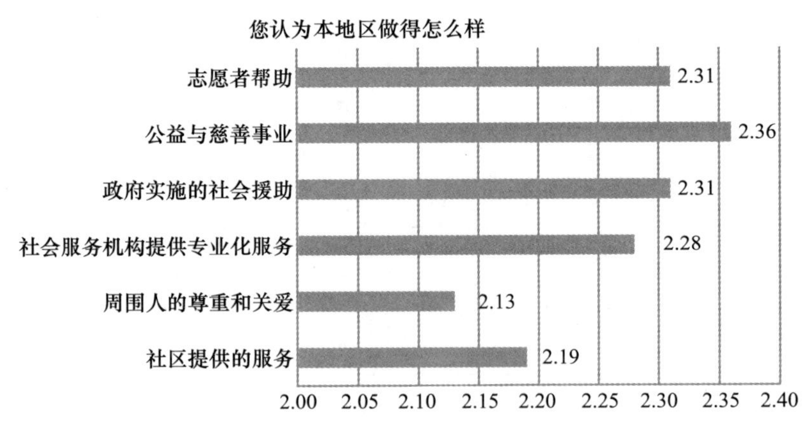

G7a 您认为本地区社区提供的服务做得怎么样

		频数	百分比	有效百分比	累计百分比
有效	很好	590	6.7%	8.2%	8.2%
	比较好	4854	55.4%	67.1%	75.3%
	不太好	1644	18.8%	22.7%	98.0%
	很差	142	1.6%	2.0%	100.0%
	总计	7230	82.6%	100.0%	
缺失	不理解题意	30	0.3%		
	不知道	1483	16.9%		
	拒绝回答	12	0.1%		
	总计	1525	17.4%		
总计		8755	100.0%		

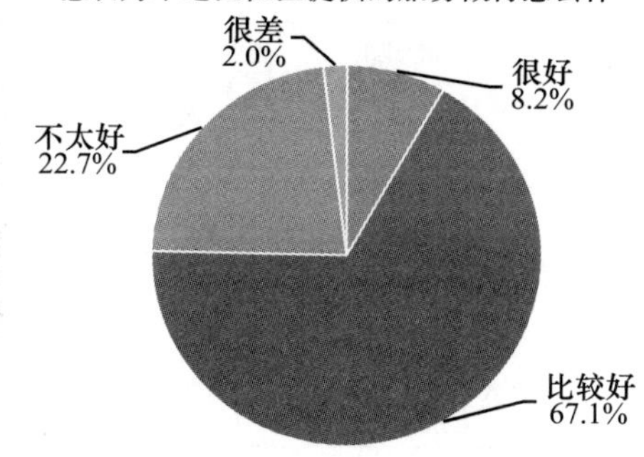

G7b 您认为本地区周围人的尊重和关爱做得怎么样

		频数	百分比	有效百分比	累计百分比
有效	很好	756	8.6%	9.7%	9.7%
	比较好	5413	61.8%	69.4%	79.1%
	不太好	1526	17.4%	19.6%	98.6%
	很差	107	1.2%	1.4%	100.0%
	总计	7802	89.1%	100.0%	
缺失	不理解题意	29	0.3%		
	不知道	913	10.4%		
	拒绝回答	11	0.1%		
	总计	953	10.9%		
总计		8755	100.0%		

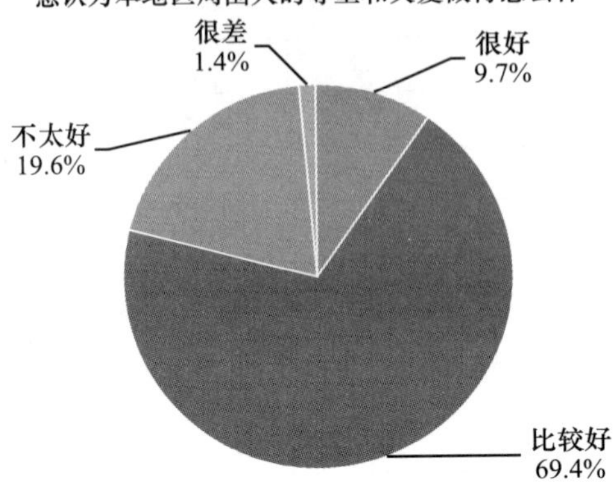

G7c 您认为本地区社会服务机构提供专业化服务做得怎么样

		频数	百分比	有效百分比	累计百分比
有效	很好	690	7.9%	10.1%	10.1%
	比较好	3732	42.6%	54.6%	64.7%
	不太好	2205	25.2%	32.2%	96.9%
	很差	211	2.4%	3.1%	100.0%
	总计	6838	78.1%	100.0%	
缺失	不理解题意	34	0.4%		
	不知道	1863	21.3%		
	拒绝回答	20	0.2%		
	总计	1917	21.9%		
总计		8755	100.0%		

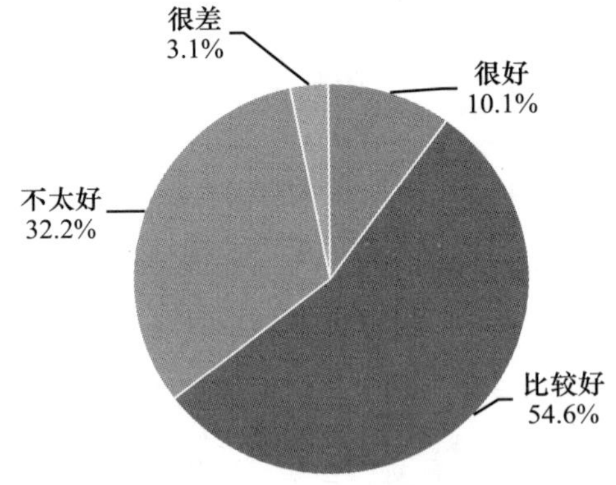

G7d 您认为本地区政府实施的社会援助做得怎么样

		频数	百分比	有效百分比	累计百分比
有效	很好	729	8.3%	10.7%	10.7%
	比较好	3597	41.1%	52.8%	63.5%
	不太好	2170	24.8%	31.8%	95.3%
	很差	319	3.6%	4.7%	100.0%
	总计	6815	77.8%	100.0%	
缺失	不理解题意	30	0.3%		
	不知道	1892	21.6%		
	拒绝回答	18	0.2%		
	总计	1940	22.2%		
总计		8755	100.0%		

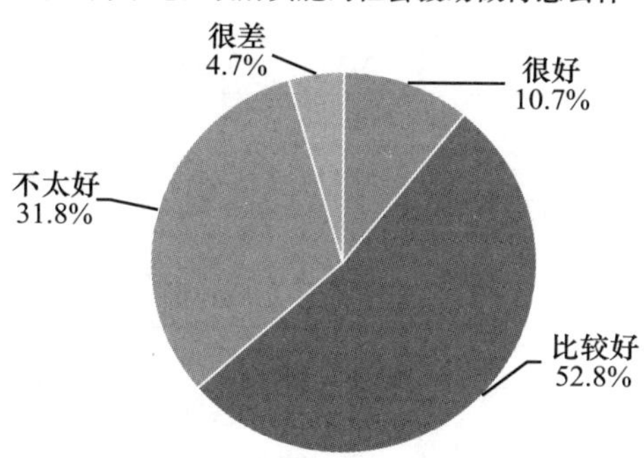

G7e 您认为本地区公益与慈善事业做得怎么样

		频数	百分比	有效百分比	累计百分比
有效	很好	540	6.2%	9.0%	9.0%
	比较好	3109	35.5%	52.1%	61.1%
	不太好	1948	22.3%	32.7%	93.8%
	很差	371	4.2%	6.2%	100.0%
	总计	5968	68.2%	100.0%	
缺失	不理解题意	39	0.4%		
	不知道	2725	31.1%		
	拒绝回答	23	0.3%		
	总计	2787	31.8%		
总计		8755	100.0%		

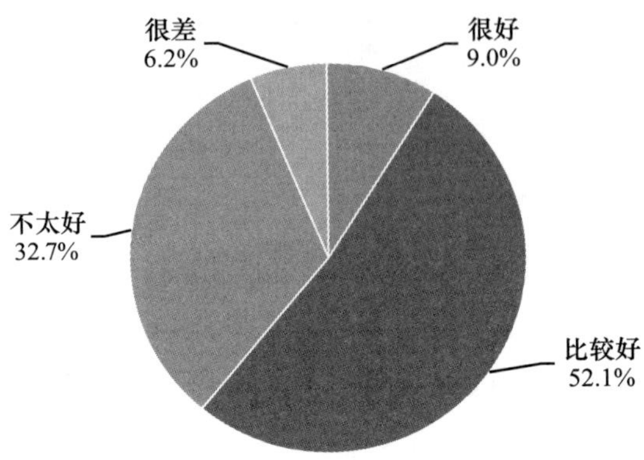

G7f 您认为本地区志愿者帮助做得怎么样

		频数	百分比	有效百分比	累计百分比
有效	很好	577	6.6%	9.7%	9.7%
	比较好	3283	37.5%	55.3%	65.0%
	不太好	1743	19.9%	29.4%	94.4%
	很差	334	3.8%	5.6%	100.0%
	总计	5937	67.8%	100.0%	
缺失	不理解题意	43	0.5%		
	不知道	2754	31.5%		
	拒绝回答	21	0.2%		
	总计	2818	32.2%		
总计		8755	100.0%		

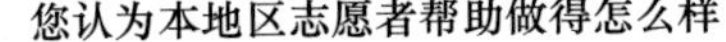

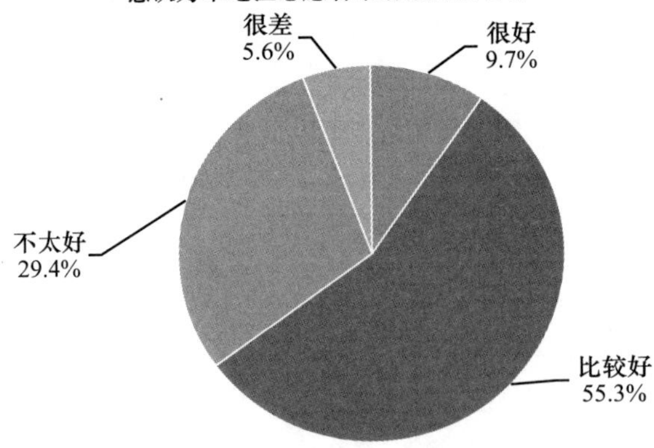

G8 现在有的地方建了“好人馆”“好人广场”“好人公园”，您认为有必要为好人树碑立传吗

		频数	百分比	有效百分比	累计百分比
有效	很有必要，可以让更多的人知道他们，向他们学习	5267	60.2%	67.8%	67.8%
	可有可无	1234	14.1%	15.9%	83.7%
	没有必要	1263	14.4%	16.3%	100.0%
	总计	7764	88.7%	100.0%	
缺失	不知道	970	11.1%		
	拒绝回答	21	0.2%		
	总计	991	11.3%		
总计		8755	100.0%		

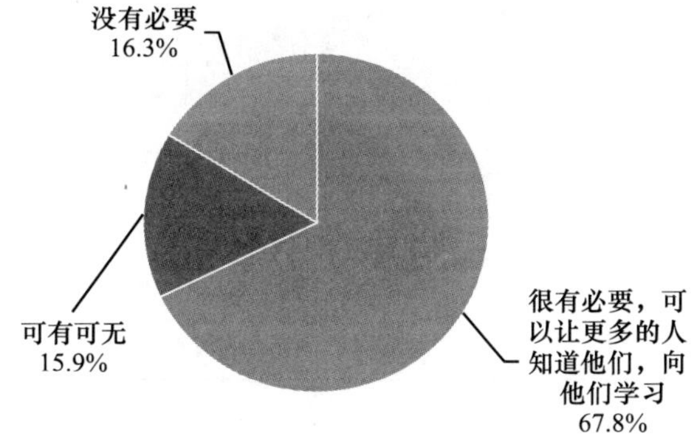

G9 党的十八大以来，以习近平同志为核心的党中央出台了一系列治国理政的新举措，给社会生活带来了什么变化

		频数	百分比	有效百分比	累计百分比
有效	社会在向好的方向发展，对未来生活更有信心	4397	50.2%	50.8%	50.8%
	目前没看出有什么影响	1852	21.2%	21.4%	72.1%
	虽然出台了一些政策，感觉解决不了什么问题	1656	18.9%	19.1%	91.3%
	不关心这些、说不清楚	748	8.5%	8.6%	99.9%
	其他	10	0.1%	0.1%	100.0%
	总计	8663	98.9%	100.0%	

续表

		频数	百分比	有效百分比	累计百分比
缺失	不理解题意	11	0.1%		
	不知道	12	0.1%		
	拒绝回答	69	0.8%		
	总计	92	1.1%		
总计		8755	100.0%		

党的十八大以来，以习近平同志为核心的党中央出台了一系列治国理政的新举措，给社会生活带来了什么变化

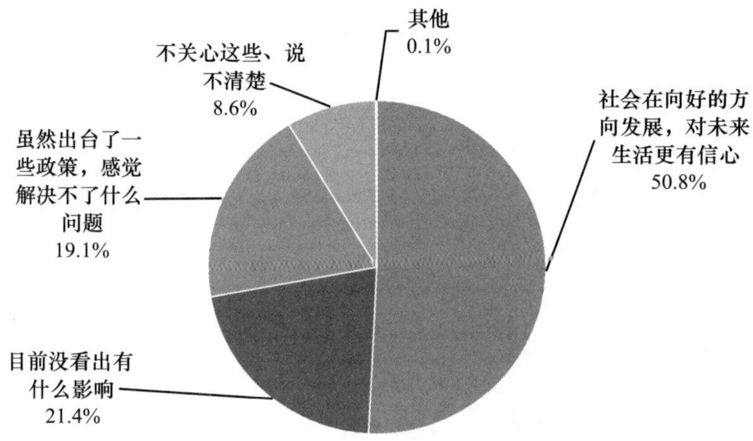

G10 您认为本地政府在以下方面的政策措施对促进社会公平有效果吗

	较大效果	有点效果	没有效果	更不公平	大大加剧了不公平	平均数
就业政策	457	4119	2263	320	56	2.36
教育政策	680	4675	1919	335	37	2.26
医疗卫生政策	786	4533	1993	527	62	2.31
低保政策	753	3779	2023	841	120	2.44
房地产政策	367	2176	2415	955	317	2.79
拆迁安置政策	347	2023	2263	961	361	2.83

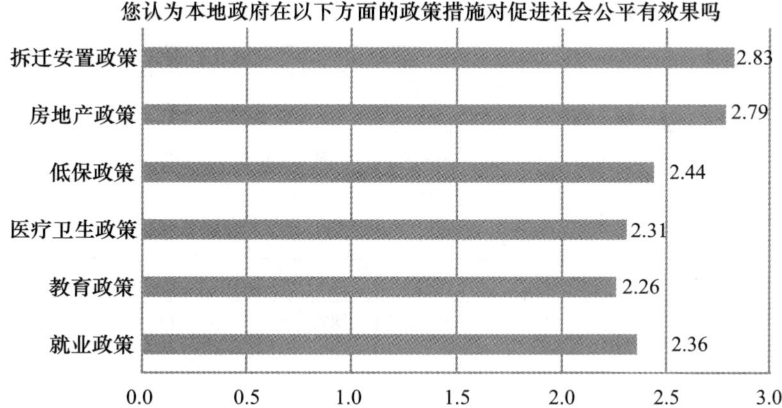

G10a 就业政策对促进社会公平有效果吗

		频数	百分比	有效百分比	累计百分比
有效	有较大效果	457	5.2%	6.3%	6.3%
	有点效果	4119	47.0%	57.1%	63.4%
	没有效果	2263	25.8%	31.4%	94.8%
	更不公平	320	3.7%	4.4%	99.2%
	大大加剧了不公平	56	0.6%	0.8%	100.0%
	总计	7215	82.4%	100.0%	
缺失	不理解题意	60	0.7%		
	不知道	1473	16.8%		
	拒绝回答	7	0.1%		
	总计	1540	17.6%		
总计		8755	100.0%		

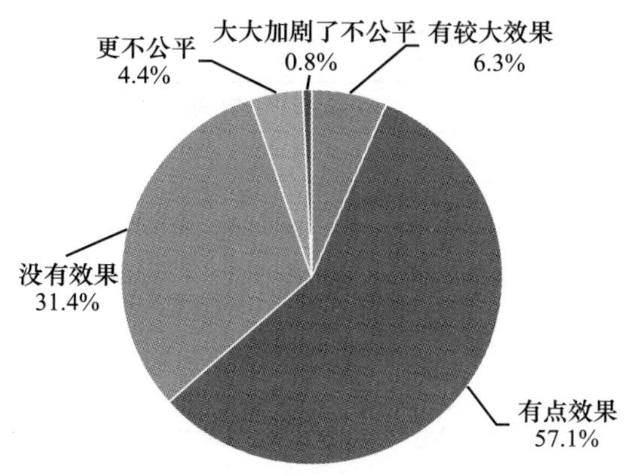

G10b 教育政策对促进社会公平有效果吗

		频数	百分比	有效百分比	累计百分比
有效	有较大效果	680	7.8%	8.9%	8.9%
	有点效果	4675	53.4%	61.1%	70.0%
	没有效果	1919	21.9%	25.1%	95.1%
	更不公平	335	3.8%	4.4%	99.5%
	大大加剧了不公平	37	0.4%	0.5%	100.0%
	总计	7646	87.3%	100.0%	
缺失	不理解题意	60	0.7%		
	不知道	1037	11.8%		
	拒绝回答	12	0.1%		
	总计	1109	12.7%		
总计		8755	100.0%		

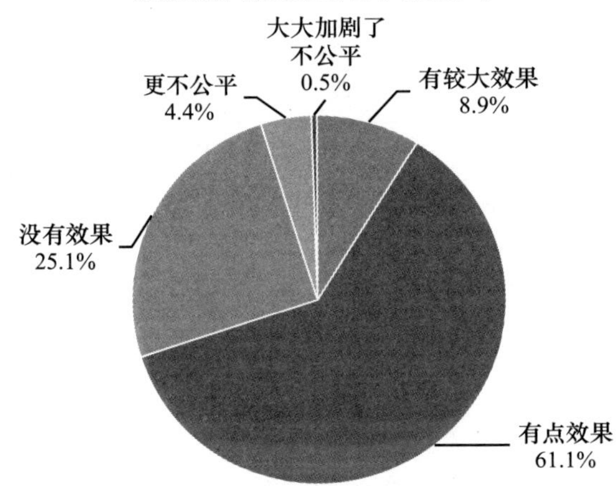

G10c 医疗卫生政策对促进社会公平有效果吗

		频数	百分比	有效百分比	累计百分比
有效	有较大效果	786	9.0%	9.9%	9.9%
	有点效果	4533	51.8%	57.4%	67.3%
	没有效果	1993	22.8%	25.2%	92.5%
	更不公平	527	6.0%	6.7%	99.2%
	大大加剧了不公平	62	0.7%	0.8%	100.0%
	总计	7901	90.2%	100.0%	

续表

		频数	百分比	有效百分比	累计百分比
缺失	不理解题意	59	0.7%		
	不知道	786	9.0%		
	拒绝回答	9	0.1%		
	总计	854	9.8%		
总计		8755	100.0%		

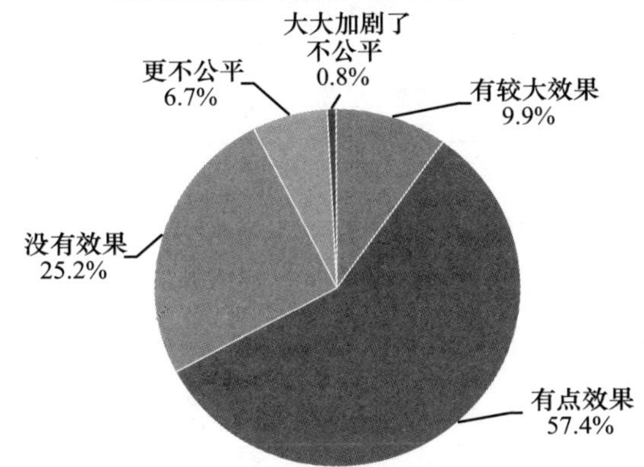

G10d 低保政策对促进社会公平有效果吗

		频数	百分比	有效百分比	累计百分比
有效	有较大效果	753	8.6%	10.0%	10.0%
	有点效果	3779	43.2%	50.3%	60.3%
	没有效果	2023	23.1%	26.9%	87.2%
	更不公平	841	9.6%	11.2%	98.4%
	大大加剧了不公平	120	1.4%	1.6%	100.0%
	总计	7516	85.8%	100.0%	
缺失	不理解题意	60	0.7%		
	不知道	1168	13.3%		
	拒绝回答	11	0.1%		
	总计	1239	14.2%		
总计		8755	100.0%		

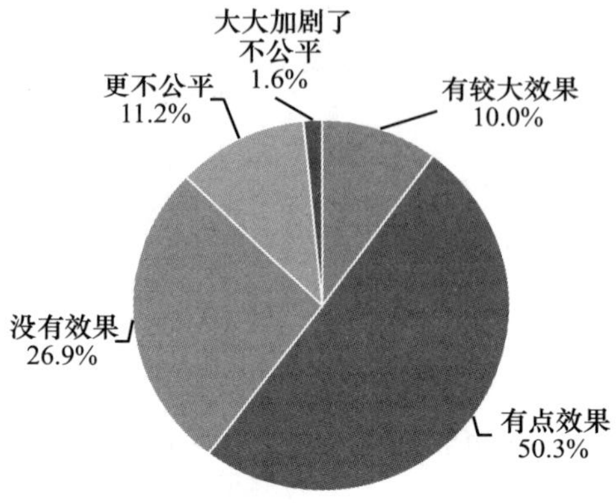

G10e 房地产政策对促进社会公平有效果吗

		频数	百分比	有效百分比	累计百分比
有效	有较大效果	367	4.2%	5.9%	5.9%
	有点效果	2176	24.9%	34.9%	40.8%
	没有效果	2415	27.6%	38.8%	79.6%
	更不公平	955	10.9%	15.3%	94.9%
	大大加剧了不公平	317	3.6%	5.1%	100.0%
	总计	6230	71.2%	100.0%	
缺失	不理解题意	61	0.7%		
	不知道	2453	28.0%		
	拒绝回答	11	0.1%		
	总计	2525	28.8%		
总计		8755	100.0%		

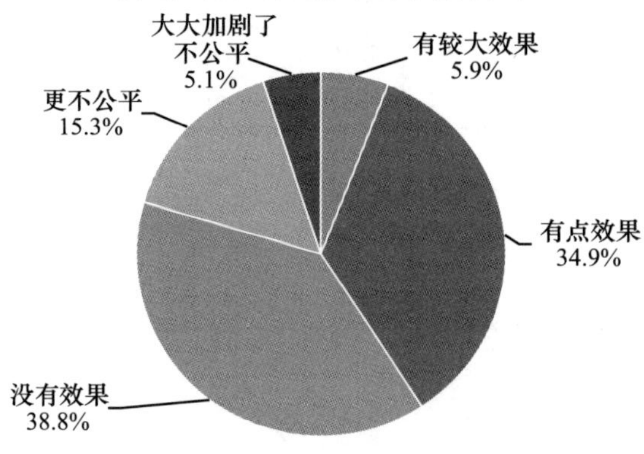

G10f 拆迁安置政策对促进社会公平有效果吗

		频数	百分比	有效百分比	累计百分比
有效	有较大效果	347	4. 0%	5. 8%	5. 8%
	有点效果	2023	23. 1%	34. 0%	39. 8%
	没有效果	2263	25. 8%	38. 0%	77. 8%
	更不公平	961	11. 0%	16. 1%	93. 9%
	大大加剧了不公平	361	4. 1%	6. 1%	100. 0%
	总计	5955	68. 0%	100. 0%	
缺失	不理解题意	64	0. 7%		
	不知道	2728	31. 2%		
	拒绝回答	8	0. 1%		
	总计	2800	32. 0%		
总计		8755	100. 0%		

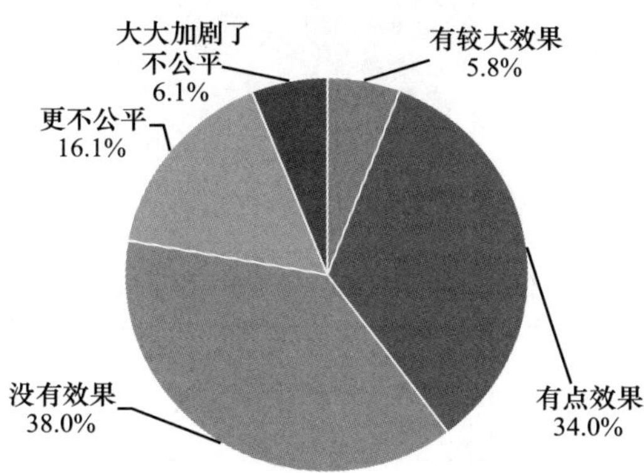

G11 如果遭遇重大公共事件，您相信政府公布的信息和采取的措施吗

		频数	百分比	有效百分比	累计百分比
有效	相信，大都是可靠的，比网络流传的可靠	5425	62. 0%	62. 6%	62. 6%
	不相信，都是安抚百姓的策略	1418	16. 2%	16. 4%	78. 9%
	将信将疑，走一步看一步	1818	20. 8%	21. 0%	99. 9%
	其他	8	0. 1%	0. 1%	100. 0%
	总计	8669	99. 0%	100. 0%	

续表

		频数	百分比	有效百分比	累计百分比
缺失	不理解题意	46	0.5%		
	不知道	18	0.2%		
	拒绝回答	22	0.3%		
	总计	86	1.0%		
总计		8755	100.0%		

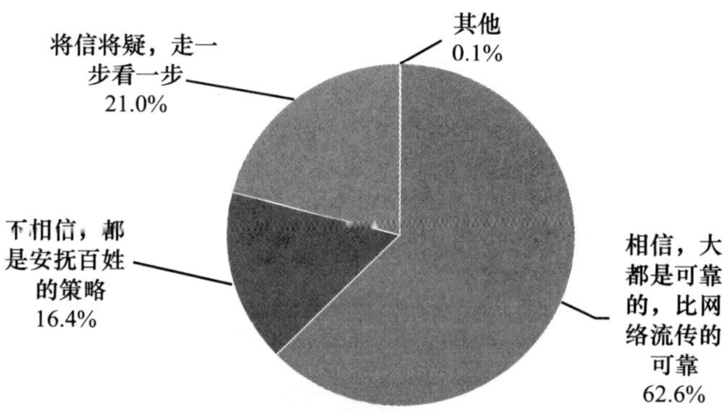

G12 您觉得政府推动或倡导的下列活动，效果如何

	完全没效果	效果较差	效果较好	效果很好	平均数
文明城市创建	156	1685	4900	783	2.84
学雷锋活动	185	1666	4373	642	2.80
典型人物的宣传	175	1490	4283	736	2.83
志愿服务的倡导和推广	137	1460	3684	859	2.86
反腐倡廉的举措	291	1435	3564	1043	2.85
《公民道德建设实施纲要》的推进	217	1225	2933	627	2.79

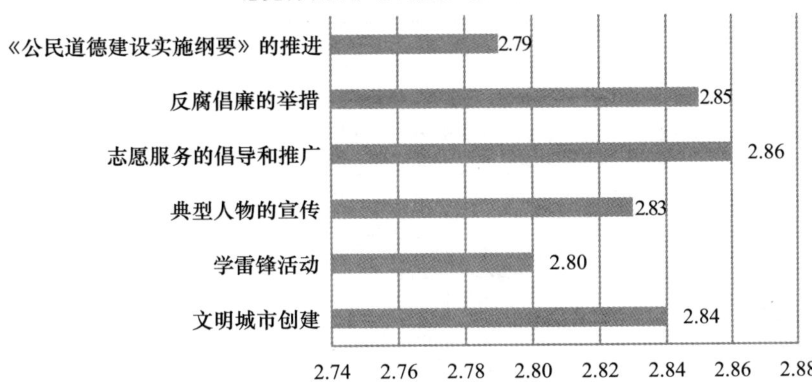

G12a 政府推动或倡导的文明城市创建效果如何

		频数	百分比	有效百分比	累计百分比
有效	完全没效果	156	1.8%	2.1%	2.1%
	效果较差	1685	19.2%	22.4%	24.5%
	效果较好	4900	56.0%	65.1%	89.6%
	效果很好	783	8.9%	10.4%	100.0%
	总计	7524	85.9%	100.0%	
缺失	不理解题意	39	0.4%		
	没听说过该活动	1181	13.5%		
	拒绝回答	11	0.1%		
	总计	1231	14.1%		
总计		8755	100.0%		

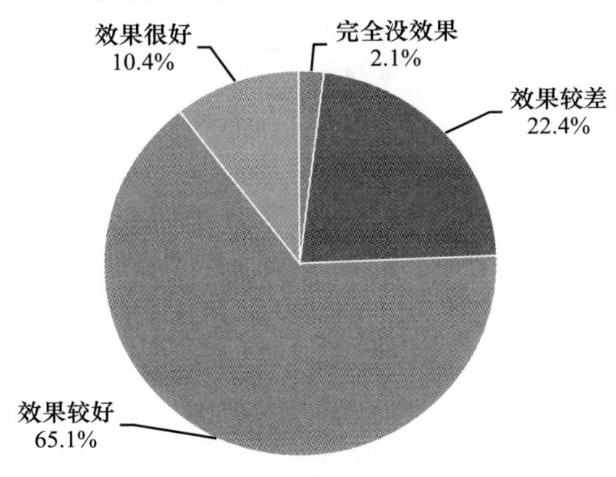

G12b 政府推动或倡导的学雷锋活动效果如何

		频数	百分比	有效百分比	累计百分比
有效	完全没效果	185	2.1%	2.7%	2.7%
	效果较差	1666	19.0%	24.3%	27.0%
	效果较好	4373	49.9%	63.7%	90.6%
	效果很好	642	7.3%	9.4%	100.0%
	总计	6866	78.4%	100.0%	
缺失	不理解题意	41	0.5%		
	没听说过该活动	1830	20.9%		
	拒绝回答	18	0.2%		
	总计	1889	21.6%		
总计		8755	100.0%		

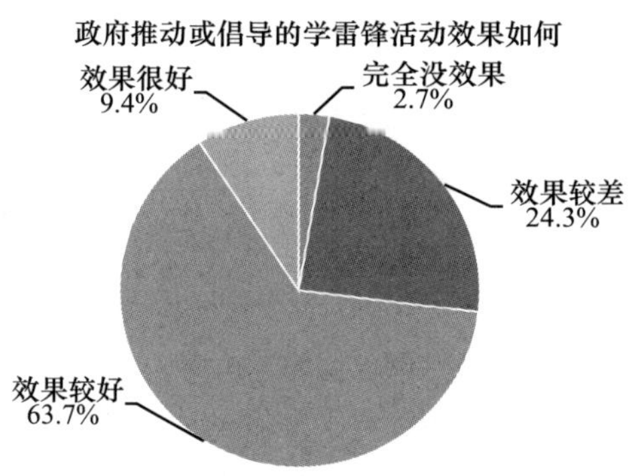

G12c 政府推动或倡导的典型人物的宣传活动效果如何

		频数	百分比	有效百分比	累计百分比
有效	完全没效果	175	2.0%	2.6%	2.6%
	效果较差	1490	17.0%	22.3%	24.9%
	效果较好	4283	48.9%	64.1%	89.0%
	效果很好	736	8.4%	11.0%	100.0%
	总计	6684	76.3%	100.0%	
缺失	不理解题意	40	0.5%		
	没听说过该活动	2010	23.0%		
	拒绝回答	21	0.2%		
	总计	2071	23.7%		
总计		8755	100.0%		

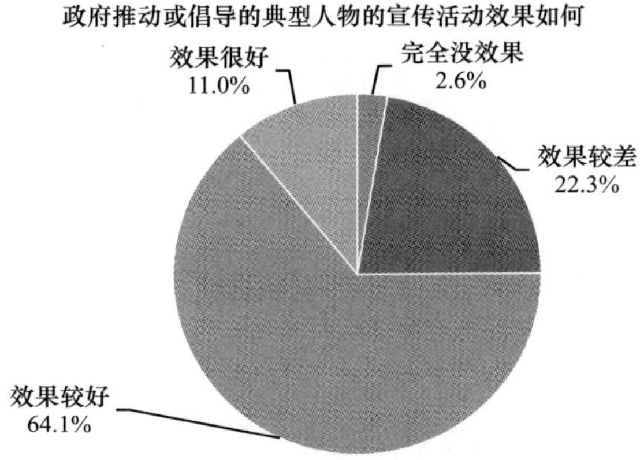

G12d 政府推动或倡导的志愿服务的活动效果如何

		频数	百分比	有效百分比	累计百分比
有效	完全没效果	137	1.6%	2.2%	2.2%
	效果较差	1460	16.7%	23.8%	26.0%
	效果较好	3684	42.1%	60.0%	86.0%
	效果很好	859	9.8%	14.0%	100.0%
	总计	6140	70.1%	100.0%	
缺失	不理解题意	49	0.6%		
	没听说过该活动	2549	29.1%		
	拒绝回答	17	0.2%		
	总计	2615	29.9%		
总计		8755	100.0%		

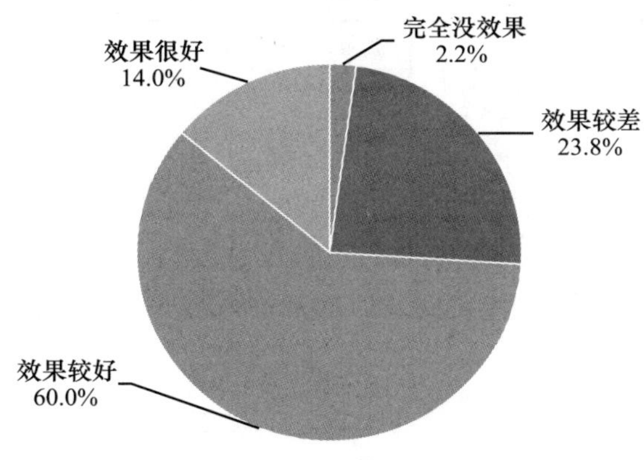

G12e 政府推动或倡导的反腐倡廉的举措效果如何

		频数	百分比	有效百分比	累计百分比
有效	完全没效果	291	3.3%	4.6%	4.6%
	效果较差	1435	16.4%	22.7%	27.3%
	效果较好	3564	40.7%	56.3%	83.5%
	效果很好	1043	11.9%	16.5%	100.0%
	总计	6333	72.3%	100.0%	
缺失	不理解题意	48	0.5%		
	没听说过该活动	2361	27.0%		
	拒绝回答	13	0.1%		
	总计	2422	27.7%		
总计		8755	100.0%		

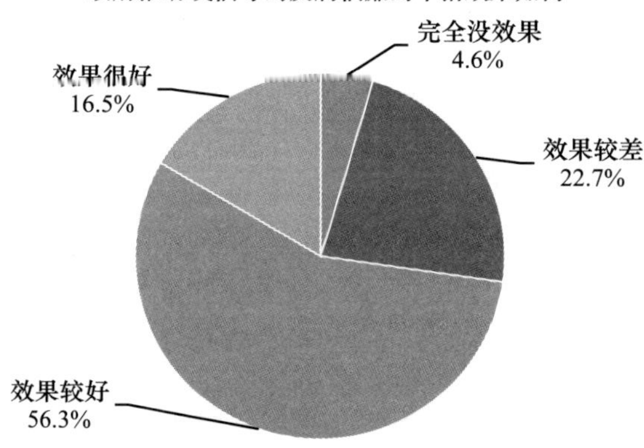

G12f 政府推动或倡导的《公民道德建设实施纲要》的推进效果如何

		频数	百分比	有效百分比	累计百分比
有效	完全没效果	217	2.5%	4.3%	4.3%
	效果较差	1225	14.0%	24.5%	28.8%
	效果较好	2933	33.5%	58.6%	87.5%
	效果很好	627	7.2%	12.5%	100.0%
	总计	5002	57.1%	100.0%	
缺失	不理解题意	53	0.6%		
	没听说过该活动	3681	42.0%		
	拒绝回答	19	0.2%		
	总计	3753	42.9%		

续表

	频数	百分比	有效百分比	累计百分比
总计	8755	100.0%		

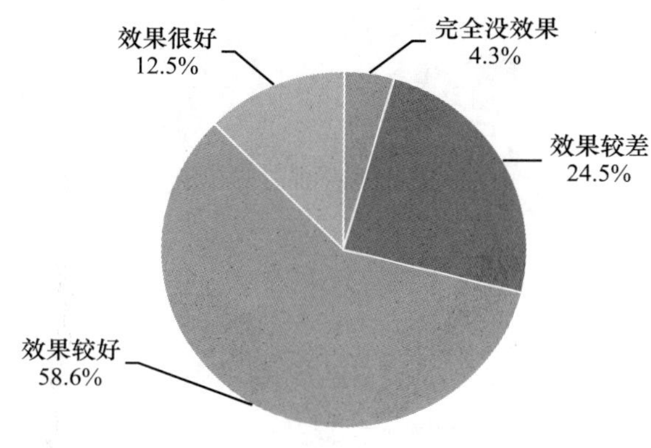

G13 您对于我们正在走的中国特色社会主义道路怎么看

		频数	百分比	有效百分比	累计百分比
有效	充满信心，因为它可以给中国带来繁荣富强	4078	46.6%	47.0%	47.0%
	不太了解，但相信这条路能够让老百姓都过上好日子	3165	36.2%	36.4%	83.4
	表示怀疑，走这条路究竟怎么样，现在还说不清楚	1006	11.5%	11.6%	95.0%
	走什么样的路，跟我没关系	421	4.8%	4.8%	99.8%
	其他	14	0.2%	0.2%	100.0%
	总计	8684	99.2%	100.0%	
缺失	不理解题意	25	0.3%		
	不知道	28	0.3%		
	拒绝回答	18	0.2%		
	总计	71	0.8%		
总计		8755	100.0%		

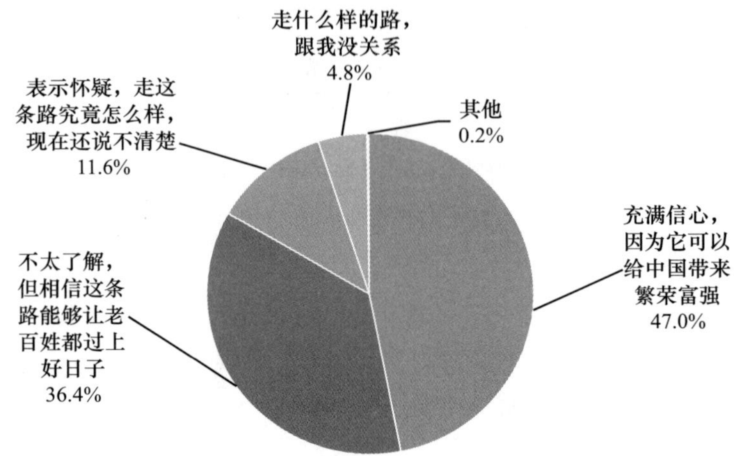

G14 党的十八大提出，到 2020 年全面建成小康社会，到 21 世纪中叶建成社会主义现代化国家。您认为这样的目标能实现吗

		频数	百分比	有效百分比	累计百分比
有效	相信一定能实现	2641	30.2%	31.2%	31.2%
	有困难，但只要努力还是能实现的	4736	54.1%	56.0%	87.2%
	不可能实现	317	3.6%	3.7%	90.9%
	说不清楚，跟我没关系	753	8.6%	8.9%	99.8%
	其他	15	0.2%	0.2%	100.0%
	总计	8462	96.7%	100.0%	
缺失	不理解题意	3			
	不知道	279	3.2%		
	拒绝回答	11	0.1%		
	总计	293	3.3%		
总计		8755	100.0%		

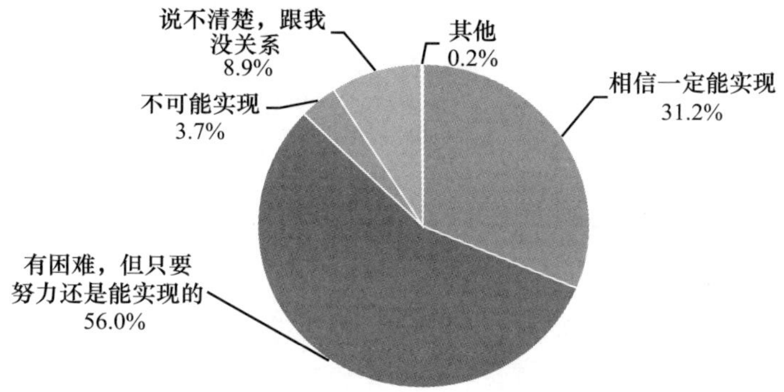

G15 您对周围的党员干部道德状况怎么评价

		频数	百分比	有效百分比	累计百分比
有效	总体还不错	3302	37.7%	42.3%	42.3%
	普遍比较差	1699	19.4%	21.7%	64.0%
	和普通群众没有太大差别	2811	32.1%	36.0%	100.0%
	总计	7812	89.2%	100.0%	
缺失	不理解题意	3			
	不知道	916	10.5%		
	拒绝回答	24	0.3%		
	总计	943	10.8%		
总计		8755	100.0%		

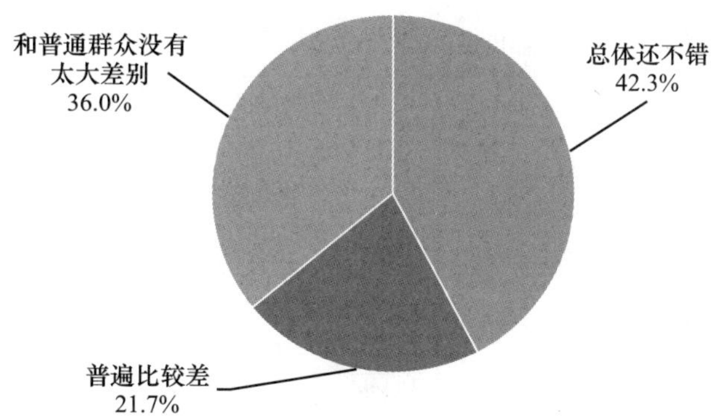

G16 您认为当前官员的勤政作为是怎样的

		频数	百分比	有效百分比	累计百分比
有效	努力作为，成绩显著	1586	18.1%	22.7%	22.7%
	努力作为，成绩一般	3401	38.8%	48.8%	71.5%
	行政不作为	1346	15.4%	19.3%	90.8%
	行政乱作为	640	7.3%	9.2%	100.0%
	总计	6973	79.6%	100.0%	
缺失	不理解题意	3			
	说不清楚	1764	20.1%		
	拒绝回答	15	0.2%		
	总计	1782	20.4%		
总计		8755	100.0%		

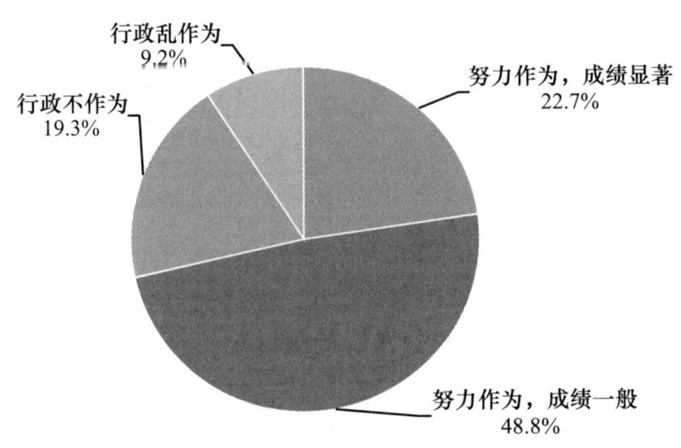

G17 您到政府部门办事，首先选择的方法是

		频数	百分比	有效百分比	累计百分比
有效	找亲朋好友帮忙办理	1435	16.4%	18.5%	18.5%
	找政府中的熟人办理	1646	18.8%	21.2%	39.7%
	送红包	131	1.5%	1.7%	41.4%
	直接找相关职能部门办理	4519	51.6%	58.2%	99.5%
	其他	36	0.4%	0.5%	100.0%
	总计	7767	88.7%	100.0%	

续表

		频数	百分比	有效百分比	累计百分比
缺失	不理解题意	6	0.1%		
	不知道	960	11.0%		
	拒绝回答	22	0.3%		
	总计	988	11.3%		
总计		8755	100.0%		

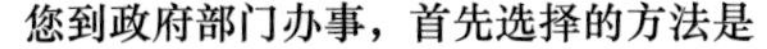

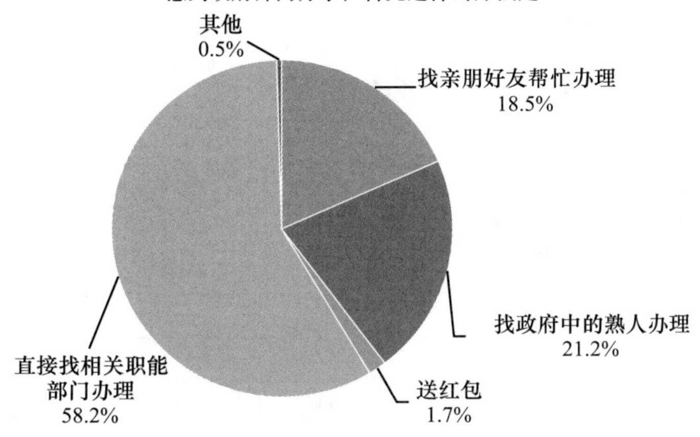

H. 生态伦理

H1 您认为近五年来，您所在地区政府的环境保护工作做得怎么样

		频数	百分比	有效百分比	累计百分比
有效	片面注重经济发展，忽视了环境保护工作	1706	19.5%	22.6%	22.6%
	重视不够，环保投入不足	2233	25.5%	29.6%	52.2%
	虽尽了努力，但效果不佳	1410	16.1%	18.7%	70.9%
	尽了很大努力，有一定成效	1789	20.4%	23.7%	94.6%
	取得了很大的成绩	406	4.6%	5.4%	100.0%
	总计	7544	86.2%	100.0%	
缺失	不理解题意	3			
	说不清	1178	13.5%		
	拒绝回答	30	0.3%		
	总计	1211	13.8%		
总计		8755	100.0%		

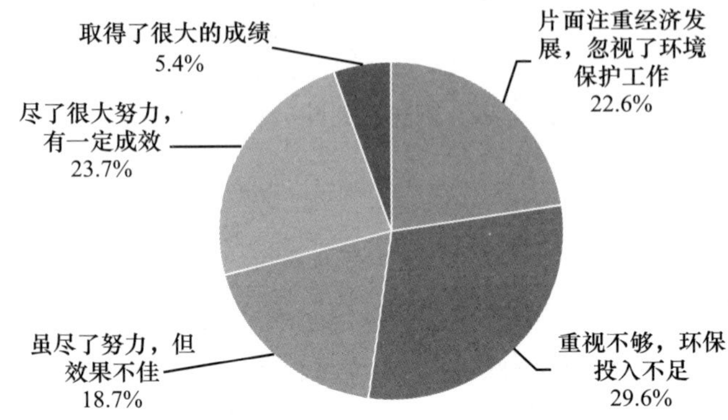

H2 在最近的一年里，您是否从事过下列活动或行为

	从不	偶尔	经常	平均数
垃圾分类投放	3540	3938	1253	1.74
与自己的亲戚朋友讨论环保问题	3316	4424	986	1.73
采购日常用品时自己带购物篮或购物袋	1984	4539	2199	2.02
优先选择公交、步行等绿色出行方式	1121	3662	3935	2.32
为环境保护捐款	5845	2377	477	1.38
主动关注环境方面的信息报道和宣传教育	5362	2742	599	1.45
积极参加民间环保团体举办的环保活动	6324	2024	350	1.31
积极参加要求解决环境问题的投诉、上诉	6934	1496	266	1.23

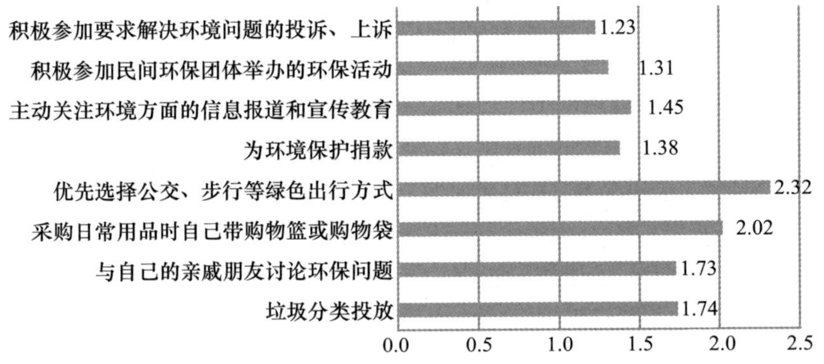

H2a 在最近的一年里，您是否从事过垃圾分类投放

		频数	百分比	有效百分比	累计百分比
有效	从不	3540	40.4%	40.5%	40.5%
	偶尔	3938	45.0%	45.1%	85.6%
	经常	1253	14.3%	14.4%	100.0%
	总计	8731	99.7%	100.0%	
缺失	不理解题意	3			
	不知道	2			
	拒绝回答	19	0.2%		
	总计	24	0.3%		
总计		8755	100.0%		

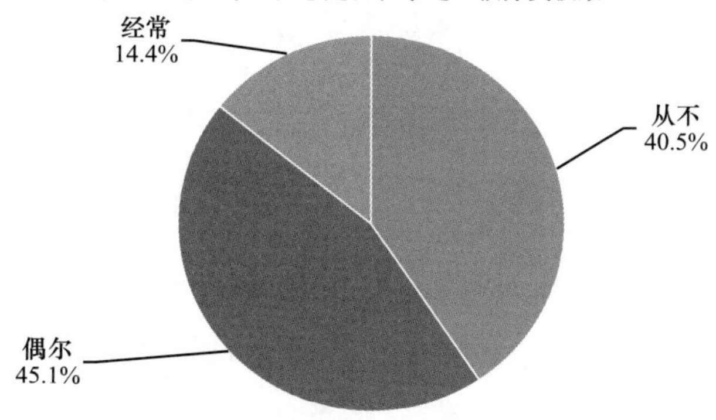

H2b 在最近的一年里，您是否与自己的亲戚朋友讨论过环保问题

		频数	百分比	有效百分比	累计百分比
有效	从不	3316	37.9%	38.0%	38.0%
	偶尔	4424	50.5%	50.7%	88.7%
	经常	986	11.3%	11.3%	100.0%
	总计	8726	99.7%	100.0%	
缺失	不理解题意	3			
	拒绝回答	26	0.3%		
	总计	29	0.3%		
总计		8755	100.0%		

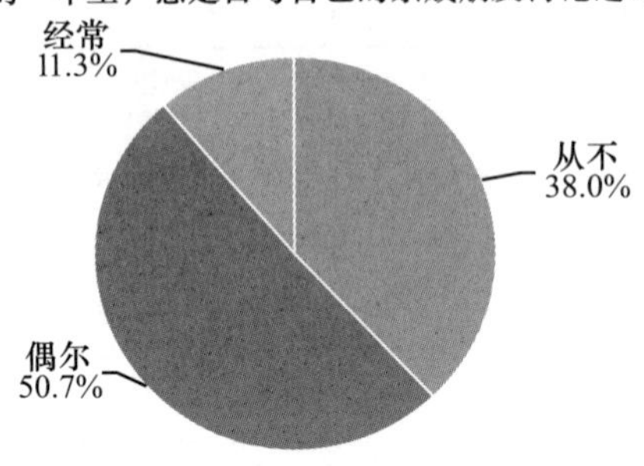

H2c 在最近的一年里，您是否在采购日常用品时自己带购物篮或购物袋

		频数	百分比	有效百分比	累计百分比
有效	从不	1984	22.7%	22.7%	22.7%
	偶尔	4539	51.8%	52.0%	74.8%
	经常	2199	25.1%	25.2%	100.0%
	总计	8722	99.6%	100.0%	
缺失	不理解题意	3			
	拒绝回答	30	0.3%		
	总计	33	0.4%		
总计		8755	100.0%		

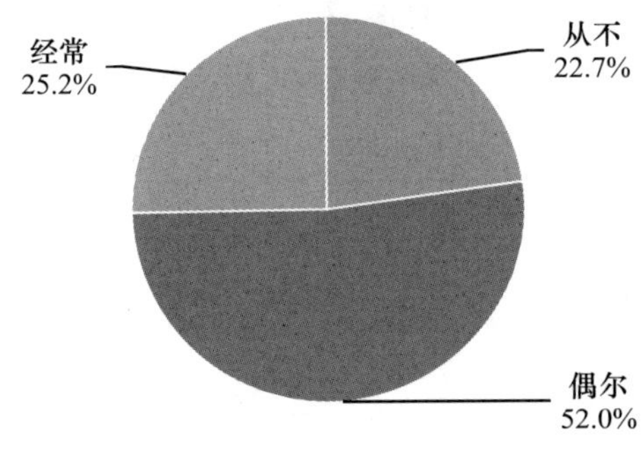

H2d 在最近的一年里，您是否会优先选择公交、步行等绿色出行方式

		频数	百分比	有效百分比	累计百分比
有效	从不	1121	12.8%	12.9%	12.9%
	偶尔	3662	41.8%	42.0%	54.9%
	经常	3935	44.9%	45.1%	100.0%
	总计	8718	99.6%	100.0%	

续表

		频数	百分比	有效百分比	累计百分比
缺失	不理解题意	4			
	拒绝回答	33	0.4%		
	总计	37	0.4%		
总计		8755	100.0%		

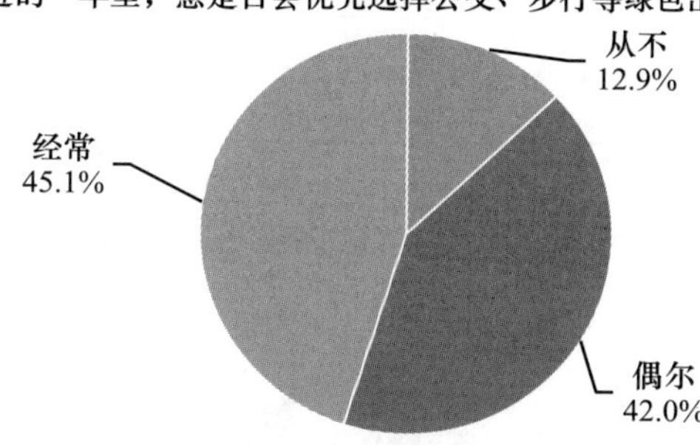

H2e 在最近的一年里，您是否为环境保护捐过款

		频数	百分比	有效百分比	累计百分比
有效	从不	5845	66.8%	67.2%	67.2%
	偶尔	2377	27.2%	27.3%	94.5%
	经常	477	5.4%	5.5%	100.0%
	总计	8699	99.4%	100.0%	
缺失	不理解题意	10	0.1%		
	拒绝回答	46	0.5%		
	总计	56	0.6%		
总计		8755	100.0%		

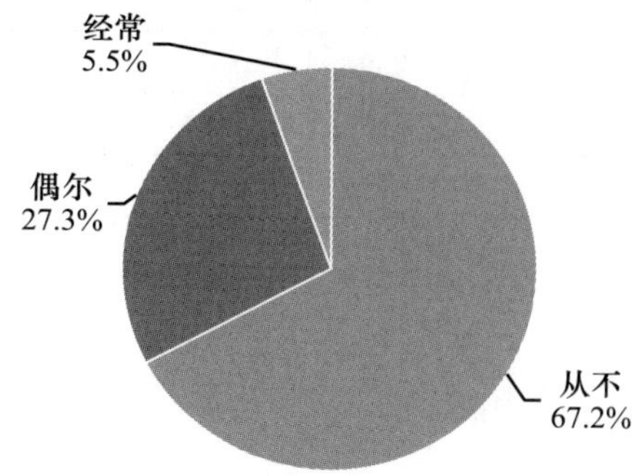

H2f 在最近的一年里，您是否会主动关注环境方面的信息报道和宣传教育

		频数	百分比	有效百分比	累计百分比
有效	从不	5362	61.2%	61.6%	61.6%
	偶尔	2742	31.3%	31.5%	93.1%
	经常	599	6.8%	6.9%	100.0%
	总计	8703	99.4%	100.0%	
缺失	不理解题意	14	0.2%		
	拒绝回答	38	0.4%		
	总计	52	0.6%		
总计		8755	100.0%		

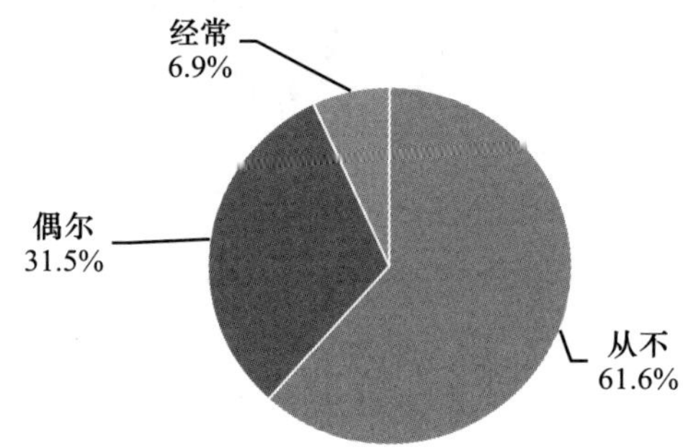

H2g 在最近的一年里，您是否积极参加过民间环保团体举办的环保活动

		频数	百分比	有效百分比	累计百分比
有效	从不	6324	72.2%	72.7%	72.7%
	偶尔	2024	23.1%	23.3%	96.0%
	经常	350	4.0%	4.0%	100.0%
	总计	8698	99.3%	100.0%	
缺失	不理解题意	18	0.2%		
	拒绝回答	39	0.4%		
	总计	57	0.7%		
总计		8755	100.0%		

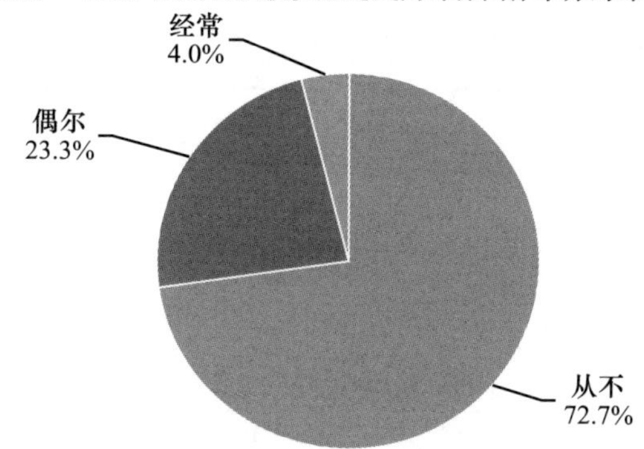

H2h 在最近的一年里，您是否积极参加要求解决环境问题的投诉、上诉

		频数	百分比	有效百分比	累计百分比
有效	从不	6934	79.2%	79.7%	79.7%
	偶尔	1496	17.1%	17.2%	96.9%
	经常	266	3.0%	3.1%	100.0%
	总计	8696	99.3%	100.0%	
缺失	不理解题意	21	0.2%		
	拒绝回答	38	0.4%		
	总计	59	0.7%		
总计		8755	100.0%		

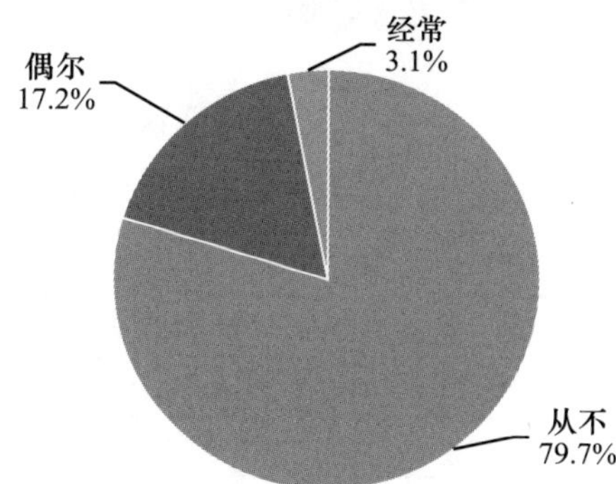

H3 如果您的周围有一片森林，政府将成材的树林砍伐下来办木材厂，这将极大提高您的收入，但将破坏环境，您会支持这一决定吗

		频数	百分比	有效百分比	累计百分比
有效	支持，对大家有好处	1031	11.8%	11.9%	11.9%
	反对，这是发子孙财，破坏生态	6088	69.5%	70.0%	81.9%
	不支持也不反对，政府决定	1561	17.8%	18.0%	99.9%
	其他	11	0.1%	0.1%	100.0%
	总计	8691	99.3%	100.0%	
缺失	不理解题意	31	0.4%		
	不知道	13	0.1%		
	拒绝回答	20	0.2%		
	总计	64	0.7%		
总计		8755	100.0%		

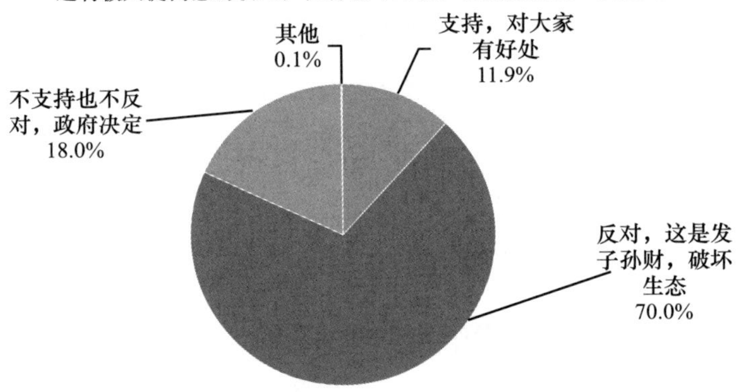

H4 如果您所在的地方要办一个化工厂，您是这个厂的持股职工，化工厂的排污管将未经处理的污水排向下游地区，给下游地区造成污染，您会支持这个决定吗

		频数	百分比	有效百分比	累计百分比
有效	支持，我们不会受到污染	1114	12.7%	12.9%	12.9%
	反对，这是嫁祸于人	5964	68.1%	69.0%	81.9%
	不支持也不反对，成了可分红，不成是领导的责任	1550	17.7%	17.9%	99.8%

续表

		频数	百分比	有效百分比	累计百分比
有效	其他	19	0.2%	0.2%	100.0%
	总计	8647	98.8%	100.0%	
缺失	不理解题意	52	0.6%		
	不知道	25	0.3%		
	拒绝回答	31	0.4%		
	总计	108	1.2%		
总计		8755	100.0%		

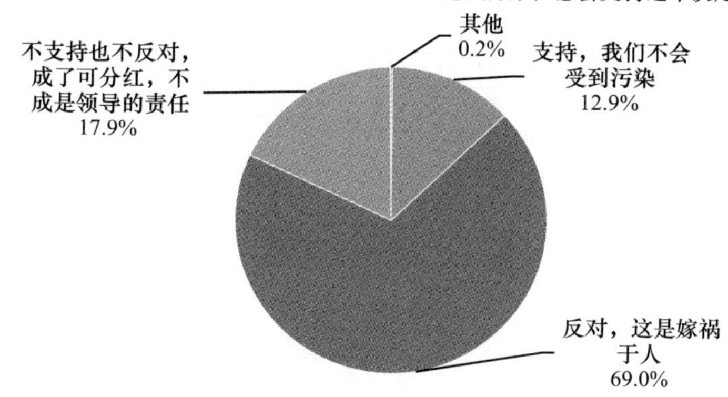

H5 您认为造成生态环境问题的最主要原因是

		频数	百分比	有效百分比	累计百分比
有效	企业唯利是图，造成环境污染	2296	26.2%	26.6%	26.6%
	政府缺乏生态意识，政策失当	3006	34.3%	34.8%	61.4%
	个人缺乏环保意识	1770	20.2%	20.5%	81.8%
	当代人自私自利，不顾未来和子孙利益	1490	17.0%	17.2%	99.1%
	其他	80	0.9%	0.9%	100.0%
	总计	8642	98.7%	100.0%	
缺失	不理解题意	43	0.5%		
	不知道	34	0.4%		
	拒绝回答	36	0.4%		
	总计	113	1.3%		
总计		8755	100.0%		

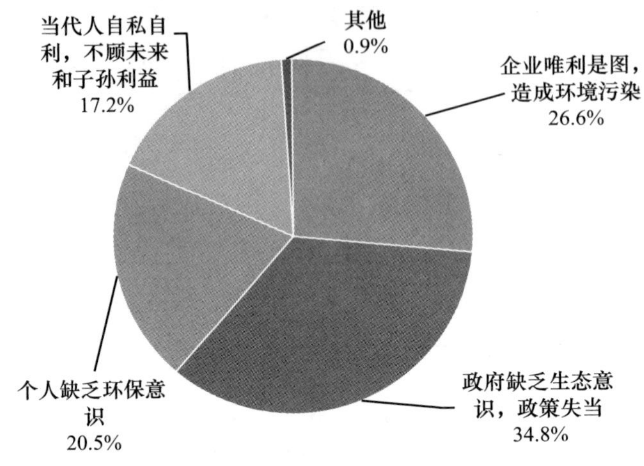

H6 如果环境保护主管部门邀请您参加座谈会或听证会，您是否会出席

		频数	百分比	有效百分比	累计百分比
有效	会	5012	57.2%	71.0%	71.0%
	不会	2044	23.3%	29.0%	100.0%
	总计	7056	80.6%	100.0%	
缺失	不理解题意	4			
	不知道	1686	19.3%		
	拒绝回答	9	0.1%		
	总计	1699	19.4%		
总计		8755	100.0%		

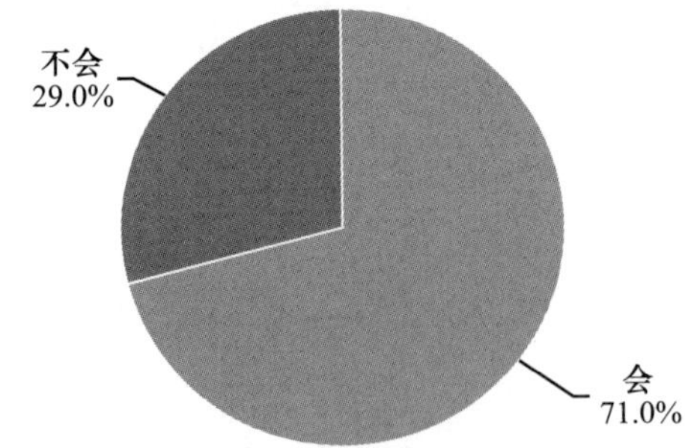

H7 若您所在社区参加“绿色社区”创建活动，您是否会积极参与

		频数	百分比	有效百分比	累计百分比
有效	会	5459	62.4%	76.7%	76.7%
	不会	1657	18.9%	23.3%	100.0%
	总计	7116	81.3%	100.0%	
缺失	不理解题意	1			
	不知道	1621	18.5%		
	拒绝回答	17	0.2%		
	总计	1639	18.7%		
总计		8755	100.0%		

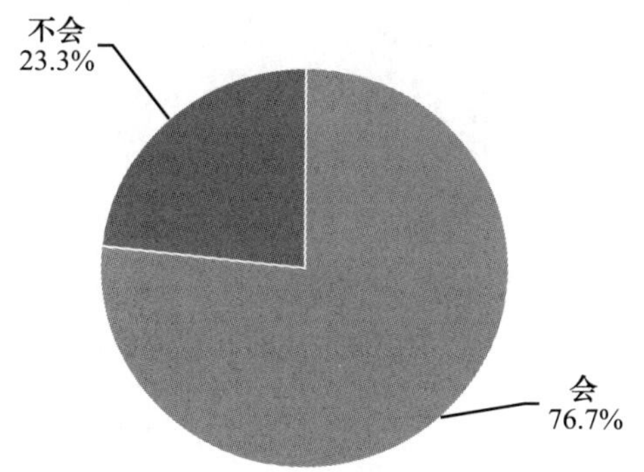

I. 世界伦理

I1 如果您周围有很多外国人，您愿意和他们建立什么样的关系

		频数	百分比	有效百分比	累计百分比
有效	愿意做朋友	3127	35.7%	36.0%	36.0%
	愿意做兄弟姐妹	927	10.6%	10.7%	46.7%
	不愿意来往，得提防他们	374	4.3%	4.3%	51.0%
	偶尔交往，仅限于礼节性的	1159	13.2%	13.4%	64.4%
	无法和他们来往，存在语言、文化、习俗等障碍	3057	34.9%	35.2%	99.6%
	其他	37	0.4%	0.4%	100.0%
	总计	8681	99.2%	100.0%	

续表

		频数	百分比	有效百分比	累计百分比
缺失	不理解题意	11	0.1%		
	不知道	38	0.4%		
	拒绝回答	25	0.3%		
	总计	74	0.8%		
总计		8755	100.0%		

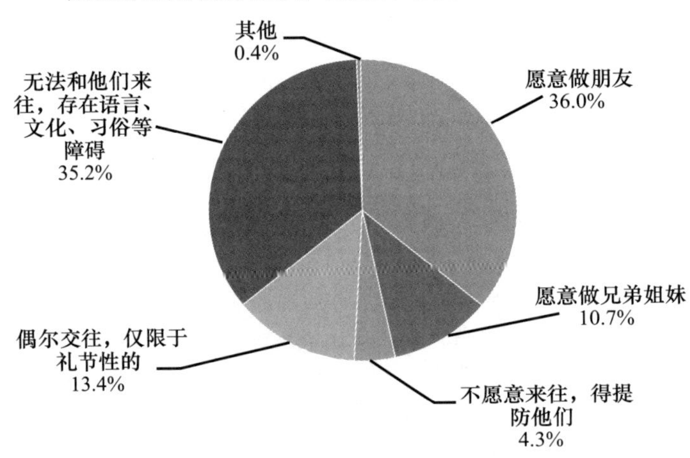

I2 您更愿意过春节还是圣诞节

		频数	百分比	有效百分比	累计百分比
有效	圣诞节	63	0.7%	0.7%	0.7%
	春节	6903	78.8%	79.1%	79.8%
	两个都愿意过	1498	17.1%	17.2%	97.0%
	两个都不想过	266	3.0%	3.0%	100.0%
	总计	8730	99.7%	100.0%	
缺失	拒绝回答	25	0.3%		
总计		8755	100.0%		

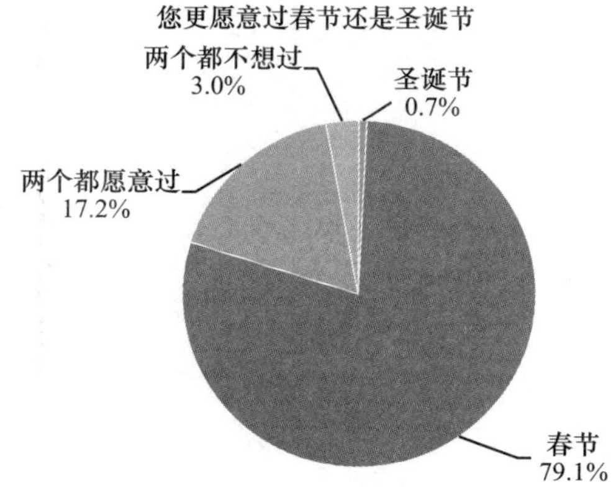

I3 您同意中国人与外国人通婚吗

		频数	百分比	有效百分比	累计百分比
有效	非常同意	467	5.3%	6.1%	6.1%
	比较同意	4365	49.9%	57.2%	63.3%
	不太同意	2395	27.4%	31.4%	94.7%
	强烈反对	401	4.6%	5.3%	100.0%
	总计	7628	87.1%	100.0%	
缺失	不理解题意	2			
	不知道	1082	12.4%		
	拒绝回答	43	0.5%		
	总计	1127	12.9%		
总计		8755	100.0%		

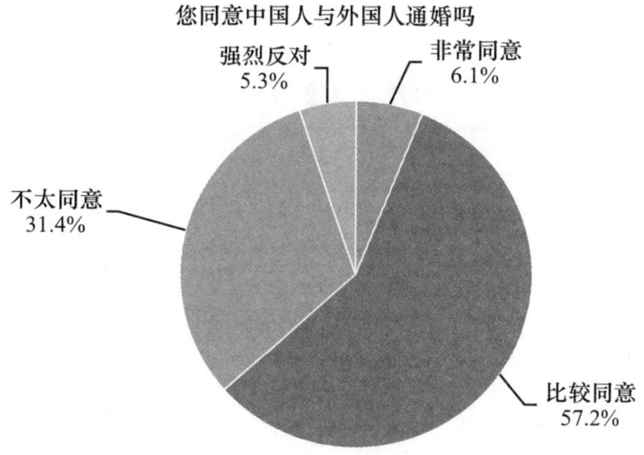

I4 对外来的城市农民工如建筑工人、家庭保姆等，您的态度是

		频数	百分比	有效百分比	累计百分比
有效	看不起和排斥	191	2.2%	2.2%	2.2%
	无视和冷漠以对	679	7.8%	7.8%	10.0%
	尊重和体谅	6326	72.3%	73.0%	83.1%
	同情和友爱	1443	16.5%	16.7%	99.7%
	其他	23	0.3%	0.3%	100.0%
	总计	8662	98.9%	100.0%	
缺失	不理解题意	12	0.1%		
	不知道	28	0.3%		
	拒绝回答	53	0.6%		
	总计	93	1.1%		
总计		8755	100.0%		

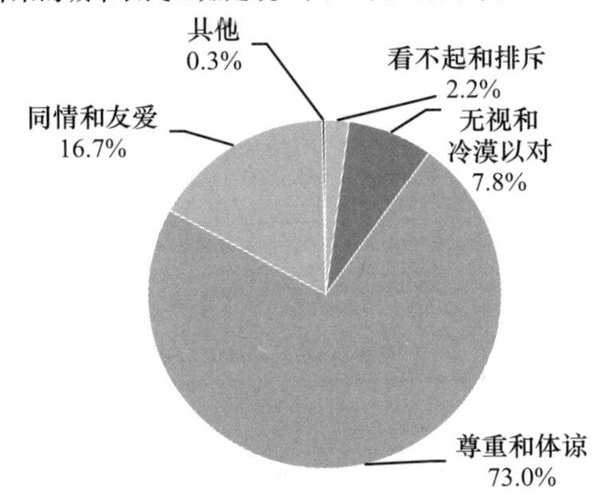

I5 您在日常生活中与同乡人和外乡人的关系是

		频数	百分比	有效百分比	累计百分比
有效	与同乡人交往多	3583	40.9%	41.2%	41.2%
	与外乡人交往多	1041	11.9%	12.0%	53.1%
	一样多	1660	19.0%	19.1%	72.2%
	偶尔与外乡人有交往，主要与同乡人交往	2411	27.5%	27.7%	99.9%
	其他	12	0.1%	0.1%	100.0%
	总计	8707	99.5%	100.0%	

续表

		频数	百分比	有效百分比	累计百分比
缺失	不理解题意	1			
	不知道	12	0.1%		
	拒绝回答	35	0.4%		
	总计	48	0.5%		
总计		8755	100.0%		

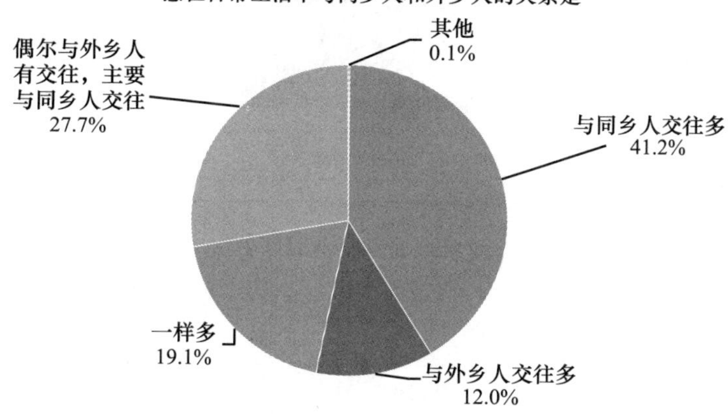

I6 您所在地区的政府对待外来人员的政策取向是

		频数	百分比	有效百分比	累计百分比
有效	不冷不热，顺其自然	3414	39.0%	44.1%	44.1%
	提高门槛，严加限制	1254	14.3%	16.2%	60.3%
	降低门槛，广泛吸收	1861	21.3%	24.1%	84.4%
	对有钱人、高级专家采取特殊政策吸引，对一般人严加限制	1162	13.3%	15.0%	99.4%
	其他	44	0.5%	0.6%	100.0%
	总计	7735	88.3%	100.0%	
缺失	不理解题意	189	2.2%		
	不知道	748	8.5%		
	拒绝回答	83	0.9%		
	总计	1020	11.7%		
总计		8755	100.0%		

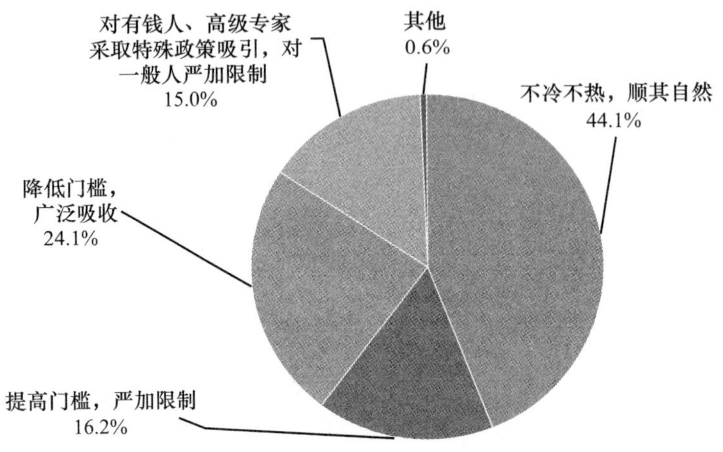

I7 您认为在当前的中国，读书还能不能改变命运

		频数	百分比	有效百分比	累计百分比
有效	读书只是改变命运的一个路径	3110	35.5%	35.7%	35.7%
	读书是改变命运的主要路径	3698	42.2%	42.5%	78.2%
	读书是改变命运的唯一路径	1077	12.3%	12.4%	90.6%
	不再是改变命运的路径，没权势的人读了书照样穷	801	9.1%	9.2%	99.8%
	其他	15	0.2%	0.2%	100.0%
	总计	8701	99.4%	100.0%	
缺失	不理解题意	13	0.1%		
	不知道	19	0.2%		
	拒绝回答	22	0.3%		
	总计	54	0.6%		
总计		8755	100.0%		

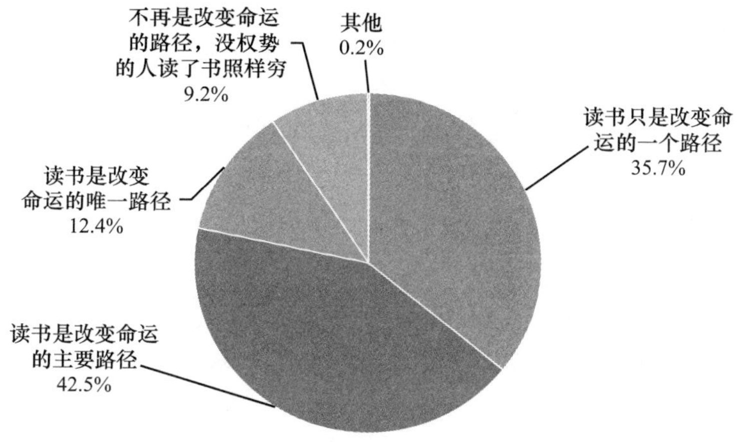

I8 您如何认识名牌大学里农村学生比例急剧减少的现象

		频数	百分比	有效百分比	累计百分比
有效	是一种社会倒退	1075	12.3%	12.5%	12.5%
	农村教育的落后	3413	39.0%	39.7%	52.2%
	教育不公平	2437	27.8%	28.4%	80.6%
	有钱人和有权人特权的表现	1030	11.8%	12.0%	92.6%
	代际不公、社会不公的延续和加剧	565	6.5%	6.6%	99.1%
	其他	75	0.9%	0.9%	100.0%
	总计	8595	98.2%	100.0%	
缺失	不理解题意	51	0.6%		
	不知道	83	0.9%		
	拒绝回答	26	0.3%		
	总计	160	1.8%		
总计		8755	100.0%		

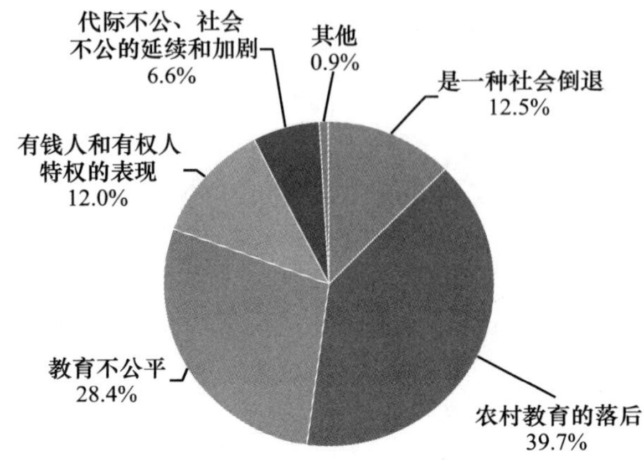

I9 您同学指出您家乡的某一风俗习惯很落后保守，您会做出什么反应

		频数	百分比	有效百分比	累计百分比
有效	坦然面对，承认这一风俗习惯确实落后	4563	52.1%	52.9%	52.9%
	虽然认为说得对，但是感觉他在批评自己的家乡，因此不自在	2434	27.8%	28.2%	81.1%
	虽然认为说得对，但是感到受到羞辱	725	8.3%	8.4%	89.5%
	批评家乡就是批评自己，要为家乡的风俗习惯做辩护	882	10.1%	10.2%	99.8%
	其他	21	0.2%	0.2%	100.0%
	总计	8625	98.5%	100.0%	
缺失	不理解题意	49	0.6%		
	不知道	62	0.7%		
	拒绝回答	19	0.2%		
	总计	130	1.5%		
总计		8755	100.0%		

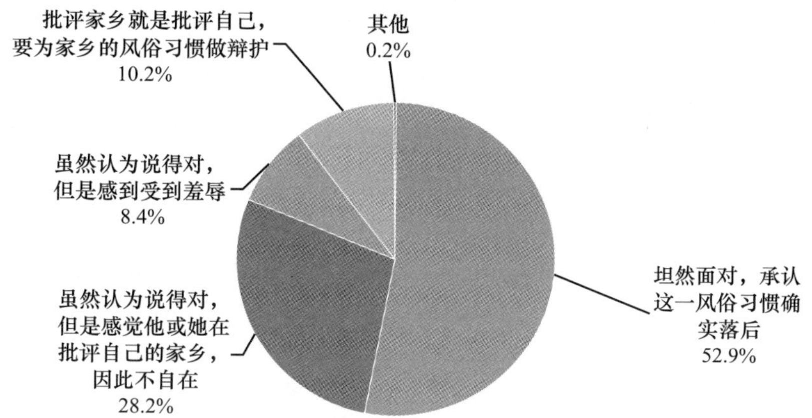

I10 如果您有机会出国，初到国外时，您会有意识地交中国朋友吗

		频数	百分比	有效百分比	累计百分比
有效	会，认为在异国他乡找自己本国人有一种归属感	4350	49. 7%	50. 4%	50. 4%
	不会，看缘分交朋友，不强调国籍	1795	20. 5%	20. 8%	71. 2%
	不会，会有意识地多交外国朋友	339	3. 9%	3. 9%	75. 2%
	视情况而定	2142	24. 5%	24. 8%	100. 0%
	总计	8626	98. 5%	100. 0%	
缺失	不理解题意	73	0. 8%		
	不知道	27	0. 3%		
	拒绝回答	29	0. 3%		
	总计	129	1. 5%		
总计		8755	100. 0		

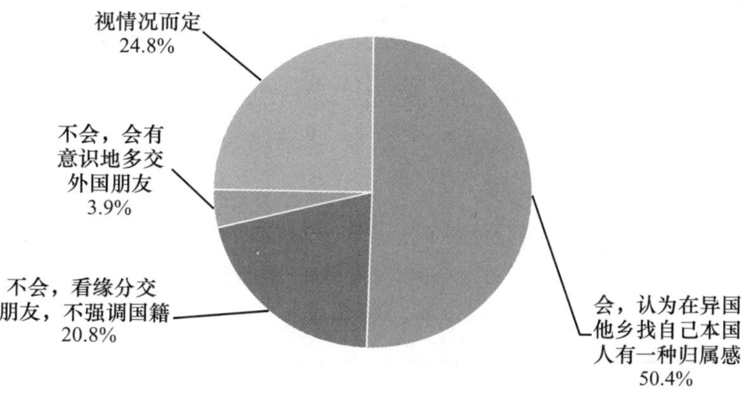

I11 您是否愿意与不同民族的人交往

		频数	百分比	有效百分比	累计百分比
有效	非常不愿意	234	2.7%	2.8%	2.8%
	不太愿意	1371	15.7%	16.3%	19.1%
	比较愿意	5998	68.5%	71.4%	90.5%
	非常愿意	800	9.1%	9.5%	100.0%
	总计	8403	96.0%	100.0%	
缺失	不知道	340	3.9%		
	拒绝回答	12	0.1%		
	总计	352	4.0%		
总计		8755	100.0%		

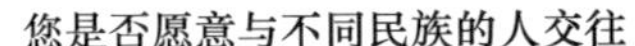

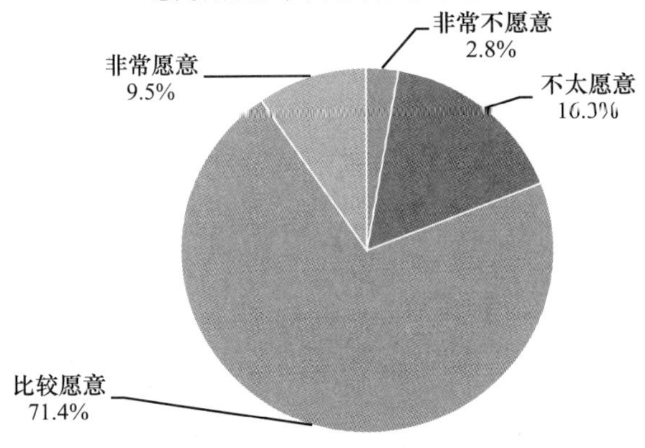

I12 您是否愿意与不同宗教信仰的人相处

		频数	百分比	有效百分比	累计百分比
有效	非常不愿意	383	4.4%	4.6%	4.6%
	不太愿意	1888	21.6%	22.9%	27.6%
	比较愿意	5389	61.6%	65.4%	93.0%
	非常愿意	580	6.6%	7.0%	100.0%
	总计	8240	94.1%	100.0%	
缺失	不知道	500	5.7%		
	拒绝回答	15	0.2%		
	总计	515	5.9%		
总计		8755	100.0%		

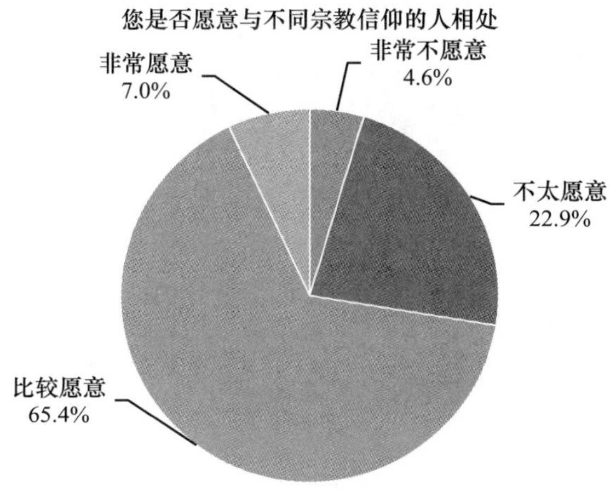

I13 您与邻居平时来往多吗

		频数	百分比	有效百分比	累计百分比
有效	非常多	1536	17.5%	17.8%	17.8%
	比较多	4174	47.7%	48.3%	66.0%
	偶尔	2516	28.7%	29.1%	95.1%
	几乎不来往	421	4.8%	4.9%	100.0%
	总计	8647	98.8%	100.0%	
缺失	没有邻居	58	0.7%		
	拒绝回答	50	0.6%		
	总计	108	1.2%		
总计		8755	100.0%		

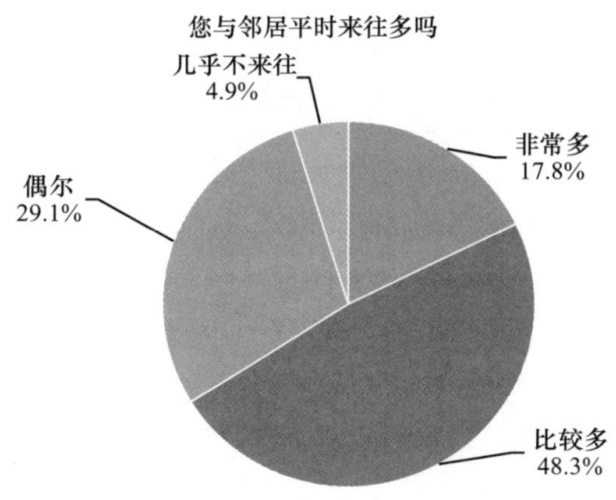

I14 您在多大程度上愿意和下列哪些群体成为邻居

	非常愿意	比较愿意	不太愿意	很不愿意	平均数
农民工、进城务工人员	1160	6528	764	34	1.96
商人	927	5948	1451	94	2.08
企业家或高级管理人员	1302	5886	1055	88	1.99
技术工人	1622	6100	649	56	1.90
教师	2412	5598	454	54	1.78
医生	2227	5580	615	67	1.83
富人	1076	4681	2096	401	2.22
土豪	812	4146	2550	641	2.37
专家学者	1421	4807	1456	303	2.08
政府官员	993	4347	2001	612	2.28
公众人物、演艺人士	707	3864	2169	804	2.41

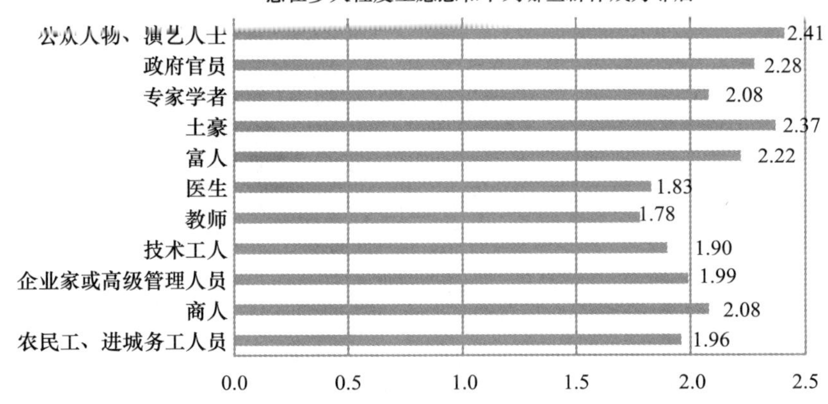

I14a 您在多大程度上愿意和农民工、进城务工人员成为邻居

		频数	百分比	有效百分比	累计百分比
有效	非常愿意	1160	13.2%	13.7%	13.7%
	比较愿意	6528	74.6%	76.9%	90.6%
	不太愿意	764	8.7%	9.0%	99.6%
	很不愿意	34	0.4%	0.4%	100.0%
	总计	8486	96.9%	100.0%	

续表

		频数	百分比	有效百分比	累计百分比
缺失	不理解题意	4			
	不知道	243	2.8%		
	拒绝回答	22	0.3%		
	总计	269	3.1%		
总计		8755	100.0%		

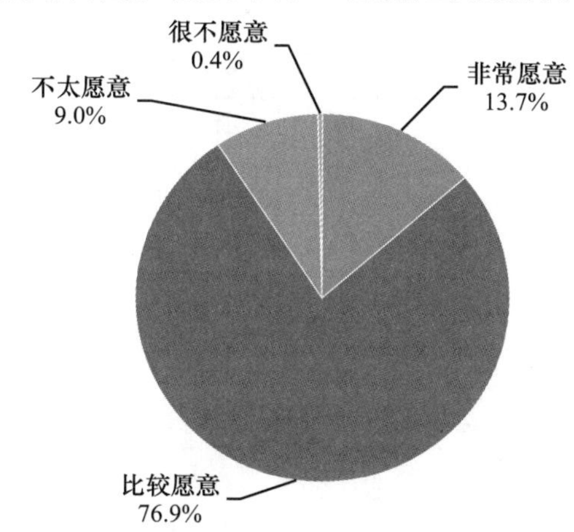

I14b 您在多大程度上愿意和商人成为邻居

		频数	百分比	有效百分比	累计百分比
有效	非常愿意	927	10.6%	11.0%	11.0%
	比较愿意	5948	67.9%	70.6%	81.7%
	不太愿意	1451	16.6%	17.2%	98.9%
	很不愿意	94	1.1%	1.1%	100.0%
	总计	8420	96.2%	100.0%	
缺失	不理解题意	4			
	不知道	307	3.5%		
	拒绝回答	24	0.3%		
	总计	335	3.8%		
总计		8755	100.0%		

您在多大程度上愿意和商人成为邻居

很不愿意 1.1%
非常愿意 11.0%
不太愿意 17.2%
比较愿意 70.6%

I14c 您在多大程度上愿意和企业家或高级管理人员成为邻居

		频数	百分比	有效百分比	累计百分比
有效	非常愿意	1302	14.9%	15.6%	15.6%
	比较愿意	5886	67.2%	70.7%	86.3%
	不太愿意	1055	12.1%	12.7%	98.9%
	很不愿意	88	1.0%	1.1%	100.0%
	总计	8331	95.2%	100.0%	
缺失	不理解题意	7	0.1%		
	不知道	382	4.4%		
	拒绝回答	35	0.4%		
	总计	424	4.8%		
总计		8755	100.0%		

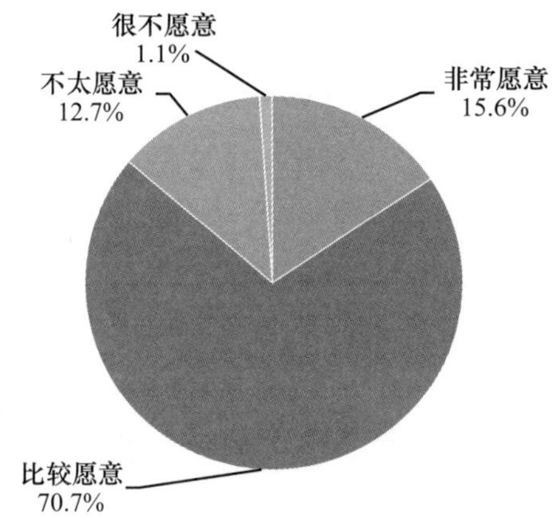

I14d 您在多大程度上愿意和技术工人成为邻居

		频数	百分比	有效百分比	累计百分比
有效	非常愿意	1622	18.5%	19.2%	19.2%
	比较愿意	6100	69.7%	72.4%	91.6%
	不太愿意	649	7.4%	7.7%	99.3%
	很不愿意	56	0.6%	0.7%	100.0%
	总计	8427	96.3%	100.0%	
缺失	不理解题意	5	0.1%		
	不知道	284	3.2%		
	拒绝回答	39	0.4%		
	总计	328	3.7%		
总计		8755	100.0%		

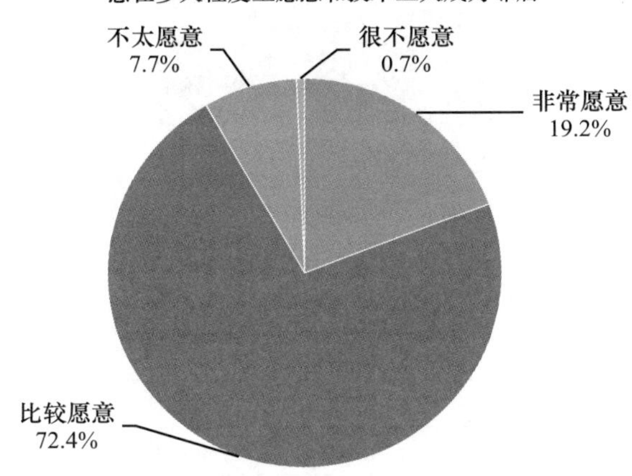

I14e 您在多大程度上愿意和教师成为邻居

		频数	百分比	有效百分比	累计百分比
有效	非常愿意	2412	27.5%	28.3%	28.3%
	比较愿意	5598	63.9%	65.7%	94.0%
	不太愿意	454	5.2%	5.3%	99.4%
	很不愿意	54	0.6%	0.6%	100.0%
	总计	8518	97.3%	100.0%	

续表

		频数	百分比	有效百分比	累计百分比
缺失	不理解题意	5	0.1%		
	不知道	209	2.4%		
	拒绝回答	23	0.3%		
	总计	237	2.7%		
总计		8755	100.0%		

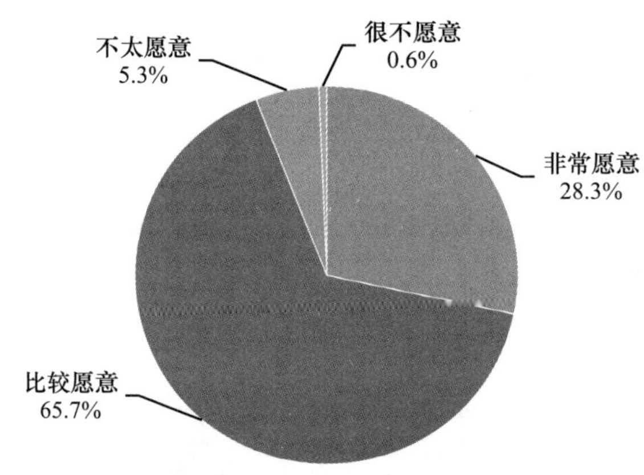

I14f 您在多大程度上愿意和医生成为邻居

		频数	百分比	有效百分比	累计百分比
有效	非常愿意	2227	25.4%	26.2%	26.2%
	比较愿意	5580	63.7%	65.7%	92.0%
	不太愿意	615	7.0%	7.2%	99.2%
	很不愿意	67	0.8%	0.8%	100.0%
	总计	8489	97.0%	100.0%	
缺失	不理解题意	5	0.1%		
	不知道	233	2.7%		
	拒绝回答	28	0.3%		
	总计	266	3.0%		
总计		8755	100.0%		

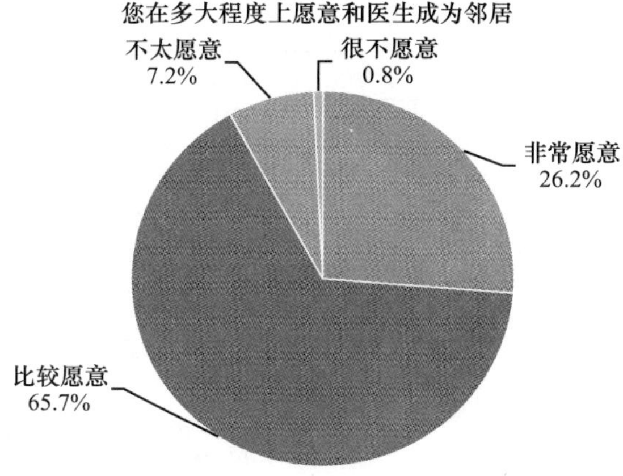

I14g 您在多大程度上愿意和富人成为邻居

		频数	百分比	有效百分比	累计百分比
有效	非常愿意	1076	12.3%	13.0%	13.0%
	比较愿意	4681	53.5%	56.7%	69.7%
	不太愿意	2096	23.9%	25.4%	95.1%
	很不愿意	401	4.6%	4.9%	100.0%
	总计	8254	94.3%	100.0%	
缺失	不理解题意	10	0.1%		
	不知道	466	5.3%		
	拒绝回答	25	0.3%		
	总计	501	5.7%		
总计		8755	100.0%		

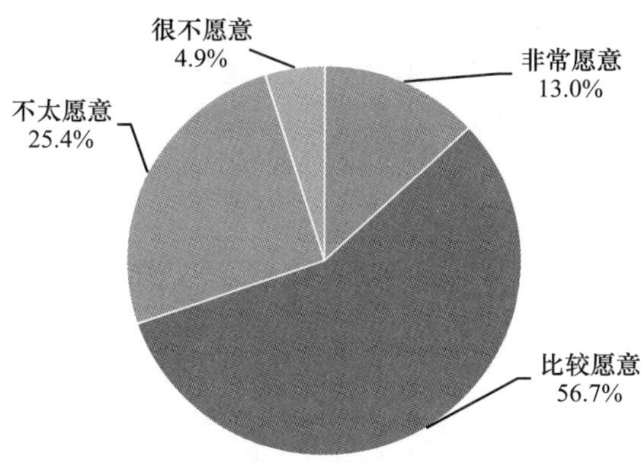

I14h 您在多大程度上愿意和土豪成为邻居

		频数	百分比	有效百分比	累计百分比
有效	非常愿意	812	9.3%	10.0%	10.0%
	比较愿意	4146	47.4%	50.9%	60.8%
	不太愿意	2550	29.1%	31.3%	92.1%
	很不愿意	641	7.3%	7.9%	100.0%
	总计	8149	93.1%	100.0%	
缺失	不理解题意	11	0.1%		
	不知道	556	6.4%		
	拒绝回答	39	0.4%		
	总计	606	6.9%		
总计		8755	100.0%		

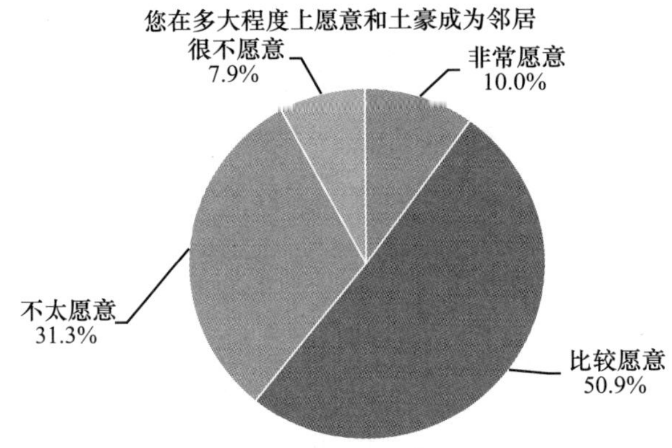

I14i 您在多大程度上愿意和专家学者成为邻居

		频数	百分比	有效百分比	累计百分比
有效	非常愿意	1421	16.2%	17.8%	17.8%
	比较愿意	4807	54.9%	60.2%	78.0%
	不太愿意	1456	16.6%	18.2%	96.2%
	很不愿意	303	3.5%	3.8%	100.0%
	总计	7987	91.2%	100.0%	
缺失	不理解题意	10	0.1%		
	不知道	722	8.2%		
	拒绝回答	36	0.4%		
	总计	768	8.8%		
总计		8755	100.0%		

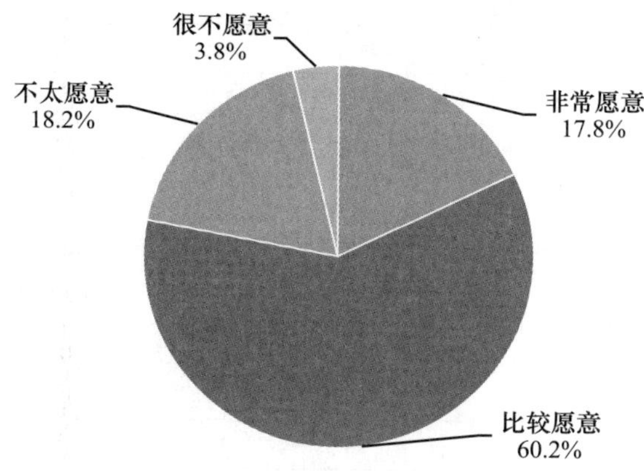

I14j 您在多大程度上愿意和政府官员成为邻居

		频数	百分比	有效百分比	累计百分比
有效	非常愿意	993	11.3%	12.5%	12.5%
	比较愿意	4347	49.7%	54.7%	67.1%
	不太愿意	2001	22.9%	25.2%	92.3%
	很不愿意	612	7.0%	7.7%	100.0%
	总计	7953	90.8%	100.0%	
缺失	不理解题意	10	0.1%		
	不知道	760	8.7%		
	拒绝回答	32	0.4%		
	总计	802	9.2%		
总计		8755	100.0%		

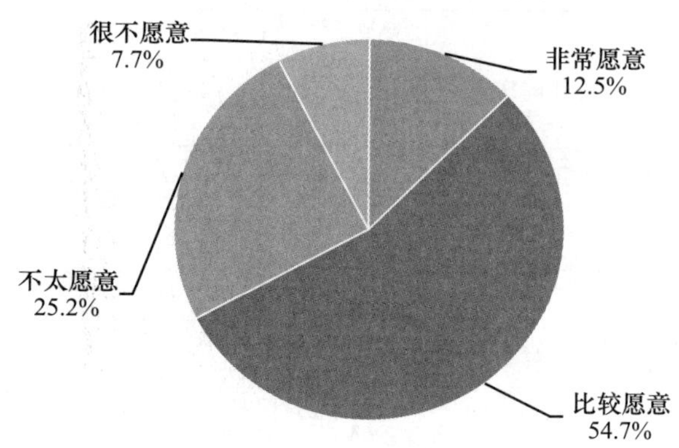

I14k 您在多大程度上愿意和公众人物、演艺人士成为邻居

		频数	百分比	有效百分比	累计百分比
有效	非常愿意	707	8.1%	9.4%	9.4%
	比较愿意	3864	44.1%	51.2%	60.6%
	不太愿意	2169	24.8%	28.8%	89.3%
	很不愿意	804	9.2%	10.7%	100.0%
	总计	7544	86.2%	100.0%	
缺失	不理解题意	15	0.2%		
	不知道	1162	13.3%		
	拒绝回答	34	0.4%		
	总计	1211	13.8%		
总计		8755	100.0%		

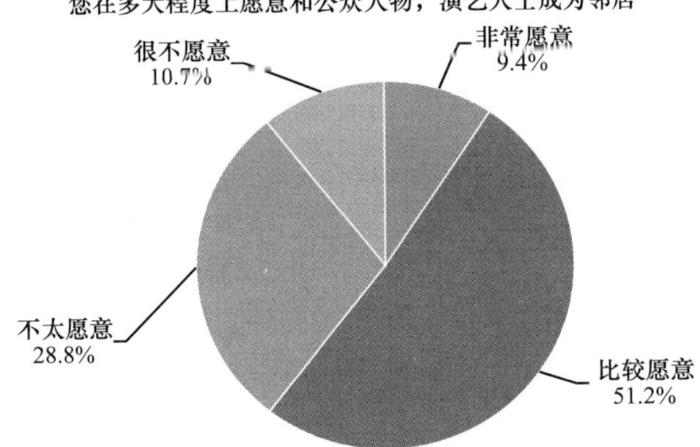

I15 您如何看待中国对其他落后国家的广泛援助计划

		频数	百分比	有效百分比	累计百分比
有效	完全支持，这有助于提升国家形象和国际地位	3631	41.5%	45.6%	45.6%
	支持，我们应该帮助比我们落后的国家	2098	24.0%	26.3%	71.9%
	支持，但国家应该征求纳税人的意见	773	8.8%	9.7%	81.6%
	不支持，因为我们国家尚存在很多贫困人口	1466	16.7%	18.4%	100.0%
	总计	7968	91.0%	100.0%	

续表

		频数	百分比	有效百分比	累计百分比
缺失	不理解题意	19	0.2%		
	不知道	752	8.6%		
	拒绝回答	16	0.2%		
	总计	787	9.0%		
总计		8755	100.0%		

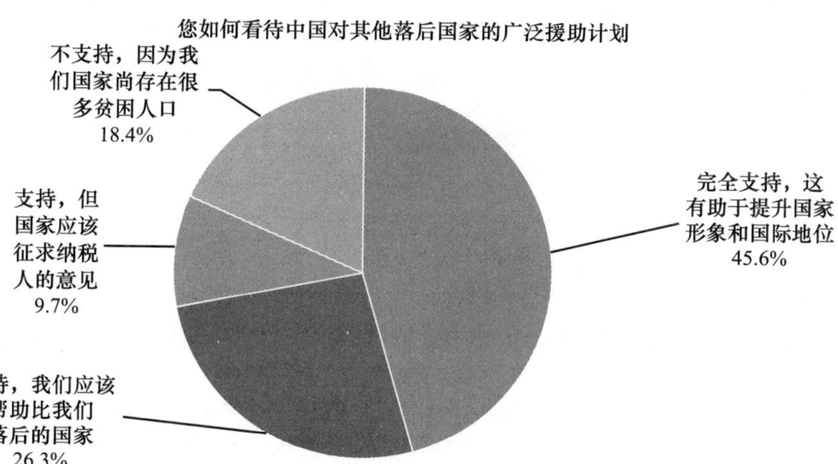

I16 您听说过一些道德模范的故事吗？您愿意像他们那样做人做事吗

		频数	百分比	有效百分比	累计百分比
有效	知道一些，他们很了不起，应努力向他们学习	4536	51.8%	52.0%	52.0%
	知道一些，很敬佩他们，但自己学不来	2438	27.8%	28.0%	80.0%
	知道一些，我感到他们那样做有点不值得	403	4.6%	4.6%	84.6%
	没听说过谁是道德模范和身边好人	1332	15.2%	15.3%	99.9%
	其他	11	0.1%	0.1%	100.0%
	总计	8720	99.6%	100.0%	
缺失	不理解题意	14	0.2%		
	不知道	5	0.1%		
	拒绝回答	16	0.2%		
	总计	35	0.4%		

续表

	频数	百分比	有效百分比	累计百分比
总计	8755	100.0%		

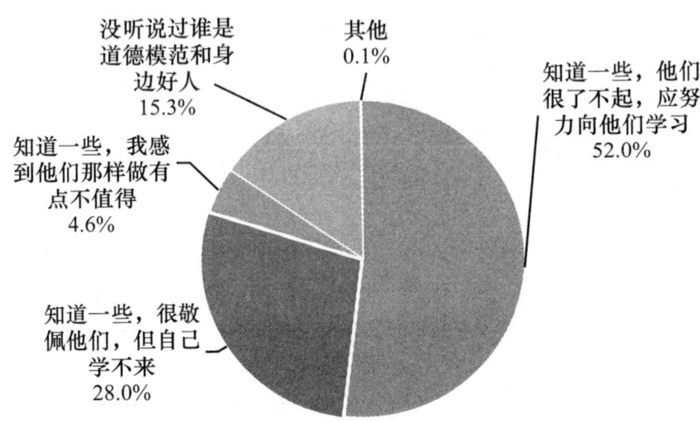

I17 当有陌生人走进您的单位或社区，或在车厢中与陌生人在一起时，您通常的态度是

		频数	百分比	有效百分比	累计百分比
有效	对他/她微笑	2721	31.1%	32.1%	32.1%
	主动打招呼	1314	15.0%	15.5%	47.7%
	没有任何反应	2501	28.6%	29.5%	77.2%
	保持警惕，防止上当	1915	21.9%	22.6%	99.8%
	其他	14	0.2%	0.2%	100.0%
	总计	8465	96.7%	100.0%	
缺失	不理解题意	1			
	不知道	259	3.0%		
	拒绝回答	30	0.3%		
	总计	290	3.3%		
总计		8755	100.0%		

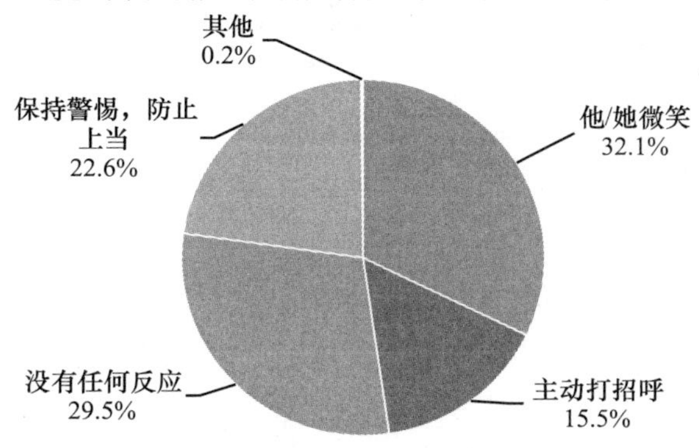

I18 假设您双手抱着东西走进电梯，您觉得电梯里的陌生人可能会怎样

		频数	百分比	有效百分比	累计百分比
有效	主动问您去几楼并帮您按楼层	2897	33.1%	37.5%	37.5%
	当作没看见	1169	13.4%	15.1%	52.6%
	会在您的请求下给予帮助	3667	41.9%	47.4%	100.0%
	总计	7733	88.3%	100.0%	
缺失	不理解题意	1			
	不知道	901	10.3%		
	拒绝回答	120	1.4%		
	总计	1022	11.7%		
总计		8755	100.0%		

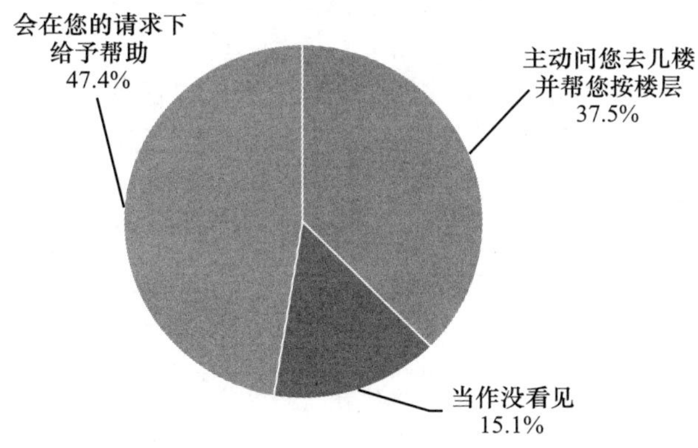

K. 个人、家庭基本信息

K1 您目前的婚姻状况是

		频数	百分比	有效百分比	累计百分比
有效	未婚	1158	13.2%	13.3%	13.3%
	已婚	7148	81.6%	81.8%	95.1%
	离婚	117	1.3%	1.3%	96.4%
	丧偶	305	3.5%	3.5%	99.9%
	其他	9	0.1%	0.1%	100.0%
	总计	8737	99.8%	100.0%	
缺失	拒绝回答	18	0.2%		
总计		8755	100.0%		

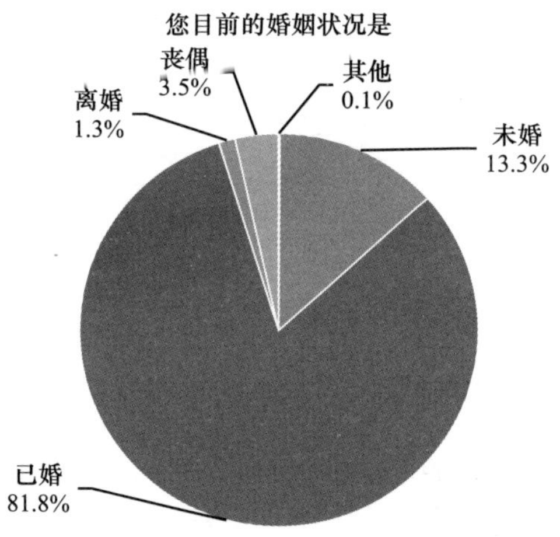

K2 您家里住在一起并且一起吃饭的有几个人（包括您自己）

		频数	百分比	有效百分比	累计百分比
有效	0	3			
	1	473	5.4%	5.5%	5.5%
	2	1919	21.9%	22.3%	27.8%
	3	2268	25.9%	26.3%	54.1%
	4	1834	20.9%	21.3%	75.4%
	5	1211	13.8%	14.1%	89.5%
	6	667	7.6%	7.7%	97.2%

续表

		频数	百分比	有效百分比	累计百分比
有效	7	127	1.5%	1.5%	98.7%
	8	60	0.7%	0.7%	99.4%
	9	20	0.2%	0.2%	99.6%
	10	19	0.2%	0.2%	99.9%
	11	5	0.1%	0.1%	99.9%
	12	2			99.9%
	13	2			100.0%
	15	1			100.0%
	16	2			100.0%
	总计	8613	98.4%	100.0%	
缺失	拒绝回答	142	1.6%		
总计		8755	100.0%		

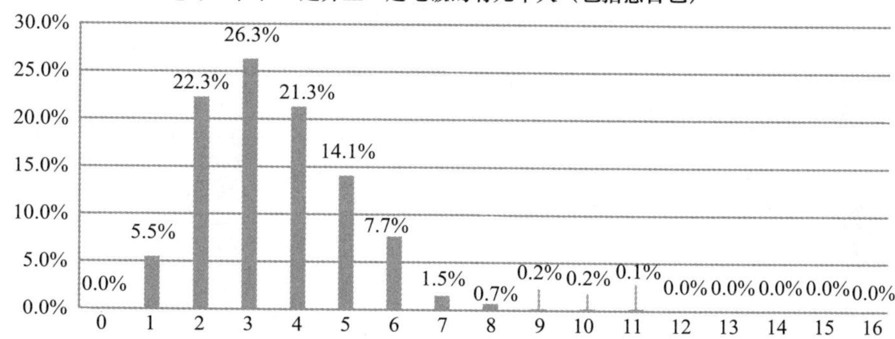

K3 请问您有几个子女

		频数	百分比	有效百分比	累计百分比
有效	0	1270	14.5%	14.9%	14.9%
	1	3719	42.5%	43.7%	58.6%
	2	2986	34.1%	35.1%	93.7%
	3	456	5.2%	5.4%	99.0%
	4	66	0.8%	0.8%	99.8%
	5	16	0.2%	0.2%	100.0%
	7	2			100.0%
	总计	8515	97.3%	100.0%	

续表

		频数	百分比	有效百分比	累计百分比
缺失	不知道	39	0.4%		
	拒绝回答	201	2.3%		
	总计	240	2.7%		
总计		8755	100.0%		

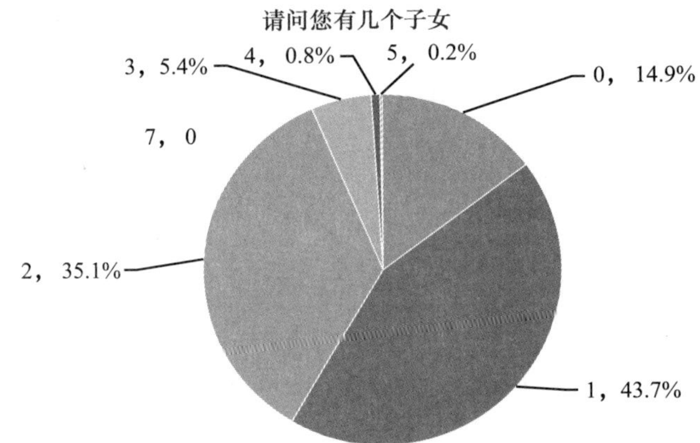

K3a 请问您的子女中有几个儿子

		频数	百分比	有效百分比	累计百分比
有效	0	1571	17.9%	21.9%	21.9%
	1	4837	55.2%	67.3%	89.2%
	2	735	8.4%	10.2%	99.4%
	3	37	0.4%	0.5%	99.9%
	4	5	0.1%	0.1%	100.0%
	5	1			100.0%
	6	1			100.0%
	总计	7187	82.1%	100.0%	
缺失	不适用	1270	14.5%		
	不知道	39	0.4%		
	拒绝回答	259	3.0%		
	总计	1568	17.9%		
总计		8755	100.0%		

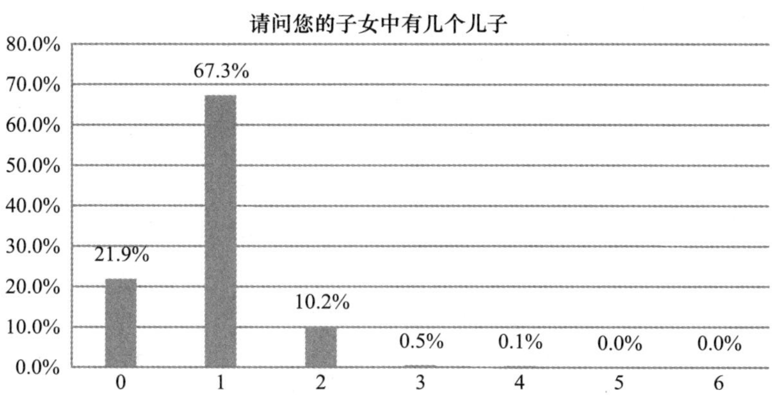

K3b 请问您的子女中有几个女儿

		频数	百分比	有效百分比	累计百分比
有效	0	2988	34. 1%	41. 9%	41. 9%
	1	3429	39. 2%	48. 0%	89. 9%
	2	654	7. 5%	9. 2%	99. 1%
	3	52	0. 6%	0. 7%	99. 8%
	4	10	0. 1%	0. 1%	99. 9%
	5	2			100. 0%
	6	3			100. 0%
	总计	7138	81. 5	100. 0%	
缺失	不适用	1270	14. 5%		
	不知道	39	0. 4%		
	拒绝回答	308	3. 5%		
	总计	1617	18. 5%		
总计		8755	100. 0%		

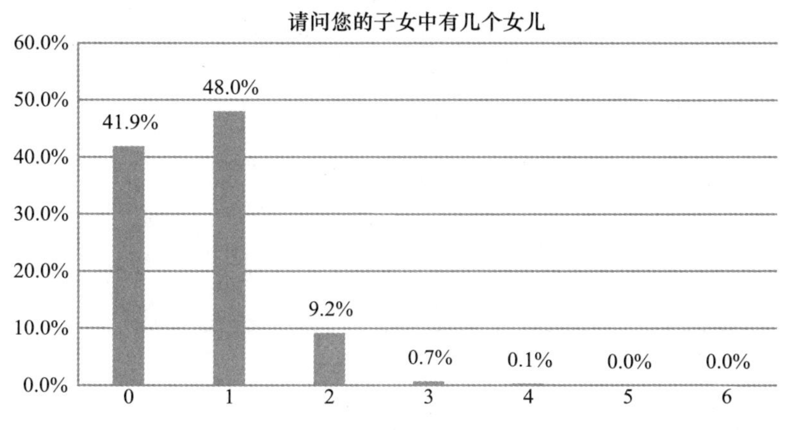

K4 您目前的居住状况是

		频数	百分比	有效百分比	累计百分比
有效	与配偶居住	1827	20.9%	21.1%	21.1%
	与配偶及已婚子女居住	945	10.8%	10.9%	32.1%
	与配偶及父母居住	710	8.1%	8.2%	40.3%
	独自居住	504	5.8%	5.8%	46.1%
	与配偶及未婚子女居住	2489	28.4%	28.8%	74.9%
	祖父母辈与孙辈居住	655	7.5%	7.6%	82.5%
	其他	1510	17.2%	17.5%	100.0%
	总计	8640	98.7%	100.0%	
缺失	拒绝回答	115	1.3%		
总计		8755	100.0%		

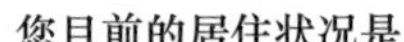

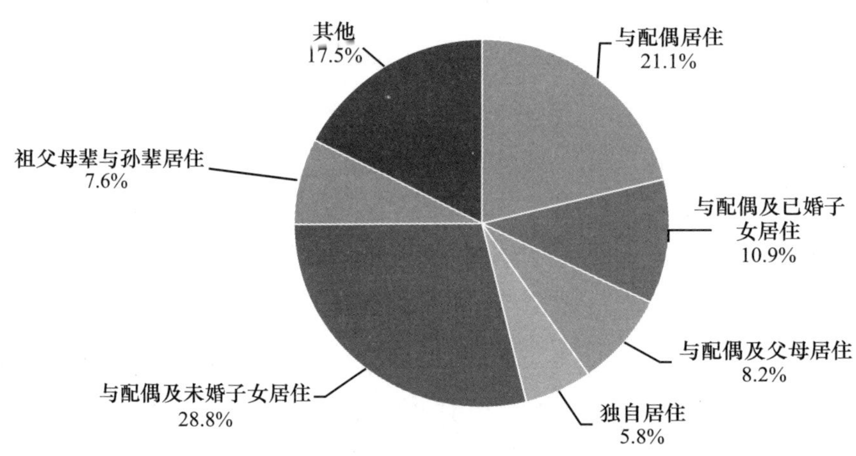

K5 请问您现在的住房属于以下哪种情况

		频数	百分比	有效百分比	累计百分比
有效	父母买或祖上传的私房	1234	14.1%	14.2%	14.2%
	自己买或盖的房子	5735	65.5%	65.9%	80.1%
	与父母合买的商品房	94	1.1%	1.1%	81.1%
	买的单位/房管局的房子	243	2.8%	2.8%	83.9%
	单位分的公房	85	1.0%	1.0%	84.9%
	租私人的房子	1115	12.7%	12.8%	97.7%

续表

		频数	百分比	有效百分比	累计百分比
有效	租房管局的房子	26	0.3%	0.3%	98.0%
	其他	173	2.0%	2.0%	100.0%
	总计	8705	99.4%	100.0%	
缺失	不知道	2			
	拒绝回答	48	0.5%		
	总计	50	0.6%		
总计		8755	100.0%		

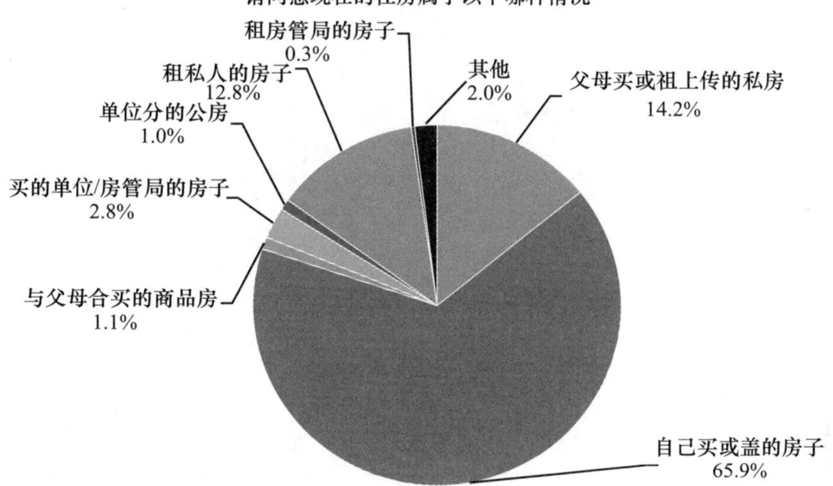

K6 您最近一年来的月平均收入属于下面哪个范围

		频数	百分比	有效百分比	累计百分比
有效	无收入	1301	14.9%	16.4%	16.4%
	1—999 元	813	9.3%	10.3%	26.7%
	1000—1999 元	1564	17.9%	19.8%	46.5%
	2000—3999 元	2579	29.5%	32.6%	79.1%
	4000—5999 元	1154	13.2%	14.6%	93.6%
	6000—8999 元	370	4.2%	4.7%	98.3%
	9000—12999 元	85	1.0%	1.1%	99.4%
	13000—20000 元	31	0.4%	0.4%	99.8%
	20000 元以上	17	0.2%	0.2%	100.0%
	总计	7914	90.4%	100.0%	

续表

		频数	百分比	有效百分比	累计百分比
缺失	不知道	218	2.5%		
	拒绝回答	623	7.1%		
	总计	841	9.6%		
总计		8755	100.0%		

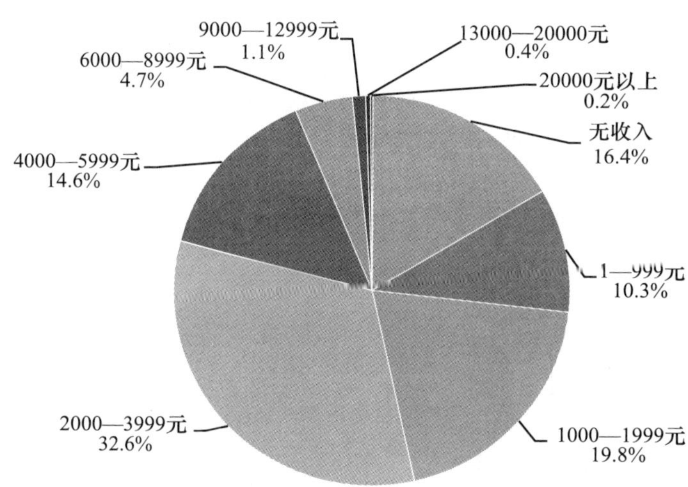

K7 2016 年您的家庭全年总收入属于下面哪个范围

		频数	百分比	有效百分比	累计百分比
有效	少于 1000 元	52	0.6%	0.8%	0.8%
	1000—1999 元	40	0.5%	0.6%	1.4%
	2000—3999 元	67	0.8%	1.0%	2.4%
	4000—6999 元	118	1.3%	1.8%	4.2%
	7000—9999 元	248	2.8%	3.8%	8.0%
	1 万—1.9999 万元	683	7.8%	10.4%	18.3%
	2 万—3.9999 万元	1410	16.1%	21.4%	39.7%
	4 万—5.9999 万元	1438	16.4%	21.8%	61.5%
	6 万—7.9999 万元	1037	11.8%	15.7%	77.2%
	8 万—9.9999 万元	716	8.2%	10.9%	88.1%
	10 万—19.9999 万元	632	7.2%	9.6%	97.6%
	20 万—29.9999 万元	115	1.3%	1.7%	99.4%

续表

		频数	百分比	有效百分比	累计百分比
有效	30 万—49.9999 万元	31	0.4%	0.5%	99.8%
	50 万—99.9999 万元	5	0.1%	0.1%	99.9%
	100 万元及以上	5	0.1%	0.1%	100.0%
	总计	6597	75.4%	100.0%	
缺失	不知道	1110	12.7%		
	拒绝回答	1048	12.0%		
	总计	2158	24.6%		
总计		8755	100.0%		

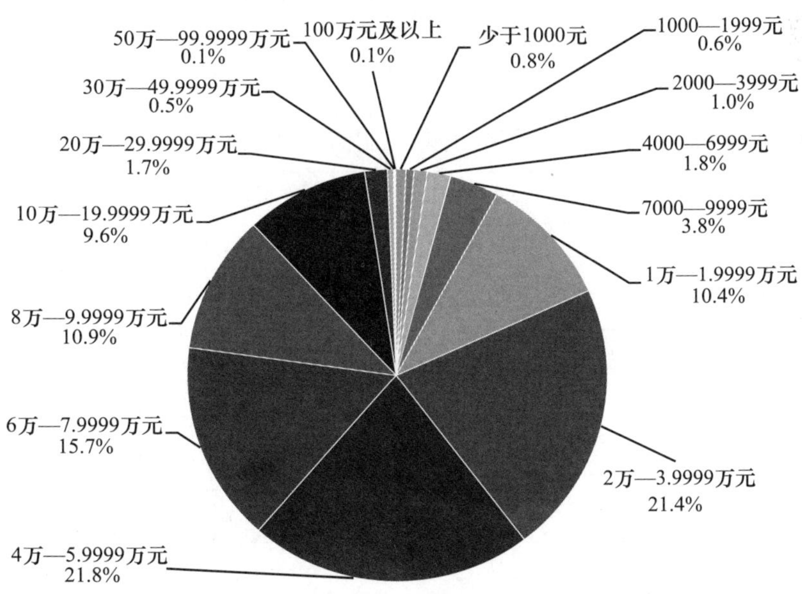

K8 您目前的政治面貌是

		频数	百分比	有效百分比	累计百分比
有效	共产党员	565	6.5%	6.5%	6.5%
	民主党派	13	0.1%	0.2%	6.7%
	共青团员	560	6.4%	6.5%	13.2%
	群众	7514	85.8%	86.8%	100.0%
	总计	8652	98.8%	100.0%	
缺失	拒绝回答	103	1.2%		

续表

	频数	百分比	有效百分比	累计百分比
总计	8755	100.0%		

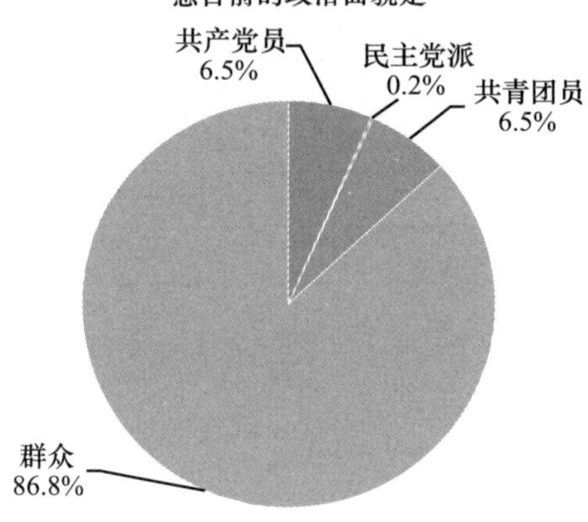

K9 您经常离开本市外出（包括出差、旅游、探亲等）吗

		频数	百分比	有效百分比	累计百分比
有效	每周几次	24	0.3%	0.3%	0.3%
	每月几次	142	1.6%	1.8%	2.0%
	每年几次	1304	14.9%	16.1%	18.1%
	每年一次	1581	18.1%	19.5%	37.6%
	两三年一次	493	5.6%	6.1%	43.7%
	几乎不去	4562	52.1%	56.3%	100.0%
	总计	8106	92.6%	100.0%	
缺失	不知道	510	5.8%		
	拒绝回答	139	1.6%		
	总计	649	7.4%		
总计		8755	100.0%		

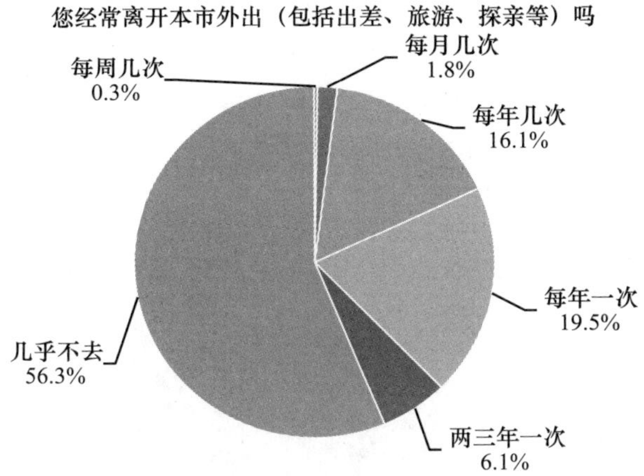

K10 您去过国外或港、澳、台地区吗

		频数	百分比	有效百分比	累计百分比
有效	去过	604	6.9%	7.1%	7.1%
	没去过	7931	90.6%	92.9%	100.0%
	总计	8535	97.5%	100.0%	
缺失	拒绝回答	220	2.5%		
总计		8755	100.0%		

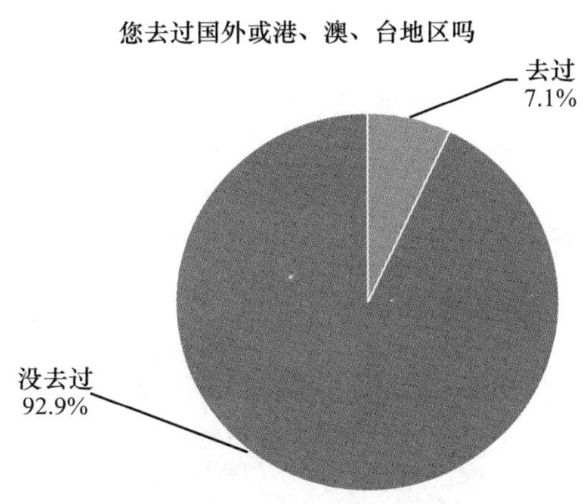

K11 您的家人和亲戚当中是否有人曾经或正在国外学习、工作或生活

		频数	百分比	有效百分比	累计百分比
有效	有	724	8.3%	8.3%	8.3%
	没有	8014	91.5%	91.7%	100.0%
	总计	8738	99.8%	100.0%	

续表

		频数	百分比	有效百分比	累计百分比
缺失	拒绝回答	17	0.2%		
总计		8755	100.0%		

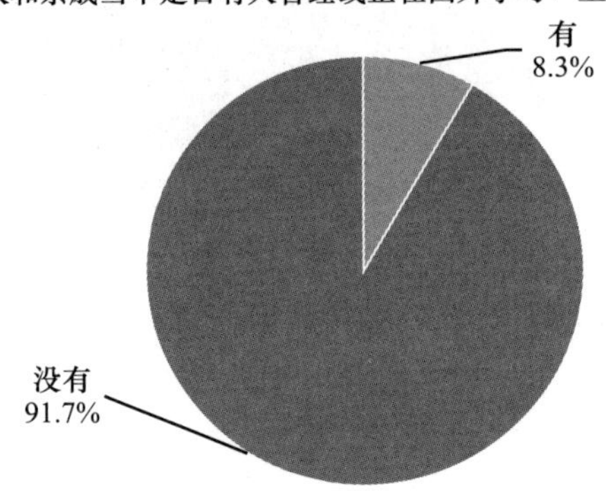

K12 您的好朋友当中是否有人曾经或正在国外学习、工作或生活

		频数	百分比	有效百分比	累计百分比
有效	有	806	9.2%	9.2%	9.2%
	没有	7929	90.6%	90.8%	100.0%
	总计	8735	99.8%	100.0%	
缺失	拒绝回答	20	0.2%		
总计		8755	100.0%		

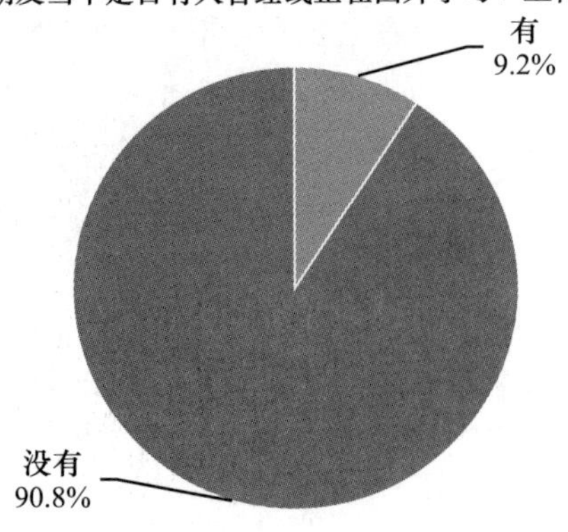

第二章　2017年中国伦理道德发展数据库交互分析表

中国伦理道德评价的户口差异

B1a by A5

过去一年，您对纸质报纸的使用情况是 * 户口 Crosstabulation

	农业户口	非农业户口	总计
从不	73.3%	52.6%	66.3%
很少	19.5%	27.1%	22.1%
有时	5.7%	13.8%	8.4%
经常	1.3%	5.5%	2.7%
非常频繁	0.1%	1.1%	0.4%
总计	100.0%	100.0%	100.0%
列总计	5711	2919	8630

Chi-square test：df=4，卡方值为481.029，sig =0.000<0.05，所以不同户口类型的居民在“过去一年，您对纸质报纸的使用情况是”这一问题的回答上有显著差异。

B1b by A5

过去一年，您对纸质杂志的使用情况是 * 户口 Crosstabulation

	农业户口	非农业户口	总计
从不	75.9%	57.9%	69.8%
很少	17.1%	25.2%	19.8%
有时	5.8%	12.1%	7.9%
经常	1.1%	4.2%	2.1%
非常频繁	0.1%	0.5%	0.2%
总计	100.0%	100.0%	100.0%

续表

	农业户口	非农业户口	总计
列总计	5699	2916	8615

Chi-square test：df = 4，卡方值为 352. 193，sig = 0. 000 < 0. 05，所以不同户口类型的居民在“过去一年，您对纸质杂志的使用情况是”这一问题的回答上有显著差异。

B1c by A5

过去一年，您对广播的使用情况是 ＊ 户口 Crosstabulation

	农业户口	非农业户口	总计
从不	67. 0%	56. 1%	63. 3%
很少	19. 7%	23. 6%	21. 0%
有时	9. 3%	14. 8%	11. 1%
经常	3. 5%	4. 9%	4. 0%
非常频繁	0. 5%	0. 7%	0. 5%
总计	100. 0%	100. 0%	100. 0%
列总计	5688	2905	8593

Chi-square test：df = 4，卡方值为 112. 982，sig = 0. 000 < 0. 05，所以不同户口类型的居民在“过去一年，您对广播的使用情况是”这一问题的回答上有显著差异。

B1d by A5

过去一年，您对电视的使用情况是 ＊ 户口 Crosstabulation

	农业户口	非农业户口	总计
从不	2. 9%	2. 2%	2. 6%
很少	13. 2%	9. 3%	11. 9%
有时	25. 5%	25. 6%	25. 5%
经常	39. 4%	45. 6%	41. 5%
非常频繁	19. 0%	17. 2%	18. 4%
总计	100. 0%	100. 0%	100. 0%
列总计	5712	2912	8624

Chi-square test：df = 4，卡方值为 48. 854，sig = 0. 000 < 0. 05，所以不同户口类型的居民在“过去一年，您对电视的使用情况是”这一问题的回答上有显著差异。

B1e by A5

过去一年，您对各种政府网站的使用情况是 * 户口 Crosstabulation

	农业户口	非农业户口	总计
从不	77.0%	55.3%	69.7%
很少	13.5%	22.6%	16.6%
有时	6.0%	13.3%	8.5%
经常	2.9%	7.0%	4.3%
非常频繁	0.6%	1.8%	1.0%
总计	100.0%	100.0%	100.0%
列总计	5614	2879	8493

Chi-square test：df = 4，卡方值为 444.105，sig = 0.000 < 0.05，所以不同户口类型的居民在“过去一年，您对各种政府网站的使用情况是”这一问题的回答上有显著差异。

B1f by A5

过去一年，您对社交媒体（微博、微信、博客、播客等）的使用情况是 * 户口 Crosstabulation

	农业户口	非农业户口	总计
从不	36.1%	20.4%	30.8%
很少	8.4%	7.9%	8.2%
有时	15.1%	14.4%	14.9%
经常	26.8%	35.5%	29.8%
非常频繁	13.6%	21.8%	16.4%
总计	100.0%	100.0%	100.0%
列总计	5678	2901	8579

Chi-square test：df = 4，卡方值为 281.211，sig = 0.000 < 0.05，所以不同户口类型的居民在“过去一年，您对社交媒体（微博、微信、博客、播客等）的使用情况是”这一问题的回答上有显著差异。

B1g by A5

过去一年，您对新媒体（如数字报纸、移动电视等）的使用情况是 * 户口 Crosstabulation

	农业户口	非农业户口	总计
从不	62.4%	42.9%	55.8%
很少	15.1%	21.9%	17.4%
有时	10.6%	15.9%	12.4%

续表

	农业户口	非农业户口	总计
经常	8. 2%	12. 6%	9. 7%
非常频繁	3. 7%	6. 7%	4. 7%
总计	100. 0%	100. 0%	100. 0%
列总计	5606	2862	8468

Chi-square test：df = 4，卡方值为 297. 945，sig = 0. 000 < 0. 05，所以不同户口类型的居民在“过去一年，您对新媒体（如数字报纸、移动电视等）的使用情况是”这一问题的回答上有显著差异。

B2 by A5

跟五年前相比，您觉得自己的社会经济地位有什么变化 ＊ 户口 Crosstabulation

	农业户口	非农业户口	总计
上升了	48. 8%	49. 0%	48. 9%
差不多	43. 8%	45. 4%	44. 4%
下降了	7. 3%	5. 7%	6. 8%
总计	100. 0%	100. 0%	100. 0%
列总计	5425	2764	8189

Chi-square test：df = 2，卡方值为 8. 389，sig = 0. 15 > 0. 05，所以不同户口类型的居民在“跟五年前相比，您觉得自己的社会经济地位有什么变化”这一问题的回答上没有显著差异。

B3 by A5

您感觉在未来的五年中，您的生活水平将会有什么变化 ＊ 户口 Crosstabulation

	农业户口	非农业户口	总计
上升很多	17. 7%	19. 5%	18. 3%
略有上升	64. 7%	63. 1%	64. 1%
没有变化	14. 2%	14. 6%	14. 3%
略有下降	2. 7%	2. 0%	2. 4%
下降很多	0. 8%	0. 8%	0. 8%
总计	100. 0%	100. 0%	100. 0%
列总计	4972	2605	7577

Chi-square test：df = 4，卡方值为 7. 637，sig = 0. 106 > 0. 05，所以不同户口类型的居民在“您感觉在未来的五年中，您的生活水平将会有什么变化”这一问题的回答上没有显著差异。

B4 by A5

总的来说，您觉得目前的生活幸福吗 * 户口 Crosstabulation

	农业户口	非农业户口	总计
非常不幸福	1. 4%	1. 2%	1. 3%
不太幸福	5. 2%	4. 5%	4. 9%
谈不上幸福不幸福	21. 4%	18. 2%	20. 3%
比较幸福	61. 1%	61. 6%	61. 2%
非常幸福	11. 0%	14. 5%	12. 2%
总计	100. 0%	100. 0%	100. 0%
列总计	5747	2932	8679

Chi-square test：df = 4，卡方值为 30. 486，sig = 0. 000 < 0. 05，所以不同户口类型的居民在“总的来说，您觉得目前的生活幸福吗”这一问题的回答上有显著差异。

B5 by A5

您对自己目前的生活状态满意吗 * 户口 Crosstabulation

	农业户口	非农业户口	总计
非常满意	11. 9%	13. 7%	12. 5%
比较满意	72. 4%	73. 5%	72. 7%
不太满意	14. 8%	12. 0%	13. 9%
非常不满意	0. 9%	0. 9%	0. 9%
总计	100. 0%	100. 0%	100. 0%
列总计	5649	2889	8538

Chi-square test：df = 3，卡方值为 16. 300，sig = 0. 001 < 0. 05，所以不同户口类型的居民在“您对自己目前的生活状态满意吗”这一问题的回答上有显著差异。

B6 by A5

社会上发生的一些事情，您一般是从什么渠道最先知道？ * 户口 Crosstabulation

	农业户口	非农业户口	总计
电视	68. 4%	57. 4%	64. 6%
报纸	1. 9%	5. 8%	3. 2%
电台广播	2. 1%	2. 0%	2. 1%
微博、微信等网络社交媒介	34. 2%	43. 1%	37. 2%
网络	22. 7%	36. 6%	27. 4%

续表

	农业户口	非农业户口	总计
和朋友亲友同事交谈	27.0%	23.9%	25.9%
单位传达	0.4%	1.9%	0.9%
列总计	5717	2927	8644

据上表所示，不同户口类型的居民在“社会上发生的一些事情，您一般是从什么渠道最先知道”这一问题的回答上有显著差异。

B7 by A5

从网络中获得的信息对您的思想行为有多大程度的影响 * 户口 Crosstabulation

	农业户口	非农业户口	总计
影响很大	21.0%	24.1%	22.1%
有一些影响	52.3%	55.7%	53.6%
影响很小	20.9%	15.8%	19.0%
完全没有影响	5.8%	4.5%	5.3%
总计	100.0%	100.0%	100.0%
列总计	3991	2411	6402

Chi-square test：df = 3，卡方值为 35.614，sig = 0.000 < 0.05，所以不同户口类型的居民在“从网络中获得的信息对您的思想行为有多大程度的影响”这一问题的回答上有显著差异。

B8 by A5

您认为中国梦和您个人、家庭追求美好生活有多大程度的关系 * 户口 Crosstabulation

	农业户口	非农业户口	总计
关系很大	31.1%	44.2%	35.5%
关系不大	38.1%	34.6%	36.9%
根本没有关系	9.2%	9.2%	9.2%
不清楚什么是中国梦	21.7%	12.0%	18.4%
总计	100.0%	100.0%	100.0%
列总计	5754	2926	8680

Chi-square test：df = 3，卡方值为 197.000，sig = 0.000 < 0.05，所以不同户口类型的居民在“您认为中国梦和您个人、家庭追求美好生活有多大程度的关系”这一问题的回答上有显著差异。

B9 by A5

您对当前我国社会道德状况的总体满意度是 ＊ 户口 Crosstabulation

	农业户口	非农业户口	总计
非常满意	6.4%	7.8%	6.9%
比较满意	67.8%	64.8%	66.8%
不太满意	23.3%	24.5%	23.7%
非常不满意	2.4%	2.9%	2.6%
总计	100.0%	100.0%	100.0%
列总计	5426	2831	8257

Chi-square test：df = 3，卡方值为 10.594，sig = 0.014 < 0.05，所以不同户口类型的居民在“您对当前我国社会道德状况的总体满意度是”这一问题的回答上有显著差异。

B10 by A5

您对当前我国社会人与人之间的关系的总体满意度是 ＊ 户口 Crosstabulation

	农业户口	非农业户口	总计
非常满意	5.6%	6.8%	6.0%
比较满意	69.4%	65.1%	67.9%
不太满意	23.4%	25.9%	24.3%
非常不满意	1.6%	2.1%	1.8%
总计	100.0%	100.0%	100.0%
列总计	5470	2838	8308

Chi-square test：df = 3，卡方值为 17.598，sig = 0.001 < 0.05，所以不同户口类型的居民在“您对当前我国社会人与人之间的关系的总体满意度是”这一问题的回答上有显著差异。

B11 by A5

您对自己的道德状况的满意度是 ＊ 户口 Crosstabulation

	农业户口	非农业户口	总计
非常满意	14.8%	16.2%	15.3%
比较满意	78.4%	76.1%	77.6%
不太满意	6.2%	7.0%	6.5%
非常不满意	0.5%	0.7%	0.6%
总计	100.0%	100.0%	100.0%
列总计	5508	2836	8344

Chi-square test：df = 3，卡方值为 7.239，sig = 0.065 > 0.05，所以不同户口类型的居民在“您对自己的道德状况的满意度是”这一问题的回答上没有显著差异。

B12 by A5

您觉得今后中国社会的道德状况会变成什么样 * 户口 Crosstabulation

	农业户口	非农业户口	总计
越来越差	5.3%	6.2%	5.6%
不变	11.3%	9.6%	10.8%
越来越好	70.7%	73.1%	71.5%
不知道	12.8%	11.1%	12.2%
总计	100.0%	100.0%	100.0%
列总计	5749	2936	8685

Chi-square test：df = 3，卡方值为14.241，sig = 0.003 < 0.05，所以不同户口类型的居民在“您觉得今后中国社会的道德状况会变成什么样”这一问题的回答上有显著差异。

B13 by A5

您认为我国目前人与人之间的关系受什么影响？* 户口 Crosstabulation

	农业户口	非农业户口	总计
利益	66.7%	59.7%	64.3%
情感	49.7%	43.3%	47.5%
国家倡导的主流价值观	18.6%	28.2%	21.9%
中国传统价值观	24.2%	29.1%	25.9%
西方价值观	3.1%	4.2%	3.5%
列总计	5382	2808	8190

据上表所示，不同户口类型的居民在“您认为我国目前人与人之间的关系受什么影响”这一问题的回答上有显著差异。

B14 by A5

对中国社会，您最担忧的问题是？* 户口 Crosstabulation

	农业户口	非农业户口	总计
腐败不能根治	39.8%	38.8%	39.5%
生态环境恶化	37.5%	41.0%	38.7%
分配不公，两极分化	16.9%	21.2%	18.4%
老无所养，未来没有把握	28.8%	24.1%	27.2%
生活水平下降	24.7%	18.0%	22.4%
道德滑坡，社会风气恶化	13.9%	19.4%	15.8%
人际关系紧张	13.6%	15.4%	14.2%

续表

	农业户口	非农业户口	总计
列总计	5567	2883	8450

据上表所示，不同户口类型的居民在“对中国社会，您最担忧的问题是”这一问题的回答上有显著差异。

B15 by A5

对伦理关系和道德生活，您最向往的是？ * 户口 Crosstabulation

	农业户口	非农业户口	总计
传统社会的伦理和道德（如仁、义、礼、智、信）	62.1%	56.2%	60.1%
战争年代为理想而献身的革命精神（如革命烈士无私献身精神）	14.1%	18.1%	15.5%
新中国成立后到“文化大革命”前的大公无私的集体主义精神	9.5%	10.2%	9.8%
追求个人利益的市场经济下的道德	10.1%	9.9%	10.0%
西方道德（如个人主义，实用主义，功利主义）	2.2%	3.3%	2.6%
其他	2.0%	2.3%	2.1%
总计	100.0%	100.0%	100.0%
列总计	5568	2852	8420

Chi-square test：df = 5，卡方值为41.074，sig = 0.000 < 0.05，所以不同户口类型的居民在“对伦理关系和道德生活，您最向往的是”这一问题的回答上有显著差异。

B16a by A5

您认为当前我国社会道德生活中最重要的内容是什么？最重要 * 户口 Crosstabulation

	农业户口	非农业户口	总计
意识形态中所提倡的社会主义道德	22.8%	25.4%	23.7%
中国传统道德	51.2%	48.7%	50.3%
西方文化影响而形成的道德	7.7%	9.3%	8.3%
市场经济中形成的道德	18.1%	16.5%	17.6%
其他	0.1%	0.1%	0.1%
总计	100.0%	100.0%	100.0%
列总计	5478	2838	8316

Chi-square test：df = 4，卡方值为16.722，sig = 0.002 < 0.05，所以不同户口类型的居民在“您认为当前我国社会道德生活中最重要的内容是什么”这一问题的回答上有显著差异。

B16b by A5

您认为当前我国社会道德生活中最重要的内容是什么？第二重要 ＊ 户口 Crosstabulation

	农业户口	非农业户口	总计
意识形态中所提倡的社会主义道德	40.6%	42.1%	41.1%
中国传统道德	29.4%	29.6%	29.5%
西方文化影响而形成的道德	8.5%	9.8%	8.9%
市场经济中形成的道德	21.4%	18.4%	20.4%
其他	0.1%		0.1%
总计	100.0%	100.0%	100.0%
列总计	5202	2753	7955

Chi-square test：df = 4，卡方值为 13.728，sig = 0.008 < 0.05，所以不同户口类型的居民在“您认为当前我国社会道德生活中最重要的内容是什么？第二重要”这一问题的回答上有显著差异。

B16c by A5

您认为当前我国社会道德生活中最重要的内容是什么？第三重要 ＊ 户口 Crosstabulation

	农业户口	非农业户口	总计
意识形态中所提倡的社会主义道德	28.8%	25.1%	27.5%
中国传统道德	15.8%	15.0%	15.5%
西方文化影响而形成的道德	13.1%	17.2%	14.5%
市场经济中形成的道德	42.2%	42.7%	42.4%
其他			
总计	100.0%	100.0%	100.0%
列总计	5059	2692	7751

Chi-square test：df = 4，卡方值为 29.992，sig = 0.000 < 0.05，所以不同户口类型的居民在“您认为当前我国社会道德生活中最重要的内容是什么？第三重要”这一问题的回答上有显著差异。

B17 by A5

您认为目前我国社会中伦理道德对人际关系的调解能力如何 ＊ 户口 Crosstabulation

	农业户口	非农业户口	总计
良好	17.9%	18.8%	18.2%
一般	59.3%	56.8%	58.4%

续表

	农业户口	非农业户口	总计
很差	10.7%	11.2%	10.8%
几乎没有，一切都听从利益支配	12.2%	13.2%	12.6%
总计	100.0%	100.0%	100.0%
列总计	4998	2707	7705

Chi-square test：df = 3，卡方值为 4.517，sig = 0.211 > 0.05，所以不同户口类型的居民在“您认为目前我国社会中伦理道德对人际关系的调解能力如何”这一问题的回答上没有显著差异。

B18 by A5

您认为目前我国社会中伦理道德对个人行为的约束能力如何 * 户口 Crosstabulation

	农业户口	非农业户口	总计
良好	16.5%	17.8%	17.0%
一般	58.1%	57.9%	58.0%
很差	13.5%	12.8%	13.2%
几乎没有，一切都听从利益支配	11.9%	11.5%	11.8%
总计	100.0%	100.0%	100.0%
列总计	5005	2709	7714

Chi-square test：df = 3，卡方值为 2.485，sig = 0.478 > 0.05，所以不同户口类型的居民在“您认为目前我国社会中伦理道德对个人行为的约束能力如何”这一问题的回答上没有显著差异。

B19 by A5

您认为当今中国社会最基本的伦理冲突是？ * 户口 Crosstabulation

	农业户口	非农业户口	总计
人与自然的冲突	22.4%	22.4%	22.4%
人与自身的冲突	30.8%	32.0%	31.2%
人与人之间的冲突	45.7%	47.4%	46.3%
个人与社会的冲突	29.3%	34.0%	30.9%
个人与政府的冲突	7.3%	7.8%	7.5%
列总计	5512	2873	8385

据上表所示，不同户口类型的居民在“您认为当今中国社会最基本的伦理冲突是”这一问题的回答上有显著差异。

B20a by A5

在下列关系中，您认为哪些关系对您来说最重要？第一位 * 户口 Crosstabulation

	农业户口	非农业户口	总计
父母与子女	69.3%	63.9%	67.5%
夫妇	20.1%	23.0%	21.1%
兄弟姐妹	1.2%	1.6%	1.3%
同事或同学	2.2%	2.5%	2.3%
上级或下级	1.0%	1.0%	1.0%
师生	0.2%		0.1%
人与自然的关系	0.9%	1.1%	1.0%
个人与社会	0.8%	1.3%	1.0%
个人与国家	1.7%	2.2%	1.9%
个人与工作单位	1.1%	1.2%	1.1%
通过网络建立的各种“群”的关系	0.1%	0.1%	0.1%
朋友	0.4%	0.5%	0.4%
个人与自身的关系（身心和谐）	0.9%	1.6%	1.1%
其他		0.1%	
总计	100.0%	100.0%	100.0%
列总计	5765	2938	8703

Chi-square test：df = 13，卡方值为 40.027，sig = 0.000 < 0.05，所以不同户口类型的居民在“在下列关系中，您认为哪些关系对您来说最重要？第一位”这一问题的回答上有显著差异。

B20b by A5

在下列关系中，您认为哪些关系对您来说最重要？第二位 * 户口 Crosstabulation

	农业户口	非农业户口	总计
父母与子女	22.7%	25.5%	23.7%
夫妇	52.9%	47.5%	51.1%
兄弟姐妹	12.3%	10.8%	11.8%
同事或同学	4.0%	4.5%	4.1%
上级或下级	1.0%	1.8%	1.3%
师生	0.8%	1.0%	0.8%
人与自然的关系	1.6%	1.7%	1.6%
个人与社会	1.0%	1.8%	1.3%
个人与国家	1.1%	1.3%	1.2%
个人与工作单位	1.1%	1.7%	1.3%
通过网络建立的各种“群”的关系	0.1%	0.1%	0.1%
朋友	0.9%	1.6%	1.1%

续表

	农业户口	非农业户口	总计
个人与自身的关系（身心和谐）	0.4%	0.6%	0.5%
其他		0.1%	
总计	100.0%	100.0%	100.0%
列总计	5727	2925	8652

Chi-square test：df = 13，卡方值为 60.452，sig = 0.000 < 0.05，所以不同户口类型的居民在“在下列关系中，您认为哪些关系对您来说最重要？第二位”这一问题的回答上有显著差异。

B20c by A5

在下列关系中，您认为哪些关系对您来说最重要？第三位 ＊ 户口 Crosstabulation

	农业户口	非农业户口	总计
父母与子女	3.4%	3.2%	3.3%
夫妇	8.5%	8.6%	8.5%
兄弟姐妹	56.6%	47.7%	53.6%
同事或同学	7.4%	9.8%	8.2%
上级或下级	3.5%	5.0%	4.0%
师生	2.6%	2.3%	2.5%
人与自然的关系	3.3%	3.7%	3.5%
个人与社会	3.9%	5.5%	4.4%
个人与国家	3.4%	3.7%	3.5%
个人与工作单位	1.6%	3.4%	2.2%
通过网络建立的各种“群”的关系	0.3%	0.3%	0.3%
朋友	4.0%	5.0%	4.4%
个人与自身的关系（身心和谐）	1.4%	1.9%	1.6%
其他			
总计	100.0%	100.0%	100.0%
列总计	5705	2921	8626

Chi-square test：df = 13，卡方值为 100.194，sig = 0.000 < 0.05，所以不同户口类型的居民在“在下列关系中，您认为哪些关系对您来说最重要？第三位”这一问题的回答上有显著差异。

B20d by A5

在下列关系中，您认为哪些关系对您来说最重要？第四位 ＊ 户口 Crosstabulation

	农业户口	非农业户口	总计
父母与子女	1.2%	1.6%	1.3%
夫妇	3.8%	3.9%	3.8%

续表

	农业户口	非农业户口	总计
兄弟姐妹	5.2%	6.4%	5.6%
同事或同学	19.2%	17.6%	18.7%
上级或下级	5.2%	5.7%	5.4%
师生	4.8%	5.6%	5.1%
人与自然的关系	7.6%	6.7%	7.3%
个人与社会	11.7%	11.2%	11.5%
个人与国家	6.1%	5.2%	5.8%
个人与工作单位	7.0%	11.7%	8.6%
通过网络建立的各种“群”的关系	0.7%	1.0%	0.8%
朋友	24.7%	20.1%	23.2%
个人与自身的关系（身心和谐）	2.7%	3.2%	2.9%
其他			
总计	100.0%	100.0%	100.0%
列总计	5637	2877	8514

Chi-square test：df = 13，卡方值为 88.010，sig = 0.000 < 0.05，所以不同户口类型的居民在“在下列关系中，您认为哪些关系对您来说最重要？第四位”这一问题的回答上有显著差异。

B20e by A5

在下列关系中，您认为哪些关系对您来说最重要？第五位 ＊ 户口 Crosstabulation

	农业户口	非农业户口	总计
父母与子女	0.6%	0.9%	0.7%
夫妇	1.6%	1.6%	1.6%
兄弟姐妹	3.0%	3.5%	3.2%
同事或同学	11.4%	11.9%	11.6%
上级或下级	6.2%	5.9%	6.1%
师生	6.5%	6.4%	6.5%
人与自然的关系	5.4%	5.3%	5.4%
个人与社会	15.1%	13.6%	14.6%
个人与国家	11.1%	10.4%	10.9%
个人与工作单位	8.5%	10.4%	9.1%
通过网络建立的各种“群”的关系	2.6%	3.0%	2.7%
朋友	22.6%	20.7%	22.0%
个人与自身的关系（身心和谐）	5.3%	6.2%	5.6%
其他	0.2%	0.1%	0.2%
总计	100.0%	100.0%	100.0%
列总计	5547	2849	8396

Chi-square test：df = 13，卡方值为 23.422，sig = 0.037 < 0.05，所以不同户口类型的居民在“在下列关系中，您认为哪些关系对您来说最重要？第五位”这一问题的回答上有显著差异。

B21 by A5

您认为哪一种关系对社会秩序最具根本性意义 * 户口 Crosstabulation

	农业户口	非农业户口	总计
家庭关系或血缘关系	35.1%	27.5%	32.5%
个人与社会的关系	45.1%	50.0%	46.8%
职业关系	3.7%	6.2%	4.5%
个人与国家民族的关系	10.4%	10.5%	10.5%
人与自然的关系	2.0%	2.1%	2.0%
个人与自身的关系	3.7%	3.6%	3.6%
总计	100.0%	100.0%	100.0%
列总计	5713	2922	8635

Chi-square test：df = 5，卡方值为 69.806，sig = 0.000 < 0.05，所以不同户口类型的居民在“您认为哪一种关系对社会秩序最具根本性意义”这一问题的回答上有显著差异。

B22 by A5

您认为哪一种关系对个人生活最具根本性意义 * 户口 Crosstabulation

	农业户口	非农业户口	总计
家庭关系或血缘关系	56.1%	50.5%	54.2%
个人与社会的关系	19.0%	21.6%	19.9%
职业关系	12.6%	12.6%	12.6%
个人与国家民族的关系	4.6%	5.7%	4.9%
人与自然的关系	2.0%	1.7%	1.9%
个人与自身的关系	5.7%	8.0%	6.5%
总计	100.0%	100.0%	100.0%
列总计	5726	2920	8646

Chi-square test：df = 5，卡方值为 37.842，sig = 0.000 < 0.05，所以不同户口类型的居民在“您认为哪一种关系对个人生活最具根本性意义”这一问题的回答上有显著差异。

B23a by A5

对于个人而言，您认为家庭、社会和国家三者的重要性程度如何？第一位 * 户口 Crosstabulation

	农业户口	非农业户口	总计
国家	43.7%	50.3%	45.9%

续表

	农业户口	非农业户口	总计
社会	5.4%	6.5%	5.8%
家庭	50.9%	43.3%	48.3%
总计	100.0%	100.0%	100.0%
列总计	5748	2929	8677

Chi-square test：df = 2，卡方值为44.992，sig = 0.000 < 0.05，所以不同户口类型的居民在“对于个人而言，您认为家庭、社会和国家三者的重要性程度如何？第一位”这一问题的回答上有显著差异。

B23b by A5

对于个人而言，您认为家庭、社会和国家三者的重要性程度如何？第二位 * 户口 Crosstabulation

	农业户口	非农业户口	总计
国家	36.4%	28.1%	33.6%
社会	23.8%	27.3%	25.0%
家庭	39.8%	44.6%	41.4%
总计	100.0%	100.0%	100.0%
列总计	5737	2921	8658

Chi-square test：df = 2，卡方值为60.739，sig = 0.000 < 0.05，所以不同户口类型的居民在“对于个人而言，您认为家庭、社会和国家三者的重要性程度如何？第二位”这一问题的回答上有显著差异。

B24a by A5

请根据您的理解选择对下列陈述的评价：信息技术、网络技术的发展对伦理道德的影响 * 户口 Crosstabulation

	农业户口	非农业户口	总计
消极影响	16.5%	14.2%	15.7%
没有影响	31.3%	26.3%	29.5%
积极影响	52.2%	59.5%	54.8%
总计	100.0%	100.0%	100.0%
列总计	3686	2075	5761

Chi-square test：df = 2，卡方值为28.198，sig = 0.000 < 0.05，所以不同户口类型的居民在“信息技术、网络技术的发展对伦理道德的影响”这一问题的回答上有显著差异。

B24b by A5

请根据您的理解选择对下列陈述的评价：市场经济对我国伦理道德的影响 ＊ 户口 Crosstabulation

	农业户口	非农业户口	总计
消极影响	14. 4%	16. 4%	15. 1%
没有影响	26. 1%	24. 2%	25. 4%
积极影响	59. 5%	59. 3%	59. 5%
总计	100. 0%	100. 0%	100. 0%
列总计	3602	2080	5682

Chi-square test：df = 2，卡方值为 5. 517，sig ＝0. 063 > 0. 05，所以不同户口类型的居民在“市场经济对我国伦理道德的影响”这一问题的回答上没有显著差异。

B24c by A5

请根据您的理解选择对下列陈述的评价：西方文化对我国伦理道德的影响 ＊ 户口 Crosstabulation

	农业户口	非农业户口	总计
消极影响	21. 9%	21. 9%	21. 9%
没有影响	35. 5%	30. 0%	33. 5%
积极影响	42. 7%	48. 1%	44. 6%
总计	100. 0%	100. 0%	100. 0%
列总计	3348	1941	5289

Chi-square test：df = 2，卡方值为 19. 180，sig ＝0. 000 < 0. 05，所以不同户口类型的居民在“西方文化对我国伦理道德的影响”这一问题的回答上有显著差异。

B25 by A5

如果国外报道与国家主流媒体的宣传内容不一致，您倾向于相信 ＊ 户口 Crosstabulation

	农业户口	非农业户口	总计
主流媒体	71. 6%	62. 9%	68. 6%
国外报道	3. 4%	5. 6%	4. 1%
谁都不相信，自己判断	25. 1%	31. 5%	27. 3%
总计	100. 0%	100. 0%	100. 0%
列总计	5195	2746	7941

Chi-square test：df = 2，卡方值为 69. 224，sig ＝0. 000 < 0. 05，所以不同户口类型的居民在“如果国外报道与国家主流媒体的宣传内容不一致，您倾向于相信”这一问题的回答上有显著差异。

B26 by A5

如果朋友圈的消息与国家主流媒体的报道不一致，您倾向于相信 * 户口 Crosstabulation

	农业户口	非农业户口	总计
主流媒体	61.9%	55.2%	59.6%
朋友圈/亲朋圈子	7.9%	11.6%	9.1%
都不相信，自己比较判断	29.1%	32.8%	30.4%
其他	1.1%	0.3%	0.8%
总计	100.0%	100.0%	100.0%
列总计	5665	2904	8569

Chi-square test：df = 3，卡方值为65.550，sig = 0.000 < 0.05，所以不同户口类型的居民在“如果朋友圈的消息与国家主流媒体的宣传内容不一致，您倾向于相信”这一问题的回答上有显著差异。

C1 by A5

您认为当前中国社会个人道德素质的主要问题是 * 户口 Crosstabulation

	农业户口	非农业户口	总计
道德上无知	13.9%	11.8%	13.2%
有道德知识，但不见诸行动	68.0%	71.9%	69.3%
道德上既无知，也不见道德行动	17.3%	15.6%	16.7%
其他	0.8%	0.7%	0.8%
总计	100.0%	100.0%	100.0%
列总计	5622	2896	8518

Chi-square test：df = 3，卡方值为13.686，sig = 0.003 < 0.05，所以不同户口类型的居民在“您认为当前中国社会个人道德素质的主要问题是”这一问题的回答上有显著差异。

C2 by A5

您根据什么来判断某种行为是否符合伦理或道德 * 户口 Crosstabulation

	农业户口	非农业户口	总计
传统道德观念	50.5%	52.8%	51.3%
风俗习惯	49.0%	45.8%	47.9%
大多数人认同的道德规范	35.1%	36.0%	35.4%
当事人共同利益和意志	17.3%	20.4%	18.3%
自己的良心	57.9%	55.4%	57.0%

续表

	农业户口	非农业户口	总计
意识形态的要求	6.4%	12.6%	8.5%
列总计	5653	2896	8549

据上表所示，不同户口类型的居民在“您根据什么来判断某种行为是否符合伦理或道德”这一问题的回答上有显著差异。

C3a by A5

我会经常关心比我不幸的人 ＊ 户口 Crosstabulation

	农业户口	非农业户口	总计
完全不符合	2.8%	3.2%	2.9%
有点符合	31.6%	28.6%	30.6%
一般	33.1%	33.6%	33.3%
比较符合	27.9%	30.0%	28.6%
完全符合	4.7%	4.6%	4.7%
总计	100.0%	100.0%	100.0%
列总计	5700	2918	8618

Chi-square test：df = 4，卡方值为 9.683，sig = 0.046 < 0.05，所以不同户口类型的居民在“我会经常关心比我不幸的人”这一问题的回答上有显著差异。

C3b by A5

我时常会同情他人的难处 ＊ 户口 Crosstabulation

	农业户口	非农业户口	总计
完全不符合	2.0%	1.9%	2.0%
有点符合	30.4%	26.1%	28.9%
一般	34.1%	34.7%	34.3%
比较符合	26.1%	28.4%	26.9%
完全符合	7.3%	8.8%	7.8%
总计	100.0%	100.0%	100.0%
列总计	5692	2917	8609

Chi-square test：df = 4，卡方值为 22.037，sig = 0.000 < 0.05，所以不同户口类型的居民在“我时常会同情他人的难处”这一问题的回答上有显著差异。

C3c by A5

在做决定前，我会试着从每个人的立场去考虑问题 ＊ 户口 Crosstabulation

	农业户口	非农业户口	总计
完全不符合	3.0%	2.8%	2.9%
有点符合	26.2%	22.1%	24.8%
一般	38.7%	38.2%	38.5%
比较符合	25.9%	28.9%	26.9%
完全符合	6.2%	8.0%	6.8%
总计	100.0%	100.0%	100.0%
列总计	5682	2917	8599

Chi-square test：df=4，卡方值为29.158，sig =0.000<0.05，所以不同户口类型的居民在“在做决定前，我会试着从每个人的立场去考虑问题”这一问题的回答上有显著差异。

C3d by A5

当我看到有人被利用时，时常想要保护他们 ＊ 户口 Crosstabulation

	农业户口	非农业户口	总计
完全不符合	5.3%	4.8%	5.1%
有点符合	26.9%	22.5%	25.4%
一般	37.8%	38.9%	38.2%
比较符合	23.9%	27.4%	25.1%
完全符合	6.2%	6.4%	6.3%
总计	100.0%	100.0%	100.0%
列总计	5658	2910	8568

Chi-square test：df=4，卡方值为25.201，sig =0.000<0.05，所以不同户口类型的居民在“当我看到有人被利用时，时常想要保护他们”这一问题的回答上有显著差异。

C3e by A5

我有时会试图站在他人的角度，以更好地理解我的朋友 ＊ 户口 Crosstabulation

	农业户口	非农业户口	总计
完全不符合	3.6%	3.4%	3.5%
有点符合	25.0%	21.8%	23.9%

续表

	农业户口	非农业户口	总计
一般	36. 2%	33. 0%	35. 1%
比较符合	28. 5%	32. 7%	30. 0%
完全符合	6. 6%	9. 0%	7. 4%
总计	100. 0%	100. 0%	100. 0%
列总计	5650	2906	8556

Chi-square test：df = 4，卡方值为 39. 758，sig = 0. 000 < 0. 05，所以不同户口类型的居民在“我有时会试图站在他人的角度，以更好地理解我的朋友”这一问题的回答上有显著差异。

C3f by A5

他人的不幸通常不会给我带来很大的不安 ＊ 户口 Crosstabulation

	农业户口	非农业户口	总计
完全不符合	13. 4%	15. 2%	14. 0%
有点符合	30. 0%	23. 4%	27. 7%
一般	33. 3%	34. 9%	33. 8%
比较符合	19. 1%	21. 5%	19. 9%
完全符合	4. 2%	5. 0%	4. 5%
总计	100. 0%	100. 0%	100. 0%
列总计	5627	2890	8517

Chi-square test：df = 4，卡方值为 43. 986，sig = 0. 000 < 0. 05，所以不同户口类型的居民在“他人的不幸通常不会给我带来很大的不安”这一问题的回答上有显著差异。

C3g by A5

在观看电视剧或电影之后，我会感觉到自己仿佛成了其中的一个角色 ＊ 户口 Crosstabulation

	农业户口	非农业户口	总计
完全不符合	16. 3%	15. 0%	15. 8%
有点符合	25. 1%	21. 3%	23. 8%
一般	33. 3%	36. 6%	34. 4%
比较符合	21. 0%	22. 2%	21. 4%
完全符合	4. 4%	4. 9%	4. 5%
总计	100. 0%	100. 0%	100. 0%

续表

	农业户口	非农业户口	总计
列总计	5470	2847	8317

Chi-square test：df=4，卡方值为22.665，sig =0.000<0.05，所以不同户口类型的居民在“在观看电视剧或电影之后，我会感觉到自己仿佛成了其中的一个角色”这一问题的回答上有显著差异。

C3h by A5

当我对某人很不耐烦的时候，我通常会暂时站在他/她的位置上 * 户口 Crosstabulation

	农业户口	非农业户口	总计
完全不符合	10.8%	10.4%	10.7%
有点符合	30.5%	25.3%	28.7%
一般	33.1%	36.3%	34.2%
比较符合	20.2%	22.1%	20.9%
完全符合	5.3%	5.9%	5.5%
总计	100.0%	100.0%	100.0%
列总计	5531	2848	8379

Chi-square test：df=4，卡方值为28.606，sig =0.000<0.05，所以不同户口类型的居民在“当我对某人很不耐烦的时候，我通常会暂时站在他/她的位置上”这一问题的回答上有显著差异。

C3i by A5

当我在读一个有趣的故事或者看一部电影的时候，会想象如果这些事情发生在自己身上，我会是怎样的感受 * 户口 Crosstabulation

	农业户口	非农业户口	总计
完全不符合	14.7%	9.5%	12.9%
有点符合	25.4%	23.4%	24.7%
一般	33.2%	34.6%	33.7%
比较符合	21.1%	25.7%	22.7%
完全符合	5.7%	6.8%	6.1%
总计	100.0%	100.0%	100.0%
列总计	5412	2823	8235

Chi-square test：df=4，卡方值为64.054，sig =0.000<0.05，所以不同户口类型的居民在“当我在读一个有趣的故事或者看一部电影的时候，会想象如果这些事情发生在自己身上，我会是怎样的感受”这一问题的回答上有显著差异。

C3j by A5

在批评他人之前，我会尝试想象一下如果我处于那个位置会是什么感受 ＊ 户口 Crosstabulation

	农业户口	非农业户口	总计
完全不符合	8.8%	5.4%	7.6%
有点符合	28.1%	25.5%	27.2%
一般	34.1%	34.5%	34.2%
比较符合	22.9%	27.6%	24.5%
完全符合	6.1%	7.1%	6.5%
总计	100.0%	100.0%	100.0%
列总计	5508	2846	8354

Chi-square test：df = 4，卡方值为52.461，sig = 0.000 < 0.05，所以不同户口类型的居民在“在批评他人之前，我会尝试想象一下如果我处于那个位置会是什么感受”这一问题的回答上有显著差异。

C4a by A5

您认为当今中国社会最重要和最需要的德性是？第一位 ＊ 户口 Crosstabulation

	农业户口	非农业户口	总计
爱（仁爱、博爱、友爱）	27.4%	31.7%	28.9%
义（道义、义务）	3.8%	4.2%	3.9%
宽容	4.0%	5.0%	4.3%
责任	8.6%	9.0%	8.7%
公正	13.3%	11.4%	12.6%
诚信	10.9%	10.7%	10.8%
忠恕（将心比心）	2.0%	1.9%	2.0%
理智	0.8%	0.5%	0.7%
节制	1.5%	1.8%	1.6%
谦让	2.0%	2.9%	2.3%
勇敢	0.6%	0.6%	0.6%
正直	1.0%	1.5%	1.2%
善良	6.2%	4.9%	5.8%
孝敬	17.7%	12.7%	16.0%
敬业	0.2%	0.7%	0.4%
其他	0.1%	0.2%	0.1%

续表

	农业户口	非农业户口	总计
总计	100.0%	100.0%	100.0%
列总计	5746	2932	8678

Chi-square test：df = 15，卡方值为 91.371，sig = 0.000 < 0.05，所以不同户口类型的居民在“您认为当今中国社会最重要和最需要的德性是？第一位”这一问题的回答上有显著差异。

C4b by A5

您认为当今中国社会最重要和最需要的德性是？第二位 ＊ 户口 Crosstabulation

	农业户口	非农业户口	总计
爱（仁爱、博爱、友爱）	10.7%	11.0%	10.8%
义（道义、义务）	10.1%	14.3%	11.6%
宽容	8.8%	10.3%	9.3%
责任	11.3%	10.9%	11.2%
公正	12.0%	12.0%	12.0%
诚信	16.5%	14.4%	15.8%
忠恕（将心比心）	4.3%	3.5%	4.0%
理智	1.4%	0.8%	1.2%
节制	2.2%	2.6%	2.3%
谦让	2.4%	2.0%	2.3%
勇敢	1.4%	1.2%	1.3%
正直	2.3%	2.1%	2.3%
善良	6.6%	6.0%	6.4%
孝敬	8.7%	7.6%	8.3%
敬业	1.1%	1.2%	1.2%
其他			
总计	100.0%	100.0%	100.0%
列总计	5734	2923	8657

Chi-square test：df = 15，卡方值为 57.085，sig = 0.000 < 0.05，所以不同户口类型的居民在“您认为当今中国社会最重要和最需要的德性是？第二位”这一问题的回答上有显著差异。

C4c by A5

您认为当今中国社会最重要和最需要的德性是？第三位 ＊ 户口 Crosstabulation

	农业户口	非农业户口	总计
爱（仁爱、博爱、友爱）	5.7%	6.8%	6.1%

续表

	农业户口	非农业户口	总计
义（道义、义务）	4.4%	5.2%	4.7%
宽容	15.5%	17.0%	16.0%
责任	15.2%	16.5%	15.7%
公正	9.2%	8.6%	9.0%
诚信	13.8%	13.8%	13.8%
忠恕（将心比心）	5.6%	4.3%	5.2%
理智	4.0%	3.4%	3.8%
节制	2.2%	2.6%	2.3%
谦让	3.4%	3.4%	3.4%
勇敢	1.9%	1.9%	1.9%
正直	4.9%	4.2%	4.7%
善良	5.8%	5.7%	5.7%
孝敬	6.8%	5.0%	6.2%
敬业	1.4%	1.6%	1.5%
总计	100.0%	100.0%	100.0%
列总计	5719	2920	8639

Chi-square test：df = 14，卡方值为 33.882，sig = 0.002 < 0.05，所以不同户口类型的居民在“您认为当今中国社会最重要和最需要的德性是？第三位”这一问题的回答上有显著差异。

C4d by A5

您认为当今中国社会最重要和最需要的德性是？第四位 ＊ 户口 Crosstabulation

	农业户口	非农业户口	总计
爱（仁爱、博爱、友爱）	4.7%	4.9%	4.8%
义（道义、义务）	3.9%	4.8%	4.2%
宽容	7.9%	7.4%	7.7%
责任	14.4%	14.9%	14.6%
公正	10.9%	9.6%	10.4%
诚信	11.6%	12.5%	11.9%
忠恕（将心比心）	3.9%	2.7%	3.5%
理智	3.9%	4.0%	3.9%
节制	3.8%	3.8%	3.8%
谦让	5.3%	5.4%	5.3%
勇敢	2.8%	3.0%	2.9%

续表

	农业户口	非农业户口	总计
正直	4.9%	5.9%	5.3%
善良	11.2%	10.8%	11.1%
孝敬	9.2%	8.1%	8.8%
敬业	1.7%	2.1%	1.8%
总计	100.0%	100.0%	100.0%
列总计	5700	2914	8614

Chi-square test：df = 14，卡方值为 25.609，sig = 0.029 < 0.05，所以不同户口类型的居民在“您认为当今中国社会最重要和最需要的德性是？第四位”这一问题的回答上有显著差异。

C4e by A6

您认为当今中国社会最重要和最需要的德性是？第五位 * 户口 Crosstabulation

	农业户口	非农业户口	总计
爱（仁爱、博爱、友爱）	4.8%	5.2%	4.9%
义（道义、义务）	4.4%	4.5%	4.5%
宽容	5.3%	4.9%	5.2%
责任	8.3%	6.7%	7.8%
公正	8.0%	8.1%	8.0%
诚信	11.4%	10.1%	11.0%
忠恕（将心比心）	4.4%	4.5%	4.4%
理智	4.4%	4.8%	4.5%
节制	3.1%	3.8%	3.3%
谦让	6.4%	6.6%	6.5%
勇敢	3.5%	3.3%	3.4%
正直	8.2%	7.2%	7.8%
善良	9.4%	11.0%	9.9%
孝敬	13.7%	13.5%	13.6%
敬业	4.7%	5.9%	5.1%
总计	100.0%	100.0%	100.0%
列总计	5672	2903	8575

Chi-square test：df = 14，卡方值为 26.162，sig = 0.025 < 0.05，所以不同户口类型的居民在“您认为当今中国社会最重要和最需要的德性是？第五位”这一问题的回答上有显著差异。

C5 by A5

一个制药厂做药品销售时，出资 50 万元请您向公众介绍自己服药后的良好效果，您过去服用这药时并没有效果，但也没有发现有很大的副作用，您将如何决定 * 户口 Crosstabulation

	农业户口	非农业户口	总计
接受邀请，心安理得	10.8%	12.2%	11.3%
接受邀请，心里不安，但这笔巨款很有吸引力	18.7%	21.3%	19.5%
拒绝，这是虚假广告欺骗大众	70.1%	66.1%	68.8%
其他	0.4%	0.4%	0.4%
总计	100.0%	100.0%	100.0%
列总计	5702	2909	8611

Chi-square test：df = 3，卡方值为 14.407，sig = 0.002 < 0.05，所以不同户口类型的居民在"一个制药厂做药品销售时，出资 50 万元请您向公众介绍自己服药后的良好效果，您过去服用这药时并没有效果，但也没有发现有很大的副作用，您将如何决定"这一问题的回答上有显著差异。

C6 by A5

您正在申请一个重要的职位，如果具有两次以上在敬老院做义工的经历（不需要出具证据），将可能优先获得这个职位，您将如何决定 * 户口 Crosstabulation

	农业户口	非农业户口	总计
如实填报，没做过义工，今后多参加这类活动	73.5%	72.4%	73.1%
填报参加过两次义工，这机会太重要了，反正不需要出具证据	14.2%	16.5%	15.0%
先填报，交表之后去做两次义工	11.9%	10.6%	11.5%
其他	0.4%	0.4%	0.4%
总计	100.0%	100.0%	100.0%
列总计	5637	2885	8522

Chi-square test：df = 3，卡方值为 10.195，sig = 0.017 < 0.05，所以不同户口类型的居民在"您正在申请一个重要的职位，如果具有两次以上在敬老院做义工的经历（不需要出具证据），将可能优先获得这个职位，您将如何决定"这一问题的回答上有显著差异。

C7 by A5

如果您全权代表本单位与另一单位进行项目谈判，对方要求您给予一千万元的优惠，事成之后将您正在寻找工作的女儿安排到这一单位并且获得较好职位，您将如何决定 * 户口 Crosstabulation

	农业户口	非农业户口	总计
拒绝，不能以公谋私	78.7%	76.2%	77.9%

续表

	农业户口	非农业户口	总计
接受，女儿前途重要，并且我有权决定	20.4%	22.6%	21.1%
其他	0.9%	1.2%	1.0%
总计	100.0%	100.0%	100.0%
列总计	5631	2888	8519

Chi-square test：df = 2，卡方值为 7.284，sig = 0.026 < 0.05，所以不同户口类型的居民在“如果您全权代表本单位与另一单位进行项目谈判，对方要求您给予一千万元的优惠，事成之后将您正在寻找工作的女儿安排到这一单位并且获得较好职位，您将如何决定”这一问题的回答上有显著差异。

C8 by A5

现在社会上有些人不守道德反而占了便宜，您会不会效仿 * 户口 Crosstabulation

	农业户口	非农业户口	总计
从来不这么做	51.8%	51.3%	51.6%
通常不这么做，关键时刻会这么做	24.4%	25.7%	24.9%
经常这么做	1.1%	0.8%	1.0%
相信善有善报，恶有恶报，终将会善恶报应	22.5%	21.9%	22.3%
其他	0.2%	0.3%	0.2%
总计	100.0%	100.0%	100.0%
列总计	5722	2910	8632

Chi-square test：df = 4，卡方值为 4.698，sig = 0.320 > 0.05，所以不同户口类型的居民在“现在社会上有些人不守道德反而占了便宜，您会不会效仿”这一问题的回答上没有显著差异。

C9a by A5

下列说法您是否认同：目前大多数人将职业当作谋生的手段，缺乏责任感和奉献精神 * 户口 Crosstabulation

	农业户口	非农业户口	总计
完全不同意	4.7%	5.6%	5.0%
不太同意	28.1%	27.9%	28.0%
比较同意	56.5%	53.6%	55.5%
完全同意	10.7%	13.0%	11.5%
总计	100.0%	100.0%	100.0%

续表

	农业户口	非农业户口	总计
列总计	5342	2792	8134

Chi-square test：df = 3，卡方值为 14. 375，sig = 0. 002 < 0. 05，所以不同户口类型的居民在“目前大多数人将职业当作谋生的手段，缺乏责任感和奉献精神”这一问题的回答上有显著差异。

C9b by A5

下列说法您是否认同：企业老板剥削员工，利益关系不公正 ＊ 户口 Crosstabulation

	农业户口	非农业户口	总计
完全不同意	6. 1%	6. 5%	6. 2%
不太同意	34. 2%	34. 9%	34. 4%
比较同意	51. 0%	48. 7%	50. 2%
完全同意	8. 8%	9. 9%	9. 2%
总计	100. 0%	100. 0%	100. 0%
列总计	5151	2694	7845

Chi-square test：df = 3，卡方值为 5. 271，sig = 0. 153 > 0. 05，所以不同户口类型的居民在“企业老板剥削员工，利益关系不公正”这一问题的回答上没有显著差异。

C9c by A5

下列说法您是否认同：老板和员工、上级和下级相互勾结，共同对社会不负责任 ＊ 户口 Crosstabulation

	农业户口	非农业户口	总计
完全不同意	9. 4%	10. 6%	9. 8%
不太同意	43. 4%	44. 1%	43. 6%
比较同意	39. 7%	36. 4%	38. 5%
完全同意	7. 6%	8. 9%	8. 0%
总计	100. 0%	100. 0%	100. 0%
列总计	5049	2651	7700

Chi-square test：df = 3，卡方值为 11. 177，sig = 0. 011 < 0. 05，所以不同户口类型的居民在“老板和员工、上级和下级相互勾结，共同对社会不负责任”这一问题的回答上有显著差异。

C9d by A5

下列说法您是否认同：是否离婚主要考虑自己的感受和利益 * 户口 Crosstabulation

	农业户口	非农业户口	总计
完全不同意	21.3%	20.3%	21.0%
不太同意	45.0%	44.3%	44.8%
比较同意	27.0%	28.3%	27.4%
完全同意	6.7%	7.1%	6.8%
总计	100.0%	100.0%	100.0%
列总计	5370	2764	8134

Chi-square test：df = 3，卡方值为 2.430，sig = 0.488 > 0.05，所以不同户口类型的居民在“是否离婚主要考虑自己的感受和利益”这一问题的回答上没有显著差异。

C9e by A5

下列说法您是否认同：是否离婚应该从家庭整体（包括子女）考虑 * 户口 Crosstabulation

	农业户口	非农业户口	总计
完全不同意	1.6%	2.4%	1.8%
不太同意	13.1%	12.5%	12.9%
比较同意	55.3%	52.9%	54.5%
完全同意	30.0%	32.3%	30.8%
总计	100.0%	100.0%	100.0%
列总计	5437	2797	8234

Chi-square test：df = 3，卡方值为 11.965，sig = 0.008 < 0.05，所以不同户口类型的居民在“是否离婚应该从家庭整体（包括子女）考虑”这一问题的回答上有显著差异。

C9f by A5

下列说法您是否认同：婚姻是社会的事，应当兼顾社会评价和社会后果 * 户口 Crosstabulation

	农业户口	非农业户口	总计
完全不同意	5.1%	6.3%	5.5%
不太同意	26.9%	27.7%	27.2%
比较同意	53.2%	50.2%	52.1%
完全同意	14.9%	15.8%	15.2%

续表

	农业户口	非农业户口	总计
总计	100.0%	100.0%	100.0%
列总计	5216	2698	7914

Chi-square test：df = 3，卡方值为 8.843，sig = 0.031 < 0.05，所以不同户口类型的居民在“婚姻是社会的事，应当兼顾社会评价和社会后果”这一问题的回答上有显著差异。

C9g by A5

下列说法您是否认同：婚姻应当是自由的，如果有更满意或更合适的人就与现在的配偶离婚 * 户口 Crosstabulation

	农业户口	非农业户口	总计
完全不同意	36.1%	37.4%	36.5%
不太同意	41.7%	41.0%	41.5%
比较同意	19.3%	18.9%	19.2%
完全同意	2.9%	2.8%	2.9%
总计	100.0%	100.0%	100.0%
列总计	5537	2834	8371

Chi-square test：df = 3，卡方值为 1.498，sig = 0.683 > 0.05，所以不同户口类型的居民在“婚姻应当是自由的，如果有更满意或更合适的人就与现在的配偶离婚”这一问题的回答上没有显著差异。

C9h by A5

下列说法您是否认同：婚姻意味着责任，要考虑给对方造成什么后果，不能轻率地选择离婚 * 户口 Crosstabulation

	农业户口	非农业户口	总计
完全不同意	1.5%	1.3%	1.4%
不太同意	10.6%	10.4%	10.5%
比较同意	52.7%	54.3%	53.2%
完全同意	35.3%	34.0%	34.8%
总计	100.0%	100.0%	100.0%
列总计	5576	2846	8422

Chi-square test：df = 3，卡方值为 2.466，sig = 0.481 > 0.05，所以不同户口类型的居民在“婚姻意味着责任，要考虑给对方造成什么后果，不能轻率地选择离婚”这一问题的回答上没有显著差异。

C9i by A5

下列说法您是否认同：遇到困难的时候，兄弟姐妹通常都会给予力所能及的帮助 * 户口 Crosstabulation

	农业户口	非农业户口	总计
完全不同意	1.2%	0.9%	1.1%
不太同意	8.2%	10.0%	8.8%
比较同意	50.4%	47.2%	49.3%
完全同意	40.2%	41.9%	40.8%
总计	100.0%	100.0%	100.0%
列总计	5628	2867	8495

Chi-square test：df = 3，卡方值为 14.535，sig = 0.002 < 0.05，所以不同户口类型的居民在“遇到困难的时候，兄弟姐妹通常都会给予力所能及的帮助”这一问题的回答上有显著差异。

C9j by A5

下列说法您是否认同：无论父母对自己如何，都应当尽赡养义务 * 户口 Crosstabulation

	农业户口	非农业户口	总计
完全不同意	1.2%	1.2%	1.2%
不太同意	6.6%	7.1%	6.8%
比较同意	38.5%	35.5%	37.5%
完全同意	53.7%	56.2%	54.5%
总计	100.0%	100.0%	100.0%
列总计	5635	2885	8520

Chi-square test：df = 3，卡方值为 7.553，sig = 0.056 > 0.05，所以不同户口类型的居民在“无论父母对自己如何，都应当尽赡养义务”这一问题的回答上没有显著差异。

C9k by A5

下列说法您是否认同：为了家庭利益可以一定程度上牺牲国家利益 * 户口 Crosstabulation

	农业户口	非农业户口	总计
完全不同意	19.5%	19.8%	19.6%
不太同意	51.3%	51.7%	51.4%
比较同意	24.1%	22.1%	23.4%
完全同意	5.1%	6.4%	5.6%

续表

	农业户口	非农业户口	总计
总计	100.0%	100.0%	100.0%
列总计	5109	2673	7782

Chi-square test：df = 3，卡方值为 7.765，sig = 0.051 > 0.05，所以不同户口类型的居民在“为了家庭利益可以一定程度上牺牲国家利益”这一问题的回答上没有显著差异。

C91 by A5

下列说法您是否认同：为了国家利益可以一定程度上牺牲家庭利益 * 户口 Crosstabulation

	农业户口	非农业户口	总计
完全不同意	10.4%	9.1%	9.9%
不太同意	32.0%	26.3%	30.0%
比较同意	43.0%	46.2%	44.1%
完全同意	14.7%	18.4%	15.9%
总计	100.0%	100.0%	100.0%
列总计	5033	2628	7661

Chi-square test：df = 3，卡方值为 40.474，sig = 0.000 < 0.05，所以不同户口类型的居民在“为了国家利益可以一定程度上牺牲家庭利益”这一问题的回答上有显著差异。

C10 by A5

假设您的上司或老板是外国人，他侮辱了中国，但抗争会产生不利于自己的后果，您会选择 * 户口 Crosstabulation

	农业户口	非农业户口	总计
当面抗议	63.4%	62.1%	62.9%
保持沉默	18.9%	21.6%	19.8%
暗地里报复	2.5%	2.1%	2.3%
以屈求伸，背后骂几句就行了	9.3%	9.6%	9.4%
无所谓	6.0%	4.6%	5.5%
总计	100.0%	100.0%	100.0%
列总计	5724	2922	8646

Chi-square test：df = 4，卡方值为 15.814，sig = 0.003 < 0.05，所以不同户口类型的居民在“假设您的上司或老板是外国人，他侮辱了中国，但抗争会产生不利于自己的后果，您会选择”这一问题的回答上有显著差异。

C11 by A5

如果条件允许的话，您希望您的孩子生活在国内，还是到国外定居 * 户口 Crosstabulation

	农业户口	非农业户口	总计
还是在国内生活好	48.5%	45.6%	47.5%
到国外定居	10.8%	15.3%	12.3%
走一步看一步	13.9%	14.4%	14.0%
没考虑过	26.9%	24.6%	26.1%
总计	100.0%	100.0%	100.0%
列总计	5709	2907	8616

Chi-square test：df = 3，卡方值为40.158，sig = 0.000 < 0.05，所以不同户口类型的居民在“如果条件允许的话，您希望您的孩子生活在国内，还是到国外定居”这一问题的回答上有显著差异。

C12a by A5

您常常体验到自己身上有一种“伦理感”的存在吗？人与人之间 * 户口 Crosstabulation

	农业户口	非农业户口	总计
没有，只感受到自己实实在在的生活	25.0%	21.3%	23.8%
偶尔有，但主要是因为那种情况下我的利益与它高度一致	34.5%	34.1%	34.4%
偶尔有，是在受某种作品或生活情境的影响之后	21.0%	22.8%	21.6%
时常有，它是一种内在的信念	19.4%	21.8%	20.2%
总计	100.0%	100.0%	100.0%
列总计	5615	2866	8481

Chi-square test：df = 3，卡方值为18.872，sig = 0.000 < 0.05，所以不同户口类型的居民在“您常常体验到自己身上有一种‘伦理感’的存在吗？人与人之间”这一问题的回答上有显著差异。

C12b by A5

您常常体验到自己身上有一种“伦理感”的存在吗？家庭 * 户口 Crosstabulation

	农业户口	非农业户口	总计
没有，只感受到自己实实在在的生活	19.7%	17.5%	19.0%
偶尔有，但主要是因为那种情况下我的利益与它高度一致	22.6%	23.3%	22.8%
偶尔有，是在受某种作品或生活情境的影响之后	19.7%	25.9%	21.8%
时常有，它是一种内在的信念	38.0%	33.3%	36.4%

续表

	农业户口	非农业户口	总计
总计	100.0%	100.0%	100.0%
列总计	5615	2862	8477

Chi-square test：df = 3，卡方值为 51.354，sig = 0.000 < 0.05，所以不同户口类型的居民在“您常常体验到自己身上有一种‘伦理感’的存在吗？家庭”这一问题的回答上有显著差异。

C12c by A5

您常常体验到自己身上有一种“伦理感”的存在吗？单位 * 户口 Crosstabulation

	农业户口	非农业户口	总计
没有，只感受到自己实实在在的生活	28.8%	21.6%	26.4%
偶尔有，但主要是因为那种情况下我的利益与它高度一致	34.3%	33.1%	33.9%
偶尔有，是在受某种作品或生活情境的影响之后	25.3%	30.8%	27.2%
时常有，它是一种内在的信念	11.5%	14.4%	12.5%
总计	100.0%	100.0%	100.0%
列总计	5501	2824	8325

Chi-square test：df = 3，卡方值为 70.443，sig = 0.000 < 0.05，所以不同户口类型的居民在“您常常体验到自己身上有一种‘伦理感’的存在吗？单位”这一问题的回答上有显著差异。

C12d by A5

您常常体验到自己身上有一种“伦理感”的存在吗？社区、城市 * 户口 Crosstabulation

	农业户口	非农业户口	总计
没有，只感受到自己实实在在的生活	33.8%	27.7%	31.7%
偶尔有，但主要是因为那种情况下我的利益与它高度一致	29.3%	28.5%	29.0%
偶尔有，是在受某种作品或生活情境的影响之后	22.7%	28.0%	24.5%
时常有，它是一种内在的信念	14.2%	15.8%	14.7%
总计	100.0%	100.0%	100.0%
列总计	5596	2858	8454

Chi-square test：df = 3，卡方值为 48.162，sig = 0.000 < 0.05，所以不同户口类型的居民在“您常常体验到自己身上有一种‘伦理感’的存在吗？社区、城市”这一问题的回答上有显著差异。

C13 by A5

您常常体验到自己身上有一种“道德感”的存在和满足吗 ＊ 户口 Crosstabulation

	农业户口	非农业户口	总计
没有，只是凭自己的感觉和利益办事	27.2%	26.7%	27.1%
在有监督的环境中或有别人在场时有，其他环境中没有	13.3%	15.4%	14.0%
经常有，问心无愧、不做亏心事最重要	34.1%	33.3%	33.8%
没有特别的感觉，但从来不做不道德的事	25.1%	24.5%	24.9%
其他	0.4%	0.1%	0.3%
总计	100.0%	100.0%	100.0%
列总计	5695	2907	8602

Chi-square test：df=4，卡方值为10.540，sig =0.032<0.05，所以不同户口类型的居民在“您常常体验到自己身上有一种‘道德感’的存在和满足吗”这一问题的回答上有显著差异。

C14 by A5

您认为国家对于个人存在的意义是 ＊ 户口 Crosstabulation

	农业户口	非农业户口	总计
国家离我们很遥远，个人最重要	24.4%	23.5%	24.1%
国家最重要，是我们的安身之地，国家富强个人才能过得好	75.4%	76.2%	75.6%
其他	0.3%	0.3%	0.3%
总计	100.0%	100.0%	100.0%
列总计	5730	2919	8649

Chi-square test：df=2，卡方值为0.857，sig =0.652>0.05，所以不同户口类型的居民在“您认为国家对于个人存在的意义是”这一问题的回答上没有显著差异。

C15 by A5

您认为对社会生活而言，个体德性和社会公正哪个更重要 ＊ 户口 Crosstabulation

	农业户口	非农业户口	总计
个体德性最重要	18.8%	16.2%	17.9%
社会公正最重要	31.5%	30.2%	31.0%
二者应当统一，但二者矛盾时应先追求个体德性	27.8%	28.6%	28.1%
二者应当统一，但二者矛盾时应先追求社会公正	21.9%	25.0%	23.0%
总计	100.0%	100.0%	100.0%

续表

	农业户口	非农业户口	总计
列总计	5678	2910	8588

Chi-square test：df = 3，卡方值为 16. 782，sig = 0. 001 < 0. 05，所以不同户口类型的居民在“您认为对社会生活而言，个体德性和社会公正哪个更重要”这一问题的回答上有显著差异。

C16 by A5

在公共生活中，个人之所以要遵守道德，是因为 * 户口 Crosstabulation

	农业户口	非农业户口	总计
遵守道德有利于自身利益的实现	22. 9%	21. 6%	22. 5%
个人是社会的一分子，应当遵守道德	41. 3%	41. 8%	41. 5%
遵守道德社会才能有序和美好	25. 9%	29. 8%	27. 2%
不遵守道德会被别人议论或谴责	9. 6%	6. 6%	8. 6%
其他	0. 3%	0. 2%	0. 2%
总计	100. 0%	100. 0%	100. 0%
列总计	5717	2920	8637

Chi-square test：df = 4，卡方值为 34. 140，sig = 0. 000 < 0. 05，所以不同户口类型的居民在“在公共生活中，个人之所以要遵守道德，是因为”这一问题的回答上有显著差异。

C17 by A5

关于职业劳动的说法，您最认同的是 * 户口 Crosstabulation

	农业户口	非农业户口	总计
职业劳动是个人和家庭谋生的手段	57. 4%	50. 1%	54. 9%
职业劳动是为社会创造财富	25. 3%	25. 3%	25. 3%
职业劳动是个人兴趣和价值实现的方式	17. 0%	24. 1%	19. 4%
其他	0. 2%	0. 5%	0. 3%
总计	100. 0%	100. 0%	100. 0%
列总计	5714	2923	8637

Chi-square test：df = 3，卡方值为 73. 620，sig = 0. 000 < 0. 05，所以不同户口类型的居民在“关于职业劳动的说法，您最认同的是”这一问题的回答上有显著差异。

C18a by A5

您认为造成有些人忧郁、自杀的原因是？欲望过多过大，不能知足常乐 * 户口 Crosstabulation

	农业户口	非农业户口	总计
未选中	65. 7%	66. 2%	65. 9%

续表

	农业户口	非农业户口	总计
选中	34.3%	33.8%	34.1%
总计	100.0%	100.0%	100.0%
列总计	5366	2867	8233

Chi-square test：df = 1，卡方值为 0.188，sig = 0.665 > 0.05，所以不同户口类型的居民在“您认为造成有些人忧郁、自杀的原因是？欲望过多过大，不能知足常乐”这一问题的回答上没有显著差异。

C18b by A5

您认为造成有些人忧郁、自杀的原因是？对自己和未来没有把握 ＊ 户口 Crosstabulation

	农业户口	非农业户口	总计
未选中	70.0%	70.6%	70.2%
选中	30.0%	29.4%	29.8%
总计	100.0%	100.0%	100.0%
列总计	5366	2867	8233

Chi-square test：df = 1，卡方值为 0.404，sig = 0.525 > 0.05，所以不同户口类型的居民在“您认为造成有些人忧郁、自杀的原因是？对自己和未来没有把握”这一问题的回答上没有显著差异。

C18c by A5

您认为造成有些人忧郁、自杀的原因是？竞争激烈，工作压力过大，身心疲惫 ＊ 户口 Crosstabulation

	农业户口	非农业户口	总计
未选中	55.8%	55.5%	55.7%
选中	44.2%	44.5%	44.3%
总计	100.0%	100.0%	100.0%
列总计	5366	2867	8233

Chi-square test：df = 1，卡方值为 0.054，sig = 0.816 > 0.05，所以不同户口类型的居民在“您认为造成有些人忧郁、自杀的原因是？竞争激烈，工作压力过大，身心疲惫”这一问题的回答上没有显著差异。

C18d by A5

您认为造成有些人忧郁、自杀的原因是？人与人之间缺乏信任感，人际关系紧张 ＊ 户口 Crosstabulation

	农业户口	非农业户口	总计
未选中	68.0%	63.3%	66.4%

续表

	农业户口	非农业户口	总计
选中	32.0%	36.7%	33.6%
总计	100.0%	100.0%	100.0%
列总计	5366	2867	8233

Chi-square test：df = 1，卡方值为 19.033，sig = 0.000 < 0.05，所以不同户口类型的居民在“您认为造成有些人忧郁、自杀的原因是？人与人之间缺乏信任感，人际关系紧张”这一问题的回答上有显著差异。

C18e by A5

您认为造成有些人忧郁、自杀的原因是？有烦恼很难找到人倾诉和排解 ＊ 户口 Crosstabulation

	农业户口	非农业户口	总计
未选中	73.1%	69.6%	71.9%
选中	26.9%	30.4%	28.1%
总计	100.0%	100.0%	100.0%
列总计	5366	2867	8233

Chi-square test：df = 1，卡方值为 11.010，sig = 0.001 < 0.05，所以不同户口类型的居民在“您认为造成有些人忧郁、自杀的原因是？有烦恼很难找到人倾诉和排解”这一问题的回答上有显著差异。

C18f by A5

您认为造成有些人忧郁、自杀的原因是？个人的文化底蕴和文化积累不够，缺乏自我理解和自我调节能力 ＊ 户口 Crosstabulation

	农业户口	非农业户口	总计
未选中	76.6%	73.0%	75.4%
选中	23.4%	27.0%	24.6%
总计	100.0%	100.0%	100.0%
列总计	5366	2867	8233

Chi-square test：df = 1，卡方值为 13.245，sig = 0.000 < 0.05，所以不同户口类型的居民在“您认为造成有些人忧郁、自杀的原因是？个人的文化底蕴和文化积累不够，缺乏自我理解和自我调节能力”这一问题的回答上有显著差异。

C18g by A5

您认为造成有些人忧郁、自杀的原因是？现代人缺乏安顿自己、化解内心矛盾的能力 ＊ 户口 Crosstabulation

	农业户口	非农业户口	总计
未选中	77.1%	73.6%	75.9%

续表

	农业户口	非农业户口	总计
选中	22.9%	26.4%	24.1%
总计	100.0%	100.0%	100.0%
列总计	5366	2867	8233

Chi-square test：df = 1，卡方值为 12.130，sig = 0.000 < 0.05，所以不同户口类型的居民在“您认为造成有些人忧郁、自杀的原因是？现代人缺乏安顿自己、化解内心矛盾的能力”这一问题的回答上有显著差异。

C18h by A5

您认为造成有些人忧郁、自杀的原因是？缺乏道德公正，没有道德的人总是占便宜 * 户口 Crosstabulation

	农业户口	非农业户口	总计
未选中	87.7%	83.1%	86.1%
选中	12.3%	16.9%	13.9%
总计	100.0%	100.0%	100.0%
列总计	5366	2867	8233

Chi-square test：df = 1，卡方值为 32.501，sig = 0.000 < 0.05，所以不同户口类型的居民在“您认为造成有些人忧郁、自杀的原因是？缺乏道德公正，没有道德的人总是占便宜”这一问题的回答上有显著差异。

C18i by A5

您认为造成有些人忧郁、自杀的原因是？缺乏理想和信念支持，精神没有寄托和归宿 * 户口 Crosstabulation

	农业户口	非农业户口	总计
未选中	83.0%	79.0%	81.6%
选中	17.0%	21.0%	18.4%
总计	100.0%	100.0%	100.0%
列总计	5366	2867	8233

Chi-square test：df = 1，卡方值为 19.797，sig = 0.000 < 0.05，所以不同户口类型的居民在“您认为造成有些人忧郁、自杀的原因是？缺乏理想和信念支持，精神没有寄托和归宿”这一问题的回答上有显著差异。

C18j by A5

您认为造成有些人忧郁、自杀的原因是？生活压力大 * 户口 Crosstabulation

	农业户口	非农业户口	总计
未选中	61.0%	60.6%	60.8%

续表

	农业户口	非农业户口	总计
选中	39.0%	39.4%	39.2%
总计	100.0%	100.0%	100.0%
列总计	5366	2867	8233

Chi-square test：df = 1，卡方值为 0.120，sig = 0.729 > 0.05，所以不同户口类型的居民在“您认为造成有些人忧郁、自杀的原因是？生活压力大”这一问题的回答上没有显著差异。

C18k by A5

您认为造成有些人忧郁、自杀的原因是？生活孤独无聊 * 户口 Crosstabulation

	农业户口	非农业户口	总计
未选中	91.5%	91.3%	91.4%
选中	8.5%	8.7%	8.6%
总计	100.0%	100.0%	100.0%
列总计	5366	2867	8233

Chi-square test：df = 1，卡方值为 0.081，sig = 0.776 > 0.05，所以不同户口类型的居民在“您认为造成有些人忧郁、自杀的原因是？生活孤独无聊”这一问题的回答上没有显著差异。

C18l by A5

您认为造成有些人忧郁、自杀的原因是？其他 * 户口 Crosstabulation

	农业户口	非农业户口	总计
未选中	99.5%	99.9%	99.6%
选中	0.5%	0.1%	0.4%
总计	100.0%	100.0%	100.0%
列总计	5366	2867	8233

Chi-square test：df = 1，卡方值为 6.588，sig = 0.010 < 0.05，所以不同户口类型的居民在“您认为造成有些人忧郁、自杀的原因是？其他”这一问题的回答上有显著差异。

C19a by A5

如果您与家庭成员之间发生重大利益冲突，您会 * 户口 Crosstabulation

	农业户口	非农业户口	总计
诉诸法律，打官司	1.2%	1.2%	1.2%
直接找对方沟通，但得理让人，适可而止	51.2%	53.0%	51.8%
通过第三方（如社会机构、朋友等）从中调解，尽量不伤和气	13.6%	14.2%	13.8%

续表

	农业户口	非农业户口	总计
能忍则忍	34.1%	31.6%	33.2%
总计	100.0%	100.0%	100.0%
列总计	5470	2867	8337

Chi-square test：df = 3，卡方值为 5.081，sig = 0.166 > 0.05，所以不同户口类型的居民在“如果您与家庭成员之间发生重大利益冲突，您会”这一问题的回答上没有显著差异。

C19b by A5

如果您与朋友之间发生重大利益冲突，您会 * 户口 Crosstabulation

	农业户口	非农业户口	总计
诉诸法律，打官司	1.9%	1.9%	1.9%
直接找对方沟通，但得理让人，适可而止	48.9%	47.6%	48.5%
通过第三方（如社会机构、朋友等）从中调解，尽量不伤和气	28.4%	30.4%	29.1%
能忍则忍	20.8%	20.0%	20.5%
总计	100.0%	100.0%	100.0%
列总计	5600	2872	8472

Chi-square test：df = 3，卡方值为 3.838，sig = 0.279 > 0.05，所以不同户口类型的居民在“如果您与朋友之间发生重大利益冲突，您会”这一问题的回答上没有显著差异。

C19c by A5

如果您与同事之间发生重大利益冲突，您会 * 户口 Crosstabulation

	农业户口	非农业户口	总计
诉诸法律，打官司	3.4%	3.5%	3.5%
直接找对方沟通，但得理让人，适可而止	42.6%	45.0%	43.5%
通过第三方（如社会机构、朋友等）从中调解，尽量不伤和气	39.8%	38.8%	39.4%
能忍则忍	14.2%	12.7%	13.7%
总计	100.0%	100.0%	100.0%
列总计	4802	2637	7439

Chi-square test：df = 3，卡方值为 5.097，sig = 0.165 > 0.05，所以不同户口类型的居民在“如果您与同事之间发生重大利益冲突，您会”这一问题的回答上没有显著差异。

C19d by A5

如果您与商业伙伴之间发生重大利益冲突，您会 * 户口 Crosstabulation

	农业户口	非农业户口	总计
诉诸法律，打官司	27.9%	36.7%	31.0%
直接找对方沟通，但得理让人，适可而止	27.7%	26.6%	27.3%
通过第三方（如社会机构、朋友等）从中调解，尽量不伤和气	33.7%	28.0%	31.7%
能忍则忍	10.8%	8.8%	10.1%
总计	100.0%	100.0%	100.0%
列总计	4230	2304	6534

Chi-square test：df = 3，卡方值为 59.474，sig = 0.000 < 0.05，所以不同户口类型的居民在“如果您与商业伙伴之间发生重大利益冲突，您会”这一问题的回答上有显著差异。

C20 by A5

您认为在自己的成长中得到道德训练的最重要场所或机构是 * 户口 Crosstabulation

	农业户口	非农业户口	总计
家庭	34.3%	32.8%	33.8%
学校	25.8%	27.1%	26.2%
社会（如工作单位、社区等）	33.6%	32.7%	33.3%
国家或政府	2.8%	4.0%	3.2%
媒体	1.2%	1.0%	1.1%
其他	2.4%	2.5%	2.4%
总计	100.0%	100.0%	100.0%
列总计	5750	2933	8683

Chi-square test：df = 5，卡方值为 11.817，sig = 0.037 < 0.05，所以不同户口类型的居民在“您认为在自己的成长中得到道德训练的最重要场所或机构是”这一问题的回答上有显著差异。

C21 by A5

您的思想行为受什么人影响最大 * 户口 Crosstabulation

	农业户口	非农业户口	总计
政府官员	20.1%	21.9%	20.7%
企业家	16.2%	17.2%	16.6%
演艺明星	3.1%	4.6%	3.6%
教师	44.9%	47.3%	45.7%

续表

	农业户口	非农业户口	总计
知识精英	10.1%	15.8%	12.0%
公众人物	14.0%	16.3%	14.8%
农民	12.8%	6.4%	10.6%
工人	2.2%	3.4%	2.6%
先哲先贤	13.9%	18.6%	15.5%
父母	74.3%	71.4%	73.3%
网络大V	3.3%	2.8%	3.1%
宗教人士	1.5%	1.5%	1.5%
列总计	5470	2829	8299

据上表所示，不同户口类型的居民在“您的思想行为受什么人影响最大”这一问题的回答上有显著差异。

C22 by A5

影响您道德判断和道德选择的最主要的因素是 * 户口 Crosstabulation

	农业户口	非农业户口	总计
自己的良心	69.7%	66.7%	68.7%
大多数人持有的观点	37.8%	35.8%	37.1%
公众人士和权威人物的观点	7.4%	9.0%	8.0%
国外媒体的观点	3.8%	4.5%	4.0%
自己的利益	14.8%	15.5%	15.0%
他人的评价	8.1%	6.3%	7.5%
社会后果	14.3%	17.9%	15.5%
大多数人认可的道德规范	14.9%	16.2%	15.3%
先贤教导	4.2%	5.8%	4.7%
“朋友圈”的观点	0.7%	1.0%	0.8%
列总计	5544	2879	8423

据上表所示，不同户口类型的居民在“影响您道德判断和道德选择的最主要的因素是”这一问题的回答上有显著差异。

C23 by A5

现在经常有一些网民在网络上曝光别人的隐私，您怎么看待这种行为 * 户口 Crosstabulation

	农业户口	非农业户口	总计
这是违法行为，应该制止	36.2%	36.6%	36.4%

续表

	农业户口	非农业户口	总计
这是不道德行为，应该进行谴责	45.4%	42.7%	44.5%
这是社会监督的重要途径，不必完全禁止，但需要规范和引导	16.2%	18.6%	17.1%
这是网民的自由，别人不应该干涉	2.1%	2.1%	2.1%
总计	100.0%	100.0%	100.0%
列总计	5290	2791	8081

Chi-square test：df = 3，卡方值为 9.368，sig = 0.025 < 0.05，所以不同户口类型的居民在“现在经常有一些网民在网络上曝光别人的隐私，您怎么看待这种行为”这一问题的回答上有显著差异。

C24a by A5

您最近两年是否参加过以下活动？志愿者活动 * 户口 Crosstabulation

	农业户口	非农业户口	总计
是	12.2%	22.3%	15.6%
否	87.8%	77.7%	84.4%
总计	100.0%	100.0%	100.0%
列总计	5742	2924	8666

Chi-square test：df = 1，卡方值为 149.101，sig = 0.000 < 0.05，所以不同户口类型的居民在“您最近两年是否参加过以下活动？志愿者活动”这一问题的回答上有显著差异。

C24b by A5

您参加的频率：志愿者活动 * 户口 Crosstabulation

	农业户口	非农业户口	总计
从来没有	87.8%	77.7%	84.4%
参加过一两次	6.7%	10.0%	7.8%
偶尔参加一次	4.5%	9.0%	6.0%
经常参加	1.0%	3.2%	1.8%
总计	100.0%	100.0%	100.0%
列总计	5742	2924	8666

Chi-square test：df = 3，卡方值为 169.629，sig = 0.000 < 0.05，所以不同户口类型的居民在“您参加的频率：志愿者活动”这一问题的回答上有显著差异。

C24c by A5

您最近两年是否参加过以下活动？无偿献血 ＊ 户口 Crosstabulation

	农业户口	非农业户口	总计
是	11.6%	18.9%	14.0%
否	88.4%	81.1%	86.0%
总计	100.0%	100.0%	100.0%
列总计	5746	2926	8672

Chi-square test：df = 1，卡方值为 86.196，sig = 0.000 < 0.05，所以不同户口类型的居民在“您最近两年是否参加过以下活动？无偿献血”这一问题的回答上有显著差异。

C24d by A5

您参加的频率：无偿献血 ＊ 户口 Crosstabulation

	农业户口	非农业户口	总计
从来没有	88.4%	81.1%	86.0%
参加过一两次	6.3%	10.0%	7.6%
偶尔参加一次	4.5%	7.8%	5.6%
经常参加	0.8%	1.1%	0.9%
总计	100.0%	100.0%	100.0%
列总计	5746	2926	8672

Chi-square test：df = 3，卡方值为 86.962，sig = 0.000 < 0.05，所以不同户口类型的居民在“您参加的频率：无偿献血”这一问题的回答上有显著差异。

C24e by A5

您最近两年是否参加过以下活动？捐款、捐物 ＊ 户口 Crosstabulation

	农业户口	非农业户口	总计
是	29.7%	44.9%	34.8%
否	70.3%	55.1%	65.2%
总计	100.0%	100.0%	100.0%
列总计	5746	2926	8672

Chi-square test：df = 1，卡方值为 199.633，sig = 0.000 < 0.05，所以不同户口类型的居民在“您最近两年是否参加过以下活动？捐款、捐物”这一问题的回答上有显著差异。

C24f by A5

您参加的频率：捐款、捐物＊ 户口 Crosstabulation

	农业户口	非农业户口	总计
从来没有	70.3%	55.1%	65.2%
参加过一两次	12.9%	17.8%	14.6%
偶尔参加一次	13.3%	19.5%	15.4%
经常参加	3.4%	7.7%	4.9%
总计	100.0%	100.0%	100.0%
列总计	5746	2926	8672

Chi-square test：df = 3，卡方值为 220.812，sig = 0.000 < 0.05，所以不同户口类型的居民在“您参加的频率：捐款、捐物”这一问题的回答上有显著差异。

C25 by A5

目前中国社会的两性关系日益开放，它对社会风尚的影响是：＊ 户口 Crosstabulation

	农业户口	非农业户口	总计
是社会进步的表现	13.7%	14.5%	13.9%
两性关系混乱必然导致道德沦丧、污染社会风气	50.9%	50.7%	50.8%
个人选择，无所谓好坏	35.1%	34.4%	34.9%
其他	0.3%	0.5%	0.4%
总计	100.0%	100.0%	100.0%
列总计	5611	2882	8493

Chi-square test：df = 3，卡方值为 2.350，sig = 0.503 > 0.05，所以不同户口类型的居民在“目前中国社会的两性关系日益开放，它对社会风尚的影响是”这一问题的回答上没有显著差异。

C26 by A5

您对一些重要事情所持的观点和看法与其他人一致的时候有多少 ＊ 户口 Crosstabulation

	农业户口	非农业户口	总计
非常少	5.6%	4.2%	5.1%
比较少	14.1%	12.8%	13.6%
一般	42.0%	42.8%	42.3%
比较多	32.8%	35.2%	33.6%
非常多	5.5%	5.1%	5.4%

续表

	农业户口	非农业户口	总计
总计	100.0%	100.0%	100.0%
列总计	5264	2751	8015

Chi-square test：df=4，卡方值为13.312，sig =0.010<0.05，所以不同户口类型的居民在“您对一些重要事情所持的观点和看法与其他人一致的时候有多少”这一问题的回答上有显著差异。

C27 by A5

您对待目前社会上一部分人的奢侈消费行为的态度是 * 户口 Crosstabulation

	农业户口	非农业户口	总计
钞票是他们自己的，他们愿意怎么花就怎么花	41.4%	38.0%	40.2%
他们应该遵守勤俭的传统美德，适度消费	42.5%	46.5%	43.9%
过度消费行为只要对别人无害，就不应干涉	16.0%	15.4%	15.8%
其他	0.1%	0.1%	0.1%
总计	100.0%	100.0%	100.0%
列总计	5736	2926	8662

Chi-square test：df=3，卡方值为13.101，sig =0.004<0.05，所以不同户口类型的居民在“您对待目前社会上一部分人的奢侈消费行为的态度是”这一问题的回答上有显著差异。

C28 by A5

孝敬、礼让、仁爱、节俭等优良传统，您认为现在还需要这些吗 * 户口 Crosstabulation

	农业户口	非农业户口	总计
这些好传统什么时候都不能丢	78.1%	77.4%	77.9%
可有可无	9.0%	9.1%	9.0%
已经过时，没必要讲这些	5.5%	5.5%	5.5%
有些要，有些不要	7.5%	7.9%	7.6%
总计	100.0%	100.0%	100.0%
列总计	5759	2932	8691

Chi-square test：df=3，卡方值为0.785，sig =0.853>0.05，所以不同户口类型的居民在“孝敬、礼让、仁爱、节俭等优良传统，您认为现在还需要这些吗”这一问题的回答上没有显著差异。

C29 by A5

民族英雄和新时期的先进人物的精神还值得在全社会大力倡导吗 * 户口 Crosstabulation

	农业户口	非农业户口	总计
我很佩服他们，现在社会就缺这种精神，要加大宣传	59. 8%	59. 0%	59. 5%
以前知道一些，现在不太关注了	24. 4%	26. 6%	25. 2%
时过境迁，这些典型的影响力越来越小了，没太多人关心了	11. 4%	11. 6%	11. 4%
不知道，也不关心	4. 4%	2. 7%	3. 8%
总计	100. 0%	100. 0%	100. 0%
列总计	5746	2931	8677

Chi-square test：df = 3，卡方值为 17. 984，sig = 0. 000 < 0. 05，所以不同户口类型的居民在“民族英雄和新时期的先进人物的精神还值得在全社会大力倡导吗?”这一问题的回答上有显著差异。

C30 by A5

当在公交车上遇到小偷正在偷乘客钱包时，您会选择以下哪种做法 * 户口 Crosstabulation

	农业户口	非农业户口	总计
马上冲上去制止	18. 8%	20. 7%	19. 4%
出于害怕，装作什么都没有看到	12. 3%	11. 8%	12. 1%
不敢直接与小偷对抗，但以适当方式悄悄提醒当事人或报警	61. 3%	60. 0%	60. 9%
只要偷的不是我，不用多管闲事，免得惹麻烦	7. 0%	6. 6%	6. 9%
其他	0. 6%	1. 0%	0. 7%
总计	100. 0%	100. 0%	100. 0%
列总计	5731	2928	8659

Chi-square test：df = 4，卡方值为 8. 367，sig = 0. 079 > 0. 05，所以不同户口类型的居民在“当在公交车上遇到小偷正在偷乘客钱包时，您会选择以下哪种做法?”这一问题的回答上没有显著差异。

C31 by A5

小王知道做某件事是道德的但没去行动，哪种因素是他采取行动的最大障碍 * 户口 Crosstabulation

	农业户口	非农业户口	总计
采取行动会损害自己利益	16. 4%	15. 8%	16. 2%
采取行动也难以取得预期效果	23. 5%	25. 6%	24. 2%
大家都不做，我何必管闲事	17. 5%	16. 6%	17. 2%

续表

	农业户口	非农业户口	总计
自身能力有限，心有余而力不足	30.1%	29.7%	29.9%
即使我不做，相信还会有别人去做	7.7%	7.9%	7.7%
明白就行，让别人去做吧	4.2%	3.9%	4.1%
其他	0.7%	0.4%	0.6%
总计	100.0%	100.0%	100.0%
列总计	5648	2901	8549

Chi-square test：df = 6，卡方值为 7.176，sig = 0.305 > 0.05，所以不同户口类型的居民在“小王知道做某件事是道德的但没去行动，哪种因素是他采取行动的最大障碍”这一问题的回答上没有显著差异。

C32 by A5

当与他人发生分歧时，能否体谅宽容他人 * 户口 Crosstabulation

	农业户口	非农业户口	总计
不宽容，必须弄清是非曲直	10.2%	11.1%	10.5%
偶尔	34.5%	33.8%	34.2%
有时	38.7%	40.2%	39.2%
经常	16.6%	14.8%	16.0%
总计	100.0%	100.0%	100.0%
列总计	5706	2914	8620

Chi-square test：df = 3，卡方值为 6.578，sig = 0.087 > 0.05，所以不同户口类型的居民在“当与他人发生分歧时，能否体谅宽容他人?”这一问题的回答上没有显著差异。

C33 by A5

您认为解决当前我国的公民道德和社会风尚问题，最关键的途径是 * 户口 Crosstabulation

	农业户口	非农业户口	总计
加强法制	32.4%	37.0%	34.0%
弘扬优秀传统道德	48.6%	52.5%	49.9%
建设伦理道德的核心价值	16.4%	19.6%	17.5%
惩治官员腐败	25.6%	18.4%	23.1%
解决分配不公问题	13.2%	12.2%	12.9%
提高个人道德素质	30.0%	30.8%	30.3%
列总计	5693	2918	8611

据上表所示，不同户口类型的居民在“您认为解决当前我国的公民道德和社会风尚问题，最关键的途径是”这一问题的回答上有显著差异。

C34 by A5

您知道社会主义核心价值观吗？请您把它们选出来 ＊ 户口 Crosstabulation

	农业户口	非农业户口	总计
文明	71.3%	75.8%	72.9%
诚信	83.4%	84.2%	83.6%
勇敢	37.5%	30.2%	35.0%
爱国	74.3%	78.6%	75.8%
创新	32.8%	31.5%	32.4%
友善	50.7%	53.9%	51.8%
勤劳	26.6%	21.1%	24.7%
列总计	5495	2878	8373

据上表所示，不同户口类型的居民在“您知道社会主义核心价值观吗？请您把它们选出来”这一问题的回答上有显著差异。

C35 by A5

您认为社会主义核心价值观与您的工作、生活有关系吗 ＊ 户口 Crosstabulation

	农业户口	非农业户口	总计
对改变社会风气有好处，每个人都应该这样做人做事	85.0%	84.7%	84.9%
与个人工作、生活没关系	15.0%	15.3%	15.1%
总计	100.0%	100.0%	100.0%
列总计	4714	2604	7318

Chi-square test：df = 1，卡方值为 0.176，sig = 0.674 > 0.05，所以不同户口类型的居民在“您认为社会主义核心价值观与您的工作、生活有关系吗”这一问题的回答上没有显著差异。

C36 by A5

在全社会特别是青少年中开展革命传统教育，您认为有没有这个必要 ＊ 户口 Crosstabulation

	农业户口	非农业户口	总计
很有必要，什么时候都不能忘本	83.5%	84.3%	83.8%
可有可无	9.9%	9.4%	9.8%
没有必要，已经过时了	6.6%	6.3%	6.5%
总计	100.0%	100.0%	100.0%
列总计	5756	2930	8686

Chi-square test：df = 2，卡方值为 0.822，sig = 0.663 > 0.05，所以不同户口类型的居民在“在全社会特别是青少年中开展革命传统教育，您认为有没有这个必要？”这一问题的回答上没有显著差异。

C37 by A5

当您途经一场所，正遇到升国旗仪式，看到国旗在国歌声中升起的时候，您会怎么做 * 户口 Crosstabulation

	农业户口	非农业户口	总计
原地站立，面向国旗行注目礼	31.1%	37.5%	33.2%
停下来看一看	56.3%	51.9%	54.8%
只当没看见，该干吗干吗	12.6%	10.5%	11.9%
总计	100.0%	100.0%	100.0%
列总计	5742	2930	8672

Chi-square test：df = 2，卡方值为 38.702，sig = 0.000 < 0.05，所以不同户口类型的居民在“当您途经一场所，正遇到升国旗仪式，看到国旗在国歌声中升起的时候，您会怎么做”这一问题的回答上有显著差异。

C38 by A5

今年您参加过纪念中国共产党成立 96 周年等主题教育活动吗 * 户口 Crosstabulation

	农业户口	非农业户口	总计
参加过，很受教育	11.7%	20.6%	14.8%
听说过，但是没有参加过	58.8%	54.1%	57.2%
这种活动基本都是形式大于内容	8.3%	11.8%	9.5%
不关心这些	21.1%	13.4%	18.5%
总计	100.0%	100.0%	100.0%
列总计	5737	2927	8664

Chi-square test：df = 3，卡方值为 199.210，sig = 0.000 < 0.05，所以不同户口类型的居民在“今年您参加过纪念中国共产党成立 96 周年等主题教育活动吗”这一问题的回答上有显著差异。

D1 by A5

您认为现代家庭关系中最令人担忧的问题是 * 户口 Crosstabulation

	农业户口	非农业户口	总计
只有一个孩子，对家庭的未来没把握	20.7%	24.8%	22.1%
独生子女难以承担养老责任，老无所养	28.4%	29.4%	28.8%
年轻人不愿结婚，或不愿生孩子，家族传承危机	16.4%	13.9%	15.6%
婚姻不稳定，年轻人缺乏守护婚姻的意识和能力	24.7%	23.8%	24.4%
子女尤其是独生子女缺乏责任感，孝道意识薄弱	18.9%	17.6%	18.5%

续表

	农业户口	非农业户口	总计
代沟严重，父母与子女之间难以沟通	28.4%	27.5%	28.1%
婆媳关系紧张	10.4%	8.6%	9.7%
父母不民主，不能容忍差异	10.5%	10.4%	10.4%
“啃老”现象严重	5.6%	8.1%	6.5%
父母只培养孩子的知识和技能，忽视良好品德的养成	12.0%	15.1%	13.1%
两性关系过度开放	2.8%	3.0%	2.9%
列总计	5515	2849	8364

据上表所示，居民在“您认为现代家庭关系中最令人担忧的问题是”这一问题的回答上有显著差异。

D2 by A5

您对家庭的感觉是 * 户口 Crosstabulation

	农业户口	非农业户口	总计
温馨幸福	18.7%	22.2%	19.9%
比较幸福	68.9%	67.4%	68.4%
不太幸福	4.9%	4.6%	4.8%
一般，没感觉	6.8%	5.0%	6.2%
很不幸福，希望逃离	0.4%	0.6%	0.4%
其他	0.3%	0.2%	0.3%
总计	100.0%	100.0%	100.0%
列总计	5664	2896	8560

Chi-square test：df = 5，卡方值为 24.781，sig = 0.000 < 0.05，所以不同户口类型的居民在“您对家庭的感觉是”这一问题的回答上有显著差异。

D3a by A5

您对不婚现象的态度是 * 户口 Crosstabulation

	农业户口	非农业户口	总计
完全赞同	0.7%	1.2%	0.9%
比较赞同	6.4%	6.3%	6.3%
中立	36.2%	44.9%	39.2%
比较反对	34.6%	32.2%	33.8%
强烈反对	22.0%	15.4%	19.8%

续表

	农业户口	非农业户口	总计
总计	100.0%	100.0%	100.0%
列总计	5627	2877	8504

Chi-square test：df=4，卡方值为87.009，sig =0.000<0.05，所以不同户口类型的居民在“您对不婚现象的态度是”这一问题的回答上有显著差异。

D3b by A5

您对试婚现象的态度是＊ 户口 Crosstabulation

	农业户口	非农业户口	总计
完全赞同	0.6%	0.8%	0.6%
比较赞同	8.6%	8.6%	8.6%
中立	35.7%	40.7%	37.4%
比较反对	32.5%	32.3%	32.5%
强烈反对	22.6%	17.6%	20.9%
总计	100.0%	100.0%	100.0%
列总计	5527	2853	8380

Chi-square test：df=4，卡方值为36.876，sig =0.000<0.05，所以不同户口类型的居民在“您对试婚现象的态度是”这一问题的回答上有显著差异。

D3c by A5

您对同居现象的态度是＊ 户口 Crosstabulation

	农业户口	非农业户口	总计
完全赞同	0.7%	1.0%	0.8%
比较赞同	8.9%	9.4%	9.1%
中立	40.3%	44.8%	41.8%
比较反对	29.4%	28.3%	29.1%
强烈反对	20.6%	16.5%	19.2%
总计	100.0%	100.0%	100.0%
列总计	5591	2875	8466

Chi-square test：df=4，卡方值为28.572，sig =0.000<0.05，所以不同户口类型的居民在“您对同居现象的态度是”这一问题的回答上有显著差异。

D3d by A5

您对同性恋现象的态度是 * 户口 Crosstabulation

	农业户口	非农业户口	总计
完全赞同	0.3%	0.8%	0.4%
比较赞同	1.6%	1.7%	1.7%
中立	14.4%	21.7%	16.9%
比较反对	33.5%	33.3%	33.4%
强烈反对	50.2%	42.5%	47.6%
总计	100.0%	100.0%	100.0%
列总计	5413	2819	8232

Chi-square test：df = 4，卡方值为 92.799，sig = 0.000 < 0.05，所以不同户口类型的居民在“您对同性恋现象的态度是”这一问题的回答上有显著差异。

D3e by A5

您对婚外恋现象的态度是 * 户口 Crosstabulation

	农业户口	非农业户口	总计
完全赞同	0.2%	0.1%	0.2%
比较赞同	0.9%	0.5%	0.7%
中立	9.1%	10.4%	9.5%
比较反对	30.1%	29.7%	30.0%
强烈反对	59.7%	59.3%	59.5%
总计	100.0%	100.0%	100.0%
列总计	5527	2866	8393

Chi-square test：df = 4，卡方值为 6.575，sig = 0.160 > 0.05，所以不同户口类型的居民在“您对婚外恋现象的态度是”这一问题的回答上没有显著差异。

D3f by A5

您对丁克家庭现象的态度是 * 户口 Crosstabulation

	农业户口	非农业户口	总计
完全赞同	0.3%	0.8%	0.5%
比较赞同	1.8%	1.9%	1.9%
中立	23.3%	33.7%	27.0%
比较反对	32.0%	30.4%	31.4%
强烈反对	42.6%	33.2%	39.3%

续表

	农业户口	非农业户口	总计
总计	100. 0%	100. 0%	100. 0%
列总计	4902	2652	7554

Chi-square test：df = 4，卡方值为 119. 561，sig = 0. 000 < 0. 05，所以不同户口类型的居民在“您对丁克家庭现象的态度是”这一问题的回答上有显著差异。

D3g by A5

您对代孕现象的态度是 * 户口 Crosstabulation

	农业户口	非农业户口	总计
完全赞同	0. 2%	0. 4%	0. 3%
比较赞同	1. 3%	1. 7%	1. 4%
中立	17. 9%	23. 3%	19. 8%
比较反对	32. 3%	32. 7%	32. 4%
强烈反对	48. 3%	41. 9%	46. 1%
总计	100. 0%	100. 0%	100. 0%
列总计	4993	2689	7682

Chi-square test：df = 4，卡方值为 46. 895，sig = 0. 000 < 0. 05，所以不同户口类型的居民在“您对代孕现象的态度是”这一问题的回答上有显著差异。

D4 by A5

您如何看待为了应对拆迁、征地、买房等而出现的“假离婚”现象 * 户口 Crosstabulation

	农业户口	非农业户口	总计
完全赞同	1. 9%	2. 7%	2. 2%
比较赞同	13. 2%	17. 4%	14. 7%
不太赞同	39. 4%	37. 1%	38. 6%
坚决反对	45. 5%	42. 8%	44. 6%
总计	100. 0%	100. 0%	100. 0%
列总计	5268	2753	8021

Chi-square test：df = 4，卡方值为 33. 374，sig = 0. 000 < 0. 05，所以不同户口类型的居民在“您如何看待为了应对拆迁、征地、买房等而出现的‘假离婚’现象”这一问题的回答上有显著差异。

D5 by A5

如果夫妻中需要一方为对方或家庭做出牺牲，您的态度是 * 户口 Crosstabulation

	农业户口	非农业户口	总计
非常不愿意	2.7%	3.6%	3.0%
不太愿意	19.8%	21.5%	20.4%
比较愿意	51.9%	54.4%	52.8%
愿意，时常这么做	25.5%	20.5%	23.8%
总计	100.0%	100.0%	100.0%
列总计	5371	2748	8119

Chi-square test：df = 3，卡方值为29.035，sig = 0.000 < 0.05，所以不同户口类型的居民在“如果夫妻中需要一方为对方或家庭做出牺牲，您的态度是”这一问题的回答上有显著差异。

D6 by A5

在恋爱或婚姻中，您有为对方而改变自己的意识吗 * 户口 Crosstabulation

	农业户口	非农业户口	总计
有，经常这样做	34.1%	33.4%	33.9%
有，但做起来有些困难	35.9%	37.8%	36.6%
没想过这个问题	24.7%	22.4%	23.9%
无须改变，只有找到愿为我改变的人才是真爱	5.0%	6.2%	5.4%
其他	0.3%	0.2%	0.3%
总计	100.0%	100.0%	100.0%
列总计	5700	2905	8605

Chi-square test：df = 4，卡方值为11.785，sig = 0.019 < 0.05，所以不同户口类型的居民在“在恋爱或婚姻中，您有为对方而改变自己的意识吗”这一问题的回答上有显著差异。

D7 by A5

在恋爱或婚姻中，你与对方相处的原则是 * 户口 Crosstabulation

	农业户口	非农业户口	总计
我首先对他/她好，然后希望他/她对我好	58.2%	58.6%	58.4%
他/她对我好，我才对他/她好	19.5%	20.3%	19.8%
他/她对我好就行了	15.3%	15.2%	15.3%
总是我对他/她好，他/她对我不那么好	3.1%	2.4%	2.9%
他/她对我不好，我没必要对他/她好	1.5%	1.8%	1.6%

续表

	农业户口	非农业户口	总计
其他	2.4%	1.6%	2.1%
总计	100.0%	100.0%	100.0%
列总计	5692	2903	8595

Chi-square test：df = 5，卡方值为 10.639，sig = 0.059 > 0.05，所以不同户口类型的居民在“在恋爱或婚姻中，你与对方相处的原则是”这一问题的回答上没有显著差异。

D8 by A5

您认为生育孩子是否是一种人生义务 * 户口 Crosstabulation

	农业户口	非农业户口	总计
是，如果大家都不生育，人种会灭绝	25.8%	23.5%	25.0%
是，不生孩子家族延续会中断	43.0%	34.7%	40.2%
不是，但没有孩子将老无所养也过于孤独	25.3%	33.2%	28.0%
不是，自己觉得快乐就行，有孩子负担过重	5.2%	7.2%	5.9%
其他	0.7%	1.5%	0.9%
总计	100.0%	100.0%	100.0%
列总计	5722	2912	8634

Chi-square test：df = 4，卡方值为 106.086，sig = 0.000 < 0.05，所以不同户口类型的居民在“您认为生育孩子是否是一种人生义务”这一问题的回答上有显著差异。

D9 by A5

孩子面临重大问题（婚姻、升学、就业等）时，您的态度是 * 户口 Crosstabulation

	农业户口	非农业户口	总计
全部包办，替他们做决定或搞定	6.2%	4.9%	5.8%
积极建议，努力说服他们采纳	24.0%	25.4%	24.5%
只提建议，让他们自己选择	39.8%	41.0%	40.2%
不表态，免得子女将来埋怨	7.4%	6.8%	7.2%
经常提出建议，但大多不起作用	4.6%	3.7%	4.3%
没孩子/孩子太小	17.6%	17.9%	17.7%
其他	0.4%	0.4%	0.4%
总计	100.0%	100.0%	100.0%
列总计	5752	2926	8678

Chi-square test：df = 6，卡方值为 13.129，sig = 0.041 < 0.05，所以不同户口类型的居民在“孩子面临重大问题（婚姻、升学、就业等）时，您的态度是”这一问题的回答上有显著差异。

D10 by A5

您对子女所提出的有关人生发展方面的建议，是否经常被采纳 ＊ 户口 Crosstabulation

	农业户口	非农业户口	总计
经常被采纳	20.1%	19.0%	19.8%
较多被采纳	61.1%	62.7%	61.6%
基本不采纳	17.2%	16.3%	16.9%
从不被采纳并遭到嘲讽	1.6%	2.1%	1.8%
总计	100.0%	100.0%	100.0%
列总计	4207	2116	6323

Chi-square test：df = 3，卡方值为 4.053，sig = 0.256 > 0.05，所以不同户口类型的居民在“您对子女所提出的有关人生发展方面的建议，是否经常被采纳”这一问题的回答上没有显著差异。

D11 by A5

您认为现在孩子价值观的形成受何种因素影响最大 ＊ 户口 Crosstabulation

	农业户口	非农业户口	总计
父母	59.1%	60.1%	59.4%
老师	61.7%	58.0%	60.4%
同伴	27.1%	27.3%	27.2%
网络，朋友圈	18.2%	18.9%	18.4%
明星	1.6%	1.8%	1.7%
道德模范	4.5%	7.2%	5.4%
伟大人物	2.4%	2.7%	2.5%
列总计	5457	2806	8263

据上表所示，不同户口类型的居民在“您认为现在孩子价值观的形成受何种因素影响最大”这一问题的回答上有显著差异。

D12 by A5

您认为老人是否有义务帮子女带孩子 ＊ 户口 Crosstabulation

	农业户口	非农业户口	总计
有，天经地义的	24.6%	14.9%	21.3%
没有，老人帮助带孙辈，子女应感恩	39.1%	45.2%	41.1%
没有义务，不过带孙辈也是天伦之乐，应该帮助带	31.7%	36.2%	33.2%
没想过	4.7%	3.7%	4.4%

续表

	农业户口	非农业户口	总计
总计	100.0%	100.0%	100.0%
列总计	5754	2934	8688

Chi-square test：df = 3，卡方值为 118.756，sig = 0.000 < 0.05，所以不同户口类型的居民在“您认为老人是否有义务帮子女带孩子”这一问题的回答上有显著差异。

D13 by A5

您认为最理想的养老方式是哪种 * 户口 Crosstabulation

	农业户口	非农业户口	总计
敬老院、护理院等专业养老机构	11.8%	16.5%	13.4%
与子女同住	57.2%	45.6%	53.3%
自己单住，生活难以自理时找护工	14.0%	14.7%	14.2%
与兄弟姐妹抱团养老	5.2%	5.5%	5.3%
与志趣相投的人一起养老	10.5%	16.4%	12.5%
其他	1.3%	1.3%	1.3%
总计	100.0%	100.0%	100.0%
列总计	5748	2925	8673

Chi-square test：df = 5，卡方值为 136.645，sig = 0.000 < 0.05，所以不同户口类型的居民在“您认为最理想的养老方式是哪种”这一问题的回答上有显著差异。

D14 by A5

当父母一方长期生活不能自理时，主要承担照顾工作的人应该是 * 户口 Crosstabulation

	农业户口	非农业户口	总计
子女照顾	49.4%	42.6%	47.1%
父母中还有能力的另一方（老伴儿）	35.8%	34.1%	35.2%
雇保姆，老伴儿协助	5.2%	7.5%	6.0%
雇保姆，子女协助	6.5%	10.8%	8.0%
送护理机构，家人经常探望	2.4%	4.4%	3.1%
其他	0.6%	0.6%	0.6%
总计	100.0%	100.0%	100.0%
列总计	5739	2923	8662

Chi-square test：df = 5，卡方值为 107.291，sig = 0.000 < 0.05，所以不同户口类型的居民在“当父母一方长期生活不能自理时，主要承担照顾工作的人应该是”这一问题的回答上有显著差异。

D15 by A5

在过去的十天里，您为父母做过以下哪些事情＊ 户口 Crosstabulation

	农业户口	非农业户口	总计
看望	20.0%	23.3%	21.1%
打电话	33.2%	40.1%	35.5%
买东西	22.0%	27.5%	23.8%
陪看病	4.0%	5.1%	4.3%
生活照料	23.6%	21.1%	22.8%
做家务	25.9%	24.8%	25.6%
谈心聊天	21.0%	22.7%	21.6%
给钱	9.0%	9.6%	9.2%
外出游玩	1.9%	3.3%	2.4%
无	9.6%	7.1%	8.8%
父母已去世	19.7%	16.9%	18.7%
列总计	5744	2929	8673

据上表所示，不同户口类型的居民在“在过去的十天里，您为父母做过以下哪些事情”这一问题的回答上有显著差异。

D16 by A5

您是否觉得孤独？＊ 户口 Crosstabulation

	农业户口	非农业户口	总计
经常	4.8%	5.5%	5.1%
有时	24.7%	22.5%	24.0%
不太觉得	32.7%	34.9%	33.5%
不觉得	37.7%	37.1%	37.5%
总计	100.0%	100.0%	100.0%
列总计	5742	2926	8668

Chi-square test：df = 3，卡方值为 8.693，sig = 0.034 < 0.05，所以不同户口类型的居民在“您是否觉得孤独”这一问题的回答上有显著差异。

D17 by A5

现在开展的弘扬好家风好家训活动，您认为有意义吗 ＊ 户口 Crosstabulation

	农业户口	非农业户口	总计
很有意义	71.1%	71.0%	71.1%

续表

	农业户口	非农业户口	总计
可有可无	16.6%	17.0%	16.7%
没有必要	12.4%	11.9%	12.2%
总计	100.0%	100.0%	100.0%
列总计	5372	2787	8159

Chi-square test：df = 2，卡方值为 0.550，sig = 0.759 > 0.05，所以不同户口类型的居民在“现在开展的弘扬好家风好家训活动，您认为有意义吗”这一问题的回答上没有显著差异。

D18 by A5

您所在的地方发生过虐待儿童的事件吗 ＊ 户口 Crosstabulation

	农业户口	非农业户口	总计
经常会发生	3.9%	4.5%	4.1%
偶尔发生	16.3%	18.0%	16.9%
没听说过	79.7%	77.5%	79.0%
总计	100.0%	100.0%	100.0%
列总计	5731	2920	8651

Chi-square test：df = 2，卡方值为 5.790，sig = 0.055 > 0.05，所以不同户口类型的居民在“您所在的地方发生过虐待儿童的事件吗”这一问题的回答上没有显著差异。

D19 by A5

在大街或社区里，看到行走或生活困难的老人，您经常的反应是 ＊ 户口 Crosstabulation

	农业户口	非农业户口	总计
想到自己的（祖）父母或自己的未来，情不自禁地想帮助他	44.2%	42.7%	43.7%
出于义务责任感，想帮助他	25.7%	27.5%	26.3%
有同情感，但没有想帮助的冲动	25.2%	25.2%	25.2%
没有感觉，习以为常	4.7%	4.4%	4.6%
其他	0.2%	0.2%	0.2%
总计	100.0%	100.0%	100.0%
列总计	5750	2923	8673

Chi-square test：df = 4，卡方值为 3.872，sig = 0.424 > 0.05，所以不同户口类型的居民在“在大街或社区里，看到行走或生活困难的老人，您经常的反应是”这一问题的回答上没有显著差异。

D20 by A5

如果您的父母或兄妹偷了别人的东西，警察正在查找，您的行为反应可能是 ＊ 户口 Crosstabulation

	农业户口	非农业户口	总计
批评他，但不会告发	27.9%	23.6%	26.5%
批评他，陪他送回原处或去承认错误	52.8%	56.4%	54.0%
默认，因为他得到的东西正是家庭所急需	6.0%	7.3%	6.4%
告发，因为出于正义感	5.1%	5.0%	5.0%
告发，因为可能会连累自己	1.8%	2.4%	2.0%
不管不问，由他自己决定	6.2%	4.9%	5.8%
其他	0.3%	0.4%	0.4%
总计	100.0%	100.0%	100.0%
列总计	5725	2910	8635

Chi-square test：df = 6，卡方值为 33.766，sig = 0.000 < 0.05，所以不同户口类型的居民在“如果您的父母或兄妹偷了别人的东西，警察正在查找，您的行为反应可能是”这一问题的回答上有显著差异。

D21 by A5

当独生子女单独组成家庭后，父母和子女哪一种居住方式更好 ＊ 户口 Crosstabulation

	农业户口	非农业户口	总计
单独居住	29.2%	29.6%	29.3%
和父母同住	35.4%	27.9%	32.8%
和父母及祖辈共同居住	9.2%	7.8%	8.8%
和父母靠近居住	25.4%	34.3%	28.4%
其他	0.7%	0.5%	0.6%
总计	100.0%	100.0%	100.0%
列总计	5753	2927	8680

Chi-square test：df = 4，卡方值为 92.479，sig = 0.000 < 0.05，所以不同户口类型的居民在“当独生子女单独组成家庭后，父母和子女哪一种居住方式更好”这一问题的回答上有显著差异。

D22 by A5

您是否认为把老人送到养老院是不孝行为 ＊ 户口 Crosstabulation

	农业户口	非农业户口	总计
是	21.4%	14.6%	19.1%

续表

	农业户口	非农业户口	总计
相对而言，部分是	51.0%	52.7%	51.6%
不是	27.3%	32.2%	29.0%
其他	0.3%	0.4%	0.3%
总计	100.0%	100.0%	100.0%
列总计	5736	2927	8663

Chi-square test：df = 3，卡方值为 65.599，sig = 0.000 < 0.05，所以不同户口类型的居民在“您是否认为把老人送到养老院是不孝行为”这一问题的回答上有显著差异。

E1 by A5

您认为企业最重要的社会责任是什么 * 户口 Crosstabulation

	农业户口	非农业户口	总计
为企业和企业股东自身赚钱	14.9%	12.8%	14.2%
通过依法纳税为国家积累财富	21.8%	23.7%	22.5%
通过诚信经营提供质量可靠的产品，满足社会大众生活需求	55.9%	58.0%	56.6%
为员工谋福利	7.2%	5.0%	6.4%
其他	0.2%	0.4%	0.3%
总计	100.0%	100.0%	100.0%
列总计	5179	2783	7962

Chi-square test：df = 4，卡方值为 26.095，sig = 0.000 < 0.05，所以不同户口类型的居民在“您认为企业最重要的社会责任是什么”这一问题的回答上有显著差异。

E2a by A5

下列关于企业的说法，您的同意程度是？只要能为员工谋福利就是一个好单位 * 户口 Crosstabulation

	农业户口	非农业户口	总计
完全同意	14.7%	15.3%	14.9%
比较同意	55.7%	51.7%	54.3%
不太同意	26.8%	29.4%	27.7%
完全不同意	2.8%	3.6%	3.1%
总计	100.0%	100.0%	100.0%
列总计	5327	2816	8143

Chi-square test：df = 3，卡方值为 13.941，sig = 0.003 < 0.05，所以不同户口类型的居民在“只要能为员工谋福利就是一个好单位”这一问题同意程度的回答上有显著差异。

E2b by A5

下列关于企业的说法，您的同意程度是？经济效益好坏是衡量企业成败的唯一标准 * 户口 Crosstabulation

	农业户口	非农业户口	总计
完全同意	10.4%	9.4%	10.1%
比较同意	44.7%	38.2%	42.4%
不太同意	39.5%	45.3%	41.5%
完全不同意	5.4%	7.1%	6.0%
总计	100.0%	100.0%	100.0%
列总计	5222	2786	8008

Chi-square test：df = 3，卡方值为 42.525，sig = 0.000 < 0.05，所以不同户口类型的居民在“经济效益好坏是衡量企业成败的唯一标准”这一问题同意程度的回答上有显著差异。

E2c by A5

下列关于企业的说法，您的同意程度是？企业做慈善都是做做样子，其实还是为自己做广告 * 户口 Crosstabulation

	农业户口	非农业户口	总计
完全同意	6.3%	5.3%	6.0%
比较同意	42.7%	38.0%	41.1%
不太同意	45.4%	49.5%	46.8%
完全不同意	5.5%	7.2%	6.1%
总计	100.0%	100.0%	100.0%
列总计	5164	2756	7920

Chi-square test：df = 3，卡方值为 27.016，sig = 0.000 < 0.05，所以不同户口类型的居民在“企业做慈善都是做做样子，其实还是为自己做广告”这一问题同意程度的回答上有显著差异。

E2d by A5

下列关于企业的说法，您的同意程度是？企业和员工之间只是合同关系，效益好就好好干，效益不好就跳槽 * 户口 Crosstabulation

	农业户口	非农业户口	总计
完全同意	6.5%	4.8%	5.9%
比较同意	32.1%	27.7%	30.6%
不太同意	51.1%	51.9%	51.4%

续表

	农业户口	非农业户口	总计
完全不同意	10. 3%	15. 6%	12. 1%
总计	100. 0%	100. 0%	100. 0%
列总计	5278	2797	8075

Chi-square test：df = 3，卡方值为 62. 921，sig = 0. 000 < 0. 05，所以不同户口类型的居民在“企业和员工之间只是合同关系，效益好就好好干，效益不好就跳槽”这一问题同意程度的回答上有显著差异。

E2e by A5

下列关于企业的说法，您的同意程度是？企业不需要对员工讲什么伦理关怀，员工表现好就发奖金，不好就辞退 * 户口 Crosstabulation

	农业户口	非农业户口	总计
完全同意	4. 2%	5. 1%	4. 5%
比较同意	24. 5%	22. 4%	23. 8%
不太同意	57. 6%	52. 0%	55. 7%
完全不同意	13. 7%	20. 5%	16. 1%
总计	100. 0%	100. 0%	100. 0%
列总计	5283	2796	8079

Chi-square test：df = 3，卡方值为 68. 182，sig = 0. 000 < 0. 05，所以不同户口类型的居民在“企业不需要对员工讲什么伦理关怀，员工表现好就发奖金，不好就辞退”这一问题同意程度的回答上有显著差异。

E2f by A5

下列关于企业的说法，您的同意程度是？企业为了履行社会责任，应当放弃一些自身利益 * 户口 Crosstabulation

	农业户口	非农业户口	总计
完全同意	20. 9%	23. 0%	21. 6%
比较同意	52. 2%	48. 3%	50. 9%
不太同意	23. 2%	23. 8%	23. 4%
完全不同意	3. 7%	4. 9%	4. 1%
总计	100. 0%	100. 0%	100. 0%
列总计	5285	2786	8071

Chi-square test：df = 3，卡方值为 16. 506，sig = 0. 001 < 0. 05，所以不同户口类型的居民在“企业为了履行社会责任，应当放弃一些自身利益”这一问题同意程度的回答上有显著差异。

E2g by A5

下列关于企业的说法，您的同意程度是？讲信用、遵循道德规范的企业能够获得更好的利益 ＊ 户口 Crosstabulation

	农业户口	非农业户口	总计
完全同意	25. 3%	26. 2%	25. 6%
比较同意	54. 6%	50. 8%	53. 3%
不太同意	17. 3%	19. 3%	18. 0%
完全不同意	2. 9%	3. 7%	3. 2%
总计	100. 0%	100. 0%	100. 0%
列总计	5316	2791	8107

Chi-square test：df = 3，卡方值为 13. 225，sig = 0. 004 < 0. 05，所以不同户口类型的居民在“讲信用、遵循道德规范的企业能够获得更好的利益”这一问题同意程度的回答上有显著差异。

E2h by A5

下列关于企业的说法，您的同意程度是？企业只是一台赚钱的机器，能赚钱就行，无所谓社会责任，声誉也不重要 ＊ 户口 Crosstabulation

	农业户口	非农业户口	总计
完全同意	2. 5%	2. 6%	2. 5%
比较同意	16. 5%	17. 3%	16. 8%
不太同意	56. 9%	49. 1%	54. 2%
完全不同意	24. 2%	31. 1%	26. 6%
总计	100. 0%	100. 0%	100. 0%
列总计	5227	2770	7997

Chi-square test：df = 3，卡方值为 53. 450，sig = 0. 000 < 0. 05，所以不同户口类型的居民在“企业只是一台赚钱的机器，能赚钱就行，无所谓社会责任，声誉也不重要”这一问题同意程度的回答上有显著差异。

E2i by A5

下列关于企业的说法，您的同意程度是？同样的产品，国企生产的比私企的更有保障 ＊ 户口 Crosstabulation

	农业户口	非农业户口	总计
完全同意	7. 9%	7. 7%	7. 8%
比较同意	44. 7%	39. 4%	42. 9%
不太同意	39. 1%	42. 2%	40. 2%
完全不同意	8. 3%	10. 7%	9. 1%

续表

	农业户口	非农业户口	总计
总计	100.0%	100.0%	100.0%
列总计	4915	2639	7554

Chi-square test：df = 3，卡方值为 26.843，sig = 0.000 < 0.05，所以不同户口类型的居民在“同样的产品，国企生产的比私企的更有保障”这一问题同意程度的回答上有显著差异。

E3 by A5

下面哪种说法更符合或接近您的个人想法 * 户口 Crosstabulation

	农业户口	非农业户口	总计
个人和工作单位之间是聘用或雇用关系，通过工资和付出劳动满足彼此需求	48.8%	43.0%	46.8%
不只是利益关系，应当还有很多情感的联系，应当共命运	35.0%	36.1%	35.4%
个人是单位的一分子，单位如同个人的另一个家	16.0%	20.5%	17.5%
其他	0.2%	0.3%	0.3%
总计	100.0%	100.0%	100.0%
列总计	5581	2876	8457

Chi-square test：df = 3，卡方值为 37.442，sig = 0.000 < 0.05，所以不同户口类型的居民在“下面哪种说法更符合或接近您的个人想法”这一问题的回答上有显著差异。

E4a by A5

您对自己所在企业履行下列责任的满意情况如何？劳动安全保障 * 户口 Crosstabulation

	农业户口	非农业户口	总计
非常不满意	3.2%	3.3%	3.2%
不太满意	21.5%	21.7%	21.5%
比较满意	69.7%	67.5%	68.8%
非常满意	5.6%	7.6%	6.4%
总计	100.0%	100.0%	100.0%
列总计	4046	2508	6554

Chi-square test：df = 3，卡方值为 10.567，sig = 0.014 < 0.05，所以不同户口类型的居民在“您对自己所在企业履行下列责任的满意情况如何？劳动安全保障”这一问题的回答上有显著差异。

E4b by A5

您对自己所在企业履行下列责任的满意情况如何？员工薪酬合理 * 户口 Crosstabulation

	农业户口	非农业户口	总计
非常不满意	2.5%	2.6%	2.6%
不太满意	25.8%	24.1%	25.1%
比较满意	63.3%	63.0%	63.2%
非常满意	8.4%	10.3%	9.1%
总计	100.0%	100.0%	100.0%
列总计	4081	2506	6587

Chi-square test：df = 3，卡方值为 7.705，sig = 0.053 > 0.05，所以不同户口类型的居民在“您对自己所在企业履行下列责任的满意情况如何？员工薪酬合理”这一问题的回答上没有显著差异。

E4c by A5

您对自己所在企业履行下列责任的满意情况如何？关心员工生活 * 户口 Crosstabulation

	农业户口	非农业户口	总计
非常不满意	2.9%	2.7%	2.8%
不太满意	25.7%	24.6%	25.3%
比较满意	62.8%	60.0%	61.7%
非常满意	8.6%	12.7%	10.1%
总计	100.0%	100.0%	100.0%
列总计	4004	2489	6493

Chi-square test：df = 3，卡方值为 28.204，sig = 0.000 < 0.05，所以不同户口类型的居民在“您对自己所在企业履行下列责任的满意情况如何？关心员工生活”这一问题的回答上有显著差异。

E4d by A5

您对自己所在企业履行下列责任的满意情况如何？诚实守法经营 * 户口 Crosstabulation

	农业户口	非农业户口	总计
非常不满意	1.7%	1.7%	1.7%
不太满意	15.6%	15.8%	15.7%
比较满意	74.6%	70.9%	73.2%
非常满意	8.0%	11.6%	9.4%

续表

	农业户口	非农业户口	总计
总计	100.0%	100.0%	100.0%
列总计	4281	2508	6789

Chi-square test：df = 3，卡方值为25.081，sig = 0.000 < 0.05，所以不同户口类型的居民在“您对自己所在企业履行下列责任的满意情况如何？诚实守法经营”这一问题的回答上有显著差异。

E4e by A5

您对自己所在企业履行下列责任的满意情况如何？产品质量可靠 * 户口 Crosstabulation

	农业户口	非农业户口	总计
非常不满意	1.3%	1.1%	1.2%
不太满意	14.4%	13.4%	14.0%
比较满意	74.0%	71.5%	73.1%
非常满意	10.3%	14.0%	11.7%
总计	100.0%	100.0%	100.0%
列总计	4321	2504	6825

Chi-square test：df = 3，卡方值为21.271，sig = 0.000 < 0.05，所以不同户口类型的居民在“您对自己所在企业履行下列责任的满意情况如何？产品质量可靠”这一问题的回答上有显著差异。

E4f by A5

您对自己所在企业履行下列责任的满意情况如何？环境保护措施 * 户口 Crosstabulation

	农业户口	非农业户口	总计
非常不满意	4.4%	3.3%	4.0%
不太满意	25.4%	21.9%	24.1%
比较满意	59.4%	60.7%	59.9%
非常满意	10.8%	14.2%	12.1%
总计	100.0%	100.0%	100.0%
列总计	4039	2428	6467

Chi-square test：df = 3，卡方值为27.160，sig = 0.000 < 0.05，所以不同户口类型的居民在“您对自己所在企业履行下列责任的满意情况如何？环境保护措施”这一问题的回答上有显著差异。

E4g by A5

您对自己所在企业履行下列责任的满意情况如何？慈善公益事业 ＊ 户口 Crosstabulation

	农业户口	非农业户口	总计
非常不满意	3. 9%	2. 5%	3. 4%
不太满意	25. 1%	21. 9%	23. 8%
比较满意	60. 9%	63. 2%	61. 8%
非常满意	10. 1%	12. 4%	11. 0%
总计	100. 0%	100. 0%	100. 0%
列总计	3314	2137	5451

Chi-square test：df = 3，卡方值为 21. 220，sig = 0. 000 < 0. 05，所以不同户口类型的居民在“您对自己所在企业履行下列责任的满意情况如何？慈善公益事业”这一问题的回答上有显著差异。

E5 by A5

您对本地的或自己熟悉的企业家的道德状况怎么评价 ＊ 户口 Crosstabulation

	农业户口	非农业户口	总计
总计还不错	41. 6%	46. 7%	43. 5%
普遍比较差	19. 9%	19. 6%	19. 8%
和普通群众没有太大差别	38. 5%	33. 7%	36. 8%
总计	100. 0%	100. 0%	100. 0%
列总计	4356	2455	6811

Chi-square test：df = 2，卡方值为 19. 256，sig = 0. 000 < 0. 05，所以不同户口类型的居民在“您对本地的或自己熟悉的企业家的道德状况怎么评价”这一问题的回答上有显著差异。

E6a by A5

对公务员道德状况的满意度 ＊ 户口 Crosstabulation

	农业户口	非农业户口	总计
非常满意	4. 0%	5. 6%	4. 5%
比较满意	66. 0%	68. 5%	66. 9%
不太满意	26. 8%	23. 3%	25. 6%
非常不满意	3. 2%	2. 6%	3. 0%
总计	100. 0%	100. 0%	100. 0%
列总计	4933	2695	7628

Chi-square test：df = 3，卡方值为 22. 059，sig = 0. 000 < 0. 05，所以不同户口类型的居民在“对公务员道德状况的满意度”这一问题的回答上有显著差异。

E6b by A5

对医生道德状况的满意度 * 户口 Crosstabulation

	农业户口	非农业户口	总计
非常满意	5.5%	7.9%	6.4%
比较满意	62.7%	63.7%	63.1%
不太满意	28.0%	24.9%	26.9%
非常不满意	3.8%	3.4%	3.7%
总计	100.0%	100.0%	100.0%
列总计	5407	2797	8204

Chi-square test：df = 3，卡方值为 24.348，sig = 0.000 < 0.05，所以不同户口类型的居民在“对医生道德状况的满意度”这一问题的回答上有显著差异。

E6c by A5

对教师道德状况的满意度 * 户口 Crosstabulation

	农业户口	非农业户口	总计
非常满意	8.6%	11.8%	9.7%
比较满意	66.4%	63.8%	65.6%
不太满意	21.5%	20.3%	21.1%
非常不满意	3.5%	4.0%	3.7%
总计	100.0%	100.0%	100.0%
列总计	5423	2804	8227

Chi-square test：df = 3，卡方值为 24.799，sig = 0.000 < 0.05，所以不同户口类型的居民在“对教师道德状况的满意度”这一问题的回答上有显著差异。

E6d by A5

对个体工商户道德状况的满意度 * 户口 Crosstabulation

	农业户口	非农业户口	总计
非常满意	4.6%	5.5%	4.9%
比较满意	62.7%	61.3%	62.2%
不太满意	29.2%	28.3%	28.9%
非常不满意	3.5%	4.8%	3.9%
总计	100.0%	100.0%	100.0%
列总计	5340	2763	8103

Chi-square test：df = 3，卡方值为 12.043，sig = 0.007 < 0.05，所以不同户口类型的居民在“对个体工商户道德状况的满意度”这一问题的回答上有显著差异。

E7a by A5

怎么称呼周围那些经营企业或做生意发了财的人？企业家 ＊ 户口 Crosstabulation

	农业户口	非农业户口	总计
未选中	92.4%	86.7%	90.5%
选中	7.6%	13.3%	9.5%
总计	100.0%	100.0%	100.0%
列总计	5763	2934	8697

Chi-square test：df = 1，卡方值为 72.085，sig = 0.000 < 0.05，所以不同户口类型的居民在“怎么称呼周围那些经营企业或做生意发了财的人？企业家”这一问题的回答上有显著差异。

E7b by A5

怎么称呼周围那些经营企业或做生意发了财的人？老板 ＊ 户口 Crosstabulation

	农业户口	非农业户口	总计
未选中	17.5%	19.5%	18.2%
选中	82.5%	80.5%	81.8%
总计	100.0%	100.0%	100.0%
列总计	5763	2934	8697

Chi-square test：df = 1，卡方值为 5.350，sig = 0.021 < 0.05，所以不同户口类型的居民在“怎么称呼周围那些经营企业或做生意发了财的人？老板”这一问题的回答上有显著差异。

E7c by A5

怎么称呼周围那些经营企业或做生意发了财的人？商人 ＊ 户口 Crosstabulation

	农业户口	非农业户口	总计
未选中	81.2%	77.0%	79.8%
选中	18.8%	23.0%	20.2%
总计	100.0%	100.0%	100.0%
列总计	5763	2934	8697

Chi-square test：df = 1，卡方值为 22.119，sig = 0.000 < 0.05，所以不同户口类型的居民在“怎么称呼周围那些经营企业或做生意发了财的人？商人”这一问题的回答上有显著差异。

E7d by A5

怎么称呼周围那些经营企业或做生意发了财的人？生意人 ＊ 户口 Crosstabulation

	农业户口	非农业户口	总计
未选中	79.0%	73.0%	77.0%
选中	21.0%	27.0%	23.0%
总计	100.0%	100.0%	100.0%
列总计	5763	2934	8697

Chi-square test：df = 1，卡方值为 39.905，sig = 0.000 < 0.05，所以不同户口类型的居民在“怎么称呼周围那些经营企业或做生意发了财的人？生意人”这一问题的回答上有显著差异。

E7e by A5

怎么称呼周围那些经营企业或做生意发了财的人？土豪 ＊ 户口 Crosstabulation

	农业户口	非农业户口	总计
未选中	93.5%	92.7%	93.2%
选中	6.5%	7.3%	6.8%
总计	100.0%	100.0%	100.0%
列总计	5763	2934	8697

Chi-square test：df = 1，卡方值为 1.994，sig = 0.158 > 0.05，所以不同户口类型的居民在“怎么称呼周围那些经营企业或做生意发了财的人？土豪”这一问题的回答上没有显著差异。

E7f by A5

怎么称呼周围那些经营企业或做生意发了财的人？暴发户 ＊ 户口 Crosstabulation

	农业户口	非农业户口	总计
未选中	94.4%	92.8%	93.9%
选中	5.6%	7.2%	6.1%
总计	100.0%	100.0%	100.0%
列总计	5763	2934	8697

Chi-square test：df = 1，卡方值为 8.697，sig = 0.003 < 0.05，所以不同户口类型的居民在“怎么称呼周围那些经营企业或做生意发了财的人？暴发户”这一问题的回答上有显著差异。

E7g by A5

怎么称呼周围那些经营企业或做生意发了财的人？其他 ＊ 户口 Crosstabulation

	农业户口	非农业户口	总计
未选中	99.1%	99.4%	99.2%
选中	0.9%	0.6%	0.8%
总计	100.0%	100.0%	100.0%
列总计	5751	2932	8683

Chi-square test：df = 1，卡方值为 1.385，sig = 0.239 > 0.05，所以不同户口类型的居民在“怎么称呼周围那些经营企业或做生意发了财的人？其他”这一问题的回答上没有显著差异。

E8 by A5

如果您有一个不错的家庭企业，但儿子或女儿缺乏经营能力或经营兴趣，难以交班，您可能选择 ＊ 户口 Crosstabulation

	农业户口	非农业户口	总计
培养儿媳或女婿，交给她/他经营	33.8%	29.8%	32.4%
交给儿媳和女婿有风险，离婚了怎么办，还是自己撑到有第三代接管	17.5%	18.3%	17.8%
找一个懂经营的职业经理人，我们家庭成员做董事长	31.6%	40.1%	34.5%
做一天是一天，最后将钞票留给子孙，但外人不可靠，不能交给外人	15.0%	10.2%	13.4%
其他	2.1%	1.5%	1.9%
总计	100.0%	100.0%	100.0%
列总计	5504	2843	8347

Chi-square test：df = 4，卡方值为 85.013，sig = 0.000 < 0.05，所以不同户口类型的居民在“如果您有一个不错的家庭企业，但儿子或女儿缺乏经营能力或经营兴趣，难以交班，您可能选择”这一问题的回答上有显著差异。

E9 by A5

在市场上购买食品、衣物、家用电器等商品时，您觉得有安全感吗 ＊ 户口 Crosstabulation

	农业户口	非农业户口	总计
有安全感，相信产品质量	25.7%	23.5%	25.0%
没安全感，不相信他们的标签，常担心质量问题影响自己的健康	22.9%	22.4%	22.7%
没安全感，担心在价格上被欺骗，要货比三家	21.8%	20.6%	21.4%

续表

	农业户口	非农业户口	总计
一般还可以，相信大商店的产品，不相信小商店和地摊货	29.3%	33.3%	30.7%
其他	0.3%	0.2%	0.3%
总计	100.0%	100.0%	100.0%
列总计	5743	2935	8678

Chi-square test：df = 4，卡方值为 15.351，sig = 0.004 < 0.05，所以不同户口类型的居民在"在市场上购买食品、衣物、家用电器等商品时，您觉得有安全感吗"这一问题的回答上有显著差异。

E10 by A5

您怎么看待电视、报纸和其他主流媒体上的广告 * 户口 Crosstabulation

	农业户口	非农业户口	总计
相信，因为是明星们推荐的	15.2%	14.7%	15.1%
将信将疑，眼见为真	45.7%	50.0%	47.1%
不相信，是企业和那些明星联合起来忽悠大众	28.3%	23.8%	26.8%
讨厌，既欺骗大众，又占用公共媒体资源	10.1%	11.0%	10.4%
其他	0.8%	0.5%	0.7%
总计	100.0%	100.0%	100.0%
列总计	5710	2912	8622

Chi-square test：df = 4，卡方值为 26.625，sig = 0.000 < 0.05，所以不同户口类型的居民在"您怎么看待电视、报纸和其他主流媒体上的广告"这一问题的回答上有显著差异。

E11 by A5

您怎么看待现在一些企业做公益和慈善 * 户口 Crosstabulation

	农业户口	非农业户口	总计
是做善事，把赚的公众的钱还给社会	25.8%	27.8%	26.5%
是在作秀，为自己树牌坊	17.3%	18.8%	17.8%
是做广告，把弱势群体当作宣传自己的工具	24.4%	23.6%	24.1%
做总比不做好，随他去吧	31.9%	29.2%	31.0%
其他	0.6%	0.6%	0.6%
总计	100.0%	100.0%	100.0%
列总计	5638	2907	8545

Chi-square test：df = 4，卡方值为 10.698，sig = 0.030 < 0.05，所以不同户口类型的居民在"您怎么看待现在一些企业做公益和慈善"这一问题的回答上有显著差异。

E12 by A5

一些政府机关、企事业单位和大中小学，利用权力为本单位的职工子女在入学、招工中提供特殊政策，您认为这种行为道德吗 ＊ 户口 Crosstabulation

	农业户口	非农业户口	总计
为本单位人员谋福利，符合道德	15.9%	17.7%	16.5%
以权谋私，不道德	37.6%	31.0%	35.4%
是对社会公众的不公平，严重不道德	29.9%	32.4%	30.8%
符合本单位员工利益，但严重侵蚀社会道德	9.9%	12.3%	10.7%
无所谓道德不道德	6.6%	6.6%	6.6%
总计	100.0%	100.0%	100.0%
列总计	5722	2925	8647

Chi-square test：df = 4，卡方值为 41.548，sig = 0.000 < 0.05，所以不同户口类型的居民在“一些政府机关、企事业单位和大中小学，利用权力为本单位的职工子女在入学、招工中提供特殊政策，您认为这种行为道德吗”这一问题的回答上有显著差异。

E13 by A5

如果您所在的单位有一项举措可以提高集体福利并使您个人得到利益，但会造成环境污染或社会公害，您会举报吗 ＊ 户口 Crosstabulation

	农业户口	非农业户口	总计
会	64.5%	67.2%	65.4%
不会	35.5%	32.8%	34.6%
总计	100.0%	100.0%	100.0%
列总计	5712	2896	8608

Chi-square test：df = 1，卡方值为 6.192，sig = 0.013 < 0.05，所以不同户口类型的居民在“如果您所在的单位有一项举措可以提高集体福利并使您个人得到利益，但会造成环境污染或社会公害，您会举报吗”这一问题的回答上有显著差异。

E14 by A5

您认为您所工作的单位同事之间是何种关系 ＊ 户口 Crosstabulation

	农业户口	非农业户口	总计
平等合作关系	57.3%	59.7%	58.1%
利益竞争关系	24.6%	26.5%	25.2%
彼此没有关系	15.2%	12.1%	14.1%
其他	3.0%	1.7%	2.6%

续表

	农业户口	非农业户口	总计
总计	100. 0%	100. 0%	100. 0%
列总计	5603	2865	8468

Chi-square test：df = 3，卡方值为 29. 810，sig = 0. 000 < 0. 05，所以不同户口类型的居民在“您认为您所工作的单位同事之间是何种关系”这一问题的回答上有显著差异。

E15 by A5

为了单位组织的利益，你的单位是否会默认员工做违背道德的事情 ＊ 户口 Crosstabulation

	农业户口	非农业户口	总计
常常	5. 3%	5. 7%	5. 5%
较多	14. 3%	15. 7%	14. 8%
一般	23. 6%	26. 1%	24. 5%
较少	28. 3%	23. 3%	26. 5%
从来没有	28. 4%	29. 2%	28. 7%
总计	100. 0%	100. 0%	100. 0%
列总计	4398	2425	6823

Chi-square test：df = 4，卡方值为 21. 213，sig = 0. 000 < 0. 05，所以不同户口类型的居民在“为了单位组织的利益，你的单位是否会默认员工做违背道德的事情”这一问题的回答上有显著差异。

E16a by A5

您所工作的单位是否存在以下现象：给领导干部送礼讨好 ＊ 户口 Crosstabulation

	农业户口	非农业户口	总计
不存在	67. 7%	72. 5%	69. 3%
存在	32. 3%	27. 5%	30. 7%
总计	100. 0%	100. 0%	100. 0%
列总计	5598	2871	8469

Chi-square test：df = 1，卡方值为 20. 997，sig = 0. 000 < 0. 05，所以不同户口类型的居民在“您所工作的单位是否存在以下现象：给领导干部送礼讨好”这一问题的回答上有显著差异。

E16b by A5

您所工作的单位是否存在以下现象：背后互相告恶状 * 户口 Crosstabulation

	农业户口	非农业户口	总计
不存在	78.5%	75.8%	77.6%
存在	21.5%	24.2%	22.4%
总计	100.0%	100.0%	100.0%
列总计	5598	2871	8469

Chi-square test：df = 1，卡方值为 8.076，sig = 0.004 < 0.05，所以不同户口类型的居民在“您所工作的单位是否存在以下现象：背后互相告恶状”这一问题的回答上有显著差异。

E16c by A5

您所工作的单位是否存在以下现象：拉帮结派 * 户口 Crosstabulation

	农业户口	非农业户口	总计
不存在	81.9%	80.8%	81.6%
存在	18.1%	19.2%	18.4%
总计	100.0%	100.0%	100.0%
列总计	5598	2871	8469

Chi-square test：df = 1，卡方值为 1.519，sig = 0.218 > 0.05，所以不同户口类型的居民在“您所工作的单位是否存在以下现象：拉帮结派”这一问题的回答上没有显著差异。

E16d by A5

您所工作的单位是否存在以下现象：为谋私利找关系走后门 * 户口 Crosstabulation

	农业户口	非农业户口	总计
不存在	72.7%	71.6%	72.3%
存在	27.3%	28.4%	27.7%
总计	100.0%	100.0%	100.0%
列总计	5598	2871	8469

Chi-square test：df = 1，卡方值为 0.954，sig = 0.329 > 0.05，所以不同户口类型的居民在“您所工作的单位是否存在以下现象：为谋私利找关系走后门”这一问题的回答上没有显著差异。

E16e by A5

您所工作的单位是否存在以下现象：奖惩制度不公平 * 户口 Crosstabulation

	农业户口	非农业户口	总计
不存在	81.9%	80.0%	81.3%

续表

	农业户口	非农业户口	总计
存在	18.1%	20.0%	18.7%
总计	100.0%	100.0%	100.0%
列总计	5598	2871	8469

Chi-square test：df = 1，卡方值为 4.240，sig = 0.039 < 0.05，所以不同户口类型的居民在“您所工作的单位是否存在以下现象：奖惩制度不公平”这一问题的回答上有显著差异。

E16f by A5

您所工作的单位是否存在以下现象：领导干部滥用职权 ＊ 户口 Crosstabulation

	农业户口	非农业户口	总计
不存在	77.6%	82.7%	79.3%
存在	22.4%	17.3%	20.7%
总计	100.0%	100.0%	100.0%
列总计	5598	2871	8469

Chi-square test：df = 1，卡方值为 30.800，sig = 0.000 < 0.05，所以不同户口类型的居民在“您所工作的单位是否存在以下现象：领导干部滥用职权”这一问题的回答上有显著差异。

E16g by A5

您所工作的单位是否以下现象都不存在 ＊ 户口 Crosstabulation

	农业户口	非农业户口	总计
未选中	65.6%	67.5%	66.3%
选中	34.4%	32.5%	33.7%
总计	100.0%	100.0%	100.0%
列总计	5598	2871	8469

Chi-square test：df = 1，卡方值为 3.032，sig = 0.082 > 0.05，所以不同户口类型的居民在“您所工作的单位是否以下现象都不存在”这一问题的回答上没有显著差异。

E17a by A5

下列关于企业履行社会责任（如捐款捐物、做公益慈善）的说法，您的同意程度是？只有国企才应该履行社会责任 ＊ 户口 Crosstabulation

	农业户口	非农业户口	总计
完全同意	3.3%	3.3%	3.3%

续表

	农业户口	非农业户口	总计
比较同意	31.7%	27.4%	30.2%
不太同意	52.2%	51.8%	52.0%
完全不同意	12.9%	17.5%	14.5%
总计	100.0%	100.0%	100.0%
列总计	5101	2765	7866

Chi-square test：df = 3，卡方值为 37.957，sig = 0.000 < 0.05，所以不同户口类型的居民在“下列关于企业履行社会责任（如捐款捐物、做公益慈善）的说法，您的同意程度是？只有国企才应该履行社会责任”这一问题的回答上有显著差异。

E17b by A5

下列关于企业履行社会责任（如捐款捐物、做公益慈善）的说法，您的同意程度是？只有大企业才应该履行社会责任 * 户口 Crosstabulation

	农业户口	非农业户口	总计
完全同意	3.2%	3.0%	3.1%
比较同意	30.9%	24.5%	28.7%
不太同意	49.5%	52.5%	50.5%
完全不同意	16.4%	20.0%	17.6%
总计	100.0%	100.0%	100.0%
列总计	5108	2770	7878

Chi-square test：df = 3，卡方值为 42.710，sig = 0.000 < 0.05，所以不同户口类型的居民在“下列关于企业履行社会责任（如捐款捐物、做公益慈善）的说法，您的同意程度是？只有大企业才应该履行社会责任”这一问题的回答上有显著差异。

E17c by A5

下列关于企业履行社会责任（如捐款捐物、做公益慈善）的说法，您的同意程度是？只有盈利多的企业才需要履行社会责任 * 户口 Crosstabulation

	农业户口	非农业户口	总计
完全同意	4.4%	3.4%	4.1%
比较同意	29.8%	23.3%	27.5%
不太同意	51.4%	53.3%	52.1%
完全不同意	14.4%	19.9%	16.3%
总计	100.0%	100.0%	100.0%

续表

	农业户口	非农业户口	总计
列总计	5101	2754	7855

Chi-square test：df = 3，卡方值为67.050，sig = 0.000 < 0.05，所以不同户口类型的居民在“下列关于企业履行社会责任（如捐款捐物、做公益慈善）的说法，您的同意程度是？只有盈利多的企业才需要履行社会责任”这一问题的回答上有显著差异。

E17d by A5

下列关于企业履行社会责任（如捐款捐物、做公益慈善）的说法，您的同意程度是？污染类企业要履行更多的社会责任 * 户口 Crosstabulation

	农业户口	非农业户口	总计
完全同意	27.4%	24.9%	26.5%
比较同意	42.3%	39.7%	41.4%
不太同意	21.9%	26.1%	23.4%
完全不同意	8.4%	9.2%	8.7%
总计	100.0%	100.0%	100.0%
列总计	5196	2781	7977

Chi-square test：df = 3，卡方值为22.659，sig = 0.000 < 0.05，所以不同户口类型的居民在“下列关于企业履行社会责任（如捐款捐物、做公益慈善）的说法，您的同意程度是？污染类企业要履行更多的社会责任”这一问题的回答上有显著差异。

E17e by A5

下列关于企业履行社会责任（如捐款捐物、做公益慈善）的说法，您的同意程度是？小企业只要管好自己就行了，不要履行社会责任 * 户口 Crosstabulation

	农业户口	非农业户口	总计
完全同意	2.7%	2.6%	2.7%
比较同意	20.4%	17.1%	19.3%
不太同意	56.2%	54.6%	55.6%
完全不同意	20.7%	25.7%	22.4%
总计	100.0%	100.0%	100.0%
列总计	5096	2752	7848

Chi-square test：df = 3，卡方值为31.860，sig = 0.000 < 0.05，所以不同户口类型的居民在“下列关于企业履行社会责任（如捐款捐物、做公益慈善）的说法，您的同意程度是？小企业只要管好自己就行了，不要履行社会责任”这一问题的回答上有显著差异。

E18a by A5

您觉得下列哪类单位最讲道德 ＊ 户口 Crosstabulation

	农业户口	非农业户口	总计
国有（控股）企业	18.6%	18.2%	18.5%
民营企业	5.0%	4.2%	4.8%
私营企业	2.3%	2.8%	2.5%
外资企业	5.3%	8.4%	6.4%
学校	46.0%	39.6%	43.8%
医院	4.9%	4.9%	4.9%
政府机关	13.3%	16.2%	14.4%
民间组织	4.5%	5.5%	4.8%
总计	100.0%	100.0%	100.0%
列总计	4008	2181	6189

Chi-square test：df = 7，卡方值为 49.617，sig = 0.000 < 0.05，所以不同户口类型的居民在“您觉得下列哪类单位最讲道德”这一问题的回答上有显著差异。

E18b by A5

您觉得下列哪类单位道德水平最差 ＊ 户口 Crosstabulation

	农业户口	非农业户口	总计
国有（控股）企业	4.0%	8.3%	5.5%
民营企业	11.1%	12.5%	11.6%
私营企业	28.9%	32.0%	30.0%
外资企业	3.3%	4.7%	3.8%
学校	3.3%	3.6%	3.4%
医院	20.3%	14.3%	18.2%
政府机关	16.8%	12.2%	15.1%
民间组织	12.3%	12.3%	12.3%
总计	100.0%	100.0%	100.0%
列总计	3581	1944	5525

Chi-square test：df = 7，卡方值为 98.717，sig = 0.000 < 0.05，所以不同户口类型的居民在“您觉得下列哪类单位道德水平最差”这一问题的回答上有显著差异。

E19a by A5

以下关于学校的说法，您的同意程度是？学校越来越以营利为目的 ＊ 户口 Crosstabulation

	农业户口	非农业户口	总计
完全同意	7.0%	7.6%	7.2%
比较同意	41.2%	44.7%	42.4%
不太同意	42.8%	38.0%	41.2%
完全不同意	9.0%	9.7%	9.3%
总计	100.0%	100.0%	100.0%
列总计	5328	2738	8066

Chi-square test：df = 3，卡方值为 17.153，sig = 0.001 < 0.05，所以不同户口类型的居民在“学校越来越以营利为目的”这一问题的回答上有显著差异。

E19b by A5

以下关于学校的说法，您的同意程度是？学校主要传授知识和技能，培养道德不重要 ＊ 户口 Crosstabulation

	农业户口	非农业户口	总计
完全同意	1.3%	1.2%	1.2%
比较同意	13.1%	12.2%	12.8%
不太同意	60.4%	56.1%	58.9%
完全不同意	25.3%	30.5%	27.1%
总计	100.0%	100.0%	100.0%
列总计	5454	2816	8270

Chi-square test：df = 3，卡方值为 17.153，sig = 0.001 < 0.05，所以不同户口类型的居民在“学校主要传授知识和技能，培养道德不重要”这一问题的回答上有显著差异。

E19c by A5

以下关于学校的说法，您的同意程度是？学校升学率高比素质教育更重要 ＊ 户口 Crosstabulation

	农业户口	非农业户口	总计
完全同意	2.3%	2.0%	2.2%
比较同意	13.7%	11.6%	13.0%
不太同意	60.1%	54.8%	58.3%
完全不同意	23.9%	31.6%	26.5%

续表

	农业户口	非农业户口	总计
总计	100.0%	100.0%	100.0%
列总计	5396	2808	8204

Chi-square test：df = 3，卡方值 57.048，sig = 0.000 < 0.05，所以不同户口类型的居民在“学校升学率高比素质教育更重要”这一问题的回答上有显著差异。

E19d by A5

以下关于学校的说法，您的同意程度是？青少年儿童行为不端，主要是学校没教好 * 户口 Crosstabulation

	农业户口	非农业户口	总计
完全同意	1.9%	1.3%	1.7%
比较同意	15.0%	13.4%	14.4%
不太同意	60.5%	56.6%	59.2%
完全不同意	22.7%	28.8%	24.8%
总计	100.0%	100.0%	100.0%
列总计	5415	2794	8209

Chi-square test：df = 3，卡方值 39.470，sig = 0.000 < 0.05，所以不同户口类型的居民在“青少年儿童行为不端，主要是学校没教好”这一问题的回答上有显著差异。

E19e by A5

以下关于学校的说法，您的同意程度是？要想孩子培养得好，就要多给老师送礼 * 户口 Crosstabulation

	农业户口	非农业户口	总计
完全同意	2.1%	1.8%	2.0%
比较同意	12.9%	11.8%	12.5%
不太同意	49.3%	43.8%	47.4%
完全不同意	35.7%	42.6%	38.1%
总计	100.0%	100.0%	100.0%
列总计	5360	2783	8143

Chi-square test：df = 3，卡方值 36.462，sig = 0.000 < 0.05，所以不同户口类型的居民在“要想孩子培养得好，就要多给老师送礼”这一问题的回答上有显著差异。

E20 by A5

您所在单位当员工或村民受到不应该的对待时，员工或村民有没有申诉的机会 ＊ 户口 Crosstabulation

	农业户口	非农业户口	总计
有	61.4%	71.2%	64.7%
没有	38.6%	28.8%	35.3%
总计	100.0%	100.0%	100.0%
列总计	3300	1711	5011

Chi-square test：df = 1，卡方值 47.614，sig = 0.000 < 0.05，所以不同户口类型的居民在“您所在单位当员工或村民受到不应该的对待时，员工或村民有没有申诉的机会”这一问题的回答上有显著差异。

E21 by A5

您所在单位当员工或村民受到不应该的对待时，员工或村民有没有申诉的地方或渠道 ＊ 户口 Crosstabulation

	农业户口	非农业户口	总计
有	64.0%	73.1%	67.0%
没有	36.0%	26.9%	33.0%
总计	100.0%	100.0%	100.0%
列总计	3279	1673	4952

Chi-square test：df = 1，卡方值 41.974，sig = 0.000 < 0.05，所以不同户口类型的居民在“您所在单位当员工或村民受到不应该的对待时，员工或村民有没有申诉的地方或渠道”这一问题的回答上有显著差异。

E22 by A5

您所在单位当员工或村民受到不应该的对待时，有没有人进行过申诉 ＊ 户口 Crosstabulation

	农业户口	非农业户口	总计
全部会申诉	3.3%	5.6%	4.1%
大部分会申诉	18.5%	23.3%	20.2%
小部分会申诉	56.2%	53.6%	55.3%
无人申诉	22.0%	17.5%	20.5%
总计	100.0%	100.0%	100.0%
列总计	3147	1659	4806

Chi-square test：df = 3，卡方值 38.581，sig = 0.000 < 0.05，所以不同户口类型的居民在“您所在单位当员工或村民受到不应该的对待时，有没有人进行过申诉”这一问题的回答上有显著差异。

E23 by A5

您所在的单位在多大程度上认真对待员工或村民的申诉 ＊ 户口 Crosstabulation

	农业户口	非农业户口	总计
完全不认真	12.1%	7.3%	10.4%
不太认真	22.9%	19.6%	21.8%
一般	35.0%	31.8%	33.9%
比较认真	26.0%	36.2%	29.5%
非常认真	3.9%	5.2%	4.4%
总计	100.0%	100.0%	100.0%
列总计	2782	1503	4285

Chi-square test：df = 4，卡方值 68.825，sig ＝0.000 < 0.05，所以不同户口类型的居民在“您所的单位在多大程度上认真对待员工或村民的申诉”这一问题的回答上有显著差异。

E24 by A5

您所在单位是否有道德方面的教育或活动 ＊ 户口 Crosstabulation

	农业户口	非农业户口	总计
有	3.0%	6.2%	4.1%
没有	43.4%	39.2%	42.0%
不知道	53.6%	54.6%	53.9%
总计	100.0%	100.0%	100.0%
列总计	5586	2780	8366

Chi-square test：df = 2，卡方值 54.418，sig ＝0.000 < 0.05，所以不同户口类型的居民在“您所在单位是否有道德方面的教育或活动”这一问题的回答上有显著差异。

E25a by A5

对当地企业道德状况的满意度是 ＊ 户口 Crosstabulation

	农业户口	非农业户口	总计
非常不满意	2.1%	2.3%	2.2%
不太满意	22.5%	21.7%	22.2%
比较满意	73.5%	72.9%	73.3%
非常满意	1.9%	3.1%	2.3%
总计	100.0%	100.0%	100.0%

续表

	农业户口	非农业户口	总计
列总计	4656	2513	7169

Chi-square test：df = 3，卡方值 11.151，sig = 0.011 < 0.05，所以不同户口类型的居民在"对当地企业道德状况的满意度是"这一问题的回答上有显著差异。

E25b by A5

对当地医院道德状况的满意度是 * 户口 Crosstabulation

	农业户口	非农业户口	总计
非常不满意	3.6%	2.9%	3.3%
不太满意	26.9%	22.4%	25.4%
比较满意	64.1%	68.7%	65.6%
非常满意	5.5%	6.0%	5.6%
总计	100.0%	100.0%	100.0%
列总计	5252	2704	7956

Chi-square test：df = 3，卡方值 22.665，sig = 0.000 < 0.05，所以不同户口类型的居民在"对当地医院道德状况的满意度是"这一问题的回答上有显著差异。

E25c by A5

对当地政府道德状况的满意度是 * 户口 Crosstabulation

	农业户口	非农业户口	总计
非常不满意	3.8%	3.3%	3.7%
不太满意	25.4%	22.3%	24.4%
比较满意	65.1%	64.4%	64.8%
非常满意	5.7%	9.9%	7.1%
总计	100.0%	100.0%	100.0%
列总计	5032	2607	7639

Chi-square test：df = 3，卡方值 50.951，sig = 0.000 < 0.05，所以不同户口类型的居民在"对当地政府道德状况的满意度是"这一问题的回答上有显著差异。

E25d by A5

对当地学校道德状况的满意度是 * 户口 Crosstabulation

	农业户口	非农业户口	总计
非常不满意	1.4%	1.4%	1.4%
不太满意	16.6%	15.4%	16.2%

续表

	农业户口	非农业户口	总计
比较满意	72.4%	69.7%	71.5%
非常满意	9.5%	13.4%	10.8%
总计	100.0%	100.0%	100.0%
列总计	5133	2648	7781

Chi-square test：df = 3，卡方值 27.527，sig = 0.000 < 0.05，所以不同户口类型的居民在“对当地学校道德状况的满意度是”这一问题的回答上有显著差异。

E25e by A5

对当地的 NGO 组织（如红十字会等）道德状况的满意度是 * 户口 Crosstabulation

	农业户口	非农业户口	总计
非常不满意	2.3%	2.0%	2.2%
不太满意	17.4%	16.3%	17.0%
比较满意	68.7%	67.4%	68.2%
非常满意	11.5%	14.3%	12.6%
总计	100.0%	100.0%	100.0%
列总计	2744	1686	4430

Chi-square test：df = 3，卡方值 7.977，sig = 0.046 < 0.05，所以不同户口类型的居民在“对当地的 NGO 组织（如红十字会等）道德状况的满意度是”这一问题的回答上有显著差异。

F1a by A5

您认为以下行为是否关乎道德？随地吐痰 * 户口 Crosstabulation

	农业户口	非农业户口	总计
有关	90.4%	92.8%	91.2%
无关	9.6%	7.2%	8.8%
总计	100.0%	100.0%	100.0%
列总计	5752	2932	8684

Chi-square test：df = 1，卡方值 14.756，sig = 0.000 < 0.05，所以不同户口类型的居民在“您认为以下行为是否关乎道德？随地吐痰”这一问题的回答上有显著差异。

F1b by A5

您认为以下行为是否关乎道德？插队 * 户口 Crosstabulation

	农业户口	非农业户口	总计
有关	90.2%	92.7%	91.0%

续表

	农业户口	非农业户口	总计
无关	9.8%	7.3%	9.0%
总计	100.0%	100.0%	100.0%
列总计	5741	2928	8669

Chi-square test：df = 1，卡方值 15.254，sig = 0.000 < 0.05，所以不同户口类型的居民在“您认为以下行为是否关乎道德？插队”这一问题的回答上有显著差异。

F1c by A5

您认为以下行为是否关乎道德？公交或地铁上大声打电话 ＊ 户口 Crosstabulation

	农业户口	非农业户口	总计
有关	86.0%	89.4%	87.2%
无关	14.0%	10.6%	12.8%
总计	100.0%	100.0%	100.0%
列总计	5741	2930	8671

Chi-square test：df = 1，卡方值 20.316，sig = 0.000 < 0.05，所以不同户口类型的居民在“您认为以下行为是否关乎道德？公交或地铁上大声打电话”这一问题的回答上有显著差异。

F1d by A5

您认为以下行为是否关乎道德？餐馆里说话声音很大 ＊ 户口 Crosstabulation

	农业户口	非农业户口	总计
有关	84.4%	88.6%	85.8%
无关	15.6%	11.4%	14.2%
总计	100.0%	100.0%	100.0%
列总计	5737	2922	8659

Chi-square test：df = 1，卡方值 27.854，sig = 0.000 < 0.05，所以不同户口类型的居民在“您认为以下行为是否关乎道德？餐馆里说话声音很大”这一问题的回答上有显著差异。

F1e by A5

您认为以下行为是否关乎道德？在公共场所的椅子或沙发上躺着睡觉 ＊ 户口 Crosstabulation

	农业户口	非农业户口	总计
有关	87.1%	90.0%	88.1%

续表

	农业户口	非农业户口	总计
无关	12. 9%	10. 0%	11. 9%
总计	100. 0%	100. 0%	100. 0%
列总计	5741	2924	8665

Chi-square test：df = 1，卡方值 15. 220，sig ＝0. 000 <0. 05，所以不同户口类型的居民在“您认为以下行为是否关乎道德？在公共场所的椅子或沙发上躺着睡觉”这一问题的回答上有显著差异。

F1f by A5

您本人是否做出过这些行为？随地吐痰 ＊ 户口 Crosstabulation

	农业户口	非农业户口	总计
经常做	3. 4%	1. 8%	2. 8%
偶尔做	38. 4%	35. 1%	37. 3%
从来不做	58. 2%	63. 1%	59. 8%
总计	100. 0%	100. 0%	100. 0%
列总计	5539	2840	8379

Chi-square test：df = 2，卡方值 29. 429，sig ＝0. 000 <0. 05，所以不同户口类型的居民在“您本人是否做出过这些行为？随地吐痰”这一问题的回答上有显著差异。

F1g by A5

您本人是否做出过这些行为？插队 ＊ 户口 Crosstabulation

	农业户口	非农业户口	总计
经常做	2. 6%	1. 5%	2. 2%
偶尔做	29. 5%	26. 3%	28. 4%
从来不做	67. 9%	72. 2%	69. 3%
总计	100. 0%	100. 0%	100. 0%
列总计	5537	2840	8377

Chi-square test：df = 2，卡方值 21. 187，sig ＝0. 000 <0. 05，所以不同户口类型的居民在“您本人是否做出过这些行为？插队”这一问题的回答上有显著差异。

F1h by A5

您本人是否做出过这些行为？公交或地铁上大声打电话 ＊ 户口 Crosstabulation

	农业户口	非农业户口	总计
经常做	3. 3%	1. 9%	2. 8%

续表

	农业户口	非农业户口	总计
偶尔做	28.4%	26.5%	27.8%
从来不做	68.3%	71.6%	69.4%
总计	100.0%	100.0%	100.0%
列总计	5514	2809	8323

Chi-square test：df = 2，卡方值 18.758，sig = 0.000 < 0.05，所以不同户口类型的居民在“您本人是否做出过这些行为？公交或地铁上大声打电话”这一问题的回答上有显著差异。

F1i by A5

您本人是否做出过这些行为？餐馆里说话声音很大 * 户口 Crosstabulation

	农业户口	非农业户口	总计
经常做	3.4%	1.8%	2.9%
偶尔做	26.5%	25.5%	26.1%
从来不做	70.1%	72.7%	71.0%
总计	100.0%	100.0%	100.0%
列总计	5511	2816	8327

Chi-square test：df = 2，卡方值 18.816，sig = 0.000 < 0.05，所以不同户口类型的居民在“您本人是否做出过这些行为？餐馆里说话声音很大”这一问题的回答上有显著差异。

F1j by A5

您本人是否做出过这些行为？在公共场所的椅子或沙发上躺着睡觉 * 户口 Crosstabulation

	农业户口	非农业户口	总计
经常做	3.1%	1.8%	2.6%
偶尔做	14.2%	11.7%	13.3%
从来不做	82.7%	86.5%	84.0%
总计	100.0%	100.0%	100.0%
列总计	5526	2830	8356

Chi-square test：df = 2，卡方值 22.788，sig = 0.000 < 0.05，所以不同户口类型的居民在“您本人是否做出过这些行为？在公共场所的椅子或沙发上躺着睡觉”这一问题的回答上有显著差异。

F2 by A5

入夜后，中老年朋友在广场上伴着音乐跳舞，产生噪声，有人向政府或物管投诉，要求阻止。对这件事您怎么看 * 户口 Crosstabulation

	农业户口	非农业户口	总计
在广场上跳舞是居民的自由，不应干预	24.9%	17.6%	22.5%
跳舞如果破坏了别人的清静，就应该停止	20.2%	26.6%	22.4%
中老年人没地方活动，即便跳舞构成干扰，也应尽量容忍和理解	22.1%	20.4%	21.5%
请跳舞者降低音量，大家相互妥协	31.3%	34.3%	32.3%
其他（请说明）	1.5%	1.1%	1.4%
总计	100.0%	100.0%	100.0%
列总计	5682	2928	8610

Chi-square test：df = 4，卡方值 91.436，sig = 0.000 < 0.05，所以不同户口类型的居民在“入夜后，中老年朋友在广场上伴着音乐跳舞，产生噪声，有人向政府或物管投诉，要求阻止。对这件事您怎么看”这一问题的回答上有显著差异。

F3a by A5

社会上经常发生一些因个人认为自身受到不公正待遇而导致的社会泄愤事件，比如厦门公交爆炸案、徐州幼儿园爆炸案。对下列说法，您的同意程度如何？这是暴徒行为，无论何种情况下，都不应该采取暴力手段 * 户口 Crosstabulation

	农业户口	非农业户口	总计
完全同意	38.7%	43.2%	40.3%
比较同意	51.3%	48.9%	50.5%
不太同意	8.4%	6.6%	7.7%
完全不同意	1.6%	1.3%	1.5%
总计	100.0%	100.0%	100.0%
列总计	5341	2856	8197

Chi-square test：df = 3，卡方值 19.864，sig = 0.000 < 0.05，所以不同户口类型的居民在“这是暴徒行为，无论何种情况下，都不应该采取暴力手段”这一问题的回答上有显著差异。

F3b by A5

社会上经常发生一些因个人认为自身受到不公正待遇而导致的社会泄愤事件，比如厦门公交爆炸案、徐州幼儿园爆炸案。对下列说法，您的同意程度如何？其他社会成员在需要的时候没有及时给予帮助，因此我们每个人都有责任 * 户

口 Crosstabulation

	农业户口	非农业户口	总计
完全同意	15.2%	16.0%	15.5%
比较同意	49.6%	48.6%	49.2%
不太同意	30.3%	29.2%	29.9%
完全不同意	5.0%	6.2%	5.4%
总计	100.0%	100.0%	100.0%
列总计	5334	2849	8183

Chi-square test：df = 3，卡方值 6.753，sig = 0.080 > 0.05，所以不同户口类型的居民在“其他社会成员在需要的时候没有及时给予帮助，因此我们每个人都有责任”这一问题的回答上没有显著差异。

F3c by A5

社会上经常发生一些因个人认为自身受到不公正待遇而导致的社会泄愤事件，比如厦门公交爆炸案、徐州幼儿园爆炸案。对下列说法，您的同意程度如何？他们的遭遇值得同情，但应该去报复那些给予他们不公待遇的人，而不是伤及无辜 * 户口 Crosstabulation

	农业户口	非农业户口	总计
完全同意	12.3%	11.2%	11.9%
比较同意	35.4%	30.8%	33.8%
不太同意	35.6%	37.0%	36.1%
完全不同意	16.7%	21.0%	18.2%
总计	100.0%	100.0%	100.0%
列总计	5338	2855	8193

Chi-square test：df = 3，卡方值 33.799，sig = 0.000 < 0.05，所以不同户口类型的居民在“他们的遭遇值得同情，但应该去报复那些给予他们不公待遇的人，而不是伤及无辜”这一问题的回答上有显著差异。

F3d by A5

社会上经常发生一些因个人认为自身受到不公正待遇而导致的社会泄愤事件，比如厦门公交爆炸案、徐州幼儿园爆炸案。对下列说法，您的同意程度如何？受到不公平待遇，应该充分相信政府，积极寻求相关部门的帮助 * 户口 Crosstabulation

	农业户口	非农业户口	总计
完全同意	24.8%	25.9%	25.2%

续表

	农业户口	非农业户口	总计
比较同意	56.2%	53.4%	55.2%
不太同意	15.6%	16.5%	15.9%
完全不同意	3.4%	4.1%	3.6%
总计	100.0%	100.0%	100.0%
列总计	5355	2821	8176

Chi-square test：df = 3，卡方值 6.995，sig = 0.072 > 0.05，所以不同户口类型的居民在“受到不公平待遇，应该充分相信政府，积极寻求相关部门的帮助”这一问题的回答上没有显著差异。

F4 by A5

总的来说，您认为当今的社会公不公平 * 户口 Crosstabulation

	农业户口	非农业户口	总计
完全不公平	6.1%	5.5%	5.9%
比较不公平	29.8%	28.3%	29.3%
说不上公平但也不能说不公平	38.1%	37.9%	38.0%
比较公平	23.8%	26.3%	24.7%
非常公平	2.2%	1.9%	2.1%
总计	100.0%	100.0%	100.0%
列总计	5364	2816	8180

Chi-square test：df = 4，卡方值 7.876，sig = 0.096 > 0.05，所以不同户口类型的居民在“总的来说，您认为当今的社会公不公平”这一问题的回答上没有显著差异。

F5 by A5

和前几年相比，您认为目前我国社会的分配不公、两极分化现象 * 户口 Crosstabulation

	农业户口	非农业户口	总计
有较大改善	32.2%	36.0%	33.5%
没什么变化	55.0%	49.4%	53.0%
更加恶化	12.8%	14.7%	13.5%
总计	100.0%	100.0%	100.0%
列总计	4973	2645	7618

Chi-square test：df = 2，卡方值 21.711，sig = 0.000 < 0.05，所以不同户口类型的居民在“和前几年相比，您认为目前我国社会的分配不公、两极分化现象”这一问题的回答上有显著差异。

F6 by A5

您认为目前我国社会成员之间的收入差距 * 户口 Crosstabulation

	农业户口	非农业户口	总计
合理，可以接受	17.0%	18.1%	17.4%
不合理，但可以接受	61.2%	58.6%	60.3%
不合理，不能接受	21.8%	23.3%	22.3%
总计	100.0%	100.0%	100.0%
列总计	4859	2625	7484

Chi-square test：df = 2，卡方值 4.871，sig = 0.088 > 0.05，所以不同户口类型的居民在“您认为目前我国社会成员之间的收入差距”这一问题的回答上没有显著差异。

F7a by A5

请问您是否同意当前的社会是人人为自己 * 户口 Crosstabulation

	农业户口	非农业户口	总计
完全同意	11.8%	10.0%	11.2%
比较同意	57.9%	58.2%	58.0%
不太同意	29.0%	29.7%	29.2%
完全不同意	1.3%	2.1%	1.6%
总计	100.0%	100.0%	100.0%
列总计	5632	2892	8524

Chi-square test：df = 3，卡方值 14.370，sig = 0.002 < 0.05，所以不同户口类型的居民在“请问您是否同意当前的社会是人人为自己”这一问题的回答上有显著差异。

F7b by A5

请问您是否同意现在社会的大多数人是见利忘义的 * 户口 Crosstabulation

	农业户口	非农业户口	总计
完全同意	8.5%	6.1%	7.7%
比较同意	51.4%	48.2%	50.3%
不太同意	36.9%	41.1%	38.3%
完全不同意	3.2%	4.6%	3.7%
总计	100.0%	100.0%	100.0%
列总计	5618	2884	8502

Chi-square test：df = 3，卡方值 37.549，sig = 0.000 < 0.05，所以不同户口类型的居民在“请问您是否同意现在社会的大多数人是见利忘义的”这一问题的回答上有显著差异。

F7c by A5

请问您是否同意现在社会是一个物欲横流的社会 ＊ 户口 Crosstabulation

	农业户口	非农业户口	总计
完全同意	7.7%	7.1%	7.5%
比较同意	49.4%	43.8%	47.4%
不太同意	37.9%	42.8%	39.6%
完全不同意	5.0%	6.3%	5.4%
总计	100.0%	100.0%	100.0%
列总计	5356	2817	8173

Chi-square test：df = 3，卡方值 30.046，sig = 0.000 < 0.05，所以不同户口类型的居民在“请问您是否同意现在社会是一个物欲横流的社会”这一问题的回答上有显著差异。

F7d by A5

请问您是否同意当前大多数人都是以集体利益为重 ＊ 户口 Crosstabulation

	农业户口	非农业户口	总计
完全同意	5.9%	5.5%	5.7%
比较同意	37.3%	37.5%	37.3%
不太同意	52.0%	50,7%	51.6%
完全不同意	4.9%	6.3%	5.4%
总计	100.0%	100.0%	100.0%
列总计	5444	2836	8280

Chi-square test：df = 3，卡方值 8.113，sig = 0.044 < 0.05，所以不同户口类型的居民在“请问您是否同意当前大多数人都是以集体利益为重”这一问题的回答上有显著差异。

F7e by A5

请问您是否同意当前大多数人都是家庭利益至上 ＊ 户口 Crosstabulation

	农业户口	非农业户口	总计
完全同意	17.5%	16.8%	17.2%
比较同意	57.0%	52.2%	55.4%
不太同意	22.6%	27.2%	24.2%
完全不同意	2.9%	3.8%	3.2%
总计	100.0%	100.0%	100.0%
列总计	5570	2857	8427

Chi-square test：df = 3，卡方值 29.259，sig = 0.000 < 0.05，所以不同户口类型的居民在“请问您是否同意当前大多数人都是家庭利益至上”这一问题的回答上有显著差异。

F7f by A5

请问您是否同意当前的社会是个金钱至上的社会 ＊ 户口 Crosstabulation

	农业户口	非农业户口	总计
完全同意	14.4%	13.8%	14.2%
比较同意	52.3%	45.1%	49.9%
不太同意	29.4%	35.3%	31.4%
完全不同意	3.9%	5.7%	4.5%
总计	100.0%	100.0%	100.0%
列总计	5529	2853	8382

Chi-square test：df = 3，卡方值 55.484，sig = 0.000 < 0.05，所以不同户口类型的居民在“请问您是否同意当前的社会是个金钱至上的社会”这一问题的回答上有显著差异。

F7g by A5

请问您是否同意现在社会守道德的人大都吃亏，不守道德的人占便宜 ＊ 户口 Crosstabulation

	农业户口	非农业户口	总计
完全同意	8.6%	7.6%	8.3%
比较同意	43.6%	39.7%	42.2%
不太同意	42.9%	46.6%	44.2%
完全不同意	4.9%	6.1%	5.3%
总计	100.0%	100.0%	100.0%
列总计	5468	2824	8292

Chi-square test：df = 3，卡方值 20.199，sig = 0.000 < 0.05，所以不同户口类型的居民在“请问您是否同意现在社会守道德的人大都吃亏，不守道德的人占便宜”这一问题的回答上有显著差异。

F7h by A5

请问您是否同意现在社会中好人有好报，恶人终归会受到惩罚 ＊ 户口 Crosstabulation

	农业户口	非农业户口	总计
完全同意	15.7%	14.3%	15.2%
比较同意	52.3%	47.6%	50.7%
不太同意	28.9%	33.6%	30.5%
完全不同意	3.1%	4.5%	3.6%

续表

	农业户口	非农业户口	总计
总计	100.0%	100.0%	100.0%
列总计	5511	2836	8347

Chi-square test：df = 3，卡方值 33.851，sig = 0.000 < 0.05，所以不同户口类型的居民在“请问您是否同意现在社会中好人有好报，恶人终归会受到惩罚”这一问题的回答上有显著差异。

F7i by A5

请问您是否同意人们的生活水平越高，就越幸福 * 户口 Crosstabulation

	农业户口	非农业户口	总计
完全同意	18.5%	15.5%	17.5%
比较同意	45.6%	42.7%	44.7%
不太同意	32.4%	36.8%	33.9%
完全不同意	3.5%	5.0%	4.0%
总计	100.0%	100.0%	100.0%
列总计	5550	2847	8397

Chi-square test：df = 3，卡方值 33.738，sig = 0.000 < 0.05，所以不同户口类型的居民在“请问您是否同意人们的生活水平越高，就越幸福”这一问题的回答上有显著差异。

F7j by A5

请问您是否同意我们的社会中道德能够很好地约束人们的行为 * 户口 Crosstabulation

	农业户口	非农业户口	总计
完全同意	6.7%	6.1%	6.5%
比较同意	48.9%	48.5%	48.8%
不太同意	40.1%	39.3%	39.8%
完全不同意	4.3%	6.1%	4.9%
总计	100.0%	100.0%	100.0%
列总计	5306	2791	8097

Chi-square test：df = 3，卡方值 13.924，sig = 0.003 < 0.05，所以不同户口类型的居民在“请问您是否同意我们的社会中道德能够很好地约束人们的行为”这一问题的回答上有显著差异。

F7k by A5

请问您是否同意现有的规范和习俗能够很好地调解人与人的关系 ＊ 户口 Crosstabulation

	农业户口	非农业户口	总计
完全同意	6. 5%	5. 7%	6. 2%
比较同意	52. 4%	48. 9%	51. 2%
不太同意	36. 4%	39. 6%	37. 5%
完全不同意	4. 8%	5. 9%	5. 2%
总计	100. 0%	100. 0%	100. 0%
列总计	5263	2756	8019

Chi-square test：df = 3，卡方值 15. 325，sig = 0. 002 < 0. 05，所以不同户口类型的居民在“请问您是否同意现有的规范和习俗能够很好地调解人与人的关系”这一问题的回答上有显著差异。

F7l by A5

请问您是否同意现在社会大多数人都有荣辱感 ＊ 户口 Crosstabulation

	农业户口	非农业户口	总计
完全同意	8. 4%	7. 2%	8. 0%
比较同意	55. 7%	51. 4%	54. 3%
不太同意	31. 4%	35. 3%	32. 7%
完全不同意	4. 4%	6. 1%	5. 0%
总计	100. 0%	100. 0%	100. 0%
列总计	5291	2743	8034

Chi-square test：df = 3，卡方值 28. 090，sig = 0. 000 < 0. 05，所以不同户口类型的居民在“请问您是否同意现在社会大多数人都有荣辱感”这一问题的回答上有显著差异。

F8 by A5

您听说过或参加过道德讲堂吗 ＊ 户口 Crosstabulation

	农业户口	非农业户口	总计
参加过	6. 6%	15. 6%	9. 7%
听说过，但没参加过	33. 4%	37. 9%	34. 9%
没听说过	60. 0%	46. 5%	55. 4%
总计	100. 0%	100. 0%	100. 0%
列总计	5762	2936	8698

Chi-square test：df = 2，卡方值 237. 501，sig = 0. 000 < 0. 05，所以不同户口类型的居民在“您听说过或参加过道德讲堂吗”这一问题的回答上有显著差异。

F9 by A5

如果您参加过道德讲堂，您觉得开展这样的活动有意义吗 * 户口 Crosstabulation

	农业户口	非农业户口	总计
很有意义	74.6%	80.1%	77.6%
可有可无	19.1%	15.2%	17.0%
没有必要	6.3%	4.7%	5.4%
总计	100.0%	100.0%	100.0%
列总计	366	448	814

Chi-square test：df = 2，卡方值3.599，sig = 0.165 > 0.05，所以不同户口类型的居民在“如果您参加过道德讲堂，您觉得开展这样的活动有意义吗”这一问题的回答上没有显著差异。

F10 by A5

您对您生活的地方（您所在的社区）社会公德状况满意吗 * 户口 Crosstabulation

	农业户口	非农业户口	总计
非常满意	4.5%	5.7%	5.0%
比较满意	63.8%	62.2%	63.3%
不太满意	27.2%	27.3%	27.2%
非常不满意	4.5%	4.8%	4.6%
总计	100.0%	100.0%	100.0%
列总计	5276	2735	8011

Chi-square test：df = 3，卡方值6.250，sig = 0.100 > 0.05，所以不同户口类型的居民在“您对您生活的地方（您所在的社区）社会公德状况满意吗”这一问题的回答上没有显著差异。

F11a by A5

当前社会坑蒙拐骗现象的严重程度如何 * 户口 Crosstabulation

	农业户口	非农业户口	总计
非常不严重	7.3%	8.8%	7.8%
比较不严重	45.3%	41.9%	44.1%
比较严重	39.7%	41.3%	40.2%
非常严重	7.7%	8.0%	7.8%
总计	100.0%	100.0%	100.0%

续表

	农业户口	非农业户口	总计
列总计	5570	2847	8417

Chi-square test：df = 3，卡方值12.027，sig = 0.007 < 0.05，所以不同户口类型的居民在“当前社会坑蒙拐骗现象的严重程度如何”这一问题的回答上有显著差异。

F11b by A5

当前社会人际关系冷漠，见危不救的严重程度如何 * 户口 Crosstabulation

	农业户口	非农业户口	总计
非常不严重	9.4%	9.2%	9.3%
比较不严重	44.9%	42.8%	44.2%
比较严重	40.2%	42.2%	40.9%
非常严重	5.5%	5.8%	5.6%
总计	100.0%	100.0%	100.0%
列总计	5584	2862	8446

Chi-square test：df = 3，卡方值4.304，sig = 0.230 > 0.05，所以不同户口类型的居民在“当前社会人际关系冷漠，见危不救的严重程度如何”这一问题的回答上没有显著差异。

F11c by A5

当前社会诚信缺乏，不讲信用的严重程度如何 * 户口 Crosstabulation

	农业户口	非农业户口	总计
非常不严重	9.1%	9.4%	9.2%
比较不严重	42.5%	41.8%	42.3%
比较严重	41.9%	41.3%	41.7%
非常严重	6.5%	7.5%	6.8%
总计	100.0%	100.0%	100.0%
列总计	5605	2868	8473

Chi-square test：df = 3，卡方值3.008，sig = 0.390 > 0.05，所以不同户口类型的居民在“当前社会诚信缺乏，不讲信用的严重程度如何”这一问题的回答上没有显著差异。

F11d by A5

当前社会人与人之间缺乏信任，社会安全度低的严重程度如何 * 户口 Crosstabulation

	农业户口	非农业户口	总计
非常不严重	8.1%	8.7%	8.3%

续表

	农业户口	非农业户口	总计
比较不严重	39.0%	37.2%	38.4%
比较严重	44.8%	44.1%	44.5%
非常严重	8.1%	9.9%	8.7%
总计	100.0%	100.0%	100.0%
列总计	5572	2868	8440

Chi-square test：df = 3，卡方值 10.237，sig = 0.017 < 0.05，所以不同户口类型的居民在“当前社会人与人之间缺乏信任，社会安全度低的严重程度如何”这一问题的回答上有显著差异。

F11e by A5

当前社会缺乏公德，如公共场所大声喧哗、随地吐痰等的严重程度如何 * 户口 Crosstabulation

	农业户口	非农业户口	总计
非常不严重	9.8%	11.0%	10.2%
比较不严重	45.0%	42.4%	44.1%
比较严重	36.1%	37.9%	36.7%
非常严重	9.0%	8.6%	8.9%
总计	100.0%	100.0%	100.0%
列总计	5576	2864	8440

Chi-square test：df = 3，卡方值 7.722，sig = 0.052 > 0.05，所以不同户口类型的居民在“当前社会缺乏公德，如公共场所大声喧哗、随地吐痰等的严重程度如何”这一问题的回答上没有显著差异。

F11f by A5

当前社会自私自利，损人利己的严重程度如何 * 户口 Crosstabulation

	农业户口	非农业户口	总计
非常不严重	9.7%	10.2%	9.9%
比较不严重	40.9%	41.8%	41.2%
比较严重	43.2%	41.0%	42.5%
非常严重	6.2%	6.9%	6.4%
总计	100.0%	100.0%	100.0%
列总计	5536	2852	8388

Chi-square test：df = 3，卡方值 4.594，sig = 0.204 > 0.05，所以不同户口类型的居民在“当前社会自私自利，损人利己的严重程度如何”这一问题的回答上没有显著差异。

F11g by A5

当前社会缺乏公正心和正义感的严重程度如何 * 户口 Crosstabulation

	农业户口	非农业户口	总计
非常不严重	9.6%	10.3%	9.8%
比较不严重	42.8%	43.9%	43.2%
比较严重	42.0%	38.6%	40.8%
非常严重	5.6%	7.3%	6.2%
总计	100.0%	100.0%	100.0%
列总计	5477	2836	8313

Chi-square test：df = 3，卡方值 14.707，sig = 0.002 < 0.05，所以不同户口类型的居民在“当前社会缺乏公正心和正义感的严重程度如何”这一问题的回答上有显著差异。

F11h by A5

当前社会私欲膨胀，物欲横流的严重程度如何 * 户口 Crosstabulation

	农业户口	非农业户口	总计
非常不严重	9.2%	10.2%	9.5%
比较不严重	43.8%	41.2%	42.9%
比较严重	40.2%	41.1%	40.5%
非常严重	6.8%	7.6%	7.1%
总计	100.0%	100.0%	100.0%
列总计	5232	2758	7990

Chi-square test：df = 3，卡方值 6.623，sig = 0.085 > 0.05，所以不同户口类型的居民在“当前社会私欲膨胀，物欲横流的严重程度如何”这一问题的回答上没有显著差异。

F11i by A5

当前社会缺乏羞耻感的严重程度如何 * 户口 Crosstabulation

	农业户口	非农业户口	总计
非常不严重	11.0%	11.8%	11.3%
比较不严重	50.2%	47.4%	49.2%
比较严重	33.0%	34.1%	33.3%
非常严重	5.9%	6.8%	6.2%
总计	100.0%	100.0%	100.0%
列总计	5323	2783	8106

Chi-square test：df = 3，卡方值 7.015，sig = 0.069 > 0.05，所以不同户口类型的居民在“当前社会缺乏羞耻感的严重程度如何”这一问题的回答上没有显著差异。

F11j by A5

当前社会干部贪污受贿，以权谋利的严重程度如何 ＊ 户口 Crosstabulation

	农业户口	非农业户口	总计
非常不严重	7.3%	8.7%	7.8%
比较不严重	37.3%	34.8%	36.5%
比较严重	37.8%	38.9%	38.1%
非常严重	17.6%	17.7%	17.6%
总计	100.0%	100.0%	100.0%
列总计	5168	2612	7780

Chi-square test：df = 3，卡方值 7.648，sig = 0.069 > 0.05，所以不同户口类型的居民在“当前社会干部贪污受贿，以权谋利的严重程度如何”这一问题的回答上没有显著差异。

F11k by A5

当前社会生活奢侈，铺张浪费的严重程度如何 ＊ 户口 Crosstabulation

	农业户口	非农业户口	总计
非常不严重	7.0%	8.1%	7.4%
比较不严重	39.3%	36.6%	38.4%
比较严重	39.3%	41.1%	39.9%
非常严重	14.4%	14.2%	14.3%
总计	100.0%	100.0%	100.0%
列总计	5330	2723	8053

Chi-square test：df = 3，卡方值 7.904，sig = 0.048 < 0.05，所以不同户口类型的居民在“当前社会生活奢侈，铺张浪费的严重程度如何”这一问题的回答上有显著差异。

F11l by A5

当前社会干部不作为，扯皮推诿的严重程度如何 ＊ 户口 Crosstabulation

	农业户口	非农业户口	总计
非常不严重	6.8%	7.1%	6.9%
比较不严重	35.8%	35.3%	35.6%
比较严重	39.3%	38.9%	39.2%
非常严重	18.2%	18.7%	18.4%
总计	100.0%	100.0%	100.0%
列总计	5063	2573	7636

Chi-square test：df = 3，卡方值 0.669，sig = 0.881 > 0.05，所以不同户口类型的居民在“当前社会干部不作为，扯皮推诿的严重程度如何”这一问题的回答上没有显著差异。

F12a by A5

您怎么看待周围那些经营企业或做生意发了财的人：他们自己有本事，应该发财 ＊ 户口 Crosstabulation

	农业户口	非农业户口	总计
未选中	42.6%	41.8%	42.3%
选中	57.4%	58.2%	57.7%
总计	100.0%	100.0%	100.0%
列总计	5697	2912	8609

Chi-square test：df = 1，卡方值 0.432，sig = 0.511 > 0.05，所以不同户口类型的居民在“您怎么看待周围那些经营企业或做生意发了财的人：他们自己有本事，应该发财”这一问题的回答上没有显著差异。

F12b by A5

您怎么看待周围那些经营企业或做生意发了财的人：尊重他们，他们为社会做了贡献 ＊ 户口 Crosstabulation

	农业户口	非农业户口	总计
未选中	56.5%	52.7%	55.2%
选中	43.5%	47.3%	44.8%
总计	100.0%	100.0%	100.0%
列总计	5697	2912	8609

Chi-square test：df = 1，卡方值 10.996，sig = 0.001 < 0.05，所以不同户口类型的居民在“您怎么看待周围那些经营企业或做生意发了财的人：尊重他们，他们为社会做了贡献”这一问题的回答上有显著差异。

F12c by A5

您怎么看待周围那些经营企业或做生意发了财的人：没什么了不起，他们常用不正当手段发财 ＊ 户口 Crosstabulation

	农业户口	非农业户口	总计
未选中	86.7%	88.4%	87.3%
选中	13.3%	11.6%	12.7%
总计	100.0%	100.0%	100.0%
列总计	5697	2912	8609

Chi-square test：df = 1，卡方值 4.909，sig = 0.027 < 0.05，所以不同户口类型的居民在“您怎么看待周围那些经营企业或做生意发了财的人：没什么了不起，他们常用不正当手段发财”这一问题的回答上有显著差异。

F12d by A5

您怎么看待周围那些经营企业或做生意发了财的人：是土豪，没文化，没教养 ＊ 户口 Crosstabulation

	农业户口	非农业户口	总计
未选中	92.4%	92.0%	92.3%
选中	7.6%	8.0%	7.7%
总计	100.0%	100.0%	100.0%
列总计	5697	2912	8609

Chi-square test：df = 1，卡方值 0.473，sig = 0.491 > 0.05，所以不同户口类型的居民在“您怎么看待周围那些经营企业或做生意发了财的人：是土豪，没文化，没教养”这一问题的回答上没有显著差异。

F12e by A5

您怎么看待周围那些经营企业或做生意发了财的人：是他们运气好 ＊ 户口 Crosstabulation

	农业户口	非农业户口	总计
未选中	82.8%	82.8%	82.8%
选中	17.2%	17.2%	17.2%
总计	100.0%	100.0%	100.0%
列总计	5697	2912	8609

Chi-square test：df = 1，卡方值 0.000，sig = 0.986 > 0.05，所以不同户口类型的居民在“您怎么看待周围那些经营企业或做生意发了财的人：是他们运气好”这一问题的回答上没有显著差异。

F12f by A5

您怎么看待周围那些经营企业或做生意发了财的人：有钱没钱，这都是命 ＊ 户口 Crosstabulation

	农业户口	非农业户口	总计
未选中	83.0%	85.0%	83.6%
选中	17.0%	15.0%	16.4%
总计	100.0%	100.0%	100.0%
列总计	5697	2912	8609

Chi-square test：df = 1，卡方值 5.846，sig = 0.016 < 0.05，所以不同户口类型的居民在“您怎么看待周围那些经营企业或做生意发了财的人：有钱没钱，这都是命”这一问题的回答上有显著差异。

F12g by A5

您怎么看待周围那些经营企业或做生意发了财的人：天道不公，希望他们明天就破产 ＊ 户口 Crosstabulation

	农业户口	非农业户口	总计
未选中	99.0%	99.0%	99.0%
选中	1.0%	1.0%	1.0%
总计	100.0%	100.0%	100.0%
列总计	5697	2912	8609

Chi-square test：df = 1，卡方值 0.017，sig = 0.896 > 0.05，所以不同户口类型的居民在“您怎么看待周围那些经营企业或做生意发了财的人：天道不公，希望他们明天就破产”这一问题的回答上没有显著差异。

F12h by A5

您怎么看待周围那些经营企业或做生意发了财的人：其他 ＊ 户口 Crosstabulation

	农业户口	非农业户口	总计
未选中	99.5%	99.5%	99.5%
选中	0.5%	0.5%	0.5%
总计	100.0%	100.0%	100.0%
列总计	5697	2912	8609

Chi-square test：df = 1，卡方值 0.067，sig = 0.765 > 0.05，所以不同户口类型的居民在“您怎么看待周围那些经营企业或做生意发了财的人：其他”这一问题的回答上没有显著差异。

F13a by A5

企业损害社会利益，如污染环境、以虚假广告误导公众等的严重程度如何 ＊ 户口 Crosstabulation

	农业户口	非农业户口	总计
非常不严重	4.3%	5.3%	4.7%
比较不严重	38.1%	39.4%	38.6%
比较严重	48.1%	46.3%	47.4%
非常严重	9.5%	8.9%	9.3%
总计	100.0%	100.0%	100.0%
列总计	4953	2641	7594

Chi-square test：df = 3，卡方值 6.560，sig = 0.087 > 0.05，所以不同户口类型的居民在“企业损害社会利益，如污染环境、以虚假广告误导公众等的严重程度如何”这一问题的回答上没有显著差异。

F13b by A5

娱乐界以丑闻、绯闻炒作，污染社会风气的严重程度如何 * 户口 Crosstabulation

	农业户口	非农业户口	总计
非常不严重	5.8%	5.7%	5.8%
比较不严重	28.6%	26.1%	27.7%
比较严重	53.4%	52.3%	53.0%
非常严重	12.2%	15.8%	13.5%
总计	100.0%	100.0%	100.0%
列总计	4547	2514	7061

Chi-square test：df = 3，卡方值 19.670，sig = 0.000 < 0.05，所以不同户口类型的居民在“娱乐界以丑闻、绯闻炒作，污染社会风气的严重程度如何”这一问题的回答上有显著差异。

F13c by A5

媒体缺乏社会责任，炒作新闻的严重程度如何 * 户口 Crosstabulation

	农业户口	非农业户口	总计
非常不严重	6.6%	6.6%	6.6%
比较不严重	30.5%	31.9%	31.0%
比较严重	51.8%	47.0%	50.1%
非常严重	11.1%	14.5%	12.3%
总计	100.0%	100.0%	100.0%
列总计	4569	2526	7095

Chi-square test：df = 3，卡方值 24.268，sig = 0.000 < 0.05，所以不同户口类型的居民在“媒体缺乏社会责任，炒作新闻的严重程度如何”这一问题的回答上有显著差异。

F13d by A5

社会财富分配不公，贫富悬殊过大的严重程度如何 * 户口 Crosstabulation

	农业户口	非农业户口	总计
非常不严重	6.0%	5.8%	5.9%
比较不严重	26.9%	26.0%	26.6%
比较严重	49.4%	46.8%	48.5%
非常严重	17.7%	21.4%	19.0%
总计	100.0%	100.0%	100.0%
列总计	5234	2743	7977

Chi-square test：df = 3，卡方值 15.426，sig = 0.001 < 0.05，所以不同户口类型的居民在“社会财富分配不公，贫富悬殊过大的严重程度如何”这一问题的回答上有显著差异。

F13e by A5

教师不尽职的严重程度如何 ＊ 户口 Crosstabulation

	农业户口	非农业户口	总计
非常不严重	14.6%	16.6%	15.3%
比较不严重	57.7%	54.6%	56.7%
比较严重	23.9%	24.3%	24.0%
非常严重	3.8%	4.5%	4.0%
总计	100.0%	100.0%	100.0%
列总计	5416	2783	8199

Chi-square test：df = 3，卡方值 9.908，sig = 0.019 < 0.05，所以不同户口类型的居民在“教师不尽职的严重程度如何”这一问题的回答上有显著差异。

F13f by A5

医生不守职业道德的严重程度如何 ＊ 户口 Crosstabulation

	农业户口	非农业户口	总计
非常不严重	13.3%	14.7%	13.8%
比较不严重	51.2%	52.6%	51.7%
比较严重	30.4%	27.8%	29.5%
非常严重	5.1%	4.8%	5.0%
总计	100.0%	100.0%	100.0%
列总计	5427	2785	8212

Chi-square test：df = 3，卡方值 7.698，sig = 0.053 > 0.05，所以不同户口类型的居民在“医生不守职业道德的严重程度如何”这一问题的回答上没有显著差异。

F13g by A5

公众人物用知名度攫取财富的严重程度如何 ＊ 户口 Crosstabulation

	农业户口	非农业户口	总计
非常不严重	7.8%	10.1%	8.6%
比较不严重	34.7%	35.3%	34.9%
比较严重	46.9%	40.8%	44.8%
非常严重	10.6%	13.8%	11.7%
总计	100.0%	100.0%	100.0%
列总计	4377	2434	6811

Chi-square test：df = 3，卡方值 36.820，sig = 0.000 < 0.05，所以不同户口类型的居民在“公众人物用知名度攫取财富的严重程度如何”这一问题的回答上有显著差异。

F13h by A5

两性关系过度开放导致婚姻不稳定的严重程度如何 ＊ 户口 Crosstabulation

	农业户口	非农业户口	总计
非常不严重	8.8%	7.9%	8.5%
比较不严重	44.3%	42.4%	43.7%
比较严重	37.1%	37.7%	37.3%
非常严重	9.8%	11.9%	10.5%
总计	100.0%	100.0%	100.0%
列总计	4929	2601	7530

Chi-square test：df = 3，卡方值 10.031，sig = 0.018 < 0.05，所以不同户口类型的居民在“两性关系过度开放导致婚姻不稳定的严重程度如何”这一问题的回答上有显著差异。

F13i by A5

年轻人缺乏责任感，不孝敬父母的严重程度如何 ＊ 户口 Crosstabulation

	农业户口	非农业户口	总计
非常不严重	13.2%	13.0%	13.1%
比较不严重	54.8%	50.9%	53.5%
比较严重	27.0%	30.0%	28.0%
非常严重	5.1%	6.1%	5.4%
总计	100.0%	100.0%	100.0%
列总计	5305	2733	8038

Chi-square test：df = 3，卡方值 14.844，sig = 0.002 < 0.05，所以不同户口类型的居民在“年轻人缺乏责任感，不孝敬父母的严重程度如何”这一问题的回答上有显著差异。

F14 by A5

您是否知道您生活的社区（村）有社区公约、村规民约 ＊ 户口 Crosstabulation

	农业户口	非农业户口	总计
知道有	33.7%	42.8%	36.8%
知道没有	18.3%	13.6%	16.7%
不知道有没有	47.9%	43.6%	46.5%
总计	100.0%	100.0%	100.0%
列总计	5587	2885	8472

Chi-square test：df = 2，卡方值 76.804，sig = 0.000 < 0.05，所以不同户口类型的居民在“您是否知道您生活的社区（村）有社区公约、村规民约”这一问题的回答上有显著差异。

F15a by A5

您周围的人在日常生活中遵守步行、骑车不闯红灯的情况 * 户口 Crosstabulation

	农业户口	非农业户口	总计
不遵守	8.1%	6.6%	7.6%
基本遵守	68.0%	66.9%	67.6%
自觉遵守	23.9%	26.5%	24.8%
总计	100.0%	100.0%	100.0%
列总计	5759	2936	8695

Chi-square test：df=2，卡方值 12.061，sig =0.002<0.05，所以不同户口类型的居民在“您周围的人在日常生活中遵守步行、骑车不闯红灯的情况”这一问题的回答上有显著差异。

F15b by A5

您周围的人在日常生活中遵守乘车、购物自觉排队的情况 * 户口 Crosstabulation

	农业户口	非农业户口	总计
不遵守	5.5%	3.7%	4.9%
基本遵守	69.2%	67.6%	68.7%
自觉遵守	25.2%	28.8%	26.4%
总计	100.0%	100.0%	100.0%
列总计	5756	2937	8693

Chi-square test：df=2，卡方值 23.817，sig =0.000<0.05，所以不同户口类型的居民在“您周围的人在日常生活中遵守乘车、购物自觉排队的情况”这一问题的回答上有显著差异。

F15c by A5

您周围的人在日常生活中遵守文明游览的情况 * 户口 Crosstabulation

	农业户口	非农业户口	总计
不遵守	6.9%	5.6%	6.5%
基本遵守	67.9%	66.2%	67.3%
自觉遵守	25.2%	28.2%	26.2%
总计	100.0%	100.0%	100.0%
列总计	5739	2925	8664

Chi-square test：df=2，卡方值 11.944，sig =0.003<0.05，所以不同户口类型的居民在“您周围的人在日常生活中遵守文明游览的情况”这一问题的回答上有显著差异。

F15d by A5

您周围的人在日常生活中遵守社区公约、村规民约的情况 ＊ 户口 Crosstabulation

	农业户口	非农业户口	总计
不遵守	5. 6%	5. 2%	5. 5%
基本遵守	68. 2%	67. 4%	67. 9%
自觉遵守	26. 2%	27. 4%	26. 6%
总计	100. 0%	100. 0%	100. 0%
列总计	5447	2741	8188

Chi-square test：df = 2，卡方值 1. 855，sig ＝0. 396 >0. 05，所以不同户口类型的居民在“您周围的人在日常生活中遵守社区公约、村规民约的情况”这一问题的回答上没有显著差异。

F16a by A5

您对下列关于网络的说法是否赞同？网络是个虚拟空间，不受现实生活中的道德规范约束 ＊ 户口 Crosstabulation

	农业户口	非农业户口	总计
非常不赞同	26. 7%	32. 1%	28. 6%
不太赞同	51. 1%	45. 7%	49. 2%
比较赞同	17. 9%	17. 5%	17. 8%
非常赞同	4. 3%	4. 7%	4. 4%
总计	100. 0%	100. 0%	100. 0%
列总计	5257	2771	8028

Chi-square test：df = 3，卡方值 29. 788，sig ＝0. 000 <0. 05，所以不同户口类型的居民在“网络是个虚拟空间，不受现实生活中的道德规范约束”这一问题的回答上有显著差异。

F16b by A5

您对下列关于网络的说法是否赞同？人肉搜索侵犯个人隐私，应该杜绝 ＊ 户口 Crosstabulation

	农业户口	非农业户口	总计
非常不赞同	4. 0%	3. 0%	3. 7%
不太赞同	24. 5%	21. 8%	23. 6%
比较赞同	52. 1%	51. 8%	52. 0%
非常赞同	19. 4%	23. 5%	20. 8%

续表

	农业户口	非农业户口	总计
总计	100.0%	100.0%	100.0%
列总计	5267	2767	8034

Chi-square test：df = 3，卡方值 25.865，sig = 0.000 < 0.05，所以不同户口类型的居民在“人肉搜索侵犯个人隐私，应该杜绝”这一问题的回答上有显著差异。

F16c by A5

您对下列关于网络的说法是否赞同？明知网络谣言仍转发的，应该受到惩罚 * 户口 Crosstabulation

	农业户口	非农业户口	总计
非常不赞同	4.5%	3.3%	4.1%
不太赞同	17.9%	16.2%	17.3%
比较赞同	51.2%	47.4%	49.9%
非常赞同	26.3%	33.1%	28.6%
总计	100.0%	100.0%	100.0%
列总计	5293	2775	8068

Chi-square test：df = 3，卡方值 44.341，sig = 0.000 < 0.05，所以不同户口类型的居民在“明知网络谣言仍转发的，应该受到惩罚”这一问题的回答上有显著差异。

F17 by A5

假如您走在街上被陌生人不小心踩到并发出“哎哟”一声后，您认为对方会做何种反应 * 户口 Crosstabulation

	农业户口	非农业户口	总计
用言语或手势表达歉意	76.0%	75.8%	75.9%
不会有任何表示	18.5%	19.2%	18.7%
反而说你大惊小怪	5.5%	5.0%	5.3%
总计	100.0%	100.0%	100.0%
列总计	5457	2818	8275

Chi-square test：df = 2，卡方值 1.448，sig = 0.485 > 0.05，所以不同户口类型的居民在“假如您走在街上被陌生人不小心踩到并发出‘哎哟’一声后，您认为对方会做何种反应”这一问题的回答上没有显著差异。

F18 by A5

您觉得周围大多数人工作生活的精神状态怎么样？ * 户口 Crosstabulation

	农业户口	非农业户口	总计
精神饱满、积极向上	40.3%	45.4%	42.0%
安于现状、按部就班	55.9%	51.5%	54.4%
精神萎靡、无所事事	3.7%	3.1%	3.5%
总计	100.0%	100.0%	100.0%
列总计	5682	2901	8583

Chi-square test：df = 2，卡方值 20.444，sig = 0.000 < 0.05，所以不同户口类型的居民在“您觉得周围大多数人工作生活的精神状态怎么样？”这一问题的回答上有显著差异。

F19a by A5

这些现象在您身边常见吗？占卜算命 * 户口 Crosstabulation

	农业户口	非农业户口	总计
经常见到	12.2%	10.7%	11.7%
偶尔见到	48.2%	50.8%	49.1%
没见到	39.5%	38.5%	39.2%
总计	100.0%	100.0%	100.0%
列总计	5758	2938	8696

Chi-square test：df = 2，卡方值 7.228，sig = 0.027 < 0.05，所以不同户口类型的居民在“这些现象在您身边常见吗？占卜算命”这一问题的回答上有显著差异。

F19b by A5

这些现象在您身边常见吗？操办喜事比富斗阔 * 户口 Crosstabulation

	农业户口	非农业户口	总计
经常见到	11.2%	8.2%	10.2%
偶尔见到	44.9%	41.5%	43.7%
没见到	43.9%	50.3%	46.0%
总计	100.0%	100.0%	100.0%
列总计	5755	2930	8685

Chi-square test：df = 2，卡方值 40.665，sig = 0.000 < 0.05，所以不同户口类型的居民在“这些现象在您身边常见吗？操办喜事比富斗阔”这一问题的回答上有显著差异。

F19c by A5

这些现象在您身边常见吗？在父母生前不尽孝却对父母的丧事大操大办 ＊ 户口 Crosstabulation

	农业户口	非农业户口	总计
经常见到	8.9%	7.8%	8.6%
偶尔见到	42.2%	37.6%	40.7%
没见到	48.8%	54.6%	50.8%
总计	100.0%	100.0%	100.0%
列总计	5752	2936	8688

Chi-square test：df = 2，卡方值 25.546，sig = 0.000 < 0.05，所以不同户口类型的居民在“这些现象在您身边常见吗？在父母生前不尽孝却对父母的丧事大操大办”这一问题的回答上有显著差异。

F19d by A5

这些现象在您身边常见吗？赌博或变相赌博 ＊ 户口 Crosstabulation

	农业户口	非农业户口	总计
经常见到	13.6%	11.4%	12.8%
偶尔见到	43.4%	43.6%	43.5%
没见到	43.0%	45.0%	43.7%
总计	100.0%	100.0%	100.0%
列总计	5754	2931	8685

Chi-square test：df = 2，卡方值 9.018，sig = 0.011 < 0.05，所以不同户口类型的居民在“这些现象在您身边常见吗？赌博或变相赌博”这一问题的回答上有显著差异。

F19e by A5

这些现象在您身边常见吗？封建迷信活动 ＊ 户口 Crosstabulation

	农业户口	非农业户口	总计
经常见到	5.0%	5.4%	5.1%
偶尔见到	29.4%	25.5%	28.1%
没见到	65.6%	69.2%	66.8%
总计	100.0%	100.0%	100.0%
列总计	5748	2934	8682

Chi-square test：df = 2，卡方值 14.856，sig = 0.001 < 0.05，所以不同户口类型的居民在“这些现象在您身边常见吗？封建迷信活动”这一问题的回答上有显著差异。

F19f by A5

这些现象在您身边常见吗？非法宗教活动 ＊ 户口 Crosstabulation

	农业户口	非农业户口	总计
经常见到	2.3%	1.8%	2.1%
偶尔见到	14.8%	13.3%	14.3%
没见到	82.9%	84.9%	83.6%
总计	100.0%	100.0%	100.0%
列总计	5746	2928	8674

Chi-square test：df = 2，卡方值 6.449，sig = 0.040 < 0.05，所以不同户口类型的居民在“这些现象在您身边常见吗？非法宗教活动”这一问题的回答上有显著差异。

F20 by A5

您认为目前我国社会中道德和幸福的现实关系是 ＊ 户口 Crosstabulation

	农业户口	非农业户口	总计
总计上道德和幸福能够一致，能惩恶扬善	68.3%	67.2%	67.9%
有道德讲伦理的人大都吃亏，不守道德的人更能占便宜	23.3%	24.8%	23.8%
道德与幸福没有关系，能挣钱有发展无论怎样行动都行	8.4%	8.0%	8.3%
总计	100.0%	100.0%	100.0%
列总计	4604	2543	7147

Chi-square test：df = 2，卡方值 2.179，sig = 0.336 > 0.05，所以不同户口类型的居民在“您认为目前我国社会中道德和幸福的现实关系是”这一问题的回答上没有显著差异。

F21a by A5

您在所在单位，有没有一种亲切和踏实的感觉 ＊ 户口 Crosstabulation

	农业户口	非农业户口	总计
有	18.1%	22.3%	19.5%
还可以	67.3%	69.2%	68.0%
没有	14.6%	8.5%	12.5%
总计	100.0%	100.0%	100.0%
列总计	5495	2843	8338

Chi-square test：df = 2，卡方值 74.172，sig = 0.000 < 0.05，所以不同户口类型的居民在“您在所在单位，有没有一种亲切和踏实的感觉”这一问题的回答上有显著差异。

F21b by A5

您在所在社区/村，有没有一种亲切和踏实的感觉 ＊ 户口 Crosstabulation

	农业户口	非农业户口	总计
有	25. 8%	25. 4%	25. 6%
还可以	68. 7%	68. 2%	68. 5%
没有	5. 6%	6. 4%	5. 9%
总计	100. 0%	100. 0%	100. 0%
列总计	5708	2918	8626

Chi-square test：df = 2，卡方值 2. 485，sig =0. 289 > 0. 05，所以不同户口类型的居民在“您在所在社区/村，有没有一种亲切和踏实的感觉”这一问题的回答上没有显著差异。

F21c by A5

您在所在城市，有没有一种亲切和踏实的感觉 ＊ 户口 Crosstabulation

	农业户口	非农业户口	总计
有	25. 1%	28. 2%	26. 2%
辽可以	65. 4%	64. 0%	64. 9%
没有	9. 5%	7. 8%	8. 9%
总计	100. 0%	100. 0%	100. 0%
列总计	5694	2908	8602

Chi-square test：df = 2，卡方值 13. 335，sig =0. 001 < 0. 05，所以不同户口类型的居民在“您在所在城市，有没有一种亲切和踏实的感觉”这一问题的回答上有显著差异。

F22 by A5

您认为您目前的状况是 ＊ 户口 Crosstabulation

	农业户口	非农业户口	总计
生活富裕，但不感到幸福和快乐	6. 9%	7. 4%	7. 1%
生活富裕，幸福也快乐	10. 3%	12. 2%	11. 0%
生活小康，幸福且快乐	44. 2%	52. 7%	47. 1%
生活小康，但不感到幸福和快乐	5. 2%	6. 8%	5. 8%
生活清贫，幸福且快乐	27. 3%	17. 3%	23. 9%
生活贫困，既不幸福也不快乐	6. 0%	3. 6%	5. 2%
总计	100. 0%	100. 0%	100. 0%
列总计	5744	2922	8666

Chi-square test：df = 5，卡方值 147. 273，sig =0. 000 < 0. 05，所以不同户口类型的居民在“您认为您目前的状况是”这一问题的回答上有显著差异。

F23 by A5

最近这些年，您的生活水平对幸福感的影响是怎样的 * 户口 Crosstabulation

	农业户口	非农业户口	总计
生活水平提高了，但幸福感和快乐感降低了	11.2%	12.3%	11.6%
生活水平提高了，幸福感和快乐感提高了	50.4%	51.6%	50.8%
生活水平没变，幸福感和快乐感提高了	27.4%	28.3%	27.7%
生活水平没变，幸福感和快乐感降低了	6.2%	5.0%	5.8%
生活水平下降，但幸福感和快乐感提高了	2.3%	1.3%	1.9%
生活水平下降，幸福感和快乐感也降低了	2.5%	1.5%	2.2%
总计	100.0%	100.0%	100.0%
列总计	5754	2932	8686

Chi-square test：df = 5，卡方值 26.805，sig = 0.000 < 0.05，所以不同户口类型的居民在“最近这些年，您的生活水平对幸福感的影响是怎样的”这一问题的回答上有显著差异。

F24a by A5

近十年以来，您认为下列哪一类人获得的利益最多 * 户口 Crosstabulation

	农业户口	非农业户口	总计
工人	1.4%	1.0%	1.2%
农民	2.7%	3.2%	2.8%
公务员	9.8%	10.7%	10.1%
国有企业的经营管理者	9.0%	11.2%	9.7%
集体企业的经营管理者	4.1%	3.7%	4.0%
私营企业家	10.2%	11.9%	10.8%
外商、境外来大陆的投资者	9.2%	10.7%	9.7%
个体户	5.1%	5.6%	5.3%
私营、外资企业中的管理人员	10.2%	10.8%	10.4%
专家学者、专业技术人员	4.5%	5.0%	4.7%
政府官员	33.5%	25.9%	30.9%
其他	0.3%	0.4%	0.4%
总计	100.0%	100.0%	100.0%
列总计	4978	2590	7568

Chi-square test：df = 11，卡方值 56.764，sig = 0.000 < 0.05，所以不同户口类型的居民在“近十年以来，您认为下列哪一类人获得的利益最多”这一问题的回答上有显著差异。

F24b by A5

近十年以来，您认为下列哪一类人获得的利益最少 * 户口 Crosstabulation

	农业户口	非农业户口	总计
工人	15.9%	31.6%	21.1%
农民	76.0%	56.0%	69.3%
公务员	1.2%	1.7%	1.3%
国有企业的经营管理者	0.7%	0.5%	0.6%
集体企业的经营管理者	0.7%	0.7%	0.7%
私营企业家	0.7%	1.1%	0.8%
外商、境外来大陆的投资者	0.4%	0.3%	0.4%
个体户	2.6%	3.9%	3.0%
私营、外资企业中的管理人员	0.6%	1.1%	0.8%
专家学者、专业技术人员	0.5%	1.6%	0.8%
政府官员	0.6%	0.6%	0.6%
其他	0.2%	1.1%	0.5%
总计	100.0%	100.0%	100.0%
列总计	5242	2652	7894

Chi-square test：df = 11，卡方值 379.495，sig = 0.000 < 0.05，所以不同户口类型的居民在“近十年以来，您认为下列哪一类人获得的利益最少”这一问题的回答上有显著差异。

F25 by A5

您认为弱势群体产生的最主要原因是 * 户口 Crosstabulation

	农业户口	非农业户口	总计
制度不合理，社会关怀不够	42.2%	40.5%	41.6%
收入分配不公	40.2%	42.3%	40.9%
机会不平等	34.5%	34.7%	34.6%
弱势群体自己不努力	19.5%	18.9%	19.3%
缺乏生存技能	26.0%	29.0%	27.0%
其他	0.2%		0.2%
列总计	5435	2861	8296

据上表所示，不同户口类型的居民在“您认为弱势群体产生的最主要原因是”这一问题的回答上有显著差异。

F26 by A5

您认为我们是否应该改造城市的垃圾筒，以为一些老人或流浪者在垃圾筒中找东西时提供方便 ＊ 户口 Crosstabulation

	农业户口	非农业户口	总计
应该，社会有义务为他们提供一种有尊严的生活	79.3%	74.0%	77.5%
不应该，这些人本来就与城市不和谐	15.6%	19.4%	16.9%
做这样的事不值得，应该将钱花到更重要的地方	4.9%	6.0%	5.3%
其他	0.2%	0.5%	0.3%
总计	100.0%	100.0%	100.0%
列总计	5706	2911	8617

Chi-square test：df = 3，卡方值35.787，sig = 0.000 < 0.05，所以不同户口类型的居民在“您认为我们是否应该改造城市的垃圾筒，以为一些老人或流浪者在垃圾筒中找东西时提供方便”这一问题的回答上有显著差异。

F27 by A5

对当今中国社会，您更担忧哪种问题 ＊ 户口 Crosstabulation

	农业户口	非农业户口	总计
坑蒙拐骗，不守信用	28.9%	23.7%	27.1%
人与人之间互不信任，相互提防，没有安全感	45.8%	50.7%	47.4%
可信任的人很少，遇到问题难以找到人倾诉和帮助	24.2%	24.6%	24.3%
其他	1.1%	1.0%	1.1%
总计	100.0%	100.0%	100.0%
列总计	5729	2916	8645

Chi-square test：df = 3，卡方值29.214，sig = 0.000 < 0.05，所以不同户口类型的居民在“对当今中国社会，您更担忧哪种问题”这一问题的回答上有显著差异。

F28 by A5

您觉得大多数人都是可以相信的吗？如果1分代表“大多数人都可以相信”，5分代表“对其他人都应该小心防备”，您会选几分 ＊ 户口 Crosstabulation

	农业户口	非农业户口	总计
大多数人都可以相信	9.9%	6.5%	8.8%
2	36.8%	38.1%	37.2%
3	43.2%	43.8%	43.4%
4	8.1%	9.5%	8.6%

续表

	农业户口	非农业户口	总计
对其他人都应小心防备	2.0%	2.1%	2.0%
总计	100.0%	100.0%	100.0%
列总计	5735	2916	8651

Chi-square test：df=4，卡方值31.086，sig =0.000 < 0.05，所以不同户口类型的居民在“您觉得大多数人都是可以相信的吗”这一问题的回答上有显著差异。

F29a by A5

您对下面这些人的信任程度如何？您的家人 * 户口 Crosstabulation

	农业户口	非农业户口	总计
完全信任	83.9%	81.9%	83.2%
比较信任	14.6%	16.6%	15.3%
不太信任	1.3%	1.4%	1.4%
根本不信任	0.2%	0.2%	0.2%
总计	100.0%	100.0%	100.0%
列总计	5728	2924	8652

Chi-square test：df=3，卡方值5.876，sig =0.118 > 0.05，所以不同户口类型的居民在“您对下面这些人的信任程度如何？您的家人”这一问题的回答上没有显著差异。

F29b by A5

您对下面这些人的信任程度如何？您的邻居 * 户口 Crosstabulation

	农业户口	非农业户口	总计
完全信任	25.1%	22.7%	24.3%
比较信任	66.1%	65.9%	66.0%
不太信任	8.2%	10.6%	9.0%
根本不信任	0.6%	0.8%	0.7%
总计	100.0%	100.0%	100.0%
列总计	5680	2888	8568

Chi-square test：df=3，卡方值17.940，sig =0.000 <0.05，所以不同户口类型的居民在“您对下面这些人的信任程度如何？您的邻居”这一问题的回答上有显著差异。

F29c by A5

您对下面这些人的信任程度如何？外地人 ＊ 户口 Crosstabulation

	农业户口	非农业户口	总计
完全信任	3.1%	2.6%	2.9%
比较信任	27.7%	30.9%	28.8%
不太信任	55.7%	51.0%	54.1%
根本不信任	13.5%	15.5%	14.2%
总计	100.0%	100.0%	100.0%
列总计	5544	2819	8363

Chi-square test：df = 3，卡方值 20.932，sig = 0.000 < 0.05，所以不同户口类型的居民在“您对下面这些人的信任程度如何？外地人”这一问题的回答上有显著差异。

F29d by A5

您对下面这些人的信任程度如何？陌生人 ＊ 户口 Crosstabulation

	农业户口	非农业户口	总计
完全信任	1.0%	1.6%	1.2%
比较信任	19.0%	19.2%	19.1%
不太信任	54.9%	51.9%	53.9%
根本不信任	25.0%	27.2%	25.8%
总计	100.0%	100.0%	100.0%
列总计	5509	2802	8311

Chi-square test：df = 3，卡方值 12.287，sig = 0.006 < 0.05，所以不同户口类型的居民在“您对下面这些人的信任程度如何？陌生人”这一问题的回答上有显著差异。

F29e by A5

您对下面这些人的信任程度如何？外国人 ＊ 户口 Crosstabulation

	农业户口	非农业户口	总计
完全信任	1.3%	1.7%	1.4%
比较信任	15.0%	17.5%	15.8%
不太信任	55.5%	53.3%	54.8%
根本不信任	28.2%	27.6%	28.0%
总计	100.0%	100.0%	100.0%
列总计	4955	2530	7485

Chi-square test：df = 3，卡方值 10.065，sig = 0.018 < 0.05，所以不同户口类型的居民在“您对下面这些人的信任程度如何？外国人”这一问题的回答上有显著差异。

F29f by A5

您对下面这些人的信任程度如何？同事或同学 * 户口 Crosstabulation

	农业户口	非农业户口	总计
完全信任	7.1%	8.0%	7.4%
比较信任	74.3%	74.9%	74.5%
不太信任	16.2%	15.5%	15.9%
根本不信任	2.3%	1.6%	2.1%
总计	100.0%	100.0%	100.0%
列总计	5296	2821	8117

Chi-square test：df = 3，卡方值 8.295，sig = 0.040 < 0.05，所以不同户口类型的居民在“您对下面这些人的信任程度如何？同事或同学”这一问题的回答上有显著差异。

F29g by A5

您对下面这些人的信任程度如何？您的上司或领导 * 户口 Crosstabulation

	农业户口	非农业户口	总计
完全信任	5.8%	6.4%	6.0%
比较信任	64.2%	66.9%	65.2%
不太信任	26.4%	23.6%	25.3%
根本不信任	3.7%	3.1%	3.5%
总计	100.0%	100.0%	100.0%
列总计	4850	2717	7567

Chi-square test：df = 3，卡方值 9.918，sig = 0.019 < 0.05，所以不同户口类型的居民在“您对下面这些人的信任程度如何？您的上司或领导”这一问题的回答上有显著差异。

F29h by A5

您对下面这些人的信任程度如何？您的朋友 * 户口 Crosstabulation

	农业户口	非农业户口	总计
完全信任	15.6%	17.8%	16.3%
比较信任	76.6%	74.7%	76.0%
不太信任	6.5%	6.6%	6.5%
根本不信任	1.3%	1.0%	1.2%
总计	100.0%	100.0%	100.0%
列总计	5638	2888	8526

Chi-square test：df = 3，卡方值 7.992，sig = 0.046 < 0.05，所以不同户口类型的居民在“您对下面这些人的信任程度如何？您的朋友”这一问题的回答上有显著差异。

F30 by A5

您是否同意“在这个社会上，您一不小心别人就会想办法占您的便宜” * 户口 Crosstabulation

	农业户口	非农业户口	总计
非常不同意	5.4%	7.4%	6.1%
比较不同意	33.6%	35.8%	34.4%
说不上同意不同意	32.7%	30.8%	32.0%
比较同意	24.4%	23.1%	23.9%
非常同意	4.0%	2.8%	3.6%
总计	100.0%	100.0%	100.0%
列总计	5415	2829	8244

Chi-square test：df = 4，卡方值 25.115，sig = 0.000 < 0.05，所以不同户口类型的居民在“您是否同意‘在这个社会上，您一不小心别人就会想办法占您的便宜’”这一问题的回答上有显著差异。

F31 by A5

您对所生活的地方道德建设满意吗？ * 户口 Crosstabulation

	农业户口	非农业户口	总计
满意	11.9%	11.9%	11.9%
基本满意	74.6%	75.6%	74.9%
不满意	13.5%	12.5%	13.2%
总计	100.0%	100.0%	100.0%
列总计	5159	2745	7904

Chi-square test：df = 2，卡方值 1.605，sig = 0.448 > 0.05，所以不同户口类型的居民在“您对所生活的地方道德建设满意吗？”这一问题的回答上没有显著差异。

F32a by A5

您对下面群体的信任程度如何？ 商人 * 户口 Crosstabulation

	农业户口	非农业户口	总计
完全信任	3.4%	4.0%	3.6%
比较信任	54.3%	51.9%	53.5%
不太信任	38.7%	40.8%	39.4%
根本不信任	3.6%	3.3%	3.5%
总计	100.0%	100.0%	100.0%

续表

	农业户口	非农业户口	总计
列总计	5348	2799	8147

Chi-square test：df = 3，卡方值 6.403，sig = 0.094 > 0.05，所以不同户口类型的居民在“您对下面群体的信任程度如何？商人”这一问题的回答上没有显著差异。

F32b by A5

您对下面群体的信任程度如何？单位领导/社区（村）干部 * 户口 Crosstabulation

	农业户口	非农业户口	总计
完全信任	4.3%	6.6%	5.1%
比较信任	55.7%	60.4%	57.3%
不太信任	33.6%	27.7%	31.6%
根本不信任	6.4%	5.3%	6.0%
总计	100.0%	100.0%	100.0%
列总计	5449	2798	8247

Chi-square test：df = 3，卡方值 49.515，sig = 0.000 < 0.05，所以不同户口类型的居民在“您对下面群体的信任程度如何？单位领导/社区（村）干部”这一问题的回答上有显著差异。

F32c by A5

您对下面群体的信任程度如何？公务员 * 户口 Crosstabulation

	农业户口	非农业户口	总计
完全信任	6.1%	8.4%	6.9%
比较信任	64.1%	62.6%	63.6%
不太信任	27.1%	25.9%	26.7%
根本不信任	2.7%	3.0%	2.8%
总计	100.0%	100.0%	100.0%
列总计	5198	2771	7969

Chi-square test：df = 3，卡方值 15.602，sig = 0.001 < 0.05，所以不同户口类型的居民在“您对下面群体的信任程度如何？公务员”这一问题的回答上有显著差异。

F32d by A5

您对下面群体的信任程度如何？教师 * 户口 Crosstabulation

	农业户口	非农业户口	总计
完全信任	14.3%	15.2%	14.6%

续表

	农业户口	非农业户口	总计
比较信任	70.5%	68.3%	69.7%
不太信任	13.6%	14.6%	14.0%
根本不信任	1.6%	2.0%	1.7%
总计	100.0%	100.0%	100.0%
列总计	5605	2870	8475

Chi-square test：df = 3，卡方值 4.892，sig = 0.180 > 0.05，所以不同户口类型的居民在“您对下面群体的信任程度如何？教师”这一问题的回答上没有显著差异。

F32e by A5

您对下面群体的信任程度如何？警察 ＊ 户口 Crosstabulation

	农业户口	非农业户口	总计
完全信任	16.9%	17.8%	17.2%
比较信任	66.6%	65.9%	66.4%
不太信任	14.4%	15.0%	14.6%
根本不信任	2.1%	1.4%	1.9%
总计	100.0%	100.0%	100.0%
列总计	5536	2853	8389

Chi-square test：df = 3，卡方值 7.475，sig = 0.058 > 0.05，所以不同户口类型的居民在“您对下面群体的信任程度如何？警察”这一问题的回答上没有显著差异。

F32f by A5

您对下面群体的信任程度如何？医生 ＊ 户口 Crosstabulation

	农业户口	非农业户口	总计
完全信任	13.3%	13.5%	13.4%
比较信任	62.6%	65.6%	63.6%
不太信任	21.4%	18.7%	20.5%
根本不信任	2.8%	2.2%	2.6%
总计	100.0%	100.0%	100.0%
列总计	5592	2867	8459

Chi-square test：df = 3，卡方值 12.127，sig = 0.007 < 0.05，所以不同户口类型的居民在“您对下面群体的信任程度如何？医生”这一问题的回答上有显著差异。

F32g by A5

您对下面群体的信任程度如何？法官 ＊ 户口 Crosstabulation

	农业户口	非农业户口	总计
完全信任	15.9%	16.3%	16.0%
比较信任	65.0%	65.8%	65.3%
不太信任	16.6%	15.8%	16.3%
根本不信任	2.5%	2.1%	2.4%
总计	100.0%	100.0%	100.0%
列总计	4831	2643	7474

Chi-square test：df = 3，卡方值 2.229，sig = 0.526 > 0.05，所以不同户口类型的居民在“您对下面群体的信任程度如何？法官”这一问题的回答上没有显著差异。

F32h by A5

您对下面群体的信任程度如何？农民 ＊ 户口 Crosstabulation

	农业户口	非农业户口	总计
完全信任	13.5%	10.2%	12.4%
比较信任	75.4%	74.1%	75.0%
不太信任	9.9%	14.2%	11.3%
根本不信任	1.2%	1.5%	1.3%
总计	100.0%	100.0%	100.0%
列总计	5602	2830	8432

Chi-square test：df = 3，卡方值 50.470，sig = 0.000 < 0.05，所以不同户口类型的居民在“您对下面群体的信任程度如何？农民”这一问题的回答上有显著差异。

F32i by A5

您对下面群体的信任程度如何？工人 ＊ 户口 Crosstabulation

	农业户口	非农业户口	总计
完全信任	10.4%	9.0%	9.9%
比较信任	75.9%	74.6%	75.5%
不太信任	12.2%	14.5%	13.0%
根本不信任	1.4%	1.9%	1.6%
总计	100.0%	100.0%	100.0%
列总计	5481	2832	8313

Chi-square test：df = 3，卡方值 14.657，sig = 0.002 < 0.05，所以不同户口类型的居民在“您对下面群体的信任程度如何？工人”这一问题的回答上有显著差异。

F32j by A5

您对下面群体的信任程度如何？专家学者 * 户口 Crosstabulation

	农业户口	非农业户口	总计
完全信任	10.9%	12.3%	11.4%
比较信任	59.8%	58.9%	59.5%
不太信任	24.1%	22.3%	23.5%
根本不信任	5.2%	6.5%	5.7%
总计	100.0%	100.0%	100.0%
列总计	4648	2619	7267

Chi-square test：df = 3，卡方值10.275，sig = 0.016 < 0.05，所以不同户口类型的居民在“您对下面群体的信任程度如何？专家学者”这一问题的回答上有显著差异。

F32k by A5

您对下面群体的信任程度如何？演艺娱乐圈 * 户口 Crosstabulation

	农业户口	非农业户口	总计
完全信任	3.5%	3.9%	3.6%
比较信任	32.6%	30.3%	31.8%
不太信任	46.4%	45.6%	46.1%
根本不信任	17.5%	20.2%	18.5%
总计	100.0%	100.0%	100.0%
列总计	4111	2377	6488

Chi-square test：df = 3，卡方值9.180，sig = 0.027 < 0.05，所以不同户口类型的居民在“您对下面群体的信任程度如何？演艺娱乐圈”这一问题的回答上有显著差异。

F32l by A5

您对下面群体的信任程度如何？公众人物 * 户口 Crosstabulation

	农业户口	非农业户口	总计
完全信任	4.4%	5.1%	4.6%
比较信任	43.1%	44.3%	43.5%
不太信任	39.2%	36.2%	38.1%
根本不信任	13.3%	14.4%	13.7%
总计	100.0%	100.0%	100.0%
列总计	4149	2369	6518

Chi-square test：df = 3，卡方值7.279，sig = 0.064 > 0.05，所以不同户口类型的居民在“您对下面群体的信任程度如何？公众人物”这一问题的回答上没有显著差异。

F33 by A5

您在生活中经常买到假冒伪劣商品吗 * 户口 Crosstabulation

	农业户口	非农业户口	总计
经常	6.9%	8.2%	7.3%
偶尔	65.6%	63.3%	64.8%
没有	27.5%	28.5%	27.9%
总计	100.0%	100.0%	100.0%
列总计	4816	2494	7310

Chi-square test：df = 2，卡方值 5.963，sig = 0.051 > 0.05，所以不同户口类型的居民在“您在生活中经常买到假冒伪劣商品吗”这一问题的回答上没有显著差异。

F34 by A5

您在购物、就医、理财等方面经常遇到虚假广告吗 * 户口 Crosstabulation

	农业户口	非农业户口	总计
经常	10.9%	11.2%	11.0%
偶尔	55.4%	55.5%	55.4%
没有	33.8%	33.3%	33.6%
总计	100.0%	100.0%	100.0%
列总计	4666	2465	7131

Chi-square test：df = 2，卡方值 0.295，sig = 0.863 > 0.05，所以不同户口类型的居民在“您在购物、就医、理财等方面经常遇到虚假广告吗”这一问题的回答上没有显著差异。

F35 by A5

如果在路边看到一个老人摔倒，您的反应是 * 户口 Crosstabulation

	农业户口	非农业户口	总计
立即扶起	45.8%	40.2%	43.9%
等有证人时再扶	25.9%	28.6%	26.8%
先拍照，再扶起	6.5%	8.8%	7.2%
不扶，避免惹是生非	10.4%	8.9%	9.9%
报警	10.5%	12.5%	11.2%
其他	0.9%	1.1%	1.0%
总计	100.0%	100.0%	100.0%
列总计	5725	2922	8647

Chi-square test：df = 5，卡方值 45.517，sig = 0.000 < 0.05，所以不同户口类型的居民在“如果在路边看到一个老人摔倒，您的反应是”这一问题的回答上有显著差异。

F36 by A5

我们都听说过或见证过好心人救助老人却反被诬陷的事情。假如您是这位好心人，您会 * 户口 Crosstabulation

	农业户口	非农业户口	总计
我是多管闲事，下次再也不会帮助别人了	24.6%	21.8%	23.6%
我正直善良真心待人，对得起良知和良心	38.3%	40.4%	39.0%
下次还是会伸出援手，但是会提高警惕，注意保护自己	36.6%	37.4%	36.9%
其他	0.5%	0.4%	0.5%
总计	100.0%	100.0%	100.0%
列总计	5714	2910	8624

Chi-square test：df = 3，卡方值 9.019，sig = 0.029 < 0.05，所以不同户口类型的居民在“我们都听说过或见证过好心人救助老人却反被诬陷的事情。假如您是这位好心人，您会”这一问题的回答上有显著差异。

F37a by A5

您对下列群体的伦理道德整体状况的满意度？政府官员 * 户口 Crosstabulation

	农业户口	非农业户口	总计
非常不满意	6.9%	4.9%	6.2%
比较不满意	32.0%	29.1%	31.0%
比较满意	59.5%	63.3%	60.8%
非常满意	1.6%	2.7%	2.0%
总计	100.0%	100.0%	100.0%
列总计	5074	2634	7708

Chi-square test：df = 3，卡方值 26.693，sig = 0.000 < 0.05，所以不同户口类型的居民在“您对下列群体的伦理道德整体状况的满意度？政府官员”这一问题的回答上有显著差异。

F37b by A5

您对下列群体的伦理道德整体状况的满意度？一般公务员 * 户口 Crosstabulation

	农业户口	非农业户口	总计
非常不满意	2.6%	1.8%	2.3%
比较不满意	27.6%	23.7%	26.3%
比较满意	65.9%	69.1%	67.0%

续表

	农业户口	非农业户口	总计
非常满意	3.9%	5.4%	4.4%
总计	100.0%	100.0%	100.0%
列总计	5045	2679	7724

Chi-square test：df = 3，卡方值 25.798，sig ＝0.000 < 0.05，所以不同户口类型的居民在“您对下列群体的伦理道德整体状况的满意度？一般公务员”这一问题的回答上有显著差异。

F37c by A5

您对下列群体的伦理道德整体状况的满意度？企业家 ＊ 户口 Crosstabulation

	农业户口	非农业户口	总计
非常不满意	1.6%	1.4%	1.5%
比较不满意	23.9%	23.6%	23.8%
比较满意	68.8%	68.1%	68.6%
非常满意	5.6%	6.8%	6.0%
总计	100.0%	100.0%	100.0%
列总计	4702	2529	7231

Chi-square test：df = 3，卡方值 5.006，sig ＝0.171 > 0.05，所以不同户口类型的居民在“您对下列群体的伦理道德整体状况的满意度？企业家”这一问题的回答上没有显著差异。

F37d by A5

您对下列群体的伦理道德整体状况的满意度？演艺娱乐界 ＊ 户口 Crosstabulation

	农业户口	非农业户口	总计
非常不满意	6.5%	9.6%	7.6%
比较不满意	44.6%	42.4%	43.8%
比较满意	43.0%	41.6%	42.5%
非常满意	5.9%	6.4%	6.1%
总计	100.0%	100.0%	100.0%
列总计	4100	2333	6433

Chi-square test：df = 3，卡方值 21.611，sig ＝0.000 < 0.05，所以不同户口类型的居民在“您对下列群体的伦理道德整体状况的满意度？演艺娱乐界”这一问题的回答上有显著差异。

F37e by A5

您对下列群体的伦理道德整体状况的满意度？教师 ＊ 户口 Crosstabulation

	农业户口	非农业户口	总计
非常不满意	1.8%	1.3%	1.6%
比较不满意	14.7%	15.4%	14.9%
比较满意	69.5%	69.5%	69.5%
非常满意	13.9%	13.8%	13.9%
总计	100.0%	100.0%	100.0%
列总计	5450	2788	8238

Chi-square test：df = 3，卡方值 4.046，sig = 0.256 > 0.05，所以不同户口类型的居民在“您对下列群体的伦理道德整体状况的满意度？教师”这一问题的回答上没有显著差异。

F37f by A5

您对下列群体的伦理道德整体状况的满意度？青少年 ＊ 户口 Crosstabulation

	农业户口	非农业户口	总计
非常不满意	1.1%	1.0%	1.1%
比较不满意	16.3%	17.9%	16.9%
比较满意	71.0%	68.4%	70.1%
非常满意	11.5%	12.7%	11.9%
总计	100.0%	100.0%	100.0%
列总计	5414	2762	8176

Chi-square test：df = 3，卡方值 6.879，sig = 0.076 > 0.05，所以不同户口类型的居民在“您对下列群体的伦理道德整体状况的满意度？青少年”这一问题的回答上没有显著差异。

F37g by A5

您对下列群体的伦理道德整体状况的满意度？弱势群体 ＊ 户口 Crosstabulation

	农业户口	非农业户口	总计
非常不满意	1.9%	2.4%	2.0%
比较不满意	24.8%	27.5%	25.7%
比较满意	71.3%	67.1%	69.9%
非常满意	2.1%	3.0%	2.4%
总计	100.0%	100.0%	100.0%

续表

	农业户口	非农业户口	总计
列总计	5019	2540	7559

Chi-square test：df=3，卡方值17.252，sig =0.001 <0.05，所以不同户口类型的居民在“您对下列群体的伦理道德整体状况的满意度？弱势群体”这一问题的回答上有显著差异。

F37h by A5

您对下列群体的伦理道德整体状况的满意度？自由职业者 ＊ 户口 Crosstabulation

	农业户口	非农业户口	总计
非常不满意	1.2%	1.5%	1.3%
比较不满意	20.6%	21.2%	20.8%
比较满意	73.2%	71.2%	72.5%
非常满意	5.0%	6.1%	5.4%
总计	100.0%	100.0%	100.0%
列总计	5004	2531	7535

Chi-square test：df=3，卡方值6.120，sig =0.106 >0.05，所以不同户口类型的居民在“您对下列群体的伦理道德整体状况的满意度？自由职业者”这一问题的回答上没有显著差异。

F37i by A5

您对下列群体的伦理道德整体状况的满意度？农民 ＊ 户口 Crosstabulation

	农业户口	非农业户口	总计
非常不满意	0.9%	0.8%	0.9%
比较不满意	12.9%	16.5%	14.1%
比较满意	75.9%	72.8%	74.9%
非常满意	10.3%	9.9%	10.2%
总计	100.0%	100.0%	100.0%
列总计	5534	2765	8299

Chi-square test：df=3，卡方值19.857，sig =0.000 <0.05，所以不同户口类型的居民在“您对下列群体的伦理道德整体状况的满意度？农民”这一问题的回答上有显著差异。

F37j by A5

您对下列群体的伦理道德整体状况的满意度？商人 ＊ 户口 Crosstabulation

	农业户口	非农业户口	总计
非常不满意	2.0%	3.1%	2.4%

续表

	农业户口	非农业户口	总计
比较不满意	27.6%	30.3%	28.5%
比较满意	63.5%	59.6%	62.2%
非常满意	6.9%	7.0%	6.9%
总计	100.0%	100.0%	100.0%
列总计	5322	2747	8069

Chi-square test：df = 3，卡方值 18.970，sig = 0.000 < 0.05，所以不同户口类型的居民在“您对下列群体的伦理道德整体状况的满意度？商人”这一问题的回答上有显著差异。

F37k by A5

您对下列群体的伦理道德整体状况的满意度？工人 ＊ 户口 Crosstabulation

	农业户口	非农业户口	总计
非常不满意	0.7%	0.4%	0.6%
比较不满意	14.7%	15.3%	14.9%
比较满意	76.0%	75.8%	75.9%
非常满意	8.6%	8.5%	8.6%
总计	100.0%	100.0%	100.0%
列总计	5392	2782	8174

Chi-square test：df = 3，卡方值 2.148，sig = 0.542 > 0.05，所以不同户口类型的居民在“您对下列群体的伦理道德整体状况的满意度？工人”这一问题的回答上没有显著差异。

F37l by A5

您对下列群体的伦理道德整体状况的满意度？专家学者 ＊ 户口 Crosstabulation

	农业户口	非农业户口	总计
非常不满意	1.6%	1.5%	1.6%
比较不满意	19.0%	18.2%	18.7%
比较满意	69.2%	68.2%	68.8%
非常满意	10.3%	12.1%	10.9%
总计	100.0%	100.0%	100.0%
列总计	4778	2614	7392

Chi-square test：df = 3，卡方值 6.330，sig = 0.097 > 0.05，所以不同户口类型的居民在“您对下列群体的伦理道德整体状况的满意度？专家学者”这一问题的回答上没有显著差异。

F37m by A5

您对下列群体的伦理道德整体状况的满意度？医生 ＊ 户口 Crosstabulation

	农业户口	非农业户口	总计
非常不满意	3.1%	2.3%	2.8%
比较不满意	23.6%	18.1%	21.7%
比较满意	64.0%	69.9%	66.0%
非常满意	9.3%	9.7%	9.4%
总计	100.0%	100.0%	100.0%
列总计	5402	2775	8177

Chi-square test：df＝3，卡方值39.889，sig ＝0.000＜0.05，所以不同户口类型的居民在“您对下列群体的伦理道德整体状况的满意度？医生”这一问题的回答上有显著差异。

F38 by A5

下列哪些因素可能影响人际关系紧张 ＊ 户口 Crosstabulation

	农业户口	非农业户口	总计
社会资源缺乏，引发恶性竞争	30.6%	27.9%	29.7%
过度宣扬竞争意识	24.0%	27.6%	25.2%
社会财富分配不公，贫富差距过大	32.3%	34.6%	33.0%
个人主义盛行	17.8%	20.3%	18.7%
缺乏爱心	21.1%	24.4%	22.3%
缺乏相互理解和沟通的意识和能力	17.9%	19.8%	18.5%
制度安排不公正，机会不平等	23.2%	23.0%	23.1%
以权谋私，官员腐败	22.0%	19.7%	21.2%
缺乏道德信用	18.3%	19.6%	18.7%
人与人、人与社会之间缺乏信任	28.4%	28.2%	28.3%
传统伦理瓦解，社会缺乏统一的价值观	9.1%	9.2%	9.1%
一切诉诸利益或法律，人际关系缺乏伦理调解的机制和能力	4.2%	4.5%	4.3%
列总计	5469	2868	8337

据上表所示，不同户口类型的居民在“下列哪些因素可能影响人际关系紧张”这一问题的回答上没有显著差异。

F39 by A5

您认为在现代中国社会实际奉行的道德价值是 ＊ 户口 Crosstabulation

	农业户口	非农业户口	总计
义利合一，用符合道德的方式谋利	53.1%	48.7%	51.5%

续表

	农业户口	非农业户口	总计
见利忘义，唯利是图	35.9%	39.5%	37.2%
不计较利害得失，道德至上	10.8%	11.5%	11.1%
其他	0.2%	0.2%	0.2%
总计	100.0%	100.0%	100.0%
列总计	4971	2729	7700

Chi-square test：df = 3，卡方值 14.001，sig = 0.003 < 0.05，所以不同户口类型的居民在“您认为在现代中国社会实际奉行的道德价值是”这一问题的回答上有显著差异。

F40 by A5

对形成我国当前各种新型伦理关系和道德观念，哪些因素影响最大 * 户口 Crosstabulation

	农业户口	非农业户口	总计
网络和媒体	45.6%	50.3%	47.2%
政府	61.1%	56.4%	59.5%
大学及其文化	21.4%	25.0%	22.7%
市场	30.6%	36.3%	32.6%
企业	21.2%	20.7%	21.0%
社会团体	16.6%	19.8%	17.7%
知识精英	11.4%	11.2%	11.3%
国外的思潮与生活方式	11.6%	14.2%	12.5%
列总计	4941	2714	7655

据上表所示，不同户口类型的居民在“对形成我国当前各种新型伦理关系和道德观念，哪些因素影响最大”这一问题的回答上没有显著差异。

F41 by A5

对当前我国伦理关系和道德风尚造成最大负面影响的因素是 * 户口 Crosstabulation

	农业户口	非农业户口	总计
传统文化的崩坏	41.0%	41.5%	41.2%
外来文化的冲击	36.2%	40.7%	37.8%
市场经济导致的个人主义	24.5%	29.5%	26.2%
网络技术的发展	22.3%	20.7%	21.7%

续表

	农业户口	非农业户口	总计
分配不公，两极分化	25.3%	27.1%	25.9%
以权谋私，官员腐败	25.8%	19.8%	23.7%
列总计	5002	2720	7722

据上表所示，不同户口类型的居民在“对当前我国伦理关系和道德风尚造成最大负面影响的因素”这一问题的回答上有显著差异。

F42 by A5

造成当今不良道德风尚的最主要原因是 * 户口 Crosstabulation

	农业户口	非农业户口	总计
以权谋私，官员腐败	56.9%	52.1%	55.3%
企业不讲诚信和损害社会利益	40.7%	42.0%	41.1%
学校道德教育功能弱化	24.3%	24.7%	24.4%
家庭伦理功能弱化	16.2%	17.1%	16.5%
个人缺乏道德自觉	38.2%	43.4%	40.0%
分配不公，两极分化	25.0%	25.8%	25.2%
社会的不良影响	34.3%	38.6%	35.8%
列总计	5210	2772	7982

据上表所示，不同户口类型的居民在“造成当今不良道德风尚的最主要原因”这一问题的回答上有显著差异。

F43a by A5

导致当前医患关系紧张的主要原因是 * 户口 Crosstabulation

	农业户口	非农业户口	总计
医生缺乏职业道德，对病人不负责任	35.2%	31.3%	33.9%
医疗制度不合理，看病难看病贵	44.6%	46.4%	45.2%
医生腐败，不送红包不认真看病	12.7%	13.0%	12.8%
“医闹”，病人蓄意闹事	7.1%	9.1%	7.8%
其他	0.4%	0.2%	0.3%
总计	100.0%	100.0%	100.0%
列总计	5011	2649	7660

Chi-square test：df = 4，卡方值 19.202，sig = 0.001 < 0.05，所以不同户口类型的居民在“导致当前医患关系紧张的主要原因是”这一问题的回答上有显著差异。

F43b by A5

导致当前医患关系紧张的次要原因是 ＊ 户口 Crosstabulation

	农业户口	非农业户口	总计
医生缺乏职业道德，对病人不负责任	35.7%	36.1%	35.8%
医疗制度不合理，看病难看病贵	32.5%	30.0%	31.6%
医生腐败，不送红包不认真看病	19.0%	16.3%	18.1%
“医闹”，病人蓄意闹事	12.5%	17.4%	14.2%
其他	0.2%	0.2%	0.2%
总计	100.0%	100.0%	100.0%
列总计	4805	2540	7345

Chi-square test：df = 4，卡方值 38.176，sig = 0.000 < 0.05，所以不同户口类型的居民在“导致当前医患关系紧张的次要原因是”这一问题的回答上有显著差异。

F44 by A5

您是否曾经与医生（医院）发生过矛盾或纠纷 ＊ 户口 Crosstabulation

	农业户口	非农业户口	总计
是	4.0%	5.3%	4.5%
否	96.0%	94.7%	95.5%
总计	100.0%	100.0%	100.0%
列总计	5723	2913	8636

Chi-square test：df = 1，卡方值 7.461，sig = 0.006 < 0.05，所以不同户口类型的居民在“您是否曾经与医生（医院）发生过矛盾或纠纷”这一问题的回答上有显著差异。

F45a by A5

您采取了哪些方式来解决医患纠纷？与医院协商 ＊ 户口 Crosstabulation

	农业户口	非农业户口	总计
未选中	56.9%	53.5%	55.6%
选中	43.1%	46.5%	44.4%
总计	100.0%	100.0%	100.0%
列总计	239	157	396

Chi-square test：df = 1，卡方值 0.444，sig = 0.505 > 0.05，所以不同户口类型的居民在“您采取了哪些方式来解决医患纠纷？与医院协商”这一问题的回答上没有显著差异。

F45b by A5

您采取了哪些方式来解决医患纠纷？寻求卫生局的调解或介入 ＊ 户口 Crosstabulation

	农业户口	非农业户口	总计
未选中	71.1%	84.7%	76.5%
选中	28.9%	15.3%	23.5%
总计	100.0%	100.0%	100.0%
列总计	239	157	396

Chi-square test：df = 1，卡方值 9.730，sig = 0.002 < 0.05，所以不同户口类型的居民在“您采取了哪些方式来解决医患纠纷？寻求卫生局的调解或介入”这一问题的回答上有显著差异。

F45c by A5

您采取了哪些方式来解决医患纠纷？医学鉴定 ＊ 户口 Crosstabulation

	农业户口	非农业户口	总计
未选中	87.4%	87.9%	87.6%
选中	12.6%	12.1%	12.4%
总计	100.0%	100.0%	100.0%
列总计	239	157	396

Chi-square test：df = 1，卡方值 0.018，sig = 0.894 > 0.05，所以不同户口类型的居民在“您采取了哪些方式来解决医患纠纷？医学鉴定”这一问题的回答上没有显著差异。

F45d by A5

您采取了哪些方式来解决医患纠纷？司法诉讼 ＊ 户口 Crosstabulation

	农业户口	非农业户口	总计
未选中	80.3%	84.1%	81.8%
选中	19.7%	15.9%	18.2%
总计	100.0%	100.0%	100.0%
列总计	239	157	396

Chi-square test：df = 1，卡方值 0.892，sig = 0.345 > 0.05，所以不同户口类型的居民在“您采取了哪些方式来解决医患纠纷？司法诉讼”这一问题的回答上没有显著差异。

F45e by A5

您采取了哪些方式来解决医患纠纷？寻求媒体曝光 ＊ 户口 Crosstabulation

	农业户口	非农业户口	总计
未选中	92.9%	86.0%	90.2%

续表

	农业户口	非农业户口	总计
选中	7.1%	14.0%	9.8%
总计	100.0%	100.0%	100.0%
列总计	239	157	396

Chi-square test：df = 1，卡方值 5.081，sig = 0.024 < 0.05，所以不同户口类型的居民在“您采取了哪些方式来解决医患纠纷？寻求媒体曝光”这一问题的回答上有显著差异。

F45f by A5

您采取了哪些方式来解决医患纠纷？信访 ＊ 户口 Crosstabulation

	农业户口	非农业户口	总计
未选中	95.4%	94.9%	95.2%
选中	4.6%	5.1%	4.8%
总计	100.0%	100.0%	100.0%
列总计	239	157	396

Chi-square test：df = 1，卡方值 0.050，sig = 0.822 > 0.05，所以不同户口类型的居民在“您采取了哪些方式来解决医患纠纷？信访”这一问题的回答上没有显著差异。

F45g by A5

您采取了哪些方式来解决医患纠纷？寻求第三方医疗纠纷调解委员会调解 ＊ 户口 Crosstabulation

	农业户口	非农业户口	总计
未选中	86.2%	89.2%	87.4%
选中	13.8%	10.8%	12.6%
总计	100.0%	100.0%	100.0%
列总计	239	157	396

Chi-square test：df = 1，卡方值 0.762，sig = 0.383 > 0.05，所以不同户口类型的居民在“您采取了哪些方式来解决医患纠纷？寻求第三方医疗纠纷调解委员会调解”这一问题的回答上没有显著差异。

F45h by A5

您采取了哪些方式来解决医患纠纷？直接找医生或医院算账 ＊ 户口 Crosstabulation

	农业户口	非农业户口	总计
未选中	80.3%	81.5%	80.8%

续表

	农业户口	非农业户口	总计
选中	19.7%	18.5%	19.2%
总计	100.0%	100.0%	100.0%
列总计	239	157	396

Chi-square test：df = 1，卡方值 0.087，sig = 0.768 > 0.05，所以不同户口类型的居民在“您采取了哪些方式来解决医患纠纷？直接找医生或医院算账”这一问题的回答上没有显著差异。

F46 by A5

某些患者会在手术前给医生红包，您认为送红包的主要理由是 * 户口 Crosstabulation

	农业户口	非农业户口	总计
不相信医生能平等地对待每个病人，送红包能提高关注度，必须送	23.5%	25.4%	24.2%
医生很辛苦，送红包是表示尊敬和感谢	12.6%	15.8%	13.7%
大家都送，我不送会吃亏，不送心里不踏实	17.1%	18.1%	17.5%
送红包能让医生对我更用心，但我不会这么做	19.5%	15.2%	18.1%
大家都送红包，事实上无助于提高治疗效果，我不会这么做	18.2%	18.5%	18.3%
想送，但我没有能力送	8.9%	7.0%	8.3%
总计	100.0%	100.0%	100.0%
列总计	4444	2298	6742

Chi-square test：df = 5，卡方值 37.442，sig = 0.000 < 0.05，所以不同户口类型的居民在“某些患者会在手术前给医生红包，您认为送红包的主要理由是”这一问题的回答上有显著差异。

G1 by A5

和前几年相比，您认为目前我国官员腐败现象有什么变化 * 户口 Crosstabulation

	农业户口	非农业户口	总计
有很大改善	12.0%	14.3%	12.8%
有较大改善	65.4%	64.5%	65.1%
没什么变化	19.8%	19.0%	19.5%
更加恶化	2.4%	1.9%	2.3%
其他	0.4%	0.3%	0.4%

续表

	农业户口	非农业户口	总计
总计	100.0%	100.0%	100.0%
列总计	5255	2739	7994

Chi-square test：df = 4，卡方值 10.130，sig = 0.038 < 0.05，所以不同户口类型的居民在“和前几年相比，您认为目前我国官员腐败现象有什么变化”这一问题的回答上有显著差异。

G2a by A5

您认为干部当官的目的是？为国家与社会做贡献 * 户口 Crosstabulation

	农业户口	非农业户口	总计
未选中	73.5%	72.1%	73.0%
选中	26.5%	27.9%	27.0%
总计	100.0%	100.0%	100.0%
列总计	5259	2791	8050

Chi-square test：df = 1，卡方值 1.817，sig = 0.178 > 0.05，所以不同户口类型的居民在“您认为干部当官的目的是？为国家与社会做贡献”这一问题的回答上没有显著差异。

G2b by A5

您认为干部当官的目的是？为人民服务，为百姓做好事做实事 * 户口 Crosstabulation

	农业户口	非农业户口	总计
未选中	56.1%	51.8%	54.6%
选中	43.9%	48.2%	45.4%
总计	100.0%	100.0%	100.0%
列总计	5259	2791	8050

Chi-square test：df = 1，卡方值 13.854，sig = 0.000 < 0.05，所以不同户口类型的居民在“您认为干部当官的目的是？为人民服务，为百姓做好事做实事”这一问题的回答上有显著差异。

G2c by A5

您认为干部当官的目的是？为家庭增光，光宗耀祖 * 户口 Crosstabulation

	农业户口	非农业户口	总计
未选中	74.8%	73.8%	74.5%
选中	25.2%	26.2%	25.5%

续表

	农业户口	非农业户口	总计
总计	100.0%	100.0%	100.0%
列总计	5259	2791	8050

Chi-square test：df = 1，卡方值 1.060，sig = 0.303 > 0.05，所以不同户口类型的居民在“您认为干部当官的目的是？为家庭增光，光宗耀祖”这一问题的回答上没有显著差异。

G2d by A5

您认为干部当官的目的是？为自己升官发财 ＊ 户口 Crosstabulation

	农业户口	非农业户口	总计
未选中	63.8%	69.3%	65.7%
选中	36.2%	30.7%	34.3%
总计	100.0%	100.0%	100.0%
列总计	5259	2791	8050

Chi-square test：df = 1，卡方值 24.301，sig = 0.000 < 0.05，所以不同户口类型的居民在“您认为干部当官的目的是？为自己升官发财”这一问题的回答上有显著差异。

G2e by A5

您认为干部当官的目的是？没特殊目的，一个稳定而待遇高的职业而已 ＊ 户口 Crosstabulation

	农业户口	非农业户口	总计
未选中	78.6%	79.5%	78.9%
选中	21.4%	20.5%	21.1%
总计	100.0%	100.0%	100.0%
列总计	5259	2791	8050

Chi-square test：df = 1，卡方值 0.920，sig = 0.337 > 0.05，所以不同户口类型的居民在“您认为干部当官的目的是？没特殊目的，一个稳定而待遇高的职业而已”这一问题的回答上没有显著差异。

G2f by A5

您认为干部当官的目的是？其他 ＊ 户口 Crosstabulation

	农业户口	非农业户口	总计
未选中	99.8%	99.9%	99.8%
选中	0.2%	0.1%	0.2%

续表

	农业户口	非农业户口	总计
总计	100.0%	100.0%	100.0%
列总计	5259	2791	8050

Chi-square test：df = 1，卡方值 0.425，sig = 0.514 > 0.05，所以不同户口类型的居民在“您认为干部当官的目的是？其他”这一问题的回答上没有显著差异。

G3 by A5

与前几年相比，您对政府官员的信任度有什么变化 * 户口 Crosstabulation

	农业户口	非农业户口	总计
信任度提高了	36.9%	42.4%	38.8%
更加不信任	14.0%	12.9%	13.6%
没什么变化	48.9%	44.5%	47.4%
其他	0.2%	0.2%	0.2%
总计	100.0%	100.0%	100.0%
列总计	5671	2915	8586

Chi-square test：df = 3，卡方值 25.154，sig = 0.000 < 0.05，所以不同户口类型的居民在“与前几年相比，您对政府官员的信任度有什么变化”这一问题的回答上有显著差异。

G4 by A5

在生活中或媒体上看到政府官员时，您首先想到的是 * 户口 Crosstabulation

	农业户口	非农业户口	总计
公仆，为老百姓谋福利	19.0%	20.0%	19.3%
官僚，根本不了解我们的情况	22.7%	21.3%	22.2%
有权有势的人	19.9%	20.6%	20.1%
有本事的人	13.7%	15.4%	14.3%
领导，决定我们命运的人	9.6%	9.2%	9.5%
贪官	6.2%	4.7%	5.7%
惹不起但躲得起的人	3.3%	2.6%	3.1%
遇到大事可以信任的人	2.7%	3.2%	2.9%
其他	2.9%	3.1%	3.0%
总计	100.0%	100.0%	100.0%
列总计	5689	2908	8597

Chi-square test：df = 8，卡方值 18.137，sig = 0.020 < 0.05，所以不同户口类型的居民在“在生活中或媒体上看到政府官员时，您首先想到的是”这一问题的回答上有显著差异。

G5 by A5

您觉得当前我国政府官员道德问题最严重的是 * 户口 Crosstabulation

	农业户口	非农业户口	总计
贪污受贿	51.3%	45.8%	49.4%
以权谋私	55.2%	57.6%	56.0%
生活作风腐败	30.1%	34.5%	31.7%
官僚主义	13.0%	19.1%	15.1%
平庸，不作为，只保护自己不解决实际问题	36.9%	33.8%	35.8%
乱作为，搞政绩工程折腾百姓	22.5%	21.7%	22.2%
铺张浪费	12.5%	13.6%	12.9%
拉帮结派	13.2%	13.8%	13.4%
骄横跋扈，欺压百姓	7.2%	7.1%	7.2%
列总计	4950	2629	7579

据上表所示，不同户口类型的居民在“您觉得当前我国政府官员道德问题最严重的是”这一问题的回答上不因户口差别有显著差异。

G6 by A5

政府在制定政策和决策时充分考虑到伦理道德方面的要求了吗 * 户口 Crosstabulation

	农业户口	非农业户口	总计
有考虑，能够从日常生活中感受到	37.0%	37.3%	37.1%
有考虑，能够从政策文件中体会到	22.5%	25.9%	23.6%
只是口头上说说，没有实质性行动	28.9%	26.7%	28.1%
没有考虑，政策制度都是从自己的政绩和富人的利益着想	11.0%	9.5%	10.5%
其他	0.6%	0.7%	0.7%
总计	100.0%	100.0%	100.0%
列总计	5575	2853	8428

Chi-square test：df = 4，卡方值 16.906，sig = 0.002 < 0.05，所以不同户口类型的居民在“政府在制定政策和决策时充分考虑到伦理道德方面的要求了吗”这一问题的回答上有显著差异。

G7a by A5

残疾人、留守儿童、孤寡老人等弱势群体需要来自全社会的关爱与帮助，您认为本地区做得怎么样？社区提供的服务 * 户口 Crosstabulation

	农业户口	非农业户口	总计
很好	7.2%	9.9%	8.2%
比较好	65.3%	70.6%	67.2%
不太好	25.3%	18.0%	22.7%

续表

	农业户口	非农业户口	总计
很差	2.2%	1.5%	1.9%
总计	100.0%	100.0%	100.0%
列总计	4631	2565	7196

Chi-square test：df = 3，卡方值 66.014，sig = 0.000 < 0.05，所以不同户口类型的居民在“残疾人、留守儿童、孤寡老人等弱势群体需要来自全社会的关爱与帮助，您认为本地区做得怎么样？社区提供的服务”这一问题的回答上有显著差异。

G7b by A5

残疾人、留守儿童、孤寡老人等弱势群体需要来自全社会的关爱与帮助，您认为本地区做得怎么样？周围人的尊重和关爱 ＊ 户口 Crosstabulation

	农业户口	非农业户口	总计
很好	9.2%	10.7%	9.7%
比较好	69.3%	69.4%	69.3%
不太好	20.0%	18.7%	19.6%
很差	1.5%	1.1%	1.4%
总计	100.0%	100.0%	100.0%
列总计	5106	2657	7763

Chi-square test：df = 3，卡方值 7.217，sig = 0.065 > 0.05，所以不同户口类型的居民在“残疾人、留守儿童、孤寡老人等弱势群体需要来自全社会的关爱与帮助，您认为本地区做得怎么样？周围人的尊重和关爱”这一问题的回答上没有显著差异。

G7c by A5

残疾人、留守儿童、孤寡老人等弱势群体需要来自全社会的关爱与帮助，您认为本地区做得怎么样？社会服务机构提供专业化服务 ＊ 户口 Crosstabulation

	农业户口	非农业户口	总计
很好	8.9%	12.3%	10.1%
比较好	53.9%	56.1%	54.6%
不太好	34.1%	28.9%	32.2%
很差	3.2%	2.7%	3.1%
总计	100.0%	100.0%	100.0%
列总计	4360	2447	6807

Chi-square test：df = 3，卡方值 34.747，sig = 0.000 < 0.05，所以不同户口类型的居民在“残疾人、留守儿童、孤寡老人等弱势群体需要来自全社会的关爱与帮助，您认为本地区做得怎么样？社会服务机构提供专业化服务”这一问题的回答上有显著差异。

G7d by A5

残疾人、留守儿童、孤寡老人等弱势群体需要来自全社会的关爱与帮助，您认为本地区做得怎么样？政府实施的社会援助 * 户口 Crosstabulation

	农业户口	非农业户口	总计
很好	9.1%	13.8%	10.7%
比较好	51.8%	54.8%	52.9%
不太好	33.9%	27.9%	31.8%
很差	5.2%	3.5%	4.6%
总计	100.0%	100.0%	100.0%
列总计	4383	2398	6781

Chi-square test：df=3，卡方值62.928，sig =0.000 <0.05，所以不同户口类型的居民在“残疾人、留守儿童、孤寡老人等弱势群体需要来自全社会的关爱与帮助，您认为本地区做得怎么样？政府实施的社会援助”这一问题的回答上有显著差异。

G7e by A5

残疾人、留守儿童、孤寡老人等弱势群体需要来自全社会的关爱与帮助，您认为本地区做得怎么样？公益与慈善事业 * 户口 Crosstabulation

	农业户口	非农业户口	总计
很好	7.5%	11.6%	9.1%
比较好	50.0%	55.9%	52.2%
不太好	35.7%	27.4%	32.6%
很差	6.8%	5.1%	6.2%
总计	100.0%	100.0%	100.0%
列总计	3736	2201	5937

Chi-square test：df=3，卡方值70.173，sig =0.000 <0.05，所以不同户口类型的居民在“残疾人、留守儿童、孤寡老人等弱势群体需要来自全社会的关爱与帮助，您认为本地区做得怎么样？公益与慈善事业”这一问题的回答上有显著差异。

G7f by A5

残疾人、留守儿童、孤寡老人等弱势群体需要来自全社会的关爱与帮助，您认为本地区做得怎么样？志愿者帮助 * 户口 Crosstabulation

	农业户口	非农业户口	总计
很好	8.7%	11.4%	9.7%
比较好	52.5%	60.4%	55.4%
不太好	32.2%	24.4%	29.3%
很差	6.6%	3.8%	5.6%
总计	100.0%	100.0%	100.0%

续表

	农业户口	非农业户口	总计
列总计	3698	2209	5907

Chi-square test：df = 3，卡方值 73. 783，sig = 0. 000 < 0. 05，所以不同户口类型的居民在“残疾人、留守儿童、孤寡老人等弱势群体需要来自全社会的关爱与帮助，您认为本地区做得怎么样？志愿者帮助”这一问题的回答上有显著差异。

G8 by A5

您认为有必要为好人树碑立传吗 ＊ 户口 Crosstabulation

	农业户口	非农业户口	总计
很有必要，可以让更多的人知道他们、学习他们	67. 2%	69. 0%	67. 9%
可有可无	16. 1%	15. 5%	15. 9%
没有必要	16. 6%	15. 4%	16. 2%
总计	100. 0%	100. 0%	100. 0%
列总计	4997	2725	7722

Chi-square test：df = 2，卡方值 2. 823，sig = 0. 244 > 0. 05，所以不同户口类型的居民在“您认为有必要为好人树碑立传吗”这一问题的回答上没有显著差异。

G9 by A5

党中央出台了一系列治国理政的新举措，给社会生活带来了什么变化 ＊ 户口 Crosstabulation

	农业户口	非农业户口	总计
社会在向好的方面发展，对未来生活更有信心	49. 9%	52. 2%	50. 7%
目前没看出有什么影响	21. 0%	22. 1%	21. 4%
虽然出台了一些政策，感觉解决不了什么问题	20. 0%	17. 6%	19. 2%
不关心这些、说不清楚	9. 0%	8. 0%	8. 6%
其他	0. 1%	0. 1%	0. 1%
总计	100. 0%	100. 0%	100. 0%
列总计	5695	2924	8619

Chi-square test：df = 4，卡方值 10. 877，sig = 0. 028 < 0. 05，所以不同户口类型的居民在“党中央出台了一系列治国理政的新举措，给社会生活带来了什么变化”这一问题的回答上有显著差异。

G10a by A5

您认为本地政府在以下方面的政策措施对促进社会公平有效果吗？就业政策 ＊ 户口 Crosstabulation

	农业户口	非农业户口	总计
较大效果	5. 4%	7. 7%	6. 3%

续表

	农业户口	非农业户口	总计
有点效果	55.4%	60.4%	57.2%
没有效果	33.7%	27.2%	31.4%
更不公平	4.6%	4.0%	4.4%
大大加剧了不公平	0.8%	0.7%	0.8%
总计	100.0%	100.0%	100.0%
列总计	4576	2600	7176

Chi-square test：df=4，卡方值45.890，sig =0.000<0.05，所以不同户口类型的居民在“您认为本地政府在以下方面的政策措施对促进社会公平有效果吗？就业政策”这一问题的回答上有显著差异。

G10b by A5

您认为本地政府在以下方面的政策措施对促进社会公平有效果吗？教育政策 * 户口 Crosstabulation

	农业户口	非农业户口	总计
较大效果	7.7%	10.9%	8.8%
有点效果	61.8%	60.2%	61.3%
没有效果	25.6%	24.1%	25.1%
更不公平	4.3%	4.3%	4.3%
大大加剧了不公平	0.5%	0.4%	0.5%
总计	100.0%	100.0%	100.0%
列总计	4936	2669	7605

Chi-square test：df=4，卡方值25.510，sig =0.000<0.05，所以不同户口类型的居民在“您认为本地政府在以下方面的政策措施对促进社会公平有效果吗？教育政策”这一问题的回答上有显著差异。

G10c by A5

您认为本地政府在以下方面的政策措施对促进社会公平有效果吗？医疗卫生政策 * 户口 Crosstabulation

	农业户口	非农业户口	总计
较大效果	8.4%	12.7%	9.9%
有点效果	58.5%	55.8%	57.5%
没有效果	25.6%	24.5%	25.3%
更不公平	6.6%	6.5%	6.6%
大大加剧了不公平	0.9%	0.5%	0.8%
总计	100.0%	100.0%	100.0%
列总计	5134	2727	7861

Chi-square test：df=4，卡方值38.850，sig =0.000<0.05，所以不同户口类型的居民在“您认为本地政府在以下方面的政策措施对促进社会公平有效果吗？医疗卫生政策”这一问题的回答上有显著差异。

G10d by A5

您认为本地政府在以下方面的政策措施对促进社会公平有效果吗？低保政策 * 户口 Crosstabulation

	农业户口	非农业户口	总计
较大效果	8.8%	12.2%	10.0%
有点效果	51.1%	49.2%	50.4%
没有效果	26.5%	27.6%	26.9%
更不公平	11.8%	9.9%	11.1%
大大加剧了不公平	1.8%	1.1%	1.6%
总计	100.0%	100.0%	100.0%
列总计	4915	2560	7475

Chi-square test：df = 4，卡方值 33.414，sig = 0.000 < 0.05，所以不同户口类型的居民在“您认为本地政府在以下方面的政策措施对促进社会公平有效果吗？低保政策”这一问题的回答上有显著差异。

G10e by A5

您认为本地政府在以下方面的政策措施对促进社会公平有效果吗？房地产政策 * 户口 Crosstabulation

	农业户口	非农业户口	总计
较大效果	5.0%	7.2%	5.8%
有点效果	34.2%	36.4%	35.0%
没有效果	40.3%	36.3%	38.8%
更不公平	15.7%	14.5%	15.2%
大大加剧了不公平	4.8%	5.6%	5.1%
总计	100.0%	100.0%	100.0%
列总计	3829	2370	6199

Chi-square test：df = 4，卡方值 24.024，sig = 0.000 < 0.05，所以不同户口类型的居民在“您认为本地政府在以下方面的政策措施对促进社会公平有效果吗？房地产政策”这一问题的回答上有显著差异。

G10f by A5

您认为本地政府在以下方面的政策措施对促进社会公平有效果吗？拆迁安置政策 * 户口 Crosstabulation

	农业户口	非农业户口	总计
较大效果	5.2%	6.8%	5.8%
有点效果	32.6%	36.5%	34.1%
没有效果	40.4%	34.2%	38.0%
更不公平	16.4%	15.5%	16.1%
大大加剧了不公平	5.4%	7.0%	6.0%

续表

	农业户口	非农业户口	总计
总计	100.0%	100.0%	100.0%
列总计	3662	2264	5926

Chi-square test：df=4，卡方值32.788，sig =0.000<0.05，所以不同户口类型的居民在“您认为本地政府在以下方面的政策措施对促进社会公平有效果吗？拆迁安置政策”这一问题的回答上有显著差异。

G11 by A5

如果遭遇重大公共事件，您相信政府公布的信息和采取的措施吗 * 户口 Crosstabulation

	农业户口	非农业户口	总计
相信，大都是可靠的，比网络流传的可靠	63.2%	61.3%	62.6%
不相信，都是安抚百姓的策略措施	16.1%	16.8%	16.3%
将信将疑，走一步看一步	20.6%	21.7%	21.0%
其他	0.1%	0.2%	0.1%
总计	100.0%	100.0%	100.0%
列总计	5717	2907	8624

Chi-square test：df=3，卡方值5.771，sig =0.123>0.05，所以不同户口类型的居民在“如果遭遇重大公共事件，您相信政府公布的信息和采取的措施吗”这一问题的回答上没有显著差异。

G12a by A5

政府推动或倡导的下列活动效果如何？文明城市创建 * 户口 Crosstabulation

	农业户口	非农业户口	总计
完全没效果	1.9%	2.4%	2.1%
效果较差	23.0%	21.1%	22.4%
效果较好	65.5%	64.5%	65.1%
效果很好	9.6%	12.0%	10.4%
总计	100.0%	100.0%	100.0%
列总计	4834	2652	7486

Chi-square test：df=3，卡方值15.034，sig =0.002<0.05，所以不同户口类型的居民在“政府推动或倡导的下列活动效果如何？文明城市创建”这一问题的回答上有显著差异。

G12b by A5

政府推动或倡导的下列活动效果如何？学雷锋活动 ＊ 户口 Crosstabulation

	农业户口	非农业户口	总计
完全没效果	2.7%	2.8%	2.7%
效果较差	25.4%	22.1%	24.2%
效果较好	62.6%	65.8%	63.7%
效果很好	9.4%	9.3%	9.4%
总计	100.0%	100.0%	100.0%
列总计	4370	2458	6828

Chi-square test：df = 3，卡方值 9.582，sig = 0.022 < 0.05，所以不同户口类型的居民在“政府推动或倡导的下列活动效果如何？学雷锋活动”这一问题的回答上有显著差异。

G12c by A5

政府推动或倡导的下列活动效果如何？典型人物的宣传 ＊ 户口 Crosstabulation

	农业户口	非农业户口	总计
完全没效果	2.2%	3.4%	2.6%
效果较差	23.5%	20.2%	22.3%
效果较好	64.3%	63.7%	64.1%
效果很好	10.0%	12.7%	11.0%
总计	100.0%	100.0%	100.0%
列总计	4235	2416	6651

Chi-square test：df = 3，卡方值 26.099，sig = 0.000 < 0.05，所以不同户口类型的居民在“政府推动或倡导的下列活动效果如何？典型人物的宣传”这一问题的回答上有显著差异。

G12d by A5

政府推动或倡导的下列活动效果如何？志愿服务的倡导和推广 ＊ 户口 Crosstabulation

	农业户口	非农业户口	总计
完全没效果	2.1%	2.4%	2.2%
效果较差	25.2%	21.3%	23.7%
效果较好	60.4%	59.5%	60.1%
效果很好	12.3%	16.7%	14.0%
总计	100.0%	100.0%	100.0%
列总计	3825	2289	6114

Chi-square test：df = 3，卡方值 30.033，sig = 0.000 < 0.05，所以不同户口类型的居民在“政府推动或倡导的下列活动效果如何？志愿服务的倡导和推广”这一问题的回答上有显著差异。

G12e by A5

政府推动或倡导的下列活动效果如何？反腐倡廉的举措 * 户口 Crosstabulation

	农业户口	非农业户口	总计
完全没效果	4.9%	4.0%	4.6%
效果较差	23.5%	21.3%	22.7%
效果较好	55.8%	57.0%	56.3%
效果很好	15.8%	17.7%	16.5%
总计	100.0%	100.0%	100.0%
列总计	3961	2343	6304

Chi-square test：df = 3，卡方值 9.888，sig = 0.020 < 0.05，所以不同户口类型的居民在“政府推动或倡导的下列活动效果如何？反腐倡廉的举措”这一问题的回答上有显著差异。

G12f by A5

政府推动或倡导的下列活动效果如何？《公民道德建设实施纲要》的推进 * 户口 Crosstabulation

	农业户口	非农业户口	总计
完全没效果	4.3%	4.3%	4.3%
效果较差	26.0%	22.1%	24.5%
效果较好	58.4%	59.1%	58.6%
效果很好	11.3%	14.6%	12.6%
总计	100.0%	100.0%	100.0%
列总计	3059	1922	4981

Chi-square test：df = 3，卡方值 17.383，sig = 0.001 < 0.05，所以不同户口类型的居民在“政府推动或倡导的下列活动效果如何？《公民道德建设实施纲要》的推进”这一问题的回答上有显著差异。

G13 by A5

您对于我们正在走的中国特色社会主义道路怎么看 * 户口 Crosstabulation

	农业户口	非农业户口	总计
充满信心，因为它可以给中国带来繁荣富强	44.4%	52.0%	46.9%
不太了解，但相信这条路能够让老百姓都过上好日子	39.8%	30.1%	36.5%
表示怀疑，走这条路究竟怎么样，现在还说不清楚	11.0%	12.7%	11.6%
走什么样的路，跟我没关系	4.7%	5.1%	4.9%
其他	0.2%	0.1%	0.2%

续表

	农业户口	非农业户口	总计
总计	100.0%	100.0%	100.0%
列总计	5720	2919	8639

Chi-square test：df = 4，卡方值 80.128，sig = 0.000 < 0.05，所以不同户口类型的居民在“您对于我们正在走的中国特色社会主义道路怎么看”这一问题的回答上有显著差异。

G14 by A5

党的十八大提出，到 2020 年全面建成小康社会，到 21 世纪中叶建成社会主义现代化国家，您认为这样的目标能实现吗 ＊ 户口 Crosstabulation

	农业户口	非农业户口	总计
相信一定能实现	30.6%	32.2%	31.2%
有困难，但只要努力还是能实现的	56.0%	55.9%	56.0%
不可能实现	3.8%	3.6%	3.8%
说不清楚，跟我没关系	9.3%	8.1%	8.9%
其他	0.2%	0.2%	0.2%
总计	100.0%	100.0%	100.0%
列总计	5549	2869	8418

Chi-square test：df = 4，卡方值 4.885，sig = 0.299 > 0.05，所以不同户口类型的居民在“党的十八大提出，到 2020 年全面建成小康社会，到 21 世纪中叶建成社会主义现代化国家，您认为这样的目标能实现吗”这一问题的回答上没有显著差异。

G15 by A5

您对您周围的党员干部道德状况怎么评价 ＊ 户口 Crosstabulation

	农业户口	非农业户口	总计
总体还不错	40.3%	46.0%	42.2%
普遍比较差	22.6%	20.3%	21.8%
和普通群众没有太大差别	37.1%	33.7%	35.9%
总计	100.0%	100.0%	100.0%
列总计	5127	2645	7772

Chi-square test：df = 2，卡方值 23.400，sig = 0.000 < 0.05，所以不同户口类型的居民在“您对您周围的党员干部道德状况怎么评价”这一问题的回答上有显著差异。

G16 by A5

您认为当前官员的勤政作为是怎样的 ＊ 户口 Crosstabulation

	农业户口	非农业户口	总计
努力作为，成绩显著	22.2%	23.8%	22.8%
努力作为，成绩一般	47.7%	50.9%	48.8%
行政不作为	20.2%	17.8%	19.3%
行政乱作为	9.9%	7.5%	9.1%
总计	100.0%	100.0%	100.0%
列总计	4501	2435	6936

Chi-square test：df = 3，卡方值 19.553，sig = 0.000 < 0.05，所以不同户口类型的居民在“您认为当前官员的勤政作为是怎样的”这一问题的回答上有显著差异。

G17 by A5

您到政府部门办事，首先选择的方法是 ＊ 户口 Crosstabulation

	农业户口	非农业户口	总计
找亲朋好友帮忙办理	20.1%	15.3%	18.4%
找政府中的熟人办理	20.7%	22.2%	21.2%
送红包	1.8%	1.4%	1.7%
直接找相关职能部门办理	56.8%	60.8%	58.2%
其他	0.6%	0.3%	0.5%
总计	100.0%	100.0%	100.0%
列总计	5028	2697	7725

Chi-square test：df = 4，卡方值 35.166，sig = 0.000 < 0.05，所以不同户口类型的居民在“您到政府部门办事，首先选择的方法是”这一问题的回答上有显著差异。

H1 by A5

您认为近五年来，您所在地区政府的环境保护工作做得怎么样 ＊ 户口 Crosstabulation

	农业户口	非农业户口	总计
片面注重经济发展，忽视了环境保护工作	23.4%	21.1%	22.6%
重视不够，环保投入不足	29.3%	30.1%	29.6%
虽尽了努力，但效果不佳	18.3%	19.4%	18.7%
尽了很大努力，有一定成效	23.7%	23.8%	23.7%
取得了很大的成绩	5.3%	5.6%	5.4%

续表

	农业户口	非农业户口	总计
总计	100.0%	100.0%	100.0%
列总计	4896	2608	7504

Chi-square test：df = 4，卡方值 5.837，sig = 0.212 > 0.05，所以不同户口类型的居民在“您认为近五年来，您所在地区政府的环境保护工作做得怎么样”这一问题的回答上没有显著差异。

H2a by A5

在最近的一年里，您是否从事过？垃圾分类投放 ＊ 户口 Crosstabulation

	农业户口	非农业户口	总计
从不	43.4%	35.1%	40.6%
偶尔	44.0%	47.2%	45.1%
经常	12.6%	17.7%	14.3%
总计	100.0%	100.0%	100.0%
列总计	5756	2931	8687

Chi-square test：df = 2，卡方值 72.675，sig = 0.000 < 0.05，所以不同户口类型的居民在“在最近的一年里，您是否从事过？垃圾分类投放”这一问题的回答上有显著差异。

H2b by A5

在最近的一年里，您是否从事过？与自己的亲戚朋友讨论环保问题 ＊ 户口 Crosstabulation

	农业户口	非农业户口	总计
从不	40.6%	33.0%	38.1%
偶尔	48.6%	54.8%	50.7%
经常	10.8%	12.2%	11.3%
总计	100.0%	100.0%	100.0%
列总计	5756	2926	8682

Chi-square test：df = 2，卡方值 48.234，sig = 0.000 < 0.05，所以不同户口类型的居民在“在最近的一年里，您是否从事过？与自己的亲戚朋友讨论环保问题”这一问题的回答上有显著差异。

H2c by A5

在最近的一年里，您是否从事过？采购日常用品时自己带购物篮或购物袋 ＊ 户口 Crosstabulation

	农业户口	非农业户口	总计
从不	24.9%	18.7%	22.8%

续表

	农业户口	非农业户口	总计
偶尔	52.7%	50.9%	52.1%
经常	22.5%	30.4%	25.1%
总计	100.0%	100.0%	100.0%
列总计	5754	2924	8678

Chi-square test：df = 2，卡方值 82.572，sig = 0.000 < 0.05，所以不同户口类型的居民在“在最近的一年里，您是否从事过？采购日常用品时自己带购物篮或购物袋”这一问题的回答上有显著差异。

H2d by A5

在最近的一年里，您是否从事过？优先选择公交、步行等绿色出行方式 * 户口 Crosstabulation

	农业户口	非农业户口	总计
从不	14.3%	10.2%	12.9%
偶尔	43.1%	39.9%	42.0%
经常	42.6%	49.9%	45.1%
总计	100.0%	100.0%	100.0%
列总计	5749	2925	8674

Chi-square test：df = 2，卡方值 52.649，sig = 0.000 < 0.05，所以不同户口类型的居民在“在最近的一年里，您是否从事过？优先选择公交、步行等绿色出行方式”这一问题的回答上有显著差异。

H2e by A5

在最近的一年里，您是否从事过？为环境保护捐款 * 户口 Crosstabulation

	农业户口	非农业户口	总计
从不	70.0%	61.5%	67.2%
偶尔	25.7%	30.6%	27.4%
经常	4.2%	7.9%	5.5%
总计	100.0%	100.0%	100.0%
列总计	5738	2917	8655

Chi-square test：df = 2，卡方值 86.430，sig = 0.000 < 0.05，所以不同户口类型的居民在“在最近的一年里，您是否从事过？为环境保护捐款”这一问题的回答上有显著差异。

H2f by A5

在最近的一年里，您是否从事过？主动关注环境方面的信息报道和宣传教育 * 户口 Crosstabulation

	农业户口	非农业户口	总计
从不	64.8%	55.4%	61.6%
偶尔	29.7%	35.0%	31.5%
经常	5.5%	9.5%	6.9%
总计	100.0%	100.0%	100.0%
列总计	5737	2922	8659

Chi-square test：df = 2，卡方值 90.327，sig = 0.000 < 0.05，所以不同户口类型的居民在“在最近的一年里，您是否从事过？主动关注环境方面的信息报道和宣传教育”这一问题的回答上有显著差异。

H2g by A5

在最近的一年里，您是否从事过？积极参加民间环保团体举办的环保活动 * 户口 Crosstabulation

	农业户口	非农业户口	总计
从不	74.3%	69.6%	72.7%
偶尔	22.4%	24.9%	23.3%
经常	3.2%	5.5%	4.0%
总计	100.0%	100.0%	100.0%
列总计	5735	2919	8654

Chi-square test：df = 2，卡方值 35.705，sig = 0.000 < 0.05，所以不同户口类型的居民在“在最近的一年里，您是否从事过？积极参加民间环保团体举办的环保活动”这一问题的回答上有显著差异。

H2h by A5

在最近的一年里，您是否从事过？积极参加要求解决环境问题的投诉、上诉 * 户口 Crosstabulation

	农业户口	非农业户口	总计
从不	80.8%	77.7%	79.7%
偶尔	16.8%	18.2%	17.2%
经常	2.5%	4.1%	3.0%
总计	100.0%	100.0%	100.0%
列总计	5737	2915	8652

Chi-square test：df = 2，卡方值 21.330，sig = 0.000 < 0.05，所以不同户口类型的居民在“在最近的一年里，您是否从事过？积极参加要求解决环境问题的投诉、上诉”这一问题的回答上有显著差异。

H3 by A5

如果您的周围有一片森林，政府将成材的树林砍伐下来办木材厂，将极大提高您的收入，但将破坏环境，您会支持这一决定吗 * 户口 Crosstabulation

	农业户口	非农业户口	总计
支持，对大家有好处	11.0%	13.5%	11.9%
反对，这是发子孙财，破坏生态	70.4%	69.4%	70.1%
不支持也不反对，政府决定	18.5%	16.9%	18.0%
其他	0.1%	0.1%	0.1%
总计	100.0%	100.0%	100.0%
列总计	5735	2911	8646

Chi-square test：df = 3，卡方值 13.335，sig = 0.004 < 0.05，所以不同户口类型的居民在"如果您的周围有一片森林，政府将成材的树林砍伐下来办木材厂，将极大提高您的收入，但将破坏环境，您会支持这一决定吗"这一问题的回答上有显著差异。

H4 by A5

如果要办一个化工厂，您是这个厂的持股职工，但会给下游地区造成污染，您会支持这个决定吗 * 户口 Crosstabulation

	农业户口	非农业户口	总计
支持，我们不会受到污染	12.3%	14.0%	12.9%
反对，这是嫁祸于人	69.6%	67.8%	69.0%
不支持也不反对，成了可分红，不成是领导的责任	17.9%	18.0%	17.9%
其他	0.2%	0.2%	0.2%
总计	100.0%	100.0%	100.0%
列总计	5704	2898	8602

Chi-square test：df = 3，卡方值 5.106，sig = 0.164 > 0.05，所以不同户口类型的居民在"如果要办一个化工厂，您是这个厂的持股职工，但会给下游地区造成污染，您会支持这个决定吗"这一问题的回答上没有显著差异。

H5 by A5

您认为造成生态环境问题的最主要原因是 * 户口 Crosstabulation

	农业户口	非农业户口	总计
企业唯利是图，造成环境污染	27.0%	25.6%	26.5%
政府缺乏生态意识，政策失当	35.3%	33.7%	34.7%

续表

	农业户口	非农业户口	总计
个人缺乏环保意识	19.2%	23.1%	20.5%
当代人自私自利，不顾未来和子孙利益	17.7%	16.5%	17.3%
其他	0.8%	1.2%	0.9%
总计	100.0%	100.0%	100.0%
列总计	5689	2909	8598

Chi-square test：df = 4，卡方值 21.858，sig = 0.000 < 0.05，所以不同户口类型的居民在“您认为造成生态环境问题的最主要原因是”这一问题的回答上有显著差异。

H6 by A5

如果环境保护主管部门邀请您参加座谈会或听证会，您是否会出席 ＊ 户口 Crosstabulation

	农业户口	非农业户口	总计
会	70.2%	72.4%	71.0%
不会	29.8%	27.6%	29.0%
总计	100.0%	100.0%	100.0%
列总计	4496	2519	7015

Chi-square test：df = 1，卡方值 3.705，sig = 0.054 > 0.05，所以不同户口类型的居民在“如果环境保护主管部门邀请您参加座谈会或听证会，您是否会出席”这一问题的回答上没有显著差异。

H7 by A5

若您所在社区参加“绿色社区”创建活动，您是否会积极参与 ＊ 户口 Crosstabulation

	农业户口	非农业户口	总计
会	77.2%	75.7%	76.7%
不会	22.8%	24.3%	23.3%
总计	100.0%	100.0%	100.0%
列总计	4576	2498	7074

Chi-square test：df = 1，卡方值 2.160，sig = 0.142 > 0.05，所以不同户口类型的居民在“若您所在社区参加‘绿色社区’创建活动，您是否会积极参与”这一问题的回答上没有显著差异。

I1 by A5

如果您周围有很多外国人，您愿意和他们建立什么样的关系 * 户口 Crosstabulation

	农业户口	非农业户口	总计
愿意做朋友	34.3%	39.1%	35.9%
愿意做兄弟姐妹	9.6%	12.9%	10.7%
不愿意来往，得提防他们	4.6%	3.7%	4.3%
偶尔交往，仅限于礼节性的	11.5%	17.1%	13.4%
无法和他们来往，存在语言、文化、习俗等障碍	39.5%	26.9%	35.3%
其他	0.5%	0.3%	0.4%
总计	100.0%	100.0%	100.0%
列总计	5718	2918	8636

Chi-square test：df = 5，卡方值 168.972，sig = 0.000 < 0.05，所以不同户口类型的居民在“如果您周围有很多外国人，您愿意和他们建立什么样的关系”这一问题的回答上有显著差异。

I2 by A5

您更愿意过春节还是圣诞节 * 户口 Crosstabulation

	农业户口	非农业户口	总计
圣诞节	0.6%	0.9%	0.7%
春节	81.5%	74.3%	79.1%
两个都愿意过	14.8%	21.8%	17.2%
两个都不想过	3.0%	3.1%	3.1%
总计	100.0%	100.0%	100.0%
列总计	5753	2933	8686

Chi-square test：df = 3，卡方值 69.531，sig = 0.000 < 0.05，所以不同户口类型的居民在“您更愿意过春节还是圣诞节”这一问题的回答上有显著差异。

I3 by A5

您同意中国人与外国人通婚吗 * 户口 Crosstabulation

	农业户口	非农业户口	总计
非常同意	5.0%	8.2%	6.1%
比较同意	53.9%	63.3%	57.1%
不太同意	35.3%	24.2%	31.5%
强烈反对	5.8%	4.3%	5.3%

续表

	农业户口	非农业户口	总计
总计	100.0%	100.0%	100.0%
列总计	4978	2612	7590

Chi-square test：df = 3，卡方值 128.558，sig = 0.000 < 0.05，所以不同户口类型的居民在“您同意中国人与外国人通婚吗”这一问题的回答上有显著差异。

I4 by A5

对外来的城市农民工如建筑工人、家庭保姆等，您的态度是 * 户口 Crosstabulation

	农业户口	非农业户口	总计
看不起和排斥	2.1%	2.4%	2.2%
无视和冷漠以对	7.3%	8.7%	7.8%
尊重和体谅	72.8%	73.6%	73.1%
同情和友爱	17.4%	15.1%	16.7%
其他	0.3%	0.2%	0.3%
总计	100.0%	100.0%	100.0%
列总计	5706	2912	8618

Chi-square test：df = 4，卡方值 11.793，sig = 0.019 < 0.05，所以不同户口类型的居民在“对外来的城市农民工如建筑工人、家庭保姆等，您的态度是”这一问题的回答上有显著差异。

I5 by A5

您在日常生活中与同乡人和外乡人的关系是 * 户口 Crosstabulation

	农业户口	非农业户口	总计
与同乡人交往多	43.4%	37.0%	41.2%
与外乡人交往多	11.5%	12.9%	11.9%
一样多	17.0%	22.8%	19.0%
偶尔与外乡人有交往，主要与同乡人交往	28.0%	27.2%	27.7%
其他	0.1%	0.1%	0.1%
总计	100.0%	100.0%	100.0%
列总计	5738	2924	8662

Chi-square test：df = 4，卡方值 57.283，sig = 0.000 < 0.05，所以不同户口类型的居民在“您在日常生活中与同乡人和外乡人的关系是”这一问题的回答上有显著差异。

I6 by A5

您所在地区的政府对待外来人员的政策取向是 ＊ 户口 Crosstabulation

	农业户口	非农业户口	总计
不冷不热，顺其自然	46.1%	40.5%	44.2%
提高门槛，严加限制	15.5%	17.7%	16.2%
降低门槛，广泛吸收	22.7%	26.6%	24.1%
对有钱人、高级专家采取特殊政策吸引，对一般人严加限制	15.1%	14.7%	15.0%
其他	0.6%	0.6%	0.6%
总计	100.0%	100.0%	100.0%
列总计	5013	2689	7702

Chi-square test：df = 4，卡方值 28.831，sig = 0.000 < 0.05，所以不同户口类型的居民在“您所在地区的政府对待外来人员的政策取向是”这一问题的回答上有显著差异。

I7 by A5

您认为在当前的中国，读书还能不能改变命运 ＊ 户口 Crosstabulation

	农业户口	非农业户口	总计
读书只是改变命运的一个路径	34.4%	38.3%	35.8%
读书是改变命运的主要路径	43.0%	41.3%	42.4%
读书是改变命运的唯一路径	12.7%	11.9%	12.4%
不再是改变命运的路径，没权势的人读了书照样穷	9.7%	8.2%	9.2%
其他	0.1%	0.2%	0.2%
总计	100.0%	100.0%	100.0%
列总计	5729	2927	8656

Chi-square test：df = 4，卡方值 16.383，sig = 0.003 < 0.05，所以不同户口类型的居民在“您认为在当前的中国，读书还能不能改变命运”这一问题的回答上有显著差异。

I8 by A5

您如何认识名牌大学里农村学生比例急剧减少的现象 ＊ 户口 Crosstabulation

	农业户口	非农业户口	总计
是一种社会倒退	11.9%	13.5%	12.5%
农村教育的落后	40.1%	39.0%	39.7%
教育不公平	28.7%	27.9%	28.4%
有钱人和有权人特权的表现	12.7%	10.5%	12.0%

续表

	农业户口	非农业户口	总计
代际不公、社会不公的延续和加剧	5.7%	8.3%	6.6%
其他	0.9%	0.8%	0.9%
总计	100.0%	100.0%	100.0%
列总计	5650	2903	8553

Chi-square test：df = 5，卡方值 32.248，sig = 0.000 < 0.05，所以不同户口类型的居民在“您如何认识名牌大学里农村学生比例急剧减少的现象”这一问题的回答上有显著差异。

I9 by A5

您同学指出您家乡的某一风俗习惯很落后保守，您会做出什么反应 * 户口 Crosstabulation

	农业户口	非农业户口	总计
坦然面对，承认这一风俗习惯确实落后	51.8%	55.0%	52.9%
虽然认为说得对，但是感觉他在批评自己的家乡，因此不自在	27.6%	29.6%	28.3%
虽然认为说得对，但是感到受到羞辱	8.7%	7.9%	8.4%
批评家乡就是批评自己，要为家乡的风俗习惯做辩护	11.7%	7.3%	10.2%
其他	0.2%	0.3%	0.2%
总计	100.0%	100.0%	100.0%
列总计	5677	2903	8580

Chi-square test：df = 4，卡方值 45.508，sig = 0.000 < 0.05，所以不同户口类型的居民在“您同学指出您家乡的某一风俗习惯很落后保守，您会做出什么反应”这一问题的回答上有显著差异。

I10 by A5

如果您有机会出国，初到国外时，您会有意识地交中国朋友吗 * 户口 Crosstabulation

	农业户口	非农业户口	总计
会，认为在异国他乡找自己本国人有一种归属感	53.1%	45.2%	50.4%
不会，看缘分交朋友，不强调国籍	19.3%	23.9%	20.8%
不会，会有意识地多交外国朋友	3.5%	4.8%	3.9%
视情况而定	24.1%	26.2%	24.8%
总计	100.0%	100.0%	100.0%
列总计	5686	2896	8582

Chi-square test：df = 3，卡方值 55.572，sig = 0.000 < 0.05，所以不同户口类型的居民在“如果您有机会出国，初到国外时，您会有意识地交中国朋友吗”这一问题的回答上有显著差异。

I11 by A5

您是否愿意与不同民族的人交往 ＊ 户口 Crosstabulation

	农业户口	非农业户口	总计
非常不愿意	2.6%	3.0%	2.8%
不太愿意	17.5%	14.2%	16.3%
比较愿意	71.4%	71.2%	71.4%
非常愿意	8.5%	11.6%	9.6%
总计	100.0%	100.0%	100.0%
列总计	5500	2858	8358

Chi-square test：df = 3，卡方值32.042，sig = 0.000 < 0.05，所以不同户口类型的居民在“您是否愿意与不同民族的人交往”这一问题的回答上有显著差异。

I12 by A5

您是否愿意与不同宗教信仰的人相处 ＊ 户口 Crosstabulation

	农业户口	非农业户口	总计
非常不愿意	5.0%	4.0%	4.6%
不太愿意	24.1%	20.4%	22.8%
比较愿意	64.7%	66.9%	65.5%
非常愿意	6.2%	8.7%	7.1%
总计	100.0%	100.0%	100.0%
列总计	5388	2808	8196

Chi-square test：df = 3，卡方值31.843，sig = 0.000 < 0.05，所以不同户口类型的居民在“您是否愿意与不同宗教信仰的人相处”这一问题的回答上有显著差异。

I13 by A5

您与邻居平时来往多吗 ＊ 户口 Crosstabulation

	农业户口	非农业户口	总计
非常多	21.4%	10.7%	17.8%
比较多	50.5%	43.9%	48.3%
偶尔	24.6%	38.0%	29.1%
几乎不来往	3.6%	7.4%	4.8%
总计	100.0%	100.0%	100.0%
列总计	5694	2909	8603

Chi-square test：df = 3，卡方值317.101，sig = 0.000 < 0.05，所以不同户口类型的居民在“您与邻居平时来往多吗”这一问题的回答上有显著差异。

I14a by A5

您在多大程度上愿意和下列群体成为邻居？农民工、进城务工人员 ＊ 户口 Crosstabulation

	农业户口	非农业户口	总计
非常愿意	15.0%	11.0%	13.7%
比较愿意	77.8%	75.2%	76.9%
不太愿意	7.0%	13.0%	9.0%
很不愿意	0.2%	0.7%	0.4%
总计	100.0%	100.0%	100.0%
列总计	5596	2847	8443

Chi-square test：df = 3，卡方值 113.852，sig = 0.000 < 0.05，所以不同户口类型的居民在“您在多大程度上愿意和下列群体成为邻居？农民工、进城务工人员”这一问题的回答上有显著差异。

I14b by A5

您在多大程度上愿意和下列群体成为邻居？商人 ＊ 户口 Crosstabulation

	农业户口	非农业户口	总计
非常愿意	11.0%	11.1%	11.0%
比较愿意	71.7%	68.5%	70.6%
不太愿意	16.3%	19.0%	17.2%
很不愿意	1.0%	1.4%	1.1%
总计	100.0%	100.0%	100.0%
列总计	5534	2844	8378

Chi-square test：df = 3，卡方值 13.043，sig = 0.005 < 0.05，所以不同户口类型的居民在“您在多大程度上愿意和下列群体成为邻居？商人”这一问题的回答上有显著差异。

I14c by A5

您在多大程度上愿意和下列群体成为邻居？企业家或高级管理人员 ＊ 户口 Crosstabulation

	农业户口	非农业户口	总计
非常愿意	14.6%	17.7%	15.7%
比较愿意	71.6%	68.8%	70.6%
不太愿意	12.8%	12.5%	12.7%
很不愿意	1.0%	1.1%	1.0%

续表

	农业户口	非农业户口	总计
总计	100.0%	100.0%	100.0%
列总计	5452	2838	8290

Chi-square test：df = 3，卡方值 13.571，sig = 0.005 < 0.05，所以不同户口类型的居民在"您在多大程度上愿意和下列群体成为邻居？企业家或高级管理人员"这一问题的回答上有显著差异。

I14d by A5

您在多大程度上愿意和下列群体成为邻居？技术工人 * 户口 Crosstabulation

	农业户口	非农业户口	总计
非常愿意	18.8%	20.3%	19.3%
比较愿意	72.9%	71.4%	72.4%
不太愿意	7.8%	7.6%	7.7%
很不愿意	0.6%	0.8%	0.7%
总计	100.0%	100.0%	100.0%
列总计	5526	2859	8385

Chi-square test：df = 3，卡方值 4.794，sig = 0.188 > 0.05，所以不同户口类型的居民在"您在多大程度上愿意和下列群体成为邻居？技术工人"这一问题的回答上没有显著差异。

I14e by A5

您在多大程度上愿意和下列群体成为邻居？教师 * 户口 Crosstabulation

	农业户口	非农业户口	总计
非常愿意	27.4%	30.3%	28.3%
比较愿意	66.6%	64.0%	65.7%
不太愿意	5.5%	5.0%	5.3%
很不愿意	0.6%	0.7%	0.6%
总计	100.0%	100.0%	100.0%
列总计	5599	2876	8475

Chi-square test：df = 3，卡方值 8.577，sig = 0.035 < 0.05，所以不同户口类型的居民在"您在多大程度上愿意和下列群体成为邻居？教师"这一问题的回答上有显著差异。

I14f by A5

您在多大程度上愿意和下列群体成为邻居？医生 * 户口 Crosstabulation

	农业户口	非农业户口	总计
非常愿意	25.1%	28.5%	26.3%

续表

	农业户口	非农业户口	总计
比较愿意	66.5%	64.3%	65.7%
不太愿意	7.6%	6.5%	7.2%
很不愿意	0.8%	0.7%	0.8%
总计	100.0%	100.0%	100.0%
列总计	5580	2866	8446

Chi-square test：df = 3，卡方值 12.883，sig = 0.005 < 0.05，所以不同户口类型的居民在“您在多大程度上愿意和下列群体成为邻居？医生”这一问题的回答上有显著差异。

I14g by A5

您在多大程度上愿意和下列群体成为邻居？富人 ＊ 户口 Crosstabulation

	农业户口	非农业户口	总计
非常愿意	12.9%	13.4%	13.0%
比较愿意	57.1%	55.8%	56.7%
不太愿意	25.5%	25.2%	25.4%
很不愿意	4.5%	5.6%	4.9%
总计	100.0%	100.0%	100.0%
列总计	5395	2819	8214

Chi-square test：df = 3，卡方值 5.295，sig = 0.151 > 0.05，所以不同户口类型的居民在“您在多大程度上愿意和下列群体成为邻居？富人”这一问题的回答上没有显著差异。

I14h by A5

您在多大程度上愿意和下列群体成为邻居？土豪 ＊ 户口 Crosstabulation

	农业户口	非农业户口	总计
非常愿意	9.5%	10.8%	10.0%
比较愿意	51.0%	50.4%	50.8%
不太愿意	32.0%	30.0%	31.3%
很不愿意	7.4%	8.8%	7.9%
总计	100.0%	100.0%	100.0%
列总计	5316	2794	8110

Chi-square test：df = 3，卡方值 9.914，sig = 0.019 < 0.05，所以不同户口类型的居民在“您在多大程度上愿意和下列群体成为邻居？土豪”这一问题的回答上有显著差异。

I14i by A5

您在多大程度上愿意和下列群体成为邻居？专家学者 ＊ 户口 Crosstabulation

	农业户口	非农业户口	总计
非常愿意	16.1%	21.1%	17.8%
比较愿意	60.1%	60.2%	60.2%
不太愿意	20.0%	14.9%	18.2%
很不愿意	3.8%	3.8%	3.8%
总计	100.0%	100.0%	100.0%
列总计	5189	2759	7948

Chi-square test：df = 3，卡方值 51.113，sig = 0.000 < 0.05，所以不同户口类型的居民在“您在多大程度上愿意和下列群体成为邻居？专家学者”这一问题的回答上有显著差异。

I14j by A5

您在多大程度上愿意和下列群体成为邻居？政府官员 ＊ 户口 Crosstabulation

	农业户口	非农业户口	总计
非常愿意	11.5%	14.4%	12.5%
比较愿意	53.9%	56.0%	54.6%
不太愿意	26.7%	22.3%	25.2%
很不愿意	7.9%	7.3%	7.7%
总计	100.0%	100.0%	100.0%
列总计	5159	2754	7913

Chi-square test：df = 3，卡方值 27.670，sig = 0.000 < 0.05，所以不同户口类型的居民在“您在多大程度上愿意和下列群体成为邻居？政府官员”这一问题的回答上有显著差异。

I14k by A5

您在多大程度上愿意和下列群体成为邻居？公众人物、演艺人士 ＊ 户口 Crosstabulation

	农业户口	非农业户口	总计
非常愿意	9.1%	10.0%	9.4%
比较愿意	51.4%	50.9%	51.2%
不太愿意	29.7%	27.0%	28.7%
很不愿意	9.9%	12.1%	10.6%
总计	100.0%	100.0%	100.0%
列总计	4883	2623	7506

Chi-square test：df = 3，卡方值 13.958，sig = 0.003 < 0.05，所以不同户口类型的居民在“您在多大程度上愿意和下列群体成为邻居？公众人物、演艺人士”这一问题的回答上有显著差异。

I15 by A5

您如何看待中国对其他落后国家的广泛援助计划 ＊ 户口 Crosstabulation

	农业户口	非农业户口	总计
完全支持，认为这有助于提升国家形象和国际地位	45.4%	45.8%	45.6%
支持，认为我们应该帮助比我们落后的国家	26.1%	26.8%	26.3%
支持，但国家应该征求纳税人的意见	9.4%	10.3%	9.7%
不支持，因为我们国家尚存在很多贫困人口	19.0%	17.1%	18.4%
总计	100.0%	100.0%	100.0%
列总计	5175	2750	7925

Chi-square test：df = 3，卡方值 5.615，sig = 0.132 > 0.05，所以不同户口类型的居民在“您如何看待中国对其他落后国家的广泛援助计划”这一问题的回答上没有显著差异。

I16 by A5

您听说过一些道德模范的故事吗？您愿意像他们那样做人做事吗 ＊ 户口 Crosstabulation

	农业户口	非农业户口	总计
知道一些，他们很了不起，应努力向他们学习	51.8%	52.3%	51.9%
知道一些，很敬佩他们，但自己学不来	26.8%	30.5%	28.0%
知道一些，我感到他们那样做有点不值得	4.6%	4.7%	4.6%
没听说过谁是道德模范和身边好人	16.7%	12.5%	15.3%
其他	0.2%	0.1%	0.1%
总计	100.0%	100.0%	100.0%
列总计	5753	2922	8675

Chi-square test：df = 4，卡方值 33.839，sig = 0.000 < 0.05，所以不同户口类型的居民在“您听说过一些道德模范的故事吗？您愿意像他们那样做人做事吗”这一问题的回答上有显著差异。

I17 by A5

当有陌生人走进您的单位或社区，或在车厢中与陌生人在一起时，您通常的态度是 ＊ 户口 Crosstabulation

	农业户口	非农业户口	总计
对他/她微笑	30.7%	34.9%	32.1%
主动打招呼	15.6%	15.4%	15.5%
没有任何反应	30.0%	28.6%	29.5%

续表

	农业户口	非农业户口	总计
保持警惕，防止上当	23.5%	21.1%	22.7%
其他	0.2%	0.1%	0.2%
总计	100.0%	100.0%	100.0%
列总计	5557	2864	8421

Chi-square test：df = 4，卡方值 17.627，sig = 0.001 < 0.05，所以不同户口类型的居民在“当有陌生人走进您的单位或社区，或在车厢中与陌生人在一起时，您通常的态度是”这一问题的回答上有显著差异。

I18 by A5

假设您双手抱着东西走进电梯，您觉得电梯里的陌生人可能会怎样 * 户口 Crosstabulation

	农业户口	非农业户口	总计
主动问您去几楼并帮您按楼层	36.1%	40.0%	37.5%
当作没看见	16.5%	12.5%	15.1%
会在您的请求下给予帮助	47.4%	47.5%	47.4%
总计	100.0%	100.0%	100.0%
列总计	5003	2689	7692

Chi-square test：df = 2，卡方值 25.259，sig = 0.000 < 0.05，所以不同户口类型的居民在“假设您双手抱着东西走进电梯，您觉得电梯里的陌生人可能会怎样”这一问题的回答上有显著差异。

中国伦理道德评价的年龄差异

B1a by A1

过去一年，您对纸质报纸的使用情况是 * 年龄 Crosstabulation

	18—29 岁	30—39 岁	40—49 岁	50—59 岁	60—65 岁	总计
从不	57.8%	61.0%	66.1%	72.0%	75.7%	66.3%
很少	29.5%	26.6%	21.3%	17.4%	14.7%	22.0%
有时	10.5%	9.3%	8.9%	7.3%	6.0%	8.5%
经常	2.0%	2.9%	3.2%	2.8%	3.0%	2.8%
非常频繁	0.1%	0.3%	0.5%	0.6%	0.7%	0.4%
总计	100.0%	100.0%	100.0%	100.0%	100.0%	100.0%
列总计	1814	1642	1853	1927	1438	8674

Chi-square test：df = 16，卡方值为 209.619，sig = 0.000 < 0.05，所以不同年龄的居民在“过去一年，您对纸质报纸的使用情况是”这一问题的回答上有显著差异。

B1b by A1

过去一年，您对纸质杂志的使用情况是 * 年龄 Crosstabulation

	18—29 岁	30—39 岁	40—49 岁	50—59 岁	60—65 岁	总计
从不	55.8%	62.9%	71.3%	79.3%	80.7%	69.8%
很少	27.6%	24.6%	18.4%	14.3%	13.7%	19.8%
有时	13.7%	9.7%	8.0%	4.5%	3.3%	8.0%
经常	2.8%	2.7%	2.0%	1.6%	1.9%	2.2%
非常频繁	0.1%	0.1%	0.3%	0.3%	0.3%	0.2%
总计	100.0%	100.0%	100.0%	100.0%	100.0%	100.0%
列总计	1813	1641	1849	1923	1433	8659

Chi-square test：df = 16，卡方值为 404.518，sig = 0.000 < 0.05，所以不同年龄的居民在“过去一年，您对纸质杂志的使用情况是”这一问题的回答上有显著差异。

B1c by A1

过去一年，您对广播的使用情况是 * 年龄 Crosstabulation

	18—29 岁	30—39 岁	40—49 岁	50—59 岁	60—65 岁	总计
从不	57.5%	58.0%	66.1%	68.6%	65.9%	63.3%
很少	23.9%	24.0%	20.2%	18.6%	18.5%	21.1%
有时	14.0%	12.6%	9.8%	8.7%	10.8%	11.2%
经常	4.2%	4.8%	3.2%	3.6%	4.3%	4.0%
非常频繁	0.5%	0.5%	0.6%	0.5%	0.6%	0.5%

续表

	18—29 岁	30—39 岁	40—49 岁	50—59 岁	60—65 岁	总计
总计	100.0%	100.0%	100.0%	100.0%	100.0%	100.0%
列总计	1805	1630	1849	1922	1429	8635

Chi-square test：df = 16，卡方值为 90.122，sig = 0.000 < 0.05，所以不同年龄的居民在“过去一年，您对广播的使用情况是”这一问题的回答上有显著差异。

B1d by A1

过去一年，您对电视的使用情况是 * 年龄 Crosstabulation

	18—29 岁	30—39 岁	40—49 岁	50—59 岁	60—65 岁	总计
从不	4.8%	2.9%	1.8%	1.4%	2.4%	2.7%
很少	16.0%	14.4%	10.6%	8.5%	9.9%	11.9%
有时	31.8%	28.6%	24.1%	22.9%	19.2%	25.5%
经常	36.6%	42.3%	44.0%	42.6%	42.4%	41.6%
非常频繁	10.7%	11.8%	19.6%	24.5%	26.2%	18.4%
总计	100.0%	100.0%	100.0%	100.0%	100.0%	100.0%
列总计	1807	1646	1846	1930	1438	8667

Chi-square test：df = 16，卡方值为 372.860，sig = 0.000 < 0.05，所以不同年龄的居民在“过去一年，您对电视的使用情况是”这一问题的回答上有显著差异。

B1e by A1

过去一年，您对各种政府网站的使用情况是 * 年龄 Crosstabulation

	18—29 岁	30—39 岁	40—49 岁	50—59 岁	60—65 岁	总计
从不	51.7%	57.3%	69.4%	81.9%	90.8%	69.7%
很少	25.6%	23.6%	15.3%	11.5%	5.4%	16.6%
有时	14.2%	11.0%	9.4%	4.7%	1.9%	8.4%
经常	6.9%	6.6%	4.6%	1.5%	1.6%	4.3%
非常频繁	1.6%	1.5%	1.2%	0.4%	0.2%	1.0%
总计	100.0%	100.0%	100.0%	100.0%	100.0%	100.0%
列总计	1781	1631	1831	1889	1404	8536

Chi-square test：df = 16，卡方值 841.396，sig = 0.000 < 0.05，所以不同年龄的居民在“过去一年，您对各种政府网站的使用情况是”这一问题的回答上有显著差异。

B1f by A1

过去一年，您对社交媒体（微博、微信、博客、播客等）的使用情况是 * 年龄 Crosstabulation

	18—29 岁	30—39 岁	40—49 岁	50—59 岁	60—65 岁	总计
从不	2.4%	3.4%	19.5%	54.4%	81.9%	30.8%

续表

	18—29 岁	30—39 岁	40—49 岁	50—59 岁	60—65 岁	总计
很少	3.2%	7.0%	10.3%	12.8%	7.2%	8.2%
有时	11.4%	17.4%	23.6%	14.6%	5.0%	14.8%
经常	46.2%	46.8%	34.5%	13.9%	4.5%	29.8%
非常频繁	36.9%	25.4%	12.0%	4.3%	1.4%	16.4%
总计	100.0%	100.0%	100.0%	100.0%	100.0%	100.0%
列总计	1809	1645	1847	1911	1409	8621

Chi-square test：df = 16，卡方值为 4551.151，sig = 0.000 < 0.05，所以不同年龄的居民在“过去一年，您对社交媒体（微博、微信、博客、播客等）的使用情况是”这一问题的回答上有显著差异。

B1g by A1

过去一年，您对新媒体（如数字报纸、移动电视等）的使用情况是 * 年龄 Crosstabulation

	18—29 岁	30—39 岁	40—49 岁	50—59 岁	60—65 岁	总计
从不	30.2%	34.1%	54.9%	74.4%	90.0%	55.8%
很少	20.2%	24.5%	19.7%	14.7%	6.6%	17.4%
有时	19.5%	18.9%	14.0%	6.1%	1.9%	12.3%
经常	19.5%	15.6%	8.1%	3.0%	1.2%	9.7%
非常频繁	10.6%	7.0%	3.4%	1.7%	0.4%	4.7%
总计	100.0%	100.0%	100.0%	100.0%	100.0%	100.0%
列总计	1790	1622	1810	1893	1396	8511

Chi-square test：df = 16，卡方值为 1915.423，sig = 0.000 < 0.05，所以不同年龄的居民在“过去一年，您对新媒体（如数字报纸、移动电视等）的使用情况是”这一问题的回答上有显著差异。

B2 by A1

跟五年前相比，您觉得自己的社会经济地位有什么变化 * 年龄 Crosstabulation

	18—29 岁	30—39 岁	40—49 岁	50—59 岁	60—65 岁	总计
上升了	49.3%	48.0%	46.5%	48.4%	53.2%	48.9%
差不多	46.6%	44.6%	45.4%	43.9%	40.5%	44.3%
下降了	4.1%	7.4%	8.2%	7.7%	6.3%	6.8%
总计	100.0%	100.0%	100.0%	100.0%	100.0%	100.0%
列总计	1652	1584	1777	1844	1376	8233

Chi-square test：df = 8，卡方值为 40.641，sig = 0.000 < 0.05，所以不同年龄的居民在“跟五年前相比，您觉得自己的社会经济地位有什么变化”这一问题的回答上有显著差异。

B3 by A1

您感觉在未来的五年中，您的生活水平将会有什么变化 ＊ 年龄 Crosstabulation

	18—29 岁	30—39 岁	40—49 岁	50—59 岁	60—65 岁	总计
上升很多	23.9%	19.4%	16.5%	15.2%	16.5%	18.4%
略有上升	64.1%	67.9%	64.3%	64.4%	58.6%	64.1%
没有变化	9.9%	9.1%	15.4%	16.4%	22.4%	14.3%
略有下降	1.4%	2.8%	2.8%	3.2%	2.0%	2.4%
下降很多	0.8%	0.8%	1.0%	0.8%	0.5%	0.8%
总计	100.0%	100.0%	100.0%	100.0%	100.0%	100.0%
列总计	1623	1488	1656	1643	1206	7616

Chi-square test：df = 16，卡方值为 179.901，sig = 0.000 < 0.05，所以不同年龄的居民在“您感觉在未来的五年中，您的生活水平将会有什么变化”这一问题的回答上有显著差异。

B4 by A1

总的来说，您觉得目前的生活幸福吗 ＊ 年龄 Crosstabulation

	18—29 岁	30—39 岁	40—49 岁	50—59 岁	60—65 岁	总计
非常不幸福	1.5%	0.8%	1.4%	1.4%	1.5%	1.3%
不太幸福	3.6%	4.2%	5.5%	5.9%	5.5%	4.9%
谈不上幸福不幸福	17.1%	16.8%	22.6%	20.5%	25.0%	20.3%
比较幸福	61.9%	65.6%	59.4%	62.9%	55.4%	61.2%
非常幸福	15.8%	12.6%	11.1%	9.3%	12.7%	12.3%
总计	100.0%	100.0%	100.0%	100.0%	100.0%	100.0%
列总计	1824	1653	1870	1930	1445	8722

Chi-square test：df = 16，卡方值为 108.675，sig = 0.000 < 0.05，所以不同年龄的居民在“总的来说，您觉得目前的生活幸福吗”这一问题的回答上有显著差异。

B5 by A1

您对自己目前的生活状态满意吗 ＊ 年龄 Crosstabulation

	18—29 岁	30—39 岁	40—49 岁	50—59 岁	60—65 岁	总计
非常满意	14.6%	12.7%	11.2%	11.3%	13.0%	12.5%
比较满意	71.6%	75.8%	71.7%	74.8%	69.1%	72.7%
不太满意	12.8%	11.3%	16.0%	13.1%	16.5%	13.9%
非常不满意	0.9%	0.2%	1.1%	0.8%	1.4%	0.9%
总计	100.0%	100.0%	100.0%	100.0%	100.0%	100.0%
列总计	1798	1633	1843	1905	1403	8582

Chi-square test：df = 12，卡方值为 54.165，sig = 0.000 < 0.05，所以不同年龄的居民在“您对自己目前的生活状态满意吗”这一问题的回答有显著差异。

B6 by A1

社会上发生的一些事情，您一般是从什么渠道最先知道 ＊ 年龄 Crosstabulation

	18—29 岁	30—39 岁	40—49 岁	50—59 岁	60—65 岁	总计
电视	33.4%	47.5%	68.9%	86.2%	89.2%	64.6%
报纸	2.3%	2.5%	2.7%	4.1%	4.8%	3.2%
电台广播	1.8%	1.6%	1.7%	2.0%	3.6%	2.1%
微博、微信等网络社交媒介	63.8%	58.1%	38.8%	16.6%	5.5%	37.3%
网络	53.7%	43.6%	24.3%	9.2%	3.4%	27.3%
和朋友亲友同事交谈	13.3%	18.3%	27.1%	35.6%	36.1%	25.9%
单位传达	1.2%	1.3%	1.0%	0.7%	0.5%	0.9%
列总计	1817	1651	1863	1925	1431	8687

据上表所示，不同年龄的居民在“社会上发生的一些事情，您一般是从什么渠道最先知道”这一问题的回答上有显著差异。

B7 by A1

从网络中获得的信息对您的思想行为有多大程度的影响 ＊ 年龄 Crosstabulation

	18—29 岁	30—39 岁	40—49 岁	50—59 岁	60—65 岁	总计
影响很大	28.2%	24.5%	16.3%	16.5%	23.0%	22.2%
有一些影响	53.3%	55.2%	54.5%	52.0%	50.6%	53.6%
影响很小	15.2%	17.0%	22.9%	22.7%	18.3%	18.9%
完全没有影响	3.4%	3.3%	6.3%	8.8%	8.2%	5.3%
总计	100.0%	100.0%	100.0%	100.0%	100.0%	100.0%
列总计	1784	1581	1515	1046	514	6440

Chi-square test：df = 12，卡方值为 170.459，sig = 0.000 < 0.05，所以不同年龄的居民在“从网络中获得的信息对您的思想行为有多大程度的影响”这一问题的回答上有显著差异。

B8 by A1

您认为中国梦和您个人、家庭追求美好生活有多大程度的关系 ＊ 年龄 Crosstabulation

	18—29 岁	30—39 岁	40—49 岁	50—59 岁	60—65 岁	总计
关系很大	47.0%	41.5%	34.9%	27.9%	25.0%	35.5%
关系不大	38.1%	39.0%	38.0%	37.0%	31.6%	36.9%
根本没有关系	6.8%	8.9%	9.8%	10.6%	9.6%	9.1%

续表

	18—29 岁	30—39 岁	40—49 岁	50—59 岁	60—65 岁	总计
不清楚什么是中国梦	8.1%	10.6%	17.3%	24.5%	33.7%	18.4%
总计	100.0%	100.0%	100.0%	100.0%	100.0%	100.0%
列总计	1826	1654	1861	1931	1452	8724

Chi-square test：df = 12，卡方值为 577.527，sig = 0.000 < 0.05，所以不同年龄的居民在“您认为中国梦和您个人、家庭追求美好生活有多大程度的关系”这一问题的回答上有显著差异。

B9 by A1

您对当前我国社会道德状况的总体满意度是 * 年龄 Crosstabulation

	18—29 岁	30—39 岁	40—49 岁	50—59 岁	60—65 岁	总计
非常满意	8.7%	6.9%	6.3%	5.7%	7.3%	6.9%
比较满意	62.3%	67.7%	66.9%	70.0%	66.6%	66.7%
不太满意	25.9%	22.6%	24.1%	22.2%	23.7%	23.7%
非常不满意	3.1%	2.7%	2.8%	2.1%	2.3%	2.6%
总计	100.0%	100.0%	100.0%	100.0%	100.0%	100.0%
列总计	1766	1608	1774	1819	1334	8301

Chi-square test：df = 12，卡方值为 31.426，sig = 0.002 < 0.05，所以不同年龄的居民在“您对当前我国社会道德状况的总体满意度是”这一问题的回答上有显著差异。

B10 by A1

您对当前我国社会人与人之间的关系的总体满意度是 * 年龄 Crosstabulation

	18—29 岁	30—39 岁	40—49 岁	50—59 岁	60—65 岁	总计
非常满意	7.0%	5.9%	5.1%	5.3%	7.0%	6.0%
比较满意	65.0%	66.6%	67.9%	71.4%	68.3%	67.8%
不太满意	25.9%	25.5%	25.2%	22.0%	22.9%	24.3%
非常不满意	2.1%	2.0%	1.9%	1.3%	1.8%	1.8%
总计	100.0%	100.0%	100.0%	100.0%	100.0%	100.0%
列总计	1774	1615	1795	1831	1336	8351

Chi-square test：df = 12，卡方值为 28.095，sig = 0.005 < 0.05，所以不同年龄的居民在“您对当前我国社会人与人之间的关系的总体满意度是”这一问题的回答上有显著差异。

B11 by A1

您对自己的道德状况的满意度是 * 年龄 Crosstabulation

	18—29 岁	30—39 岁	40—49 岁	50—59 岁	60—65 岁	总计
非常满意	17.5%	15.5%	14.4%	14.8%	14.1%	15.3%
比较满意	75.0%	77.8%	78.0%	78.5%	79.3%	77.6%
不太满意	7.1%	6.2%	6.8%	6.6%	5.7%	6.5%
非常不满意	0.4%	0.6%	0.8%	0.2%	1.0%	0.6%
总计	100.0%	100.0%	100.0%	100.0%	100.0%	100.0%
列总计	1782	1608	1796	1843	1360	8389

Chi-square test：df = 12，卡方值为 24.076，sig = 0.020 < 0.05，所以不同年龄的居民在“您对自己的道德状况的满意度是”这一问题的回答上有显著差异。

B12 by A1

您觉得今后中国社会的道德状况会变成什么样 * 年龄 Crosstabulation

	18—29 岁	30—39 岁	40—49 岁	50—59 岁	60—65 岁	总计
越来越差	6.7%	7.1%	6.3%	4.1%	3.9%	5.6%
不变	9.3%	11.4%	10.7%	10.6%	12.3%	10.8%
越来越好	74.3%	72.9%	71.1%	71.3%	66.8%	71.4%
不知道	9.7%	8.6%	11.9%	14.1%	17.1%	12.2%
总计	100.0%	100.0%	100.0%	100.0%	100.0%	100.0%
列总计	1827	1654	1865	1931	1453	8730

Chi-square test：df = 12，卡方值为 101.768，sig = 0.000 < 0.05，所以不同年龄的居民在“您觉得今后中国社会的道德状况会变成什么样”这一问题的回答上有显著差异。

B13 by A1

您认为我国目前人与人之间的关系受什么影响 * 年龄 Crosstabulation

	18—29 岁	30—39 岁	40—49 岁	50—59 岁	60—65 岁	总计
利益	65.3%	65.4%	65.1%	64.7%	60.0%	64.3%
情感	45.1%	44.0%	46.8%	51.1%	50.8%	47.5%
国家倡导的主流价值观	23.4%	25.7%	20.8%	20.2%	18.6%	21.8%
中国传统价值观	24.4%	26.7%	25.8%	25.1%	28.0%	25.9%
西方价值观	5.6%	4.9%	3.7%	1.9%	0.8%	3.5%
列总计	1759	1597	1761	1801	1314	8232

据上表所示，不同年龄的居民在“您认为我国目前人与人之间的关系受什么影响”这一问题的回答上有显著差异。

B14 by A1

对中国社会，您最担忧的问题是 * 年龄 Crosstabulation

	18—29 岁	30—39 岁	40—49 岁	50—59 岁	60—65 岁	总计
腐败不能根治	38.4%	40.4%	40.2%	40.2%	38.3%	39.5%
生态环境恶化	42.7%	44.0%	38.6%	33.7%	33.5%	38.6%
分配不公，两极分化	21.2%	19.1%	18.5%	17.1%	15.2%	18.3%
老无所养，未来没有把握	16.8%	22.6%	27.5%	34.9%	35.7%	27.2%
生活水平下降	17.7%	20.8%	23.4%	24.6%	25.9%	22.4%
道德滑坡，社会风气恶化	21.3%	16.3%	14.9%	12.7%	13.5%	15.8%
人际关系紧张	19.2%	16.4%	13.3%	11.7%	9.9%	14.2%
列总计	1799	1631	1820	1869	1374	8493

据上表所示，不同年龄的居民在“对中国社会，您最担忧的问题是”这一问题的回答上有显著差异。

B15 by A1

对伦理关系和道德生活，您最向往的是 * 年龄 Crosstabulation

	18—29 岁	30—39 岁	40—49 岁	50—59 岁	60—65 岁	总计
传统社会的伦理和道德（如仁、义、礼、智、信）	52.6%	55.3%	61.5%	65.7%	65.6%	60.1%
战争年代为理想而献身的革命精神（如革命烈士无私献身精神）	16.6%	15.4%	15.6%	14.5%	15.6%	15.5%
新中国成立后到“文化大革命”前的大公无私的集体主义精神	9.1%	9.5%	9.0%	9.6%	12.1%	9.8%
追求个人利益的市场经济下的道德	12.4%	13.5%	10.0%	8.1%	5.3%	10.0%
西方道德（如个人主义、实用主义、功利主义）	6.6%	3.5%	1.2%	0.6%	0.5%	2.6%
其他	2.6%	2.8%	2.7%	1.4%	0.9%	2.1%
总计	100.0%	100.0%	100.0%	100.0%	100.0%	100.0%
列总计	1797	1613	1786	1880	1388	8464

Chi-square test：df = 20，卡方值为 329.614，sig = 0.000 < 0.05，所以不同年龄的居民在“对伦理关系和道德生活，您最向往的是”这一问题的回答上有显著差异。

B16a by A1

您认为当前我国社会道德生活中最重要的内容是什么？最重要 ＊ 年龄 Crosstabulation

	18—29 岁	30—39 岁	40—49 岁	50—59 岁	60—65 岁	总计
意识形态中所提倡的社会主义道德	26.4%	22.8%	23.0%	23.4%	22.4%	23.7%
中国传统道德	44.5%	44.9%	52.3%	51.8%	60.7%	50.4%
西方文化影响而形成的道德	12.0%	11.0%	6.3%	7.0%	4.2%	8.3%
市场经济中形成的道德	17.0%	21.3%	18.2%	17.7%	12.6%	17.5%
其他	0.1%	0.1%	0.2%	0.1%	0.1%	0.1%
总计	100.0%	100.0%	100.0%	100.0%	100.0%	100.0%
列总计	1795	1613	1783	1820	1342	8353

Chi-square test：df = 16，卡方值为 177.258，sig = 0.000 < 0.05，所以不同年龄的居民在“您认为当前我国社会道德生活中最重要的内容是什么？最重要”这一问题的回答上有显著差异。

B16b by A1

您认为当前我国社会道德生活中最重要的内容是什么？第二重要 ＊ 年龄 Crosstabulation

	18—29 岁	30—39 岁	40—49 岁	50—59 岁	60—65 岁	总计
意识形态中所提倡的社会主义道德	39.0%	38.2%	42.4%	42.1%	45.2%	41.2%
中国传统道德	30.7%	31.3%	28.4%	30.0%	26.0%	29.4%
西方文化影响而形成的道德	11.0%	10.0%	9.8%	6.6%	6.5%	8.9%
市场经济中形成的道德	19.4%	20.5%	19.2%	21.3%	22.2%	20.4%
其他		0.1%	0.2%	0.1%		0.1%
总计	100.0%	100.0%	100.0%	100.0%	100.0%	100.0%
列总计	1761	1577	1706	1737	1209	7990

Chi-square test：df = 16，卡方值为 63.485，sig = 0.000 < 0.05，所以不同年龄的居民在“您认为当前我国社会道德生活中最重要的内容是什么？第二重要”这一问题的回答上有显著差异。

B16c by A1

您认为当前我国社会道德生活中最重要的内容是什么？第三重要 ＊ 年龄 Crosstabulation

	18—29 岁	30—39 岁	40—49 岁	50—59 岁	60—65 岁	总计
意识形态中所提倡的社会主义道德	26.1%	29.9%	27.4%	28.2%	25.4%	27.5%
中国传统道德	15.9%	16.7%	15.2%	15.8%	13.1%	15.5%

续表

	18—29 岁	30—39 岁	40—49 岁	50—59 岁	60—65 岁	总计
西方文化影响而形成的道德	18.0%	15.6%	15.1%	11.6%	12.0%	14.6%
市场经济中形成的道德	40.0%	37.9%	42.2%	44.4%	49.5%	42.4%
其他			0.1%			
总计	100.0%	100.0%	100.0%	100.0%	100.0%	100.0%
列总计	1731	1542	1666	1685	1162	7786

Chi-square test：df = 16，卡方值为 75.602，sig = 0.000 < 0.05，所以不同年龄的居民在“您认为当前我国社会道德生活中最重要的内容是什么？第三重要”这一问题的回答上有显著差异。

B17 by A1

您认为目前我国社会中伦理道德对人际关系的调解能力如何 * 年龄 Crosstabulation

	18—29 岁	30—39 岁	40—49 岁	50—59 岁	60—65 岁	总计
良好	17.7%	18.2%	16.8%	19.5%	19.0%	18.2%
一般	61.2%	57.9%	57.9%	57.6%	56.9%	58.4%
很差	10.5%	10.6%	12.4%	10.1%	10.2%	10.8%
几乎没有，一切都听从利益支配	10.6%	13.3%	12.9%	12.8%	13.9%	12.6%
总计	100.0%	100.0%	100.0%	100.0%	100.0%	100.0%
列总计	1732	1552	1699	1650	1112	7745

Chi-square test：df = 12，卡方值为 20.339，sig = 0.061 > 0.05，所以不同年龄的居民在“您认为目前我国社会中伦理道德对人际关系的调解能力如何”这一问题的回答上没有显著差异。

B18 by A1

您认为目前我国社会中伦理道德对个人行为的约束能力如何 * 年龄 Crosstabulation

	18—29 岁	30—39 岁	40—49 岁	50—59 岁	60—65 岁	总计
良好	16.6%	16.8%	15.9%	17.9%	17.8%	17.0%
一般	59.5%	57.6%	58.0%	56.8%	58.1%	58.0%
很差	13.5%	12.9%	14.0%	13.1%	12.2%	13.2%
几乎没有，一切都听从利益支配	10.4%	12.7%	12.1%	12.2%	11.9%	11.8%
总计	100.0%	100.0%	100.0%	100.0%	100.0%	100.0%
列总计	1726	1556	1702	1654	1116	7754

Chi-square test：df = 12，卡方值为 10.088，sig = 0.608 > 0.05，所以不同年龄的居民在“您认为目前我国社会中伦理道德对个人行为的约束能力如何”这一问题的回答上没有显著差异。

B19 by A1

您认为当今中国社会最基本的伦理冲突是 ＊ 年龄 Crosstabulation

	18—29 岁	30—39 岁	40—49 岁	50—59 岁	60—65 岁	总计
人与自然的冲突	24.2%	23.7%	21.7%	21.9%	20.3%	22.4%
人与自身的冲突	31.6%	32.5%	29.9%	32.2%	29.5%	31.2%
人与人之间的冲突	48.0%	48.9%	47.4%	44.1%	42.7%	46.3%
个人与社会的冲突	32.7%	27.7%	33.1%	30.2%	30.2%	30.9%
个人与政府的冲突	7.4%	7.6%	7.3%	7.9%	7.1%	7.5%
列总计	1804	1627	1805	1837	1354	8427

据上表所示，不同年龄的居民在“您认为当今中国社会最基本的伦理冲突是”这一问题的回答上没有显著差异。

B20a by A1

在下列关系中，您认为哪些关系对您来说最重要？第一位 ＊ 年龄 Crosstabulation

	18—29 岁	30—39 岁	40—49 岁	50—59 岁	60—65 岁	总计
父母与子女	69.2%	62.6%	66.5%	67.9%	71.5%	67.5%
夫妇	15.4%	24.7%	22.6%	22.9%	20.0%	21.1%
兄弟姐妹	1.8%	1.2%	1.2%	1.1%	1.5%	1.3%
同事或同学	4.0%	2.0%	2.8%	1.2%	1.2%	2.3%
上级或下级	1.6%	1.4%	0.8%	0.6%	0.6%	1.0%
师生	0.2%	0.1%	0.1%	0.2%	0.1%	0.1%
人与自然的关系	1.1%	1.2%	1.0%	0.8%	0.8%	1.0%
个人与社会	1.3%	1.1%	0.7%	0.9%	0.8%	1.0%
个人与国家	1.2%	1.6%	2.1%	2.3%	2.1%	1.9%
个人与工作单位	1.4%	1.6%	1.0%	1.0%	0.4%	1.1%
通过网络建立的各种“群”的关系	0.1%	0.2%		0.1%	0.1%	0.1%
朋友	0.7%	0.5%	0.4%	0.3%	0.3%	0.4%
个人与自身的关系（身心和谐）	2.0%	1.7%	0.7%	0.7%	0.6%	1.2%
其他	0.1%		0.1%	0.1%		
总计	100.0%	100.0%	100.0%	100.0%	100.0%	100.0%
列总计	1827	1659	1872	1937	1453	8748

Chi-square test：df = 52，卡方值为 182.307，sig = 0.000 < 0.05，所以不同年龄的居民在“在下列关系中，您认为哪些关系对您来说最重要？第一位”这一问题的回答上有显著差异。

B20b by A1

在下列关系中，您认为哪些关系对您来说最重要？第二位 * 年龄 Crosstabulation

	18—29 岁	30—39 岁	40—49 岁	50—59 岁	60—65 岁	总计
父母与子女	21.1%	27.4%	25.6%	23.6%	20.4%	23.7%
夫妇	36.2%	47.2%	53.7%	59.0%	60.0%	51.0%
兄弟姐妹	22.4%	9.9%	9.8%	7.6%	9.1%	11.9%
同事或同学	7.6%	5.0%	3.1%	2.6%	2.3%	4.2%
上级或下级	1.6%	1.4%	1.2%	0.9%	1.4%	1.3%
师生	1.4%	0.8%	0.6%	0.5%	0.8%	0.8%
人与自然的关系	1.6%	1.9%	1.7%	1.8%	1.0%	1.6%
个人与社会	1.3%	1.6%	1.0%	1.1%	1.4%	1.3%
个人与国家	1.3%	1.2%	1.0%	1.1%	1.6%	1.2%
个人与工作单位	2.1%	1.9%	1.2%	0.7%	0.5%	1.3%
通过网络建立的各种“群”的关系		0.1%	0.1%	0.2%	0.1%	0.1%
朋友	2.6%	0.9%	0.8%	0.6%	0.8%	1.1%
个人与自身的关系（身心和谐）	0.8%	0.5%	0.3%	0.4%	0.5%	0.5%
其他	0.1%				0.1%	
总计	100.0%	100.0%	100.0%	100.0%	100.0%	100.0%
列总计	1817	1648	1861	1923	1446	8695

Chi-square test：df = 52，卡方值 570.068，sig = 0.000 < 0.05，所以不同年龄的居民在“在下列关系中，您认为哪些关系对您来说最重要？第二位”这一问题的回答上有显著差异。

B20c by A1

在下列关系中，您认为哪些关系对您来说最重要？第三位 * 年龄 Crosstabulation

	18—29 岁	30—39 岁	40—49 岁	50—59 岁	60—65 岁	总计
父母与子女	3.6%	4.0%	2.9%	2.8%	3.3%	3.3%
夫妇	10.1%	9.4%	8.8%	7.1%	7.2%	8.6%
兄弟姐妹	37.7%	50.1%	54.5%	63.0%	63.6%	53.5%
同事或同学	14.0%	9.0%	7.4%	5.4%	4.9%	8.2%
上级或下级	4.8%	4.0%	4.7%	4.1%	2.1%	4.0%
师生	4.0%	2.9%	1.6%	1.4%	2.7%	2.5%

续表

	18—29 岁	30—39 岁	40—49 岁	50—59 岁	60—65 岁	总计
人与自然的关系	3.8%	3.3%	3.7%	3.4%	3.1%	3.5%
个人与社会	5.3%	4.5%	5.2%	3.4%	3.9%	4.5%
个人与国家	3.5%	3.5%	4.0%	3.1%	3.6%	3.5%
个人与工作单位	2.6%	3.5%	2.1%	1.4%	1.5%	2.2%
通过网络建立的各种“群”的关系	0.5%	0.4%	0.3%	0.1%	0.2%	0.3%
朋友	8.1%	4.0%	3.2%	3.4%	2.8%	4.4%
个人与自身的关系（身心和谐）	1.8%	1.5%	1.7%	1.6%	1.0%	1.5%
其他					0.1%	
总计	100.0%	100.0%	100.0%	100.0%	100.0%	100.0%
列总计	1816	1644	1855	1921	1433	8669

Chi-square test：df = 52，卡方值为 472.896，sig = 0.000 < 0.05，所以不同年龄的居民在“在下列关系中，您认为哪些关系对您来说最重要？第三位”这一问题的回答上有显著差异。

B20d by A1

在下列关系中，您认为哪些关系对您来说最重要？第四位 ＊ 年龄 Crosstabulation

	18—29 岁	30—39 岁	40—49 岁	50—59 岁	60—65 岁	总计
父母与子女	1.4%	1.6%	1.0%	1.4%	1.3%	1.3%
夫妇	4.0%	4.7%	3.7%	2.8%	4.4%	3.9%
兄弟姐妹	5.4%	5.4%	5.9%	6.0%	5.1%	5.6%
同事或同学	21.0%	17.1%	19.4%	18.1%	17.1%	18.6%
上级或下级	6.3%	6.0%	5.8%	5.0%	3.3%	5.4%
师生	7.1%	3.9%	4.2%	5.3%	4.9%	5.1%
人与自然的关系	7.2%	6.7%	7.0%	7.7%	8.0%	7.3%
个人与社会	10.0%	11.2%	11.9%	11.8%	13.0%	11.5%
个人与国家	4.7%	4.5%	6.0%	5.8%	8.4%	5.8%
个人与工作单位	8.8%	11.4%	9.4%	7.4%	5.6%	8.6%
通过网络建立的各种“群”的关系	1.4%	1.3%	0.6%	0.3%	0.4%	0.8%
朋友	20.0%	23.1%	23.0%	24.6%	25.8%	23.2%
个人与自身的关系（身心和谐）	2.7%	3.1%	2.2%	3.7%	2.7%	2.9%
其他	0.1%		0.1%		0.1%	
总计	100.0%	100.0%	100.0%	100.0%	100.0%	100.0%
列总计	1798	1635	1824	1898	1401	8556

Chi-square test：df = 53，卡方值为 178.493，sig = 0.000 < 0.05，所以不同年龄的居民在“在下列关系中，您认为哪些关系对您来说最重要？第四位”这一问题的回答上有显著差异。

B20e by A1

在下列关系中，您认为哪些关系对您来说最重要？第五位 ＊ 年龄 Crosstabulation

	18—29 岁	30—39 岁	40—49 岁	50—59 岁	60—65 岁	总计
父母与子女	0.8%	0.6%	0.4%	0.8%	0.8%	0.7%
夫妇	1.7%	1.8%	1.9%	1.7%	0.9%	1.6%
兄弟姐妹	3.2%	3.2%	3.3%	3.0%	3.3%	3.2%
同事或同学	12.0%	11.3%	11.3%	11.9%	11.2%	11.6%
上级或下级	7.4%	7.3%	6.0%	4.5%	5.1%	6.1%
师生	7.7%	5.4%	5.4%	7.0%	7.2%	6.5%
人与自然的关系	4.6%	5.3%	5.0%	6.1%	6.0%	5.4%
个人与社会	14.1%	14.0%	16.1%	14.0%	14.4%	14.5%
个人与国家	8.5%	9.5%	10.4%	11.5%	15.5%	10.9%
个人与工作单位	10.8%	11.8%	9.4%	8.0%	5.2%	9.2%
通过网络建立的各种“群”的关系	1.4%	3.2%	2.5%	0.9%	0.4%	2.7%
朋友	19.0%	20.0%	22.1%	24.3%	24.6%	21.9%
个人与自身的关系（身心和谐）	5.8%	4.6%	6.1%	6.1%	4.9%	5.6%
其他			0.2%	0.2%	0.6%	0.2%
总计	100.0%	100.0%	100.0%	100.0%	100.0%	100.0%
列总计	1786	1623	1792	1860	1376	8437

Chi-square test：df = 52，卡方值为 285.098，sig = 0.000 < 0.05，所以不同年龄的居民在“在下列关系中，您认为哪些关系对您来说最重要？第五位”这一问题的回答上有显著差异。

B21 by A1

您认为哪一种关系对社会秩序最具根本性意义 ＊ 年龄 Crosstabulation

	18—29 岁	30—39 岁	40—49 岁	50—59 岁	60—65 岁	总计
家庭关系或血缘关系	29.7%	31.3%	33.7%	34.2%	34.1%	32.6%
个人与社会的关系	48.1%	46.8%	46.3%	46.5%	46.0%	46.7%
职业关系	4.7%	5.9%	4.8%	4.0%	3.1%	4.6%
个人与国家民族的关系	10.6%	9.8%	10.6%	10.4%	10.8%	10.4%
人与自然的关系	2.3%	1.9%	2.1%	2.0%	1.8%	2.0%
个人与自身的关系	4.7%	4.4%	2.4%	2.9%	4.2%	3.7%
总计	100.0%	100.0%	100.0%	100.0%	100.0%	100.0%

续表

	18—29 岁	30—39 岁	40—49 岁	50—59 岁	60—65 岁	总计
列总计	1823	1651	1860	1917	1429	8680

Chi-square test：df = 20，卡方值为 45.457，sig = 0.001 < 0.05，所以不同年龄的居民在“您认为哪一种关系对社会秩序最具根本性意义”这一问题的回答上有显著差异。

B22 by A1

您认为哪一种关系对个人生活最具根本性意义 * 年龄 Crosstabulation

	18—29 岁	30—39 岁	40—49 岁	50—59 岁	60—65 岁	总计
家庭关系或血缘关系	53.0%	55.1%	55.1%	55.0%	52.8%	54.3%
个人与社会的关系	20.9%	20.1%	20.6%	18.1%	19.5%	19.8%
职业关系	10.5%	11.3%	12.7%	14.8%	13.7%	12.6%
个人与国家民族的关系	4.9%	4.4%	5.2%	4.9%	5.2%	4.9%
人与自然的关系	1.6%	2.1%	1.6%	2.1%	2.1%	1.9%
个人与自身的关系	9.1%	7.0%	4.8%	5.0%	6.7%	6.5%
总计	100.0%	100.0%	100.0%	100.0%	100.0%	100.0%
列总计	1816	1648	1862	1923	1442	8691

Chi-square test：df = 20，卡方值为 61.448，sig = 0.000 < 0.05，所以不同年龄的居民在“您认为哪一种关系对个人生活最具根本性意义”这一问题的回答上有显著差异。

B23a by A1

对于个人而言，您认为家庭、社会和国家三者的重要性程度如何？第一位 * 年龄 Crosstabulation

	18—29 岁	30—39 岁	40—49 岁	50—59 岁	60—65 岁	总计
国家	44.0%	43.5%	46.7%	47.0%	48.6%	45.9%
社会	5.4%	5.3%	5.5%	5.5%	7.6%	5.8%
家庭	50.6%	51.2%	47.9%	47.5%	43.7%	48.3%
总计	100.0%	100.0%	100.0%	100.0%	100.0%	100.0%
列总计	1822	1653	1867	1927	1452	8721

Chi-square test：df = 8，卡方值为 28.276，sig = 0.000 < 0.05，所以不同年龄的居民在“对于个人而言，您认为家庭、社会和国家三者的重要性程度如何？第一位”这一问题的回答上有显著差异。

B23b by A1

对于个人而言，您认为家庭、社会和国家三者的重要性程度如何？第二位 * 年龄 Crosstabulation

	18—29 岁	30—39 岁	40—49 岁	50—59 岁	60—65 岁	总计
国家	34.0%	33.0%	33.8%	35.1%	31.6%	33.6%
社会	28.7%	29.6%	23.1%	21.2%	22.5%	25.0%
家庭	37.4%	37.4%	43.0%	43.7%	45.8%	41.4%
总计	100.0%	100.0%	100.0%	100.0%	100.0%	100.0%
列总计	1817	1651	1862	1921	1451	8702

Chi-square test：df = 8，卡方值为 67.970，sig = 0.000 < 0.05，所以不同年龄的居民在“对于个人而言，您认为家庭、社会和国家三者的重要性程度如何？第二位”这一问题的回答上有显著差异。

B24a by A1

请根据您的理解选择对下列陈述的评价：信息技术、网络技术的发展对伦理道德的影响 * 年龄 Crosstabulation

	18—29 岁	30—39 岁	40—49 岁	50—59 岁	60—65 岁	总计
消极影响	15.9%	15.4%	15.2%	17.7%	13.2%	15.7%
没有影响	23.6%	26.1%	31.4%	31.4%	42.0%	29.5%
积极影响	60.5%	58.6%	53.4%	50.9%	44.8%	54.8%
总计	100.0%	100.0%	100.0%	100.0%	100.0%	100.0%
列总计	1425	1301	1290	1093	676	5785

Chi-square test：df = 8，卡方值为 94.547，sig = 0.000 < 0.05，所以不同年龄的居民在“信息技术、网络技术的发展对伦理道德的影响”这一问题的回答上有显著差异。

B24b by A1

请根据您的理解选择对下列陈述的评价：市场经济对我国伦理道德的影响 * 年龄 Crosstabulation

	18—29 岁	30—39 岁	40—49 岁	50—59 岁	60—65 岁	总计
消极影响	18.6%	15.6%	15.4%	13.2%	9.8%	15.2%
没有影响	21.6%	24.4%	25.7%	26.4%	33.2%	25.5%
积极影响	59.8%	59.9%	58.9%	60.4%	57.1%	59.4%
总计	100.0%	100.0%	100.0%	100.0%	100.0%	100.0%
列总计	1403	1272	1269	1078	687	5709

Chi-square test：df = 8，卡方值为 53.564，sig = 0.000 < 0.05，所以不同年龄的居民在“市场经济对我国伦理道德的影响”这一问题的回答上有显著差异。

B24c by A1

请根据您的理解选择对下列陈述的评价：西方文化对我国伦理道德的影响 * 年龄 Crosstabulation

	18—29 岁	30—39 岁	40—49 岁	50—59 岁	60—65 岁	总计
消极影响	23.2%	20.9%	21.8%	22.0%	20.6%	21.9%
没有影响	28.4%	30.1%	34.9%	36.3%	43.7%	33.5%
积极影响	48.4%	48.9%	43.3%	41.7%	35.7%	44.6%
总计	100.0%	100.0%	100.0%	100.0%	100.0%	100.0%
列总计	1334	1189	1186	978	627	5314

Chi-square test：df = 8，卡方值为 61.561，sig = 0.000 < 0.05，所以不同年龄的居民在“西方文化对我国伦理道德的影响”这一问题的回答上有显著差异。

B25 by A1

如果国外报道与国家主流媒体的宣传内容不一致，您倾向于相信 * 年龄 Crosstabulation

	18—29 岁	30—39 岁	40—49 岁	50—59 岁	60—65 岁	总计
主流媒体	61.7%	65.5%	69.2%	73.5%	73.7%	68.5%
国外报道	5.8%	4.7%	3.9%	3.3%	2.7%	4.1%
谁都不相信，自己判断	32.5%	29.8%	26.8%	23.2%	23.6%	27.3%
总计	100.0%	100.0%	100.0%	100.0%	100.0%	100.0%
列总计	1699	1560	1733	1739	1251	7982

Chi-square test：df = 8，卡方值为 83.370，sig = 0.000 < 0.05，所以不同年龄的居民在“如果国外报道与国家主流媒体的宣传内容不一致，您倾向于相信”这一问题的回答上有显著差异。

B26 by A1

如果朋友圈的消息与国家主流媒体的报道不一致，您倾向于相信 * 年龄 Crosstabulation

	18—29 岁	30—39 岁	40—49 岁	50—59 岁	60—65 岁	总计
主流媒体	53.7%	57.8%	60.3%	63.1%	63.6%	59.6%
朋友圈/亲朋圈子	10.3%	10.2%	9.6%	8.4%	6.9%	9.2%
都不相信，自己比较判断	35.7%	31.8%	29.5%	27.0%	27.8%	30.4%
其他	0.3%	0.2%	0.6%	1.4%	1.7%	0.8%
总计	100.0%	100.0%	100.0%	100.0%	100.0%	100.0%

续表

	18—29 岁	30—39 岁	40—49 岁	50—59 岁	60—65 岁	总计
列总计	1808	1648	1848	1904	1406	8614

Chi-square test：df = 12，卡方值为 95.691，sig = 0.000 < 0.05，所以不同年龄的居民在“如果朋友圈的消息与国家主流媒体的宣传内容不一致，您倾向于相信”这一问题的回答上有显著差异。

C1 by A1

您认为当前中国社会个人道德素质的主要问题是 * 年龄 Crosstabulation

	18—29 岁	30—39 岁	40—49 岁	50—59 岁	60—65 岁	总计
道德上无知	10.8%	10.1%	12.8%	15.0%	18.0%	13.2%
有道德知识，但不见诸行动	73.3%	70.7%	70.0%	67.9%	63.7%	69.4%
道德上既无知，也不见道德行动	15.0%	18.6%	16.4%	16.7%	17.0%	16.7%
其他	0.9%	0.5%	0.9%	0.4%	1.3%	0.8%
总计	100.0%	100.0%	100.0%	100.0%	100.0%	100.0%
列总计	1812	1637	1825	1899	1390	8563

Chi-square test：df = 12，卡方值为 75.848，sig = 0.000 < 0.05，所以不同年龄的居民在“您认为当前中国社会个人道德素质的主要问题是”这一问题的回答上有显著差异。

C2 by A1

您根据什么来判断某种行为是否符合伦理或道德 * 年龄 Crosstabulation

	18—29 岁	30—39 岁	40—49 岁	50—59 岁	60—65 岁	总计
传统道德观念	50.8%	51.1%	49.6%	52.9%	52.0%	51.3%
风俗习惯	43.8%	49.6%	47.3%	49.7%	49.2%	47.9%
大多数人认同的道德规范	35.6%	36.0%	34.4%	36.8%	33.9%	35.4%
当事人共同利益和意志	23.1%	23.5%	18.4%	14.7%	11.0%	18.3%
自己的良心	53.2%	54.1%	58.3%	58.4%	62.1%	57.1%
意识形态的要求	14.1%	10.2%	7.3%	6.0%	4.5%	8.5%
列总计	1793	1631	1839	1908	1422	8593

据上表所示，不同年龄的居民在“您根据什么来判断某种行为是否符合伦理或道德”这一问题的回答上有显著差异。

C3a by A1

我会经常关心比我不幸的人 ＊ 年龄 Crosstabulation

	18—29 岁	30—39 岁	40—49 岁	50—59 岁	60—65 岁	总计
完全不符合	4.0%	3.1%	2.6%	2.7%	2.4%	3.0%
有点符合	31.9%	29.4%	30.9%	32.2%	27.7%	30.6%
一般	31.5%	35.5%	32.1%	31.8%	36.2%	33.2%
比较符合	27.4%	27.6%	29.4%	28.6%	29.8%	28.5%
完全符合	5.2%	4.4%	5.0%	4.8%	4.0%	4.7%
总计	100.0%	100.0%	100.0%	100.0%	100.0%	100.0%
列总计	1808	1654	1855	1918	1427	8662

Chi-square test：df = 16，卡方值为 32.005，sig = 0.010 < 0.05，所以不同年龄的居民在“我会经常关心比我不幸的人”这一问题的回答上有显著差异。

C3b by A1

我时常会同情他人的难处 ＊ 年龄 Crosstabulation

	18—29 岁	30—39 岁	40—49 岁	50—59 岁	60—65 岁	总计
完全不符合	2.3%	2.2%	1.9%	1.9%	1.8%	2.0%
有点符合	28.4%	27.3%	30.1%	30.0%	28.5%	28.9%
一般	32.8%	34.7%	33.5%	34.7%	36.2%	34.3%
比较符合	27.0%	28.4%	25.8%	26.0%	27.3%	26.9%
完全符合	9.5%	7.3%	8.7%	7.4%	6.2%	7.9%
总计	100.0%	100.0%	100.0%	100.0%	100.0%	100.0%
列总计	1805	1652	1855	1912	1430	8654

Chi-square test：df = 16，卡方值为 24.914，sig = 0.071 > 0.05，所以不同年龄的居民在“我时常会同情他人的难处”这一问题的回答上没有显著差异。

C3c by A1

在做决定前，我会试着从每个人的立场去考虑问题 ＊ 年龄 Crosstabulation

	18—29 岁	30—39 岁	40—49 岁	50—59 岁	60—65 岁	总计
完全不符合	3.5%	2.7%	3.0%	2.6%	2.9%	3.0%
有点符合	22.4%	24.0%	25.4%	26.9%	25.1%	24.8%
一般	37.2%	38.4%	36.5%	38.5%	43.0%	38.5%

续表

	18—29 岁	30—39 岁	40—49 岁	50—59 岁	60—65 岁	总计
比较符合	29.6%	26.5%	27.6%	25.4%	24.9%	26.9%
完全符合	7.3%	8.4%	7.5%	6.5%	4.1%	6.9%
总计	100.0%	100.0%	100.0%	100.0%	100.0%	100.0%
列总计	1814	1650	1854	1910	1416	8644

Chi-square test：df = 16，卡方值 53.792，sig = 0.000 < 0.05，所以不同年龄的居民在“在做决定前，我会试着从每个人的立场去考虑问题”这一问题的回答上有显著差异。

C3d by A1

当我看到有人被利用时，时常想要保护他们 * 年龄 Crosstabulation

	18—29 岁	30—39 岁	40—49 岁	50—59 岁	60—65 岁	总计
完全不符合	5.8%	5.1%	5.4%	5.2%	4.1%	5.2%
有点符合	23.2%	25.2%	25.4%	26.9%	26.2%	25.4%
一般	36.3%	37.3%	37.8%	37.8%	42.5%	38.2%
比较符合	26.3%	25.1%	25.7%	24.3%	23.5%	25.0%
完全符合	8.4%	7.3%	5.7%	5.8%	3.7%	6.3%
总计	100.0%	100.0%	100.0%	100.0%	100.0%	100.0%
列总计	1809	1643	1846	1901	1414	8613

Chi-square test：df = 16，卡方值为 54.083，sig = 0.000 < 0.05，所以不同年龄的居民在“当我看到有人被利用时，时常想要保护他们”这一问题的回答上有显著差异。

C3e by A1

我有时会试图站在他人的角度，以更好地理解我的朋友 * 年龄 Crosstabulation

	18—29 岁	30—39 岁	40—49 岁	50—59 岁	60—65 岁	总计
完全不符合	3.6%	3.6%	3.7%	3.3%	3.3%	3.5%
有点符合	22.7%	22.5%	23.3%	26.0%	25.1%	23.9%
一般	30.3%	35.7%	34.3%	35.1%	41.7%	35.1%
比较符合	33.2%	29.8%	31.0%	29.1%	25.9%	30.0%
完全符合	10.1%	8.4%	7.7%	6.4%	4.1%	7.5%
总计	100.0%	100.0%	100.0%	100.0%	100.0%	100.0%
列总计	1811	1647	1840	1898	1405	8601

Chi-square test：df = 16，卡方值为 96.630，sig = 0.000 < 0.05，所以不同年龄的居民在“我有时会试图站在他人的角度，以更好地理解我的朋友”这一问题的回答上有显著差异。

C3f by A1

他人的不幸通常不会给我带来很大的不安 * 年龄 Crosstabulation

	18—29 岁	30—39 岁	40—49 岁	50—59 岁	60—65 岁	总计
完全不符合	15. 1%	15. 6%	14. 2%	13. 4%	11. 2%	14. 0%
有点符合	25. 3%	28. 1%	29. 1%	26. 5%	30. 1%	27. 7%
一般	34. 2%	33. 4%	32. 0%	35. 8%	33. 8%	33. 9%
比较符合	19. 6%	18. 2%	20. 4%	20. 3%	21. 0%	19. 9%
完全符合	5. 8%	4. 6%	4. 2%	4. 0%	3. 9%	4. 5%
总计	100. 0%	100. 0%	100. 0%	100. 0%	100. 0%	100. 0%
列总计	1803	1639	1834	1889	1397	8562

Chi-square test：df = 16，卡方值为 38. 983，sig = 0. 001 < 0. 05，所以不同年龄的居民在“他人的不幸通常不会给我带来很大的不安”这一问题的回答上有显著差异。

C3g by A1

在观看电视剧或电影之后，我会感觉到自己仿佛成了其中的一个角色 * 年龄 Crosstabulation

	18—29 岁	30—39 岁	40—49 岁	50—59 岁	60—65 岁	总计
完全不符合	15. 4%	14. 3%	15. 7%	16. 9%	16. 9%	15. 8%
有点符合	21. 0%	25. 2%	23. 4%	24. 7%	25. 0%	23. 8%
一般	33. 7%	34. 2%	34. 7%	34. 6%	35. 3%	34. 5%
比较符合	23. 5%	21. 9%	21. 0%	20. 6%	19. 5%	21. 4%
完全符合	6. 5%	4. 4%	5. 2%	3. 2%	3. 2%	4. 6%
总计	100. 0%	100. 0%	100. 0%	100. 0%	100. 0%	100. 0%
列总计	1793	1624	1801	1821	1322	8361

Chi-square test：df = 16，卡方值 50. 780，sig = 0. 000 < 0. 05，所以不同年龄的居民在“在观看电视剧或电影之后，我会感觉到自己仿佛成了其中的一个角色”这一问题的回答上有显著差异。

C3h by A1

当我对某人很不耐烦的时候，我通常会暂时站在他/她的位置上 * 年龄 Crosstabulation

	18—29 岁	30—39 岁	40—49 岁	50—59 岁	60—65 岁	总计
完全不符合	12. 5%	11. 3%	11. 0%	9. 6%	8. 6%	10. 7%

续表

	18—29 岁	30—39 岁	40—49 岁	50—59 岁	60—65 岁	总计
有点符合	24. 2%	30. 0%	29. 0%	30. 1%	30. 9%	28. 7%
一般	34. 6%	32. 1%	33. 0%	34. 4%	37. 3%	34. 2%
比较符合	22. 1%	20. 9%	21. 4%	20. 4%	19. 2%	20. 9%
完全符合	6. 5%	5. 7%	5. 7%	5. 5%	3. 9%	5. 5%
总计	100. 0%	100. 0%	100. 0%	100. 0%	100. 0%	100. 0%
列总计	1790	1613	1814	1861	1345	8423

Chi-square test：df = 16，卡方值为 50. 580，sig = 0. 000 < 0. 05，所以不同年龄的居民在“当我对某人很不耐烦的时候，我通常会暂时站在他/她的位置上”这一问题的回答上有显著差异。

C3i by A1

当我在读一个有趣的故事或者看一部电影的时候，会想象如果这些事情发生在自己身上，我会是怎样的感受 ＊ 年龄 Crosstabulation

	18—29 岁	30—39 岁	40—49 岁	50—59 岁	60—65 岁	总计
完全不符合	10. 5%	11. 7%	12. 6%	14. 3%	16. 0%	12. 9%
有点符合	22. 0%	26. 5%	25. 2%	25. 4%	24. 6%	24. 7%
一般	32. 3%	31. 6%	34. 6%	34. 5%	35. 6%	33. 7%
比较符合	26. 8%	23. 7%	20. 6%	21. 2%	20. 5%	22. 7%
完全符合	8. 4%	6. 5%	7. 0%	4. 6%	3. 4%	6. 1%
总计	100. 0%	100. 0%	100. 0%	100. 0%	100. 0%	100. 0%
列总计	1783	1605	1789	1795	1307	8279

Chi-square test：df = 16，卡方值为 98. 265，sig = 0. 000 < 0. 05，所以不同年龄的居民在“当我在读一个有趣的故事或者看一部电影的时候，会想象如果这些事情发生在自己身上，我会是怎样的感受”这一问题的回答上有显著差异。

C3j by A1

在批评他人之前，我会尝试想象一下如果我处于那个位置会是什么感受 ＊ 年龄 Crosstabulation

	18—29 岁	30—39 岁	40—49 岁	50—59 岁	60—65 岁	总计
完全不符合	7. 0%	7. 5%	8. 2%	7. 7%	7. 7%	7. 6%
有点符合	24. 1%	28. 8%	27. 3%	27. 3%	29. 0%	27. 2%
一般	33. 3%	31. 9%	33. 3%	35. 8%	37. 3%	34. 2%

续表

	18—29 岁	30—39 岁	40—49 岁	50—59 岁	60—65 岁	总计
比较符合	27.1%	24.7%	24.8%	23.0%	22.0%	24.5%
完全符合	8.4%	7.0%	6.4%	6.2%	3.9%	6.5%
总计	100.0%	100.0%	100.0%	100.0%	100.0%	100.0%
列总计	1792	1617	1807	1839	1343	8398

Chi-square test：df = 16，卡方值为 54.379，sig = 0.000 < 0.05，所以不同年龄的居民在“在批评他人之前，我会尝试想象一下如果我处于那个位置会是什么感受”这一问题的回答上有显著差异。

C4a by A1

您认为当今中国社会最重要和最需要的德性是？第一位 * 年龄 Crosstabulation

	18—29 岁	30—39 岁	40—49 岁	50—59 岁	60—65 岁	总计
爱（仁爱、博爱、友爱）	32.6%	32.9%	27.7%	25.2%	25.7%	28.8%
义（道义、义务）	4.4%	4.0%	3.2%	4.0%	3.9%	3.9%
宽容	4.2%	4.2%	3.7%	4.4%	5.4%	4.3%
责任	8.4%	10.3%	8.6%	9.5%	6.7%	8.8%
公正	13.1%	12.3%	15.2%	11.2%	10.9%	12.6%
诚信	11.7%	9.8%	11.1%	9.9%	11.5%	10.8%
忠恕（将心比心）	2.1%	1.8%	2.1%	2.0%	1.9%	2.0%
理智	1.0%	0.8%	0.4%	0.7%	0.4%	0.7%
节制	1.7%	1.5%	1.3%	1.6%	2.2%	1.6%
谦让	1.6%	1.9%	2.4%	2.8%	2.7%	2.3%
勇敢	0.8%	0.7%	0.4%	0.5%	0.9%	0.6%
正直	0.9%	1.5%	1.0%	1.3%	1.3%	1.2%
善良	4.7%	4.5%	6.2%	6.6%	6.6%	5.7%
孝敬	12.3%	13.1%	16.1%	20.1%	19.1%	16.1%
敬业	0.4%	0.4%	0.5%	0.2%	0.3%	0.4%
其他	0.1%	0.1%	0.1%		0.3%	0.1%
总计	100.0%	100.0%	100.0%	100.0%	100.0%	100.0%
列总计	1827	1655	1866	1928	1447	8723

Chi-square test：df = 60，卡方值为 180.806，sig = 0.000 < 0.05，所以不同年龄的居民在“您认为当今中国社会最重要和最需要的德性是？第一位”这一问题的回答上有显著差异。

C4b by A1

您认为当今中国社会最重要和最需要的德性是？第二位 ＊ 年龄 Crosstabulation

	18—29 岁	30—39 岁	40—49 岁	50—59 岁	60—65 岁	总计
爱（仁爱、博爱、友爱）	12.6%	9.9%	11.2%	9.8%	10.9%	10.9%
义（道义、义务）	12.6%	11.6%	10.8%	10.8%	12.5%	11.6%
宽容	9.7%	9.4%	9.9%	9.4%	8.2%	9.4%
责任	11.5%	11.6%	10.4%	11.3%	11.3%	11.2%
公正	11.1%	13.4%	11.9%	13.1%	9.8%	11.9%
诚信	15.9%	16.2%	16.2%	15.8%	14.9%	15.8%
忠恕（将心比心）	4.0%	3.6%	3.7%	5.0%	3.5%	4.0%
理智	1.3%	1.5%	1.4%	0.7%	1.1%	1.2%
节制	2.4%	3.1%	2.4%	1.7%	2.0%	2.3%
谦让	1.9%	2.1%	2.3%	2.3%	2.8%	2.3%
勇敢	1.3%	1.3%	0.8%	1.5%	1.8%	1.3%
正直	1.8%	2.6%	2.6%	2.0%	2.4%	2.3%
善良	5.3%	5.7%	7.3%	6.1%	7.9%	6.4%
孝敬	7.8%	7.1%	7.8%	9.2%	9.8%	8.3%
敬业	0.9%	1.1%	1.3%	1.4%	1.1%	1.2%
其他			0.1%			
总计	100.0%	100.0%	100.0%	100.0%	100.0%	100.0%
列总计	1822	1651	1863	1924	1442	8702

Chi-square test：df = 60，卡方值为 93.861，sig = 0.000 < 0.05，所以不同年龄的居民在“您认为当今中国社会最重要和最需要的德性是？第二位”这一问题的回答上有显著差异。

C4c by A1

您认为当今中国社会最重要和最需要的德性是？第三位 ＊ 年龄 Crosstabulation

	18—29 岁	30—39 岁	40—49 岁	50—59 岁	60—65 岁	总计
爱（仁爱、博爱、友爱）	5.5%	6.1%	7.1%	5.6%	6.1%	6.1%
义（道义、义务）	5.8%	4.8%	4.7%	4.0%	3.9%	4.7%
宽容	16.1%	14.8%	15.7%	15.3%	18.8%	16.0%
责任	16.7%	14.0%	15.0%	16.8%	15.7%	15.7%
公正	9.4%	8.8%	8.2%	9.9%	8.4%	9.0%
诚信	13.7%	15.1%	13.4%	14.5%	12.2%	13.8%
忠恕（将心比心）	3.9%	5.4%	5.4%	5.7%	5.4%	5.2%

续表

	18—29 岁	30—39 岁	40—49 岁	50—59 岁	60—65 岁	总计
理智	3.8%	3.6%	4.3%	3.3%	3.9%	3.8%
节制	2.9%	2.2%	2.4%	1.9%	2.3%	2.3%
谦让	3.1%	3.8%	3.4%	3.7%	2.9%	3.4%
勇敢	1.8%	1.3%	1.6%	2.3%	2.2%	1.9%
正直	3.7%	4.7%	4.9%	4.4%	6.1%	4.7%
善良	5.2%	5.8%	6.7%	5.8%	5.0%	5.7%
孝敬	6.9%	7.4%	5.8%	5.3%	5.9%	6.2%
敬业	1.4%	2.2%	1.3%	1.3%	1.1%	1.5%
总计	100.0%	100.0%	100.0%	100.0%	100.0%	100.0%
列总计	1822	1647	1857	1922	1436	8684

Chi-square test：df = 56，卡方值为 95.207，sig = 0.001 < 0.05，所以不同年龄的居民在“您认为当今中国社会最重要和最需要的德性是？第三位”这一问题的回答上有显著差异。

C4d by A1

您认为当今中国社会最重要和最需要的德性是？第四位 ＊ 年龄 Crosstabulation

	18—29 岁	30—39 岁	40—49 岁	50—59 岁	60—65 岁	总计
爱（仁爱、博爱、友爱）	4.7%	6.0%	4.2%	4.7%	4.4%	4.8%
义（道义、义务）	4.7%	5.0%	4.2%	3.2%	3.9%	4.2%
宽容	8.0%	7.8%	7.9%	7.9%	6.9%	7.7%
责任	13.8%	14.4%	15.1%	13.8%	16.1%	14.6%
公正	9.7%	8.4%	9.8%	13.0%	10.8%	10.4%
诚信	11.9%	11.1%	12.5%	12.8%	10.9%	11.9%
忠恕（将心比心）	3.0%	3.9%	3.1%	3.3%	4.4%	3.5%
理智	4.4%	4.7%	4.1%	3.0%	3.4%	3.9%
节制	4.2%	3.2%	3.8%	3.9%	3.7%	3.8%
谦让	5.7%	5.8%	5.0%	5.4%	4.5%	5.3%
勇敢	3.1%	2.1%	2.7%	2.9%	3.8%	2.9%
正直	5.4%	5.1%	6.1%	4.9%	4.5%	5.2%
善良	11.4%	10.3%	10.6%	10.7%	12.9%	11.1%
孝敬	7.8%	10.1%	9.0%	8.8%	8.5%	8.8%
敬业	2.0%	2.1%	2.1%	1.7%	1.3%	1.8%
总计	100.0%	100.0%	100.0%	100.0%	100.0%	100.0%
列总计	1817	1645	1850	1916	1431	8659

Chi-square test：df = 56，卡方值为 94.627，sig = 0.001 < 0.05，所以不同年龄的居民在“您认为当今中国社会最重要和最需要的德性是？第四位”这一问题的回答上有显著差异。

C4e by A6

您认为当今中国社会最重要和最需要的德性是？第五位 * 年龄 Crosstabulation

	18—29 岁	30—39 岁	40—49 岁	50—59 岁	60—65 岁	总计
爱（仁爱、博爱、友爱）	5.0%	5.4%	5.1%	4.7%	4.4%	5.0%
义（道义、义务）	4.5%	4.2%	5.0%	4.3%	4.3%	4.5%
宽容	5.0%	4.9%	5.5%	5.2%	5.2%	5.2%
责任	7.5%	8.0%	8.6%	7.1%	7.6%	7.8%
公正	7.8%	9.3%	8.2%	7.0%	8.1%	8.1%
诚信	9.4%	10.6%	9.8%	12.5%	12.7%	11.0%
忠恕（将心比心）	4.7%	4.2%	4.0%	4.7%	4.7%	4.4%
理智	5.0%	5.3%	5.0%	3.8%	3.4%	4.5%
节制	3.1%	3.4%	3.7%	2.8%	3.7%	3.3%
谦让	6.8%	5.4%	6.1%	7.6%	6.1%	6.5%
勇敢	3.9%	3.4%	3.2%	3.1%	3.7%	3.4%
正直	6.6%	6.2%	7.9%	9.2%	9.4%	7.9%
善良	11.0%	10.3%	9.5%	9.4%	9.4%	9.9%
孝敬	13.2%	14.3%	12.8%	14.1%	13.7%	13.6%
敬业	6.3%	5.2%	5.5%	4.5%	3.5%	5.1%
总计	100.0%	100.0%	100.0%	100.0%	100.0%	100.0%
列总计	1812	1638	1843	1910	1416	8619

Chi-square test：df = 56，卡方值为 92.153，sig = 0.002 < 0.05，所以不同年龄的居民在“您认为当今中国社会最重要和最需要的德性是？第五位”这一问题的回答上有显著差异。

C5 by A1

一个制药厂做药品销售时，出资 50 万元请您向公众介绍自己服药后的良好效果，您过去服用这药时并没有效果，但也没有发现有很大的副作用，您将如何决定 * 年龄 Crosstabulation

	18—29 岁	30—39 岁	40—49 岁	50—59 岁	60—65 岁	总计
接受邀请，心安理得	10.8%	12.1%	11.0%	10.9%	12.1%	11.3%
接受邀请，心里不安，但这笔巨款很有吸引力	21.0%	19.2%	20.3%	18.8%	17.9%	19.5%
拒绝，这是虚假广告欺骗大众	67.6%	68.2%	68.3%	70.1%	69.8%	68.8%
其他	0.6%	0.4%	0.4%	0.2%	0.2%	0.4%

续表

	18—29 岁	30—39 岁	40—49 岁	50—59 岁	60—65 岁	总计
总计	100.0%	100.0%	100.0%	100.0%	100.0%	100.0%
列总计	1811	1647	1849	1926	1422	8655

Chi-square test：df = 12，卡方值为 14.074，sig = 0.296 > 0.05，所以不同年龄的居民在“一个制药厂做药品销售时，出资 50 万元请您向公众介绍自己服药后的良好效果，您过去服用这药时并没有效果，但也没有发现有很大的副作用，您将如何决定”这一问题的回答上没有显著差异。

C6 by A1

您正在申请一个重要的职位，如果具有两次以上在敬老院做义工的经历（不需要出具证据），将可能优先获得这个职位，您将如何决定 ＊ 年龄 Crosstabulation

	18—29 岁	30—39 岁	40—49 岁	50—59 岁	60—65 岁	总计
如实填报，没做过义工，今后多参加这类活动	70.5%	69.9%	72.3%	74.9%	79.4%	73.2%
填报参加过两次义工，这机会太重要了，反正不需要出具证据	16.7%	17.0%	15.0%	14.3%	11.0%	15.0%
先填报，交表之后去做两次义工	12.5%	12.9%	12.1%	10.5%	9.1%	11.5%
其他	0.2%	0.2%	0.5%	0.4%	0.6%	0.4%
总计	100.0%	100.0%	100.0%	100.0%	100.0%	100.0%
列总计	1812	1649	1829	1885	1391	8566

Chi-square test：df = 12，卡方值为 54.710，sig = 0.000 < 0.05，所以不同年龄的居民在“您正在申请一个重要的职位，如果具有两次以上在敬老院做义工的经历（不需要出具证据），将可能优先获得这个职位，您将如何决定”这一问题的回答上有显著差异。

C7 by A1

如果您全权代表本单位与另一单位进行项目谈判，对方要求您给予一千万元的优惠，事成之后将您正在寻找工作的女儿安排到这一单位并且获得较好职位，您将如何决定 ＊ 年龄 Crosstabulation

	18—29 岁	30—39 岁	40—49 岁	50—59 岁	60—65 岁	总计
拒绝，不能以公谋私	78.3%	79.0%	76.2%	76.7%	79.6%	77.9%
接受，女儿前途重要，并且我有权决定	20.3%	20.1%	22.6%	22.4%	19.8%	21.1%
其他	1.4%	0.9%	1.2%	0.9%	0.6%	1.0%
总计	100.0%	100.0%	100.0%	100.0%	100.0%	100.0%

续表

	18—29 岁	30—39 岁	40—49 岁	50—59 岁	60—65 岁	总计
列总计	1777	1637	1826	1901	1420	8561

Chi-square test：df = 8，卡方值为 12. 884，sig = 0. 116 > 0. 05，所以不同年龄的居民在“如果您全权代表本单位与另一单位进行项目谈判，对方要求您给予一千万元的优惠，事成之后将您正在寻找工作的女儿安排到这一单位并且获得较好职位，您将如何决定”这一问题的回答上没有显著差异。

C8 by A1

现在社会上有些人不守道德反而占了便宜，您会不会为了得到好处而效仿 * 年龄 Crosstabulation

	18—29 岁	30—39 岁	40—49 岁	50—59 岁	60—65 岁	总计
从来不这么做	53. 1%	51. 4%	50. 1%	53. 5%	49. 9%	51. 7%
通常不这么做，关键时刻会这么做	25. 3%	26. 1%	26. 6%	23. 8%	22. 1%	24. 9%
经常这么做	1. 5%	0. 9%	1. 0%	0. 9%	0. 6%	1. 0%
相信善有善报，恶有恶报，终将会善恶报应	19. 9%	21. 4%	22. 2%	21. 5%	27. 2%	22. 3%
其他	0. 2%	0. 2%	0. 2%	0. 3%	0. 2%	0. 2%
总计	100. 0%	100. 0%	100. 0%	100. 0%	100. 0%	100. 0%
列总计	1815	1642	1852	1922	1446	8677

Chi-square test：df = 16，卡方值为 42. 526，sig = 0. 000 < 0. 05，所以不同年龄的居民在“现在社会上有些人不守道德反而占了便宜，您会不会为了得到好处而效仿”这一问题的回答上有显著差异。

C9a by A1

下列说法您是否认同：目前大多数人将职业当作谋生的手段，缺乏责任感和奉献精神 * 年龄 Crosstabulation

	18—29 岁	30—39 岁	40—49 岁	50—59 岁	60—65 岁	总计
完全不同意	6. 5%	4. 5%	5. 1%	4. 3%	4. 3%	5. 0%
不太同意	27. 2%	27. 5%	28. 0%	29. 5%	27. 7%	28. 0%
比较同意	54. 1%	53. 5%	57. 1%	54. 5%	59. 3%	55. 5%
完全同意	12. 2%	14. 5%	9. 7%	11. 7%	8. 7%	11. 5%
总计	100. 0%	100. 0%	100. 0%	100. 0%	100. 0%	100. 0%
列总计	1760	1613	1795	1766	1241	8175

Chi-square test：df = 12，卡方值为 46. 483，sig = 0. 000 < 0. 05，所以不同年龄的居民在“目前大多数人将职业当作谋生的手段，缺乏责任感和奉献精神”这一问题的回答上有显著差异。

C9b by A1

下列说法您是否认同：企业老板剥削员工，利益关系不公正 * 年龄 Crosstabulation

	18—29岁	30—39岁	40—49岁	50—59岁	60—65岁	总计
完全不同意	7.0%	5.8%	6.7%	5.9%	5.4%	6.2%
不太同意	33.9%	34.5%	35.2%	34.3%	33.9%	34.4%
比较同意	47.9%	48.6%	49.1%	51.6%	55.2%	50.2%
完全同意	11.1%	11.1%	9.0%	8.2%	5.5%	9.2%
总计	100.0%	100.0%	100.0%	100.0%	100.0%	100.0%
列总计	1707	1582	1737	1698	1158	7882

Chi-square test：df = 12，卡方值为46.734，sig = 0.000 < 0.05，所以不同年龄的居民在“企业老板剥削员工，利益关系不公正”这一问题的回答上有显著差异。

C9c by A1

下列说法您是否认同：老板和员工、上级和下级相互勾结，共同对社会不负责任 * 年龄 Crosstabulation

	18—29岁	30—39岁	40—49岁	50—59岁	60—65岁	总计
完全不同意	10.9%	9.3%	10.6%	8.1%	9.9%	9.8%
不太同意	44.0%	42.6%	44.4%	43.5%	43.5%	43.6%
比较同意	36.2%	39.0%	37.9%	40.2%	39.9%	38.5%
完全同意	8.8%	9.1%	7.0%	8.1%	6.8%	8.0%
总计	100.0%	100.0%	100.0%	100.0%	100.0%	100.0%
列总计	1675	1562	1709	1657	1134	7737

Chi-square test：df = 12，卡方值为21.220，sig = 0.047 < 0.05，所以不同年龄的居民在“老板和员工、上级和下级相互勾结，共同对社会不负责任”这一问题的回答上有显著差异。

C9d by A1

下列说法您是否认同：是否离婚主要考虑自己的感受和利益 * 年龄 Crosstabulation

	18—29岁	30—39岁	40—49岁	50—59岁	60—65岁	总计
完全不同意	19.4%	22.2%	22.5%	21.9%	18.5%	21.0%
不太同意	41.7%	44.8%	43.3%	45.6%	49.2%	44.7%
比较同意	29.7%	25.7%	28.0%	26.6%	27.3%	27.5%

续表

	18—29 岁	30—39 岁	40—49 岁	50—59 岁	60—65 岁	总计
完全同意	9. 2%	7. 3%	6. 2%	6. 0%	5. 0%	6. 8%
总计	100. 0%	100. 0%	100. 0%	100. 0%	100. 0%	100. 0%
列总计	1668	1594	1772	1811	1331	8176

Chi-square test：df = 12，卡方值为 50. 038，sig = 0. 000 < 0. 05，所以不同年龄的居民在“是否离婚主要考虑自己的感受和利益”这一问题的回答上有显著差异。

C9e by A1

下列说法您是否认同：是否离婚应该从家庭整体（包括子女）考虑 * 年龄 Crosstabulation

	18—29 岁	30—39 岁	40—49 岁	50—59 岁	60—65 岁	总计
完全不同意	2. 7%	2. 3%	1. 8%	1. 5%	0. 7%	1. 8%
不太同意	12. 6%	14. 2%	13. 1%	11. 9%	12. 7%	12. 9%
比较同意	51. 8%	51. 2%	53. 1%	56. 6%	60. 4%	54. 4%
完全同意	32. 9%	32. 3%	32. 0%	30. 0%	26. 3%	30. 9%
总计	100. 0%	100. 0%	100. 0%	100. 0%	100. 0%	100. 0%
列总计	1680	1606	1785	1845	1359	8275

Chi-square test：df = 12，卡方值为 54. 295，sig = 0. 000 < 0. 05，所以不同年龄的居民在“是否离婚应该从家庭整体（包括子女）考虑”这一问题的回答上有显著差异。

C9f by A1

下列说法您是否认同：婚姻是社会的事，应当兼顾社会评价和社会后果 * 年龄 Crosstabulation

	18—29 岁	30—39 岁	40—49 岁	50—59 岁	60—65 岁	总计
完全不同意	8. 3%	7. 0%	5. 7%	4. 1%	1. 8%	5. 5%
不太同意	25. 4%	27. 7%	27. 2%	27. 5%	27. 9%	27. 1%
比较同意	49. 9%	52. 0%	51. 1%	52. 6%	55. 9%	52. 1%
完全同意	16. 4%	13. 3%	16. 0%	15. 8%	14. 3%	15. 2%
总计	100. 0%	100. 0%	100. 0%	100. 0%	100. 0%	100. 0%
列总计	1643	1560	1725	1750	1271	7949

Chi-square test：df = 12，卡方值为 81. 448，sig = 0. 000 < 0. 05，所以不同年龄的居民在“婚姻是社会的事，应当兼顾社会评价和社会后果”这一问题的回答上有显著差异。

C9g by A1

下列说法您是否认同：婚姻应当是自由的，如果有更满意或更合适的人就与现在的配偶离婚 ＊ 年龄 Crosstabulation

	18—29 岁	30—39 岁	40—49 岁	50—59 岁	60—65 岁	总计
完全不同意	34.5%	36.0%	37.8%	37.5%	36.8%	36.5%
不太同意	38.7%	41.0%	40.9%	42.7%	44.3%	41.4%
比较同意	22.9%	20.4%	18.3%	17.3%	16.8%	19.2%
完全同意	4.0%	2.6%	3.0%	2.6%	2.2%	2.9%
总计	100.0%	100.0%	100.0%	100.0%	100.0%	100.0%
列总计	1710	1624	1823	1874	1385	8416

Chi-square test：df = 12，卡方值为 42.406，sig = 0.000 < 0.05，所以不同年龄的居民在“婚姻应当是自由的，如果有更满意或更合适的人就与现在的配偶离婚”这一问题的回答上有显著差异。

C9h by A1

下列说法您是否认同：婚姻意味着责任，要考虑给对方造成什么后果，不能轻率地选择离婚 ＊ 年龄 Crosstabulation

	18—29 岁	30—39 岁	40—49 岁	50—59 岁	60—65 岁	总计
完全不同意	2.1%	1.7%	1.3%	0.8%	1.3%	1.4%
不太同意	10.9%	12.1%	9.9%	9.1%	10.7%	10.5%
比较同意	51.4%	52.7%	52.6%	52.9%	57.2%	53.2%
完全同意	35.6%	33.5%	36.2%	37.2%	30.9%	34.9%
总计	100.0%	100.0%	100.0%	100.0%	100.0%	100.0%
列总计	1725	1630	1822	1892	1397	8466

Chi-square test：df = 12，卡方值为 36.170，sig = 0.000 < 0.05，所以不同年龄的居民在“婚姻意味着责任，要考虑给对方造成什么后果，不能轻率地选择离婚”这一问题的回答上有显著差异。

C9i by A1

下列说法您是否认同：遇到困难的时候，兄弟姐妹通常都会给予力所能及的帮助 ＊ 年龄 Crosstabulation

	18—29 岁	30—39 岁	40—49 岁	50—59 岁	60—65 岁	总计
完全不同意	1.5%	0.9%	1.4%	1.0%	0.6%	1.1%
不太同意	9.8%	9.8%	9.6%	7.1%	7.6%	8.8%
比较同意	45.9%	48.1%	47.9%	51.9%	53.3%	49.3%
完全同意	42.8%	41.2%	41.2%	40.0%	38.5%	40.8%

续表

	18—29 岁	30—39 岁	40—49 岁	50—59 岁	60—65 岁	总计
总计	100.0%	100.0%	100.0%	100.0%	100.0%	100.0%
列总计	1762	1633	1839	1899	1407	8540

Chi-square test：df = 12，卡方值为 37.039，sig = 0.000 < 0.05，所以不同年龄的居民在“遇到困难的时候，兄弟姐妹通常都会给予力所能及的帮助”这一问题的回答上有显著差异。

C9j by A1

下列说法您是否认同：无论父母对自己如何，都应当尽赡养义务 * 年龄 Crosstabulation

	18—29 岁	30—39 岁	40—49 岁	50—59 岁	60—65 岁	总计
完全不同意	1.7%	0.9%	1.3%	1.3%	0.7%	1.2%
不太同意	8.4%	6.5%	7.5%	5.1%	6.3%	6.8%
比较同意	34.8%	39.1%	36.4%	37.8%	40.1%	37.5%
完全同意	55.0%	53.5%	54.9%	55.8%	52.8%	54.5%
总计	100.0%	100.0%	100.0%	100.0%	100.0%	100.0%
列总计	1786	1637	1837	1900	1405	8565

Chi-square test：df = 12，卡方值为 34.516，sig = 0.001 < 0.05，所以不同年龄的居民在“无论父母对自己如何，都应当尽赡养义务”这一问题的回答上有显著差异。

C9k by A1

下列说法您是否认同：为了家庭利益可以一定程度上牺牲国家利益 * 年龄 Crosstabulation

	18—29 岁	30—39 岁	40—49 岁	50—59 岁	60—65 岁	总计
完全不同意	21.2%	18.1%	20.1%	18.1%	20.7%	19.6%
不太同意	46.3%	52.3%	52.2%	53.3%	53.7%	51.4%
比较同意	26.6%	23.7%	22.4%	22.9%	20.9%	23.4%
完全同意	6.0%	6.0%	5.3%	5.7%	4.7%	5.6%
总计	100.0%	100.0%	100.0%	100.0%	100.0%	100.0%
列总计	1645	1542	1693	1715	1228	7823

Chi-square test：df = 12，卡方值为 31.999，sig = 0.001 < 0.05，所以不同年龄的居民在“为了家庭利益可以一定程度上牺牲国家利益”这一问题的回答上有显著差异。

C91 by A1

下列说法您是否认同：为了国家利益可以一定程度上牺牲家庭利益 * 年龄 Crosstabulation

	18—29岁	30—39岁	40—49岁	50—59岁	60—65岁	总计
完全不同意	10.5%	10.4%	8.7%	9.8%	10.4%	9.9%
不太同意	30.3%	30.2%	29.7%	29.8%	30.1%	30.0%
比较同意	41.7%	44.5%	45.2%	44.8%	44.2%	44.1%
完全同意	17.5%	14.9%	16.3%	15.6%	15.3%	16.0%
总计	100.0%	100.0%	100.0%	100.0%	100.0%	100.0%
列总计	1625	1523	1676	1687	1191	7702

Chi-square test：df = 12，卡方值10.704，sig = 0.555 > 0.05，所以不同年龄的居民在“为了国家利益可以一定程度上牺牲家庭利益”这一问题的回答上没有显著差异。

C10 by A1

假设您的上司或老板是外国人，他侮辱了中国，但抗争会产生不利于自己的后果，您会选择 * 年龄 Crosstabulation

	18—29岁	30—39岁	40—49岁	50—59岁	60—65岁	总计
当面抗议	62.4%	63.4%	62.5%	63.8%	62.2%	62.9%
保持沉默	19.4%	20.9%	21.2%	18.4%	19.7%	19.9%
暗地里报复	3.3%	2.8%	2.0%	2.0%	1.5%	2.3%
以屈求伸，背后骂几句就行了	10.9%	9.4%	8.7%	9.9%	7.8%	9.4%
无所谓	4.1%	3.6%	5.5%	6.0%	8.8%	5.5%
总计	100.0%	100.0%	100.0%	100.0%	100.0%	100.0%
列总计	1824	1652	1857	1926	1431	8690

Chi-square test：df = 16，卡方值为76.005，sig = 0.000 < 0.05，所以不同年龄的居民在“假设您的上司或老板是外国人，他侮辱了中国，但抗争会产生不利于自己的后果，您会选择”这一问题的回答上有显著差异。

C11 by A1

如果条件允许的话，您希望孩子生活在国内，还是到国外定居 * 年龄 Crosstabulation

	18—29岁	30—39岁	40—49岁	50—59岁	60—65岁	总计
还是在国内生活好	42.5%	45.3%	49.6%	53.2%	45.8%	47.5%
到国外定居	16.9%	13.5%	11.9%	10.4%	8.2%	12.3%

续表

	18—29 岁	30—39 岁	40—49 岁	50—59 岁	60—65 岁	总计
走一步看一步	19.4%	19.1%	14.7%	9.6%	6.6%	14.1%
没考虑过	21.2%	22.1%	23.7%	26.8%	39.3%	26.1%
总计	100.0%	100.0%	100.0%	100.0%	100.0%	100.0%
列总计	1817	1646	1846	1919	1431	8659

Chi-square test：df = 12，卡方值为 361.010，sig = 0.000 < 0.05，所以不同年龄的居民在“如果条件允许的话，您希望孩子生活在国内，还是到国外定居”这一问题的回答上有显著差异。

C12a by A1

您常常体验到自己身上有一种“伦理感”的存在吗？人与人之间 ＊ 年龄 Crosstabulation

	18—29 岁	30—39 岁	40—49 岁	50—59 岁	60—65 岁	总计
没有，只感受到自己实实在在的生活	21.0%	20.8%	22.7%	25.3%	30.2%	23.8%
偶尔有，但主要是因为那种情况下我的利益与它高度一致	35.5%	34.2%	35.3%	33.4%	33.1%	34.4%
偶尔有，是在受某种作品或生活情境的影响之后	24.2%	23.6%	21.0%	20.6%	18.1%	21.6%
时常有，它是一种内在的信念	19.3%	21.4%	20.9%	20.7%	18.6%	20.2%
总计	100.0%	100.0%	100.0%	100.0%	100.0%	100.0%
列总计	1795	1628	1817	1881	1398	8519

Chi-square test：df = 12，卡方值为 63.549，sig = 0.000 < 0.05，所以不同年龄的居民在“您常常体验到自己身上有一种‘伦理感’的存在吗？人与人之间”这一问题的回答上有显著差异。

C12b by A1

您常常体验到自己身上有一种“伦理感”的存在吗？家庭 ＊ 年龄 Crosstabulation

	18—29 岁	30—39 岁	40—49 岁	50—59 岁	60—65 岁	总计
没有，只感受到自己实实在在的生活	17.3%	15.9%	19.8%	17.6%	25.4%	19.0%
偶尔有，但主要是因为那种情况下我的利益与它高度一致	24.9%	21.3%	21.9%	22.5%	23.7%	22.8%
偶尔有，是在受某种作品或生活情境的影响之后	23.5%	23.7%	22.1%	20.7%	18.5%	21.8%

续表

	18—29 岁	30—39 岁	40—49 岁	50—59 岁	60—65 岁	总计
时常有，它是一种内在的信念	34.3%	39.2%	36.2%	39.3%	32.4%	36.4%
总计	100.0%	100.0%	100.0%	100.0%	100.0%	100.0%
列总计	1795	1627	1814	1882	1396	8514

Chi-square test：df = 12，卡方值为 79.138，sig = 0.000 < 0.05，所以不同年龄的居民在“您常常体验到自己身上有一种‘伦理感’的存在吗？家庭”这一问题的回答上有显著差异。

C12c by A1

您常常体验到自己身上有一种“伦理感”的存在吗？单位 ＊ 年龄 Crosstabulation

	18—29 岁	30—39 岁	40—49 岁	50—59 岁	60—65 岁	总计
没有，只感受到自己实实在在的生活	22.4%	22.3%	27.4%	26.8%	34.0%	26.3%
偶尔有，但主要是因为那种情况下我的利益与它高度一致	35.1%	34.4%	34.5%	34.3%	30.6%	33.9%
偶尔有，是在受某种作品或生活情境的影响之后	31.3%	29.5%	25.6%	26.3%	22.8%	27.2%
时常有，它是一种内在的信念	11.2%	13.7%	12.5%	12.6%	12.6%	12.5%
总计	100.0%	100.0%	100.0%	100.0%	100.0%	100.0%
列总计	1741	1608	1781	1855	1378	8363

Chi-square test：df = 12，卡方值为 87.989，sig = 0.000 < 0.05，所以不同年龄的居民在“您常常体验到自己身上有一种‘伦理感’的存在吗？单位”这一问题的回答上有显著差异。

C12d by A1

您常常体验到自己身上有一种“伦理感”的存在吗？社区、城市 ＊ 年龄 Crosstabulation

	18—29 岁	30—39 岁	40—49 岁	50—59 岁	60—65 岁	总计
没有，只感受到自己实实在在的生活	28.3%	29.4%	32.0%	34.2%	34.9%	31.7%
偶尔有，但主要是因为那种情况下我的利益与它高度一致	30.4%	30.4%	29.2%	27.6%	27.1%	29.0%
偶尔有，是在受某种作品或生活情境的影响之后	27.8%	25.8%	24.0%	22.6%	22.2%	24.5%
时常有，它是一种内在的信念	13.4%	14.4%	14.8%	15.5%	15.8%	14.7%

续表

	18—29 岁	30—39 岁	40—49 岁	50—59 岁	60—65 岁	总计
总计	100.0%	100.0%	100.0%	100.0%	100.0%	100.0%
列总计	1790	1624	1809	1875	1394	8492

Chi-square test：df = 12，卡方值为 42.057，sig = 0.000 < 0.05，所以不同年龄的居民在“您常常体验到自己身上有一种‘伦理感’的存在吗？社区、城市”这一问题的回答上有显著差异。

C13 by A1

您常常体验到自己身上有一种“道德感”的存在和满足吗 ＊ 年龄 Crosstabulation

	18—29 岁	30—39 岁	40—49 岁	50—59 岁	60—65 岁	总计
没有，只是凭自己的感觉和利益办事	29.8%	28.8%	27.3%	25.2%	23.6%	27.0%
在有监督的环境中或有别人在场时有，其他环境中没有	14.5%	15.3%	13.7%	14.0%	12.0%	13.9%
经常有，问心无愧、不做亏心事最重要	30.5%	31.0%	33.8%	36.2%	38.0%	33.8%
没有特别的感觉，但从来不做不道德的事	24.8%	24.7%	24.8%	24.3%	26.3%	24.9%
其他	0.5%	0.2%	0.4%	0.2%	0.1%	0.3%
总计	100.0%	100.0%	100.0%	100.0%	100.0%	100.0%
列总计	1809	1644	1853	1911	1430	8647

Chi-square test：df = 16，卡方值为 49.852，sig = 0.000 < 0.05，所以不同年龄的居民在“您常常体验到自己身上有一种‘道德感’的存在和满足吗”这一问题的回答上有显著差异。

C14 by A1

您认为国家对于个人存在的意义是 ＊ 年龄 Crosstabulation

	18—29 岁	30—39 岁	40—49 岁	50—59 岁	60—65 岁	总计
国家离我们很遥远，个人最重要	24.1%	25.1%	24.0%	23.4%	23.3%	24.0%
国家最重要，是我们的安身之地，国家富强个人才能过得好	75.5%	74.7%	75.6%	76.5%	76.4%	75.7%
其他	0.4%	0.2%	0.4%	0.1%	0.3%	0.3%
总计	100.0%	100.0%	100.0%	100.0%	100.0%	100.0%
列总计	1814	1652	1861	1929	1438	8694

Chi-square test：df = 8，卡方值为 8.609，sig = 0.376 > 0.05，所以不同年龄的居民在“您认为国家对于个人存在的意义是”这一问题的回答上没有显著差异。

C15 by A1

您认为对社会生活而言，个体德性和社会公正哪个更重要 ＊ 年龄 Crosstabulation

	18—29 岁	30—39 岁	40—49 岁	50—59 岁	60—65 岁	总计
个体德性最重要	15.8%	15.8%	17.1%	18.1%	24.1%	18.0%
社会公正最重要	25.8%	28.0%	32.3%	34.5%	34.7%	31.0%
二者应当统一，但二者矛盾时应先追求个体德性	32.2%	30.6%	27.6%	26.7%	22.2%	28.1%
二者应当统一，但二者矛盾时应先追求社会公正	26.2%	25.5%	22.9%	20.8%	19.0%	23.0%
总计	100.0%	100.0%	100.0%	100.0%	100.0%	100.0%
列总计	1819	1648	1840	1898	1423	8628

Chi-square test：df = 12，卡方值为 135.622，sig = 0.000 < 0.05，所以不同年龄的居民在“您认为对社会生活而言，个体德性和社会公正哪个更重要”这一问题的回答上有显著差异。

C16 by A1

在公共生活中，个人之所以要遵守道德，是因为 ＊ 年龄 Crosstabulation

	18—29 岁	30—39 岁	40—49 岁	50—59 岁	60—65 岁	总计
遵守道德有利于自身利益的实现	22.9%	25.4%	22.6%	20.2%	22.0%	22.6%
个人是社会的一分子，应当遵守道德	41.6%	40.2%	43.2%	44.1%	36.8%	41.4%
遵守道德社会才能有序和美好	30.5%	28.2%	26.5%	25.0%	25.4%	27.2%
不遵守道德会被别人议论或谴责	4.7%	5.9%	7.5%	10.6%	15.4%	8.6%
其他	0.3%	0.2%	0.2%	0.1%	0.3%	0.2%
总计	100.0%	100.0%	100.0%	100.0%	100.0%	100.0%
列总计	1817	1648	1859	1921	1437	8682

Chi-square test：df = 16，卡方值为 175.593，sig = 0.000 < 0.05，所以不同年龄的居民在“在公共生活中，个人之所以要遵守道德，是因为”这一问题的回答上有显著差异。

C17 by A1

关于职业劳动的说法，您最认同的是 ＊ 年龄 Crosstabulation

	18—29 岁	30—39 岁	40—49 岁	50—59 岁	60—65 岁	总计
职业劳动是个人和家庭谋生的手段	45.9%	55.6%	54.6%	58.7%	61.2%	55.0%

续表

	18—29岁	30—39岁	40—49岁	50—59岁	60—65岁	总计
职业劳动是为社会创造财富	26.1%	23.7%	26.3%	25.2%	24.7%	25.3%
职业劳动是个人兴趣和价值实现的方式	27.7%	20.5%	18.6%	15.7%	13.6%	19.4%
其他	0.3%	0.1%	0.5%	0.4%	0.5%	0.3%
总计	100.0%	100.0%	100.0%	100.0%	100.0%	100.0%
列总计	1821	1650	1861	1917	1432	8681

Chi-square test：df = 12，卡方值为 154.052，sig = 0.000 < 0.05，所以不同年龄的居民在“关于职业劳动的说法，您最认同的是”这一问题的回答上有显著差异。

C18a by A1

您认为造成有些人忧郁、自杀的原因是？欲望过多过大，不能知足常乐 * 年龄 Crosstabulation

	18—29岁	30—39岁	40—49岁	50—59岁	60—65岁	总计
未选中	62.5%	65.0%	65.9%	67.6%	69.6%	65.9%
选中	37.5%	35.0%	34.1%	32.4%	30.4%	34.1%
总计	100.0%	100.0%	100.0%	100.0%	100.0%	100.0%
列总计	1795	1618	1808	1759	1298	8278

Chi-square test：df = 4，卡方值为 20.086，sig = 0.000 < 0.05，所以不同年龄的居民在“您认为造成有些人忧郁、自杀的原因是？欲望过多过大，不能知足常乐”这一问题的回答上有显著差异。

C18b by A1

您认为造成有些人忧郁、自杀的原因是？对自己和未来没有把握 * 年龄 Crosstabulation

	18—29岁	30—39岁	40—49岁	50—59岁	60—65岁	总计
未选中	69.4%	70.5%	69.6%	71.3%	70.6%	70.3%
选中	30.6%	29.5%	30.4%	28.7%	29.4%	29.7%
总计	100.0%	100.0%	100.0%	100.0%	100.0%	100.0%
列总计	1795	1618	1808	1759	1298	8278

Chi-square test：df = 4，卡方值为 1.957，sig = 0.744 > 0.05，所以不同年龄的居民在“您认为造成有些人忧郁、自杀的原因是？对自己和未来没有把握”这一问题的回答上没有显著差异。

C18c by A1

您认为造成有些人忧郁、自杀的原因是？竞争激烈，工作压力过大，身心疲惫 * 年龄 Crosstabulation

	18—29 岁	30—39 岁	40—49 岁	50—59 岁	60—65 岁	总计
未选中	51. 3%	53. 0%	56. 7%	56. 3%	62. 8%	55. 7%
选中	48. 7%	47. 0%	43. 3%	43. 7%	37. 2%	44. 3%
总计	100. 0%	100. 0%	100. 0%	100. 0%	100. 0%	100. 0%
列总计	1795	1618	1808	1759	1298	8278

Chi-square test：df = 4，卡方值为 46. 398，sig = 0. 000 < 0. 05，所以不同年龄的居民在“您认为造成有些人忧郁、自杀的原因是？竞争激烈，工作压力过大，身心疲惫”这一问题的回答上有显著差异。

C18d by A1

您认为造成有些人忧郁、自杀的原因是？人与人之间缺乏信任感，人际关系紧张 * 年龄 Crosstabulation

	18—29 岁	30—39 岁	40—49 岁	50—59 岁	60—65 岁	总计
未选中	63. 0%	63. 7%	65. 4%	69. 9%	70. 8%	66. 3%
选中	37. 0%	36. 3%	34. 6%	30. 1%	29. 2%	33. 7%
总计	100. 0%	100. 0%	100. 0%	100. 0%	100. 0%	100. 0%
列总计	1795	1618	1808	1759	1298	8278

Chi-square test：df = 4，卡方值为 36. 260，sig = 0. 000 < 0. 05，所以不同年龄的居民在“您认为造成有些人忧郁、自杀的原因是？人与人之间缺乏信任感，人际关系紧张”这一问题的回答上有显著差异。

C18e by A1

您认为造成有些人忧郁、自杀的原因是？有烦恼很难找到人倾诉和排解 * 年龄 Crosstabulation

	18—29 岁	30—39 岁	40—49 岁	50—59 岁	60—65 岁	总计
未选中	69. 6%	72. 3%	72. 5%	72. 5%	73. 0%	71. 9%
选中	30. 4%	27. 7%	27. 5%	27. 5%	27. 0%	28. 1%
总计	100. 0%	100. 0%	100. 0%	100. 0%	100. 0%	100. 0%
列总计	1795	1618	1808	1759	1298	8278

Chi-square test：df = 4，卡方值为 6. 037，sig = 0. 196 > 0. 05，所以不同年龄的居民在“您认为造成有些人忧郁、自杀的原因是？有烦恼很难找到人倾诉和排解”这一问题的回答上没有显著差异。

C18f by A1

您认为造成有些人忧郁、自杀的原因是？个人的文化底蕴和文化积累不够，缺乏自我理解和自我调节能力 ＊ 年龄 Crosstabulation

	18—29岁	30—39岁	40—49岁	50—59岁	60—65岁	总计
未选中	74.7%	73.4%	75.6%	78.8%	73.7%	75.3%
选中	25.3%	26.6%	24.4%	21.2%	26.3%	24.7%
总计	100.0%	100.0%	100.0%	100.0%	100.0%	100.0%
列总计	1795	1618	1808	1759	1298	8278

Chi-square test：df = 4，卡方值为17.018，sig = 0.002 < 0.05，所以不同年龄的居民在“您认为造成有些人忧郁、自杀的原因是？个人的文化底蕴和文化积累不够，缺乏自我理解和自我调节能力”这一问题的回答上有显著差异。

C18g by A1

您认为造成有些人忧郁、自杀的原因是？现代人缺乏安顿自己、化解内心矛盾的能力 ＊ 年龄 Crosstabulation

	18—29岁	30—39岁	40—49岁	50—59岁	60—65岁	总计
未选中	76.2%	75.7%	76.7%	74.7%	76.1%	75.9%
选中	23.8%	24.3%	23.3%	25.3%	23.9%	24.1%
总计	100.0%	100.0%	100.0%	100.0%	100.0%	100.0%
列总计	1795	1618	1808	1759	1298	8278

Chi-square test：df = 4，卡方值为2.072，sig = 0.722 > 0.05，所以不同年龄的居民在“您认为造成有些人忧郁、自杀的原因是？现代人缺乏安顿自己、化解内心矛盾的能力”这一问题的回答上没有显著差异。

C18h by A1

您认为造成有些人忧郁、自杀的原因是？缺乏道德公正，没有道德的人总是占便宜 ＊ 年龄 Crosstabulation

	18—29岁	30—39岁	40—49岁	50—59岁	60—65岁	总计
未选中	85.5%	86.8%	85.5%	85.7%	87.8%	86.1%
选中	14.5%	13.2%	14.5%	14.3%	12.2%	13.9%
总计	100.0%	100.0%	100.0%	100.0%	100.0%	100.0%
列总计	1795	1618	1808	1759	1298	8278

Chi-square test：df = 4，卡方值为4.875，sig = 0.300 > 0.05，所以不同年龄的居民在“您认为造成有些人忧郁、自杀的原因是？缺乏道德公正，没有道德的人总是占便宜”这一问题的回答上没有显著差异。

C18i by A1

您认为造成有些人忧郁、自杀的原因是？缺乏理想和信念支持，精神没有寄托和归宿 ＊ 年龄 Crosstabulation

	18—29 岁	30—39 岁	40—49 岁	50—59 岁	60—65 岁	总计
未选中	76.5%	81.8%	83.5%	83.9%	82.6%	81.6%
选中	23.5%	18.2%	16.5%	16.1%	17.4%	18.4%
总计	100.0%	100.0%	100.0%	100.0%	100.0%	100.0%
列总计	1795	1618	1808	1759	1298	8278

Chi-square test：df = 4，卡方值为 41.878，sig ＝0.000 < 0.05，所以不同年龄的居民在“您认为造成有些人忧郁、自杀的原因是？缺乏理想和信念支持，精神没有寄托和归宿”这一问题的回答上有显著差异。

C18j by A1

您认为造成有些人忧郁、自杀的原因是？生活压力大 ＊ 年龄 Crosstabulation

	18—29 岁	30—39 岁	40—49 岁	50—59 岁	60—65 岁	总计
未选中	63.6%	64.6%	61.3%	56.6%	56.9%	60.8%
选中	36.4%	35.4%	38.7%	43.4%	43.1%	39.2%
总计	100.0%	100.0%	100.0%	100.0%	100.0%	100.0%
列总计	1795	1618	1808	1759	1298	8278

Chi-square test：df = 4，卡方值为 37.358，sig ＝0.000 < 0.05，所以不同年龄的居民在“您认为造成有些人忧郁、自杀的原因是？生活压力大”这一问题的回答上有显著差异。

C18k by A1

您认为造成有些人忧郁、自杀的原因是？生活孤独无聊 ＊ 年龄 Crosstabulation

	18—29 岁	30—39 岁	40—49 岁	50—59 岁	60—65 岁	总计
未选中	90.8%	92.6%	91.9%	91.6%	89.7%	91.4%
选中	9.2%	7.4%	8.1%	8.4%	10.3%	8.6%
总计	100.0%	100.0%	100.0%	100.0%	100.0%	100.0%
列总计	1795	1618	1808	1759	1298	8278

Chi-square test：df = 4，卡方值为 9.680，sig ＝0.046 < 0.05，所以不同年龄的居民在“您认为造成有些人忧郁、自杀的原因是？生活孤独无聊”这一问题的回答上有显著差异。

C18l by A1

您认为造成有些人忧郁、自杀的原因是？其他 ＊ 年龄 Crosstabulation

	18—29 岁	30—39 岁	40—49 岁	50—59 岁	60—65 岁	总计
未选中	99.8%	99.6%	99.6%	99.5%	99.5%	99.6%

续表

	18—29 岁	30—39 岁	40—49 岁	50—59 岁	60—65 岁	总计
选中	0.2%	0.4%	0.4%	0.5%	0.5%	0.4%
总计	100.0%	100.0%	100.0%	100.0%	100.0%	100.0%
列总计	1795	1618	1808	1759	1298	8278

Chi-square test：df = 4，卡方值为 2.865，sig = 0.581 > 0.05，所以不同年龄的居民在“您认为造成有些人忧郁、自杀的原因是？其他”这一问题的回答上没有显著差异。

C19a by A1

如果您与家庭成员之间发生重大利益冲突，您会 * 年龄 Crosstabulation

	18—29 岁	30—39 岁	40—49 岁	50—59 岁	60—65 岁	总计
诉诸法律，打官司	1.7%	1.1%	1.2%	0.8%	1.1%	1.2%
直接找对方沟通，但得理让人，适可而止	54.2%	53.7%	50.9%	52.6%	46.1%	51.7%
通过第三方（如社会机构、朋友等）从中调解，尽量不伤和气	16.3%	14.7%	14.4%	12.7%	10.0%	13.8%
能忍则忍	27.8%	30.5%	33.5%	34.0%	42.7%	33.3%
总计	100.0%	100.0%	100.0%	100.0%	100.0%	100.0%
列总计	1776	1605	1814	1823	1364	8382

Chi-square test：df = 12，卡方值为 101.261，sig = 0.000 < 0.05，所以不同年龄的居民在“如果您与家庭成员之间发生重大利益冲突，您会”这一问题的回答上有显著差异。

C19b by A1

如果您与朋友之间发生重大利益冲突，您会 * 年龄 Crosstabulation

	18—29 岁	30—39 岁	40—49 岁	50—59 岁	60—65 岁	总计
诉诸法律，打官司	1.9%	1.5%	2.6%	1.8%	1.5%	1.9%
直接找对方沟通，但得理让人，适可而止	49.4%	50.1%	47.0%	48.4%	47.8%	48.5%
通过第三方（如社会机构、朋友等）从中调解，尽量不伤和气	31.7%	28.8%	30.5%	28.8%	24.4%	29.1%
能忍则忍	16.9%	19.6%	19.9%	21.0%	26.3%	20.5%
总计	100.0%	100.0%	100.0%	100.0%	100.0%	100.0%
列总计	1796	1639	1835	1873	1373	8516

Chi-square test：df = 12，卡方值为 59.647，sig = 0.000 < 0.05，所以不同年龄的居民在“如果您与朋友之间发生重大利益冲突，您会”这一问题的回答上有显著差异。

C19c by A1

如果您与同事之间发生重大利益冲突，您会 ＊ 年龄 Crosstabulation

	18—29 岁	30—39 岁	40—49 岁	50—59 岁	60—65 岁	总计
诉诸法律，打官司	4. 0%	3. 5%	3. 7%	2. 8%	3. 1%	3. 4%
直接找对方沟通，但得理让人，适可而止	45. 8%	44. 3%	42. 4%	42. 0%	42. 4%	43. 5%
通过第三方（如社会机构、朋友等）从中调解，尽量不伤和气	38. 4%	38. 9%	42. 0%	40. 7%	35. 8%	39. 4%
能忍则忍	11. 9%	13. 3%	11. 9%	14. 5%	18. 7%	13. 7%
总计	100. 0%	100. 0%	100. 0%	100. 0%	100. 0%	100. 0%
列总计	1669	1546	1619	1577	1066	7477

Chi-square test：df = 12，卡方值为 43. 012，sig ＝0. 003 < 0. 05，所以不同年龄的居民在“如果您与同事之间发生重大利益冲突，您会”这一问题的回答上有显著差异。

C19d by A1

如果您与商业伙伴之间发生重大利益冲突，您会 ＊ 年龄 Crosstabulation

	18—29 岁	30—39 岁	40—49 岁	50—59 岁	60—65 岁	总计
诉诸法律，打官司	34. 1%	32. 0%	32. 5%	29. 9%	23. 1%	31. 0%
直接找对方沟通，但得理让人，适可而止	27. 8%	26. 4%	28. 3%	27. 3%	26. 1%	27. 3%
通过第三方（如社会机构、朋友等）从中调解，尽量不伤和气	28. 7%	31. 4%	30. 2%	33. 7%	36. 2%	31. 6%
能忍则忍	9. 3%	10. 2%	9. 0%	9. 2%	14. 6%	10. 1%
总计	100. 0%	100. 0%	100. 0%	100. 0%	100. 0%	100. 0%
列总计	1523	1399	1450	1346	849	6567

Chi-square test：df = 12，卡方值为 58. 543，sig ＝0. 000 < 0. 05，所以不同年龄的居民在“如果您与商业伙伴之间发生重大利益冲突，您会”这一问题的回答上有显著差异。

C20 by A1

您认为在自己的成长中得到道德训练的最重要场所或机构是 ＊ 年龄 Crosstabulation

	18—29 岁	30—39 岁	40—49 岁	50—59 岁	60—65 岁	总计
家庭	29. 4%	30. 8%	34. 1%	36. 9%	38. 1%	33. 8%
学校	33. 4%	25. 6%	24. 6%	23. 7%	23. 7%	26. 2%
社会（如工作单位、社区等）	30. 4%	37. 0%	34. 7%	32. 7%	31. 5%	33. 3%

续表

	18—29 岁	30—39 岁	40—49 岁	50—59 岁	60—65 岁	总计
国家或政府	3. 0%	3. 1%	3. 0%	3. 4%	3. 5%	3. 2%
媒体	1. 3%	1. 1%	1. 1%	0. 7%	1. 5%	1. 1%
其他	2. 5%	2. 3%	2. 6%	2. 7%	1. 8%	2. 4%
总计	100. 0%	100. 0%	100. 0%	100. 0%	100. 0%	100. 0%
列总计	1826	1654	1868	1932	1448	8728

Chi-square test：df = 20，卡方值为 98. 474，sig = 0. 000 < 0. 05，所以不同年龄的居民在“您认为在自己的成长中得到道德训练的最重要场所或机构是”这一问题的回答上有显著差异。

C21 by A1

您的思想行为受什么人影响最大 ＊ 年龄 Crosstabulation

	18—29 岁	30—39 岁	40—49 岁	50—59 岁	60—65 岁	总计
政府官员	18. 2%	24. 3%	20. 3%	21. 0%	19. 7%	20. 7%
企业家	20. 1%	20. 4%	16. 1%	14. 0%	11. 4%	16. 6%
演艺明星	5. 3%	3. 8%	3. 3%	3. 0%	2. 4%	3. 6%
教师	48. 6%	43. 6%	43. 3%	46. 4%	46. 4%	45. 7%
知识精英	14. 9%	16. 2%	10. 9%	9. 3%	8. 0%	12. 0%
公众人物	17. 7%	16. 6%	15. 2%	12. 7%	10. 5%	14. 7%
农民	7. 2%	8. 4%	9. 8%	13. 3%	15. 0%	10. 6%
工人	1. 7%	2. 4%	2. 0%	3. 5%	3. 7%	2. 6%
先哲先贤	18. 6%	17. 2%	14. 3%	14. 0%	13. 1%	15. 5%
父母	69. 3%	70. 0%	74. 2%	76. 3%	77. 0%	73. 3%
网络大 V	4. 8%	5. 4%	2. 7%	1. 6%	0. 8%	3. 1%
宗教人士	1. 6%	1. 7%	1. 5%	1. 4%	1. 3%	1. 5%
列总计	1781	1604	1772	1838	1348	8343

据上表所示，不同年龄的居民在“您的思想行为受什么人影响最大”这一问题的回答上有显著差异。

C22 by A1

影响您道德判断和道德选择的最主要的因素是 ＊ 年龄 Crosstabulation

	18—29 岁	30—39 岁	40—49 岁	50—59 岁	60—65 岁	总计
自己的良心	66. 9%	62. 9%	67. 2%	72. 9%	74. 3%	68. 7%
大多数人持有的观点	37. 4%	36. 9%	37. 2%	38. 9%	33. 9%	37. 0%
公众人士和权威人物的观点	10. 3%	10. 8%	7. 1%	6. 1%	5. 2%	8. 0%

续表

	18—29 岁	30—39 岁	40—49 岁	50—59 岁	60—65 岁	总计
国外媒体的观点	4.4%	5.3%	3.4%	3.6%	3.5%	4.0%
自己的利益	15.0%	16.8%	15.2%	14.7%	13.4%	15.0%
他人的评价	6.8%	8.4%	7.5%	7.6%	6.9%	7.4%
社会后果	15.1%	15.4%	15.5%	15.1%	17.1%	15.6%
大多数人认可的道德规范	15.4%	16.1%	14.2%	15.1%	16.3%	15.3%
先贤教导	6.6%	5.2%	4.6%	3.3%	3.8%	4.7%
“朋友圈”的观点	1.3%	0.9%	1.0%	0.3%	0.4%	0.8%
列总计	1791	1619	1807	1867	1383	8467

据上表所示，不同年龄的居民在“影响您道德判断和道德选择的最主要的因素是”这一问题的回答上有显著差异。

C23 by A1

现在经常有一些网民在网络上曝光别人的隐私，您怎么看待这种行为 * 年龄 Crosstabulation

	18—29 岁	30—39 岁	40—49 岁	50—59 岁	60—65 岁	总计
这是违法行为，应该制止	40.7%	37.4%	35.9%	33.9%	33.5%	36.4%
这是不道德行为，应该进行谴责	36.4%	39.6%	45.3%	51.1%	50.9%	44.3%
这是社会监督的重要途径，不必完全禁止，但需要规范和引导	20.5%	20.8%	16.9%	13.0%	13.6%	17.1%
这是网民的自由，别人不应该干涉	2.4%	2.2%	1.9%	2.1%	2.0%	2.1%
总计	100.0%	100.0%	100.0%	100.0%	100.0%	100.0%
列总计	1774	1610	1756	1745	1237	8122

Chi-square test：df = 12，卡方值为 131.765，sig = 0.000 < 0.05，所以不同年龄的居民在“现在经常有一些网民在网络上曝光别人的隐私，您怎么看待这种行为”这一问题的回答上有显著差异。

C24a by A1

您最近两年是否参加过以下活动？志愿者活动 * 年龄 Crosstabulation

	18—29 岁	30—39 岁	40—49 岁	50—59 岁	60—65 岁	总计
是	32.1%	20.2%	11.9%	7.5%	5.3%	15.6%
否	67.9%	79.8%	88.1%	92.5%	94.7%	84.4%
总计	100.0%	100.0%	100.0%	100.0%	100.0%	100.0%
列总计	1825	1650	1859	1930	1446	8710

Chi-square test：df = 4，卡方值为 635.458，sig = 0.000 < 0.05，所以不同年龄的居民在“您最近两年是否参加过以下活动？志愿者活动”这一问题的回答上有显著差异。

C24b by A1

您参加的频率：志愿者活动 ＊ 年龄 Crosstabulation

	18—29岁	30—39岁	40—49岁	50—59岁	60—65岁	总计
从来没有	67.9%	79.8%	88.1%	92.5%	94.7%	84.4%
参加过一两次	16.3%	11.3%	5.6%	3.0%	2.4%	7.8%
偶尔参加一次	11.9%	7.8%	5.1%	3.2%	1.8%	6.0%
经常参加	3.9%	1.2%	1.3%	1.3%	1.0%	1.8%
总计	100.0%	100.0%	100.0%	100.0%	100.0%	100.0%
列总计	1825	1650	1859	1930	1446	8710

Chi-square test：df = 12，卡方值为657.870，sig = 0.000 < 0.05，所以不同年龄的居民在“您参加的频率：志愿者活动”这一问题的回答上有显著差异。

C24c by A1

您最近两年是否参加过以下活动？无偿献血 ＊ 年龄 Crosstabulation

	18—29岁	30—39岁	40—49岁	50—59岁	60—65岁	总计
是	25.2%	20.8%	12.2%	7.1%	3.9%	14.0%
否	74.8%	79.2%	87.8%	92.9%	96.1%	86.0%
总计	100.0%	100.0%	100.0%	100.0%	100.0%	100.0%
列总计	1825	1650	1864	1931	1446	8716

Chi-square test：df = 4，卡方值为457.384，sig = 0.000 < 0.05，所以不同年龄的居民在“您最近两年是否参加过以下活动？无偿献血”这一问题的回答上有显著差异。

C24d by A1

您参加的频率：无偿献血 ＊ 年龄 Crosstabulation

	18—29岁	30—39岁	40—49岁	50—59岁	60—65岁	总计
从来没有	74.8%	79.2%	87.8%	92.9%	96.1%	86.0%
参加过一两次	13.2%	11.3%	7.3%	3.4%	1.9%	7.5%
偶尔参加一次	10.5%	8.3%	4.1%	3.1%	1.6%	5.6%
经常参加	1.5%	1.2%	0.7%	0.6%	0.4%	0.9%
总计	100.0%	100.0%	100.0%	100.0%	100.0%	100.0%
列总计	1825	1650	1864	1931	1446	8716

Chi-square test：df = 12，卡方值为464.044，sig = 0.000 < 0.05，所以不同年龄的居民在“您参加的频率：无偿献血”这一问题的回答上有显著差异。

C24e by A1

您最近两年是否参加过以下活动？捐款、捐物 * 年龄 Crosstabulation

	18—29 岁	30—39 岁	40—49 岁	50—59 岁	60—65 岁	总计
是	48.7%	41.5%	34.2%	27.5%	20.6%	34.9%
否	51.3%	58.5%	65.8%	72.5%	79.4%	65.1%
总计	100.0%	100.0%	100.0%	100.0%	100.0%	100.0%
列总计	1825	1650	1864	1931	1446	8716

Chi-square test：df = 4，卡方值为 360.421，sig = 0.000 < 0.05，所以不同年龄的居民在“您最近两年是否参加过以下活动？捐款、捐物”这一问题的回答上有显著差异。

C24f by A1

您参加的频率：捐款、捐物 * 年龄 Crosstabulation

	18—29 岁	30—39 岁	40—49 岁	50—59 岁	60—65 岁	总计
从来没有	51.3%	58.5%	65.8%	72.5%	79.4%	65.1%
参加过一两次	20.6%	17.9%	13.8%	11.3%	8.4%	14.6%
偶尔参加一次	22.3%	17.5%	14.9%	12.6%	8.9%	15.4%
经常参加	5.8%	6.1%	5.5%	3.6%	3.4%	4.9%
总计	100.0%	100.0%	100.0%	100.0%	100.0%	100.0%
列总计	1825	1650	1864	1931	1446	8716

Chi-square test：df = 12，卡方值为 370.548，sig = 0.000 < 0.05，所以不同年龄的居民在“您参加的频率：捐款、捐物”这一问题的回答上有显著差异。

C25 by A1

目前中国社会的两性关系日益开放，它对社会风尚的影响是 * 年龄 Crosstabulation

	18—29 岁	30—39 岁	40—49 岁	50—59 岁	60—65 岁	总计
是社会进步的表现	17.4%	15.8%	13.5%	11.2%	11.5%	13.9%
两性关系混乱必然导致道德沦丧、污染社会风气	39.7%	46.2%	52.6%	59.3%	57.5%	50.9%
个人选择，无所谓好坏	42.6%	37.6%	33.5%	29.1%	30.8%	34.8%
其他	0.3%	0.4%	0.5%	0.3%	0.3%	0.4%
总计	100.0%	100.0%	100.0%	100.0%	100.0%	100.0%
列总计	1803	1636	1840	1888	1368	8535

Chi-square test：df = 12，卡方值为 187.615，sig = 0.000 < 0.05，所以不同年龄的居民在“目前中国社会的两性关系日益开放，它对社会风尚的影响是”这一问题的回答上有显著差异。

C26 by A1

您对一些重要事情所持的观点和看法与其他人一致的时候有多少？＊年龄 Crosstabulation

	18—29 岁	30—39 岁	40—49 岁	50—59 岁	60—65 岁	总计
非常少	4.5%	6.6%	4.2%	4.9%	5.8%	5.1%
比较少	14.2%	11.5%	14.1%	14.5%	13.7%	13.6%
一般	40.3%	43.6%	41.7%	41.4%	45.4%	42.3%
比较多	35.5%	31.8%	34.7%	34.4%	30.4%	33.5%
非常多	5.5%	6.4%	5.3%	4.8%	4.7%	5.4%
总计	100.0%	100.0%	100.0%	100.0%	100.0%	100.0%
列总计	1719	1583	1728	1755	1274	8059

Chi-square test：df = 16，卡方值为 38.923，sig = 0.001 < 0.05，所以不同年龄的居民在“您对一些重要事情所持的观点和看法与其他人一致的时候有多少?”这一问题的回答上有显著差异。

C27 by A1

您对待目前社会上一部分人的奢侈消费行为的态度是？＊年龄 Crosstabulation

	18—29 岁	30—39 岁	40—49 岁	50—59 岁	60—65 岁	总计
钞票是他们自己的，他们愿意怎么花就怎么花	42.6%	42.9%	42.4%	37.6%	34.6%	40.2%
他们应该遵守勤俭的传统美德，适度消费	38.0%	39.1%	42.2%	48.4%	52.9%	43.9%
过度消费行为只要对别人无害，就不应干涉	19.2%	17.7%	15.3%	13.9%	12.5%	15.8%
其他	0.2%	0.3%	0.1%	0.1%		0.1%
总计	100.0%	100.0%	100.0%	100.0%	100.0%	100.0%
列总计	1814	1653	1867	1930	1443	8707

Chi-square test：df = 12，卡方值为 119.875，sig = 0.000 < 0.05，所以不同年龄的居民在“您对待目前社会上一部分人的奢侈消费行为的态度是?”这一问题的回答上有显著差异。

C28 by A1

孝敬、礼让、仁爱、节俭等优良传统，您认为现在还需要这些吗？＊年龄 Crosstabulation

	18—29 岁	30—39 岁	40—49 岁	50—59 岁	60—65 岁	总计
这些好传统什么时候都不能丢	75.5%	78.6%	76.3%	81.5%	77.7%	78.0%

续表

	18—29 岁	30—39 岁	40—49 岁	50—59 岁	60—65 岁	总计
可有可无	9.5%	8.1%	10.1%	7.6%	9.7%	9.0%
已经过时，没必要讲这些	6.0%	6.6%	5.3%	4.5%	4.8%	5.4%
有些要，有些不要	8.9%	6.7%	8.2%	6.4%	7.8%	7.6%
总计	100.0%	100.0%	100.0%	100.0%	100.0%	100.0%
列总计	1826	1657	1867	1935	1450	8735

Chi-square test：df = 12，卡方值为 35.101，sig = 0.000 < 0.05，所以不同年龄的居民在“孝敬、礼让、仁爱、节俭等优良传统，您认为现在还需要这些吗?”这一问题的回答上有显著差异。

C29 by A1

民族英雄和新时期的先进人物的精神还值得在全社会大力倡导吗 * 年龄 Crosstabulation

	18—29 岁	30—39 岁	40—49 岁	50—59 岁	60—65 岁	总计
我很佩服他们，现在社会就缺这种精神，要加大宣传	61.4%	58.2%	58.4%	60.3%	59.5%	59.6%
以前知道一些，现在不太关注了	25.2%	29.1%	25.8%	24.1%	21.0%	25.1%
时过境迁，这些典型的影响力越来越小了，没太多人关心了	10.7%	9.4%	12.3%	11.1%	14.3%	11.5%
不知道，也不关心	2.7%	3.3%	3.5%	4.5%	5.3%	3.8%
总计	100.0%	100.0%	100.0%	100.0%	100.0%	100.0%
列总计	1822	1655	1864	1935	1444	8720

Chi-square test：df = 12，卡方值为 60.839，sig = 0.000 < 0.05，所以不同年龄的居民在“民族英雄和新时期的先进人物的精神还值得在全社会大力倡导吗”这一问题的回答上有显著差异。

C30 by A1

当在公交车上遇到小偷正在偷乘客钱包时，您会选择以下哪种做法 * 年龄 Crosstabulation

	18—29 岁	30—39 岁	40—49 岁	50—59 岁	60—65 岁	总计
马上冲上去制止	22.7%	19.4%	19.1%	18.5%	17.4%	19.5%
出于害怕，装作什么都没有看到	10.8%	14.8%	11.7%	12.3%	10.8%	12.1%
不敢直接与小偷对抗，但以适当方式悄悄提醒当事人或报警	61.0%	60.0%	61.9%	61.4%	59.5%	60.9%
只要偷的不是我，不用多管闲事，免得惹麻烦	5.0%	5.3%	6.4%	7.4%	11.0%	6.9%

续表

	18—29 岁	30—39 岁	40—49 岁	50—59 岁	60—65 岁	总计
其他	0.5%	0.5%	1.0%	0.5%	1.2%	0.7%
总计	100.0%	100.0%	100.0%	100.0%	100.0%	100.0%
列总计	1824	1645	1868	1924	1443	8704

Chi-square test：df = 16，卡方值为 93.952，sig = 0.000 < 0.05，所以不同年龄的居民在“当在公交车上遇到小偷正在偷乘客钱包时，您会选择以下哪种做法”这一问题的回答上有显著差异。

C31 by A1

小王知道做某件事是道德的但没去行动，哪种因素是他采取行动的最大障碍 * 年龄 Crosstabulation

	18—29 岁	30—39 岁	40—49 岁	50—59 岁	60—65 岁	总计
采取行动会损害自己利益	17.4%	17.2%	15.9%	16.2%	13.7%	16.2%
采取行动也难以取得预期效果	26.9%	25.5%	23.5%	24.1%	19.6%	24.1%
大家都不做，我何必管闲事	17.0%	18.7%	18.6%	15.9%	13.9%	17.2%
自身能力有限，心有余而力不足	27.4%	28.5%	29.0%	31.9%	34.3%	30.0%
即使我不做，相信还会有别人去做	7.2%	6.5%	8.7%	7.2%	9.3%	7.8%
明白就行，让别人去做吧	3.5%	3.4%	3.8%	3.9%	6.3%	4.1%
其他	0.6%	0.2%	0.6%	0.7%	0.8%	0.6%
总计	100.0%	100.0%	100.0%	100.0%	100.0%	100.0%
列总计	1817	1640	1851	1904	1381	8593

Chi-square test：df = 24，卡方值为 88.757，sig = 0.000 < 0.05，所以不同年龄的居民在“小王知道做某件事是道德的但没去行动，哪种因素是他采取行动的最大障碍”这一问题的回答上有显著差异。

C32 by A1

当与他人发生分歧时，能否体谅宽容他人 * 年龄 Crosstabulation

	18—29 岁	30—39 岁	40—49 岁	50—59 岁	60—65 岁	总计
不宽容，必须弄清是非曲直	11.1%	10.9%	10.3%	9.5%	11.2%	10.6%
偶尔	32.8%	34.7%	35.0%	34.8%	33.2%	34.2%
有时	40.0%	40.8%	38.3%	38.7%	38.5%	39.3%
经常	16.1%	13.5%	16.4%	17.0%	17.1%	16.0%
总计	100.0%	100.0%	100.0%	100.0%	100.0%	100.0%
列总计	1812	1646	1852	1920	1434	8664

Chi-square test：df = 12，卡方值为 16.475，sig = 0.170 > 0.05，所以不同年龄的居民在“当与他人发生分歧时，能否体谅宽容他人”这一问题的回答上没有显著差异。

C33 by A1

您认为解决当前我国的公民道德和社会风尚问题，最关键的途径是 * 年龄 Crosstabulation

	18—29 岁	30—39 岁	40—49 岁	50—59 岁	60—65 岁	总计
加强法制	35. 1%	36. 1%	34. 0%	32. 2%	32. 6%	34. 0%
弘扬优秀传统道德	48. 1%	47. 6%	51. 1%	52. 1%	49. 6%	49. 8%
建设伦理道德的核心价值	22. 8%	20. 2%	17. 3%	14. 2%	11. 9%	17. 4%
惩治官员腐败	18. 0%	22. 0%	22. 7%	26. 0%	28. 2%	23. 2%
解决分配不公问题	10. 5%	13. 0%	13. 0%	14. 7%	13. 5%	13. 0%
提高个人道德素质	33. 4%	29. 9%	28. 7%	28. 9%	30. 5%	30. 3%
列总计	1818	1646	1847	1918	1425	8654

据上表所示，不同年龄的居民在“您认为解决当前我国的公民道德和社会风尚问题，最关键的途径是”这一问题的回答上有显著差异。

C34 by A1

您知道社会主义核心价值观吗？请您把它们选出来 * 年龄 Crosstabulation

	18—29 岁	30—39 岁	40—49 岁	50—59 岁	60—65 岁	总计
文明	76. 5%	72. 7%	72. 3%	71. 7%	70. 3%	72. 8%
诚信	84. 4%	84. 6%	83. 0%	83. 2%	83. 0%	83. 7%
勇敢	30. 9%	35. 3%	34. 9%	35. 8%	39. 3%	35. 0%
爱国	79. 5%	76. 9%	74. 3%	75. 8%	71. 6%	75. 8%
创新	33. 4%	37. 8%	32. 0%	29. 5%	28. 9%	32. 4%
友善	56. 6%	50. 5%	50. 9%	51. 3%	48. 5%	51. 7%
勤劳	17. 5%	20. 2%	24. 7%	30. 1%	32. 5%	24. 7%
列总计	1807	1625	1795	1821	1365	8413

据上表所示，不同年龄的居民在“您知道的社会主义核心价值观”这一问题的回答上有显著差异。

C35 by A1

您认为社会主义核心价值观与您的工作、生活有关系吗 * 年龄 Crosstabulation

	18—29 岁	30—39 岁	40—49 岁	50—59 岁	60—65 岁	总计
对改变社会风气有好处，每个人都应该这样做人做事	86. 3%	84. 0%	86. 8%	84. 9%	81. 8%	85. 0%

续表

	18—29岁	30—39岁	40—49岁	50—59岁	60—65岁	总计
与个人工作、生活没关系	13.7%	16.0%	13.2%	15.1%	18.2%	15.0%
总计	100.0%	100.0%	100.0%	100.0%	100.0%	100.0%
列总计	1645	1473	1591	1545	1103	7357

Chi-square test：df=4，卡方值为16.264，sig =0.003<0.05，所以不同年龄的居民在“您认为社会主义核心价值观与您的工作、生活有关系吗”这一问题的回答上有显著差异。

C36 by A1

在全社会特别是青少年中开展革命传统教育，您认为有没有这个必要 * 年龄 Crosstabulation

	18—29岁	30—39岁	40—49岁	50—59岁	60—65岁	总计
很有必要，什么时候都不能忘本	82.6%	82.8%	84.0%	85.4%	83.9%	83.8%
可有可无	11.0%	9.8%	9.6%	9.0%	9.2%	9.7%
没有必要，已经过时了	6.4%	7.4%	6.4%	5.6%	6.9%	6.5%
总计	100.0%	100.0%	100.0%	100.0%	100.0%	100.0%
列总计	1828	1657	1869	1930	1447	8731

Chi-square test：df=8，卡方值为10.370，sig =0.240>0.05，所以不同年龄的居民在“在全社会特别是青少年中开展革命传统教育，您认为有没有这个必要”这一问题的回答上没有显著差异。

C37 by A1

当您途经一场所，正遇到升国旗仪式，看到国旗在国歌声中升起的时候，您会怎么做 * 年龄 Crosstabulation

	18—29岁	30—39岁	40—49岁	50—59岁	60—65岁	总计
原地站立，面向国旗行注目礼	40.7%	35.8%	30.9%	29.0%	30.1%	33.3%
停下来看一看	47.9%	50.5%	56.3%	60.1%	59.3%	54.8%
只当没看见，该干吗干吗	11.5%	13.7%	12.7%	10.9%	10.6%	11.9%
总计	100.0%	100.0%	100.0%	100.0%	100.0%	100.0%
列总计	1824	1655	1862	1929	1447	8717

Chi-square test：df=8，卡方值为98.106，sig =0.000<0.05，所以不同年龄的居民在“当您途经一场所，正遇到升国旗仪式，看到国旗在国歌声中升起的时候，您会怎么做”这一问题的回答上有显著差异。

C38 by A1

今年您参加过纪念中国共产党成立 96 周年等主题教育活动吗 ＊ 年龄 Crosstabulation

	18—29 岁	30—39 岁	40—49 岁	50—59 岁	60—65 岁	总计
参加过，很受教育	21. 1%	16. 2%	13. 4%	10. 8%	12. 6%	14. 8%
听说过，但是没有参加过	54. 1%	58. 3%	58. 2%	58. 5%	56. 6%	57. 2%
这种活动基本都是形式大于内容	10. 5%	9. 8%	10. 2%	8. 9%	7. 9%	9. 5%
不关心这些	14. 4%	15. 7%	18. 2%	21. 8%	22. 9%	18. 5%
总计	100. 0%	100. 0%	100. 0%	100. 0%	100. 0%	100. 0%
列总计	1822	1647	1866	1930	1444	8709

Chi-square test：df = 12，卡方值为 141. 919，sig = 0. 000 < 0. 05，所以不同年龄的居民在“今年您参加过纪念中国共产党成立 96 周年等主题教育活动吗”这一问题的回答上有显著差异。

D1 by A1

您认为现代家庭关系中最令人担忧的问题是 ＊ 年龄 Crosstabulation

	18—29 岁	30—39 岁	40—49 岁	50—59 岁	60—65 岁	总计
只有一个孩子，对家庭的未来没把握	19. 9%	25. 7%	22. 9%	23. 2%	18. 0%	22. 1%
独生子女难以承担养老责任，老无所养	24. 4%	25. 6%	30. 5%	30. 6%	33. 4%	28. 8%
年轻人不愿结婚，或不愿生孩子，家族传承危机	13. 8%	13. 3%	15. 2%	16. 9%	19. 3%	15. 6%
婚姻不稳定，年轻人缺乏守护婚姻的意识和能力	26. 8%	23. 8%	22. 4%	24. 8%	23. 9%	24. 3%
子女尤其是独生子女缺乏责任感，孝道意识薄弱	15. 3%	18. 2%	19. 0%	20. 3%	20. 3%	18. 5%
代沟严重，父母与子女之间难以沟通	31. 5%	29. 1%	27. 1%	27. 2%	25. 1%	28. 1%
婆媳关系紧张	9. 1%	10. 9%	8. 7%	11. 0%	8. 7%	9. 7%
父母不民主，不能容忍差异	15. 1%	10. 8%	9. 8%	8. 4%	7. 5%	10. 4%
“啃老”现象严重	8. 1%	5. 9%	6. 9%	4. 9%	6. 5%	6. 5%
父母只培养孩子的知识和技能，忽视良好品德的养成	13. 7%	16. 7%	14. 1%	10. 0%	10. 7%	13. 1%
两性关系过度开放	3. 3%	3. 2%	3. 3%	2. 5%	1. 9%	2. 9%
列总计	1783	1611	1815	1848	1352	8409

据上表所示，不同年龄的居民在“您认为现代家庭关系中最令人担忧的问题是”这一问题的回答上有显著差异。

D2 by A1

您对家庭的感觉是 * 年龄 Crosstabulation

	18—29 岁	30—39 岁	40—49 岁	50—59 岁	60—65 岁	总计
温馨幸福	27.7%	20.8%	18.8%	15.9%	15.6%	19.9%
比较幸福	63.1%	70.1%	69.0%	71.1%	68.9%	68.4%
不太幸福	4.1%	3.7%	5.0%	5.2%	6.1%	4.8%
一般，没感觉	4.3%	4.7%	6.6%	6.9%	9.1%	6.2%
很不幸福，希望逃离	0.6%	0.6%	0.4%	0.4%	0.1%	0.4%
其他	0.3%	0.1%	0.3%	0.4%	0.2%	0.3%
总计	100.0%	100.0%	100.0%	100.0%	100.0%	100.0%
列总计	1807	1622	1838	1906	1431	8604

Chi-square test：df = 20，卡方值为 151.675，sig = 0.000 < 0.05，所以不同年龄的居民在“您对家庭的感觉是”这一问题的回答上有显著差异。

D3a by A1

您对以下现象的态度是？不婚 * 年龄 Crosstabulation

	18—29 岁	30—39 岁	40—49 岁	50—59 岁	60—65 岁	总计
完全赞同	2.1%	0.9%	0.6%	0.3%	0.4%	0.9%
比较赞同	10.2%	7.5%	5.9%	4.5%	3.2%	6.3%
中立	53.1%	49.2%	36.5%	27.7%	28.5%	39.1%
比较反对	24.5%	29.2%	34.8%	40.6%	40.6%	33.8%
强烈反对	10.1%	13.2%	22.2%	26.9%	27.3%	19.8%
总计	100.0%	100.0%	100.0%	100.0%	100.0%	100.0%
列总计	1772	1648	1837	1886	1405	8548

Chi-square test：df = 16，卡方值为 670.209，sig = 0.000 < 0.05，所以不同年龄的居民在“您对以下现象的态度是？不婚”这一问题的回答上有显著差异。

D3b by A1

您对以下现象的态度是？试婚 * 年龄 Crosstabulation

	18—29 岁	30—39 岁	40—49 岁	50—59 岁	60—65 岁	总计
完全赞同	1.5%	0.8%	0.6%	0.1%	0.2%	0.6%
比较赞同	14.0%	12.5%	7.0%	5.1%	3.5%	8.6%
中立	48.1%	46.1%	35.2%	28.7%	27.2%	37.3%
比较反对	23.8%	25.6%	34.6%	38.6%	40.8%	32.5%

续表

	18—29 岁	30—39 岁	40—49 岁	50—59 岁	60—65 岁	总计
强烈反对	12. 6%	14. 9%	22. 6%	27. 5%	28. 3%	21. 0%
总计	100. 0%	100. 0%	100. 0%	100. 0%	100. 0%	100. 0%
列总计	1763	1635	1813	1845	1368	8424

Chi-square test：df = 16，卡方值为 644. 081，sig = 0. 000 < 0. 05，所以不同年龄的居民在“您对以下现象的态度是？试婚”这一问题的回答上有显著差异。

D3c by A1

您对以下现象的态度是？同居 ＊ 年龄 Crosstabulation

	18—29 岁	30—39 岁	40—49 岁	50—59 岁	60—65 岁	总计
完全赞同	2. 5%	0. 8%	0. 5%		0. 4%	0. 8%
比较赞同	17. 4%	12. 4%	7. 6%	4. 6%	2. 7%	9. 1%
中立	52. 8%	52. 1%	41. 3%	31. 9%	29. 6%	41. 8%
比较反对	18. 1%	21. 8%	29. 5%	36. 5%	41. 1%	29. 1%
强烈反对	9. 3%	12. 9%	21. 1%	27. 1%	26. 2%	19. 2%
总计	100. 0%	100. 0%	100. 0%	100. 0%	100. 0%	100. 0%
列总计	1768	1640	1836	1878	1388	8510

Chi-square test：df = 16，卡方值为 958. 292，sig = 0. 000 < 0. 05，所以不同年龄的居民在“您对以下现象的态度是？同居”这一问题的回答上有显著差异。

D3d by A1

您对以下现象的态度是？同性恋 ＊ 年龄 Crosstabulation

	18—29 岁	30—39 岁	40—49 岁	50—59 岁	60—65 岁	总计
完全赞同	1. 3%	0. 3%	0. 3%	0. 1%	0. 2%	0. 4%
比较赞同	3. 4%	1. 5%	1. 4%	1. 0%	0. 8%	1. 6%
中立	31. 4%	20. 6%	13. 7%	8. 2%	9. 3%	16. 9%
比较反对	28. 3%	34. 7%	34. 5%	33. 7%	36. 9%	33. 4%
强烈反对	35. 7%	42. 9%	50. 2%	57. 0%	52. 9%	47. 6%
总计	100. 0%	100. 0%	100. 0%	100. 0%	100. 0%	100. 0%
列总计	1750	1604	1780	1821	1321	8276

Chi-square test：df = 16，卡方值为 573. 740，sig = 0. 000 < 0. 05，所以不同年龄的居民在“您对以下现象的态度是？同性恋”这一问题的回答上有显著差异。

D3e by A1

您对以下现象的态度是？婚外恋 ＊ 年龄 Crosstabulation

	18—29 岁	30—39 岁	40—49 岁	50—59 岁	60—65 岁	总计
完全赞同	0.4%	0.2%	0.2%		0.1%	0.2%
比较赞同	1.4%	0.4%	0.9%	0.2%	0.7%	0.7%
中立	15.1%	11.6%	8.0%	5.7%	6.8%	9.5%
比较反对	28.1%	31.5%	30.0%	28.2%	32.3%	29.9%
强烈反对	55.0%	56.2%	60.8%	65.8%	60.1%	59.7%
总计	100.0%	100.0%	100.0%	100.0%	100.0%	100.0%
列总计	1768	1633	1817	1856	1364	8438

Chi-square test：df = 16，卡方值为 167.817，sig = 0.000 < 0.05，所以不同年龄的居民在“您对以下现象的态度是？婚外恋”这一问题的回答上有显著差异。

D3f by A1

您对以下现象的态度是？丁克家庭 ＊ 年龄 Crosstabulation

	18—29 岁	30—39 岁	40—49 岁	50—59 岁	60—65 岁	总计
完全赞同	0.9%	0.7%	0.4%	0.1%	0.2%	0.4%
比较赞同	3.4%	1.5%	2.0%	1.1%	0.9%	1.8%
中立	42.5%	32.7%	22.9%	16.1%	18.1%	27.0%
比较反对	25.3%	29.6%	35.2%	33.6%	33.8%	31.4%
强烈反对	27.9%	35.5%	39.4%	49.1%	47.0%	39.4%
总计	100.0%	100.0%	100.0%	100.0%	100.0%	100.0%
列总计	1646	1528	1648	1609	1165	7596

Chi-square test：df = 16，卡方值为 479.405，sig = 0.000 < 0.05，所以不同年龄的居民在“您对以下现象的态度是？丁克家庭”这一问题的回答上有显著差异。

D3g by A1

您对以下现象的态度是？代孕 ＊ 年龄 Crosstabulation

	18—29 岁	30—39 岁	40—49 岁	50—59 岁	60—65 岁	总计
完全赞同	0.4%	0.3%	0.3%	0.1%	0.1%	0.3%
比较赞同	2.1%	1.5%	1.5%	0.9%	1.0%	1.4%
中立	29.3%	24.0%	17.2%	11.5%	15.7%	19.8%
比较反对	29.8%	32.6%	33.4%	32.6%	33.8%	32.3%
强烈反对	38.4%	41.6%	47.6%	54.8%	49.4%	46.2%

续表

	18—29 岁	30—39 岁	40—49 岁	50—59 岁	60—65 岁	总计
总计	100. 0%	100. 0%	100. 0%	100. 0%	100. 0%	100. 0%
列总计	1688	1549	1679	1630	1180	7726

Chi-square test：df = 16，卡方值为 241. 284，sig = 0. 000 < 0. 05，所以不同年龄的居民在“您对以下现象的态度是？代孕”这一问题的回答上有显著差异。

D4 by A1

您如何看待为了应对拆迁、征地、买房等而出现的“假离婚”现象 * 年龄 Crosstabulation

	18—29 岁	30—39 岁	40—49 岁	50—59 岁	60—65 岁	总计
完全赞同	2. 4%	2. 8%	2. 0%	1. 9%	1. 6%	2. 2%
比较赞同	18. 8%	17. 1%	14. 9%	11. 8%	10. 1%	14. 7%
不太赞同	37. 2%	38. 0%	39. 5%	38. 2%	40. 5%	38. 6%
坚决反对	41. 6%	42. 0%	43. 5%	48. 1%	47. 8%	44. 5%
总计	100. 0%	100. 0%	100. 0%	100. 0%	100. 0%	100. 0%
列总计	1649	1558	1740	1802	1315	8064

Chi-square test：df = 12，卡方值为 77. 280，sig = 0. 000 < 0. 05，所以不同年龄的居民在“您如何看待为了应对拆迁、征地、买房等而出现的‘假离婚’现象”这一问题的回答上有显著差异。

D5 by A1

如果夫妻中需要一方为对方或家庭做出牺牲，您的态度是 * 年龄 Crosstabulation

	18—29 岁	30—39 岁	40—49 岁	50—59 岁	60—65 岁	总计
非常不愿意	4. 3%	3. 3%	2. 5%	2. 5%	2. 3%	3. 0%
不太愿意	27. 5%	22. 4%	20. 8%	15. 2%	16. 4%	20. 4%
比较愿意	49. 5%	51. 8%	51. 8%	55. 1%	55. 4%	52. 7%
愿意，时常这么做	18. 6%	22. 4%	24. 9%	27. 2%	25. 9%	23. 9%
总计	100. 0%	100. 0%	100. 0%	100. 0%	100. 0%	100. 0%
列总计	1567	1595	1789	1850	1363	8164

Chi-square test：df = 12，卡方值为 130. 978，sig = 0. 000 < 0. 05，所以不同年龄的居民在“如果夫妻中需要一方为对方或家庭做出牺牲，您的态度是”这一问题的回答上有显著差异。

D6 by A1

在恋爱或婚姻中，您有为对方而改变自己的意识吗 ＊ 年龄 Crosstabulation

	18—29 岁	30—39 岁	40—49 岁	50—59 岁	60—65 岁	总计
有，经常这样做	27.0%	36.1%	32.4%	36.4%	38.4%	33.9%
有，但做起来有些困难	37.7%	38.3%	39.4%	35.1%	31.7%	36.6%
没想过这个问题	28.1%	20.0%	22.5%	24.1%	24.6%	23.9%
无须改变，只有找到愿为我改变的人才是真爱	6.7%	5.6%	5.4%	4.2%	5.0%	5.4%
其他	0.5%	0.1%	0.3%	0.2%	0.3%	0.3%
总计	100.0%	100.0%	100.0%	100.0%	100.0%	100.0%
列总计	1784	1647	1857	1923	1439	8650

Chi-square test：df = 16，卡方值为 100.893，sig = 0.000 < 0.05，所以不同年龄的居民在“在恋爱或婚姻中，您有为对方而改变自己的意识吗”这一问题的回答上有显著差异。

D7 by A1

在恋爱或婚姻中，您与对方相处的原则是 ＊ 年龄 Crosstabulation

	18—29 岁	30—39 岁	40—49 岁	50—59 岁	60—65 岁	总计
我首先对他/她好，然后希望他/她对我好	56.5%	57.5%	58.4%	60.6%	59.0%	58.4%
他/她对我好，我才对他/她好	22.4%	21.1%	19.0%	18.8%	16.9%	19.7%
他/她对我好就行了	13.4%	16.0%	15.5%	14.8%	16.8%	15.2%
总是我对他/她好，他/她对我不那么好	2.5%	2.1%	3.8%	2.6%	3.5%	2.9%
他/她对我不好，我没必要对他/她好	2.7%	1.4%	1.7%	1.2%	1.0%	1.6%
其他	2.6%	1.9%	1.6%	2.0%	2.8%	2.1%
总计	100.0%	100.0%	100.0%	100.0%	100.0%	100.0%
列总计	1778	1646	1852	1921	1443	8640

Chi-square test：df = 20，卡方值为 66.133，sig = 0.000 < 0.05，所以不同年龄的居民在“在恋爱或婚姻中，您与对方相处的原则是”这一问题的回答上有显著差异。

D8 by A1

您认为生育孩子是否是一种人生义务 ＊ 年龄 Crosstabulation

	18—29 岁	30—39 岁	40—49 岁	50—59 岁	60—65 岁	总计
是，如果大家都不生育，人种会灭绝	23.4%	22.8%	25.5%	26.0%	27.4%	25.0%

续表

	18—29 岁	30—39 岁	40—49 岁	50—59 岁	60—65 岁	总计
是，不生孩子家族延续会中断	30. 7%	35. 8%	42. 3%	45. 6%	47. 1%	40. 2%
不是，但没有孩子将老无所养也过于孤独	31. 7%	34. 1%	26. 4%	24. 9%	22. 6%	28. 0%
不是，自己觉得快乐就行，有孩子负担过重	12. 6%	6. 2%	4. 8%	3. 0%	2. 3%	5. 9%
其他	1. 6%	1. 1%	1. 0%	0. 5%	0. 6%	1. 0%
总计	100. 0%	100. 0%	100. 0%	100. 0%	100. 0%	100. 0%
列总计	1792	1646	1860	1932	1449	8679

Chi-square test：df = 16，卡方值为 359. 738，sig = 0. 000 < 0. 05，所以不同年龄的居民在“您认为生育孩子是否是一种人生义务”这一问题的回答上有显著差异。

D9 by A1

孩子面临重大问题（婚姻、升学、就业等）时，您的态度是 * 年龄 Crosstabulation

	18—29 岁	30—39 岁	40—49 岁	50—59 岁	60—65 岁	总计
全部包办，替他们做决定或搞定	4. 7%	5. 9%	6. 7%	5. 7%	5. 7%	5. 8%
积极建议，努力说服他们采纳	13. 3%	22. 6%	30. 1%	30. 8%	25. 2%	24. 5%
只提建议，让他们自己选择	25. 8%	38. 3%	46. 9%	45. 3%	45. 0%	40. 2%
不表态，免得子女将来埋怨	2. 0%	2. 8%	6. 4%	10. 2%	15. 7%	7. 2%
经常提出建议，但大多不起作用	0. 9%	2. 4%	4. 9%	6. 7%	6. 4%	4. 3%
没孩子/孩子太小	52. 7%	27. 6%	4. 6%	0. 9%	1. 6%	17. 7%
其他	0. 7%	0. 3%	0. 3%	0. 3%	0. 3%	0. 4%
总计	100. 0%	100. 0%	100. 0%	100. 0%	100. 0%	100. 0%
列总计	1817	1654	1868	1930	1454	8723

Chi-square test：df = 24，卡方值为 2746. 635，sig = 0. 000 < 0. 05，所以不同年龄的居民在“孩子面临重大问题（婚姻、升学、就业等）时，您的态度是”这一问题的回答上有显著差异。

D10 by A1

您对子女所提出的有关人生发展方面的建议，是否经常被采纳 * 年龄 Crosstabulation

	18—29 岁	30—39 岁	40—49 岁	50—59 岁	60—65 岁	总计
经常被采纳	23. 2%	23. 1%	17. 9%	19. 0%	19. 0%	19. 8%

续表

	18—29 岁	30—39 岁	40—49 岁	50—59 岁	60—65 岁	总计
较多被采纳	63.3%	64.2%	65.0%	60.0%	56.6%	61.6%
基本不采纳	10.0%	11.1%	16.1%	19.1%	22.6%	16.8%
从不被采纳并遭到嘲讽	3.5%	1.6%	1.0%	1.9%	1.7%	1.7%
总计	100.0%	100.0%	100.0%	100.0%	100.0%	100.0%
列总计	599	1044	1685	1771	1260	6359

Chi-square test：df = 12，卡方值为 107.640，sig = 0.000 < 0.05，所以不同年龄的居民在“您对子女所提出的有关人生发展方面的建议，是否经常被采纳”这一问题的回答上有显著差异。

D11 by A1

您认为现在孩子价值观的形成受何种因素影响最大 * 年龄 Crosstabulation

	18—29 岁	30—39 岁	40—49 岁	50—59 岁	60—65 岁	总计
父母	57.0%	62.7%	56.3%	62.0%	59.6%	59.5%
老师	55.5%	59.5%	61.0%	61.0%	65.5%	60.4%
同伴	28.4%	27.8%	27.5%	27.2%	24.3%	27.1%
网络，朋友圈	22.1%	16.4%	19.5%	18.3%	15.2%	18.4%
明星	2.7%	1.7%	2.0%	1.2%	0.8%	1.7%
道德模范	6.7%	5.5%	5.6%	4.6%	4.5%	5.4%
伟大人物	2.7%	2.2%	3.0%	2.4%	2.1%	2.5%
列总计	1694	1607	1815	1833	1358	8307

据上表所示，不同年龄的居民在“您认为现在孩子价值观的形成受何种因素影响最大”这一问题的回答上有显著差异。

D12 by A1

您认为老人是否有义务帮子女带孩子 * 年龄 Crosstabulation

	18—29 岁	30—39 岁	40—49 岁	50—59 岁	60—65 岁	总计
有，天经地义的	11.5%	14.9%	19.5%	29.2%	32.7%	21.3%
没有，老人帮助带孙辈，子女应感恩	49.1%	45.2%	43.4%	35.6%	31.0%	41.1%
没有义务，不过带孙辈也是天伦之乐，应该帮助带	30.5%	36.4%	34.2%	32.5%	32.7%	33.2%
没想过	8.8%	3.6%	2.9%	2.7%	3.6%	4.3%
总计	100.0%	100.0%	100.0%	100.0%	100.0%	100.0%
列总计	1820	1656	1870	1935	1452	8733

Chi-square test：df = 12，卡方值为 466.939，sig = 0.000 < 0.05，所以不同年龄的居民在“您认为老人是否有义务帮子女带孩子”这一问题的回答上有显著差异。

D13 by A1

您认为最理想的养老方式是哪种 * 年龄 Crosstabulation

	18—29 岁	30—39 岁	40—49 岁	50—59 岁	60—65 岁	总计
敬老院、护理院等专业养老机构	16.5%	16.3%	12.9%	11.1%	9.9%	13.4%
与子女同住	43.8%	47.1%	55.3%	59.5%	61.3%	53.3%
自己单住，生活难以自理时找护工	12.8%	15.7%	14.8%	13.9%	14.3%	14.3%
与兄弟姐妹抱团养老	6.0%	6.0%	5.0%	4.9%	4.5%	5.3%
与志趣相投的人一起养老	19.8%	13.7%	10.5%	9.5%	8.7%	12.5%
其他	1.0%	1.3%	1.4%	1.2%	1.3%	1.3%
总计	100.0%	100.0%	100.0%	100.0%	100.0%	100.0%
列总计	1820	1647	1864	1933	1454	8718

Chi-square test：df = 20，卡方值为 250.032，sig = 0.000 < 0.05，所以不同年龄的居民在“您认为最理想的养老方式是哪种”这一问题的回答上有显著差异。

D14 by A1

当父母一方长期生活不能自理时，主要承担照顾工作的人应该是 * 年龄 Crosstabulation

	18—29 岁	30—39 岁	40—49 岁	50—59 岁	60—65 岁	总计
子女照顾	46.7%	47.2%	49.7%	46.4%	45.5%	47.2%
父母中还有能力的另一方（老伴儿）	30.8%	31.9%	34.2%	39.5%	40.0%	35.2%
雇保姆，老伴儿协助	5.9%	7.6%	6.2%	4.6%	5.8%	6.0%
雇保姆，子女协助	11.5%	9.0%	6.9%	6.4%	5.7%	7.9%
送护理机构，家人经常探望	4.4%	3.8%	2.3%	2.4%	2.5%	3.1%
其他	0.7%	0.6%	0.8%	0.7%	0.5%	0.6%
总计	100.0%	100.0%	100.0%	100.0%	100.0%	100.0%
列总计	1823	1652	1862	1923	1447	8707

Chi-square test：df = 20，卡方值为 123.752，sig = 0.000 < 0.05，所以不同年龄的居民在“当父母一方长期生活不能自理时，主要承担照顾工作的人应该是”这一问题的回答上有显著差异。

D15 by A1

在过去的十天里，您为父母做过以下哪些事情 * 年龄 Crosstabulation

	18—29 岁	30—39 岁	40—49 岁	50—59 岁	60—65 岁	总计
看望	18.8%	27.6%	26.9%	20.1%	10.4%	21.1%

续表

	18—29 岁	30—39 岁	40—49 岁	50—59 岁	60—65 岁	总计
打电话	48.9%	48.7%	42.5%	23.5%	10.8%	35.5%
买东西	31.1%	32.1%	26.9%	18.6%	8.6%	23.9%
陪看病	3.7%	5.2%	5.2%	5.4%	1.7%	4.3%
生活照料	26.9%	29.6%	26.0%	20.3%	9.1%	22.8%
做家务	39.2%	32.0%	25.5%	19.1%	9.7%	25.6%
谈心聊天	34.9%	28.7%	22.1%	14.6%	5.3%	21.6%
给钱	8.8%	10.2%	12.6%	8.9%	4.6%	9.2%
外出游玩	4.8%	3.7%	2.4%	0.6%	0.5%	2.4%
无	5.5%	6.3%	9.6%	12.4%	9.5%	8.8%
父母已去世	0.7%	1.1%	6.6%	30.1%	61.8%	18.7%
列总计	1821	1657	1865	1929	1446	8718

据上表所示，不同年龄的居民在“在过去的十天里，您为父母做过以下哪些事情”这一问题的回答上有显著差异。

D16 by A1

您是否觉得孤独 ＊ 年龄 Crosstabulation

	18—29 岁	30—39 岁	40—49 岁	50—59 岁	60—65 岁	总计
经常	7.0%	4.9%	3.5%	4.4%	5.7%	5.1%
有时	25.7%	24.7%	21.9%	21.5%	27.0%	24.0%
不太觉得	32.4%	33.1%	37.0%	35.5%	28.2%	33.5%
不觉得	34.9%	37.3%	37.6%	38.7%	39.1%	37.5%
总计	100.0%	100.0%	100.0%	100.0%	100.0%	100.0%
列总计	1820	1649	1864	1929	1449	8711

Chi-square test：df = 12，卡方值为 69.410，sig = 0.000 < 0.05，所以不同年龄的居民在“您是否觉得孤独”这一问题的回答上有显著差异。

D17 by A1

现在开展的弘扬好家风好家训活动，您认为有意义吗 ＊ 年龄 Crosstabulation

	18—29 岁	30—39 岁	40—49 岁	50—59 岁	60—65 岁	总计
很有意义	69.8%	71.7%	70.9%	73.0%	69.8%	71.1%
可有可无	18.8%	15.7%	17.7%	14.9%	16.2%	16.7%
没有必要	11.4%	12.6%	11.4%	12.1%	14.0%	12.2%

续表

	18—29 岁	30—39 岁	40—49 岁	50—59 岁	60—65 岁	总计
总计	100.0%	100.0%	100.0%	100.0%	100.0%	100.0%
列总计	1705	1563	1789	1816	1330	8203

Chi-square test：df = 8，卡方值为 17.738，sig = 0.023 < 0.05，所以不同年龄的居民在“现在开展的弘扬好家风好家训活动，您认为有意义吗”这一问题的回答上有显著差异。

D18 by A1

您所在的地方发生过虐待儿童的事件吗 ＊ 年龄 Crosstabulation

	18—29 岁	30—39 岁	40—49 岁	50—59 岁	60—65 岁	总计
经常会发生	5.2%	4.8%	3.9%	3.3%	3.5%	4.2%
偶尔发生	21.3%	18.6%	17.5%	13.5%	13.4%	16.9%
没听说过	73.5%	76.5%	78.6%	83.2%	83.1%	78.9%
总计	100.0%	100.0%	100.0%	100.0%	100.0%	100.0%
列总计	1818	1650	1855	1927	1446	8696

Chi-square test：df = 8，卡方值为 75.175，sig = 0.000 < 0.05，所以不同年龄的居民在“您所在的地方发生过虐待儿童的事件吗”这一问题的回答上有显著差异。

D19 by A1

在大街或社区里，看到行走或生活困难的老人，您经常的反应是 ＊ 年龄 Crosstabulation

	18—29 岁	30—39 岁	40—49 岁	50—59 岁	60—65 岁	总计
想到自己的（祖）父母或自己的未来，情不自禁地想帮助他	44.8%	44.9%	43.4%	43.7%	41.4%	43.7%
出于义务责任感，想帮助他	26.8%	26.0%	26.8%	25.4%	26.5%	26.3%
有同情感，但没有想帮助的冲动	25.2%	26.2%	24.8%	25.3%	24.6%	25.2%
没有感觉，习以为常	3.2%	2.9%	4.9%	5.3%	7.1%	4.6%
其他	0.1%	0.1%	0.1%	0.3%	0.5%	0.2%
总计	100.0%	100.0%	100.0%	100.0%	100.0%	100.0%
列总计	1821	1654	1865	1932	1446	8718

Chi-square test：df = 16，卡方值为 56.018，sig = 0.000 < 0.05，所以不同年龄的居民在“在大街或社区里，看到行走或生活困难的老人，您经常的反应是”这一问题的回答上有显著差异。

D20 by A1

如果您的父母或兄妹偷了别人的东西，警察正在查找，您的行为反应可能是 * 年龄 Crosstabulation

	18—29 岁	30—39 岁	40—49 岁	50—59 岁	60—65 岁	总计
批评他，但不会告发	24.8%	27.1%	27.9%	26.5%	25.7%	26.4%
批评他，陪他送回原处或去承认错误	55.7%	52.9%	52.9%	54.5%	54.1%	54.0%
默认，因为他得到的东西正是家庭所急需	7.0%	7.3%	6.6%	5.8%	5.4%	6.4%
告发，因为出于正义感	5.5%	4.9%	4.7%	5.0%	4.9%	5.0%
告发，因为可能会连累自己	1.7%	3.1%	1.9%	1.2%	2.1%	2.0%
不管不问，由他自己决定	5.0%	4.5%	5.6%	6.6%	7.3%	5.8%
其他	0.3%	0.2%	0.4%	0.4%	0.5%	0.4%
总计	100.0%	100.0%	100.0%	100.0%	100.0%	100.0%
列总计	1812	1653	1854	1926	1435	8680

Chi-square test：df = 24，卡方值为 45.635，sig = 0.000 < 0.05，所以不同年龄的居民在“如果您的父母或兄妹偷了别人的东西，警察正在查找，您的行为反应可能是”这一问题的回答上有显著差异。

D21 by A1

当独生子女单独组成家庭后，父母和子女哪一种居住方式更好 * 年龄 Crosstabulation

	18—29 岁	30—39 岁	40—49 岁	50—59 岁	60—65 岁	总计
单独居住	29.7%	27.9%	27.7%	28.5%	34.3%	29.4%
和父母同住	27.4%	30.0%	35.6%	36.7%	34.3%	32.8%
和父母及祖辈共同居住	9.4%	10.1%	8.7%	8.4%	6.9%	8.7%
和父母靠近居住	33.0%	31.6%	27.2%	25.8%	23.7%	28.3%
其他	0.5%	0.5%	0.9%	0.6%	0.8%	0.7%
总计	100.0%	100.0%	100.0%	100.0%	100.0%	100.0%
列总计	1819	1657	1867	1932	1450	8725

Chi-square test：df = 16，卡方值为 100.352，sig = 0.000 < 0.05，所以不同年龄的居民在“当独生子女单独组成家庭后，父母和子女哪一种居住方式更好”这一问题的回答上有显著差异。

D22 by A1

您是否认为把老人送到养老院是不孝行为 * 年龄 Crosstabulation

	18—29 岁	30—39 岁	40—49 岁	50—59 岁	60—65 岁	总计
是	14.2%	15.3%	19.6%	21.4%	26.0%	19.1%

续表

	18—29 岁	30—39 岁	40—49 岁	50—59 岁	60—65 岁	总计
相对而言，部分是	54.7%	53.2%	48.7%	53.0%	47.9%	51.6%
不是	30.9%	31.4%	31.3%	25.1%	25.7%	28.9%
其他	0.2%	0.1%	0.3%	0.6%	0.3%	0.3%
总计	100.0%	100.0%	100.0%	100.0%	100.0%	100.0%
列总计	1821	1652	1859	1925	1450	8707

Chi-square test：df = 12，卡方值为 120.175，sig = 0.000 < 0.05，所以不同年龄的居民在“您是否认为把老人送到养老院是不孝行为”这一问题的回答上有显著差异。

E1 by A1

您认为企业最重要的社会责任是什么 ＊ 年龄 Crosstabulation

	18—29 岁	30—39 岁	40—49 岁	50—59 岁	60—65 岁	总计
为企业和企业股东自身赚钱	14.6%	16.4%	13.2%	11.9%	15.4%	14.2%
通过依法纳税为国家积累财富	23.2%	20.6%	24.7%	21.0%	22.7%	22.5%
通过诚信经营提供质量可靠的产品，满足社会大众生活需求	57.3%	57.5%	55.3%	59.4%	52.5%	56.6%
为员工谋福利	4.6%	5.1%	6.6%	7.4%	9.3%	6.4%
其他	0.3%	0.4%	0.2%	0.3%	0.2%	0.3%
总计	100.0%	100.0%	100.0%	100.0%	100.0%	100.0%
列总计	1752	1585	1752	1720	1192	8001

Chi-square test：df = 16，卡方值为 63.261，sig = 0.000 < 0.05，所以不同年龄的居民在“您认为企业最重要的社会责任是什么”这一问题的回答上有显著差异。

E2a by A1

下列关于企业的说法，您的同意程度是？只要能为员工谋福利就是一个好单位 ＊ 年龄 Crosstabulation

	18—29 岁	30—39 岁	40—49 岁	50—59 岁	60—65 岁	总计
完全同意	13.8%	14.5%	13.8%	14.9%	18.4%	14.9%
比较同意	52.4%	53.1%	55.4%	55.8%	54.8%	54.3%
不太同意	29.4%	29.6%	28.2%	26.1%	24.5%	27.7%
完全不同意	4.4%	2.8%	2.6%	3.2%	2.3%	3.1%
总计	100.0%	100.0%	100.0%	100.0%	100.0%	100.0%
列总计	1768	1615	1777	1768	1253	8181

Chi-square test：df = 12，卡方值为 39.728，sig = 0.000 < 0.05，所以不同年龄的居民在“只要能为员工谋福利就是一个好单位”这一问题同意程度的回答上有显著差异。

E2b by A1

下列关于企业的说法，您的同意程度是？经济效益好坏是衡量企业成败的唯一标准 * 年龄 Crosstabulation

	18—29 岁	30—39 岁	40—49 岁	50—59 岁	60—65 岁	总计
完全同意	9.1%	10.5%	9.2%	10.3%	11.6%	10.0%
比较同意	40.3%	40.7%	42.3%	43.7%	45.7%	42.4%
不太同意	42.8%	41.9%	42.6%	40.3%	39.7%	41.6%
完全不同意	7.8%	6.8%	5.9%	5.7%	3.1%	6.0%
总计	100.0%	100.0%	100.0%	100.0%	100.0%	100.0%
列总计	1757	1598	1750	1731	1210	8046

Chi-square test：df = 12，卡方值为 44.732，sig = 0.000 < 0.05，所以不同年龄的居民在“经济效益好坏是衡量企业成败的唯一标准”这一问题同意程度的回答上有显著差异。

E2c by A1

下列关于企业的说法，您的同意程度是？企业做慈善都是做做样子，其实还是为自已做广告 * 年龄 Crosstabulation

	18—29 岁	30—39 岁	40—49 岁	50—59 岁	60—65 岁	总计
完全同意	6.2%	7.1%	5.3%	5.6%	5.7%	6.0%
比较同意	38.8%	39.8%	42.8%	42.6%	41.1%	41.1%
不太同意	48.5%	46.2%	46.1%	45.0%	48.9%	46.8%
完全不同意	6.6%	6.8%	5.7%	6.7%	4.2%	6.1%
总计	100.0%	100.0%	100.0%	100.0%	100.0%	100.0%
列总计	1733	1594	1741	1701	1189	7958

Chi-square test：df = 12，卡方值为 24.220，sig = 0.019 < 0.05，所以不同年龄的居民在“企业做慈善都是做做样子，其实还是为自己做广告”这一问题同意程度的回答上有显著差异。

E2d by A1

下列关于企业的说法，您的同意程度是？企业和员工之间只是合同关系，效益好就好好干，效益不好就跳槽 * 年龄 Crosstabulation

	18—29 岁	30—39 岁	40—49 岁	50—59 岁	60—65 岁	总计
完全同意	5.9%	5.5%	5.8%	6.5%	5.8%	5.9%
比较同意	29.3%	29.1%	29.3%	32.2%	33.9%	30.6%
不太同意	50.0%	52.1%	53.0%	51.4%	50.4%	51.4%
完全不同意	14.9%	13.3%	11.9%	9.9%	9.9%	12.1%

续表

	18—29 岁	30—39 岁	40—49 岁	50—59 岁	60—65 岁	总计
总计	100.0%	100.0%	100.0%	100.0%	100.0%	100.0%
列总计	1764	1613	1766	1754	1217	8114

Chi-square test：df = 12，卡方值为 37.363，sig = 0.000 < 0.05，所以不同年龄的居民在“企业和员工之间只是合同关系，效益好就好好干，效益不好就跳槽”这一问题同意程度的回答上有显著差异。

E2e by A1

下列关于企业的说法，您的同意程度是？企业不需要对员工讲什么伦理关怀，员工表现好就发奖金，不好就辞退 * 年龄 Crosstabulation

	18—29 岁	30—39 岁	40—49 岁	50—59 岁	60—65 岁	总计
完全同意	5.4%	4.5%	3.9%	4.2%	4.2%	4.5%
比较同意	23.3%	23.1%	23.5%	25.4%	23.5%	23.8%
不太同意	51.5%	55.1%	56.5%	56.6%	59.9%	55.7%
完全不同意	19.8%	17.2%	16.1%	13.8%	12.3%	16.1%
总计	100.0%	100.0%	100.0%	100.0%	100.0%	100.0%
列总计	1755	1607	1773	1755	1228	8118

Chi-square test：df = 12，卡方值为 51.066，sig = 0.000 < 0.05，所以不同年龄的居民在“企业不需要对员工讲什么伦理关怀，员工表现好就发奖金，不好就辞退”这一问题同意程度的回答上有显著差异。

E2f by A1

下列关于企业的说法，您的同意程度是？企业为了履行社会责任，应当放弃一些自身利益 * 年龄 Crosstabulation

	18—29 岁	30—39 岁	40—49 岁	50—59 岁	60—65 岁	总计
完全同意	22.8%	20.6%	20.6%	23.2%	20.6%	21.6%
比较同意	49.4%	51.8%	50.1%	52.0%	51.4%	50.9%
不太同意	23.7%	23.4%	24.5%	21.4%	24.2%	23.4%
完全不同意	4.1%	4.3%	4.8%	3.5%	3.8%	4.1%
总计	100.0%	100.0%	100.0%	100.0%	100.0%	100.0%
列总计	1758	1600	1769	1761	1221	8109

Chi-square test：df = 12，卡方值为 15.495，sig = 0.215 > 0.05，所以不同年龄的居民在“企业为了履行社会责任，应当放弃一些自身利益”这一问题同意程度的回答上没有显著差异。

E2g by A1

下列关于企业的说法，您的同意程度是？讲信用、遵循道德规范的企业能够获得更好的利益 ＊ 年龄 Crosstabulation

	18—29 岁	30—39 岁	40—49 岁	50—59 岁	60—65 岁	总计
完全同意	25. 8%	26. 1%	25. 6%	25. 4%	24. 7%	25. 6%
比较同意	51. 1%	52. 3%	52. 6%	54. 9%	56. 5%	53. 3%
不太同意	19. 0%	19. 1%	18. 6%	17. 1%	15. 3%	18. 0%
完全不同意	4. 1%	2. 5%	3. 2%	2. 5%	3. 5%	3. 2%
总计	100. 0%	100. 0%	100. 0%	100. 0%	100. 0%	100. 0%
列总计	1761	1599	1775	1767	1244	8146

Chi-square test：df = 12，卡方值为 23. 874，sig = 0. 021 < 0. 05，所以不同年龄的居民在“讲信用、遵循道德规范的企业能够获得更好的利益”这一问题同意程度的回答上有显著差异。

E2h by A1

下列关于企业的说法，您的同意程度是？企业只是一台赚钱的机器，能赚钱就行，无所谓社会责任，声誉也不重要 ＊ 年龄 Crosstabulation

	18—29 岁	30—39 岁	40—49 岁	50—59 岁	60—65 岁	总计
完全同意	3. 4%	2. 5%	1. 9%	2. 3%	2. 4%	2. 5%
比较同意	18. 0%	16. 9%	16. 3%	16. 6%	15. 3%	16. 7%
不太同意	47. 3%	53. 4%	55. 3%	55. 9%	60. 9%	54. 2%
完全不同意	31. 2%	27. 2%	26. 4%	25. 2%	21. 5%	26. 6%
总计	100. 0%	100. 0%	100. 0%	100. 0%	100. 0%	100. 0%
列总计	1751	1593	1745	1748	1198	8035

Chi-square test：df = 12，卡方值为 65. 372，sig = 0. 000 < 0. 05，所以不同年龄的居民在“企业只是一台赚钱的机器，能赚钱就行，无所谓社会责任，声誉也不重要”这一问题同意程度的回答上有显著差异。

E2i by A1

下列关于企业的说法，您的同意程度是？同样的产品，国企生产的比私企的更有保障。＊ 年龄 Crosstabulation

	18—29 岁	30—39 岁	40—49 岁	50—59 岁	60—65 岁	总计
完全同意	8. 3%	7. 8%	7. 3%	8. 3%	7. 1%	7. 8%
比较同意	39. 0%	38. 9%	44. 2%	45. 8%	47. 5%	42. 8%
不太同意	43. 0%	45. 0%	38. 8%	36. 1%	37. 6%	40. 2%
完全不同意	9. 7%	8. 3%	9. 8%	9. 7%	7. 9%	9. 2%

续表

	18—29 岁	30—39 岁	40—49 岁	50—59 岁	60—65 岁	总计
总计	100.0%	100.0%	100.0%	100.0%	100.0%	100.0%
列总计	1671	1511	1641	1649	1119	7591

Chi-square test：df = 12，卡方值为 50.112，sig ＝0.000 < 0.05，所以不同年龄的居民在“同样的产品，国企生产的比私企的更有保障”这一问题同意程度的回答上有显著差异。

E3 by A1

下面哪种说法更符合或接近您的个人想法 ＊ 年龄 Crosstabulation

	18—29 岁	30—39 岁	40—49 岁	50—59 岁	60—65 岁	总计
个人和工作单位之间是聘用或雇用关系，通过工资和付出劳动满足彼此需求	44.5%	45.0%	47.9%	47.9%	48.7%	46.8%
不只是利益关系，应当还有很多情感的联系，应当共命运	38.6%	37.0%	33.7%	34.6%	33.0%	35.4%
个人是单位的一分子，单位如同个人的另一个家	16.8%	17.8%	18.0%	17.3%	17.7%	17.5%
其他	0.2%	0.2%	0.4%	0.2%	0.5%	0.3%
总计	100.0%	100.0%	100.0%	100.0%	100.0%	100.0%
列总计	1794	1637	1823	1868	1375	8497

Chi-square test：df = 12，卡方值为 22.247，sig ＝0.035 < 0.05，所以不同年龄的居民在“下面哪种说法更符合或接近您的个人想法”这一问题的回答上有显著差异。

E4a by A1

您对自己所在企业履行下列责任的满意情况如何？劳动安全保障 ＊ 年龄 Crosstabulation

	18—29 岁	30—39 岁	40—49 岁	50—59 岁	60—65 岁	总计
非常不满意	4.3%	3.0%	2.7%	3.0%	3.0%	3.2%
不太满意	22.1%	21.8%	22.4%	19.6%	22.1%	21.6%
比较满意	67.1%	67.2%	69.1%	72.7%	67.8%	68.8%
非常满意	6.5%	8.0%	5.8%	4.6%	7.0%	6.4%
总计	100.0%	100.0%	100.0%	100.0%	100.0%	100.0%
列总计	1512	1462	1474	1346	795	6589

Chi-square test：df = 12，卡方值为 28.430，sig ＝0.005 < 0.05，所以不同年龄的居民在“您对自己所在企业履行下列责任的满意情况如何？劳动安全保障”这一问题的回答上有显著差异。

E4b by A1

您对自己所在企业履行下列责任的满意情况如何？员工薪酬合理 * 年龄 Crosstabulation

	18—29 岁	30—39 岁	40—49 岁	50—59 岁	60—65 岁	总计
非常不满意	3.1%	2.1%	2.6%	2.9%	1.6%	2.5%
不太满意	24.1%	24.4%	28.2%	23.4%	26.1%	25.2%
比较满意	62.4%	61.6%	60.3%	67.4%	65.6%	63.2%
非常满意	10.4%	11.9%	8.9%	6.3%	6.7%	9.1%
总计	100.0%	100.0%	100.0%	100.0%	100.0%	100.0%
列总计	1515	1472	1478	1360	796	6621

Chi-square test：df = 12，卡方值为 53.912，sig = 0.000 < 0.05，所以不同年龄的居民在“您对自己所在企业履行下列责任的满意情况如何？员工薪酬合理”这一问题的回答上有显著差异。

E4c by A1

您对自己所在企业履行下列责任的满意情况如何？关心员工生活 * 年龄 Crosstabulation

	18—29 岁	30—39 岁	40—49 岁	50—59 岁	60—65 岁	总计
非常不满意	3.8%	2.3%	2.8%	3.0%	1.8%	2.9%
不太满意	25.6%	24.3%	27.3%	23.5%	26.4%	25.3%
比较满意	58.8%	61.1%	60.7%	65.3%	64.1%	61.7%
非常满意	11.9%	12.3%	9.2%	8.2%	7.7%	10.1%
总计	100.0%	100.0%	100.0%	100.0%	100.0%	100.0%
列总计	1499	1461	1452	1326	788	6526

Chi-square test：df = 12，卡方值为 42.405，sig = 0.000 < 0.05，所以不同年龄的居民在“您对自己所在企业履行下列责任的满意情况如何？关心员工生活”这一问题的回答上有显著差异。

E4d by A1

您对自己所在企业履行下列责任的满意情况如何？诚实守法经营 * 年龄 Crosstabulation

	18—29 岁	30—39 岁	40—49 岁	50—59 岁	60—65 岁	总计
非常不满意	2.5%	2.1%	1.3%	1.3%	1.2%	1.7%
不太满意	15.0%	15.1%	16.8%	15.0%	17.4%	15.7%
比较满意	71.5%	72.9%	72.0%	76.2%	73.8%	73.2%
非常满意	11.0%	9.9%	10.0%	7.5%	7.6%	9.3%

续表

	18—29 岁	30—39 岁	40—49 岁	50—59 岁	60—65 岁	总计
总计	100.0%	100.0%	100.0%	100.0%	100.0%	100.0%
列总计	1524	1443	1517	1427	913	6824

Chi-square test：df = 12，卡方值为 32.546，sig = 0.001 < 0.05，所以不同年龄的居民在“您对自己所在企业履行下列责任的满意情况如何？诚实守法经营”这一问题的回答上有显著差异。

E4e by A1

您对自己所在企业履行下列责任的满意情况如何？产品质量可靠 * 年龄 Crosstabulation

	18—29 岁	30—39 岁	40—49 岁	50—59 岁	60—65 岁	总计
非常不满意	1.5%	1.2%	1.3%	0.8%	1.1%	1.2%
不太满意	13.9%	12.2%	14.5%	14.0%	16.4%	14.0%
比较满意	71.0%	73.3%	72.2%	75.3%	74.2%	73.1%
非常满意	13.6%	13.3%	12.0%	9.9%	8.3%	11.7%
总计	100.0%	100.0%	100.0%	100.0%	100.0%	100.0%
列总计	1528	1452	1519	1441	920	6860

Chi-square test：df = 12，卡方值为 34.395，sig = 0.001 < 0.05，所以不同年龄的居民在“您对自己所在企业履行下列责任的满意情况如何？产品质量可靠”这一问题的回答上有显著差异。

E4f by A1

您对自己所在企业履行下列责任的满意情况如何？环境保护措施 * 年龄 Crosstabulation

	18—29 岁	30—39 岁	40—49 岁	50—59 岁	60—65 岁	总计
非常不满意	4.2%	3.1%	4.4%	3.9%	4.1%	3.9%
不太满意	24.4%	22.2%	26.5%	21.7%	26.9%	24.2%
比较满意	57.8%	58.5%	58.6%	63.8%	61.4%	59.9%
非常满意	13.6%	16.2%	10.5%	10.7%	7.6%	12.1%
总计	100.0%	100.0%	100.0%	100.0%	100.0%	100.0%
列总计	1468	1371	1422	1369	874	6504

Chi-square test：df = 12，卡方值为 62.736，sig = 0.000 < 0.05，所以不同年龄的居民在“您对自己所在企业履行下列责任的满意情况如何？环境保护措施”这一问题的回答上有显著差异。

E4g by A1

您对自己所在企业履行下列责任的满意情况如何？慈善公益事业 ＊ 年龄 Crosstabulation

	18—29 岁	30—39 岁	40—49 岁	50—59 岁	60—65 岁	总计
非常不满意	4.1%	3.7%	3.4%	2.6%	2.8%	3.4%
不太满意	24.8%	22.4%	25.8%	21.5%	24.9%	23.9%
比较满意	58.9%	61.4%	60.8%	65.5%	63.1%	61.7%
非常满意	12.1%	12.4%	10.0%	10.4%	9.2%	11.0%
总计	100.0%	100.0%	100.0%	100.0%	100.0%	100.0%
列总计	1304	1190	1206	1077	704	5481

Chi-square test：df = 12，卡方值 22.803，sig = 0.029 < 0.05，所以不同年龄的居民在“您对自己所在企业履行下列责任的满意情况如何？慈善公益事业”这一问题的回答上有显著差异。

E5 by A1

您对本地的或自己熟悉的企业家的道德状况怎么评价 ＊ 年龄 Crosstabulation

	18—29 岁	30—39 岁	40—49 岁	50—59 岁	60—65 岁	总计
总体还不错	44.9%	43.3%	43.0%	44.8%	39.9%	43.4%
普遍比较差	20.6%	19.9%	20.3%	18.8%	18.9%	19.8%
和普通群众没有太大差别	34.5%	36.8%	36.6%	36.4%	41.2%	36.8%
总计	100.0%	100.0%	100.0%	100.0%	100.0%	100.0%
列总计	1488	1410	1529	1460	958	6845

Chi-square test：df = 8，卡方值为 13.213，sig = 0.105 > 0.05，所以不同年龄的居民在“您对本地的或自己熟悉的企业家的道德状况怎么评价”这一问题的回答上没有显著差异。

E6a by A1

对公务员道德状况的满意度 ＊ 年龄 Crosstabulation

	18—29 岁	30—39 岁	40—49 岁	50—59 岁	60—65 岁	总计
非常满意	6.9%	5.6%	3.9%	3.0%	3.0%	4.5%
比较满意	68.0%	65.8%	66.3%	67.5%	66.5%	66.8%
不太满意	22.9%	24.8%	26.4%	26.6%	28.0%	25.6%
非常不满意	2.3%	3.8%	3.3%	3.0%	2.5%	3.0%
总计	100.0%	100.0%	100.0%	100.0%	100.0%	100.0%
列总计	1630	1546	1672	1641	1179	7668

Chi-square test：df = 12，卡方值为 57.083，sig = 0.000 < 0.05，所以不同年龄的居民在“对公务员道德状况的满意度”这一问题的回答上有显著差异。

E6b by A1

对医生道德状况的满意度 * 年龄 Crosstabulation

	18—29 岁	30—39 岁	40—49 岁	50—59 岁	60—65 岁	总计
非常满意	9. 1%	8. 2%	5. 3%	4. 5%	4. 4%	6. 3%
比较满意	63. 5%	62. 1%	62. 9%	62. 7%	63. 9%	63. 0%
不太满意	24. 3%	25. 6%	28. 4%	28. 8%	27. 9%	27. 0%
非常不满意	3. 1%	4. 1%	3. 4%	4. 0%	3. 9%	3. 7%
总计	100. 0%	100. 0%	100. 0%	100. 0%	100. 0%	100. 0%
列总计	1723	1600	1777	1827	1321	8248

Chi-square test：df = 12，卡方值为 63. 406，sig = 0. 000 < 0. 05，所以不同年龄的居民在“对医生道德状况的满意度”这一问题的回答上有显著差异。

E6c by A1

对教师道德状况的满意度 * 年龄 Crosstabulation

	18—29 岁	30—39 岁	40—49 岁	50—59 岁	60—65 岁	总计
非常满意	13. 5%	11. 5%	8. 9%	7. 6%	6. 3%	9. 7%
比较满意	62. 9%	62. 4%	66. 1%	67. 6%	69. 2%	65. 5%
不太满意	20. 1%	21. 9%	20. 8%	21. 3%	21. 8%	21. 1%
非常不满意	3. 5%	4. 2%	4. 2%	3. 5%	2. 8%	3. 7%
总计	100. 0%	100. 0%	100. 0%	100. 0%	100. 0%	100. 0%
列总计	1735	1603	1794	1817	1323	8272

Chi-square test：df = 12，卡方值为 72. 510，sig = 0. 000 < 0. 05，所以不同年龄的居民在“对教师道德状况的满意度”这一问题的回答上有显著差异。

E6d by A1

对个体工商户道德状况的满意度 * 年龄 Crosstabulation

	18—29 岁	30—39 岁	40—49 岁	50—59 岁	60—65 岁	总计
非常满意	6. 2%	5. 7%	4. 7%	4. 3%	3. 2%	4. 9%
比较满意	60. 5%	61. 7%	61. 1%	63. 7%	64. 7%	62. 2%
不太满意	28. 2%	28. 1%	30. 2%	28. 7%	29. 7%	29. 0%
非常不满意	5. 1%	4. 5%	4. 0%	3. 4%	2. 4%	4. 0%
总计	100. 0%	100. 0%	100. 0%	100. 0%	100. 0%	100. 0%
列总计	1702	1586	1760	1789	1310	8147

Chi-square test：df = 12，卡方值为 39. 200，sig = 0. 000 < 0. 05，所以不同年龄的居民在“对个体工商户道德状况的满意度”这一问题的回答上有显著差异。

E7a by A1

怎么称呼周围那些经营企业或做生意发了财的人？企业家 ＊ 年龄 Crosstabulation

	18—29 岁	30—39 岁	40—49 岁	50—59 岁	60—65 岁	总计
未选中	86.8%	89.8%	89.6%	92.6%	94.1%	90.4%
选中	13.2%	10.2%	10.4%	7.4%	5.9%	9.6%
总计	100.0%	100.0%	100.0%	100.0%	100.0%	100.0%
列总计	1828	1656	1868	1936	1454	8742

Chi-square test：df = 4，卡方值为 64.051，sig = 0.000 < 0.05，所以不同年龄的居民在“怎么称呼周围那些经营企业或做生意发了财的人？企业家”这一问题的回答上有显著差异。

E7b by A1

怎么称呼周围那些经营企业或做生意发了财的人？老板 ＊ 年龄 Crosstabulation

	18—29 岁	30—39 岁	40—49 岁	50—59 岁	60—65 岁	总计
未选中	21.4%	16.8%	19.0%	16.2%	17.3%	18.2%
选中	78.6%	83.2%	81.0%	83.8%	82.7%	81.8%
总计	100.0%	100.0%	100.0%	100.0%	100.0%	100.0%
列总计	1828	1656	1868	1936	1454	8742

Chi-square test：df = 4，卡方值为 21.308，sig = 0.000 < 0.05，所以不同年龄的居民在“怎么称呼周围那些经营企业或做生意发了财的人？老板”这一问题的回答上有显著差异。

E7c by A1

怎么称呼周围那些经营企业或做生意发了财的人？商人 ＊ 年龄 Crosstabulation

	18—29 岁	30—39 岁	40—49 岁	50—59 岁	60—65 岁	总计
未选中	78.2%	78.3%	78.2%	82.7%	82.0%	79.9%
选中	21.8%	21.7%	21.8%	17.3%	18.0%	20.1%
总计	100.0%	100.0%	100.0%	100.0%	100.0%	100.0%
列总计	1828	1656	1868	1936	1454	8742

Chi-square test：df = 4，卡方值为 22.917，sig = 0.000 < 0.05，所以不同年龄的居民在“怎么称呼周围那些经营企业或做生意发了财的人？商人”这一问题的回答上有显著差异。

E7d by A1

怎么称呼周围那些经营企业或做生意发了财的人？生意人 ＊ 年龄 Crosstabulation

	18—29 岁	30—39 岁	40—49 岁	50—59 岁	60—65 岁	总计
未选中	74.4%	77.4%	76.4%	77.9%	78.9%	76.9%
选中	25.6%	22.6%	23.6%	22.1%	21.1%	23.1%
总计	100.0%	100.0%	100.0%	100.0%	100.0%	100.0%
列总计	1828	1656	1868	1936	1454	8742

Chi-square test：df = 4，卡方值为 11.328，sig = 0.023 < 0.05，所以不同年龄的居民在“怎么称呼周围那些经营企业或做生意发了财的人？生意人”这一问题的回答上有显著差异。

E7e by A1

怎么称呼周围那些经营企业或做生意发了财的人？土豪 ＊ 年龄 Crosstabulation

	18—29 岁	30—39 岁	40—49 岁	50—59 岁	60—65 岁	总计
未选中	88.7%	92.3%	93.7%	95.1%	96.8%	93.2%
选中	11.3%	7.7%	6.3%	4.9%	3.2%	6.8%
总计	100.0%	100.0%	100.0%	100.0%	100.0%	100.0%
列总计	1828	1656	1868	1936	1454	8742

Chi-square test：df = 4，卡方值为 102.692，sig = 0.000 < 0.05，所以不同年龄的居民在“怎么称呼周围那些经营企业或做生意发了财的人？土豪”这一问题的回答上有显著差异。

E7f by A1

怎么称呼周围那些经营企业或做生意发了财的人？暴发户 ＊ 年龄 Crosstabulation

	18—29 岁	30—39 岁	40—49 岁	50—59 岁	60—65 岁	总计
未选中	93.1%	94.1%	93.0%	94.5%	94.8%	93.9%
选中	6.9%	5.9%	7.0%	5.5%	5.2%	6.1%
总计	100.0%	100.0%	100.0%	100.0%	100.0%	100.0%
列总计	1828	1656	1868	1936	1454	8742

Chi-square test：df = 4，卡方值为 8.694，sig = 0.069 > 0.05，所以不同年龄的居民在“怎么称呼周围那些经营企业或做生意发了财的人？暴发户”这一问题的回答上没有显著差异。

E7g by A1

怎么称呼周围那些经营企业或做生意发了财的人？其他 ＊ 年龄 Crosstabulation

	18—29 岁	30—39 岁	40—49 岁	50—59 岁	60—65 岁	总计
未选中	99. 1%	99. 7%	99. 1%	98. 9%	99. 2%	99. 2%
选中	0. 9%	0. 3%	0. 9%	1. 1%	0. 8%	0. 8%
总计	100. 0%	100. 0%	100. 0%	100. 0%	100. 0%	100. 0%
列总计	1826	1655	1866	1929	1452	8728

Chi-square test：df = 4，卡方值为 7. 400，sig = 0. 116 > 0. 05，所以不同年龄的居民在“怎么称呼周围那些经营企业或做生意发了财的人？其他”这一问题的回答上没有显著差异。

E8 by A1

如果您有一个不错的家庭企业，但儿子或女儿缺乏经营能力或经营兴趣，难以交班，您可能选择 ＊ 年龄 Crosstabulation

	18—29 岁	30—39 岁	40—49 岁	50—59 岁	60—65 岁	总计
培养儿媳或女婿，交给她/他经营	29. 3%	31. 5%	32. 2%	34. 2%	35. 6%	32. 4%
交给儿媳和女婿有风险，离婚了怎么办，还是自己撑到有第三代接管	18. 1%	18. 1%	18. 0%	17. 7%	16. 7%	17. 8%
找一个懂经营的职业经理人，我们家庭成员做董事长	42. 8%	39. 5%	34. 7%	29. 1%	24. 5%	34. 5%
做一天是一天，最后将钞票留给子孙，但外人不可靠，不能交给外人	7. 4%	9. 5%	13. 0%	16. 7%	21. 8%	13. 4%
其他	2. 4%	1. 4%	2. 1%	2. 4%	1. 3%	1. 9%
总计	100. 0%	100. 0%	100. 0%	100. 0%	100. 0%	100. 0%
列总计	1780	1627	1803	1844	1337	8391

Chi-square test：df = 16，卡方值为 276. 166，sig = 0. 000 < 0. 05，所以不同年龄的居民在“如果您有一个不错的家庭企业，但儿子或女儿缺乏经营能力或经营兴趣，难以交班，您可能选择”这一问题的回答上有显著差异。

E9 by A1

在市场上购买食品、衣物、家用电器等商品时，您觉得有安全感吗 ＊ 年龄 Crosstabulation

	18—29 岁	30—39 岁	40—49 岁	50—59 岁	60—65 岁	总计
有安全感，相信产品质量	27. 2%	23. 7%	23. 6%	24. 5%	26. 0%	25. 0%
没安全感，不相信他们的标签，常担心质量问题影响自己的健康	24. 5%	24. 4%	21. 7%	20. 7%	22. 3%	22. 7%

续表

	18—29 岁	30—39 岁	40—49 岁	50—59 岁	60—65 岁	总计
没安全感，担心在价格上被欺骗，要货比三家	18.6%	18.9%	21.9%	24.7%	22.8%	21.4%
一般还可以，相信大商店的产品，不相信小商店和地摊货	29.4%	32.8%	32.5%	29.8%	28.7%	30.7%
其他	0.3%	0.2%	0.2%	0.3%	0.3%	0.3%
总计	100.0%	100.0%	100.0%	100.0%	100.0%	100.0%
列总计	1823	1654	1868	1933	1445	8723

Chi-square test：df = 16，卡方值为 48.109，sig = 0.000 < 0.05，所以不同年龄的居民在“在市场上购买食品、衣物、家用电器等商品时，您觉得有安全感吗”这一问题的回答上有显著差异。

E10 by A1

您怎么看待电视、报纸和其他主流媒体上的广告 ＊ 年龄 Crosstabulation

	18—29 岁	30—39 岁	40—49 岁	50—59 岁	60—65 岁	总计
相信，因为是明星们推荐的	17.6%	17.0%	14.1%	13.6%	12.5%	15.0%
将信将疑，眼见为真	50.8%	47.5%	45.6%	45.8%	46.0%	47.2%
不相信，是企业和那些明星联合起来忽悠大众	22.0%	24.7%	29.1%	30.2%	27.5%	26.7%
讨厌，既欺骗大众，又占用公共媒体资源	9.2%	10.5%	10.5%	9.9%	12.3%	10.4%
其他	0.4%	0.3%	0.7%	0.5%	1.8%	0.7%
总计	100.0%	100.0%	100.0%	100.0%	100.0%	100.0%
列总计	1822	1651	1853	1921	1420	8667

Chi-square test：df = 16，卡方值为 98.019，sig = 0.000 < 0.05，所以不同年龄的居民在“您怎么看待电视、报纸和其他主流媒体上的广告”这一问题的回答上有显著差异。

E11 by A1

您怎么看待现在一些企业做公益和慈善 ＊ 年龄 Crosstabulation

	18—29 岁	30—39 岁	40—49 岁	50—59 岁	60—65 岁	总计
是做善事，把赚的公众的钱还给社会	32.1%	26.6%	24.0%	23.5%	26.4%	26.5%
是在作秀，为自己树牌坊	18.5%	18.0%	18.5%	19.0%	13.9%	17.8%
是做广告，把弱势群体当作宣传自己的工具	21.8%	26.6%	25.1%	23.9%	23.0%	24.1%
做总比不做好，随他去吧	27.1%	28.2%	31.7%	32.9%	36.2%	31.1%

续表

	18—29 岁	30—39 岁	40—49 岁	50—59 岁	60—65 岁	总计
其他	0.5%	0.6%	0.7%	0.7%	0.4%	0.6%
总计	100.0%	100.0%	100.0%	100.0%	100.0%	100.0%
列总计	1812	1648	1838	1895	1396	8589

Chi-square test：df = 16，卡方值为 85.199，sig = 0.000 < 0.05，所以不同年龄的居民在“您怎么看待现在一些企业做公益和慈善”这一问题的回答上有显著差异。

E12 by A1

一些政府机关、企事业单位和大中小学，利用权力为本单位的职工子女在入学、招工中提供特殊政策，您认为这种行为道德吗 * 年龄 Crosstabulation

	18—29 岁	30—39 岁	40—49 岁	50—59 岁	60—65 岁	总计
为本单位人员谋福利，符合道德	19.4%	18.0%	15.2%	14.9%	15.1%	16.5%
以权谋私，不道德	30.0%	34.4%	34.9%	38.5%	39.6%	35.3%
是对社会公众的不公平，严重不道德	30.8%	32.7%	31.3%	30.7%	28.5%	30.9%
符合本单位员工利益，但严重侵蚀社会道德	13.8%	10.3%	11.4%	9.4%	8.3%	10.7%
无所谓道德不道德	6.0%	4.7%	7.2%	6.5%	8.6%	6.6%
总计	100.0%	100.0%	100.0%	100.0%	100.0%	100.0%
列总计	1819	1653	1858	1927	1435	8692

Chi-square test：df = 16，卡方值为 97.988，sig = 0.000 < 0.05，所以不同年龄的居民在“一些政府机关、企事业单位和大中小学，利用权力为本单位的职工子女在入学、招工中提供特殊政策，您认为这种行为道德吗”这一问题的回答上有显著差异。

E13 by A1

如果您所在的单位有一项举措可以提高集体福利并使您个人得到利益，但会造成环境污染或社会公害，您会举报吗 * 年龄 Crosstabulation

	18—29 岁	30—39 岁	40—49 岁	50—59 岁	60—65 岁	总计
会	64.3%	63.6%	66.1%	67.5%	65.1%	65.4%
不会	35.7%	36.4%	33.9%	32.5%	34.9%	34.6%
总计	100.0%	100.0%	100.0%	100.0%	100.0%	100.0%
列总计	1812	1649	1848	1915	1426	8650

Chi-square test：df = 4，卡方值为 7.673，sig = 0.104 > 0.05，所以不同年龄的居民在“如果您所在的单位有一项举措可以提高集体福利并使您个人得到利益，但会造成环境污染或社会公害，您会举报吗”这一问题的回答上没有显著差异。

E14 by A1

您认为您所工作的单位同事之间是何种关系 * 年龄 Crosstabulation

	18—29 岁	30—39 岁	40—49 岁	50—59 岁	60—65 岁	总计
平等合作关系	57.2%	55.7%	56.8%	61.6%	59.3%	58.2%
利益竞争关系	28.9%	30.6%	26.3%	21.4%	18.0%	25.2%
彼此没有关系	12.1%	12.5%	14.8%	13.8%	18.0%	14.1%
其他	1.8%	1.3%	2.0%	3.2%	4.7%	2.5%
总计	100.0%	100.0%	100.0%	100.0%	100.0%	100.0%
列总计	1784	1630	1826	1880	1390	8510

Chi-square test：df = 12，卡方值为 145.342，sig = 0.000 < 0.05，所以不同年龄的居民在“您认为您所工作的单位同事之间是何种关系”这一问题的回答上有显著差异。

E15 by A1

为了单位组织的利益，你的单位是否会默认员工做违背道德的事情 * 年龄 Crosstabulation

	18—29 岁	30—39 岁	40—49 岁	50—59 岁	60—65 岁	总计
常常	5.9%	6.3%	3.9%	5.5%	6.3%	5.5%
较多	14.5%	17.9%	14.3%	14.0%	12.6%	14.8%
一般	25.9%	26.1%	25.1%	22.6%	22.3%	24.5%
较少	26.4%	23.1%	27.6%	27.7%	28.8%	26.6%
从来没有	27.3%	26.7%	29.2%	30.2%	30.0%	28.6%
总计	100.0%	100.0%	100.0%	100.0%	100.0%	100.0%
列总计	1479	1400	1499	1463	1017	6858

Chi-square test：df = 16，卡方值为 44.853，sig = 0.000 < 0.05，所以不同年龄的居民在“为了单位组织的利益，你的单位是否会默认员工做违背道德的事情”这一问题的回答上有显著差异。

E16a by A1

您所工作的单位是否存在以下现象：给领导干部送礼讨好 * 年龄 Crosstabulation

	18—29 岁	30—39 岁	40—49 岁	50—59 岁	60—65 岁	总计
未选中	71.3%	68.7%	69.3%	68.4%	68.0%	69.2%
选中	28.7%	31.3%	30.7%	31.6%	32.0%	30.8%
总计	100.0%	100.0%	100.0%	100.0%	100.0%	100.0%

续表

	18—29 岁	30—39 岁	40—49 岁	50—59 岁	60—65 岁	总计
列总计	1779	1632	1829	1889	1383	8512

Chi-square test：df=4，卡方值为5.484，sig =0.241 >0.05，所以不同年龄的居民在“您所工作的单位是否存在以下现象：给领导干部送礼讨好”这一问题的回答上没有显著差异。

E16b by A1

您所工作的单位是否存在以下现象：背后互相告恶状 * 年龄 Crosstabulation

	18—29 岁	30—39 岁	40—49 岁	50—59 岁	60—65 岁	总计
未选中	75.2%	74.8%	77.6%	78.2%	83.3%	77.6%
选中	24.8%	25.2%	22.4%	21.8%	16.7%	22.4%
总计	100.0%	100.0%	100.0%	100.0%	100.0%	100.0%
列总计	1779	1632	1829	1889	1383	8512

Chi-square test：df=4，卡方值为36.693，sig =0.000 <0.05，所以不同年龄的居民在“您所工作的单位是否存在以下现象：背后互相告恶状”这一问题的回答上有显著差异。

E16c by A1

您所工作的单位是否存在以下现象：拉帮结派 * 年龄 Crosstabulation

	18—29 岁	30—39 岁	40—49 岁	50—59 岁	60—65 岁	总计
未选中	81.3%	80.9%	82.1%	81.6%	81.5%	81.5%
选中	18.7%	19.1%	17.9%	18.4%	18.5%	18.5%
总计	100.0%	100.0%	100.0%	100.0%	100.0%	100.0%
列总计	1779	1632	1829	1889	1383	8512

Chi-square test：df=4，卡方值为0.802，sig =0.938 >0.05，所以不同年龄的居民在“您所工作的单位是否存在以下现象：拉帮结派”这一问题的回答上没有显著差异。

E16d by A1

您所工作的单位是否存在以下现象：为谋私利找关系走后门 * 年龄 Crosstabulation

	18—29 岁	30—39 岁	40—49 岁	50—59 岁	60—65 岁	总计
未选中	75.4%	73.3%	72.7%	70.1%	69.4%	72.3%
选中	24.6%	26.7%	27.3%	29.9%	30.6%	27.7%
总计	100.0%	100.0%	100.0%	100.0%	100.0%	100.0%

续表

	18—29 岁	30—39 岁	40—49 岁	50—59 岁	60—65 岁	总计
列总计	1779	1632	1829	1889	1383	8512

Chi-square test：df = 4，卡方值为 19.978，sig = 0.001 < 0.05，所以不同年龄的居民在“您所工作的单位是否存在以下现象：为谋私利找关系走后门”这一问题的回答上有显著差异。

E16e by A1

您所工作的单位是否存在以下现象：奖惩制度不公平 ＊ 年龄 Crosstabulation

	18—29 岁	30—39 岁	40—49 岁	50—59 岁	60—65 岁	总计
未选中	82.5%	81.5%	81.2%	80.1%	80.4%	81.2%
选中	17.5%	18.5%	18.8%	19.9%	19.6%	18.8%
总计	100.0%	100.0%	100.0%	100.0%	100.0%	100.0%
列总计	1779	1632	1829	1889	1383	8512

Chi-square test：df = 4，卡方值为 3.883，sig = 0.422 > 0.05，所以不同年龄的居民在“您所工作的单位是否存在以下现象：奖惩制度不公平”这一问题的回答上没有显著差异。

E16f by A1

您所工作的单位是否存在以下现象：领导干部滥用职权 ＊ 年龄 Crosstabulation

	18—29 岁	30—39 岁	40—49 岁	50—59 岁	60—65 岁	总计
未选中	84.9%	82.2%	78.8%	74.9%	74.8%	79.2%
选中	15.1%	17.8%	21.2%	25.1%	25.2%	20.8%
总计	100.0%	100.0%	100.0%	100.0%	100.0%	100.0%
列总计	1779	1632	1829	1889	1383	8512

Chi-square test：df = 4，卡方值为 82.478，sig = 0.000 < 0.05，所以不同年龄的居民在“您所工作的单位是否存在以下现象：领导干部滥用职权”这一问题的回答上有显著差异。

E16g by A1

您所工作的单位是否以下现象都不存在 ＊ 年龄 Crosstabulation

	18—29 岁	30—39 岁	40—49 岁	50—59 岁	60—65 岁	总计
未选中	66.1%	68.8%	67.7%	65.3%	63.3%	66.3%
选中	33.9%	31.3%	32.3%	34.7%	36.7%	33.7%
总计	100.0%	100.0%	100.0%	100.0%	100.0%	100.0%
列总计	1779	1632	1829	1889	1383	8512

Chi-square test：df = 4，卡方值为 12.611，sig = 0.013 < 0.05，所以不同年龄的居民在“您所工作的单位是否以下现象都不存在”这一问题的回答上有显著差异。

E17a by A1

下列关于企业履行社会责任（如捐款捐物、做公益慈善）的说法，您的同意程度是？只有国企才应该履行社会责任 ＊ 年龄 Crosstabulation

	18—29 岁	30—39 岁	40—49 岁	50—59 岁	60—65 岁	总计
完全同意	3. 6%	2. 6%	2. 7%	4. 0%	3. 4%	3. 3%
比较同意	27. 0%	29. 5%	27. 9%	34. 8%	32. 2%	30. 2%
不太同意	50. 6%	53. 4%	55. 5%	47. 9%	53. 4%	52. 1%
完全不同意	18. 8%	14. 5%	13. 9%	13. 3%	10. 9%	14. 5%
总计	100. 0%	100. 0%	100. 0%	100. 0%	100. 0%	100. 0%
列总计	1717	1588	1718	1694	1191	7908

Chi-square test：df = 12，卡方值为 74. 790，sig = 0. 000 < 0. 05，所以不同年龄的居民在“您的同意程度是？只有国企才应该履行社会责任”这一问题的回答上有显著差异。

E17b by A1

下列关于企业履行社会责任（如捐款捐物、做公益慈善）的说法，您的同意程度是？只有大企业才应该履行社会责任 ＊ 年龄 Crosstabulation

	18—29 岁	30—39 岁	40—49 岁	50—59 岁	60—65 岁	总计
完全同意	3. 1%	2. 6%	2. 3%	4. 2%	3. 4%	3. 1%
比较同意	25. 4%	27. 2%	26. 6%	33. 2%	31. 9%	28. 7%
不太同意	48. 4%	50. 2%	54. 2%	47. 7%	53. 0%	50. 6%
完全不同意	23. 0%	20. 0%	16. 9%	14. 9%	11. 7%	17. 6%
总计	100. 0%	100. 0%	100. 0%	100. 0%	100. 0%	100. 0%
列总计	1719	1589	1720	1701	1192	7921

Chi-square test：df = 12，卡方值为 114. 136，sig = 0. 000 < 0. 05，所以不同年龄的居民在“您的同意程度是？只有大企业才应该履行社会责任”这一问题的回答上有显著差异。

E17c by A1

下列关于企业履行社会责任（如捐款捐物、做公益慈善）的说法，您的同意程度是？只有盈利多的企业才需要履行社会责任 ＊ 年龄 Crosstabulation

	18—29 岁	30—39 岁	40—49 岁	50—59 岁	60—65 岁	总计
完全同意	4. 0%	3. 4%	3. 8%	4. 6%	4. 6%	4. 1%
比较同意	23. 1%	24. 0%	26. 3%	33. 1%	32. 2%	27. 5%
不太同意	51. 5%	53. 9%	54. 7%	49. 1%	51. 3%	52. 1%

续表

	18—29 岁	30—39 岁	40—49 岁	50—59 岁	60—65 岁	总计
完全不同意	21.5%	18.6%	15.2%	13.2%	11.9%	16.3%
总计	100.0%	100.0%	100.0%	100.0%	100.0%	100.0%
列总计	1714	1585	1714	1692	1192	7897

Chi-square test：df = 12，卡方值 117.605，sig = 0.000 < 0.05，所以不同年龄的居民在“您的同意程度是？只有盈利多的企业才需要履行社会责任”这一问题的回答上有显著差异。

E17d by A1

下列关于企业履行社会责任（如捐款捐物、做公益慈善）的说法，您的同意程度是？污染类企业要履行更多的社会责任 ＊ 年龄 Crosstabulation

	18—29 岁	30—39 岁	40—49 岁	50—59 岁	60—65 岁	总计
完全同意	25.0%	27.6%	25.3%	30.5%	23.2%	26.5%
比较同意	39.5%	39.5%	42.1%	42.6%	44.0%	41.4%
不太同意	26.7%	23.7%	24.6%	18.7%	23.1%	23.4%
完全不同意	8.8%	9.1%	8.0%	8.3%	9.6%	8.7%
总计	100.0%	100.0%	100.0%	100.0%	100.0%	100.0%
列总计	1721	1596	1738	1725	1240	8020

Chi-square test：df = 12，卡方值为 52.617，sig = 0.000 < 0.05，所以不同年龄的居民在“您的同意程度是？污染类企业要履行更多的社会责任”这一问题的回答上有显著差异。

E17e by A1

下列关于企业履行社会责任（如捐款捐物、做公益慈善）的说法，您的同意程度是？小企业只要管好自己就行了，不要履行社会责任 ＊ 年龄 Crosstabulation

	18—29 岁	30—39 岁	40—49 岁	50—59 岁	60—65 岁	总计
完全同意	2.6%	2.7%	2.5%	3.3%	2.2%	2.7%
比较同意	17.4%	17.1%	18.0%	21.9%	23.0%	19.3%
不太同意	53.8%	58.6%	58.2%	52.9%	54.0%	55.6%
完全不同意	26.1%	21.7%	21.3%	21.9%	20.7%	22.5%
总计	100.0%	100.0%	100.0%	100.0%	100.0%	100.0%
列总计	1702	1577	1719	1691	1202	7891

Chi-square test：df = 12，卡方值为 48.569，sig = 0.000 < 0.05，所以不同年龄的居民在“您的同意程度是？小企业只要管好自己就行了，不要履行社会责任”这一问题的回答上有显著差异。

E18a by A1

您觉得下列哪类单位最讲道德 ＊ 年龄 Crosstabulation

	18—29 岁	30—39 岁	40—49 岁	50—59 岁	60—65 岁	总计
国有（控股）企业	17.1%	19.9%	19.1%	18.4%	17.0%	18.4%
民营企业	4.4%	5.6%	5.5%	3.3%	5.5%	4.8%
私营企业	2.2%	3.4%	2.2%	2.3%	2.2%	2.5%
外资企业	8.8%	8.3%	5.0%	5.1%	3.8%	6.4%
学校	42.9%	41.0%	44.2%	46.2%	45.1%	43.8%
医院	5.0%	5.4%	4.6%	4.9%	4.5%	4.9%
政府机关	15.5%	12.0%	14.8%	14.8%	14.6%	14.4%
民间组织	4.1%	4.3%	4.5%	4.9%	7.3%	4.9%
总计	100.0%	100.0%	100.0%	100.0%	100.0%	100.0%
列总计	1392	1270	1384	1284	895	6225

Chi-square test：df = 28，卡方值为 82.168，sig = 0.000 < 0.05，所以不同年龄的居民在“您觉得下列哪类单位最讲道德”这一问题的回答上有显著差异。

E18b by A1

您觉得下列哪类单位道德水平最差 ＊ 年龄 Crosstabulation

	18—29 岁	30—39 岁	40—49 岁	50—59 岁	60—65 岁	总计
国有（控股）企业	6.5%	5.3%	5.5%	5.0%	4.8%	5.5%
民营企业	14.5%	11.2%	11.0%	11.8%	8.1%	11.6%
私营企业	32.4%	32.2%	29.3%	28.8%	25.7%	30.0%
外资企业	3.8%	3.5%	4.1%	2.8%	5.2%	3.8%
学校	2.5%	3.6%	2.8%	3.6%	5.2%	3.4%
医院	15.0%	16.3%	19.3%	19.8%	22.3%	18.3%
政府机关	11.5%	15.5%	16.5%	15.8%	18.0%	15.3%
民间组织	13.8%	12.3%	11.5%	12.6%	10.6%	12.3%
总计	100.0%	100.0%	100.0%	100.0%	100.0%	100.0%
列总计	1224	1134	1257	1179	766	5560

Chi-square test：df = 28，卡方值为 90.919，sig = 0.000 < 0.05，所以不同年龄的居民在“您觉得下列哪类单位道德水平最差”这一问题的回答上有显著差异。

E19a by A1

以下关于学校的说法，您的同意程度是？学校越来越以营利为目的 ＊ 年龄 Crosstabulation

	18—29岁	30—39岁	40—49岁	50—59岁	60—65岁	总计
完全同意	8.4%	8.5%	7.8%	6.0%	4.7%	7.2%
比较同意	41.0%	43.6%	43.5%	42.0%	41.9%	42.4%
不太同意	40.7%	38.9%	40.1%	42.8%	43.8%	41.2%
完全不同意	9.9%	9.0%	8.6%	9.2%	9.6%	9.2%
总计	100.0%	100.0%	100.0%	100.0%	100.0%	100.0%
列总计	1713	1596	1775	1752	1273	8109

Chi-square test：df = 12，卡方值为32.074，sig = 0.001 < 0.05，所以不同年龄的居民在“学校越来越以营利为目的”这一问题的回答上有显著差异。

E19b by A1

以下关于学校的说法，您的同意程度是？学校主要传授知识和技能，培养道德不重要 ＊ 年龄 Crosstabulation

	18—29岁	30—39岁	40—49岁	50—59岁	60—65岁	总计
完全同意	1.7%	1.4%	0.9%	1.2%	1.0%	1.2%
比较同意	13.3%	13.1%	12.5%	12.2%	12.6%	12.7%
不太同意	51.6%	56.8%	59.4%	63.0%	64.9%	58.9%
完全不同意	33.4%	28.7%	27.2%	23.7%	21.5%	27.1%
总计	100.0%	100.0%	100.0%	100.0%	100.0%	100.0%
列总计	1751	1616	1804	1823	1321	8315

Chi-square test：df = 12，卡方值为88.063，sig = 0.000 < 0.05，所以不同年龄的居民在“学校主要传授知识和技能，培养道德不重要”这一问题的回答上有显著差异。

E19c by A1

以下关于学校的说法，您的同意程度是？学校升学率高比素质教育更重要 ＊ 年龄 Crosstabulation

	18—29岁	30—39岁	40—49岁	50—59岁	60—65岁	总计
完全同意	3.2%	2.7%	2.3%	1.8%	0.9%	2.2%
比较同意	13.2%	12.2%	13.4%	12.6%	13.5%	13.0%
不太同意	53.4%	55.9%	57.5%	61.5%	64.2%	58.3%
完全不同意	30.2%	29.2%	26.8%	24.1%	21.4%	26.5%

续表

	18—29 岁	30—39 岁	40—49 岁	50—59 岁	60—65 岁	总计
总计	100.0%	100.0%	100.0%	100.0%	100.0%	100.0%
列总计	1740	1607	1794	1807	1300	8248

Chi-square test：df = 12，卡方值 71.798，sig = 0.000 < 0.05，所以不同年龄的居民在“学校升学率高比素质教育更重要”这一问题的回答上有显著差异。

E19d by A1

以下关于学校的说法，您的同意程度是？青少年儿童行为不端，主要是学校没教好 * 年龄 Crosstabulation

	18—29 岁	30—39 岁	40—49 岁	50—59 岁	60—65 岁	总计
完全同意	1.8%	1.9%	1.7%	1.2%	1.8%	1.7%
比较同意	13.9%	12.8%	15.6%	14.6%	15.2%	14.4%
不太同意	56.4%	60.4%	58.6%	60.1%	60.6%	59.1%
完全不同意	27.9%	24.9%	24.1%	24.0%	22.4%	24.8%
总计	100.0%	100.0%	100.0%	100.0%	100.0%	100.0%
列总计	1730	1619	1791	1806	1308	8254

Chi-square test：df = 12，卡方值 22.085，sig = 0.037 < 0.05，所以不同年龄的居民在“青少年儿童行为不端，主要是学校没教好”这一问题的回答上有显著差异。

E19e by A1

以下关于学校的说法，您的同意程度是？要想孩子培养得好，就要多给老师送礼 * 年龄 Crosstabulation

	18—29 岁	30—39 岁	40—49 岁	50—59 岁	60—65 岁	总计
完全同意	2.7%	2.6%	1.5%	1.8%	1.5%	2.0%
比较同意	11.4%	12.8%	13.4%	12.4%	12.2%	12.5%
不太同意	42.3%	44.8%	48.0%	50.4%	52.6%	47.4%
完全不同意	43.6%	39.8%	37.1%	35.4%	33.8%	38.1%
总计	100.0%	100.0%	100.0%	100.0%	100.0%	100.0%
列总计	1723	1597	1774	1801	1292	8187

Chi-square test：df = 12，卡方值 62.068，sig = 0.000 < 0.05，所以不同年龄的居民在“要想孩子培养得好，就要多给老师送礼”这一问题的回答上有显著差异。

E20 by A1

您所在单位当员工或村民受到不应该的对待时，员工或村民有没有申诉的机会 * 年龄 Crosstabulation

	18—29 岁	30—39 岁	40—49 岁	50—59 岁	60—65 岁	总计
有	60.9%	62.6%	65.0%	68.7%	65.7%	64.7%
没有	39.1%	37.4%	35.0%	31.3%	34.3%	35.3%
总计	100.0%	100.0%	100.0%	100.0%	100.0%	100.0%
列总计	961	941	1147	1136	853	5038

Chi-square test：df = 4，卡方值 16.193，sig = 0.003 < 0.05，所以不同年龄的居民在“您所在单位当员工或村民受到不应该的对待时，员工或村民有没有申诉的机会”这一问题的回答上有显著差异。

E21 by A1

您所在单位当员工或村民受到不应该的对待时，员工或村民有没有申诉的地方或渠道 * 年龄 Crosstabulation

	18—29 岁	30—39 岁	40—49 岁	50—59 岁	60—65 岁	总计
有	65.4%	64.8%	68.1%	69.2%	67.0%	67.0%
没有	34.6%	35.2%	31.9%	30.8%	33.0%	33.0%
总计	100.0%	100.0%	100.0%	100.0%	100.0%	100.0%
列总计	934	925	1120	1131	866	4976

Chi-square test：df = 4，卡方值 6.350，sig = 0.174 > 0.05，所以不同年龄的居民在“您所在单位当员工或村民受到不应该的对待时，员工或村民有没有申诉的地方或渠道”这一问题的回答上没有显著差异。

E22 by A1

您所在单位当员工或村民受到不应该的对待时，有没有人进行过申诉 * 年龄 Crosstabulation

	18—29 岁	30—39 岁	40—49 岁	50—59 岁	60—65 岁	总计
全部会申诉	5.6%	4.2%	2.9%	3.8%	3.9%	4.1%
大部分会申诉	21.1%	19.6%	18.6%	19.5%	22.4%	20.1%
小部分会申诉	54.7%	55.0%	57.5%	55.7%	53.1%	55.4%
无人申诉	18.6%	21.1%	21.0%	20.9%	20.6%	20.5%
总计	100.0%	100.0%	100.0%	100.0%	100.0%	100.0%
列总计	951	927	1100	1066	787	4831

Chi-square test：df = 12，卡方值 16.905，sig = 0.153 > 0.05，所以不同年龄的居民在“您所在单位当员工或村民受到不应该的对待时，有没有人进行过申诉”这一问题的回答上没有显著差异。

E23 by A1

您所在的单位在多大程度上认真对待员工或村民的申诉 ＊ 年龄 Crosstabulation

	18—29 岁	30—39 岁	40—49 岁	50—59 岁	60—65 岁	总计
完全不认真	8.6%	7.3%	10.3%	14.5%	11.6%	10.5%
不太认真	20.9%	23.3%	20.2%	21.3%	23.5%	21.7%
一般	35.7%	35.4%	34.7%	30.5%	33.8%	34.0%
比较认真	30.1%	29.4%	30.5%	29.4%	27.5%	29.5%
非常认真	4.7%	4.6%	4.4%	4.4%	3.5%	4.3%
总计	100.0%	100.0%	100.0%	100.0%	100.0%	100.0%
列总计	848	830	985	941	705	4309

Chi-square test：df = 16，卡方值 36.575，sig = 0.002 < 0.05，所以不同年龄的居民在“您所的单位在多大程度上认真对待员工或村民的申诉”这一问题的回答上有显著差异。

E24 by A1

您所在单位是否有道德方面的教育或活动 ＊ 年龄 Crosstabulation

	18—29 岁	30—39 岁	40—49 岁	50—59 岁	60—65 岁	总计
有	4.1%	4.5%	3.7%	4.3%	3.6%	4.1%
没有	37.3%	41.4%	44.4%	42.6%	44.7%	42.0%
不知道	58.6%	54.2%	51.8%	53.1%	51.6%	53.9%
总计	100.0%	100.0%	100.0%	100.0%	100.0%	100.0%
列总计	1760	1584	1790	1868	1406	8408

Chi-square test：df = 8，卡方值 26.598，sig = 0.001 < 0.05，所以不同年龄的居民在“您所在单位是否有道德方面的教育或活动”这一问题的回答上有显著差异。

E25a by A1

对当地企业道德状况的满意度是 ＊ 年龄 Crosstabulation

	18—29 岁	30—39 岁	40—49 岁	50—59 岁	60—65 岁	总计
非常不满意	2.8%	1.9%	2.1%	1.7%	2.6%	2.2%
不太满意	23.1%	21.4%	22.9%	22.2%	21.5%	22.3%
比较满意	71.4%	74.3%	72.9%	74.6%	72.8%	73.2%
非常满意	2.6%	2.4%	2.1%	1.6%	3.1%	2.3%
总计	100.0%	100.0%	100.0%	100.0%	100.0%	100.0%

续表

	18—29 岁	30—39 岁	40—49 岁	50—59 岁	60—65 岁	总计
列总计	1557	1469	1584	1571	1025	7206

Chi-square test：df = 12，卡方值 16. 783，sig = 0. 158 > 0. 05，所以不同年龄的居民在“对当地企业道德状况的满意度是”这一问题的回答上没有显著差异。

E25b by A1

对当地医院道德状况的满意度是 * 年龄 Crosstabulation

	18—29 岁	30—39 岁	40—49 岁	50—59 岁	60—65 岁	总计
非常不满意	3. 2%	3. 0%	3. 0%	3. 7%	4. 1%	3. 4%
不太满意	22. 7%	25. 0%	25. 3%	27. 0%	28. 1%	25. 5%
比较满意	66. 3%	64. 7%	66. 5%	65. 5%	64. 0%	65. 5%
非常满意	7. 8%	7. 3%	5. 2%	3. 8%	3. 9%	5. 6%
总计	100. 0%	100. 0%	100. 0%	100. 0%	100. 0%	100. 0%
列总计	1666	1553	1744	1775	1258	7996

Chi-square test：df = 12，卡方值 54. 585，sig = 0. 000 < 0. 05，所以不同年龄的居民在“对当地医院道德状况的满意度是”这一问题的回答上有显著差异。

E25c by A1

对当地政府道德状况的满意度是 * 年龄 Crosstabulation

	18—29 岁	30—39 岁	40—49 岁	50—59 岁	60—65 岁	总计
非常不满意	3. 0%	3. 4%	3. 8%	4. 2%	3. 9%	3. 7%
不太满意	22. 2%	23. 2%	26. 1%	23. 4%	28. 4%	24. 5%
比较满意	65. 8%	65. 5%	63. 1%	66. 1%	62. 6%	64. 7%
非常满意	9. 0%	7. 9%	7. 0%	6. 3%	5. 1%	7. 2%
总计	100. 0%	100. 0%	100. 0%	100. 0%	100. 0%	100. 0%
列总计	1605	1494	1679	1707	1192	7677

Chi-square test：df = 12，卡方值 38. 699，sig = 0. 000 < 0. 05，所以不同年龄的居民在“对当地政府道德状况的满意度是”这一问题的回答上有显著差异。

E25d by A1

对当地学校道德状况的满意度是 * 年龄 Crosstabulation

	18—29 岁	30—39 岁	40—49 岁	50—59 岁	60—65 岁	总计
非常不满意	1. 6%	1. 6%	1. 1%	1. 3%	1. 6%	1. 4%

续表

	18—29 岁	30—39 岁	40—49 岁	50—59 岁	60—65 岁	总计
不太满意	14. 3%	15. 7%	17. 2%	14. 9%	20. 2%	16. 3%
比较满意	71. 4%	71. 4%	71. 0%	73. 2%	69. 8%	71. 5%
非常满意	12. 7%	11. 3%	10. 7%	10. 5%	8. 3%	10. 8%
总计	100. 0%	100. 0%	100. 0%	100. 0%	100. 0%	100. 0%
列总计	1647	1520	1705	1727	1222	7821

Chi-square test：df = 12，卡方值 35. 483，sig = 0. 000 < 0. 05，所以不同年龄的居民在“对当地学校道德状况的满意度是”这一问题的回答上有显著差异。

E25e by A1

对当地的 NGO 组织（如红十字会等）道德状况的满意度是 * 年龄 Crosstabulation

	18—29 岁	30—39 岁	40—49 岁	50—59 岁	60—65 岁	总计
非常不满意	2. 7%	2. 6%	2. 8%	1. 3%	1. 2%	2. 2%
不太满意	17. 7%	17. 6%	16. 9%	15. 9%	17. 3%	17. 1%
比较满意	64. 4%	67. 6%	68. 9%	69. 9%	72. 0%	68. 1%
非常满意	15. 3%	12. 2%	11. 4%	12. 8%	9. 5%	12. 6%
总计	100. 0%	100. 0%	100. 0%	100. 0%	100. 0%	100. 0%
列总计	1080	931	948	904	590	4453

Chi-square test：df = 12，卡方值 26. 532，sig = 0. 009 < 0. 05，所以不同年龄的居民在“对当地的 NGO 组织（如红十字会等）道德状况的满意度是”这一问题的回答上有显著差异。

F1a by A1

您认为以下行为是否关乎道德？随地吐痰 * 年龄 Crosstabulation

	18—29 岁	30—39 岁	40—49 岁	50—59 岁	60—65 岁	总计
有关	94. 6%	96. 0%	91. 1%	90. 2%	82. 9%	91. 2%
无关	5. 4%	4. 0%	8. 9%	9. 8%	17. 1%	8. 8%
总计	100. 0%	100. 0%	100. 0%	100. 0%	100. 0%	100. 0%
列总计	1821	1651	1870	1933	1454	8729

Chi-square test：df = 4，卡方值 201. 664，sig = 0. 000 < 0. 05，所以不同年龄的居民在“您认为以下行为是否关乎道德？随地吐痰”这一问题的回答上有显著差异。

F1b by A1

您认为以下行为是否关乎道德？插队 ＊ 年龄 Crosstabulation

	18—29 岁	30—39 岁	40—49 岁	50—59 岁	60—65 岁	总计
有关	94.2%	95.6%	91.4%	90.2%	82.8%	91.1%
无关	5.8%	4.4%	8.6%	9.8%	17.2%	8.9%
总计	100.0%	100.0%	100.0%	100.0%	100.0%	100.0%
列总计	1811	1651	1866	1933	1453	8714

Chi-square test：df = 4，卡方值 187.422，sig = 0.000 < 0.05，所以不同年龄的居民在“您认为以下行为是否关乎道德？插队”这一问题的回答上有显著差异。

F1c by A1

您认为以下行为是否关乎道德？公交或地铁上大声打电话 ＊ 年龄 Crosstabulation

	18—29 岁	30—39 岁	40—49 岁	50—59 岁	60—65 岁	总计
有关	91.8%	93.0%	86.9%	85.6%	77.3%	87.2%
无关	8.2%	7.0%	13.1%	14.4%	22.7%	12.8%
总计	100.0%	100.0%	100.0%	100.0%	100.0%	100.0%
列总计	1815	1650	1866	1933	1452	8716

Chi-square test：df = 4，卡方值 216.038，sig = 0.000 < 0.05，所以不同年龄的居民在“您认为以下行为是否关乎道德？公交或地铁上大声打电话”这一问题的回答上有显著差异。

F1d by A1

您认为以下行为是否关乎道德？餐馆里说话声音很大 ＊ 年龄 Crosstabulation

	18—29 岁	30—39 岁	40—49 岁	50—59 岁	60—65 岁	总计
有关	90.2%	92.1%	85.7%	83.6%	76.2%	85.8%
无关	9.8%	7.9%	14.3%	16.4%	23.8%	14.2%
总计	100.0%	100.0%	100.0%	100.0%	100.0%	100.0%
列总计	1808	1650	1862	1931	1452	8703

Chi-square test：df = 4，卡方值 201.028，sig = 0.000 < 0.05，所以不同年龄的居民在“您认为以下行为是否关乎道德？餐馆里说话声音很大”这一问题的回答上有显著差异。

F1e by A1

您认为以下行为是否关乎道德？在公共场所的椅子或沙发上躺着睡觉 ＊ 年龄 Crosstabulation

	18—29 岁	30—39 岁	40—49 岁	50—59 岁	60—65 岁	总计
有关	91. 6%	93. 5%	88. 0%	86. 6%	79. 8%	88. 1%
无关	8. 4%	6. 5%	12. 0%	13. 4%	20. 2%	11. 9%
总计	100. 0%	100. 0%	100. 0%	100. 0%	100. 0%	100. 0%
列总计	1809	1650	1865	1932	1453	8709

Chi-square test：df = 4，卡方值 165. 161，sig = 0. 000 < 0. 05，所以不同年龄的居民在“您认为以下行为是否关乎道德？在公共场所的椅子或沙发上躺着睡觉”这一问题的回答上有显著差异。

F1f by A1

您本人是否做出过这些行为？随地吐痰 ＊ 年龄 Crosstabulation

	18—29 岁	30—39 岁	40—49 岁	50—59 岁	60—65 岁	总计
经常做	2. 8%	1. 3%	3. 3%	3. 6%	3. 1%	2. 8%
偶尔做	31. 4%	35. 7%	38. 8%	39. 6%	41. 8%	37. 3%
从来不做	65. 9%	63. 1%	57. 9%	56. 8%	55. 0%	59. 9%
总计	100. 0%	100. 0%	100. 0%	100. 0%	100. 0%	100. 0%
列总计	1781	1635	1814	1849	1343	8422

Chi-square test：df = 8，卡方值 70. 957，sig = 0. 000 < 0. 05，所以不同年龄的居民在“您本人是否做出过这些行为？随地吐痰”这一问题的回答上有显著差异。

F1g by A1

您本人是否做出过这些行为？插队 ＊ 年龄 Crosstabulation

	18—29 岁	30—39 岁	40—49 岁	50—59 岁	60—65 岁	总计
经常做	2. 7%	1. 3%	2. 6%	2. 2%	2. 3%	2. 2%
偶尔做	27. 6%	27. 5%	29. 8%	28. 9%	27. 7%	28. 4%
从来不做	69. 6%	71. 2%	67. 5%	68. 9%	69. 9%	69. 4%
总计	100. 0%	100. 0%	100. 0%	100. 0%	100. 0%	100. 0%
列总计	1789	1634	1813	1843	1341	8420

Chi-square test：df = 8，卡方值 14. 363，sig = 0. 073 > 0. 05，所以不同年龄的居民在“您本人是否做出过这些行为？插队”这一问题的回答上没有显著差异。

F1h by A1

您本人是否做出过这些行为？公交或地铁上大声打电话 ＊ 年龄 Crosstabulation

	18—29 岁	30—39 岁	40—49 岁	50—59 岁	60—65 岁	总计
经常做	3.0%	1.7%	2.7%	3.0%	3.6%	2.8%
偶尔做	25.8%	26.6%	30.3%	28.8%	27.0%	27.8%
从来不做	71.2%	71.7%	67.0%	68.2%	69.4%	69.5%
总计	100.0%	100.0%	100.0%	100.0%	100.0%	100.0%
列总计	1779	1624	1798	1832	1332	8365

Chi-square test：df = 8，卡方值 23.552，sig = 0.003 < 0.05，所以不同年龄的居民在“您本人是否做出过这些行为？公交或地铁上大声打电话”这一问题的回答上有显著差异。

F1i by A1

您本人是否做出过这些行为？餐馆里说话声音很大 ＊ 年龄 Crosstabulation

	18—29 岁	30—39 岁	40—49 岁	50—59 岁	60—65 岁	总计
经常做	3.0%	1.9%	3.1%	3.1%	3.5%	2.9%
偶尔做	25.4%	26.1%	28.4%	25.7%	24.4%	26.1%
从来不做	71.7%	72.0%	68.5%	71.2%	72.1%	71.0%
总计	100.0%	100.0%	100.0%	100.0%	100.0%	100.0%
列总计	1786	1622	1800	1830	1331	8369

Chi-square test：df = 8，卡方值 15.282，sig = 0.054 > 0.05，所以不同年龄的居民在“您本人是否做出过这些行为？餐馆里说话声音很大”这一问题的回答上没有显著差异。

F1j by A1

您本人是否做出过这些行为？在公共场所的椅子或沙发上躺着睡觉 ＊ 年龄 Crosstabulation

	18—29 岁	30—39 岁	40—49 岁	50—59 岁	60—65 岁	总计
经常做	3.4%	2.2%	2.8%	2.3%	2.5%	2.6%
偶尔做	12.6%	12.7%	14.7%	13.4%	13.0%	13.3%
从来不做	84.1%	85.1%	82.5%	84.3%	84.4%	84.0%
总计	100.0%	100.0%	100.0%	100.0%	100.0%	100.0%
列总计	1787	1627	1804	1838	1342	8398

Chi-square test：df = 8，卡方值 10.526，sig = 0.230 > 0.05，所以不同年龄的居民在“您本人是否做出过这些行为？在公共场所的椅子或沙发上躺着睡觉”这一问题的回答上没有显著差异。

F2 by A1

入夜后，很多中老年朋友在广场上伴着录音机的音乐跳舞，产生噪声，有人向政府或物管投诉，要求阻止。对这件事您怎么看 * 年龄 Crosstabulation

	18—29 岁	30—39 岁	40—49 岁	50—59 岁	60—65 岁	总计
在广场上跳舞是居民的自由，不应干预	17.3%	18.6%	21.2%	26.0%	30.5%	22.5%
跳舞如果破坏了别人的清静，就应该停止	25.1%	24.2%	24.5%	18.3%	19.0%	22.3%
中老年人没地方活动，即便跳舞构成干扰，也应尽量容忍和理解	22.2%	22.2%	20.6%	22.5%	19.5%	21.5%
请跳舞者降低音量，大家相互妥协	34.9%	34.1%	32.2%	31.5%	28.5%	32.4%
其他（请说明）	0.4%	0.9%	1.6%	1.7%	2.5%	1.4%
总计	100.0%	100.0%	100.0%	100.0%	100.0%	100.0%
列总计	1815	1650	1856	1914	1417	8652

Chi-square test：$df = 16$，卡方值166.067，$sig = 0.000 < 0.05$，所以不同年龄的居民在“入夜后，很多中老年朋友在广场上伴着录音机的音乐跳舞，产生噪声，有人向政府或物管投诉，要求阻止。对这件事您怎么看”这一问题的回答上有显著差异。

F3a by A1

社会上经常发生一些因个人认为自身受到不公正待遇而导致的社会泄愤事件，比如厦门公交爆炸案、徐州幼儿园爆炸案。对下列说法，您的同意程度如何？这是暴徒行为，无论何种情况下，都不应该采取暴力手段 * 年龄 Crosstabulation

	18—29 岁	30—39 岁	40—49 岁	50—59 岁	60—65 岁	总计
完全同意	45.4%	42.4%	40.7%	37.9%	33.8%	40.3%
比较同意	45.2%	49.5%	50.1%	53.7%	54.8%	50.4%
不太同意	7.7%	7.0%	7.9%	6.6%	10.0%	7.7%
完全不同意	1.8%	1.1%	1.3%	1.8%	1.3%	1.5%
总计	100.0%	100.0%	100.0%	100.0%	100.0%	100.0%
列总计	1766	1601	1783	1797	1294	8241

Chi-square test：$df = 12$，卡方值65.136，$sig = 0.000 < 0.05$，所以不同年龄的居民在“这是暴徒行为，无论何种情况下，都不应该采取暴力手段”这一问题的回答上有显著差异。

F3b by A1

社会上经常发生一些因个人认为自身受到不公正待遇而导致的社会泄愤事件，比如厦门公交爆炸案、徐州幼儿园爆炸案。对下列说法，您的同意程度如何？其

他社会成员在需要的时候没有及时给予帮助，因此我们每个人都有责任 ＊ 年龄 Crosstabulation

	18—29 岁	30—39 岁	40—49 岁	50—59 岁	60—65 岁	总计
完全同意	16.4%	16.2%	16.6%	14.0%	13.5%	15.4%
比较同意	47.4%	48.6%	47.0%	50.8%	54.0%	49.3%
不太同意	30.0%	30.5%	30.7%	29.6%	28.2%	29.9%
完全不同意	6.1%	4.8%	5.7%	5.6%	4.4%	5.4%
总计	100.0%	100.0%	100.0%	100.0%	100.0%	100.0%
列总计	1765	1600	1787	1797	1277	8226

Chi-square test：df = 12，卡方值 26.455，sig = 0.009 < 0.05，所以不同年龄的居民在“其他社会成员在需要的时候没有及时给予帮助，因此我们每个人都有责任”这一问题的回答上没有显著差异。

F3c by A1

社会上经常发生一些因个人认为自身受到不公正待遇而导致的社会泄愤事件，比如厦门公交爆炸案、徐州幼儿园爆炸案。对下列说法，您的同意程度如何？他们的遭遇值得同情，但应该去报复那些给予他们不公待遇的人，而不是伤及无辜 ＊ 年龄 Crosstabulation

	18—29 岁	30—39 岁	40—49 岁	50—59 岁	60—65 岁	总计
完全同意	12.5%	11.9%	11.6%	11.5%	11.8%	11.9%
比较同意	31.8%	34.0%	33.5%	35.0%	36.0%	33.9%
不太同意	35.9%	35.8%	36.3%	36.1%	35.7%	36.0%
完全不同意	19.8%	18.2%	18.6%	17.4%	16.5%	18.2%
总计	100.0%	100.0%	100.0%	100.0%	100.0%	100.0%
列总计	1763	1607	1787	1796	1284	8237

Chi-square test：df = 12，卡方值 10.975，sig = 0.531 > 0.05，所以不同年龄的居民在“他们的遭遇值得同情，但应该去报复那些给予他们不公待遇的人，而不是伤及无辜”这一问题的回答上没有显著差异。

F3d by A1

社会上经常发生一些因个人认为自身受到不公正待遇而导致的社会泄愤事件，比如厦门公交爆炸案、徐州幼儿园爆炸案。对下列说法，您的同意程度如何？受到不公平待遇，应该充分相信政府，积极寻求相关部门的帮助 ＊ 年龄 Crosstabulation

	18—29 岁	30—39 岁	40—49 岁	50—59 岁	60—65 岁	总计
完全同意	24.7%	22.4%	26.5%	25.7%	27.1%	25.2%

续表

	18—29 岁	30—39 岁	40—49 岁	50—59 岁	60—65 岁	总计
比较同意	53.0%	55.9%	54.3%	56.4%	56.8%	55.2%
不太同意	18.0%	17.5%	15.5%	14.3%	14.1%	16.0%
完全不同意	4.3%	4.3%	3.7%	3.6%	1.9%	3.7%
总计	100.0%	100.0%	100.0%	100.0%	100.0%	100.0%
列总计	1740	1598	1788	1805	1288	8219

Chi-square test：df = 12，卡方值 38.436，sig = 0.000 < 0.05，所以不同年龄的居民在“受到不公平待遇，应该充分相信政府，积极寻求相关部门的帮助”这一问题的回答上有显著差异。

F4 by A1

总的来说，您认为当今的社会公不公平 * 年龄 Crosstabulation

	18—29 岁	30—39 岁	40—49 岁	50—59 岁	60—65 岁	总计
完全不公平	6.9%	5.6%	6.0%	5.8%	4.9%	5.9%
比较不公平	27.1%	28.2%	30.3%	29.6%	31.7%	29.3%
说不上公平但也不能说不公平	36.9%	40.2%	38.2%	38.6%	35.9%	38.0%
比较公平	26.3%	23.8%	23.7%	24.5%	25.2%	24.7%
非常公平	2.7%	2.1%	1.8%	1.5%	2.3%	2.1%
总计	100.0%	100.0%	100.0%	100.0%	100.0%	100.0%
列总计	1716	1586	1787	1819	1317	8225

Chi-square test：df = 16，卡方值 26.795，sig = 0.044 < 0.05，所以不同年龄的居民在“总的来说，您认为当今的社会公不公平”这一问题的回答上有显著差异。

F5 by A1

和前几年相比，您认为目前我国社会的分配不公、两极分化现象 * 年龄 Crosstabulation

	18—29 岁	30—39 岁	40—49 岁	50—59 岁	60—65 岁	总计
有较大改善	35.9%	30.8%	33.8%	34.3%	32.4%	33.5%
没什么变化	50.7%	54.5%	51.6%	53.9%	54.5%	53.0%
更加恶化	13.4%	14.7%	14.6%	11.8%	13.1%	13.5%
总计	100.0%	100.0%	100.0%	100.0%	100.0%	100.0%
列总计	1598	1499	1655	1686	1223	7661

Chi-square test：df = 8，卡方值 17.653，sig = 0.024 < 0.05，所以不同年龄的居民在“和前几年相比，您认为目前我国社会的分配不公、两极分化现象”这一问题的回答上有显著差异。

F6 by A1

您认为目前我国社会成员之间的收入差距 ＊ 年龄 Crosstabulation

	18—29岁	30—39岁	40—49岁	50—59岁	60—65岁	总计
合理，可以接受	18.7%	19.6%	16.7%	16.1%	15.1%	17.3%
不合理，但可以接受	60.4%	60.3%	60.3%	61.0%	59.5%	60.3%
不合理，不能接受	20.9%	20.1%	23.0%	22.9%	25.4%	22.3%
总计	100.0%	100.0%	100.0%	100.0%	100.0%	100.0%
列总计	1607	1510	1668	1600	1142	7527

Chi-square test：df = 8，卡方值21.762，sig = 0.005 < 0.05，所以不同年龄的居民在“您认为目前我国社会成员之间的收入差距”这一问题的回答上有显著差异。

F7a by A1

请问您是否同意当前的社会是人人为自己 ＊ 年龄 Crosstabulation

	18—29岁	30—39岁	40—49岁	50—59岁	60—65岁	总计
完全同意	11.3%	12.6%	11.3%	11.2%	9.4%	11.2%
比较同意	57.1%	57.8%	58.3%	59.7%	56.2%	57.9%
不太同意	29.2%	28.3%	28.2%	28.3%	33.1%	29.2%
完全不同意	2.3%	1.3%	2.1%	0.9%	1.3%	1.6%
总计	100.0%	100.0%	100.0%	100.0%	100.0%	100.0%
列总计	1789	1643	1846	1897	1393	8568

Chi-square test：df = 12，卡方值33.998，sig = 0.001 < 0.05，所以不同年龄的居民在“请问您是否同意当前的社会是人人为自己”这一问题的回答上有显著差异。

F7b by A1

请问您是否同意现在社会的大多数人是见利忘义的 ＊ 年龄 Crosstabulation

	18—29岁	30—39岁	40—49岁	50—59岁	60—65岁	总计
完全同意	7.2%	7.7%	8.6%	8.4%	6.4%	7.7%
比较同意	47.5%	52.4%	48.5%	52.0%	51.4%	50.3%
不太同意	40.0%	35.5%	39.3%	37.5%	39.1%	38.3%
完全不同意	5.3%	4.4%	3.6%	2.1%	3.0%	3.7%
总计	100.0%	100.0%	100.0%	100.0%	100.0%	100.0%
列总计	1788	1640	1842	1891	1385	8546

Chi-square test：df = 12，卡方值47.660，sig = 0.000 < 0.05，所以不同年龄的居民在“请问您是否同意现在社会的大多数人是见利忘义的”这一问题的回答上有显著差异。

F7c by A1

请问您是否同意现在社会是一个物欲横流的社会 ＊ 年龄 Crosstabulation

	18—29 岁	30—39 岁	40—49 岁	50—59 岁	60—65 岁	总计
完全同意	7.6%	8.8%	7.8%	7.3%	5.6%	7.5%
比较同意	46.8%	47.9%	48.5%	47.3%	46.7%	47.5%
不太同意	39.2%	37.6%	38.1%	40.6%	43.2%	39.6%
完全不同意	6.5%	5.7%	5.5%	4.7%	4.4%	5.4%
总计	100.0%	100.0%	100.0%	100.0%	100.0%	100.0%
列总计	1756	1618	1784	1794	1265	8217

Chi-square test：df = 12，卡方值 26.005，sig = 0.011 < 0.05，所以不同年龄的居民在“请问您是否同意现在社会是一个物欲横流的社会”这一问题的回答上有显著差异。

F7d by A1

请问您是否同意当前大多数人都是以集体利益为重 ＊ 年龄 Crosstabulation

	18—29 岁	30—39 岁	40—49 岁	50—59 岁	60—65 岁	总计
完全同意	6.3%	6.3%	6.2%	5.3%	4.4%	5.8%
比较同意	37.6%	35.7%	37.7%	39.7%	35.3%	37.3%
不太同意	49.8%	52.3%	50.8%	50.1%	56.0%	51.5%
完全不同意	6.3%	5.7%	5.3%	5.0%	4.3%	5.4%
总计	100.0%	100.0%	100.0%	100.0%	100.0%	100.0%
列总计	1755	1626	1797	1828	1317	8323

Chi-square test：df = 12，卡方值 36.633，sig = 0.009 < 0.05，所以不同年龄的居民在“请问您是否同意当前大多数人都是以集体利益为重”这一问题的回答上有显著差异。

F7e by A1

请问您是否同意当前大多数人都是家庭利益至上 ＊ 年龄 Crosstabulation

	18—29 岁	30—39 岁	40—49 岁	50—59 岁	60—65 岁	总计
完全同意	15.8%	18.5%	17.3%	19.0%	15.0%	17.2%
比较同意	53.3%	51.9%	55.9%	55.7%	61.0%	55.4%
不太同意	25.5%	25.9%	24.1%	23.1%	22.0%	24.2%
完全不同意	5.4%	3.7%	2.7%	2.2%	2.0%	3.2%
总计	100.0%	100.0%	100.0%	100.0%	100.0%	100.0%
列总计	1766	1637	1835	1863	1370	8471

Chi-square test：df = 12，卡方值 71.578，sig = 0.000 < 0.05，所以不同年龄的居民在“请问您是否同意当前大多数人都是家庭利益至上”这一问题的回答上有显著差异。

F7f by A1

请问您是否同意当前的社会是个金钱至上的社会 * 年龄 Crosstabulation

	18—29岁	30—39岁	40—49岁	50—59岁	60—65岁	总计
完全同意	14.1%	15.9%	14.6%	14.1%	12.2%	14.2%
比较同意	44.6%	49.1%	48.5%	53.8%	53.9%	49.9%
不太同意	35.2%	30.5%	32.7%	28.1%	30.2%	31.4%
完全不同意	6.1%	4.4%	4.2%	4.0%	3.7%	4.5%
总计	100.0%	100.0%	100.0%	100.0%	100.0%	100.0%
列总计	1754	1627	1824	1867	1354	8426

Chi-square test：df = 12，卡方值58.634，sig = 0.000 < 0.05，所以不同年龄的居民在“请问您是否同意当前的社会是个金钱至上的社会”这一问题的回答上有显著差异。

F7g by A1

请问您是否同意现在社会守道德的人大都吃亏，不守道德的人占便宜 * 年龄 Crosstabulation

	18—29岁	30—39岁	40—49岁	50—59岁	60—65岁	总计
完全同意	9.6%	8.9%	8.9%	7.6%	5.8%	8.3%
比较同意	40.0%	43.6%	40.5%	44.3%	42.6%	42.2%
不太同意	43.5%	41.3%	45.8%	43.6%	47.2%	44.2%
完全不同意	6.9%	6.2%	4.7%	4.4%	4.4%	5.3%
总计	100.0%	100.0%	100.0%	100.0%	100.0%	100.0%
列总计	1741	1606	1799	1854	1336	8336

Chi-square test：df = 12，卡方值45.411，sig = 0.000 < 0.05，所以不同年龄的居民在“请问您是否同意现在社会守道德的人大都吃亏，不守道德的人占便宜”这一问题的回答上有显著差异。

F7h by A1

请问您是否同意现在社会中好人有好报，恶人终归会受到惩罚 * 年龄 Crosstabulation

	18—29岁	30—39岁	40—49岁	50—59岁	60—65岁	总计
完全同意	16.5%	14.9%	15.1%	15.1%	14.2%	15.2%
比较同意	47.1%	47.1%	51.4%	53.3%	55.2%	50.7%
不太同意	32.1%	33.0%	30.1%	28.6%	28.3%	30.5%
完全不同意	4.4%	4.9%	3.3%	3.0%	2.3%	3.6%

续表

	18—29岁	30—39岁	40—49岁	50—59岁	60—65岁	总计
总计	100.0%	100.0%	100.0%	100.0%	100.0%	100.0%
列总计	1747	1604	1805	1871	1364	8391

Chi-square test：df = 12，卡方值48.629，sig = 0.000 < 0.05，所以不同年龄的居民在“请问您是否同意现在社会中好人有好报，恶人终归会受到惩罚”这一问题的回答上有显著差异。

F7i by A1

请问您是否同意人们的生活水平越高，就越幸福 * 年龄 Crosstabulation

	18—29岁	30—39岁	40—49岁	50—59岁	60—65岁	总计
完全同意	18.0%	18.3%	16.6%	18.7%	14.9%	17.4%
比较同意	41.0%	44.3%	44.6%	46.7%	47.0%	44.6%
不太同意	36.2%	32.4%	34.8%	31.0%	35.6%	33.9%
完全不同意	4.8%	5.1%	4.0%	3.6%	2.4%	4.0%
总计	100.0%	100.0%	100.0%	100.0%	100.0%	100.0%
列总计	1764	1618	1815	1870	1372	8439

Chi-square test：df = 12，卡方值43.717，sig = 0.000 < 0.05，所以不同年龄的居民在“请问您是否同意人们的生活水平越高，就越幸福”这一问题的回答上有显著差异。

F7j by A1

请问您是否同意我们的社会中道德能够很好地约束人们的行为 * 年龄 Crosstabulation

	18—29岁	30—39岁	40—49岁	50—59岁	60—65岁	总计
完全同意	7.6%	6.6%	5.6%	7.0%	5.5%	6.5%
比较同意	48.4%	45.7%	49.7%	48.6%	51.9%	48.8%
不太同意	37.6%	42.5%	40.1%	40.3%	38.4%	39.8%
完全不同意	6.3%	5.3%	4.6%	4.0%	4.1%	4.9%
总计	100.0%	100.0%	100.0%	100.0%	100.0%	100.0%
列总计	1732	1592	1741	1785	1288	8138

Chi-square test：df = 12，卡方值32.102，sig = 0.001 < 0.05，所以不同年龄的居民在“请问您是否同意我们的社会中道德能够很好地约束人们的行为”这一问题的回答上有显著差异。

F7k by A1

请问您是否同意现有的规范和习俗能够很好地调解人与人的关系 ＊ 年龄 Crosstabulation

	18—29 岁	30—39 岁	40—49 岁	50—59 岁	60—65 岁	总计
完全同意	7.0%	6.4%	5.6%	6.1%	5.8%	6.2%
比较同意	49.2%	48.3%	51.4%	53.1%	54.2%	51.2%
不太同意	37.8%	38.4%	37.9%	37.3%	35.7%	37.5%
完全不同意	6.0%	6.9%	5.0%	3.5%	4.3%	5.1%
总计	100.0%	100.0%	100.0%	100.0%	100.0%	100.0%
列总计	1723	1585	1724	1767	1261	8060

Chi-square test：df = 12，卡方值 34.973，sig = 0.000 < 0.05，所以不同年龄的居民在“请问您是否同意现有的规范和习俗能够很好地调解人与人的关系”这一问题的回答上有显著差异。

F7l by A1

请问您是否同意现在社会大多数人都有荣辱感 ＊ 年龄 Crosstabulation

	18—29 岁	30—39 岁	40—49 岁	50—59 岁	60—65 岁	总计
完全同意	7.8%	7.5%	8.1%	8.1%	9.1%	8.0%
比较同意	52.0%	51.6%	52.5%	57.2%	58.9%	54.3%
不太同意	34.2%	34.8%	33.6%	31.1%	29.3%	32.7%
完全不同意	6.0%	6.2%	5.9%	3.7%	2.8%	5.0%
总计	100.0%	100.0%	100.0%	100.0%	100.0%	100.0%
列总计	1708	1576	1737	1776	1281	8078

Chi-square test：df = 12，卡方值 53.747，sig = 0.000 < 0.05，所以不同年龄的居民在“请问您是否同意现在社会大多数人都有荣辱感”这一问题的回答上有显著差异。

F8 by A1

您听说过或参加过道德讲堂吗 ＊ 年龄 Crosstabulation

	18—29 岁	30—39 岁	40—49 岁	50—59 岁	60—65 岁	总计
参加过	17.3%	9.4%	8.9%	6.6%	5.6%	9.7%
听说过，但没参加过	40.6%	38.2%	34.6%	31.2%	29.5%	34.9%
没听说过	42.1%	52.4%	56.4%	62.2%	64.9%	55.4%
总计	100.0%	100.0%	100.0%	100.0%	100.0%	100.0%
列总计	1827	1656	1871	1933	1455	8742

Chi-square test：df = 8，卡方值 296.793，sig = 0.000 < 0.05，所以不同年龄的居民在“您听说过或参加过道德讲堂吗”这一问题的回答上有显著差异。

F9 by A1

如果您参加过道德讲堂，您觉得开展这样的活动有意义吗 ＊ 年龄 Crosstabulation

	18—29 岁	30—39 岁	40—49 岁	50—59 岁	60—65 岁	总计
很有意义	78.7%	78.8%	75.8%	72.6%	82.7%	77.6%
可有可无	16.5%	14.6%	19.3%	22.6%	10.7%	17.1%
没有必要	4.8%	6.6%	5.0%	4.8%	6.7%	5.4%
总计	100.0%	100.0%	100.0%	100.0%	100.0%	100.0%
列总计	310	151	161	124	75	821

Chi-square test：df = 8，卡方值 6.837，sig = 0.554 > 0.05，所以不同年龄的居民在“如果您参加过道德讲堂，您觉得开展这样的活动有意义吗”这一问题的回答上没有显著差异。

F10 by A1

您对您生活的地方（您所在的社区）社会公德状况满意吗 ＊ 年龄 Crosstabulation

	18—29 岁	30—39 岁	40—49 岁	50—59 岁	60—65 岁	总计
非常满意	4.8%	6.4%	5.2%	4.0%	4.3%	4.9%
比较满意	64.3%	63.6%	61.7%	65.3%	60.7%	63.2%
不太满意	27.2%	25.5%	28.8%	26.3%	28.7%	27.2%
非常不满意	3.7%	4.5%	4.3%	4.4%	6.3%	4.6%
总计	100.0%	100.0%	100.0%	100.0%	100.0%	100.0%
列总计	1714	1543	1719	1767	1311	8054

Chi-square test：df = 12，卡方值 31.710，sig = 0.002 < 0.05，所以不同年龄的居民在“您对您生活的地方（您所在的社区）社会公德状况满意吗”这一问题的回答上有显著差异。

F11a by A1

当前社会坑蒙拐骗现象的严重程度如何 ＊ 年龄 Crosstabulation

	18—29 岁	30—39 岁	40—49 岁	50—59 岁	60—65 岁	总计
非常不严重	10.7%	7.4%	7.2%	7.5%	5.8%	7.8%
比较不严重	42.9%	47.1%	44.0%	43.6%	43.0%	44.1%
比较严重	39.0%	37.1%	40.8%	41.6%	43.2%	40.3%
非常严重	7.4%	8.3%	8.1%	7.2%	8.0%	7.8%
总计	100.0%	100.0%	100.0%	100.0%	100.0%	100.0%

续表

	18—29 岁	30—39 岁	40—49 岁	50—59 岁	60—65 岁	总计
列总计	1760	1621	1823	1869	1388	8461

Chi-square test：df = 12，卡方值 41.767，sig = 0.000 < 0.05，所以不同年龄的居民在“当前社会坑蒙拐骗现象的严重程度如何”这一问题的回答上有显著差异。

F11b by A1

当前社会人际关系冷漠，见危不救的严重程度如何 ＊ 年龄 Crosstabulation

	18—29 岁	30—39 岁	40—49 岁	50—59 岁	60—65 岁	总计
非常不严重	12.1%	10.1%	8.5%	8.7%	6.6%	9.3%
比较不严重	42.9%	43.9%	45.7%	44.6%	43.6%	44.2%
比较严重	39.5%	39.9%	40.4%	41.6%	44.1%	41.0%
非常严重	5.5%	6.1%	5.5%	5.2%	5.8%	5.6%
总计	100.0%	100.0%	100.0%	100.0%	100.0%	100.0%
列总计	1771	1628	1828	1874	1389	8490

Chi-square test：df = 12，卡方值 36.765，sig = 0.000 < 0.05，所以不同年龄的居民在“当前社会人际关系冷漠，见危不救的严重程度如何”这一问题的回答上有显著差异。

F11c by A1

当前社会诚信缺乏，不讲信用的严重程度如何 ＊ 年龄 Crosstabulation

	18—29 岁	30—39 岁	40—49 岁	50—59 岁	60—65 岁	总计
非常不严重	11.8%	9.7%	8.1%	10.0%	5.8%	9.2%
比较不严重	42.4%	42.0%	42.6%	40.4%	44.1%	42.2%
比较严重	38.9%	40.5%	42.1%	43.5%	43.7%	41.7%
非常严重	6.9%	7.8%	7.2%	6.1%	6.4%	6.9%
总计	100.0%	100.0%	100.0%	100.0%	100.0%	100.0%
列总计	1769	1635	1842	1880	1391	8517

Chi-square test：df = 12，卡方值 49.362，sig = 0.000 < 0.05，所以不同年龄的居民在“当前社会诚信缺乏，不讲信用的严重程度如何”这一问题的回答上有显著差异。

F11d by A1

当前社会人与人之间缺乏信任，社会安全度低的严重程度如何 ＊ 年龄 Crosstabulation

	18—29 岁	30—39 岁	40—49 岁	50—59 岁	60—65 岁	总计
非常不严重	11.3%	8.8%	6.7%	8.6%	5.8%	8.3%

续表

	18—29 岁	30—39 岁	40—49 岁	50—59 岁	60—65 岁	总计
比较不严重	36. 9%	36. 7%	38. 9%	38. 8%	40. 9%	38. 4%
比较严重	42. 9%	44. 5%	45. 4%	44. 6%	45. 6%	44. 6%
非常严重	8. 9%	10. 0%	8. 9%	8. 0%	7. 7%	8. 7%
总计	100. 0%	100. 0%	100. 0%	100. 0%	100. 0%	100. 0%
列总计	1766	1634	1827	1871	1386	8484

Chi-square test：df = 12，卡方值 48. 616，sig = 0. 000 < 0. 05，所以不同年龄的居民在“当前社会人与人之间缺乏信任，社会安全度低的严重程度如何”这一问题的回答上有显著差异。

F11e by A1

当前社会缺乏公德，如公共场所大声喧哗、随地吐痰等的严重程度如何 ＊ 年龄 Crosstabulation

	18—29 岁	30—39 岁	40—49 岁	50—59 岁	60—65 岁	总计
非常不严重	12. 5%	10. 0%	8. 5%	10. 3%	9. 7%	10. 2%
比较不严重	40. 6%	42. 6%	44. 8%	45. 5%	47. 4%	44. 1%
比较严重	37. 7%	38. 2%	36. 8%	35. 8%	35. 0%	36. 8%
非常严重	9. 2%	9. 2%	9. 9%	8. 4%	7. 9%	9. 0%
总计	100. 0%	100. 0%	100. 0%	100. 0%	100. 0%	100. 0%
列总计	1770	1630	1833	1866	1385	8484

Chi-square test：df = 12，卡方值 31. 867，sig = 0. 001 < 0. 05，所以不同年龄的居民在“当前社会缺乏公德，如公共场所大声喧哗、随地吐痰等的严重程度如何”这一问题的回答上有显著差异。

F11f by A1

当前社会自私自利，损人利己的严重程度如何 ＊ 年龄 Crosstabulation

	18—29 岁	30—39 岁	40—49 岁	50—59 岁	60—65 岁	总计
非常不严重	12. 5%	10. 3%	9. 4%	9. 4%	7. 1%	9. 8%
比较不严重	43. 3%	40. 5%	40. 7%	40. 6%	40. 7%	41. 2%
比较严重	37. 8%	41. 9%	43. 4%	43. 9%	46. 3%	42. 5%
非常严重	6. 3%	7. 3%	6. 6%	6. 1%	5. 9%	6. 5%
总计	100. 0%	100. 0%	100. 0%	100. 0%	100. 0%	100. 0%
列总计	1763	1629	1820	1860	1360	8432

Chi-square test：df = 12，卡方值 45. 294，sig = 0. 000 < 0. 05，所以不同年龄的居民在“当前社会自私自利，损人利己的严重程度如何”这一问题的回答上有显著差异。

F11g by A1

当前社会缺乏公正心和正义感的严重程度如何 * 年龄 Crosstabulation

	18—29 岁	30—39 岁	40—49 岁	50—59 岁	60—65 岁	总计
非常不严重	12.3%	10.2%	9.2%	9.5%	7.4%	9.8%
比较不严重	44.8%	43.0%	41.8%	42.8%	43.2%	43.1%
比较严重	35.8%	40.8%	42.8%	41.9%	43.8%	40.9%
非常严重	7.1%	6.0%	6.3%	5.9%	5.6%	6.2%
总计	100.0%	100.0%	100.0%	100.0%	100.0%	100.0%
列总计	1743	1626	1801	1847	1339	8356

Chi-square test：df = 12，卡方值 41.522，sig = 0.000 < 0.05，所以不同年龄的居民在“当前社会缺乏公正心和正义感的严重程度如何”这一问题的回答上有显著差异。

F11h by A1

当前社会私欲膨胀，物欲横流的严重程度如何 * 年龄 Crosstabulation

	18—29 岁	30—39 岁	40—49 岁	50—59 岁	60—65 岁	总计
非常不严重	12.3%	10.0%	8.1%	8.8%	8.1%	9.5%
比较不严重	43.5%	43.5%	41.3%	43.1%	42.9%	42.8%
比较严重	35.9%	38.8%	43.6%	42.0%	42.8%	40.5%
非常严重	8.4%	7.8%	6.9%	6.1%	6.2%	7.1%
总计	100.0%	100.0%	100.0%	100.0%	100.0%	100.0%
列总计	1721	1587	1722	1764	1236	8030

Chi-square test：df = 12，卡方值 48.227，sig = 0.000 < 0.05，所以不同年龄的居民在“当前社会私欲膨胀，物欲横流的严重程度如何”这一问题的回答上有显著差异。

F11i by A1

当前社会缺乏羞耻感的严重程度如何 * 年龄 Crosstabulation

	18—29 岁	30—39 岁	40—49 岁	50—59 岁	60—65 岁	总计
非常不严重	14.1%	11.0%	10.2%	10.8%	9.9%	11.2%
比较不严重	46.5%	46.7%	49.5%	51.5%	52.0%	49.2%
比较严重	31.8%	35.0%	34.3%	32.6%	33.1%	33.3%
非常严重	7.7%	7.3%	6.0%	5.1%	5.0%	6.2%
总计	100.0%	100.0%	100.0%	100.0%	100.0%	100.0%
列总计	1722	1596	1749	1780	1303	8150

Chi-square test：df = 12，卡方值 44.157，sig = 0.000 < 0.05，所以不同年龄的居民在“当前社会缺乏羞耻感的严重程度如何”这一问题的回答上有显著差异。

F11j by A1

当前社会干部贪污受贿，以权谋利的严重程度如何 * 年龄 Crosstabulation

	18—29 岁	30—39 岁	40—49 岁	50—59 岁	60—65 岁	总计
非常不严重	10.0%	8.6%	6.3%	7.7%	5.7%	7.7%
比较不严重	38.5%	39.0%	34.3%	36.4%	33.6%	36.4%
比较严重	37.4%	35.2%	39.3%	37.2%	41.9%	38.1%
非常严重	14.1%	17.1%	20.1%	18.8%	18.8%	17.8%
总计	100.0%	100.0%	100.0%	100.0%	100.0%	100.0%
列总计	1605	1522	1690	1749	1256	7822

Chi-square test：df = 12，卡方值 60.937，sig = 0.000 < 0.05，所以不同年龄的居民在“当前社会干部贪污受贿，以权谋利的严重程度如何”这一问题的回答上有显著差异。

F11k by A1

当前社会生活奢侈，铺张浪费的严重程度如何 * 年龄 Crosstabulation

	18—29 岁	30—39 岁	40—49 岁	50—59 岁	60—65 岁	总计
非常不严重	10.0%	7.9%	6.1%	7.2%	5.1%	7.3%
比较不严重	40.5%	39.6%	37.6%	37.7%	35.6%	38.3%
比较严重	37.6%	38.9%	40.7%	39.6%	43.3%	39.9%
非常严重	11.9%	13.5%	15.6%	15.4%	16.0%	14.4%
总计	100.0%	100.0%	100.0%	100.0%	100.0%	100.0%
列总计	1678	1574	1741	1804	1300	8097

Chi-square test：df = 12，卡方值 55.712，sig = 0.000 < 0.05，所以不同年龄的居民在“当前社会生活奢侈，铺张浪费的严重程度如何”这一问题的回答上有显著差异。

F11l by A1

当前社会干部不作为，扯皮推诿的严重程度如何 * 年龄 Crosstabulation

	18—29 岁	30—39 岁	40—49 岁	50—59 岁	60—65 岁	总计
非常不严重	9.1%	7.5%	6.1%	6.0%	5.4%	6.9%
比较不严重	37.1%	35.8%	34.1%	36.2%	33.8%	35.5%
比较严重	38.2%	37.8%	39.9%	38.2%	42.1%	39.1%
非常严重	15.5%	18.8%	19.9%	19.5%	18.7%	18.5%
总计	100.0%	100.0%	100.0%	100.0%	100.0%	100.0%
列总计	1586	1501	1661	1700	1229	7677

Chi-square test：df = 12，卡方值 38.673，sig = 0.000 < 0.05，所以不同年龄的居民在“当前社会干部不作为，扯皮推诿的严重程度如何”这一问题的回答上有显著差异。

F12a by A1

您怎么看待周围那些经营企业或做生意发了财的人：他们自己有本事，应该发财 ＊ 年龄 Crosstabulation

	18—29 岁	30—39 岁	40—49 岁	50—59 岁	60—65 岁	总计
未选中	43.8%	41.4%	44.2%	39.3%	43.1%	42.3%
选中	56.2%	58.6%	55.8%	60.7%	56.9%	57.7%
总计	100.0%	100.0%	100.0%	100.0%	100.0%	100.0%
列总计	1816	1642	1857	1913	1426	8654

Chi-square test：df = 4，卡方值 12.491，sig = 0.014 < 0.05，所以不同年龄的居民在“您怎么看待周围那些经营企业或做生意发了财的人：他们自己有本事，应该发财”这一问题的回答上有显著差异。

F12b by A1

您怎么看待周围那些经营企业或做生意发了财的人：尊重他们，他们为社会做了贡献 ＊ 年龄 Crosstabulation

	18—29 岁	30—39 岁	40—49 岁	50—59 岁	60—65 岁	总计
未选中	48.4%	54.3%	54.3%	57.8%	63.3%	55.3%
选中	51.6%	45.7%	45.7%	42.2%	36.7%	44.7%
总计	100.0%	100.0%	100.0%	100.0%	100.0%	100.0%
列总计	1816	1642	1857	1913	1426	8654

Chi-square test：df = 4，卡方值 77.626，sig = 0.000 < 0.05，所以不同年龄的居民在“您怎么看待周围那些经营企业或做生意发了财的人：尊重他们，他们为社会做了贡献”这一问题的回答上有显著差异。

F12c by A1

您怎么看待周围那些经营企业或做生意发了财的人：没什么了不起，他们常用不正当手段发财 ＊ 年龄 Crosstabulation

	18—29 岁	30—39 岁	40—49 岁	50—59 岁	60—65 岁	总计
未选中	88.3%	84.3%	88.9%	87.2%	87.7%	87.3%
选中	11.7%	15.7%	11.1%	12.8%	12.3%	12.7%
总计	100.0%	100.0%	100.0%	100.0%	100.0%	100.0%
列总计	1816	1642	1857	1913	1426	8654

Chi-square test：df = 4，卡方值 18.871，sig = 0.001 < 0.05，所以不同年龄的居民在“您怎么看待周围那些经营企业或做生意发了财的人：没什么了不起，他们常用不正当手段发财”这一问题的回答上有显著差异。

F12d by A1

您怎么看待周围那些经营企业或做生意发了财的人：是土豪，没文化，没教养 ＊ 年龄 Crosstabulation

	18—29 岁	30—39 岁	40—49 岁	50—59 岁	60—65 岁	总计
未选中	90. 8%	92. 1%	92. 0%	92. 9%	93. 8%	92. 3%
选中	9. 2%	7. 9%	8. 0%	7. 1%	6. 2%	7. 7%
总计	100. 0%	100. 0%	100. 0%	100. 0%	100. 0%	100. 0%
列总计	1816	1642	1857	1913	1426	8654

Chi-square test：df = 4，卡方值 11. 123，sig = 0. 025 < 0. 05，所以不同年龄的居民在“您怎么看待周围那些经营企业或做生意发了财的人：是土豪，没文化，没教养”这一问题的回答上有显著差异。

F12e by A1

您怎么看待周围那些经营企业或做生意发了财的人：是他们运气好 ＊ 年龄 Crosstabulation

	18—29 岁	30—39 岁	40—49 岁	50—59 岁	60—65 岁	总计
未选中	86. 4%	84. 5%	83. 7%	81. 0%	77. 1%	82. 7%
选中	13. 6%	15. 5%	16. 3%	19. 0%	22. 9%	17. 3%
总计	100. 0%	100. 0%	100. 0%	100. 0%	100. 0%	100. 0%
列总计	1816	1642	1857	1913	1426	8654

Chi-square test：df = 4，卡方值 57. 157，sig = 0. 000 < 0. 05，所以不同年龄的居民在“您怎么看待周围那些经营企业或做生意发了财的人：是他们运气好”这一问题的回答上有显著差异。

F12f by A1

您怎么看待周围那些经营企业或做生意发了财的人：有钱没钱，这都是命 ＊ 年龄 Crosstabulation

	18—29 岁	30—39 岁	40—49 岁	50—59 岁	60—65 岁	总计
未选中	87. 8%	87. 1%	82. 3%	81. 7%	78. 5%	83. 6%
选中	12. 2%	12. 9%	17. 7%	18. 3%	21. 5%	16. 4%
总计	100. 0%	100. 0%	100. 0%	100. 0%	100. 0%	100. 0%
列总计	1816	1642	1857	1913	1426	8654

Chi-square test：df = 4，卡方值 72. 956，sig = 0. 000 < 0. 05，所以不同年龄的居民在“您怎么看待周围那些经营企业或做生意发了财的人：有钱没钱，这都是命”这一问题的回答上有显著差异。

F12g by A1

您怎么看待周围那些经营企业或做生意发了财的人：天道不公，希望他们明天就破产 ＊ 年龄 Crosstabulation

	18—29 岁	30—39 岁	40—49 岁	50—59 岁	60—65 岁	总计
未选中	99.1%	98.7%	99.0%	99.0%	99.2%	99.0%
选中	0.9%	1.3%	1.0%	1.0%	0.8%	1.0%
总计	100.0%	100.0%	100.0%	100.0%	100.0%	100.0%
列总计	1816	1642	1857	1913	1426	8654

Chi-square test：df = 4，卡方值 2.162，sig = 0.706 > 0.05，所以不同年龄的居民在“您怎么看待周围那些经营企业或做生意发了财的人：天道不公，希望他们明天就破产”这一问题的回答上没有显著差异。

F12h by A1

您怎么看待周围那些经营企业或做生意发了财的人：其他 ＊ 年龄 Crosstabulation

	18—29 岁	30—39 岁	40—49 岁	50—59 岁	60—65 岁	总计
未选中	99.8%	99.5%	99.4%	99.3%	99.7%	99.5%
选中	0.2%	0.5%	0.6%	0.7%	0.3%	0.5%
总计	100.0%	100.0%	100.0%	100.0%	100.0%	100.0%
列总计	1816	1642	1857	1913	1426	8654

Chi-square test：df = 4，卡方值 7.221，sig = 0.125 > 0.05，所以不同年龄的居民在“您怎么看待周围那些经营企业或做生意发了财的人：其他”这一问题的回答上没有显著差异。

F13a by A1

企业损害社会利益，如污染环境、以虚假广告误导公众等严重程度如何 ＊ 年龄 Crosstabulation

	18—29 岁	30—39 岁	40—49 岁	50—59 岁	60—65 岁	总计
非常不严重	6.6%	5.3%	4.2%	3.4%	3.5%	4.7%
比较不严重	39.5%	40.9%	39.0%	37.2%	34.6%	38.5%
比较严重	44.8%	46.7%	47.3%	49.6%	50.0%	47.5%
非常严重	9.1%	7.1%	9.5%	9.9%	11.9%	9.3%
总计	100.0%	100.0%	100.0%	100.0%	100.0%	100.0%
列总计	1677	1549	1677	1639	1091	7633

Chi-square test：df = 12，卡方值 55.299，sig = 0.000 < 0.05，所以不同年龄的居民在“企业损害社会利益，如污染环境、以虚假广告误导公众等严重程度如何”这一问题的回答上有显著差异。

F13b by A1

娱乐界以丑闻、绯闻炒作，污染社会风气严重程度如何 ＊ 年龄 Crosstabulation

	18—29 岁	30—39 岁	40—49 岁	50—59 岁	60—65 岁	总计
非常不严重	7.2%	7.6%	5.5%	4.4%	2.7%	5.8%
比较不严重	28.6%	25.6%	27.8%	27.6%	29.1%	27.7%
比较严重	49.1%	54.0%	53.4%	54.3%	55.9%	53.0%
非常严重	15.1%	12.7%	13.2%	13.6%	12.4%	13.5%
总计	100.0%	100.0%	100.0%	100.0%	100.0%	100.0%
列总计	1691	1510	1542	1422	929	7094

Chi-square test：df = 12，卡方值 49.686，sig = 0.000 < 0.05，所以不同年龄的居民在“娱乐界以丑闻、绯闻炒作，污染社会风气严重程度如何”这一问题的回答上有显著差异。

F13c by A1

媒体缺乏社会责任，炒作新闻严重程度如何 ＊ 年龄 Crosstabulation

	18—29 岁	30—39 岁	40—49 岁	50—59 岁	60—65 岁	总计
非常不严重	7.8%	8.9%	6.4%	5.0%	3.5%	6.6%
比较不严重	31.4%	28.5%	30.8%	32.6%	31.8%	31.0%
比较严重	46.1%	50.8%	50.4%	51.0%	54.6%	50.1%
非常严重	14.7%	11.8%	12.4%	11.5%	10.1%	12.3%
总计	100.0%	100.0%	100.0%	100.0%	100.0%	100.0%
列总计	1683	1510	1558	1440	938	7129

Chi-square test：df = 12，卡方值 60.956，sig = 0.000 < 0.05，所以不同年龄的居民在“媒体缺乏社会责任，炒作新闻严重程度如何”这一问题的回答上有显著差异。

F13d by A1

社会财富分配不公，贫富悬殊过大严重程度如何 ＊ 年龄 Crosstabulation

	18—29 岁	30—39 岁	40—49 岁	50—59 岁	60—65 岁	总计
非常不严重	7.8%	8.0%	4.8%	4.9%	3.4%	5.9%
比较不严重	28.5%	27.7%	25.6%	26.1%	24.4%	26.6%
比较严重	47.5%	47.0%	48.3%	49.5%	50.8%	48.5%
非常严重	16.1%	17.3%	21.3%	19.5%	21.5%	19.0%
总计	100.0%	100.0%	100.0%	100.0%	100.0%	100.0%
列总计	1724	1585	1756	1737	1215	8017

Chi-square test：df = 12，卡方值 70.324，sig = 0.000 < 0.05，所以不同年龄的居民在“社会财富分配不公，贫富悬殊过大严重程度如何”这一问题的回答上有显著差异。

F13e by A1

教师不尽职严重程度如何 ＊ 年龄 Crosstabulation

	18—29 岁	30—39 岁	40—49 岁	50—59 岁	60—65 岁	总计
非常不严重	18.4%	17.4%	14.5%	13.8%	11.5%	15.3%
比较不严重	55.4%	55.1%	56.6%	57.8%	58.2%	56.6%
比较严重	22.1%	22.5%	25.2%	24.7%	26.4%	24.1%
非常严重	4.0%	5.0%	3.7%	3.7%	3.9%	4.1%
总计	100.0%	100.0%	100.0%	100.0%	100.0%	100.0%
列总计	1746	1607	1791	1813	1286	8243

Chi-square test：df = 12，卡方值 47.103，sig = 0.000 < 0.05，所以不同年龄的居民在“教师不尽职严重程度如何”这一问题的回答上有显著差异。

F13f by A1

医生不守职业道德严重程度如何 ＊ 年龄 Crosstabulation

	18—29 岁	30—39 岁	40—49 岁	50—59 岁	60—65 岁	总计
非常不严重	17.5%	14.6%	13.2%	12.3%	10.6%	13.8%
比较不严重	51.6%	50.7%	52.4%	50.6%	52.4%	51.5%
比较严重	26.4%	28.2%	30.2%	31.7%	31.9%	29.6%
非常严重	4.4%	6.5%	4.1%	5.4%	5.0%	5.1%
总计	100.0%	100.0%	100.0%	100.0%	100.0%	100.0%
列总计	1739	1610	1789	1819	1297	8254

Chi-square test：df = 12，卡方值 56.279，sig = 0.000 < 0.05，所以不同年龄的居民在“医生不守职业道德严重程度如何”这一问题的回答上有显著差异。

F13g by A1

公众人物用知名度攫取财富严重程度如何 ＊ 年龄 Crosstabulation

	18—29 岁	30—39 岁	40—49 岁	50—59 岁	60—65 岁	总计
非常不严重	10.3%	9.9%	8.1%	7.4%	6.1%	8.6%
比较不严重	35.5%	33.7%	35.8%	35.0%	33.8%	34.9%
比较严重	43.4%	44.6%	44.8%	45.8%	45.9%	44.8%
非常严重	10.8%	11.9%	11.2%	11.8%	14.2%	11.8%
总计	100.0%	100.0%	100.0%	100.0%	100.0%	100.0%
列总计	1616	1450	1494	1392	887	6839

Chi-square test：df = 12，卡方值 26.612，sig = 0.009 < 0.05，所以不同年龄的居民在“公众人物用知名度攫取财富严重程度如何”这一问题的回答上有显著差异。

F13h by A1

两性关系过度开放导致婚姻不稳定严重程度如何 * 年龄 Crosstabulation

	18—29 岁	30—39 岁	40—49 岁	50—59 岁	60—65 岁	总计
非常不严重	11.1%	9.6%	7.5%	7.3%	6.2%	8.5%
比较不严重	45.6%	44.1%	44.2%	42.7%	40.3%	43.6%
比较严重	33.7%	37.1%	39.3%	38.6%	38.2%	37.3%
非常严重	9.6%	9.3%	9.0%	11.4%	15.3%	10.6%
总计	100.0%	100.0%	100.0%	100.0%	100.0%	100.0%
列总计	1642	1539	1657	1625	1108	7571

Chi-square test：df = 12，卡方值 71.764，sig = 0.000 < 0.05，所以不同年龄的居民在“两性关系过度开放导致婚姻不稳定严重程度如何”这一问题的回答上有显著差异。

F13i by A1

年轻人缺乏责任感，不孝敬父母严重程度如何 * 年龄 Crosstabulation

	18—29 岁	30—39 岁	40—49 岁	50—59 岁	60—65 岁	总计
非常不严重	15.7%	12.4%	13.0%	12.2%	11.7%	13.1%
比较不严重	50.0%	53.2%	52.3%	55.0%	57.6%	53.4%
比较严重	27.6%	28.0%	29.6%	28.2%	26.2%	28.0%
非常严重	6.6%	6.3%	5.1%	4.7%	4.4%	5.5%
总计	100.0%	100.0%	100.0%	100.0%	100.0%	100.0%
列总计	1708	1577	1755	1776	1265	8081

Chi-square test：df = 12，卡方值 36.366，sig = 0.000 < 0.05，所以不同年龄的居民在“年轻人缺乏责任感，不孝敬父母严重程度如何”这一问题的回答上有显著差异。

F14 by A1

您是否知道您生活的社区（村）有社区公约、村规民约 * 年龄 Crosstabulation

	18—29 岁	30—39 岁	40—49 岁	50—59 岁	60—65 岁	总计
知道有	32.4%	35.8%	39.4%	39.1%	37.5%	36.9%
知道没有	16.6%	15.9%	16.8%	17.2%	16.6%	16.7%
不知道有没有	51.0%	48.3%	43.8%	43.6%	45.9%	46.5%
总计	100.0%	100.0%	100.0%	100.0%	100.0%	100.0%
列总计	1786	1623	1825	1873	1406	8513

Chi-square test：df = 8，卡方值 32.534，sig = 0.000 < 0.05，所以不同年龄的居民在“您是否知道您生活的社区（村）有社区公约、村规民约”这一问题的回答上有显著差异。

F15a by A1

您周围的人在日常生活中遵守步行、骑车不闯红灯的情况 ＊ 年龄 Crosstabulation

	18—29 岁	30—39 岁	40—49 岁	50—59 岁	60—65 岁	总计
不遵守	8.3%	8.0%	8.2%	7.2%	6.1%	7.6%
基本遵守	65.8%	67.7%	66.6%	69.7%	67.9%	67.5%
自觉遵守	25.8%	24.3%	25.2%	23.1%	26.1%	24.8%
总计	100.0%	100.0%	100.0%	100.0%	100.0%	100.0%
列总计	1827	1657	1870	1935	1451	8740

Chi-square test：df = 8，卡方值 13.933，sig = 0.084 > 0.05，所以不同年龄的居民在“您周围的人在日常生活中遵守步行、骑车不闯红灯的情况”这一问题的回答上没有显著差异。

F15b by A1

您周围的人在日常生活中遵守乘车、购物自觉排队的情况 ＊ 年龄 Crosstabulation

	18—29 岁	30—39 岁	40—49 岁	50—59 岁	60—65 岁	总计
不遵守	5.2%	5.4%	5.4%	4.9%	3.4%	4.9%
基本遵守	66.7%	66.9%	68.6%	70.9%	69.8%	68.6%
自觉遵守	28.1%	27.6%	26.1%	24.1%	26.8%	26.5%
总计	100.0%	100.0%	100.0%	100.0%	100.0%	100.0%
列总计	1828	1657	1869	1934	1450	8738

Chi-square test：df = 8，卡方值 18.415，sig = 0.018 < 0.05，所以不同年龄的居民在“您周围的人在日常生活中遵守乘车、购物自觉排队的情况”这一问题的回答上有显著差异。

F15c by A1

您周围的人在日常生活中遵守文明游览的情况 ＊ 年龄 Crosstabulation

	18—29 岁	30—39 岁	40—49 岁	50—59 岁	60—65 岁	总计
不遵守	7.6%	6.5%	6.4%	6.0%	5.8%	6.5%
基本遵守	65.0%	66.3%	67.7%	69.6%	67.2%	67.2%
自觉遵守	27.4%	27.1%	25.8%	24.5%	27.0%	26.3%
总计	100.0%	100.0%	100.0%	100.0%	100.0%	100.0%
列总计	1824	1654	1863	1925	1441	8707

Chi-square test：df = 8，卡方值 12.369，sig = 0.136 > 0.05，所以不同年龄的居民在“您周围的人在日常生活中遵守文明游览的情况”这一问题的回答上没有显著差异。

F15d by A1

您周围的人在日常生活中遵守社区公约、村规民约的情况 ＊ 年龄 Crosstabulation

	18—29 岁	30—39 岁	40—49 岁	50—59 岁	60—65 岁	总计
不遵守	6. 7%	5. 5%	5. 7%	4. 7%	4. 5%	5. 5%
基本遵守	65. 9%	68. 0%	68. 3%	69. 8%	67. 1%	67. 9%
自觉遵守	27. 4%	26. 5%	26. 0%	25. 5%	28. 4%	26. 7%
总计	100. 0%	100. 0%	100. 0%	100. 0%	100. 0%	100. 0%
列总计	1689	1553	1765	1842	1378	8227

Chi-square test：df = 8，卡方值 14. 424，sig = 0. 071 > 0. 05，所以不同年龄的居民在“您周围的人在日常生活中遵守社区公约、村规民约的情况”这一问题的回答上没有显著差异。

F16a by A1

您对下列关于网络的说法是否赞同？网络是个虚拟空间，不受现实生活中的道德规范约束 ＊ 年龄 Crosstabulation

	18—29 岁	30—39 岁	40—49 岁	50—59 岁	60—65 岁	总计
非常不赞同	33. 4%	29. 0%	27. 5%	26. 7%	24. 3%	28. 5%
不太赞同	45. 6%	48. 8%	51. 2%	49. 9%	51. 6%	49. 2%
比较赞同	16. 7%	17. 9%	16. 9%	18. 9%	19. 5%	17. 8%
非常赞同	4. 3%	4. 4%	4. 4%	4. 5%	4. 5%	4. 4%
总计	100. 0%	100. 0%	100. 0%	100. 0%	100. 0%	100. 0%
列总计	1823	1630	1760	1714	1143	8070

Chi-square test：df = 12，卡方值 38. 304，sig = 0. 000 < 0. 05，所以不同年龄的居民在“网络是个虚拟空间，不受现实生活中的道德规范约束”这一问题的回答上有显著差异。

F16b by A1

您对下列关于网络的说法是否赞同？人肉搜索侵犯个人隐私，应该杜绝 ＊ 年龄 Crosstabulation

	18—29 岁	30—39 岁	40—49 岁	50—59 岁	60—65 岁	总计
非常不赞同	3. 8%	3. 6%	3. 0%	3. 1%	5. 3%	3. 7%
不太赞同	23. 0%	22. 4%	22. 9%	22. 6%	28. 9%	23. 6%
比较赞同	49. 8%	50. 6%	54. 8%	53. 7%	50. 3%	51. 9%
非常赞同	23. 4%	23. 3%	19. 4%	20. 6%	15. 5%	20. 8%

续表

	18—29 岁	30—39 岁	40—49 岁	50—59 岁	60—65 岁	总计
总计	100.0%	100.0%	100.0%	100.0%	100.0%	100.0%
列总计	1821	1628	1760	1720	1146	8075

Chi-square test：df = 12，卡方值 63.069，sig = 0.000 < 0.05，所以不同年龄的居民在“人肉搜索侵犯个人隐私，应该杜绝”这一问题的回答上有显著差异。

F16c by A1

您对下列关于网络的说法是否赞同？明知网络谣言仍转发的，应该受到惩罚 ＊ 年龄 Crosstabulation

	18—29 岁	30—39 岁	40—49 岁	50—59 岁	60—65 岁	总计
非常不赞同	4.4%	4.5%	3.8%	3.5%	4.4%	4.1%
不太赞同	16.6%	15.3%	16.1%	19.0%	20.9%	17.4%
比较赞同	45.5%	48.4%	50.5%	52.5%	54.3%	49.9%
非常赞同	33.4%	31.7%	29.6%	25.1%	20.4%	28.6%
总计	100.0%	100.0%	100.0%	100.0%	100.0%	100.0%
列总计	1823	1629	1772	1731	1154	8109

Chi-square test：df = 12，卡方值 90.626，sig = 0.000 < 0.05，所以不同年龄的居民在“明知网络谣言仍转发的，应该受到惩罚”这一问题的回答上有显著差异。

F17 by A1

假如您走在街上被陌生人不小心踩到并发出“哎哟”一声后，您认为对方会做何种反应 ＊ 年龄 Crosstabulation

	18—29 岁	30—39 岁	40—49 岁	50—59 岁	60—65 岁	总计
用言语或手势表达歉意	76.5%	75.4%	75.1%	78.1%	74.1%	75.9%
不会有任何表示	17.6%	19.2%	19.8%	17.5%	19.7%	18.7%
反而说你大惊小怪	5.9%	5.5%	5.1%	4.4%	6.2%	5.4%
总计	100.0%	100.0%	100.0%	100.0%	100.0%	100.0%
列总计	1754	1603	1791	1831	1339	8318

Chi-square test：df = ，卡方值 12.423，sig = 0.133 > 0.05，所以不同年龄的居民在“假如您走在街上被陌生人不小心踩到并发出‘哎哟’一声后，您认为对方会做何种反应”这一问题的回答上没有显著差异。

F18 by A1

您觉得您周围大多数人工作生活的精神状态怎么样 ＊ 年龄 Crosstabulation

	18—29 岁	30—39 岁	40—49 岁	50—59 岁	60—65 岁	总计
精神饱满、积极向上	44.5%	43.3%	41.7%	41.9%	38.0%	42.0%
安于现状、按部就班	52.2%	53.7%	54.7%	54.5%	57.8%	54.4%
精神萎靡、无所事事	3.3%	3.0%	3.6%	3.6%	4.2%	3.5%
总计	100.0%	100.0%	100.0%	100.0%	100.0%	100.0%
列总计	1808	1639	1840	1916	1423	8626

Chi-square test：df = 8，卡方值 17.156，sig = 0.029 < 0.05，所以不同年龄的居民在“您觉得您周围大多数人工作生活的精神状态怎么样”这一问题的回答上有显著差异。

F19a by A1

这些现象在您身边常见吗？占卜算命 ＊ 年龄 Crosstabulation

	18—29 岁	30—39 岁	40—49 岁	50—59 岁	60—65 岁	总计
经常见到	13.3%	11.2%	13.6%	9.9%	9.9%	11.7%
偶尔见到	48.9%	50.3%	50.6%	50.2%	45.3%	49.2%
没见到	37.8%	38.5%	35.9%	39.9%	44.8%	39.1%
总计	100.0%	100.0%	100.0%	100.0%	100.0%	100.0%
列总计	1828	1657	1871	1934	1451	8741

Chi-square test：df = 8，卡方值 43.665，sig = 0.000 < 0.05，所以不同年龄的居民在“这些现象在您身边常见吗？占卜算命”这一问题的回答上有显著差异。

F19b by A1

这些现象在您身边常见吗？操办喜事比富斗阔 ＊ 年龄 Crosstabulation

	18—29 岁	30—39 岁	40—49 岁	50—59 岁	60—65 岁	总计
经常见到	12.3%	11.2%	10.3%	9.9%	7.0%	10.3%
偶尔见到	42.5%	43.9%	46.0%	43.2%	42.5%	43.7%
没见到	45.1%	44.9%	43.7%	46.9%	50.5%	46.0%
总计	100.0%	100.0%	100.0%	100.0%	100.0%	100.0%
列总计	1824	1655	1868	1933	1450	8730

Chi-square test：df = 8，卡方值 37.073，sig = 0.000 < 0.05，所以不同年龄的居民在“这些现象在您身边常见吗？操办喜事比富斗阔”这一问题的回答上有显著差异。

F19c by A1

这些现象在您身边常见吗？在父母生前不尽孝却对父母的丧事大操大办 ＊ 年龄 Crosstabulation

	18—29 岁	30—39 岁	40—49 岁	50—59 岁	60—65 岁	总计
经常见到	10.2%	9.7%	9.0%	7.5%	6.2%	8.6%
偶尔见到	37.8%	41.0%	42.9%	41.3%	39.9%	40.6%
没见到	52.0%	49.3%	48.0%	51.1%	53.9%	50.8%
总计	100.0%	100.0%	100.0%	100.0%	100.0%	100.0%
列总计	1821	1656	1871	1934	1451	8733

Chi-square test：df = 8，卡方值 33.578，sig = 0.000 < 0.05，所以不同年龄的居民在“这些现象在您身边常见吗？在父母生前不尽孝却对父母的丧事大操大办”这一问题的回答上有显著差异。

F19d by A1

这些现象在您身边常见吗？赌博或变相赌博 ＊ 年龄 Crosstabulation

	18—29 岁	30—39 岁	40—49 岁	50—59 岁	60—65 岁	总计
经常见到	15.5%	14.3%	14.0%	11.2%	8.1%	12.8%
偶尔见到	42.3%	43.7%	44.9%	44.4%	41.8%	43.5%
没见到	42.2%	42.0%	41.1%	44.3%	50.0%	43.7%
总计	100.0%	100.0%	100.0%	100.0%	100.0%	100.0%
列总计	1822	1655	1869	1933	1451	8730

Chi-square test：df = 8，卡方值 65.213，sig = 0.000 < 0.05，所以不同年龄的居民在“这些现象在您身边常见吗？赌博或变相赌博”这一问题的回答上有显著差异。

F19e by A1

这些现象在您身边常见吗？封建迷信活动 ＊ 年龄 Crosstabulation

	18—29 岁	30—39 岁	40—49 岁	50—59 岁	60—65 岁	总计
经常见到	7.2%	5.8%	5.4%	3.5%	3.2%	5.1%
偶尔见到	27.5%	28.5%	28.6%	28.8%	27.0%	28.1%
没见到	65.3%	65.7%	66.0%	67.7%	69.7%	66.8%
总计	100.0%	100.0%	100.0%	100.0%	100.0%	100.0%
列总计	1821	1656	1866	1933	1451	8727

Chi-square test：df = 8，卡方值 42.538，sig = 0.000 < 0.05，所以不同年龄的居民在“这些现象在您身边常见吗？封建迷信活动”这一问题的回答上有显著差异。

F19f by A1

这些现象在您身边常见吗？非法宗教活动 ＊ 年龄 Crosstabulation

	18—29 岁	30—39 岁	40—49 岁	50—59 岁	60—65 岁	总计
经常见到	3.4%	2.1%	1.8%	1.6%	1.7%	2.1%
偶尔见到	14.7%	14.6%	14.5%	12.5%	15.5%	14.3%
没见到	81.9%	83.4%	83.6%	85.9%	82.9%	83.6%
总计	100.0%	100.0%	100.0%	100.0%	100.0%	100.0%
列总计	1820	1655	1864	1931	1449	8719

Chi-square test：df = 8，卡方值 27.447，sig = 0.001 < 0.05，所以不同年龄的居民在“这些现象在您身边常见吗？非法宗教活动”这一问题的回答上有显著差异。

F20 by A1

您认为目前我国社会中道德和幸福的现实关系是 ＊ 年龄 Crosstabulation

	18—29 岁	30—39 岁	40—49 岁	50—59 岁	60—65 岁	总计
总体上道德和幸福能够一致，能惩恶扬善	68.3%	66.9%	67.9%	67.5%	69.0%	67.9%
有道德讲伦理的人大都吃亏，不守道德的人更能占便宜	24.9%	25.2%	23.3%	23.9%	21.1%	23.8%
道德与幸福没有关系，能挣钱有发展无论怎样行动都行	6.8%	7.9%	8.8%	8.6%	9.9%	8.3%
总计	100.0%	100.0%	100.0%	100.0%	100.0%	100.0%
列总计	1589	1424	1568	1513	1085	7179

Chi-square test：df = 8，卡方值 14.401，sig = 0.073 > 0.05，所以不同年龄的居民在“您认为目前我国社会中道德和幸福的现实关系是”这一问题的回答上没有显著差异。

F21a by A1

您在所在单位，有没有一种亲切和踏实的感觉 ＊ 年龄 Crosstabulation

	18—29 岁	30—39 岁	40—49 岁	50—59 岁	60—65 岁	总计
有	23.1%	21.0%	19.4%	17.3%	16.0%	19.5%
还可以	68.7%	71.4%	68.2%	67.2%	63.8%	68.0%
没有	8.2%	7.6%	12.4%	15.4%	20.1%	12.6%
总计	100.0%	100.0%	100.0%	100.0%	100.0%	100.0%
列总计	1743	1618	1793	1845	1380	8379

Chi-square test：df = 8，卡方值 166.738，sig = 0.000 < 0.05，所以不同年龄的居民在“您在所在单位，有没有一种亲切和踏实的感觉”这一问题的回答上有显著差异。

F21b by A1

您在所在社区/村，有没有一种亲切和踏实的感觉 ＊ 年龄 Crosstabulation

	18—29 岁	30—39 岁	40—49 岁	50—59 岁	60—65 岁	总计
有	26.6%	25.0%	26.9%	25.2%	23.9%	25.6%
还可以	66.7%	69.5%	67.5%	69.1%	70.3%	68.5%
没有	6.7%	5.6%	5.6%	5.7%	5.8%	5.9%
总计	100.0%	100.0%	100.0%	100.0%	100.0%	100.0%
列总计	1816	1651	1849	1913	1440	8669

Chi-square test：df = 8，卡方值 9.014，sig = 0.341 > 0.05，所以不同年龄的居民在“您在所在社区/村，有没有一种亲切和踏实的感觉”这一问题的回答上没有显著差异。

F21c by A1

您在所在城市，有没有一种亲切和踏实的感觉 ＊ 年龄 Crosstabulation

	18—29 岁	30—39 岁	40—49 岁	50—59 岁	60—65 岁	总计
有	29.6%	27.9%	26.5%	24.1%	21.8%	26.1%
还可以	61.7%	64.5%	63.9%	67.1%	68.2%	65.0%
没有	8.8%	7.6%	9.6%	8.8%	10.0%	8.9%
总计	100.0%	100.0%	100.0%	100.0%	100.0%	100.0%
列总计	1813	1649	1850	1907	1426	8645

Chi-square test：df = 8，卡方值 36.689，sig = 0.000 < 0.05，所以不同年龄的居民在“您在所在城市，有没有一种亲切和踏实的感觉”这一问题的回答上有显著差异。

F22 by A1

您认为您目前的状况是 ＊ 年龄 Crosstabulation

	18—29 岁	30—39 岁	40—49 岁	50—59 岁	60—65 岁	总计
生活富裕，但不感到幸福和快乐	8.6%	8.0%	6.8%	6.7%	5.3%	7.1%
生活富裕，幸福也快乐	13.6%	13.0%	9.9%	8.5%	10.2%	11.0%
生活小康，幸福且快乐	48.9%	49.8%	46.5%	46.5%	43.1%	47.0%
生活小康，但不感到幸福和快乐	6.1%	5.5%	6.3%	5.3%	5.7%	5.8%
生活清贫，幸福且快乐	20.1%	21.3%	24.4%	27.4%	26.3%	23.9%
生活贫困，既不幸福也不快乐	2.7%	2.5%	6.1%	5.7%	9.5%	5.2%
总计	100.0%	100.0%	100.0%	100.0%	100.0%	100.0%
列总计	1819	1651	1866	1928	1446	8710

Chi-square test：df = 20，卡方值 186.460，sig = 0.000 < 0.05，所以不同年龄的居民在“您认为您目前的状况是”这一问题的回答上有显著差异。

F23 by A1

最近这些年，您的生活水平对幸福感的影响是怎样的 ＊ 年龄 Crosstabulation

	18—29 岁	30—39 岁	40—49 岁	50—59 岁	60—65 岁	总计
生活水平提高了，但幸福感和快乐感降低了	14.4%	12.5%	11.4%	10.3%	9.4%	11.6%
生活水平提高了，幸福感和快乐感提高了	50.7%	51.5%	49.9%	51.3%	50.2%	50.7%
生活水平没变，幸福感和快乐感提高了	27.4%	28.7%	27.1%	27.9%	27.4%	27.7%
生活水平没变，幸福感和快乐感降低了	5.0%	4.1%	6.4%	6.2%	7.2%	5.8%
生活水平下降，但幸福感和快乐感提高了	1.4%	1.5%	2.6%	1.8%	2.5%	1.9%
生活水平下降，幸福感和快乐感也降低了	1.0%	1.7%	2.6%	2.6%	3.3%	2.2%
总计	100.0%	100.0%	100.0%	100.0%	100.0%	100.0%
列总计	1822	1654	1870	1933	1452	8731

Chi-square test：df = 20，卡方值 76.914，sig = 0.000 < 0.05，所以不同年龄的居民在“最近这些年，您的生活水平对幸福感的影响是怎样的”这一问题的回答上有显著差异。

F24a by A1

近十年以来，您认为下列哪一类人获得的利益最多 ＊ 年龄 Crosstabulation

	18—29 岁	30—39 岁	40—49 岁	50—59 岁	60—65 岁	总计
工人	1.8%	0.9%	0.9%	1.2%	1.4%	1.2%
农民	2.3%	2.8%	3.5%	2.3%	3.3%	2.8%
公务员	9.1%	10.2%	9.8%	10.8%	10.6%	10.1%
国有企业的经营管理者	10.5%	10.0%	9.7%	8.9%	9.6%	9.7%
集体企业的经营管理者	4.9%	4.2%	4.4%	3.4%	2.2%	3.9%
私营企业家	10.6%	12.1%	11.6%	10.3%	8.8%	10.8%
外商、境外来大陆的投资者	12.6%	10.1%	9.0%	8.8%	7.1%	9.7%
个体户	5.6%	5.5%	5.2%	5.2%	4.7%	5.3%
私营、外资企业中的管理人员	10.7%	11.0%	10.9%	10.1%	8.9%	10.4%
专家学者、专业技术人员	6.4%	4.7%	4.6%	4.0%	3.3%	4.7%
政府官员	25.4%	27.8%	30.0%	34.7%	39.6%	31.0%
其他	0.1%	0.7%	0.4%	0.2%	0.4%	0.4%

续表

	18—29 岁	30—39 岁	40—49 岁	50—59 岁	60—65 岁	总计
总计	100.0%	100.0%	100.0%	100.0%	100.0%	100.0%
列总计	1620	1517	1667	1636	1165	7605

Chi-square test：df = 44，卡方值 154.142，sig = 0.000 < 0.05，所以不同年龄的居民在“近十年以来，您认为下列哪一类人获得的利益最多”这一问题的回答上有显著差异。

F24b by A1

近十年以来，您认为下列哪一类人获得的利益最少 * 年龄 Crosstabulation

	18—29 岁	30—39 岁	40—49 岁	50—59 岁	60—65 岁	总计
工人	24.2%	23.7%	22.0%	18.4%	16.5%	21.1%
农民	62.7%	65.2%	68.8%	74.4%	76.7%	69.3%
公务员	1.7%	1.5%	1.0%	1.1%	1.3%	1.3%
国有企业的经营管理者	1.3%	0.6%	0.3%	0.2%	0.7%	0.6%
集体企业的经营管理者	1.0%	0.6%	0.6%	0.8%	0.2%	0.7%
私营企业家	1.2%	1.0%	1.0%	0.3%	0.5%	0.8%
外商、境外来大陆的投资者	0.4%	0.6%	0.3%	0.4%	0.3%	0.4%
个体户	4.1%	3.6%	3.4%	2.1%	1.5%	3.0%
私营、外资企业中的管理人员	1.4%	1.2%	0.6%	0.4%	0.2%	0.8%
专家学者、专业技术人员	1.3%	1.2%	0.8%	0.4%	0.6%	0.9%
政府官员	0.4%	0.6%	0.8%	0.6%	0.4%	0.6%
其他	0.3%	0.3%	0.3%	0.8%	0.9%	0.5%
总计	100.0%	100.0%	100.0%	100.0%	100.0%	100.0%
列总计	1642	1548	1727	1749	1271	7937

Chi-square test：df = 44，卡方值 174.414，sig = 0.000 < 0.05，所以不同年龄的居民在“近十年以来，您认为下列哪一类人获得的利益最少”这一问题的回答上有显著差异。

F25 by A1

您认为弱势群体产生的最主要原因是 * 年龄 Crosstabulation

	18—29 岁	30—39 岁	40—49 岁	50—59 岁	60—65 岁	总计
制度不合理，社会关怀不够	41.3%	41.9%	40.4%	42.6%	42.1%	41.6%
收入分配不公	42.5%	42.9%	40.5%	39.7%	38.4%	40.9%
机会不平等	32.2%	36.4%	34.4%	34.6%	36.0%	34.6%
弱势群体自己不努力	19.6%	17.8%	21.2%	19.0%	18.4%	19.3%

续表

	18—29 岁	30—39 岁	40—49 岁	50—59 岁	60—65 岁	总计
缺乏生存技能	27.3%	28.0%	26.7%	27.3%	25.5%	27.0%
其他	0.1%	0.1%	0.3%	0.1%	0.2%	0.2%
列总计	1761	1602	1818	1834	1324	8339

据上表所示，不同年龄的居民在“您认为弱势群体产生的最主要原因是”这一问题的回答上没有显著差异。

F26 by A1

您认为我们是否应该改造城市的垃圾筒，以为一些老人或流浪者在垃圾筒中找东西时提供方便 * 年龄 Crosstabulation

	18—29 岁	30—39 岁	40—49 岁	50—59 岁	60—65 岁	总计
应该，社会有义务为他们提供一种有尊严的生活	74.7%	73.8%	78.4%	79.3%	82.0%	77.6%
不应该，这些人本来就与城市不和谐	19.2%	20.5%	16.1%	14.8%	13.3%	16.8%
做这样的事不值得，应该将钱花到更重要的地方	5.6%	5.3%	5.2%	5.8%	4.5%	5.3%
其他	0.5%	0.4%	0.3%	0.1%	0.2%	0.3%
总计	100.0%	100.0%	100.0%	100.0%	100.0%	100.0%
列总计	1816	1638	1850	1923	1434	8661

Chi-square test：df = 12，卡方值 52.833，sig = 0.000 < 0.05，所以不同年龄的居民在“您认为我们是否应该改造城市的垃圾筒，以为一些老人或流浪者在垃圾筒中找东西时提供方便”这一问题的回答上有显著差异。

F27 by A1

对当今中国社会，您更担忧哪种问题 * 年龄 Crosstabulation

	18—29 岁	30—39 岁	40—49 岁	50—59 岁	60—65 岁	总计
坑蒙拐骗，不守信用	23.7%	25.4%	23.8%	30.8%	32.8%	27.1%
人与人之间互不信任，相互提防，没有安全感	52.3%	48.4%	49.9%	43.4%	42.6%	47.5%
可信任的人很少，遇到问题难以找到人倾诉和帮助	23.7%	25.2%	25.3%	24.5%	22.9%	24.3%
其他	0.3%	1.1%	1.1%	1.4%	1.7%	1.1%
总计	100.0%	100.0%	100.0%	100.0%	100.0%	100.0%

续表

	18—29 岁	30—39 岁	40—49 岁	50—59 岁	60—65 岁	总计
列总计	1817	1646	1861	1924	1442	8690

Chi-square test：df = 12，卡方值 89.981，sig =0.000 < 0.05，所以不同年龄的居民在“对当今中国社会，您更担忧哪种问题”这一问题的回答上有显著差异。

F28 by A1

您觉得大多数人都是可以相信的吗？如果 1 分代表“大多数人都可以相信”，5 分代表“对其他人都应该小心防备”，您会选几分 ＊ 年龄 Crosstabulation

	18—29 岁	30—39 岁	40—49 岁	50—59 岁	60—65 岁	总计
大多数人都可以相信	8.4%	7.8%	8.5%	10.1%	9.0%	8.8%
2	37.3%	37.8%	36.6%	38.2%	35.9%	37.2%
3	43.3%	44.7%	42.8%	42.0%	44.6%	43.4%
4	9.1%	7.6%	9.8%	7.4%	9.1%	8.6%
对其他人都应小心防备	1.9%	2.2%	2.4%	2.2%	1.4%	2.0%
总计	100.0%	100.0%	100.0%	100.0%	100.0%	100.0%
列总计	1811	1650	1861	1927	1447	8696

Chi-square test：df = 16，卡方值 23.947，sig =0.091 >0.05，所以不同年龄的居民在“您觉得大多数人都是可以相信的吗”这一问题的回答上没有显著差异。

F29a by A1

您对下面这些人的信任程度如何？您的家人 ＊ 年龄 Crosstabulation

	18—29 岁	30—39 岁	40—49 岁	50—59 岁	60—65 岁	总计
完全信任	81.5%	82.4%	81.3%	86.3%	84.5%	83.2%
比较信任	16.9%	16.2%	17.5%	12.3%	13.5%	15.3%
不太信任	1.4%	1.5%	1.0%	1.2%	1.8%	1.4%
根本不信任	0.2%		0.2%	0.2%	0.3%	0.2%
总计	100.0%	100.0%	100.0%	100.0%	100.0%	100.0%
列总计	1811	1653	1866	1925	1441	8696

Chi-square test：df = 12，卡方值 36.393，sig =0.000 < 0.05，所以不同年龄的居民在“您对下面这些人的信任程度如何？您的家人”这一问题的回答上有显著差异。

F29b by A1

您对下面这些人的信任程度如何？您的邻居 * 年龄 Crosstabulation

	18—29岁	30—39岁	40—49岁	50—59岁	60—65岁	总计
完全信任	21.3%	21.5%	21.8%	26.8%	31.4%	24.3%
比较信任	65.8%	68.5%	67.6%	66.2%	60.8%	66.0%
不太信任	12.0%	9.4%	9.8%	6.4%	7.3%	9.0%
根本不信任	0.8%	0.5%	0.9%	0.6%	0.6%	0.7%
总计	100.0%	100.0%	100.0%	100.0%	100.0%	100.0%
列总计	1790	1640	1843	1907	1432	8612

Chi-square test：df = 12，卡方值 99.971，sig = 0.000 < 0.05，所以不同年龄的居民在“您对下面这些人的信任程度如何？您的邻居”这一问题的回答上有显著差异。

F29c by A1

您对下面这些人的信任程度如何？外地人 * 年龄 Crosstabulation

	18—29岁	30—39岁	40—49岁	50—59岁	60—65岁	总计
完全信任	2.5%	2.4%	2.4%	3.1%	4.7%	2.9%
比较信任	29.4%	30.5%	26.9%	28.3%	29.3%	28.8%
不太信任	55.7%	54.2%	53.1%	54.8%	52.4%	54.1%
根本不信任	12.4%	12.9%	17.6%	13.9%	13.7%	14.1%
总计	100.0%	100.0%	100.0%	100.0%	100.0%	100.0%
列总计	1755	1605	1798	1852	1397	8407

Chi-square test：df = 12，卡方值 45.370，sig = 0.000 < 0.05，所以不同年龄的居民在“您对下面这些人的信任程度如何？外地人”这一问题的回答上有显著差异。

F29d by A1

您对下面这些人的信任程度如何？陌生人 * 年龄 Crosstabulation

	18—29岁	30—39岁	40—49岁	50—59岁	60—65岁	总计
完全信任	1.0%	1.5%	0.8%	1.4%	1.4%	1.2%
比较信任	18.1%	20.1%	17.4%	18.1%	23.0%	19.2%
不太信任	57.5%	54.0%	52.3%	54.6%	50.4%	53.9%
根本不信任	23.3%	24.3%	29.4%	25.9%	25.2%	25.7%
总计	100.0%	100.0%	100.0%	100.0%	100.0%	100.0%
列总计	1740	1595	1780	1848	1392	8355

Chi-square test：df = 12，卡方值 44.218，sig = 0.000 < 0.05，所以不同年龄的居民在“您对下面这些人的信任程度如何？陌生人”这一问题的回答上有显著差异。

F29e by A1

您对下面这些人的信任程度如何？外国人 ＊ 年龄 Crosstabulation

	18—29 岁	30—39 岁	40—49 岁	50—59 岁	60—65 岁	总计
完全信任	2. 0%	1. 9%	1. 2%	0. 8%	1. 2%	1. 4%
比较信任	19. 7%	17. 5%	15. 4%	12. 5%	14. 4%	15. 9%
不太信任	55. 1%	55. 0%	52. 7%	55. 7%	55. 5%	54. 8%
根本不信任	23. 3%	25. 6%	30. 7%	31. 0%	28. 9%	27. 9%
总计	100. 0%	100. 0%	100. 0%	100. 0%	100. 0%	100. 0%
列总计	1582	1442	1606	1670	1226	7526

Chi-square test：df = 12，卡方值 68. 618，sig ＝0. 000 < 0. 05，所以不同年龄的居民在“您对下面这些人的信任程度如何？外国人”这一问题的回答上有显著差异。

F29f by A1

您对下面这些人的信任程度如何？同事或同学 ＊ 年龄 Crosstabulation

	18—29 岁	30—39 岁	40—49 岁	50—59 岁	60—65 岁	总计
完全信任	10. 1%	8. 1%	7. 1%	5. 0%	6. 8%	7. 5%
比较信任	74. 7%	75. 8%	72. 8%	78. 2%	70. 3%	74. 6%
不太信任	13. 3%	14. 7%	17. 7%	14. 7%	20. 3%	15. 9%
根本不信任	1. 9%	1. 4%	2. 4%	2. 1%	2. 6%	2. 1%
总计	100. 0%	100. 0%	100. 0%	100. 0%	100. 0%	100. 0%
列总计	1772	1617	1771	1749	1249	8158

Chi-square test：df = 12，卡方值 75. 629，sig ＝0. 000 < 0. 05，所以不同年龄的居民在“您对下面这些人的信任程度如何？同事或同学”这一问题的回答上有显著差异。

F29g by A1

您对下面这些人的信任程度如何？您的上司或领导 ＊ 年龄 Crosstabulation

	18—29 岁	30—39 岁	40—49 岁	50—59 岁	60—65 岁	总计
完全信任	7. 4%	5. 7%	6. 0%	4. 6%	6. 4%	6. 0%
比较信任	65. 5%	65. 5%	63. 6%	66. 7%	64. 4%	65. 2%
不太信任	23. 9%	25. 9%	26. 7%	25. 2%	25. 0%	25. 3%
根本不信任	3. 3%	2. 9%	3. 8%	3. 4%	4. 3%	3. 5%
总计	100. 0%	100. 0%	100. 0%	100. 0%	100. 0%	100. 0%
列总计	1656	1545	1644	1632	1126	7603

Chi-square test：df = 12，卡方值 19. 456，sig ＝0. 078 > 0. 05，所以不同年龄的居民在“您对下面这些人的信任程度如何？您的上司或领导”这一问题的回答上没有显著差异。

F29h by A1

您对下面这些人的信任程度如何？您的朋友 ＊ 年龄 Crosstabulation

	18—29 岁	30—39 岁	40—49 岁	50—59 岁	60—65 岁	总计
完全信任	22.1%	18.6%	14.4%	12.9%	13.5%	16.3%
比较信任	70.0%	74.7%	77.7%	79.4%	78.0%	76.0%
不太信任	6.7%	5.7%	6.9%	6.4%	6.9%	6.5%
根本不信任	1.2%	1.0%	1.0%	1.2%	1.6%	1.2%
总计	100.0%	100.0%	100.0%	100.0%	100.0%	100.0%
列总计	1791	1638	1843	1892	1406	8570

Chi-square test：df = 12，卡方值 84.486，sig = 0.000 < 0.05，所以不同年龄的居民在“您对下面这些人的信任程度如何？您的朋友”这一问题的回答上有显著差异。

F30 by A1

您是否同意“在这个社会上，您一不小心别人就会想办法占您的便宜” ＊ 年龄 Crosstabulation

	18—29 岁	30—39 岁	40—49 岁	50—59 岁	60—65 岁	总计
非常不同意	7.3%	6.0%	6.2%	6.3%	4.1%	6.1%
比较不同意	36.9%	34.2%	35.4%	31.0%	34.4%	34.4%
说不上同意不同意	31.0%	30.4%	32.5%	31.7%	35.5%	32.1%
比较同意	21.7%	24.1%	22.1%	28.4%	23.2%	23.9%
非常同意	3.3%	5.3%	3.8%	2.6%	2.8%	3.6%
总计	100.0%	100.0%	100.0%	100.0%	100.0%	100.0%
列总计	1750	1594	1797	1814	1332	8287

Chi-square test：df = 16，卡方值 72.504，sig = 0.000 < 0.05，所以不同年龄的居民在“您是否同意‘在这个社会上，您一不小心别人就会想办法占您的便宜’”这一问题的回答上有显著差异。

F31 by A1

您对所生活的地方道德建设满意吗 ＊ 年龄 Crosstabulation

	18—29 岁	30—39 岁	40—49 岁	50—59 岁	60—65 岁	总计
满意	12.9%	11.8%	11.2%	11.9%	11.4%	11.9%
基本满意	76.0%	76.8%	74.1%	74.8%	72.6%	74.9%
不满意	11.1%	11.4%	14.7%	13.4%	16.1%	13.2%
总计	100.0%	100.0%	100.0%	100.0%	100.0%	100.0%

续表

	18—29 岁	30—39 岁	40—49 岁	50—59 岁	60—65 岁	总计
列总计	1709	1562	1718	1711	1246	7946

Chi-square test：df = 8，卡方值 24. 389，sig = 0. 002 < 0. 05，所以不同年龄的居民在“您对所生活的地方道德建设满意吗”这一问题的回答上有显著差异。

F32a by A1

您对下面群体的信任程度如何？商人 ＊ 年龄 Crosstabulation

	18—29 岁	30—39 岁	40—49 岁	50—59 岁	60—65 岁	总计
完全信任	4. 6%	4. 3%	3. 6%	2. 8%	2. 5%	3. 6%
比较信任	53. 5%	54. 1%	51. 6%	53. 8%	54. 8%	53. 5%
不太信任	37. 8%	38. 9%	41. 0%	39. 7%	39. 5%	39. 4%
根本不信任	4. 1%	2. 7%	3. 8%	3. 6%	3. 2%	3. 5%
总计	100. 0%	100. 0%	100. 0%	100. 0%	100. 0%	100. 0%
列总计	1726	1595	1774	1797	1297	8189

Chi-square test：df = 12，卡方值 24. 341，sig = 0. 018 < 0. 05，所以不同年龄的居民在“您对下面群体的信任程度如何？商人”这一问题的回答上有显著差异。

F32b by A1

您对下面群体的信任程度如何？单位领导/社区（村）干部 ＊ 年龄 Crosstabulation

	18—29 岁	30—39 岁	40—49 岁	50—59 岁	60—65 岁	总计
完全信任	6. 7%	5. 1%	4. 9%	4. 3%	4. 3%	5. 1%
比较信任	59. 4%	58. 9%	55. 7%	57. 8%	54. 0%	57. 3%
不太信任	28. 4%	30. 7%	33. 6%	31. 2%	34. 8%	31. 6%
根本不信任	5. 5%	5. 3%	5. 8%	6. 8%	6. 8%	6. 0%
总计	100. 0%	100. 0%	100. 0%	100. 0%	100. 0%	100. 0%
列总计	1702	1591	1785	1848	1366	8292

Chi-square test：df = 12，卡方值 36. 195，sig = 0. 000 < 0. 05，所以不同年龄的居民在“您对下面群体的信任程度如何？单位领导/社区（村）干部”这一问题的回答上有显著差异。

F32c by A1

您对下面群体的信任程度如何？公务员 ＊ 年龄 Crosstabulation

	18—29 岁	30—39 岁	40—49 岁	50—59 岁	60—65 岁	总计
完全信任	9. 4%	8. 0%	6. 8%	5. 0%	4. 6%	6. 9%

续表

	18—29 岁	30—39 岁	40—49 岁	50—59 岁	60—65 岁	总计
比较信任	62.6%	64.3%	61.4%	67.3%	62.1%	63.6%
不太信任	25.2%	25.2%	28.3%	25.3%	30.3%	26.7%
根本不信任	2.8%	2.6%	3.5%	2.4%	3.1%	2.9%
总计	100.0%	100.0%	100.0%	100.0%	100.0%	100.0%
列总计	1691	1570	1738	1746	1265	8010

Chi-square test：df = 12，卡方值 58.582，sig = 0.000 < 0.05，所以不同年龄的居民在“您对下面群体的信任程度如何？公务员”这一问题的回答上有显著差异。

F32d by A1

您对下面群体的信任程度如何？教师 ＊ 年龄 Crosstabulation

	18—29 岁	30—39 岁	40—49 岁	50—59 岁	60—65 岁	总计
完全信任	18.6%	16.4%	14.7%	12.4%	10.4%	14.6%
比较信任	67.1%	69.1%	68.8%	72.9%	70.7%	69.7%
不太信任	12.6%	13.0%	14.7%	13.2%	16.8%	14.0%
根本不信任	1.7%	1.5%	1.9%	1.5%	2.2%	1.7%
总计	100.0%	100.0%	100.0%	100.0%	100.0%	100.0%
列总计	1775	1630	1834	1891	1390	8520

Chi-square test：df = 12，卡方值 67.375，sig = 0.000 < 0.05，所以不同年龄的居民在“您对下面群体的信任程度如何？教师”这一问题的回答上有显著差异。

F32e by A1

您对下面群体的信任程度如何？警察 ＊ 年龄 Crosstabulation

	18—29 岁	30—39 岁	40—49 岁	50—59 岁	60—65 岁	总计
完全信任	20.4%	18.6%	16.5%	16.2%	13.3%	17.1%
比较信任	64.9%	66.0%	65.9%	67.8%	67.7%	66.4%
不太信任	12.3%	14.2%	16.0%	13.5%	17.4%	14.6%
根本不信任	2.3%	1.2%	1.7%	2.4%	1.6%	1.9%
总计	100.0%	100.0%	100.0%	100.0%	100.0%	100.0%
列总计	1767	1617	1810	1871	1369	8434

Chi-square test：df = 12，卡方值 54.234，sig = 0.000 < 0.05，所以不同年龄的居民在“您对下面群体的信任程度如何？警察”这一问题的回答上有显著差异。

F32f by A1

您对下面群体的信任程度如何？医生 ＊ 年龄 Crosstabulation

	18—29 岁	30—39 岁	40—49 岁	50—59 岁	60—65 岁	总计
完全信任	16.6%	15.4%	13.1%	11.2%	10.0%	13.3%
比较信任	64.2%	62.3%	64.3%	63.7%	63.2%	63.6%
不太信任	16.7%	20.3%	20.4%	22.3%	23.2%	20.5%
根本不信任	2.6%	2.0%	2.2%	2.8%	3.6%	2.6%
总计	100.0%	100.0%	100.0%	100.0%	100.0%	100.0%
列总计	1776	1632	1824	1881	1391	8504

Chi-square test：df = 12，卡方值为 66.801，sig = 0.000 < 0.05，所以不同年龄的居民在“您对下面群体的信任程度如何？医生”这一问题的回答上有显著差异。

F32g by A1

您对下面群体的信任程度如何？法官 ＊ 年龄 Crosstabulation

	18—29 岁	30—39 岁	40—49 岁	50—59 岁	60—65 岁	总计
完全信任	19.1%	18.3%	15.3%	13.5%	13.0%	16.0%
比较信任	63.6%	62.8%	65.5%	67.5%	67.9%	65.3%
不太信任	14.9%	16.7%	17.0%	16.2%	16.7%	16.3%
根本不信任	2.4%	2.2%	2.3%	2.7%	2.4%	2.4%
总计	100.0%	100.0%	100.0%	100.0%	100.0%	100.0%
列总计	1641	1490	1638	1595	1152	7516

Chi-square test：df = 12，卡方值 35.889，sig = 0.000 < 0.05，所以不同年龄的居民在“您对下面群体的信任程度如何？法官”这一问题的回答上有显著差异。

F32h by A1

您对下面群体的信任程度如何？农民 ＊ 年龄 Crosstabulation

	18—29 岁	30—39 岁	40—49 岁	50—59 岁	60—65 岁	总计
完全信任	13.9%	11.8%	12.9%	12.2%	10.9%	12.4%
比较信任	72.6%	75.8%	74.3%	76.3%	76.3%	75.0%
不太信任	11.8%	11.6%	11.4%	10.5%	11.5%	11.3%
根本不信任	1.8%	0.9%	1.4%	1.0%	1.4%	1.3%
总计	100.0%	100.0%	100.0%	100.0%	100.0%	100.0%
列总计	1760	1606	1826	1885	1400	8477

Chi-square test：df = 12，卡方值 17.226，sig = 0.141 > 0.05，所以不同年龄的居民在“您对下面群体的信任程度如何？农民”这一问题的回答上没有显著差异。

F32i by A1

您对下面群体的信任程度如何？工人 ＊ 年龄 Crosstabulation

	18—29 岁	30—39 岁	40—49 岁	50—59 岁	60—65 岁	总计
完全信任	11.1%	10.7%	10.5%	9.2%	7.7%	9.9%
比较信任	72.2%	75.1%	75.2%	77.8%	77.4%	75.5%
不太信任	14.3%	12.9%	12.6%	11.9%	13.4%	13.0%
根本不信任	2.3%	1.3%	1.7%	1.1%	1.5%	1.6%
总计	100.0%	100.0%	100.0%	100.0%	100.0%	100.0%
列总计	1749	1598	1805	1845	1358	8355

Chi-square test：df = 12，卡方值 30.507，sig = 0.002 < 0.05，所以不同年龄的居民在“您对下面群体的信任程度如何？工人”这一问题的回答上有显著差异。

F32j by A1

您对下面群体的信任程度如何？专家学者 ＊ 年龄 Crosstabulation

	18—29 岁	30—39 岁	40—49 岁	50—59 岁	60—65 岁	总计
完全信任	13.9%	12.3%	10.5%	10.5%	8.9%	11.4%
比较信任	58.4%	57.2%	59.5%	62.5%	60.2%	59.5%
不太信任	23.1%	25.7%	23.0%	21.4%	24.1%	23.4%
根本不信任	4.6%	4.8%	7.0%	5.6%	6.7%	5.7%
总计	100.0%	100.0%	100.0%	100.0%	100.0%	100.0%
列总计	1640	1461	1579	1525	1099	7304

Chi-square test：df = 12，卡方值 41.217，sig = 0.000 < 0.05，所以不同年龄的居民在“您对下面群体的信任程度如何？专家学者”这一问题的回答上有显著差异。

F32k by A1

您对下面群体的信任程度如何？演艺娱乐圈 ＊ 年龄 Crosstabulation

	18—29 岁	30—39 岁	40—49 岁	50—59 岁	60—65 岁	总计
完全信任	4.9%	4.3%	2.5%	3.1%	2.7%	3.6%
比较信任	32.1%	30.6%	30.4%	33.1%	33.2%	31.8%
不太信任	45.4%	47.0%	48.0%	44.1%	45.9%	46.1%
根本不信任	17.6%	18.1%	19.1%	19.7%	18.3%	18.5%
总计	100.0%	100.0%	100.0%	100.0%	100.0%	100.0%
列总计	1572	1360	1421	1276	892	6521

Chi-square test：df = 12，卡方值 25.288，sig = 0.014 < 0.05，所以不同年龄的居民在“您对下面群体的信任程度如何？演艺娱乐圈”这一问题的回答上有显著差异。

F321 by A1

您对下面群体的信任程度如何？公众人物 ＊ 年龄 Crosstabulation

	18—29 岁	30—39 岁	40—49 岁	50—59 岁	60—65 岁	总计
完全信任	6.3%	5.1%	3.9%	3.7%	3.4%	4.6%
比较信任	43.8%	42.8%	44.0%	42.7%	44.9%	43.6%
不太信任	36.4%	40.2%	37.9%	39.0%	37.0%	38.1%
根本不信任	13.5%	11.9%	14.2%	14.7%	14.7%	13.7%
总计	100.0%	100.0%	100.0%	100.0%	100.0%	100.0%
列总计	1565	1367	1423	1286	911	6552

Chi-square test：df = 12，卡方值 27.076，sig = 0.008 < 0.05，所以不同年龄的居民在“您对下面群体的信任程度如何？公众人物”这一问题的回答上有显著差异。

F33 by A1

您在生活中经常买到假冒伪劣商品吗 ＊ 年龄 Crosstabulation

	18—29 岁	30—39 岁	40—49 岁	50—59 岁	60—65 岁	总计
经常	8.0%	7.8%	7.4%	7.3%	5.6%	7.3%
偶尔	63.9%	66.0%	66.2%	65.0%	62.4%	64.8%
没有	28.1%	26.1%	26.5%	27.7%	32.0%	27.9%
总计	100.0%	100.0%	100.0%	100.0%	100.0%	100.0%
列总计	1612	1431	1616	1595	1094	7348

Chi-square test：df = 8，卡方值 17.422，sig = 0.026 < 0.05，所以不同年龄的居民在“您在生活中经常买到假冒伪劣商品吗”这一问题的回答上有显著差异。

F34 by A1

您在购物、就医、理财等方面经常遇到虚假广告吗 ＊ 年龄 Crosstabulation

	18—29 岁	30—39 岁	40—49 岁	50—59 岁	60—65 岁	总计
经常	12.0%	12.6%	10.9%	10.7%	8.1%	11.0%
偶尔	54.3%	54.2%	56.6%	56.2%	55.9%	55.4%
没有	33.7%	33.2%	32.5%	33.1%	36.0%	33.5%
总计	100.0%	100.0%	100.0%	100.0%	100.0%	100.0%
列总计	1553	1428	1582	1549	1057	7169

Chi-square test：df = 8，卡方值 16.580，sig = 0.035 < 0.05，所以不同年龄的居民在“您在购物、就医、理财等方面经常遇到虚假广告吗”这一问题的回答上有显著差异。

F35 by A1

如果在路边看到一个老人摔倒，您的反应是 * 年龄 Crosstabulation

	18—29 岁	30—39 岁	40—49 岁	50—59 岁	60—65 岁	总计
立即扶起	38.2%	36.5%	41.5%	50.5%	54.3%	44.0%
等有证人时再扶	28.7%	30.2%	28.2%	25.1%	20.6%	26.7%
先拍照，再扶起	12.3%	8.7%	7.9%	3.8%	2.8%	7.2%
不扶，避免惹是生非	8.1%	10.4%	10.7%	9.3%	11.5%	9.9%
报警	11.6%	13.4%	11.3%	10.2%	9.2%	11.1%
其他	1.0%	0.9%	0.4%	1.1%	1.6%	1.0%
总计	100.0%	100.0%	100.0%	100.0%	100.0%	100.0%
列总计	1817	1646	1862	1926	1441	8692

Chi-square test：df = 20，卡方值 305.843，sig = 0.000 < 0.05，所以不同年龄的居民在“如果在路边看到一个老人摔倒，您的反应是”这一问题的回答上有显著差异。

F36 by A1

我们都听说过或见证过好心人救助老人却反被诬陷的事情。假如您是这位好心人，您会 * 年龄 Crosstabulation

	18—29 岁	30—39 岁	40—49 岁	50—59 岁	60—65 岁	总计
我是多管闲事，下次再也不会帮助别人了	20.2%	24.7%	25.8%	23.3%	24.2%	23.6%
我正直善良真心待人，对得起良知和良心	38.4%	37.6%	37.1%	39.1%	43.7%	39.0%
下次还是会伸出援手，但是会提高警惕，注意保护自己	41.1%	37.0%	36.7%	36.8%	31.7%	36.9%
其他	0.4%	0.7%	0.4%	0.7%	0.3%	0.5%
总计	100.0%	100.0%	100.0%	100.0%	100.0%	100.0%
列总计	1812	1646	1854	1923	1434	8669

Chi-square test：df = 12，卡方值 48.145，sig = 0.000 < 0.05，所以不同年龄的居民在“好心人救助老人却反被诬陷的事情。假如您是这位好心人，您会”这一问题的回答上有显著差异。

F37a by A1

您对下列群体的伦理道德整体状况的满意度？政府官员 * 年龄 Crosstabulation

	18—29 岁	30—39 岁	40—49 岁	50—59 岁	60—65 岁	总计
非常不满意	5.9%	5.7%	6.0%	7.2%	6.5%	6.2%

续表

	18—29岁	30—39岁	40—49岁	50—59岁	60—65岁	总计
比较不满意	28.2%	30.1%	33.0%	29.5%	35.9%	31.1%
比较满意	63.4%	61.9%	59.3%	61.7%	55.8%	60.7%
非常满意	2.5%	2.3%	1.7%	1.6%	1.8%	2.0%
总计	100.0%	100.0%	100.0%	100.0%	100.0%	100.0%
列总计	1668	1488	1692	1696	1205	7749

Chi-square test：df = 12，卡方值33.635，sig =0.001 <0.05，所以不同年龄的居民在“您对下列群体的伦理道德整体状况的满意度？政府官员”这一问题的回答上有显著差异。

F37b by A1

您对下列群体的伦理道德整体状况的满意度？一般公务员 * 年龄 Crosstabulation

	18—29岁	30—39岁	40—49岁	50—59岁	60—65岁	总计
非常不满意	2.6%	2.3%	2.3%	1.8%	2.7%	2.3%
比较不满意	23.8%	26.2%	27.9%	25.4%	28.8%	26.3%
比较满意	67.5%	66.0%	65.4%	69.6%	66.1%	67.0%
非常满意	6.1%	5.5%	4.4%	3.2%	2.4%	4.4%
总计	100.0%	100.0%	100.0%	100.0%	100.0%	100.0%
列总计	1675	1494	1705	1695	1193	7762

Chi-square test：df = 12，卡方值45.720，sig =0.000 <0.05，所以不同年龄的居民在“您对下列群体的伦理道德整体状况的满意度？一般公务员”这一问题的回答上有显著差异。

F37c by A1

您对下列群体的伦理道德整体状况的满意度？企业家 * 年龄 Crosstabulation

	18—29岁	30—39岁	40—49岁	50—59岁	60—65岁	总计
非常不满意	2.0%	1.6%	1.5%	0.9%	1.9%	1.6%
比较不满意	22.7%	23.2%	23.8%	24.3%	25.7%	23.8%
比较满意	67.9%	66.9%	68.8%	70.8%	68.1%	68.6%
非常满意	7.4%	8.3%	5.8%	4.0%	4.3%	6.0%
总计	100.0%	100.0%	100.0%	100.0%	100.0%	100.0%
列总计	1625	1427	1576	1563	1077	7268

Chi-square test：df = 12，卡方值45.440，sig =0.000 <0.05，所以不同年龄的居民在“您对下列群体的伦理道德整体状况的满意度？企业家”这一问题的回答上有显著差异。

F37d by A1

您对下列群体的伦理道德整体状况的满意度？演艺娱乐界 ＊ 年龄 Crosstabulation

	18—29 岁	30—39 岁	40—49 岁	50—59 岁	60—65 岁	总计
非常不满意	7. 1%	7. 8%	7. 6%	8. 1%	8. 0%	7. 7%
比较不满意	43. 2%	43. 9%	46. 0%	44. 1%	40. 7%	43. 8%
比较满意	43. 3%	40. 3%	40. 5%	43. 0%	46. 5%	42. 4%
非常满意	6. 4%	8. 0%	5. 8%	4. 8%	4. 8%	6. 1%
总计	100. 0%	100. 0%	100. 0%	100. 0%	100. 0%	100. 0%
列总计	1571	1353	1391	1293	858	6466

Chi-square test：df = 12，卡方值 25. 687，sig = 0. 012 < 0. 05，所以不同年龄的居民在“您对下列群体的伦理道德整体状况的满意度？演艺娱乐界”这一问题的回答上有显著差异。

F37e by A1

您对下列群体的伦理道德整体状况的满意度？教师 ＊ 年龄 Crosstabulation

	18—29 岁	30—39 岁	40—49 岁	50—59 岁	60—65 岁	总计
非常不满意	2. 3%	1. 5%	1. 7%	1. 2%	1. 5%	1. 7%
比较不满意	12. 1%	15. 9%	15. 8%	14. 3%	17. 3%	14. 9%
比较满意	68. 3%	67. 5%	69. 9%	71. 4%	70. 5%	69. 5%
非常满意	17. 3%	15. 1%	12. 6%	13. 0%	10. 7%	13. 9%
总计	100. 0%	100. 0%	100. 0%	100. 0%	100. 0%	100. 0%
列总计	1757	1581	1792	1824	1327	8281

Chi-square test：df = 12，卡方值 56. 310，sig = 0. 000 < 0. 05，所以不同年龄的居民在“您对下列群体的伦理道德整体状况的满意度？教师”这一问题的回答上有显著差异。

F37f by A1

您对下列群体的伦理道德整体状况的满意度？青少年 ＊ 年龄 Crosstabulation

	18—29 岁	30—39 岁	40—49 岁	50—59 岁	60—65 岁	总计
非常不满意	1. 6%	1. 0%	1. 1%	0. 8%	0. 8%	1. 1%
比较不满意	18. 0%	17. 0%	18. 4%	16. 3%	13. 9%	16. 9%
比较满意	66. 1%	68. 7%	69. 7%	71. 7%	75. 8%	70. 2%
非常满意	14. 3%	13. 3%	10. 8%	11. 2%	9. 5%	11. 9%

续表

	18—29 岁	30—39 岁	40—49 岁	50—59 岁	60—65 岁	总计
总计	100. 0%	100. 0%	100. 0%	100. 0%	100. 0%	100. 0%
列总计	1738	1573	1774	1803	1331	8219

Chi-square test：df = 12，卡方值 49. 469，sig = 0. 000 < 0. 05，所以不同年龄的居民在“您对下列群体的伦理道德整体状况的满意度？青少年”这一问题的回答上有显著差异。

F37g by A1

您对下列群体的伦理道德整体状况的满意度？弱势群体 * 年龄 Crosstabulation

	18—29 岁	30—39 岁	40—49 岁	50—59 岁	60—65 岁	总计
非常不满意	2. 8%	3. 0%	1. 8%	1. 2%	1. 4%	2. 1%
比较不满意	28. 0%	27. 1%	27. 1%	23. 7%	22. 0%	25. 7%
比较满意	66. 3%	67. 3%	68. 8%	73. 0%	74. 4%	69. 9%
非常满意	2. 9%	2. 5%	2. 3%	2. 1%	2. 2%	2. 4%
总计	100. 0%	100. 0%	100. 0%	100. 0%	100. 0%	100. 0%
列总计	1605	1445	1633	1691	1228	7602

Chi-square test：df = 12，卡方值 48. 475，sig = 0. 000 < 0. 05，所以不同年龄的居民在“您对下列群体的伦理道德整体状况的满意度？弱势群体”这一问题的回答上有显著差异。

F37h by A1

您对下列群体的伦理道德整体状况的满意度？自由职业者 * 年龄 Crosstabulation

	18—29 岁	30—39 岁	40—49 岁	50—59 岁	60—65 岁	总计
非常不满意	1. 2%	1. 6%	1. 5%	1. 0%	1. 2%	1. 3%
比较不满意	23. 6%	20. 6%	21. 8%	18. 3%	19. 2%	20. 8%
比较满意	67. 4%	71. 2%	71. 5%	76. 9%	76. 6%	72. 6%
非常满意	7. 8%	6. 5%	5. 2%	3. 9%	3. 0%	5. 4%
总计	100. 0%	100. 0%	100. 0%	100. 0%	100. 0%	100. 0%
列总计	1608	1466	1652	1654	1199	7579

Chi-square test：df = 12，卡方值 71. 167，sig = 0. 001 < 0. 05，所以不同年龄的居民在“您对下列群体的伦理道德整体状况的满意度？自由职业者”这一问题的回答上有显著差异。

F37i by A1

您对下列群体的伦理道德整体状况的满意度？农民 ＊ 年龄 Crosstabulation

	18—29 岁	30—39 岁	40—49 岁	50—59 岁	60—65 岁	总计
非常不满意	0.9%	1.1%	0.5%	0.8%	1.2%	0.9%
比较不满意	15.3%	14.6%	15.6%	12.9%	11.9%	14.1%
比较满意	71.6%	74.0%	73.2%	77.4%	78.7%	74.9%
非常满意	12.2%	10.3%	10.7%	9.0%	8.2%	10.1%
总计	100.0%	100.0%	100.0%	100.0%	100.0%	100.0%
列总计	1728	1583	1809	1851	1372	8343

Chi-square test：df = 12，卡方值 39.634，sig = 0.000 < 0.05，所以不同年龄的居民在“您对下列群体的伦理道德整体状况的满意度？农民”这一问题的回答上有显著差异。

F37j by A1

您对下列群体的伦理道德整体状况的满意度？商人 ＊ 年龄 Crosstabulation

	18—29 岁	30—39 岁	40—49 岁	50—59 岁	60—65 岁	总计
非常不满意	2.5%	2.3%	2.1%	3.0%	1.7%	2.3%
比较不满意	27.0%	29.3%	30.9%	28.1%	27.5%	28.6%
比较满意	61.5%	59.7%	60.4%	63.3%	66.8%	62.1%
非常满意	9.1%	8.7%	6.6%	5.7%	4.0%	6.9%
总计	100.0%	100.0%	100.0%	100.0%	100.0%	100.0%
列总计	1710	1571	1775	1783	1271	8110

Chi-square test：df = 12，卡方值 58.086，sig = 0.000 < 0.05，所以不同年龄的居民在“您对下列群体的伦理道德整体状况的满意度？商人”这一问题的回答上有显著差异。

F37k by A1

您对下列群体的伦理道德整体状况的满意度？工人 ＊ 年龄 Crosstabulation

	18—29 岁	30—39 岁	40—49 岁	50—59 岁	60—65 岁	总计
非常不满意	0.7%	0.6%	0.6%	0.5%	0.5%	0.6%
比较不满意	16.0%	15.7%	15.7%	13.8%	13.1%	14.9%
比较满意	73.3%	74.0%	75.5%	77.5%	80.2%	75.9%
非常满意	10.0%	9.7%	8.2%	8.2%	6.3%	8.6%
总计	100.0%	100.0%	100.0%	100.0%	100.0%	100.0%
列总计	1728	1582	1788	1809	1309	8216

Chi-square test：df = 12，卡方值 30.089，sig = 0.003 < 0.05，所以不同年龄的居民在“您对下列群体的伦理道德整体状况的满意度？工人”这一问题的回答上有显著差异。

F37l by A1

您对下列群体的伦理道德整体状况的满意度？专家学者 ＊ 年龄 Crosstabulation

	18—29 岁	30—39 岁	40—49 岁	50—59 岁	60—65 岁	总计
非常不满意	1.7%	1.5%	1.8%	1.3%	1.5%	1.6%
比较不满意	17.1%	19.8%	19.8%	19.1%	17.2%	18.7%
比较满意	68.1%	66.3%	67.2%	71.2%	72.6%	68.9%
非常满意	13.1%	12.3%	11.2%	8.4%	8.7%	10.9%
总计	100.0%	100.0%	100.0%	100.0%	100.0%	100.0%
列总计	1654	1488	1610	1575	1102	7429

Chi-square test：df = 12，卡方值 36.473，sig = 0.000 < 0.05，所以不同年龄的居民在“您对下列群体的伦理道德整体状况的满意度？专家学者”这一问题的回答上有显著差异。

F37m by A1

您对下列群体的伦理道德整体状况的满意度？医生 ＊ 年龄 Crosstabulation

	18—29 岁	30—39 岁	40—49 岁	50—59 岁	60—65 岁	总计
非常不满意	2.6%	2.7%	2.1%	3.8%	3.4%	2.9%
比较不满意	16.7%	21.1%	22.8%	23.6%	25.1%	21.7%
比较满意	69.9%	65.0%	65.4%	65.1%	63.9%	66.0%
非常满意	10.8%	11.2%	9.7%	7.6%	7.7%	9.4%
总计	100.0%	100.0%	100.0%	100.0%	100.0%	100.0%
列总计	1728	1586	1782	1813	1312	8221

Chi-square test：df = 12，卡方值 66.459，sig = 0.000 < 0.05，所以不同年龄的居民在“您对下列群体的伦理道德整体状况的满意度？医生”这一问题的回答上有显著差异。

F38 by A1

下列哪些因素可能影响人际关系紧张 ＊ 年龄 Crosstabulation

	18—29 岁	30—39 岁	40—49 岁	50—59 岁	60—65 岁	总计
社会资源缺乏，引发恶性竞争	33.4%	31.3%	30.6%	28.3%	22.7%	29.6%
过度宣扬竞争意识	30.1%	28.0%	24.1%	22.8%	19.7%	25.2%
社会财富分配不公，贫富差距过大	30.5%	32.2%	34.8%	34.3%	33.3%	33.0%
个人主义盛行	21.7%	20.3%	18.7%	16.4%	15.3%	18.6%
缺乏爱心	23.3%	21.8%	20.5%	22.7%	23.4%	22.3%

续表

	18—29 岁	30—39 岁	40—49 岁	50—59 岁	60—65 岁	总计
缺乏相互理解和沟通的意识和能力	20.2%	22.3%	18.2%	16.6%	15.1%	18.6%
制度安排不公正，机会不平等	23.4%	22.6%	23.2%	23.2%	23.1%	23.1%
以权谋私，官员腐败	17.0%	18.0%	22.2%	24.3%	25.4%	21.2%
缺乏道德信用	18.7%	17.6%	18.5%	18.7%	20.7%	18.7%
人与人、人与社会之间缺乏信任	28.6%	29.6%	27.7%	27.3%	29.1%	28.4%
传统伦理瓦解，社会缺乏统一的价值观	10.1%	8.7%	7.4%	9.9%	9.2%	9.1%
一切诉诸利益或法律，人际关系缺乏伦理调节的机制和能力	4.0%	5.4%	4.0%	4.3%	3.5%	4.3%
列总计	1798	1626	1826	1836	1293	8379

据上表所示，不同年龄的居民在“下列哪些因素可能影响人际关系紧张”这一问题的回答上没有显著差异。

F39 by A1

您认为在现代中国社会实际奉行的道德价值是 * 年龄 Crosstabulation

	18—29 岁	30—39 岁	40—49 岁	50—59 岁	60—65 岁	总计
义利合一，用符合道德的方式谋利	54.3%	50.8%	50.9%	50.4%	51.4%	51.6%
见利忘义，唯利是图	33.6%	37.1%	38.2%	39.0%	38.1%	37.1%
不计较利害得失，道德至上	11.8%	12.0%	10.6%	10.3%	10.5%	11.0%
其他	0.4%	0.2%	0.3%	0.3%		0.2%
总计	100.0%	100.0%	100.0%	100.0%	100.0%	100.0%
列总计	1697	1514	1689	1657	1181	7738

Chi-square test：df = 12，卡方值 18.878，sig = 0.092 > 0.05，所以不同年龄的居民在“您认为在现代中国社会实际奉行的道德价值是”这一问题的回答上没有显著差异。

F40 by A1

对形成我国当前各种新型伦理关系和道德观念，哪些因素影响最大 * 年龄 Crosstabulation

	18—29 岁	30—39 岁	40—49 岁	50—59 岁	60—65 岁	总计
网络和媒体	58.4%	52.1%	46.8%	40.5%	33.1%	47.2%
政府	52.2%	57.1%	61.8%	62.5%	65.7%	59.4%
大学及其文化	28.9%	22.6%	20.7%	20.7%	19.0%	22.7%

续表

	18—29 岁	30—39 岁	40—49 岁	50—59 岁	60—65 岁	总计
市场	31.6%	36.5%	31.9%	33.8%	28.3%	32.6%
企业	19.1%	22.3%	21.0%	22.2%	20.0%	21.0%
社会团体	18.1%	16.6%	18.4%	17.8%	18.1%	17.8%
知识精英	13.5%	13.1%	10.0%	10.3%	8.8%	11.3%
国外的思潮与生活方式	15.4%	15.0%	12.3%	10.7%	7.5%	12.5%
列总计	1735	1562	1695	1593	1108	7693

据上表所示，不同年龄的居民在“对形成我国当前各种新型伦理关系和道德观念，哪些因素影响最大”这一问题的回答上有显著差异。

F41 by A1

对当前我国伦理关系和道德风尚造成最大负面影响的因素是 * 年龄 Crosstabulation

	18—29 岁	30—39 岁	40—49 岁	50—59 岁	60—65 岁	总计
传统文化的崩坏	41.4%	41.4%	39.9%	41.7%	42.1%	41.2%
外来文化的冲击	41.4%	40.6%	37.6%	35.6%	31.4%	37.7%
市场经济导致的个人主义	29.0%	30.2%	25.0%	23.8%	21.8%	26.2%
网络技术的发展	26.4%	22.8%	20.7%	19.9%	17.0%	21.7%
分配不公，两极分化	22.3%	24.0%	27.9%	27.5%	28.8%	25.9%
以权谋私，官员腐败	17.7%	19.9%	24.9%	27.9%	30.5%	23.7%
列总计	1736	1556	1701	1649	1116	7758

据上表所示，不同年龄的居民在“对当前我国伦理关系和道德风尚造成最大负面影响的因素是”这一问题的回答上有显著差异。

F42 by A1

造成当今不良道德风尚的最主要原因是 * 年龄 Crosstabulation

	18—29 岁	30—39 岁	40—49 岁	50—59 岁	60—65 岁	总计
以权谋私，官员腐败	50.6%	58.2%	55.7%	58.0%	53.9%	55.3%
企业不讲诚信和损害社会利益	46.3%	44.5%	40.5%	39.5%	32.4%	41.1%
学校道德教育功能弱化	26.2%	26.0%	22.7%	23.9%	22.9%	24.4%
家庭伦理功能弱化	16.5%	17.4%	16.8%	15.4%	16.5%	16.5%
个人缺乏道德自觉	41.0%	40.9%	38.9%	39.3%	40.2%	40.0%

续表

	18—29 岁	30—39 岁	40—49 岁	50—59 岁	60—65 岁	总计
分配不公，两极分化	24.5%	24.2%	26.6%	25.0%	26.1%	25.3%
社会的不良影响	37.0%	35.5%	34.1%	35.8%	36.6%	35.8%
列总计	1750	1576	1746	1733	1218	8023

据上表所示，不同年龄的居民在“造成当今不良道德风尚的最主要原因是”这一问题的回答上没有显著差异。

F43a by A1

导致当前医患关系紧张的主要原因是 * 年龄 Crosstabulation

	18—29 岁	30—39 岁	40—49 岁	50—59 岁	60—65 岁	总计
医生缺乏职业道德，对病人不负责任	33.4%	32.8%	32.8%	35.1%	35.0%	33.8%
医疗制度不合理，看病难看病贵	44.9%	47.5%	46.1%	43.4%	44.5%	45.3%
医生腐败，不送红包不认真看病	11.7%	11.9%	11.8%	14.1%	15.2%	12.9%
“医闹”，病人蓄意闹事	9.7%	7.7%	8.8%	7.1%	4.7%	7.7%
其他	0.2%	0.1%	0.5%	0.3%	0.6%	0.3%
总计	100.0%	100.0%	100.0%	100.0%	100.0%	100.0%
列总计	1583	1499	1662	1714	1247	7705

Chi-square test：df = 16，卡方值 49.600，sig = 0.000 < 0.05，所以不同年龄的居民在“导致当前医患关系紧张的主要原因是”这一问题的回答上有显著差异。

F43b by A1

导致当前医患关系紧张的次要原因是 * 年龄 Crosstabulation

	18—29 岁	30—39 岁	40—49 岁	50—59 岁	60—65 岁	总计
医生缺乏职业道德，对病人不负责任	34.4%	37.6%	37.8%	35.3%	33.9%	35.9%
医疗制度不合理，看病难看病贵	30.9%	30.1%	30.8%	34.5%	31.3%	31.6%
医生腐败，不送红包不认真看病	15.8%	18.3%	16.7%	18.7%	22.2%	18.2%
“医闹”，病人蓄意闹事	18.8%	13.8%	14.6%	11.1%	12.4%	14.2%
其他	0.1%	0.2%	0.1%	0.4%	0.3%	0.2%
总计	100.0%	100.0%	100.0%	100.0%	100.0%	100.0%
列总计	1509	1440	1605	1651	1184	7389

Chi-square test：df = 16，卡方值 67.600，sig = 0.000 < 0.05，所以不同年龄的居民在“导致当前医患关系紧张的次要原因是”这一问题的回答上有显著差异。

F44 by A1

您是否曾经与医生（医院）发生过矛盾或纠纷 ＊ 年龄 Crosstabulation

	18—29 岁	30—39 岁	40—49 岁	50—59 岁	60—65 岁	总计
是	6.0%	5.1%	4.4%	3.7%	3.2%	4.5%
否	94.0%	94.9%	95.6%	96.3%	96.8%	95.5%
总计	100.0%	100.0%	100.0%	100.0%	100.0%	100.0%
列总计	1812	1648	1858	1923	1439	8680

Chi-square test：df = 4，卡方值 19.079，sig = 0.001 < 0.05，所以不同年龄的居民在“您是否曾经与医生（医院）发生过矛盾或纠纷”这一问题的回答上有显著差异。

F45a by A1

您采取了哪些方式来解决医患纠纷？与医院协商 ＊ 年龄 Crosstabulation

	18—29 岁	30—39 岁	40—49 岁	50—59 岁	60—65 岁	总计
未选中	60.9%	53.6%	57.5%	58.6%	42.0%	55.9%
选中	39.1%	46.4%	42.5%	41.4%	58.0%	44.1%
总计	100.0%	100.0%	100.0%	100.0%	100.0%	100.0%
列总计	110	84	87	70	50	401

Chi-square test：df = 4，卡方值 5.512，sig = 0.239 > 0.05，所以不同年龄的居民在“您采取了哪些方式来解决医患纠纷？与医院协商”这一问题的回答上没有显著差异。

F45b by A1

您采取了哪些方式来解决医患纠纷？寻求卫生局的调解或介入 ＊ 年龄 Crosstabulation

	18—29 岁	30—39 岁	40—49 岁	50—59 岁	60—65 岁	总计
未选中	70.9%	67.9%	78.2%	85.7%	88.0%	76.6%
选中	29.1%	32.1%	21.8%	14.3%	12.0%	23.4%
总计	100.0%	100.0%	100.0%	100.0%	100.0%	100.0%
列总计	110	84	87	70	50	401

Chi-square test：df = 4，卡方值 12.541，sig = 0.014 < 0.05，所以不同年龄的居民在“您采取了哪些方式来解决医患纠纷？寻求卫生局的调解或介入”这一问题的回答上有显著差异。

F45c by A1

您采取了哪些方式来解决医患纠纷？医学鉴定 ＊ 年龄 Crosstabulation

	18—29 岁	30—39 岁	40—49 岁	50—59 岁	60—65 岁	总计
未选中	82.7%	88.1%	86.2%	94.3%	90.0%	87.5%
选中	17.3%	11.9%	13.8%	5.7%	10.0%	12.5%
总计	100.0%	100.0%	100.0%	100.0%	100.0%	100.0%
列总计	110	84	87	70	50	401

Chi-square test：df =4，卡方值 5.696，sig =0.223 >0.05，所以不同年龄的居民在“您采取了哪些方式来解决医患纠纷？医学鉴定”这一问题的回答上没有显著差异。

F45d by A1

您采取了哪些方式来解决医患纠纷？司法诉讼 ＊ 年龄 Crosstabulation

	18—29 岁	30—39 岁	40—49 岁	50—59 岁	60—65 岁	总计
未选中	80.0%	79.8%	80.5%	82.9%	90.0%	81.8%
选中	20.0%	20.2%	19.5%	17.1%	10.0%	18.2%
总计	100.0%	100.0%	100.0%	100.0%	100.0%	100.0%
列总计	110	84	87	70	50	401

Chi-square test：df =4，卡方值 2.889，sig =0.577 >0.05，所以不同年龄的居民在“您采取了哪些方式来解决医患纠纷？司法诉讼”这一问题的回答上没有显著差异。

F45e by A1

您采取了哪些方式来解决医患纠纷？寻求媒体曝光 ＊ 年龄 Crosstabulation

	18—29 岁	30—39 岁	40—49 岁	50—59 岁	60—65 岁	总计
未选中	85.5%	95.2%	90.8%	91.4%	88.0%	90.0%
选中	14.5%	4.8%	9.2%	8.6%	12.0%	10.0%
总计	100.0%	100.0%	100.0%	100.0%	100.0%	100.0%
列总计	110	84	87	70	50	401

Chi-square test：df =4，卡方值 5.542，sig =0.236 >0.05，所以不同年龄的居民在“您采取了哪些方式来解决医患纠纷？寻求媒体曝光”这一问题的回答上没有显著差异。

F45f by A1

您采取了哪些方式来解决医患纠纷？信访 ＊ 年龄 Crosstabulation

	18—29 岁	30—39 岁	40—49 岁	50—59 岁	60—65 岁	总计
未选中	94.5%	92.9%	96.6%	97.1%	96.0%	95.3%

续表

	18—29 岁	30—39 岁	40—49 岁	50—59 岁	60—65 岁	总计
选中	5.5%	7.1%	3.4%	2.9%	4.0%	4.7%
总计	100.0%	100.0%	100.0%	100.0%	100.0%	100.0%
列总计	110	84	87	70	50	401

Chi-square test：df = 4，卡方值 2.131，sig = 0.712 > 0.05，所以不同年龄的居民在“您采取了哪些方式来解决医患纠纷？信访”这一问题的回答上没有显著差异。

F45g by A1

您采取了哪些方式来解决医患纠纷？寻求第三方医疗纠纷调解委员会调解 * 年龄 Crosstabulation

	18—29 岁	30—39 岁	40—49 岁	50—59 岁	60—65 岁	总计
未选中	82.7%	83.3%	90.8%	90.0%	90.0%	86.8%
选中	17.3%	16.7%	9.2%	10.0%	10.0%	13.2%
总计	100.0%	100.0%	100.0%	100.0%	100.0%	100.0%
列总计	110	84	87	70	50	401

Chi-square test：df = 4，卡方值 4.758，sig = 0.313 > 0.05，所以不同年龄的居民在“您采取了哪些方式来解决医患纠纷？寻求第三方医疗纠纷调解委员会调解”这一问题的回答上没有显著差异。

F45h by A1

您采取了哪些方式来解决医患纠纷？直接找医生或医院算账 * 年龄 Crosstabulation

	18—29 岁	30—39 岁	40—49 岁	50—59 岁	60—65 岁	总计
未选中	85.5%	83.3%	82.8%	71.4%	76.0%	80.8%
选中	14.5%	16.7%	17.2%	28.6%	24.0%	19.2%
总计	100.0%	100.0%	100.0%	100.0%	100.0%	100.0%
列总计	110	84	87	70	50	401

Chi-square test：df = 4，卡方值 6.804，sig = 0.147 > 0.05，所以不同年龄的居民在“您采取了哪些方式来解决医患纠纷？直接找医生或医院算账”这一问题的回答上没有显著差异。

F46 by A1

某些患者会在手术前给医生红包，您认为送红包的主要理由是 * 年龄 Crosstabulation

	18—29岁	30—39岁	40—49岁	50—59岁	60—65岁	总计
不相信医生能平等地对待每个病人，送红包能提高关注度，必须送	26.1%	25.6%	23.0%	23.4%	22.9%	24.3%
医生很辛苦，送红包是表示尊敬和感谢	17.1%	13.3%	14.3%	12.7%	10.1%	13.7%
大家都送，我不送会吃亏，不送心里不踏实	17.7%	15.4%	17.7%	18.4%	18.4%	17.5%
送红包能让医生对我更用心，但我不会这么做	16.7%	21.0%	19.5%	16.9%	15.0%	18.0%
大家都送红包，事实上无助于提高治疗效果，我不会这么做	16.5%	19.6%	18.1%	19.4%	18.1%	18.3%
想送，但我没有能力送	5.9%	5.1%	7.4%	9.2%	15.5%	8.2%
总计	100.0%	100.0%	100.0%	100.0%	100.0%	100.0%
列总计	1441	1362	1506	1441	1033	6783

Chi-square test：df = 20，卡方值 149.700，sig = 0.000 < 0.05，所以不同年龄的居民在“某些患者会在手术前给医生红包，您认为送红包的主要理由是”这一问题的回答上有显著差异。

G1 by A1

和前几年相比，您认为目前我国官员腐败现象有什么变化 * 年龄 Crosstabulation

	18—29岁	30—39岁	40—49岁	50—59岁	60—65岁	总计
有很大改善	15.2%	12.8%	10.8%	13.3%	11.8%	12.8%
有较大改善	65.7%	64.8%	67.3%	64.4%	62.4%	65.1%
没什么变化	17.2%	19.5%	19.0%	19.3%	23.4%	19.5%
更加恶化	1.6%	2.4%	2.7%	2.6%	1.9%	2.3%
其他	0.3%	0.5%	0.2%	0.3%	0.5%	0.3%
总计	100.0%	100.0%	100.0%	100.0%	100.0%	100.0%
列总计	1655	1555	1758	1776	1293	8037

Chi-square test：df = 16，卡方值 43.625，sig = 0.000 < 0.05，所以不同年龄的居民在“和前几年相比，您认为目前我国官员腐败现象有什么变化”这一问题的回答上有显著差异。

G2a by A1

您认为干部当官的目的是？为国家与社会做贡献 ＊ 年龄 Crosstabulation

	18—29 岁	30—39 岁	40—49 岁	50—59 岁	60—65 岁	总计
未选中	68.6%	70.8%	73.3%	74.5%	78.8%	73.0%
选中	31.4%	29.2%	26.7%	25.5%	21.2%	27.0%
总计	100.0%	100.0%	100.0%	100.0%	100.0%	100.0%
列总计	1716	1571	1762	1760	1284	8093

Chi-square test：df = 4，卡方值 44.868，sig = 0.000 < 0.05，所以不同年龄的居民在“您认为干部当官的目的是？为国家与社会做贡献”这一问题的回答上有显著差异。

G2b by A1

您认为干部当官的目的是？为人民服务，为百姓做好事做实事 ＊ 年龄 Crosstabulation

	18—29 岁	30—39 岁	40—49 岁	50—59 岁	60—65 岁	总计
未选中	49.0%	50.0%	56.9%	57.6%	60.4%	54.6%
选中	51.0%	50.0%	43.1%	42.4%	39.6%	45.4%
总计	100.0%	100.0%	100.0%	100.0%	100.0%	100.0%
列总计	1716	1571	1762	1760	1284	8093

Chi-square test：df = 4，卡方值 63.164，sig = 0.000 < 0.05，所以不同年龄的居民在“您认为干部当官的目的是？为人民服务，为百姓做好事做实事”这一问题的回答上有显著差异。

G2c by A1

您认为干部当官的目的是？为家庭增光，光宗耀祖 ＊ 年龄 Crosstabulation

	18—29 岁	30—39 岁	40—49 岁	50—59 岁	60—65 岁	总计
未选中	74.2%	77.3%	73.4%	74.7%	72.5%	74.4%
选中	25.8%	22.7%	26.6%	25.3%	27.5%	25.6%
总计	100.0%	100.0%	100.0%	100.0%	100.0%	100.0%
列总计	1716	1571	1762	1760	1284	8093

Chi-square test：df = 4，卡方值 10.299，sig = 0.036 < 0.05，所以不同年龄的居民在“您认为干部当官的目的是？为家庭增光，光宗耀祖”这一问题的回答上有显著差异。

G2d by A1

您认为干部当官的目的是？为自己升官发财 ＊ 年龄 Crosstabulation

	18—29 岁	30—39 岁	40—49 岁	50—59 岁	60—65 岁	总计
未选中	73.8%	69.8%	65.8%	60.1%	57.4%	65.7%

续表

	18—29 岁	30—39 岁	40—49 岁	50—59 岁	60—65 岁	总计
选中	26.2%	30.2%	34.2%	39.9%	42.6%	34.3%
总计	100.0%	100.0%	100.0%	100.0%	100.0%	100.0%
列总计	1716	1571	1762	1760	1284	8093

Chi-square test：df=4，卡方值124.833，sig =0.000<0.05，所以不同年龄的居民在“您认为干部当官的目的是？为自己升官发财”这一问题的回答上有显著差异。

G2e by A1

您认为干部当官的目的是？没特殊目的，一个稳定而待遇高的职业而已 * 年龄 Crosstabulation

	18—29 岁	30—39 岁	40—49 岁	50—59 岁	60—65 岁	总计
未选中	79.5%	81.2%	78.1%	77.3%	78.4%	78.9%
选中	20.5%	18.8%	21.9%	22.7%	21.6%	21.1%
总计	100.0%	100.0%	100.0%	100.0%	100.0%	100.0%
列总计	1716	1571	1762	1760	1284	8093

Chi-square test：df=4，卡方值9.084，sig =0.059>0.05，所以不同年龄的居民在“您认为干部当官的目的是？没特殊目的，一个稳定而待遇高的职业而已”这一问题的回答上没有显著差异。

G2f by A1

您认为干部当官的目的是？其他 * 年龄 Crosstabulation

	18—29 岁	30—39 岁	40—49 岁	50—59 岁	60—65 岁	总计
未选中	99.8%	99.9%	99.8%	99.9%	99.6%	99.8%
选中	0.2%	0.1%	0.2%	0.1%	0.4%	0.2%
总计	100.0%	100.0%	100.0%	100.0%	100.0%	100.0%
列总计	1716	1571	1762	1760	1284	8093

Chi-square test：df=4，卡方值3.697，sig =0.449>0.05，所以不同年龄的居民在“您认为干部当官的目的是？其他”这一问题的回答上没有显著差异。

G3 by A1

与前几年相比，您对政府官员的信任度有什么变化 * 年龄 Crosstabulation

	18—29 岁	30—39 岁	40—49 岁	50—59 岁	60—65 岁	总计
信任度提高了	40.0%	36.7%	39.9%	38.7%	38.3%	38.8%

续表

	18—29岁	30—39岁	40—49岁	50—59岁	60—65岁	总计
更加不信任	13.0%	13.3%	14.6%	14.2%	12.7%	13.6%
没什么变化	46.7%	49.8%	45.4%	46.8%	48.8%	47.4%
其他	0.3%	0.2%	0.1%	0.3%	0.2%	0.2%
总计	100.0%	100.0%	100.0%	100.0%	100.0%	100.0%
列总计	1803	1639	1853	1901	1434	8630

Chi-square test：df = 12，卡方值 12.752，sig = 0.387 > 0.05，所以不同年龄的居民在“与前几年相比，您对政府官员的信任度有什么变化”这一问题的回答上没有显著差异。

G4 by A1

在生活中或媒体上看到政府官员时，您首先想到的是 * 年龄 Crosstabulation

	18—29岁	30—39岁	40—49岁	50—59岁	60—65岁	总计
公仆，为老百姓谋福利	24.0%	19.7%	17.0%	18.2%	17.2%	19.3%
官僚，根本不了解我们的情况	22.2%	25.2%	22.3%	20.2%	21.5%	22.2%
有权有势的人	17.1%	18.8%	20.4%	22.2%	22.3%	20.1%
有本事的人	14.3%	14.4%	13.4%	15.2%	13.8%	14.3%
领导，决定我们命运的人	10.5%	9.2%	10.8%	8.4%	8.0%	9.5%
贪官	3.3%	3.8%	6.5%	7.3%	7.8%	5.7%
惹不起但躲得起的人	2.8%	3.0%	2.9%	3.5%	3.1%	3.1%
遇到大事可以信任的人	2.6%	2.9%	3.6%	2.0%	3.4%	2.9%
其他	3.2%	2.9%	3.0%	2.9%	2.9%	3.0%
总计	100.0%	100.0%	100.0%	100.0%	100.0%	100.0%
列总计	1805	1644	1848	1914	1431	8642

Chi-square test：df = 32，卡方值 133.162，sig = 0.000 < 0.05，所以不同年龄的居民在“在生活中或媒体上看到政府官员时，您首先想到的是”这一问题的回答上有显著差异。

G5 by A1

您觉得当前我国政府官员道德问题最严重的是 * 年龄 Crosstabulation

	18—29岁	30—39岁	40—49岁	50—59岁	60—65岁	总计
贪污受贿	46.8%	46.0%	48.8%	51.6%	56.3%	49.5%
以权谋私	56.1%	56.7%	55.5%	55.7%	56.3%	56.0%
生活作风腐败	31.6%	33.4%	32.6%	31.5%	27.7%	31.6%
官僚主义	17.8%	17.6%	14.0%	13.8%	11.4%	15.1%
平庸，不作为，只保护自己不解决实际问题	36.5%	35.8%	35.3%	35.9%	35.4%	35.8%
乱作为，搞政绩工程，折腾百姓	20.7%	21.7%	22.2%	24.2%	22.5%	22.2%

续表

	18—29 岁	30—39 岁	40—49 岁	50—59 岁	60—65 岁	总计
铺张浪费	12.9%	13.6%	12.1%	11.7%	14.8%	12.9%
拉帮结派	13.5%	15.5%	12.9%	13.8%	10.2%	13.3%
骄横跋扈，欺压百姓	7.5%	7.7%	6.2%	7.2%	7.2%	7.2%
列总计	1634	1514	1689	1645	1140	7622

据上表所示，不同年龄的居民在“您觉得当前我国政府官员道德问题最严重的是”这一问题的回答上有显著差异。

G6 by A1

政府在制定政策和决策时充分考虑到伦理道德方面的要求了吗 * 年龄 Crosstabulation

	18—29 岁	30—39 岁	40—49 岁	50—59 岁	60—65 岁	总计
有考虑，能够从日常生活中感受到	38.1%	34.7%	36.4%	37.3%	39.1%	37.1%
有考虑，能够从政策文件中体会到	26.9%	24.9%	23.7%	22.2%	20.0%	23.7%
只是口头上说说，没有实质性行动	25.2%	30.4%	28.3%	28.8%	28.2%	28.1%
没有考虑，政策制度都是从自己的政绩和富人的利益着想	9.1%	9.3%	10.8%	11.1%	12.2%	10.4%
其他	0.8%	0.7%	0.8%	0.5%	0.5%	0.7%
总计	100.0%	100.0%	100.0%	100.0%	100.0%	100.0%
列总计	1777	1622	1809	1878	1385	8471

Chi-square test：df = 16，卡方值 44.154，sig = 0.000 < 0.05，所以不同年龄的居民在“政府在制定政策和决策时充分考虑到伦理道德方面的要求了吗”这一问题的回答上有显著差异。

G7a by A1

残疾人、留守儿童、孤寡老人等弱势群体需要来自全社会的关爱与帮助，您认为本地区做得怎么样？社区提供的服务 * 年龄 Crosstabulation

	18—29 岁	30—39 岁	40—49 岁	50—59 岁	60—65 岁	总计
很好	12.2%	8.0%	7.2%	6.8%	6.1%	8.2%
比较好	66.8%	68.5%	68.6%	67.4%	63.4%	67.1%
不太好	19.3%	22.0%	22.0%	23.5%	28.5%	22.7%
很差	1.7%	1.5%	2.2%	2.4%	2.1%	2.0%
总计	100.0%	100.0%	100.0%	100.0%	100.0%	100.0%
列总计	1559	1407	1575	1569	1120	7230

Chi-square test：df = 12，卡方值 75.431，sig = 0.000 < 0.05，所以不同年龄的居民在“残疾人、留守儿童、孤寡老人等弱势群体需要来自全社会的关爱与帮助，您认为本地区做得怎么样？社区提供的服务”这一问题的回答上有显著差异。

G7b by A1

残疾人、留守儿童、孤寡老人等弱势群体需要来自全社会的关爱与帮助，您认为本地区做得怎么样？周围人的尊重和关爱 ＊ 年龄 Crosstabulation

	18—29 岁	30—39 岁	40—49 岁	50—59 岁	60—65 岁	总计
很好	13.5%	10.6%	9.1%	7.3%	7.8%	9.7%
比较好	66.5%	69.0%	68.9%	73.9%	67.9%	69.4%
不太好	18.3%	19.3%	20.3%	17.5%	23.3%	19.6%
很差	1.7%	1.1%	1.6%	1.3%	1.1%	1.4%
总计	100.0%	100.0%	100.0%	100.0%	100.0%	100.0%
列总计	1630	1494	1712	1733	1233	7802

Chi-square test：df = 12，卡方值 66.886，sig = 0.000 < 0.05，所以不同年龄的居民在“残疾人、留守儿童、孤寡老人等弱势群体需要来自全社会的关爱与帮助，您认为本地区做得怎么样？周围人的尊重和关爱”这一问题的回答上有显著差异。

G7c by A1

残疾人、留守儿童、孤寡老人等弱势群体需要来自全社会的关爱与帮助，您认为本地区做得怎么样？社会服务机构提供专业化服务 ＊ 年龄 Crosstabulation

	18—29 岁	30—39 岁	40—49 岁	50—59 岁	60—65 岁	总计
很好	12.6%	12.3%	9.4%	8.5%	6.8%	10.1%
比较好	55.9%	53.3%	53.7%	55.8%	53.8%	54.6%
不太好	28.5%	31.6%	33.2%	32.8%	36.5%	32.2%
很差	3.0%	2.8%	3.7%	2.9%	2.8%	3.1%
总计	100.0%	100.0%	100.0%	100.0%	100.0%	100.0%
列总计	1516	1342	1504	1458	1018	6838

Chi-square test：df = 12，卡方值 48.745，sig = 0.000 < 0.05，所以不同年龄的居民在“残疾人、留守儿童、孤寡老人等弱势群体需要来自全社会的关爱与帮助，您认为本地区做得怎么样？社会服务机构提供专业化服务”这一问题的回答上有显著差异。

G7d by A1

残疾人、留守儿童、孤寡老人等弱势群体需要来自全社会的关爱与帮助，您认为本地区做得怎么样？政府实施的社会援助 ＊ 年龄 Crosstabulation

	18—29 岁	30—39 岁	40—49 岁	50—59 岁	60—65 岁	总计
很好	13.4%	12.3%	9.7%	8.9%	8.9%	10.7%
比较好	54.8%	52.3%	52.9%	54.5%	47.8%	52.8%
不太好	27.4%	31.2%	32.7%	31.7%	37.9%	31.8%
很差	4.4%	4.2%	4.7%	4.9%	5.4%	4.7%
总计	100.0%	100.0%	100.0%	100.0%	100.0%	100.0%

续表

	18—29 岁	30—39 岁	40—49 岁	50—59 岁	60—65 岁	总计
列总计	1490	1314	1492	1476	1043	6815

Chi-square test：df = 12，卡方值 52.708，sig = 0.000 < 0.05，所以不同年龄的居民在“残疾人、留守儿童、孤寡老人等弱势群体需要来自全社会的关爱与帮助，您认为本地区做得怎么样？政府实施的社会援助”这一问题的回答上有显著差异。

G7e by A1

残疾人、留守儿童、孤寡老人等弱势群体需要来自全社会的关爱与帮助，您认为本地区做得怎么样？公益与慈善事业 ＊ 年龄 Crosstabulation

	18—29 岁	30—39 岁	40—49 岁	50—59 岁	60—65 岁	总计
很好	11.2%	10.0%	8.2%	8.6%	6.2%	9.0%
比较好	53.8%	51.6%	52.9%	52.4%	48.5%	52.1%
不太好	29.9%	31.3%	32.8%	32.7%	38.5%	32.6%
很差	5.1%	7.2%	6.0%	6.3%	6.8%	6.2%
总计	100.0%	100.0%	100.0%	100.0%	100.0%	100.0%
列总计	1382	1171	1306	1243	866	5968

Chi-square test：df = 12，卡方值 38.115，sig = 0.000 < 0.05，所以不同年龄的居民在“残疾人、留守儿童、孤寡老人等弱势群体需要来自全社会的关爱与帮助，您认为本地区做得怎么样？公益与慈善事业”这一问题的回答上有显著差异。

G7f by A1

残疾人、留守儿童、孤寡老人等弱势群体需要来自全社会的关爱与帮助，您认为本地区做得怎么样？志愿者帮助 ＊ 年龄 Crosstabulation

	18—29 岁	30—39 岁	40—49 岁	50—59 岁	60—65 岁	总计
很好	12.7%	10.5%	9.3%	8.2%	6.7%	9.7%
比较好	57.6%	54.6%	55.0%	56.7%	51.1%	55.3%
不太好	24.6%	29.8%	30.3%	28.9%	35.6%	29.4%
很差	5.1%	5.1%	5.4%	6.2%	6.7%	5.6%
总计	100.0%	100.0%	100.0%	100.0%	100.0%	100.0%
列总计	1381	1186	1294	1219	857	5937

Chi-square test：df = 12，卡方值 55.918，sig = 0.000 < 0.05，所以不同年龄的居民在“残疾人、留守儿童、孤寡老人等弱势群体需要来自全社会的关爱与帮助，您认为本地区做得怎么样？志愿者帮助”这一问题的回答上有显著差异。

G8 by A1

您认为有必要为好人树碑立传吗 ＊ 年龄 Crosstabulation

	18—29 岁	30—39 岁	40—49 岁	50—59 岁	60—65 岁	总计
很有必要，可以让更多的人知道他们、学习他们	71.7%	65.3%	67.3%	69.4%	64.4%	67.8%
可有可无	14.9%	18.2%	16.7%	14.8%	14.8%	15.9%
没有必要	13.4%	16.5%	16.0%	15.7%	20.9%	16.3%
总计	100.0%	100.0%	100.0%	100.0%	100.0%	100.0%
列总计	1668	1486	1672	1677	1261	7764

Chi-square test：df = 8，卡方值 42.199，sig = 0.000 < 0.05，所以不同年龄的居民在“您认为有必要为好人树碑立传吗”这一问题的回答上有显著差异。

G9 by A1

党中央出台了一系列治国理政的新举措，给社会生活带来了什么变化 ＊ 年龄 Crosstabulation

	18—29 岁	30—39 岁	40—49 岁	50—59 岁	60—65 岁	总计
社会在向好的方面发展，对未来生活更有信心	54.0%	51.3%	51.5%	49.4%	46.9%	50.8%
目前没看出有什么影响	21.8%	23.1%	21.5%	21.7%	18.2%	21.4%
虽然出台了一些政策，感觉解决不了什么问题	17.2%	19.8%	19.1%	19.2%	20.7%	19.1%
不关心这些、说不清楚	7.1%	5.5%	7.7%	9.6%	14.2%	8.6%
其他		0.2%	0.2%	0.2%	0.1%	0.1%
总计	100.0%	100.0%	100.0%	100.0%	100.0%	100.0%
列总计	1814	1642	1854	1915	1438	8663

Chi-square test：df = 16，卡方值 106.307，sig = 0.000 < 0.05，所以不同年龄的居民在“党中央出台了一系列治国理政的新举措，给社会生活带来了什么变化”这一问题的回答上有显著差异。

G10a by A1

您认为本地政府在以下方面的政策措施对促进社会公平有效果吗？就业政策 ＊ 年龄 Crosstabulation

	18—29 岁	30—39 岁	40—49 岁	50—59 岁	60—65 岁	总计
较大效果	8.9%	7.1%	5.6%	4.8%	4.7%	6.3%
有点效果	59.4%	56.5%	56.7%	57.4%	54.5%	57.1%
没有效果	26.9%	32.3%	31.6%	33.0%	34.2%	31.4%
更不公平	3.5%	3.7%	5.5%	4.1%	5.7%	4.4%
大大加剧了不公平	1.3%	0.5%	0.6%	0.7%	0.9%	0.8%
总计	100.0%	100.0%	100.0%	100.0%	100.0%	100.0%

续表

	18—29 岁	30—39 岁	40—49 岁	50—59 岁	60—65 岁	总计
列总计	1603	1472	1590	1521	1029	7215

Chi-square test：df = 16，卡方值 68. 926，sig = 0. 000 < 0. 05，所以不同年龄的居民在“您认为本地政府在以下方面的政策措施对促进社会公平有效果吗？就业政策”这一问题的回答上有显著差异。

G10b by A1

您认为本地政府在以下方面的政策措施对促进社会公平有效果吗？教育政策 ＊ 年龄 Crosstabulation

	18—29 岁	30—39 岁	40—49 岁	50—59 岁	60—65 岁	总计
较大效果	13. 3%	9. 0%	8. 7%	6. 4%	6. 2%	8. 9%
有点效果	59. 7%	61. 5%	62. 1%	62. 2%	59. 6%	61. 1%
没有效果	22. 4%	24. 7%	23. 6%	27. 2%	28. 7%	25. 1%
更不公平	4. 0%	4. 2%	5. 4%	3. 6%	4. 8%	4. 4%
大大加剧了不公平	0. 5%	0. 5%	0. 2%	0. 5%	0. 7%	0. 5%
总计	100. 0%	100. 0%	100. 0%	100. 0%	100. 0%	100. 0%
列总计	1659	1534	1677	1645	1131	7646

Chi-square test：df = 16，卡方值 85. 830，sig = 0. 000 < 0. 05，所以不同年龄的居民在“您认为本地政府在以下方面的政策措施对促进社会公平有效果吗？教育政策”这一问题的回答上有显著差异。

G10c by A1

您认为本地政府在以下方面的政策措施对促进社会公平有效果吗？医疗卫生政策 ＊ 年龄 Crosstabulation

	18—29 岁	30—39 岁	40—49 岁	50—59 岁	60—65 岁	总计
较大效果	13. 3%	9. 8%	10. 4%	8. 2%	7. 4%	9. 9%
有点效果	56. 9%	58. 1%	56. 7%	57. 8%	57. 3%	57. 4%
没有效果	23. 3%	26. 0%	25. 7%	26. 1%	25. 0%	25. 2%
更不公平	5. 5%	5. 2%	6. 8%	7. 0%	9. 3%	6. 7%
大大加剧了不公平	1. 0%	0. 8%	0. 3%	0. 9%	1. 0%	0. 8%
总计	100. 0%	100. 0%	100. 0%	100. 0%	100. 0%	100. 0%
列总计	1661	1545	1715	1734	1246	7901

Chi-square test：df = 16，卡方值 63. 502，sig = 0. 000 < 0. 05，所以不同年龄的居民在“您认为本地政府在以下方面的政策措施对促进社会公平有效果吗？医疗卫生政策”这一问题的回答上有显著差异。

G10d by A1

您认为本地政府在以下方面的政策措施对促进社会公平有效果吗？低保政策 * 年龄 Crosstabulation

	18—29岁	30—39岁	40—49岁	50—59岁	60—65岁	总计
较大效果	14.5%	11.8%	8.6%	7.8%	7.3%	10.0%
有点效果	50.7%	47.4%	51.5%	51.3%	50.1%	50.3%
没有效果	24.9%	29.6%	27.6%	27.3%	24.7%	26.9%
更不公平	8.4%	9.5%	10.9%	12.0%	16.0%	11.2%
大大加剧了不公平	1.6%	1.8%	1.4%	1.5%	1.8%	1.6%
总计	100.0%	100.0%	100.0%	100.0%	100.0%	100.0%
列总计	1528	1438	1654	1679	1217	7516

Chi-square test：df = 16，卡方值109.788，sig = 0.000 < 0.05，所以不同年龄的居民在“您认为本地政府在以下方面的政策措施对促进社会公平有效果吗？低保政策”这一问题的回答上有显著差异。

G10e by A1

您认为本地政府在以下方面的政策措施对促进社会公平有效果吗？房地产政策 * 年龄 Crosstabulation

	18—29岁	30—39岁	40—49岁	50—59岁	60—65岁	总计
较大效果	7.3%	6.4%	5.4%	5.2%	4.8%	5.9%
有点效果	36.5%	33.7%	36.5%	34.1%	33.1%	34.9%
没有效果	38.4%	41.2%	38.5%	38.9%	35.8%	38.8%
更不公平	13.0%	14.4%	14.6%	16.5%	19.7%	15.3%
大大加剧了不公平	4.7%	4.4%	5.1%	5.2%	6.6%	5.1%
总计	100.0%	100.0%	100.0%	100.0%	100.0%	100.0%
列总计	1380	1307	1379	1282	882	6230

Chi-square test：df = 16，卡方值40.467，sig = 0.000 < 0.05，所以不同年龄的居民在“您认为本地政府在以下方面的政策措施对促进社会公平有效果吗？房地产政策”这一问题的回答上有显著差异。

G10f by A1

您认为本地政府在以下方面的政策措施对促进社会公平有效果吗？拆迁安置政策 * 年龄 Crosstabulation

	18—29岁	30—39岁	40—49岁	50—59岁	60—65岁	总计
较大效果	8.0%	6.5%	4.3%	5.4%	4.4%	5.8%
有点效果	36.4%	33.1%	34.4%	32.9%	32.3%	34.0%
没有效果	36.5%	38.1%	38.7%	39.9%	36.5%	38.0%
更不公平	14.0%	17.1%	16.2%	15.4%	19.1%	16.1%
大大加剧了不公平	5.2%	5.2%	6.4%	6.4%	7.8%	6.1%

续表

	18—29岁	30—39岁	40—49岁	50—59岁	60—65岁	总计
总计	100.0%	100.0%	100.0%	100.0%	100.0%	100.0%
列总计	1338	1261	1318	1214	824	5955

Chi-square test：df = 16，卡方值 43.758，sig = 0.000 < 0.05，所以不同年龄的居民在“您认为本地政府在以下方面的政策措施对促进社会公平有效果吗？拆迁安置政策”这一问题的回答上有显著差异。

G11 by A1

如果遭遇重大公共事件，您相信政府公布的信息和采取的措施吗？＊年龄 Crosstabulation

	18—29岁	30—39岁	40—49岁	50—59岁	60—65岁	总计
相信，大都是可靠的，比网络流传的可靠	62.1%	60.2%	63.4%	63.4%	63.8%	62.6%
不相信，都是安抚百姓的策略措施	16.6%	18.3%	16.5%	15.5%	14.9%	16.4%
将信将疑，走一步看一步	21.2%	21.3%	20.2%	21.1%	21.1%	21.0%
其他	0.1%	0.2%		0.1%	0.1%	0.1%
总计	100.0%	100.0%	100.0%	100.0%	100.0%	100.0%
列总计	1819	1647	1854	1915	1434	8669

Chi-square test：df = 12，卡方值 13.432，sig = 0.338 > 0.05，所以不同年龄的居民在“如果遭遇重大公共事件，您相信政府公布的信息和采取的措施吗？”这一问题的回答上没有显著差异。

G12a by A1

政府推动或倡导的下列活动效果如何？文明城市创建 ＊ 年龄 Crosstabulation

	18—29岁	30—39岁	40—49岁	50—59岁	60—65岁	总计
完全没效果	3.0%	2.7%	1.7%	1.8%	0.8%	2.1%
效果较差	21.4%	19.9%	24.2%	21.5%	25.8%	22.4%
效果较好	63.0%	67.0%	63.7%	66.9%	65.3%	65.1%
效果很好	12.6%	10.3%	10.4%	9.8%	8.2%	10.4%
总计	100.0%	100.0%	100.0%	100.0%	100.0%	100.0%
列总计	1653	1494	1628	1585	1164	7524

Chi-square test：df = 12，卡方值 52.987，sig = 0.000 < 0.05，所以不同年龄的居民在“政府推动或倡导的下列活动效果如何？文明城市创建”这一问题的回答上有显著差异。

G12b by A1

政府推动或倡导的下列活动效果如何？学雷锋活动 ＊ 年龄 Crosstabulation

	18—29 岁	30—39 岁	40—49 岁	50—59 岁	60—65 岁	总计
完全没效果	3.7%	3.6%	2.6%	2.2%	0.9%	2.7%
效果较差	25.0%	23.5%	25.7%	21.1%	26.5%	24.3%
效果较好	59.3%	62.4%	62.3%	69.0%	66.4%	63.7%
效果很好	11.9%	10.5%	9.4%	7.7%	6.2%	9.4%
总计	100.0%	100.0%	100.0%	100.0%	100.0%	100.0%
列总计	1537	1356	1485	1434	1054	6866

Chi-square test：df = 12，卡方值 75.170，sig = 0.000 < 0.05，所以不同年龄的居民在“政府推动或倡导的下列活动效果如何？学雷锋活动”这一问题的回答上有显著差异。

G12c by A1

政府推动或倡导的下列活动效果如何？典型人物的宣传 ＊ 年龄 Crosstabulation

	18—29 岁	30—39 岁	40—49 岁	50—59 岁	60—65 岁	总计
完全没效果	3.8%	3.2%	1.9%	2.5%	1.3%	2.6%
效果较差	21.9%	22.8%	23.5%	21.2%	21.8%	22.3%
效果较好	61.8%	60.8%	64.2%	66.7%	68.2%	64.1%
效果很好	12.5%	13.1%	10.4%	9.6%	8.7%	11.0%
总计	100.0%	100.0%	100.0%	100.0%	100.0%	100.0%
列总计	1540	1331	1439	1361	1013	6684

Chi-square test：df = 12，卡方值 46.174，sig = 0.000 < 0.05，所以不同年龄的居民在“政府推动或倡导的下列活动效果如何？典型人物的宣传”这一问题的回答上有显著差异。

G12d by A1

政府推动或倡导的下列活动效果如何？志愿服务的倡导和推广 ＊ 年龄 Crosstabulation

	18—29 岁	30—39 岁	40—49 岁	50—59 岁	60—65 岁	总计
完全没效果	2.7%	2.8%	2.0%	2.0%	1.2%	2.2%
效果较差	24.4%	23.3%	24.2%	24.1%	22.4%	23.8%
效果较好	57.2%	57.8%	61.7%	59.8%	65.5%	60.0%
效果很好	15.7%	16.1%	12.0%	14.2%	10.8%	14.0%
总计	100.0%	100.0%	100.0%	100.0%	100.0%	100.0%
列总计	1462	1238	1325	1230	885	6140

Chi-square test：df = 12，卡方值 34.594，sig = 0.001 < 0.05，所以不同年龄的居民在“政府推动或倡导的下列活动效果如何？志愿服务的倡导和推广”这一问题的回答上有显著差异。

G12e by A1

政府推动或倡导的下列活动效果如何？反腐倡廉的举措 * 年龄 Crosstabulation

	18—29 岁	30—39 岁	40—49 岁	50—59 岁	60—65 岁	总计
完全没效果	4.4%	5.3%	3.7%	4.8%	5.0%	4.6%
效果较差	21.7%	20.4%	25.3%	22.5%	23.4%	22.7%
效果较好	55.4%	55.0%	55.6%	57.9%	58.0%	56.3%
效果很好	18.5%	19.3%	15.4%	14.7%	13.7%	16.5%
总计	100.0%	100.0%	100.0%	100.0%	100.0%	100.0%
列总计	1437	1261	1406	1300	929	6333

Chi-square test：df = 12，卡方值 31.891，sig = 0.001 < 0.05，所以不同年龄的居民在“政府推动或倡导的下列活动效果如何？反腐倡廉的举措”这一问题的回答上有显著差异。

G12f by A1

政府推动或倡导的下列活动效果如何？《公民道德建设实施纲要》的推进 * 年龄 Crosstabulation

	18—29 岁	30—39 岁	40—49 岁	50—59 岁	60—65 岁	总计
完全没效果	4.3%	4.9%	3.0%	4.8%	5.1%	4.3%
效果较差	23.1%	23.3%	26.6%	24.1%	26.0%	24.5%
效果较好	57.0%	55.2%	58.9%	61.9%	61.4%	58.6%
效果很好	15.7%	16.7%	11.5%	9.2%	7.5%	12.5%
总计	100.0%	100.0%	100.0%	100.0%	100.0%	100.0%
列总计	1199	1015	1096	985	707	5002

Chi-square test：df = 12，卡方值 63.238，sig = 0.000 < 0.05，所以不同年龄的居民在“政府推动或倡导的下列活动效果如何？《公民道德建设实施纲要》的推进”这一问题的回答上有显著差异。

G13 by A1

您对于我们正在走的中国特色社会主义道路怎么看 * 年龄 Crosstabulation

	18—29 岁	30—39 岁	40—49 岁	50—59 岁	60—65 岁	总计
充满信心，因为它可以给中国带来繁荣富强	52.4%	50.0%	46.7%	43.0%	42.4%	47.0%
不太了解，但相信这条路能够让老百姓都过上好日子	33.8%	33.6%	35.4%	41.4%	37.8%	36.4%

续表

	18—29 岁	30—39 岁	40—49 岁	50—59 岁	60—65 岁	总计
表示怀疑，走这条路究竟怎么样，现在还说不清楚	10.4%	13.4%	12.6%	10.3%	11.3%	11.6%
走什么样的路，跟我没关系	3.2%	3.0%	5.1%	5.2%	8.3%	4.8%
其他	0.2%	0.1%	0.2%	0.2%	0.2%	0.2%
总计	100.0%	100.0%	100.0%	100.0%	100.0%	100.0%
列总计	1820	1653	1851	1920	1440	8684

Chi-square test：df = 16，卡方值 118.500，sig = 0.000 < 0.05，所以不同年龄的居民在“您对于我们正在走的中国特色社会主义道路怎么看”这一问题的回答上有显著差异。

G14 by A1

到 21 世纪中叶建成社会主义现代化国家，您认为这样的目标能实现吗 * 年龄 Crosstabulation

	18—29 岁	30—39 岁	40—49 岁	50—59 岁	60—65 岁	总计
相信一定能实现	34.8%	32.1%	30.2%	28.8%	30.1%	31.2%
有困难，但只要努力还是能实现的	55.7%	57.1%	57.4%	57.0%	51.6%	56.0%
不可能实现	3.9%	4.5%	3.6%	3.6%	3.1%	3.7%
说不清楚，跟我没关系	5.5%	6.1%	8.7%	10.2%	14.9%	8.9%
其他	0.1%	0.2%		0.4%	0.2%	0.2%
总计	100.0%	100.0%	100.0%	100.0%	100.0%	100.0%
列总计	1776	1630	1819	1859	1378	8462

Chi-square test：df = 16，卡方值 127.763，sig = 0.000 < 0.05，所以不同年龄的居民在“到 21 世纪中叶建成社会主义现代化国家，您认为这样的目标能实现吗”这一问题的回答上有显著差异。

G15 by A1

您对您周围的党员干部道德状况怎么评价 * 年龄 Crosstabulation

	18—29 岁	30—39 岁	40—49 岁	50—59 岁	60—65 岁	总计
总体还不错	48.1%	40.3%	41.7%	39.9%	41.2%	42.3%
普遍比较差	20.9%	22.0%	21.9%	22.6%	21.1%	21.7%
和普通群众没有太大差别	31.0%	37.6%	36.4%	37.5%	37.7%	36.0%
总计	100.0%	100.0%	100.0%	100.0%	100.0%	100.0%
列总计	1610	1515	1700	1745	1242	7812

Chi-square test：df = 8，卡方值 32.869，sig = 0.000 < 0.05，所以不同年龄的居民在“您对您周围的党员干部道德状况怎么评价”这一问题的回答上有显著差异。

G16 by A1

您认为当前官员的勤政作为是怎样的 ＊ 年龄 Crosstabulation

	18—29 岁	30—39 岁	40—49 岁	50—59 岁	60—65 岁	总计
努力作为，成绩显著	24. 8%	24. 4%	21. 3%	21. 6%	21. 4%	22. 7%
努力作为，成绩一般	51. 5%	49. 2%	49. 8%	46. 6%	46. 0%	48. 8%
行政不作为	16. 2%	18. 7%	20. 7%	20. 5%	20. 8%	19. 3%
行政乱作为	7. 5%	7. 7%	8. 2%	11. 3%	11. 8%	9. 2%
总计	100. 0%	100. 0%	100. 0%	100. 0%	100. 0%	100. 0%
列总计	1500	1375	1524	1508	1066	6973

Chi-square test：df = 12，卡方值 50. 394，sig = 0. 000 < 0. 05，所以不同年龄的居民在“您认为当前官员的勤政作为是怎样的”这一问题的回答上有显著差异。

G17 by A1

您到政府部门办事，首先选择的方法是 ＊ 年龄 Crosstabulation

	18—29 岁	30—39 岁	40—49 岁	50—59 岁	60—65 岁	总计
找亲朋好友帮忙办理	19. 9%	19. 4%	19. 3%	16. 9%	16. 3%	18. 5%
找政府中的熟人办理	23. 0%	22. 6%	21. 4%	19. 8%	18. 4%	21. 2%
送红包	1. 2%	1. 5%	1. 5%	2. 0%	2. 5%	1. 7%
直接找相关职能部门办理	55. 6%	56. 4%	57. 3%	60. 5%	62. 1%	58. 2%
其他	0. 3%	0. 1%	0. 4%	0. 8%	0. 8%	0. 5%
总计	100. 0%	100. 0%	100. 0%	100. 0%	100. 0%	100. 0%
列总计	1636	1552	1716	1685	1178	7767

Chi-square test：df = 16，卡方值 44. 891，sig = 0. 000 < 0. 05，所以不同年龄的居民在“您到政府部门办事，首先选择的方法是”这一问题的回答上有显著差异。

H1 by A1

您认为近五年来，您所在地区政府的环境保护工作做得怎么样 ＊ 年龄 Crosstabulation

	18—29 岁	30—39 岁	40—49 岁	50—59 岁	60—65 岁	总计
片面注重经济发展，忽视了环境保护工作	23. 1%	26. 6%	22. 0%	21. 6%	19. 2%	22. 6%
重视不够，环保投入不足	30. 9%	29. 4%	30. 7%	30. 0%	25. 9%	29. 6%
虽尽了努力，但效果不佳	19. 8%	18. 2%	18. 7%	16. 6%	20. 6%	18. 7%

续表

	18—29 岁	30—39 岁	40—49 岁	50—59 岁	60—65 岁	总计
尽了很大努力，有一定成效	21.7%	21.5%	23.1%	25.8%	27.3%	23.7%
取得了很大的成绩	4.5%	4.3%	5.5%	6.0%	7.0%	5.4%
总计	100.0%	100.0%	100.0%	100.0%	100.0%	100.0%
列总计	1634	1481	1631	1629	1169	7544

Chi-square test：df = 16，卡方值 59.939，sig = 0.000 < 0.05，所以不同年龄的居民在“您认为近五年来，您所在地区政府的环境保护工作做得怎么样”这一问题的回答上有显著差异。

H2a by A1

在最近的一年里，您是否从事过？垃圾分类投放 ＊ 年龄 Crosstabulation

	18—29 岁	30—39 岁	40—49 岁	50—59 岁	60—65 岁	总计
从不	30.6%	37.6%	43.5%	46.0%	45.3%	40.5%
偶尔	48.5%	47.5%	44.4%	41.6%	43.8%	45.1%
经常	20.9%	15.0%	12.1%	12.4%	10.9%	14.4%
总计	100.0%	100.0%	100.0%	100.0%	100.0%	100.0%
列总计	1825	1651	1869	1936	1450	8731

Chi-square test：df = 8，卡方值 165.329，sig = 0.000 < 0.05，所以不同年龄的居民在“在最近的一年里，您是否从事过？垃圾分类投放”这一问题的回答上有显著差异。

H2b by A1

在最近的一年里，您是否从事过？与自己的亲戚朋友讨论环保问题 ＊ 年龄 Crosstabulation

	18—29 岁	30—39 岁	40—49 岁	50—59 岁	60—65 岁	总计
从不	33.9%	38.3%	38.4%	40.8%	38.6%	38.0%
偶尔	52.9%	50.1%	50.6%	48.6%	51.5%	50.7%
经常	13.2%	11.6%	11.0%	10.6%	9.9%	11.3%
总计	100.0%	100.0%	100.0%	100.0%	100.0%	100.0%
列总计	1825	1651	1866	1935	1449	8726

Chi-square test：df = 8，卡方值 25.193，sig = 0.001 < 0.05，所以不同年龄的居民在“在最近的一年里，您是否从事过？与自己的亲戚朋友讨论环保问题”这一问题的回答上有显著差异。

H2c by A1

在最近的一年里，您是否从事过？采购日常用品时自己带购物篮或购物袋 ＊ 年龄 Crosstabulation

	18—29 岁	30—39 岁	40—49 岁	50—59 岁	60—65 岁	总计
从不	21.8%	24.5%	21.7%	23.9%	21.7%	22.7%
偶尔	52.7%	52.7%	54.5%	50.9%	48.9%	52.0%
经常	25.5%	22.9%	23.8%	25.2%	29.4%	25.2%
总计	100.0%	100.0%	100.0%	100.0%	100.0%	100.0%
列总计	1823	1652	1864	1934	1449	8722

Chi-square test：df = 8，卡方值 26.605，sig = 0.001 < 0.05，所以不同年龄的居民在“在最近的一年里，您是否从事过？采购日常用品时自己带购物篮或购物袋”这一问题的回答上有显著差异。

H2d by A1

在最近的一年里，您是否从事过？优先选择公交、步行等绿色出行方式 ＊ 年龄 Crosstabulation

	18—29 岁	30—39 岁	40—49 岁	50—59 岁	60—65 岁	总计
从不	12.5%	15.7%	12.1%	12.1%	12.0%	12.9%
偶尔	41.5%	43.4%	45.1%	41.0%	38.4%	42.0%
经常	46.0%	40.9%	42.8%	46.8%	49.6%	45.1%
总计	100.0%	100.0%	100.0%	100.0%	100.0%	100.0%
列总计	1823	1648	1864	1936	1447	8718

Chi-square test：df = 8，卡方值 39.430，sig = 0.000 < 0.05，所以不同年龄的居民在“在最近的一年里，您是否从事过？优先选择公交、步行等绿色出行方式”这一问题的回答上有显著差异。

H2e by A1

在最近的一年里，您是否从事过？为环境保护捐款 ＊ 年龄 Crosstabulation

	18—29 岁	30—39 岁	40—49 岁	50—59 岁	60—65 岁	总计
从不	58.9%	67.5%	66.3%	71.9%	72.1%	67.2%
偶尔	33.1%	26.7%	28.6%	24.0%	23.6%	27.3%
经常	8.0%	5.8%	5.1%	4.1%	4.3%	5.5%
总计	100.0%	100.0%	100.0%	100.0%	100.0%	100.0%
列总计	1823	1644	1863	1931	1438	8699

Chi-square test：df = 8，卡方值 100.389，sig = 0.000 < 0.05，所以不同年龄的居民在“在最近的一年里，您是否从事过？为环境保护捐款”这一问题的回答上有显著差异。

H2f by A1

在最近的一年里，您是否从事过？主动关注环境方面的信息报道和宣传教育 ＊ 年龄 Crosstabulation

	18—29 岁	30—39 岁	40—49 岁	50—59 岁	60—65 岁	总计
从不	53.6%	62.0%	60.9%	65.6%	66.9%	61.6%
偶尔	35.9%	30.6%	32.9%	29.3%	28.0%	31.5%
经常	10.5%	7.4%	6.1%	5.1%	5.1%	6.9%
总计	100.0%	100.0%	100.0%	100.0%	100.0%	100.0%
列总计	1824	1645	1859	1933	1442	8703

Chi-square test：df = 8，卡方值 104.927，sig = 0.000 < 0.05，所以不同年龄的居民在“在最近的一年里，您是否从事过？主动关注环境方面的信息报道和宣传教育”这一问题的回答上有显著差异。

H2g by A1

在最近的一年里，您是否从事过？积极参加民间环保团体举办的环保活动 ＊ 年龄 Crosstabulation

	18—29 岁	30—39 岁	40—49 岁	50—59 岁	60—65 岁	总计
从不	65.8%	72.7%	72.7%	77.0%	75.8%	72.7%
偶尔	28.3%	23.4%	23.7%	20.2%	20.3%	23.3%
经常	6.0%	3.8%	3.6%	2.8%	3.9%	4.0%
总计	100.0%	100.0%	100.0%	100.0%	100.0%	100.0%
列总计	1823	1644	1859	1932	1440	8698

Chi-square test：df = 8，卡方值 76.530，sig = 0.000 < 0.05，所以不同年龄的居民在“在最近的一年里，您是否从事过？积极参加民间环保团体举办的环保活动”这一问题的回答上有显著差异。

H2h by A1

在最近的一年里，您是否从事过？积极参加要求解决环境问题的投诉、上诉 ＊ 年龄 Crosstabulation

	18—29 岁	30—39 岁	40—49 岁	50—59 岁	60—65 岁	总计
从不	75.5%	80.4%	79.6%	82.1%	81.3%	79.7%
偶尔	20.3%	16.7%	17.5%	15.5%	15.8%	17.2%
经常	4.3%	2.9%	2.8%	2.4%	2.8%	3.1%
总计	100.0%	100.0%	100.0%	100.0%	100.0%	100.0%
列总计	1821	1645	1860	1930	1440	8696

Chi-square test：df = 8，卡方值 33.681，sig = 0.000 < 0.05，所以不同年龄的居民在“在最近的一年里，您是否从事过？积极参加要求解决环境问题的投诉、上诉”这一问题的回答上有显著差异。

H3 by A1

如果您的周围有一片森林，政府将成材的树林砍伐下来办木材厂，将极大提高您的收入，但将破坏环境，您会支持这一决定吗 ＊ 年龄 Crosstabulation

	18—29 岁	30—39 岁	40—49 岁	50—59 岁	60—65 岁	总计
支持，对大家有好处	12.5%	11.5%	12.4%	12.0%	10.8%	11.9%
反对，这是发子孙财，破坏生态	68.7%	71.8%	69.7%	71.2%	68.7%	70.0%
不支持也不反对，政府决定	18.8%	16.5%	17.8%	16.6%	20.6%	18.0%
其他	0.1%	0.2%	0.2%	0.2%		0.1%
总计	100.0%	100.0%	100.0%	100.0%	100.0%	100.0%
列总计	1810	1650	1854	1932	1445	8691

Chi-square test：df = 12，卡方值 18.675，sig = 0.087 > 0.05，所以不同年龄的居民在“如果您的周围有一片森林，政府将成材的树林砍伐下来办木材厂，将极大提高您的收入，但将破坏环境，您会支持这一决定吗”这一问题的回答上没有显著差异。

H4 by A1

如果要办一个化工厂，您是这个厂的持股职工，但会给下游地区造成污染，您会支持这个决定吗？ ＊ 年龄 Crosstabulation

	18—29 岁	30—39 岁	40—49 岁	50—59 岁	60—65 岁	总计
支持，我们不会受污染	14.6%	13.9%	12.7%	12.2%	10.8%	12.9%
反对，这是嫁祸于人	68.0%	68.7%	68.3%	70.1%	69.9%	69.0%
不支持也不反对，成了可分红，不成是领导的责任	17.2%	17.3%	19.0%	17.2%	19.2%	17.9%
其他	0.2%	0.1%	0.1%	0.5%	0.1%	0.2%
总计	100.0%	100.0%	100.0%	100.0%	100.0%	100.0%
列总计	1809	1644	1841	1922	1431	8647

Chi-square test：df = 12，卡方值 23.486，sig = 0.024 < 0.05，所以不同年龄的居民在“如果要办一个化工厂，您是这个厂的持股职工，但会给下游地区造成污染，您会支持这个决定吗？”这一问题的回答上有显著差异。

H5 by A1

您认为造成生态环境问题的最主要原因是 ＊ 年龄 Crosstabulation

	18—29 岁	30—39 岁	40—49 岁	50—59 岁	60—65 岁	总计
企业唯利是图，造成环境污染	29.3%	25.0%	26.5%	27.4%	23.9%	26.6%

续表

	18—29 岁	30—39 岁	40—49 岁	50—59 岁	60—65 岁	总计
政府缺乏生态意识，政策失当	31.7%	35.4%	36.2%	36.0%	34.6%	34.8%
个人缺乏环保意识	21.4%	21.3%	20.7%	18.8%	20.2%	20.5%
当代人自私自利，不顾未来和子孙利益	17.1%	17.2%	15.6%	16.8%	20.1%	17.2%
其他	0.4%	1.2%	0.9%	1.0%	1.3%	0.9%
总计	100.0%	100.0%	100.0%	100.0%	100.0%	100.0%
列总计	1815	1651	1842	1910	1424	8642

Chi-square test：df = 16，卡方值 39.466，sig = 0.001 < 0.05，所以不同年龄的居民在“您认为造成生态环境问题的最主要原因是”这一问题的回答上有显著差异。

H6 by A1

如果环境保护主管部门邀请您参加座谈会或听证会，您是否会出席 * 年龄 Crosstabulation

	18—29 岁	30—39 岁	40—49 岁	50—59 岁	60—65 岁	总计
会	73.0%	69.1%	70.4%	72.4%	69.6%	71.0%
不会	27.0%	30.9%	29.6%	27.6%	30.4%	29.0%
总计	100.0%	100.0%	100.0%	100.0%	100.0%	100.0%
列总计	1536	1354	1535	1524	1107	7056

Chi-square test：df = 4，卡方值 8.121，sig = 0.087 > 0.05，所以不同年龄的居民在“如果环境保护主管部门邀请您参加座谈会或听证会，您是否会出席”这一问题的回答上没有显著差异。

H7 by A1

若您所在社区参加“绿色社区”创建活动，您是否会积极参与 * 年龄 Crosstabulation

	18—29 岁	30—39 岁	40—49 岁	50—59 岁	60—65 岁	总计
会	78.5%	74.7%	75.9%	78.9%	74.9%	76.7%
不会	21.5%	25.3%	24.1%	21.1%	25.1%	23.3%
总计	100.0%	100.0%	100.0%	100.0%	100.0%	100.0%
列总计	1537	1374	1563	1534	1108	7116

Chi-square test：df = 4，卡方值 12.694，sig = 0.013 < 0.05，所以不同年龄的居民在“若您所在社区参加‘绿色社区’创建活动，您是否会积极参与”这一问题的回答上有显著差异。

I1 by A1

如果您周围有很多外国人，您愿意和他们建立什么样的关系 ＊ 年龄 Crosstabulation

	18—29 岁	30—39 岁	40—49 岁	50—59 岁	60—65 岁	总计
愿意做朋友	50. 7%	40. 6%	33. 4%	27. 4%	27. 1%	36. 0%
愿意做兄弟姐妹	13. 5%	10. 9%	11. 0%	9. 4%	8. 2%	10. 7%
不愿意来往，得提防他们	3. 0%	3. 5%	3. 7%	5. 1%	6. 6%	4. 3%
偶尔交往，仅限于礼节性的	16. 4%	17. 2%	13. 3%	10. 8%	8. 5%	13. 4%
无法和他们来往，存在语言、文化、习俗等障碍	16. 1%	27. 2%	38. 2%	47. 0%	49. 1%	35. 2%
其他	0. 3%	0. 5%	0. 5%	0. 4%	0. 4%	0. 4%
总计	100. 0%	100. 0%	100. 0%	100. 0%	100. 0%	100. 0%
列总计	1819	1646	1861	1922	1433	8681

Chi-square test：df = 20，卡方值 698. 200，sig = 0. 000 < 0. 05，所以不同年龄的居民在“如果您周围有很多外国人，您愿意和他们建立什么样的关系”这一问题的回答上有显著差异。

I2 by A1

您更愿意过春节还是圣诞节 ＊ 年龄 Crosstabulation

	18—29 岁	30—39 岁	40—49 岁	50—59 岁	60—65 岁	总计
圣诞节	1. 3%	0. 5%	0. 8%	0. 4%	0. 6%	0. 7%
春节	62. 9%	72. 7%	84. 6%	87. 6%	88. 1%	79. 1%
两个都愿意过	32. 8%	24. 3%	12. 1%	8. 5%	7. 6%	17. 2%
两个都不想过	3. 0%	2. 5%	2. 5%	3. 5%	3. 8%	3. 0%
总计	100. 0%	100. 0%	100. 0%	100. 0%	100. 0%	100. 0%
列总计	1821	1653	1870	1935	1451	8730

Chi-square test：df = 12，卡方值 628. 127，sig = 0. 000 < 0. 05，所以不同年龄的居民在“您更愿意过春节还是圣诞节”这一问题的回答上有显著差异。

I3 by A1

您同意中国人与外国人通婚吗 ＊ 年龄 Crosstabulation

	18—29 岁	30—39 岁	40—49 岁	50—59 岁	60—65 岁	总计
非常同意	10. 8%	7. 4%	5. 2%	3. 4%	3. 0%	6. 1%
比较同意	67. 9%	63. 8%	54. 7%	50. 2%	47. 0%	57. 2%
不太同意	18. 8%	26. 4%	34. 9%	38. 8%	40. 4%	31. 4%

续表

	18—29岁	30—39岁	40—49岁	50—59岁	60—65岁	总计
强烈反对	2.4%	2.5%	5.2%	7.7%	9.6%	5.3%
总计	100.0%	100.0%	100.0%	100.0%	100.0%	100.0%
列总计	1666	1495	1646	1659	1162	7628

Chi-square test：df = 12，卡方值456.054，sig = 0.000 < 0.05，所以不同年龄的居民在“您同意中国人与外国人通婚吗”这一问题的回答上有显著差异。

I4 by A1

对外来的城市农民工如建筑工人、家庭保姆等，您的态度是 * 年龄 Crosstabulation

	18—29岁	30—39岁	40—49岁	50—59岁	60—65岁	总计
看不起和排斥	3.0%	1.9%	2.2%	2.3%	1.4%	2.2%
无视和冷漠以对	9.1%	8.1%	8.1%	6.8%	6.9%	7.8%
尊重和体谅	74.0%	75.0%	73.7%	72.4%	69.4%	73.0%
同情和友爱	13.6%	14.7%	15.5%	18.3%	22.0%	16.7%
其他	0.2%	0.3%	0.4%	0.2%	0.2%	0.3%
总计	100.0%	100.0%	100.0%	100.0%	100.0%	100.0%
列总计	1811	1645	1850	1916	1440	8662

Chi-square test：df = 16，卡方值68.971，sig = 0.000 < 0.05，所以不同年龄的居民在“对外来的城市农民工如建筑工人、家庭保姆等，您的态度是”这一问题的回答上有显著差异。

I5 by A1

您在日常生活中与同乡人和外乡人的关系是 * 年龄 Crosstabulation

	18—29岁	30—39岁	40—49岁	50—59岁	60—65岁	总计
与同乡人交往多	34.8%	37.3%	40.8%	46.8%	46.5%	41.2%
与外乡人交往多	16.9%	12.6%	11.5%	9.7%	8.7%	12.0%
一样多	23.3%	23.2%	17.2%	15.4%	16.3%	19.1%
偶尔与外乡人有交往，主要与同乡人交往	25.0%	26.7%	30.3%	28.1%	28.3%	27.7%
其他	0.1%	0.1%	0.2%	0.1%	0.2%	0.1%
总计	100.0%	100.0%	100.0%	100.0%	100.0%	100.0%
列总计	1815	1650	1864	1925	1453	8707

Chi-square test：df = 16，卡方值173.881，sig = 0.000 < 0.05，所以不同年龄的居民在“您在日常生活中与同乡人和外乡人的关系是”这一问题的回答上有显著差异。

I6 by A1

您所在地区的政府对待外来人员的政策取向是 ＊ 年龄 Crosstabulation

	18—29 岁	30—39 岁	40—49 岁	50—59 岁	60—65 岁	总计
不冷不热，顺其自然	44.0%	44.4%	44.0%	43.8%	44.6%	44.1%
提高门槛，严加限制	17.4%	17.5%	16.7%	14.7%	14.3%	16.2%
降低门槛，广泛吸收	23.7%	23.7%	24.1%	24.2%	24.8%	24.1%
对有钱人、高级专家采取特殊政策吸引，对一般人严加限制	14.3%	14.0%	14.6%	16.7%	15.6%	15.0%
其他	0.6%	0.4%	0.5%	0.6%	0.8%	0.6%
总计	100.0%	100.0%	100.0%	100.0%	100.0%	100.0%
列总计	1680	1524	1674	1650	1207	7735

Chi-square test：df = 16，卡方值 16.550，sig = 0.415 > 0.05，所以不同年龄的居民在“您所在地区的政府对待外来人员的政策取向是”这一问题的回答上没有显著差异。

I7 by A1

您认为在当前的中国，读书还能不能改变命运 ＊ 年龄 Crosstabulation

	18—29 岁	30—39 岁	40—49 岁	50—59 岁	60—65 岁	总计
读书只是改变命运的一个路径	41.4%	36.9%	35.3%	31.7%	33.4%	35.7%
读书是改变命运的主要路径	38.8%	40.3%	43.2%	46.1%	43.9%	42.5%
读书是改变命运的唯一路径	11.1%	13.2%	11.8%	12.7%	13.4%	12.4%
不再是改变命运的路径，没权势的人读了书照样穷	8.3%	9.7%	9.5%	9.3%	9.2%	9.2%
其他	0.4%		0.2%	0.2%	0.1%	0.2%
总计	100.0%	100.0%	100.0%	100.0%	100.0%	100.0%
列总计	1819	1652	1865	1927	1438	8701

Chi-square test：df = 16，卡方值 58.718，sig = 0.000 < 0.05，所以不同年龄的居民在“您认为在当前的中国，读书还能不能改变命运”这一问题的回答上有显著差异。

I8 by A1

您如何认识名牌大学里农村学生比例急剧减少的现象 ＊ 年龄 Crosstabulation

	18—29 岁	30—39 岁	40—49 岁	50—59 岁	60—65 岁	总计
是一种社会倒退	14.4%	14.0%	12.0%	10.5%	11.7%	12.5%
农村教育的落后	39.4%	38.7%	39.9%	40.0%	40.6%	39.7%

续表

	18—29 岁	30—39 岁	40—49 岁	50—59 岁	60—65 岁	总计
教育不公平	25.9%	28.1%	28.3%	30.6%	28.9%	28.4%
有钱人和有权人特权的表现	11.8%	11.7%	12.7%	11.7%	11.9%	12.0%
代际不公、社会不公的延续和加剧	7.5%	6.9%	6.2%	6.1%	6.1%	6.6%
其他	0.9%	0.6%	0.9%	1.1%	0.8%	0.9%
总计	100.0%	100.0%	100.0%	100.0%	100.0%	100.0%
列总计	1798	1646	1853	1899	1399	8595

Chi-square test：df = 20，卡方值 30.821，sig = 0.058 > 0.05，所以不同年龄的居民在“您如何认识名牌大学里农村学生比例急剧减少的现象”这一问题的回答上没有显著差异。

I9 by A1

您同学指出您家乡的某一风俗习惯很落后保守，您会做出什么反应 * 年龄 Crosstabulation

	18—29 岁	30—39 岁	40—49 岁	50—59 岁	60—65 岁	总计
坦然面对，承认这一风俗习惯确实落后	55.3%	53.8%	50.8%	52.4%	52.2%	52.9%
虽然认为说得对，但是感觉他在批评自己的家乡，因此不自在	27.0%	28.4%	29.2%	28.5%	27.9%	28.2%
虽然认为说得对，但是感到受到羞辱	7.3%	8.4%	10.1%	7.4%	9.0%	8.4%
批评家乡就是批评自己，要为家乡的风俗习惯做辩护	10.1%	9.2%	9.5%	11.5%	10.6%	10.2%
其他	0.3%	0.2%	0.4%	0.1%	0.3%	0.2%
总计	100.0%	100.0%	100.0%	100.0%	100.0%	100.0%
列总计	1814	1646	1845	1899	1421	8625

Chi-square test：df = 16，卡方值 26.406，sig = 0.049 < 0.05，所以不同年龄的居民在“您同学指出您家乡的某一风俗习惯很落后保守，您会做出什么反应”这一问题的回答上有显著差异。

I10 by A1

如果您有机会出国，初到国外时，您会有意识地交中国朋友吗 * 年龄 Crosstabulation

	18—29 岁	30—39 岁	40—49 岁	50—59 岁	60—65 岁	总计
会，认为在异国他乡找自己本国人有一种归属感	52.3%	49.7%	51.9%	51.6%	45.4%	50.4%

续表

	18—29 岁	30—39 岁	40—49 岁	50—59 岁	60—65 岁	总计
不会，看缘分交朋友，不强调国籍	24.1%	22.4%	20.0%	18.7%	18.7%	20.8%
不会，会有意识地多交外国朋友	4.3%	4.4%	3.8%	3.3%	4.0%	3.9%
视情况而定	19.3%	23.5%	24.3%	26.5%	31.9%	24.8%
总计	100.0%	100.0%	100.0%	100.0%	100.0%	100.0%
列总计	1820	1653	1846	1898	1409	8626

Chi-square test：df = 12，卡方值 87.029，sig = 0.000 < 0.05，所以不同年龄的居民在“如果您有机会出国，初到国外时，您会有意识地交中国朋友吗”这一问题的回答上有显著差异。

I11 by A1

您是否愿意与不同民族的人交往 ＊ 年龄 Crosstabulation

	18—29 岁	30—39 岁	40—49 岁	50—59 岁	60—65 岁	总计
非常不愿意	3.3%	2.7%	2.5%	2.1%	3.5%	2.8%
不太愿意	14.8%	14.8%	16.8%	16.7%	18.9%	16.3%
比较愿意	66.6%	72.4%	71.7%	74.9%	71.3%	71.4%
非常愿意	15.3%	10.1%	9.0%	6.3%	6.3%	9.5%
总计	100.0%	100.0%	100.0%	100.0%	100.0%	100.0%
列总计	1773	1610	1804	1842	1374	8403

Chi-square test：df = 12，卡方值 125.156，sig = 0.000 < 0.05，所以不同年龄的居民在“您是否愿意与不同民族的人交往”这一问题的回答上有显著差异。

I12 by A1

您是否愿意与不同宗教信仰的人相处 ＊ 年龄 Crosstabulation

	18—29 岁	30—39 岁	40—49 岁	50—59 岁	60—65 岁	总计
非常不愿意	5.1%	4.5%	3.7%	4.8%	5.4%	4.6%
不太愿意	21.3%	23.3%	23.0%	24.2%	22.7%	22.9%
比较愿意	63.1%	64.5%	66.0%	66.3%	67.6%	65.4%
非常愿意	10.5%	7.8%	7.3%	4.8%	4.4%	7.0%
总计	100.0%	100.0%	100.0%	100.0%	100.0%	100.0%
列总计	1735	1570	1777	1804	1354	8240

Chi-square test：df = 12，卡方值 70.841，sig = 0.000 < 0.05，所以不同年龄的居民在“您是否愿意与不同宗教信仰的人相处”这一问题的回答上有显著差异。

I13 by A1

您与您的邻居平时来往多吗 ＊ 年龄 Crosstabulation

	18—29 岁	30—39 岁	40—49 岁	50—59 岁	60—65 岁	总计
非常多	14.5%	15.4%	17.0%	21.9%	19.9%	17.8%
比较多	41.3%	48.7%	49.9%	52.6%	48.6%	48.3%
偶尔	36.7%	31.0%	28.4%	22.1%	27.8%	29.1%
几乎不来往	7.5%	5.0%	4.6%	3.4%	3.7%	4.9%
总计	100.0%	100.0%	100.0%	100.0%	100.0%	100.0%
列总计	1798	1644	1850	1919	1436	8647

Chi-square test：df = 12，卡方值 175.004，sig = 0.000 < 0.05，所以不同年龄的居民在“您与您的邻居平时来往多吗”这一问题的回答上有显著差异。

I14a by A1

您在多大程度上愿意和下列群体成为邻居？农民工、进城务工人员 ＊ 年龄 Crosstabulation

	18—29 岁	30—39 岁	40—49 岁	50—59 岁	60—65 岁	总计
非常愿意	14.5%	12.3%	13.6%	13.3%	14.9%	13.7%
比较愿意	74.0%	77.7%	77.2%	79.0%	76.7%	76.9%
不太愿意	11.2%	9.8%	8.9%	7.1%	8.0%	9.0%
很不愿意	0.3%	0.2%	0.3%	0.7%	0.4%	0.4%
总计	100.0%	100.0%	100.0%	100.0%	100.0%	100.0%
列总计	1757	1620	1830	1882	1397	8486

Chi-square test：df = 12，卡方值 33.831，sig = 0.001 < 0.05，所以不同年龄的居民在“您在多大程度上愿意和下列群体成为邻居？农民工、进城务工人员”这一问题的回答上有显著差异。

I14b by A1

您在多大程度上愿意和下列群体成为邻居？商人 ＊ 年龄 Crosstabulation

	18—29 岁	30—39 岁	40—49 岁	50—59 岁	60—65 岁	总计
非常愿意	12.8%	11.8%	10.5%	9.5%	10.5%	11.0%
比较愿意	68.6%	71.4%	70.5%	72.4%	70.0%	70.6%
不太愿意	17.6%	15.7%	17.7%	16.8%	18.5%	17.2%
很不愿意	1.0%	1.1%	1.2%	1.2%	1.0%	1.1%
总计	100.0%	100.0%	100.0%	100.0%	100.0%	100.0%
列总计	1750	1618	1820	1861	1371	8420

Chi-square test：df = 12，卡方值 17.382，sig = 0.136 > 0.05，所以不同年龄的居民在“您在多大程度上愿意和下列群体成为邻居？商人”这一问题的回答上没有显著差异。

I14c by A1

您在多大程度上愿意和下列群体成为邻居？企业家或高级管理人员 ＊ 年龄 Crosstabulation

	18—29 岁	30—39 岁	40—49 岁	50—59 岁	60—65 岁	总计
非常愿意	19.2%	17.8%	14.9%	12.2%	14.0%	15.6%
比较愿意	67.7%	70.4%	70.7%	73.5%	70.7%	70.7%
不太愿意	12.1%	11.3%	13.0%	13.0%	14.1%	12.7%
很不愿意	1.0%	0.4%	1.4%	1.2%	1.2%	1.1%
总计	100.0%	100.0%	100.0%	100.0%	100.0%	100.0%
列总计	1749	1607	1798	1841	1336	8331

Chi-square test：df = 12，卡方值 53.885，sig ＝0.000 <0.05，所以不同年龄的居民在“您在多大程度上愿意和下列群体成为邻居？企业家或高级管理人员”这一问题的回答上有显著差异。

I14d by A1

您在多大程度上愿意和下列群体成为邻居？技术工人 ＊ 年龄 Crosstabulation

	18—29 岁	30—39 岁	40—49 岁	50—59 岁	60—65 岁	总计
非常愿意	21.4%	20.0%	19.2%	16.8%	19.0%	19.2%
比较愿意	69.4%	72.3%	72.4%	75.6%	72.0%	72.4%
不太愿意	8.3%	7.0%	7.7%	7.1%	8.6%	7.7%
很不愿意	1.0%	0.6%	0.7%	0.5%	0.5%	0.7%
总计	100.0%	100.0%	100.0%	100.0%	100.0%	100.0%
列总计	1760	1619	1817	1865	1366	8427

Chi-square test：df = 12，卡方值 23.107，sig ＝0.027 <0.05，所以不同年龄的居民在“您在多大程度上愿意和下列群体成为邻居？技术工人”这一问题的回答上有显著差异。

I14e by A1

您在多大程度上愿意和下列群体成为邻居？教师 ＊ 年龄 Crosstabulation

	18—29 岁	30—39 岁	40—49 岁	50—59 岁	60—65 岁	总计
非常愿意	33.8%	31.2%	27.3%	25.6%	23.0%	28.3%
比较愿意	61.1%	63.3%	66.6%	68.7%	69.4%	65.7%
不太愿意	4.2%	4.9%	5.6%	5.3%	7.0%	5.3%
很不愿意	1.0%	0.5%	0.6%	0.4%	0.6%	0.6%
总计	100.0%	100.0%	100.0%	100.0%	100.0%	100.0%

续表

	18—29 岁	30—39 岁	40—49 岁	50—59 岁	60—65 岁	总计
列总计	1777	1638	1842	1880	1381	8518

Chi-square test：df = 12，卡方值 73. 939，sig ＝0. 000 < 0. 05，所以不同年龄的居民在“您在多大程度上愿意和下列群体成为邻居？教师”这一问题的回答上有显著差异。

I14f by A1

您在多大程度上愿意和下列群体成为邻居？医生 ＊ 年龄 Crosstabulation

	18—29 岁	30—39 岁	40—49 岁	50—59 岁	60—65 岁	总计
非常愿意	31. 3%	27. 9%	26. 2%	23. 9%	21. 0%	26. 2%
比较愿意	61. 1%	65. 4%	64. 9%	68. 1%	70. 0%	65. 7%
不太愿意	6. 8%	6. 1%	8. 4%	6. 8%	8. 2%	7. 2%
很不愿意	0. 8%	0. 6%	0. 5%	1. 2%	0. 7%	0. 8%
总计	100. 0%	100. 0%	100. 0%	100. 0%	100. 0%	100. 0%
列总计	1770	1634	1828	1875	1382	8489

Chi-square test：df = 12，卡方值 63. 705，sig ＝0. 000 < 0. 05，所以不同年龄的居民在“您在多大程度上愿意和下列群体成为邻居？医生”这一问题的回答上有显著差异。

I14g by A1

您在多大程度上愿意和下列群体成为邻居？富人 ＊ 年龄 Crosstabulation

	18—29 岁	30—39 岁	40—49 岁	50—59 岁	60—65 岁	总计
非常愿意	15. 4%	15. 1%	11. 8%	11. 6%	10. 9%	13. 0%
比较愿意	56. 6%	57. 3%	56. 6%	57. 0%	56. 0%	56. 7%
不太愿意	23. 2%	23. 5%	25. 8%	27. 0%	27. 7%	25. 4%
很不愿意	4. 7%	4. 1%	5. 8%	4. 4%	5. 3%	4. 9%
总计	100. 0%	100. 0%	100. 0%	100. 0%	100. 0%	100. 0%
列总计	1738	1598	1782	1824	1312	8254

Chi-square test：df = 12，卡方值 39. 220，sig ＝0. 000 < 0. 05，所以不同年龄的居民在“您在多大程度上愿意和下列群体成为邻居？富人”这一问题的回答上有显著差异。

I14h by A1

您在多大程度上愿意和下列群体成为邻居？土豪 ＊ 年龄 Crosstabulation

	18—29 岁	30—39 岁	40—49 岁	50—59 岁	60—65 岁	总计
非常愿意	11. 9%	11. 4%	9. 6%	7. 8%	9. 1%	10. 0%

续表

	18—29 岁	30—39 岁	40—49 岁	50—59 岁	60—65 岁	总计
比较愿意	51.4%	51.1%	49.9%	51.0%	51.1%	50.9%
不太愿意	29.9%	30.8%	31.4%	32.8%	31.5%	31.3%
很不愿意	6.8%	6.6%	9.1%	8.5%	8.3%	7.9%
总计	100.0%	100.0%	100.0%	100.0%	100.0%	100.0%
列总计	1720	1580	1763	1797	1289	8149

Chi-square test：df = 12，卡方值 32.390，sig = 0.001 < 0.05，所以不同年龄的居民在“您在多大程度上愿意和下列群体成为邻居？土豪”这一问题的回答上有显著差异。

I14i by A1

您在多大程度上愿意和下列群体成为邻居？专家学者 * 年龄 Crosstabulation

	18—29 岁	30—39 岁	40—49 岁	50—59 岁	60—65 岁	总计
非常愿意	23.1%	19.6%	17.3%	14.0%	14.3%	17.8%
比较愿意	58.1%	60.1%	60.9%	61.9%	59.8%	60.2%
不太愿意	15.6%	16.9%	17.5%	20.7%	21.0%	18.2%
很不愿意	3.2%	3.4%	4.3%	3.4%	4.9%	3.8%
总计	100.0%	100.0%	100.0%	100.0%	100.0%	100.0%
列总计	1705	1564	1710	1753	1255	7987

Chi-square test：df = 12，卡方值 83.016，sig = 0.000 < 0.05，所以不同年龄的居民在“您在多大程度上愿意和下列群体成为邻居？专家学者”这一问题的回答上有显著差异。

I14j by A1

您在多大程度上愿意和下列群体成为邻居？政府官员 * 年龄 Crosstabulation

	18—29 岁	30—39 岁	40—49 岁	50—59 岁	60—65 岁	总计
非常愿意	15.8%	15.0%	10.9%	9.9%	10.6%	12.5%
比较愿意	54.9%	54.4%	55.0%	54.1%	54.9%	54.7%
不太愿意	23.1%	24.6%	24.8%	27.5%	26.1%	25.2%
很不愿意	6.2%	6.0%	9.3%	8.5%	8.4%	7.7%
总计	100.0%	100.0%	100.0%	100.0%	100.0%	100.0%
列总计	1700	1555	1712	1736	1250	7953

Chi-square test：df = 12，卡方值 65.977，sig = 0.000 < 0.05，所以不同年龄的居民在“您在多大程度上愿意和下列群体成为邻居？政府官员”这一问题的回答上有显著差异。

I14k by A1

您在多大程度上愿意和下列群体成为邻居？公众人物、演艺人士 ＊ 年龄 Crosstabulation

	18—29 岁	30—39 岁	40—49 岁	50—59 岁	60—65 岁	总计
非常愿意	12.6%	10.8%	8.1%	6.6%	8.4%	9.4%
比较愿意	51.1%	51.1%	51.9%	50.1%	52.0%	51.2%
不太愿意	26.2%	28.5%	28.1%	31.9%	29.3%	28.8%
很不愿意	10.1%	9.6%	11.9%	11.3%	10.3%	10.7%
总计	100.0%	100.0%	100.0%	100.0%	100.0%	100.0%
列总计	1678	1502	1607	1610	1147	7544

Chi-square test：df = 12，卡方值 54.884，sig = 0.000 < 0.05，所以不同年龄的居民在“您在多大程度上愿意和下列群体成为邻居？公众人物、演艺人士”这一问题的回答上有显著差异。

I15 by A1

您如何看待中国对其他落后国家的广泛援助计划 ＊ 年龄 Crosstabulation

	18—29 岁	30—39 岁	40—49 岁	50—59 岁	60—65 岁	总计
完全支持，认为这有助于提升国家形象和国际地位	51.1%	44.9%	44.9%	44.3%	41.6%	45.6%
支持，认为我们应该帮助比我们落后的国家	26.6%	25.1%	26.9%	26.4%	26.6%	26.3%
支持，但国家应该征求纳税人的意见	10.8%	13.2%	10.0%	7.0%	7.3%	9.7%
不支持，因为我们国家尚存在很多贫困人口	11.5%	16.8%	18.2%	22.3%	24.6%	18.4%
总计	100.0%	100.0%	100.0%	100.0%	100.0%	100.0%
列总计	1698	1551	1727	1724	1268	7968

Chi-square test：df = 12，卡方值 147.805，sig = 0.000 < 0.05，所以不同年龄的居民在“您如何看待中国对其他落后国家的广泛援助计划”这一问题的回答上有显著差异。

I16 by A1

您听说过一些道德模范的故事吗？您愿意像他们那样做人做事吗 ＊ 年龄 Crosstabulation

	18—29 岁	30—39 岁	40—49 岁	50—59 岁	60—65 岁	总计
知道一些，他们很了不起，应努力向他们学习	56.2%	50.5%	52.0%	51.9%	48.8%	52.0%
知道一些，很敬佩他们，但自己学不来	28.3%	30.3%	28.5%	27.5%	24.7%	28.0%

续表

	18—29 岁	30—39 岁	40—49 岁	50—59 岁	60—65 岁	总计
知道一些，我感到他们那样做有点不值得	4.7%	5.2%	4.8%	3.9%	4.6%	4.6%
没听说过谁是道德模范和身边好人	10.8%	13.9%	14.6%	16.6%	21.6%	15.3%
其他	0.1%	0.1%	0.1%	0.1%	0.3%	0.1%
总计	100.0%	100.0%	100.0%	100.0%	100.0%	100.0%
列总计	1820	1657	1862	1933	1448	8720

Chi-square test：df = 16，卡方值 92.969，sig = 0.000 < 0.05，所以不同年龄的居民在“您听说过一些道德模范的故事吗？您愿意像他们那样做人做事吗”这一问题的回答上有显著差异。

I17 by A1

当有陌生人走进您的单位或社区，或在车厢中与陌生人在一起时，您通常的态度是 * 年龄 Crosstabulation

	18—29 岁	30—39 岁	40—49 岁	50—59 岁	60—65 岁	总计
对他/她微笑	35.6%	34.9%	29.1%	30.0%	31.4%	32.1%
主动打招呼	17.1%	15.0%	14.8%	15.6%	14.9%	15.5%
没有任何反应	30.5%	30.9%	31.5%	28.2%	25.9%	29.5%
保持警惕，防止上当	16.7%	19.2%	24.4%	25.7%	27.7%	22.6%
其他	0.1%		0.2%	0.4%	0.1%	0.2%
总计	100.0%	100.0%	100.0%	100.0%	100.0%	100.0%
列总计	1782	1622	1816	1868	1377	8465

Chi-square test：df = 16，卡方值 107.954，sig = 0.000 < 0.05，所以不同年龄的居民在“当有陌生人走进您的单位或社区，或在车厢中与陌生人在一起时，您通常的态度是”这一问题的回答上有显著差异。

I18 by A1

假设您双手抱着东西走进电梯，您觉得电梯里的陌生人可能会怎样 * 年龄 Crosstabulation

	18—29 岁	30—39 岁	40—49 岁	50—59 岁	60—65 岁	总计
主动问您去几楼并帮您按楼层	44.7%	38.5%	35.9%	34.6%	32.0%	37.5%
当作没看见	13.2%	15.6%	15.7%	16.4%	14.7%	15.1%
会在您的请求下给予帮助	42.1%	45.9%	48.4%	49.1%	53.3%	47.4%
总计	100.0%	100.0%	100.0%	100.0%	100.0%	100.0%
列总计	1695	1522	1670	1669	1177	7733

Chi-square test：df = 8，卡方值 65.805，sig = 0.000 < 0.05，所以不同年龄的居民在“假设您双手抱着东西走进电梯，您觉得电梯里的陌生人可能会怎样”这一问题的回答上有显著差异。